Actividades que podrás resolver utilizando el interactivo GeoGebra para que practiques y comprendas mejor los conceptos.

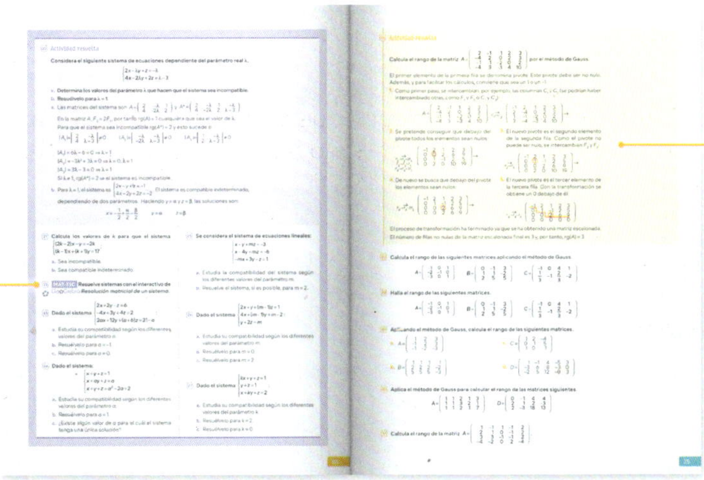

Encontrarás actividades resueltas paso a paso que complementan la teoría exponiéndola de forma práctica y procedimental.

Multitud de actividades resueltas con sus correspondientes propuestas para apuntalar los conceptos y aumentar así tu autonomía.

Expuesto de forma clara y con elementos visuales que ayudan a la comprensión.

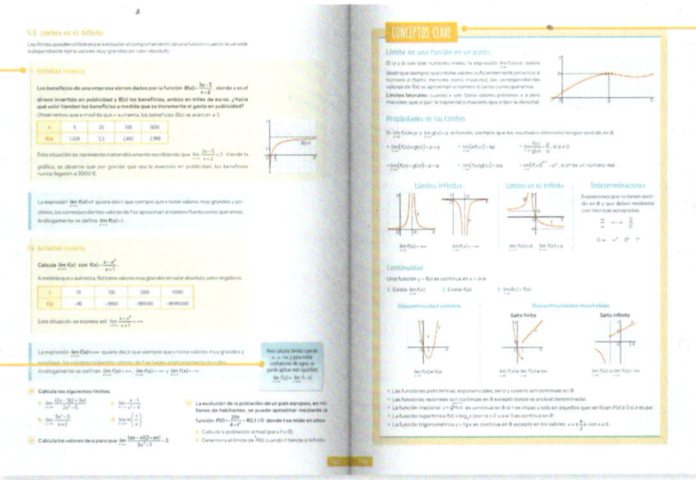

Conceptos clave

Podrás consultar los conceptos que has aprendido de forma esquemática.

Comprueba lo que has aprendido

Estas actividades recopilan todo lo trabajado en la situación y podrás consultar las soluciones para comprobar si las has resuelto correctamente.

Actividades finales

Encontrarás actividades y problemas para aplicar en diferentes contextos los conocimientos adquiridos.

Relaciona y contesta

Cuestiones interactivas teóricas y prácticas sobre el todo el contenido.

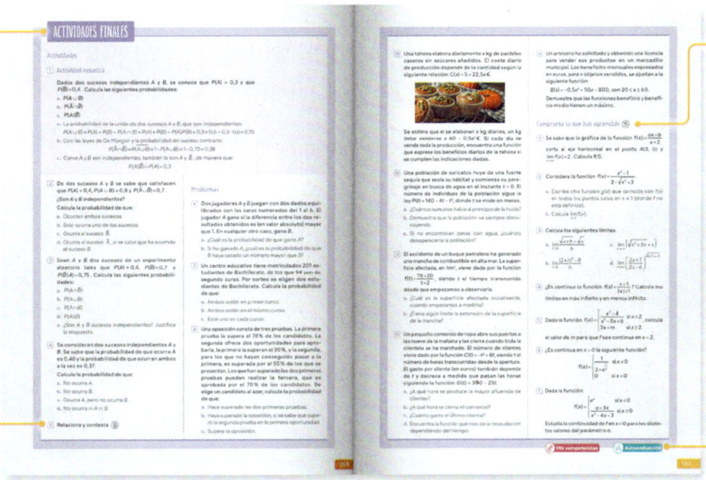

En tu entorno digital encontrarás una rúbrica y actividades interactivas para valorar las competencias y conocimientos que has adquirido en la situación.

En las páginas de este libro encontrarás estos iconos.
Indican distintos recursos que puedes encontrar en tu entorno digital.

Materiales

Plantilla · Ofimática · GeoGebra

Avance de tu aprendizaje

Metacognición · Autoevaluación

Bloque 1 SENTIDO NUMÉRICO

1.1. Matrices

1.2. Determinantes

1.1 Matrices

¡EMPEZAMOS!

Conocer la información completa sobre un problema es el primer paso para poder resolverlo. En problemas complejos y multifactoriales, como el de la erradicación de la pobreza en el mundo, además de conocerla, debemos clasificarla de manera óptima. Las matrices serán unas grandes aliadas para organizar la información proveniente de diferentes variables relacionadas entre sí y serán aún más útiles cuando necesitemos un mayor número de ellas. En esta situación de aprendizaje aprenderemos a utilizarlas.

RUTA DE APRENDIZAJE

1. Aprender a organizar la información en forma matricial y con la ayuda de grafos.
2. Clasificar matrices en sus distintos tipos.
3. Operar con matrices.
4. Determinar el rango de una matriz.
5. Calcular matrices inversas y aplicarlas en la resolución de ecuaciones matriciales.

- ¿Sabrías poner el gasto y consumo en alimentos de una familia durante un mes en forma de tabla?
- ¿Y saber por cuántos caminos distintos puedes llegar de un refugio de montaña a otro?

Las matrices también se usan para...

Resolver multitud de problemas técnicos que implican rotaciones o giros.

Almacenar grandes cadenas de datos en aplicaciones móviles e informáticas.

Calcular las proteínas y calorías en una dieta, que admiten una interpretación muy sencilla cuando se escriben con matrices.

Gestionar problemas económicos y de logística, mediante la llamada investigación operativa.

1 Organización de la información: tablas, matrices y grafos

1.1. Matrices: definiciones básicas y nomenclatura

En muchas ocasiones es necesario resumir y ordenar la información proporcionada por un grafo o por un conjunto de datos numéricos en forma de tabla. Estas tablas se suelen presentar de forma simplificada mediante una matriz.

Ejemplo

Una agencia de viajes situada en Sevilla vende billetes de avión a bajo precio, y realiza una serie de ofertas para los trayectos entre cuatro ciudades.

El precio, en euros, de los billetes viene dado en esta tabla. La información que proporciona la tabla se resume mediante la matriz que la acompaña.

	París	Lisboa	Londres	Roma
París	0	90	115	130
Lisboa	75	0	85	140
Londres	120	80	0	95
Roma	145	135	100	0

$$\begin{pmatrix} 0 & 90 & 115 & 130 \\ 75 & 0 & 85 & 140 \\ 120 & 80 & 0 & 95 \\ 145 & 135 & 100 & 0 \end{pmatrix}$$

Una **matriz de m filas y n columnas** es un conjunto de elementos ordenados en filas y en columnas. La posición de cada elemento, a_{ij}, queda determinada por dos subíndices: el primero indica la fila, y el segundo, la columna. Las matrices suelen representarse como:

$$A_{m\times n} = \begin{pmatrix} a_{11} & a_{12} & a_{13} & \cdots & a_{1n} \\ a_{21} & a_{22} & a_{23} & \cdots & a_{2n} \\ a_{31} & a_{32} & a_{33} & \cdots & a_{3n} \\ \cdots & \cdots & \cdots & \cdots & \cdots \\ a_{m1} & a_{m2} & a_{m3} & \cdots & a_{mn} \end{pmatrix} \qquad A_{m\times n} = (a_{ij}), \text{ donde } \begin{cases} 1 \le i \le m \\ 1 \le j \le n \end{cases}$$

La **dimensión** de la matriz es el número de filas y de columnas, se indica como $m \times n$.

Cuando una matriz tiene igual número de filas que de columnas, se denomina **matriz cuadrada**. Al número de filas o columnas de una matriz cuadrada se le denomina **orden de la matriz cuadrada.**

Aunque los elementos de una matriz no tienen por qué ser números, a lo largo de esta unidad se trabaja con matrices de números reales.

Ejemplo

La matriz $D = \begin{pmatrix} -1 & 4 & 6 \\ 2 & 3 & -5 \\ 7 & 3 & -1 \end{pmatrix}$ es una matriz cuadrada de orden 3.

El elemento que ocupa la segunda fila y la tercera columna vale –5, es decir $a_{23} = -5$.

El elemento que ocupa la tercera fila y la primera columna vale 7, es decir $a_{31} = 7$.

1 Considera la matriz $A = \begin{pmatrix} -1 & -5 & 2 & 4 & 2 & 2 \\ 5 & -1 & -1 & 3 & 5 & 0 \\ -4 & 1 & 3 & -3 & 2 & 3 \end{pmatrix}$.

a. Indica su dimensión.

b. Indica los elementos que forman su cuarta columna.

c. Indica los elementos que forman su tercera fila.

d. Indica el valor de los elementos a_{22}, a_{32}, a_{23}, a_{45}.

e. ¿Cómo designas la ubicación del elemento cuyo valor es –5? ¿Y del que es 0?

En una **matriz cuadrada**, se llama:

- **Diagonal principal** al conjunto de elementos cuyos subíndices son iguales y de la forma a_{ii}.
- **Diagonal secundaria** a los elementos de la forma a_{ij}, tales que $i+j=n+1$.

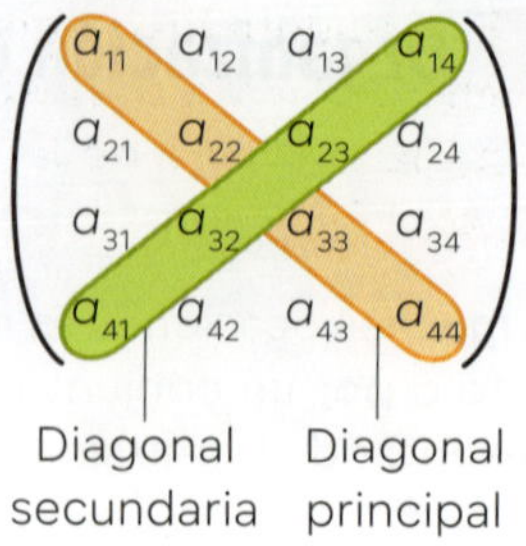

Dos **matrices** A y B son **iguales** si tienen la misma dimensión y verifican que $a_{ij}=b_{ij}$ para cualquier i y cualquier j.

2 Actividad resuelta

Halla los valores de a, b, c, d, p, q y r para que las matrices $A=\begin{pmatrix} 1 & a \\ b & -2 \\ 3 & c \\ 1 & d \end{pmatrix}$ y $B=\begin{pmatrix} p & 2 \\ -2 & q \\ 3 & 3 \\ r & 0 \end{pmatrix}$ sean iguales.

Para que A y B sean iguales debe verificarse que $a=2$, $b=-2$, $c=3$, $d=0$, $p=1$, $q=-2$ y $r=1$.

3 Calcula el valor de las letras a, b y c para que las matrices A y B sean iguales.

$$A=\begin{pmatrix} a+b & 2a-3b & 4a+5b \\ -a^2+a+c & b+2c & c^2+2a-b \\ a+b+c & -2a+3c & b^2+c^2-a \end{pmatrix}$$

$$B=\begin{pmatrix} 0 & 0 & 0 \\ -1 & -2 & 1 \\ -1 & -3 & 1 \end{pmatrix}$$

4 Calcula el valor de las letras x, e y para que las matrices A y B sean iguales.

$$A=\begin{pmatrix} x^2 & x^2+y^2 \\ 2x+3y & x-3y \end{pmatrix}$$

$$B=\begin{pmatrix} 4 & 13 \\ -5 & 11 \end{pmatrix}$$

5 Actividad resuelta

Escribe la matriz cuadrada A de orden 3 tal que sus elementos a_{ij} verifiquen que:

$$a_{ij}=\begin{cases} (-1)^{i+j} & \text{si } i>j \\ 0 & \text{si } i=j \\ i+j & \text{si } i<j \end{cases}$$

- Si el número de fila es mayor que el de columna, $a_{ij}=(-1)^{i+j}$.
  Por ejemplo: $a_{32}=(-1)^{3+2}=(-1)^5=-1$.
  Calculamos los otros elementos que cumplen esta condición: $a_{21}=(-1)^{2+1}=(-1)^3=-1$ y $a_{31}=(-1)^{3+1}=(-1)^4=1$
- Si el número de fila es igual al de columna, el elemento vale 0.
  Es decir, todos los elementos de la diagonal principal valen 0.
- Si el número de fila es menor que el de columna, $a_{ij}=i+j$. Por ejemplo: $a_{23}=2+3=5$.
  Calculamos los otros elementos que cumplen esta condición: $a_{12}=1+2=3$ y $a_{13}=1+3=4$

La matriz es: $A=\begin{pmatrix} 0 & 3 & 4 \\ -1 & 0 & 5 \\ 1 & -1 & 0 \end{pmatrix}$

6 Escribe una matriz cuadrada B de orden 3 tal que todos sus elementos verifiquen que $b_{ij}=2i-3j+1$.

7 Escribe una matriz cuadrada C de orden 4 tal que sus elementos verifiquen que:

$$c_{ij}=\begin{cases} \dfrac{i+2j}{3} & \text{si } i\le j \\ \dfrac{2i+j}{3} & \text{si } i>j \end{cases}$$

8 Escribe una matriz A de dimensión 3×4 tal que los elementos de su diagonal principal cumplan que $a_{ij}=(i+j)^i$ y los demás verifiquen que $a_{ij}=-i+j-2$.

9 Escribe una matriz A de dimensión 3×4 tal que:

$$a_{ij}=\begin{cases} \dfrac{i+j}{2}-1 & \text{si } i>j \\ \sqrt{ij} & \text{si } i=j \\ (-3j)^i & \text{si } i<j \end{cases}$$

10 El siguiente diagrama de barras muestra el porcentaje de población de un país que, en 2022, vivía en riesgo de pobreza relativa, es decir, con ingresos inferiores al 60 % de la mediana de la población total. Muestra los datos según la edad y según el sexo.

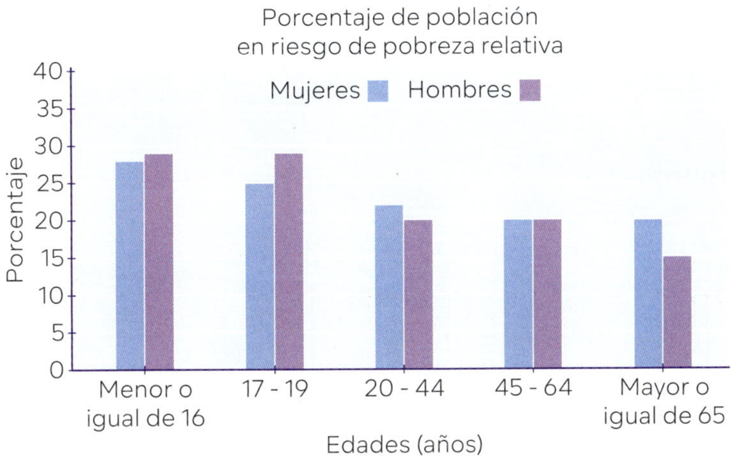

a. Escribe una matriz P de cinco filas (edades) por dos columnas (sexo) en la que se incluyan los porcentajes de personas en riesgo de pobreza relativa.

b. ¿Qué datos aparecen en cada una de las filas? ¿Y en cada una de las columnas?

c. Escribe el valor de los elementos p_{51} y p_{52}, indica qué representan e interprétalos.

d. ¿Cómo evolucionan los porcentajes de personas pobres mayores de 45 años si se diferencia entre mujeres y hombres?

1.2. Grafos

Un **grafo** es un conjunto de elementos, llamados **vértices**, conectados entre sí. A las conexiones entre los vértices se las denomina **aristas**.

Si en un grafo se indica con un 1 la existencia de conexión y con un 0 la no existencia de ella, puede representarse con una matriz que ofrece la misma información que el grafo.

Esta matriz recibe el nombre de **matriz de adyacencia del grafo**.

Ejemplo

En un archipiélago formado por cuatro islas A, B, C y D se establece un sistema de comunicación por barco. Por falta de medios, no todas las islas están conectadas entre sí.

El grafo de la imagen representa las conexiones que se ofrecen.

Las islas A, B, C y D son los vértices del grafo, y las conexiones $A \rightarrow B$, $A \rightarrow C$, $B \rightarrow D$, $C \rightarrow B$ y $D \rightarrow A$ son las aristas del grafo.

La matriz de adyacencia es:

Destino: A B C D

Origen: A B C D

$$\begin{pmatrix} 0 & 1 & 1 & 0 \\ 0 & 0 & 0 & 1 \\ 0 & 1 & 0 & 0 \\ 1 & 0 & 0 & 0 \end{pmatrix}$$

El término $a_{12} = 1$, dado que existe comunicación de la isla A hacia la B.

Por contra, $a_{21} = 0$, ya que, como vemos en el dibujo, no existe comunicación de B hacia A.

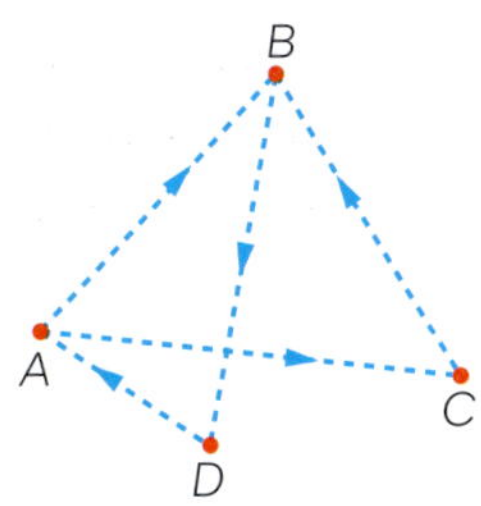

Si las aristas de un grafo están orientadas, como sucede en el ejemplo, el grafo se denomina **grafo dirigido**.

Sin embargo, si las aristas son siempre de doble dirección, se trata de un grafo **no dirigido**.

11 Escribe la matriz de adyacencia e indica el número mínimo de aristas que se han de recorrer para ir de un vértice a otro en el grafo siguiente.

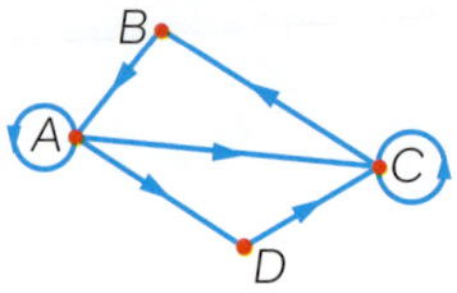

12 La siguiente figura representa la planta de un museo con sus siete salas. En ella, se aprecian las puertas que permiten ir de una sala a otra.

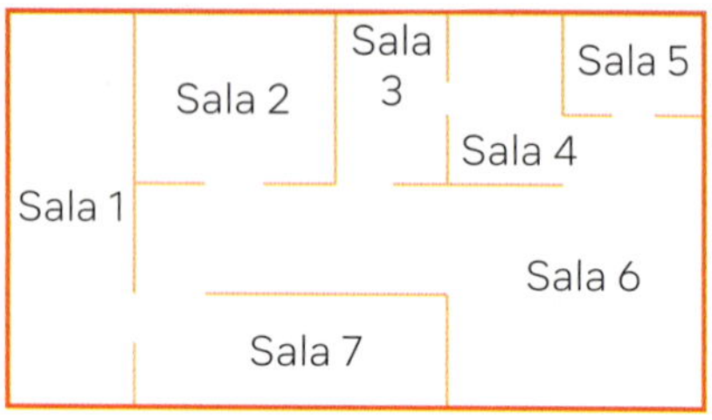

Dibuja un grafo que represente la situación y escribe su matriz de adyacencia asociada.

13 Escribe la matriz asociada a cada uno de los siguientes grafos.

a

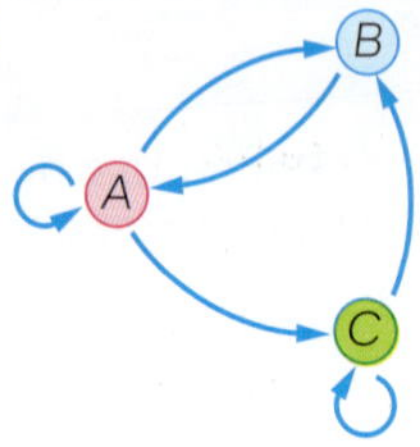

c

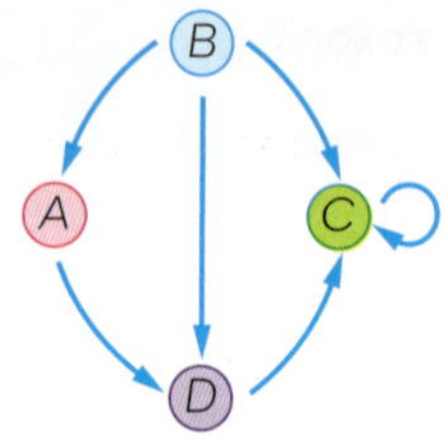

b

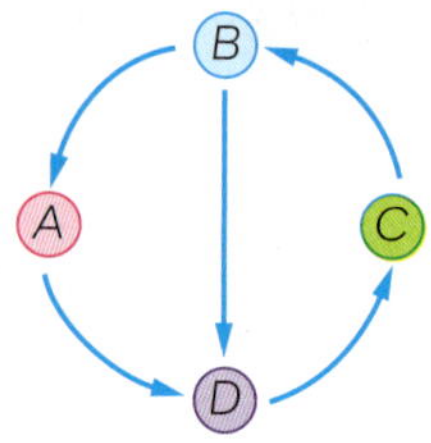

d

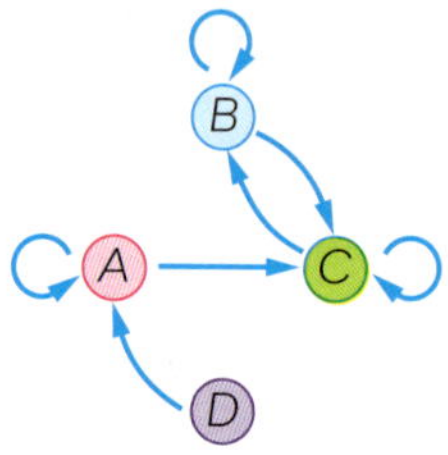

1.3. Caminos en un grafo

Las sucesivas potencias de la matriz de adyacencia de un grafo dirigido indican el número de caminos diferentes que se pueden seguir para ir de un vértice a otro. Así, por ejemplo:

- A^2 indica el número de caminos diferentes de longitud 2 para ir de un vértice a otro, es decir, el número de caminos diferentes para ir de un vértice a otro pasando por otro vértice.
- A^3 indica el número de caminos diferentes de longitud 3 para ir de un vértice a otro, es decir, el número de caminos diferentes para ir de un vértice a otro pasando antes por otros dos vértices.

Ejemplo

El grafo de la figura representa las conexiones por tren de cuatro localidades de una misma zona geográfica. La matriz de adyacencia y sus potencias segunda, tercera y cuarta son:

$$M = \begin{array}{c} \\ A \\ B \\ C \\ D \end{array}\begin{array}{c} \begin{array}{cccc} A & B & C & D \end{array} \\ \begin{pmatrix} 0 & 1 & 1 & 1 \\ 1 & 0 & 0 & 0 \\ 0 & 1 & 0 & 1 \\ 0 & 0 & 1 & 0 \end{pmatrix} \end{array} \qquad M^2 = \begin{pmatrix} 1 & 1 & 1 & 1 \\ 0 & 1 & 1 & 1 \\ 1 & 0 & 1 & 0 \\ 0 & 1 & 0 & 1 \end{pmatrix}$$

$$M^3 = \begin{pmatrix} 1 & 2 & 2 & 2 \\ 1 & 1 & 1 & 1 \\ 0 & 2 & 1 & 2 \\ 1 & 0 & 1 & 0 \end{pmatrix} \qquad M^4 = \begin{pmatrix} 2 & 3 & 3 & 3 \\ 1 & 2 & 2 & 2 \\ 2 & 1 & 2 & 1 \\ 0 & 2 & 1 & 2 \end{pmatrix}$$

Para saber cuántos caminos diferentes de longitud 2 se pueden seguir para ir de D a B, se observa que el elemento a_{42} de la matriz M^2 vale 1. El único camino es $D \to C \to B$. Para ir de C a D, vemos que el elemento a_{34} de la matriz vale 0, lo que nos dice que no existe un camino entre esas localidades de longitud 2.

Para saber cuántos caminos diferentes de longitud 3 se pueden seguir para ir de D a B, se observa que el elemento a_{42} de la matriz M^3 vale 0. No hay caminos de longitud 3 para ir de D a B. Si analizamos la matriz, vemos que $a_{12} = 2$, lo que nos indica que existen dos caminos de longitud 3 que nos llevan de A a B. Estos son $A \to D \to C \to B$ y $A \to B \to A \to B$.

El razonamiento es análogo, para los caminos de longitud 4. Para ir de D a B, se observa que el elemento a_{42} de la matriz M^4 vale 2. Los caminos son $D \to C \to D \to C \to B$ y $D \to C \to B \to A \to B$. Tenemos elementos de valor 3, como por ejemplo a_{14}, que nos dice que hay tres caminos de longitud 4 entre A y D, como son $A \to B \to A \to C \to D$, $A \to B \to A \to B \to D$ y $A \to C \to B \to A \to D$.

2 Tipos de matrices

2.1. Tipos de matrices

- **Matriz fila:** matriz que tiene una única fila.

Ejemplo

$F = \begin{pmatrix} -1 & 3 & -5 & 7 \end{pmatrix} \Rightarrow$ Matriz fila de dimensión 1×4

- **Matriz columna:** matriz con una única columna.

Ejemplo

$C = \begin{pmatrix} -1 \\ 2 \\ 0 \end{pmatrix} \Rightarrow$ Matriz columna de dimensión 3×1

- **Matriz diagonal:** matriz cuadrada cuyos elementos fuera de la diagonal principal son todos nulos.

Ejemplo

- $A = \begin{pmatrix} -2 & 0 \\ 0 & 3 \end{pmatrix}$
- $B = \begin{pmatrix} 0 & 0 & 0 \\ 0 & -2 & 0 \\ 0 & 0 & 3 \end{pmatrix}$

Los términos matriz diagonal, escalar, unidad, triangular, simétrica y antisimétrica se refieren únicamente a matrices cuadradas.

- **Matriz escalar:** matriz diagonal cuyos elementos de la diagonal principal son todos iguales.

Ejemplo

- $A = \begin{pmatrix} -2 & 0 \\ 0 & -2 \end{pmatrix}$
- $B = \begin{pmatrix} 3 & 0 & 0 \\ 0 & 3 & 0 \\ 0 & 0 & 3 \end{pmatrix}$

- **Matriz unidad o matriz identidad:** matriz escalar cuyos elementos de la diagonal principal son todos 1. La matriz unidad de orden n se denota por I_n o simplemente por I.

Ejemplo

- $I_2 = \begin{pmatrix} 1 & 0 \\ 0 & 1 \end{pmatrix}$
- $I_3 = \begin{pmatrix} 1 & 0 & 0 \\ 0 & 1 & 0 \\ 0 & 0 & 1 \end{pmatrix}$

- **Matriz triangular:** una matriz es triangular superior si es cuadrada y todos los elementos por debajo de la diagonal principal son nulos. Una matriz es triangular inferior si es cuadrada y todos los elementos por encima de la diagonal principal son nulos.

Ejemplo

- $A = \begin{pmatrix} 0 & 1 & 3 \\ 0 & 2 & -2 \\ 0 & 0 & 3 \end{pmatrix} \Rightarrow$ Triangular superior
- $B = \begin{pmatrix} 1 & 0 & 0 \\ -1 & -2 & 0 \\ 3 & 2 & 4 \end{pmatrix} \Rightarrow$ Triangular inferior

- **Matriz nula:** matriz de cualquier dimensión cuyos elementos son todos nulos. Se denota por O.

Ejemplo

- $O=\begin{pmatrix} 0 & 0 & 0 \\ 0 & 0 & 0 \end{pmatrix}$
- $O=\begin{pmatrix} 0 & 0 & 0 \\ 0 & 0 & 0 \\ 0 & 0 & 0 \end{pmatrix}$

- **Matriz simétrica:** es una matriz cuadrada cuyos elementos son simétricos respecto de la diagonal principal. Es decir, $a_{ij}=a_{ji}$.

Ejemplo

- $S=\begin{pmatrix} 1 & 3 & 0 \\ 3 & -2 & 4 \\ 0 & 4 & 1 \end{pmatrix}$
- $S=\begin{pmatrix} 1 & 0 & 1 & 0 \\ 0 & 0 & 0 & 2 \\ 1 & 0 & -1 & 5 \\ 0 & 2 & 5 & 1 \end{pmatrix}$

La matriz de adyacencia de un grafo en el que todas las aristas son de doble dirección es una matriz simétrica.

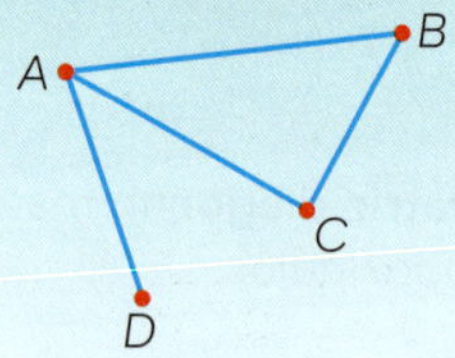

$\begin{pmatrix} 0 & 1 & 1 & 1 \\ 1 & 0 & 1 & 0 \\ 1 & 1 & 0 & 0 \\ 1 & 0 & 0 & 0 \end{pmatrix}$

- **Matriz antisimétrica:** es una matriz cuadrada cuyos los elementos simétricos respecto de la diagonal principal son iguales en valor absoluto y de diferente signo. Es decir, $a_{ij}=-a_{ji}$.

  De la definición se deduce directamente que los elementos de la diagonal principal de una matriz antisimétrica deben ser todos nulos.

Ejemplo

- $H=\begin{pmatrix} 0 & 3 & 0 \\ -3 & 0 & 0 \\ 0 & 0 & 0 \end{pmatrix}$
- $H=\begin{pmatrix} 0 & 2 & -1 & 0 \\ -2 & 0 & -6 & -2 \\ 1 & 6 & 0 & 5 \\ 0 & 2 & -5 & 0 \end{pmatrix}$

14 Actividad resuelta

Calcula los valores de x, y, z para que la matriz $A=\begin{pmatrix} 0 & y & 4 \\ -1 & x & -3 \\ z & 3 & 0 \end{pmatrix}$ sea antisimétrica.

Para que una matriz sea antisimétrica, debe ser cuadrada, los elementos de su diagonal principal deben ser todos nulos y los elementos simétricos respecto a esa diagonal, iguales en valor absoluto pero de diferente signo. Por tanto:

$$A=\begin{pmatrix} 0 & 1 & 4 \\ -1 & 0 & -3 \\ -4 & 3 & 0 \end{pmatrix} \Rightarrow x=0;\ y=1; z=-4$$

15 **a.** Estudia si existe algún par de valores de los parámetros a y b para los que la siguiente matriz sea antisimétrica.

$$A=\begin{pmatrix} 0 & 2 & 1 \\ a+b & 0 & b-a \\ -1 & 4 & 0 \end{pmatrix}$$

b. ¿Cuál sería la solución si quisiéramos que la matriz fuese simétrica?

16 **Calcula el valor de a, b y c para que las siguientes matrices sean simétricas.**

a. $A=\begin{pmatrix} 0 & 2a-1 & \sqrt{b} \\ a & -3 & -3 \\ 9 & c & 2 \end{pmatrix}$

b. $B=\begin{pmatrix} -2 & a^2+a \\ 6 & 4 \end{pmatrix}$

- **Matriz escalonada:** Es una matriz que verifica, a la vez, las dos condiciones siguientes.
  1. Las posibles filas con todos sus elementos nulos deben ocupar los últimos lugares.
  2. El primer elemento no nulo de cada fila, exceptuando la primera, debe quedar más a la derecha que el primer elemento no nulo de la fila anterior.

  A diferencia de algunos de los tipos de matrices anteriores, para que una matriz sea escalonada, no es necesario que sea cuadrada.

Ejemplo

- $A=\begin{pmatrix} a_{11} & a_{12} & a_{13} & \dots & a_{1n} \\ 0 & a_{22} & a_{23} & \dots & a_{2n} \\ 0 & 0 & a_{33} & \dots & a_{3n} \\ \vdots & \vdots & \vdots & \dots & \vdots \\ 0 & 0 & 0 & \dots & a_{mn} \end{pmatrix}$

- $B=\begin{pmatrix} 1 & 0 & -2 & 1 \\ 0 & -1 & 3 & 4 \\ 0 & 0 & 2 & 1 \end{pmatrix}$

17 **Actividad resuelta**

Indica si las siguientes matrices son escalonadas o no y por qué.

a. $A=\begin{pmatrix} 1 & -1 & 2 & 3 \\ 0 & 0 & 0 & -4 \\ 0 & 0 & 0 & 5 \end{pmatrix}$

b. $B=\begin{pmatrix} 0 & 0 & 0 & 0 \\ -1 & 2 & 4 & 5 \\ 0 & -2 & 3 & 4 \\ 0 & 0 & 0 & -3 \end{pmatrix}$

c. $C=\begin{pmatrix} -1 & 2 & 3 & 5 \\ 0 & -4 & 0 & -4 \\ 0 & -1 & 0 & 0 \end{pmatrix}$

d. $D=\begin{pmatrix} 0 & 0 & -1 & 3 \\ 0 & 0 & 0 & -5 \\ 0 & 0 & 0 & 0 \\ 0 & 0 & 0 & 0 \end{pmatrix}$

a. La matriz A no es escalonada, ya que el primer elemento no nulo de la tercera fila no queda más a la derecha que el primer elemento no nulo de la segunda fila.

b. La matriz B no es escalonada, ya que la fila formada por todos los ceros no ocupa el último lugar. Si esta fila pasara a ser la cuarta y no se produjeran más modificaciones, la matriz sí sería escalonada.

c. La matriz C no es escalonada, ya que el primer elemento no nulo de la tercera fila queda a la misma altura que el primer elemento no nulo de la segunda fila.

d. La matriz D sí es escalonada, ya que cumple simultáneamente las dos condiciones:
- Las filas con todos sus elementos nulos ocupan los dos últimos lugares.
- El primer elemento no nulo de la segunda fila queda más a la derecha que el primer elemento no nulo de la primera fila.

18 **Indica, razonadamente, si las siguientes matrices son o no escalonadas.**

a. $A=\begin{pmatrix} -1 & 2 & 4 & 8 \\ 0 & -3 & 4 & 5 \\ 0 & 0 & 4 & -5 \\ 0 & 0 & 0 & 0 \end{pmatrix}$

b. $B=\begin{pmatrix} -3 & 3 & 0 \\ 1 & 0 & 0 \\ 0 & 0 & 0 \end{pmatrix}$

c. $C=\begin{pmatrix} 0 & 0 & -1 \\ 0 & 0 & 2 \end{pmatrix}$

3 Operaciones con matrices

3.1. Suma y diferencia de matrices

Para sumar dos matrices es necesario que tengan la misma dimensión. El resultado se obtiene sumando término a término.

La **suma de dos matrices** $A_{m\times n} = (a_{ij})$ y $B_{m\times n} = (b_{ij})$, de la misma dimensión, da como resultado otra matriz, $S_{m\times n} = (s_{ij})$, de la misma dimensión, y cuyo término genérico es $s_{ij} = a_{ij} + b_{ij}$.

Ejemplo

Sean $A=\begin{pmatrix} -2 & 3 & 5 & 0 \\ 1 & 0 & -3 & 6 \end{pmatrix}$ y $B=\begin{pmatrix} 6 & 3 & -3 & 4 \\ 1 & 0 & -2 & 7 \end{pmatrix}$.

Entonces $A+B=\begin{pmatrix} 4 & 6 & 2 & 4 \\ 2 & 0 & -5 & 13 \end{pmatrix}$

Propiedades de la suma de matrices

Si $A_{m\times n} = (a_{ij})$, $B_{m\times n} = (b_{ij})$ y $C_{m\times n} = (c_{ij})$, son matrices de igual dimensión, se verifican las siguientes propiedades:

1. **Conmutativa**: $A + B = B + A$
2. **Asociativa**: $A + (B + C) = (A + B) + C$
3. **Elemento neutro**: $A + O = O + A = A$ (donde O es la matriz nula)
4. **Elemento opuesto**: Dada una matriz A, se denomina **matriz opuesta de A**, y se representa por $-A$, a la matriz de la misma dimensión cuyos elementos son los opuestos de los correspondientes de A. Se verifica que $A + (-A) = (-A) + A = O$.

La **diferencia de dos matrices** $A_{m\times n}$ y $B_{m\times n}$ de la misma dimensión, se define apoyándose en la existencia de la matriz opuesta: $A - B = A + (-B)$.

Ejemplo

Sean $A=\begin{pmatrix} -2 & 4 \\ 4 & -5 \end{pmatrix}$ y $B=\begin{pmatrix} 6 & -3 \\ 15 & -10 \end{pmatrix}$.

Entonces $A-B=\begin{pmatrix} -2 & 4 \\ 4 & -5 \end{pmatrix}-\begin{pmatrix} 6 & -3 \\ 15 & -10 \end{pmatrix}=\begin{pmatrix} -8 & 7 \\ -11 & 5 \end{pmatrix}$

19 Actividad resuelta

Dadas las matrices $A=\begin{pmatrix} 3 & 0 \\ 2 & -1 \end{pmatrix}$, $B=\begin{pmatrix} -1 & 2 \\ 0 & 3 \end{pmatrix}$ y $C=\begin{pmatrix} 1 & 1 \\ -1 & -1 \end{pmatrix}$, calcula $A - (B - C)$.

Vamos a ver que podemos hacer este cálculo de dos maneras distintas:

- $A-(B-C)=\begin{pmatrix} 3 & 0 \\ 2 & -1 \end{pmatrix}-\left[\begin{pmatrix} -1 & 2 \\ 0 & 3 \end{pmatrix}-\begin{pmatrix} 1 & 1 \\ -1 & -1 \end{pmatrix}\right]=\begin{pmatrix} 3 & 0 \\ 2 & -1 \end{pmatrix}-\begin{pmatrix} -2 & 1 \\ 1 & 4 \end{pmatrix}=\begin{pmatrix} 5 & -1 \\ 1 & -5 \end{pmatrix}$
- Podríamos hacer lo mismo eliminando primero el paréntesis, corrigiendo el signo y calculando $A - B + C$.

20 Dadas las matrices $A=\begin{pmatrix} 2 & 1 \\ 0 & 4 \\ -2 & 3 \end{pmatrix}$, $B=\begin{pmatrix} 0 & 1 \\ 3 & 2 \\ 5 & 4 \end{pmatrix}$ y $C=\begin{pmatrix} -1 & 4 \\ 2 & 0 \\ 5 & 0 \end{pmatrix}$, calcula:

a. $A + B + C$

b. $(A - C) + B$

3.2. Producto de un número real por una matriz

El **producto de una matriz** $A_{m \times n} = (a_{ij})$ **por un número real** λ es otra matriz $B_{m \times n} = (b_{ij})$ de la misma dimensión que A, tal que cada elemento b_{ij} de B se obtiene multiplicando a_{ij} por λ. Se representa como $\lambda A = (\lambda a_{ij})$.

Ejemplo

Si $A=\begin{pmatrix} 1 & 2 & 3 & 0 \\ 4 & -4 & 0 & -4 \\ 2 & -2 & 1 & 3 \end{pmatrix}$ y $\lambda = -2$,

$$\lambda A = -2\begin{pmatrix} 1 & 2 & 3 & 0 \\ 4 & -4 & 0 & -4 \\ 2 & -2 & 1 & 3 \end{pmatrix} = \begin{pmatrix} -2 & -4 & -6 & 0 \\ -8 & 8 & 0 & 8 \\ -4 & 4 & -2 & -6 \end{pmatrix}$$

Propiedades del producto de un número por una matriz

1. Conmutativa: $\lambda A = A\lambda$
2. Asociativa: $\lambda(\mu A) = (\lambda\mu)A$
3. Distributiva respecto de la suma de matrices: $\lambda(A + B) = \lambda A + \lambda B$
4. Distributiva respecto de la suma de números: $(\lambda + \mu)A = \lambda A + \mu A$
5. Elemento neutro: $1A = A$

Las propiedades de la suma de matrices y del producto de una matriz por un escalar se basan en las propiedades de los números reales.

21 ### Actividad resuelta

Dadas las matrices:

$$A=\begin{pmatrix} -3 & 4 & 2 \\ -1 & 2 & 0 \end{pmatrix} \text{ y } B=\begin{pmatrix} \frac{1}{2} & 0 & -2 \\ -3 & \frac{1}{3} & -1 \end{pmatrix}$$

Calcula:

a. $-2A + 3B$

b. $4A-\frac{1}{2}B$

c. $\frac{1}{2}A-6B$

a. $-2A+3B=\begin{pmatrix} 6 & -8 & -4 \\ 2 & -4 & 0 \end{pmatrix}+\begin{pmatrix} \frac{3}{2} & 0 & -6 \\ -9 & 1 & -3 \end{pmatrix}=\begin{pmatrix} \frac{15}{2} & -8 & -10 \\ -7 & -3 & -3 \end{pmatrix}$

b. $4A-\frac{1}{2}B=\begin{pmatrix} -12 & 16 & 8 \\ -4 & 8 & 0 \end{pmatrix}-\begin{pmatrix} \frac{1}{4} & 0 & -1 \\ -\frac{3}{2} & \frac{1}{6} & -\frac{1}{2} \end{pmatrix}=\begin{pmatrix} -\frac{49}{4} & 16 & 9 \\ -\frac{5}{2} & \frac{47}{6} & \frac{1}{2} \end{pmatrix}$

c. $\frac{1}{2}A-6B=\begin{pmatrix} -\frac{3}{2} & 2 & 1 \\ -\frac{1}{2} & 1 & 0 \end{pmatrix}-\begin{pmatrix} 3 & 0 & -12 \\ -18 & 2 & -6 \end{pmatrix}=\begin{pmatrix} -\frac{9}{2} & 2 & 13 \\ \frac{35}{2} & -1 & 6 \end{pmatrix}$

22 Dadas las matrices $A=\begin{pmatrix} -2 & 1 & 0 \\ 3 & 3 & 5 \\ 2 & -2 & 1 \end{pmatrix}$ y $B=\begin{pmatrix} 1 & 0 & 0 \\ 0 & -1 & 3 \\ 0 & 2 & 2 \end{pmatrix}$, calcula:

a. $3A + 2B$

b. $\frac{1}{2}A-3B$

23 Dadas las matrices $A=\begin{pmatrix} 4 & 0 & 1 \\ 3 & 2 & -2 \\ 0 & 1 & -3 \end{pmatrix}$ y $B=\begin{pmatrix} 2 & 1 & 1 \\ 1 & 5 & 0 \\ -1 & 3 & 0 \end{pmatrix}$, calcula:

a. $-A + 2B$

b. $2A - 3B$

24 El gobierno de un país establece el presupuesto que dedicará durante el año 2024 a tres programas de su acción social (PI: pobreza infantil, AT: acceso al trabajo y EA: atención a personas con enfermedades avanzadas). La siguiente matriz determina las cantidades, en unidades monetarias, presupuestadas en cada uno de los cuatro trimestres del año.

$$\begin{array}{cc} & \begin{array}{cccc} 1.^{\text{er}}\text{T} & 2.^{\circ}\text{T} & 3.^{\circ}\text{T} & 4.^{\circ}\text{T} \end{array} \\ P_{2024} = & \begin{pmatrix} 200 & 250 & 200 & 150 \\ 450 & 300 & 400 & 300 \\ 300 & 250 & 200 & 400 \end{pmatrix} \begin{array}{l} \text{PI} \\ \text{AT} \\ \text{EA} \end{array} \end{array}$$

a. Las cantidades para 2025 se aumentan en un 5 %, y las de 2026, en otro 10 %. Escribe las matrices correspondientes a ambos años.

b. Calcula la matriz que establece el total de cantidades presupuestadas durante los tres años para cada uno de los programas y cada uno de los trimestres.

3.3. Matriz traspuesta

Dada una matriz A, se denomina **matriz traspuesta de A**, y se representa por A^t, a la matriz que resulta al cambiar las filas por las columnas en la matriz A.

$$A = (a_{ij}) \Rightarrow A^t = (a_{ji})$$

Ejemplo

Si $A = \begin{pmatrix} -1 & 3 & 4 \\ 0 & -1 & -2 \end{pmatrix}$, entonces $A^t = \begin{pmatrix} -1 & 0 \\ 3 & -1 \\ 4 & -2 \end{pmatrix}$

Propiedades de la matriz traspuesta

1. Si la dimensión de A es $m \times n$ la dimensión de A^t es $n \times m$.
2. $(A^t)^t = A$
3. $(A + B)^t = A^t + B^t$
4. Si A es simétrica, $A = A^t$, y si es antisimétrica, $A = -A^t$.

25 Actividad resuelta

Comprueba que $(A+B)^t = A^t + B^t$, siendo $A = \begin{pmatrix} -1 & 3 & 5 & -2 \\ 2 & -3 & 0 & 6 \end{pmatrix}$ y $B = \begin{pmatrix} -3 & 4 & 0 & 3 \\ 3 & 3 & -2 & 2 \end{pmatrix}$.

$$(A+B)^t = \left[\begin{pmatrix} -1 & 3 & 5 & -2 \\ 2 & -3 & 0 & 6 \end{pmatrix} + \begin{pmatrix} -3 & 4 & 0 & 3 \\ 3 & 3 & -2 & 2 \end{pmatrix}\right]^t = \begin{pmatrix} -4 & 7 & 5 & 1 \\ 5 & 0 & -2 & 8 \end{pmatrix}^t = \begin{pmatrix} -4 & 5 \\ 7 & 0 \\ 5 & -2 \\ 1 & 8 \end{pmatrix}$$

$$A^t + B^t = \begin{pmatrix} -1 & 3 & 5 & -2 \\ 2 & -3 & 0 & 6 \end{pmatrix}^t + \begin{pmatrix} -3 & 4 & 0 & 3 \\ 3 & 3 & -2 & 2 \end{pmatrix}^t = \begin{pmatrix} -1 & 2 \\ 3 & -3 \\ 5 & 0 \\ -2 & 6 \end{pmatrix} + \begin{pmatrix} -3 & 3 \\ 4 & 3 \\ 0 & -2 \\ 3 & 2 \end{pmatrix} = \begin{pmatrix} -4 & 5 \\ 7 & 0 \\ 5 & -2 \\ 1 & 8 \end{pmatrix}$$

Así que $(A + B)^t = A^t + B^t$, como queríamos demostrar.

26 **Calcula, en cada caso, el valor de las letras que aparecen para que:**

a. $A = \begin{pmatrix} x+y & 3y+x \\ 2x+y & 13 \end{pmatrix}$ y $B = \begin{pmatrix} -3x+6 & -4y-1 \\ -14 & -x^2+3y \end{pmatrix}$ sean opuestas.

b. Si $A = \begin{pmatrix} a^2 & 2b+c \\ b+2c & 2a-5 \\ b^2+c^2 & 41 \end{pmatrix}$ y $B = \begin{pmatrix} -5a & 4 & 16 \\ 8 & 3a & a^2+b^2 \end{pmatrix}$, entonces $A^t = B$.

3.4. Producto de matrices

No siempre es posible multiplicar dos matrices. El producto solo está definido cuando sus dimensiones verifican ciertas condiciones.

El resultado inicial que nos llevará al producto de matrices es que una matriz fila se puede multiplicar por una matriz columna solo si ambas tienen igual número de elementos.

Sean $A = \begin{pmatrix} a_1 & a_2 & \dots & a_n \end{pmatrix}$ y $B = \begin{pmatrix} b_1 \\ b_2 \\ \dots \\ b_n \end{pmatrix}$. Se define el **producto** ***AB*** como:

$$AB = (a_1\ a_2\ \dots\ a_n)\begin{pmatrix} b_1 \\ b_2 \\ \dots \\ b_n \end{pmatrix} = a_1b_1 + a_2b_2 + \dots + a_nb_n$$

Al multiplicar una matriz de dimensión $1 \times n$ por otra de dimensión $n \times 1$ se obtiene una matriz de dimensión 1×1. En este caso se puede prescindir de los paréntesis.

$$(1 \times n)(n \times 1) = 1 \times 1$$

Ejemplo

$$(\,5\ \ -4\ \ 7)\begin{pmatrix} 3 \\ 2 \\ 0 \end{pmatrix} = 5 \cdot 3 + (-4) \cdot 2 + 7 \cdot 0 = 7$$

27 **Dadas las matrices** $A = (-1\ \ 2\ \ -3\ \ 4)$ **y** $B = \begin{pmatrix} 1 \\ -2 \\ 1 \\ 2 \end{pmatrix}$**, calcula** AB**.**

Dos matrices se pueden multiplicar cuando el número de columnas de la primera matriz coincide con el número de filas de la segunda matriz.

El producto de la matriz A, de dimensión $m \times n$, **por la matriz B**, de dimensión $n \times q$, es otra matriz $C = (c_{ij})$ de dimensión $m \times q$, tal que cada elemento c_{ij} se obtiene multiplicando la fila i de la primera matriz por la columna j de la segunda, es decir:

$$c_{ij} = a_{i1}b_{1j} + a_{i2}b_{2j} + \cdots a_{in}b_{nj}$$

El producto de las matrices **A** y **B** se designa por **A · B** o **AB**.

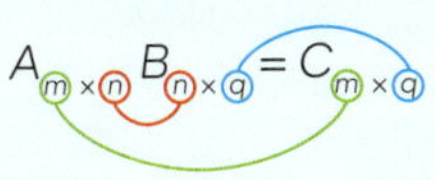

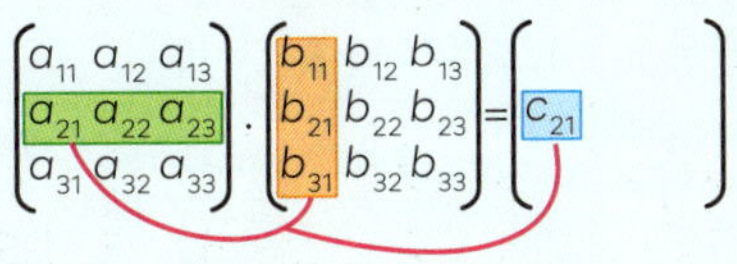

Ejemplo

$$\begin{pmatrix} -1 & 2 & 4 \\ 3 & -5 & 1 \end{pmatrix}\begin{pmatrix} 4 & -1 \\ 1 & -2 \\ 0 & 3 \end{pmatrix} = \begin{pmatrix} (-1)\cdot 4 + 2 \cdot 1 + 4 \cdot 0 & (-1)(-1) + 2(-2) + 4 \cdot 3 \\ 3 \cdot 4 + (-5) \cdot 1 + 1 \cdot 0 & 3(-1) + (-5)(-2) + 1 \cdot 3 \end{pmatrix} = \begin{pmatrix} -2 & 9 \\ 7 & 10 \end{pmatrix}$$

Este es el producto de una matriz de dimensión 2×3 por una matriz de dimensión 3×2. El resultado es una matriz 2×2.

28 Dadas las matrices:

$$A=\begin{pmatrix} 1 & 1 & 1 & 0 \\ 2 & 1 & 1 & 0 \\ 2 & 3 & 1 & 2 \end{pmatrix} \qquad B=\begin{pmatrix} 2 & 1 & 0 \\ 3 & 2 & 0 \\ 1 & 0 & 1 \end{pmatrix}$$

Explica razonadamente si se puede realizar el producto *BA*. En caso afirmativo, halla los resultados y determina la dimensión de la matriz resultante.

29 Dada la matriz $A=\begin{pmatrix} 1 & 3 & 2 & 1 \\ 4 & 5 & 3 & -2 \end{pmatrix}$, explica razonadamente si existe una matriz *B* tal que el producto *AB* sea una matriz de tres filas. En caso de existir *B*, pon un ejemplo concreto y realiza el producto.

30 **MAT-TIC** Estudia de manera gráfica el *Producto de matrices* con ayuda del interactivo de GeoGebra.

Ejemplo

La familia *F*1 consume cada semana 10 barras de pan, 2 kg de carne y 8 L de leche; la familia *F*2, 12 barras de pan, 3 kg de carne y 7 L de leche. Por último, la familia *F*3 consume cada semana 15 barras de pan, 4 kg de carne y 10 L de leche.

El consumo semanal de cada familia de cada uno de los productos indicados se puede expresar mediante la matriz *C*:

$$\begin{array}{c} \\ F1 \\ F2 \\ F3 \end{array}\begin{array}{c} \text{Pan} \quad \text{Carne} \quad \text{Leche} \\ \begin{pmatrix} 10 & 2 & 8 \\ 12 & 3 & 7 \\ 15 & 4 & 10 \end{pmatrix} \end{array}$$

Los precios, en euros por unidad, de los productos mencionados han variado durante las cuatro primeras semanas del mes de agosto y vienen expresados por la matriz *P*:

$$\begin{array}{c} \\ \text{Pan} \\ \text{Carne} \\ \text{Leche} \end{array}\begin{array}{c} 1.^{a} \quad 2.^{a} \quad 3.^{a} \quad 4.^{a} \leftarrow \text{Semana} \\ \begin{pmatrix} 0{,}60 & 0{,}65 & 0{,}70 & 0{,}70 \\ 12 & 12 & 12{,}50 & 13 \\ 1{,}10 & 1{,}15 & 0{,}95 & 1{,}10 \end{pmatrix} \end{array}$$

La matriz producto *CP* representa el gasto total de cada una de las familias en cada una de las semanas consideradas.

$$\begin{pmatrix} 10 & 2 & 8 \\ 12 & 3 & 7 \\ 15 & 4 & 10 \end{pmatrix}\begin{pmatrix} 0{,}60 & 0{,}65 & 0{,}70 & 0{,}70 \\ 12 & 12 & 12{,}50 & 13 \\ 1{,}10 & 1{,}15 & 0{,}95 & 1{,}10 \end{pmatrix} = \begin{array}{c} F1 \\ F2 \\ F3 \end{array}\begin{pmatrix} 38{,}80 & 39{,}70 & 39{,}60 & 41{,}80 \\ 50{,}90 & 51{,}85 & 52{,}55 & 55{,}10 \\ 68 & 69{,}25 & 70 & 73{,}50 \end{pmatrix}$$

(columnas: 1.ª sem, 2.ª sem, 3.ª sem, 4.ª sem)

Así, por ejemplo, la familia *F*2 ha gastado en la tercera semana de agosto 52,55 €.

Los estudios de consumo como este, son una de las aplicaciones más frecuentes de las matrices. Las matrices pueden usarse tal y como se hace anteriormente, para manejar grandes cantidades de datos, referidas, por ejemplo, a una ciudad, país o continente. En ese caso, las dimensiones de las mismas aumentan considerablemente y es necesaria la ayuda de programas de cálculo para resolver las operaciones.

31 Una empresa empaqueta cinco tipos de lotes de herramientas para bricolaje y los reparte en cuatro provincias *A*, *B*, *C* y *D*. La siguiente tabla muestra el número de lotes de cada tipo que debe repartir en cada provincia.

	Lote 1	Lote 2	Lote 3	Lote 4	Lote 5
A	12	10	10	30	10
B	15	9	15	25	12
C	23	8	12	25	15
D	12	12	20	15	12

Cada tipo de lote está formado por un número de piezas *P*, *Q* y *R*, según la siguiente distribución.

	Lote 1	Lote 2	Lote 3	Lote 4	Lote 5
P	2	1	2	0	1
Q	2	1	2	2	0
R	0	2	2	3	3

Escribe la matriz que determina el número de piezas de cada clase que se van a repartir a cada provincia.

3.5. Propiedades del producto de matrices

El producto de matrices tiene las siguientes propiedades:

1. **Asociativa**: $A(BC) = (AB)C$
2. **Asociativa respecto del producto por un escalar**: $\lambda(AB) = (\lambda A)B$
3. **Distributiva respecto de la suma**: $A(B + C) = AB + AC$ y $(A + B)C = AC + BC$
4. **Producto por la matriz identidad**: $A_{m\times n} I_n = A_{m\times n}$; $I_m A_{m\times n} = A_{m\times n}$
5. **Traspuesta del producto**: Si existe el producto AB, entonces $(AB)^t = B^t A^t$.

32 Actividad resuelta

Dadas las matrices $A=\begin{pmatrix} -2 & 3 \\ 1 & 2 \end{pmatrix}$, $B=\begin{pmatrix} -2 & 3 & 4 \\ 1 & 0 & 2 \end{pmatrix}$ y $C=\begin{pmatrix} 2 \\ 3 \\ -1 \end{pmatrix}$, **comprueba que se cumple la propiedad asociativa.**

$$A(BC)=\begin{pmatrix} -2 & 3 \\ 1 & 2 \end{pmatrix}\left[\begin{pmatrix} -2 & 3 & 4 \\ 1 & 0 & 2 \end{pmatrix}\begin{pmatrix} 2 \\ 3 \\ -1 \end{pmatrix}\right]=\begin{pmatrix} -2 & 3 \\ 1 & 2 \end{pmatrix}\begin{pmatrix} 1 \\ 0 \end{pmatrix}=\begin{pmatrix} -2 \\ 1 \end{pmatrix}$$

$$(AB)C=\left[\begin{pmatrix} -2 & 3 \\ 1 & 2 \end{pmatrix}\begin{pmatrix} -2 & 3 & 4 \\ 1 & 0 & 2 \end{pmatrix}\right]\begin{pmatrix} 2 \\ 3 \\ -1 \end{pmatrix}=\begin{pmatrix} 7 & -6 & -2 \\ 0 & 3 & 8 \end{pmatrix}\begin{pmatrix} 2 \\ 3 \\ -1 \end{pmatrix}=\begin{pmatrix} -2 \\ 1 \end{pmatrix}$$

Por tanto, se cumple la propiedad asociativa.

En general, el producto de matrices no es conmutativo, es decir, $AB \neq BA$.

En general, no podemos aplicar las identidades notables al trabajar con potencias de matrices, al no ser conmutativo su producto.

Ejemplo

Dadas las matrices $A=\begin{pmatrix} -1 & 2 & 3 \\ 1 & 0 & -1 \end{pmatrix}$ y $B=\begin{pmatrix} 1 & 2 \\ -1 & 2 \\ 0 & 3 \end{pmatrix}$, vamos a estudiar si su producto es conmutativo, es decir, si $AB = BA$.

$$AB=\begin{pmatrix} -1 & 2 & 3 \\ 1 & 0 & -1 \end{pmatrix}\begin{pmatrix} 1 & 2 \\ -1 & 2 \\ 0 & 3 \end{pmatrix}=\begin{pmatrix} -3 & 11 \\ 1 & -1 \end{pmatrix}$$

$$BA=\begin{pmatrix} 1 & 2 \\ -1 & 2 \\ 0 & 3 \end{pmatrix}\begin{pmatrix} -1 & 2 & 3 \\ 1 & 0 & -1 \end{pmatrix}=\begin{pmatrix} 1 & 2 & 1 \\ 3 & -2 & -5 \\ 3 & 0 & -3 \end{pmatrix}$$. Por tanto, $AB \neq BA$.

33 Actividad resuelta

Dada la matriz $P=\begin{pmatrix} -1 & 3 \\ 2 & 1 \end{pmatrix}$, **calcula** $M = P^2 - 3P - 2I_2$.

$$P^2=PP=\begin{pmatrix} -1 & 3 \\ 2 & 1 \end{pmatrix}\begin{pmatrix} -1 & 3 \\ 2 & 1 \end{pmatrix}=\begin{pmatrix} 7 & 0 \\ 0 & 7 \end{pmatrix} \qquad 3P=3\begin{pmatrix} -1 & 3 \\ 2 & 1 \end{pmatrix}=\begin{pmatrix} -3 & 9 \\ 6 & 3 \end{pmatrix}$$

Luego $M=P^2-3P-2I_2=\begin{pmatrix} 7 & 0 \\ 0 & 7 \end{pmatrix}-\begin{pmatrix} -3 & 9 \\ 6 & 3 \end{pmatrix}-\begin{pmatrix} 2 & 0 \\ 0 & 2 \end{pmatrix}=\begin{pmatrix} 8 & -9 \\ -6 & 2 \end{pmatrix}$

34 Si A es una matriz de orden n tal que $A^2 = A$ y $B = 2A - I$, siendo I la matriz identidad de orden n, calcula B^2.

35 Dadas las matrices $A=\begin{pmatrix} -2 & 1 & 1 \\ 3 & -2 & 0 \\ 1 & 0 & 1 \end{pmatrix}$ y $B=\begin{pmatrix} 1 & 2 & -1 \\ -3 & 2 & 4 \\ 1 & 0 & -1 \end{pmatrix}$, comprueba que se verifica la propiedad $(AB)^t = B^t A^t$.

36 Actividad resuelta

Dada la matriz $A=\begin{pmatrix} 1 & -1 \\ 0 & 1 \end{pmatrix}$:

a. Calcula A^2, A^3 y A^4.

b. Escribe, en función de n, la enésima potencia de A.

a. $A^2 = AA = \begin{pmatrix} 1 & -1 \\ 0 & 1 \end{pmatrix}\begin{pmatrix} 1 & -1 \\ 0 & 1 \end{pmatrix} = \begin{pmatrix} 1 & -2 \\ 0 & 1 \end{pmatrix}$

$A^3 = A^2A = \begin{pmatrix} 1 & -2 \\ 0 & 1 \end{pmatrix}\begin{pmatrix} 1 & -1 \\ 0 & 1 \end{pmatrix} = \begin{pmatrix} 1 & -3 \\ 0 & 1 \end{pmatrix}$

$A^4 = A^2A^2 = \begin{pmatrix} 1 & -2 \\ 0 & 1 \end{pmatrix}\begin{pmatrix} 1 & -2 \\ 0 & 1 \end{pmatrix} = \begin{pmatrix} 1 & -4 \\ 0 & 1 \end{pmatrix}$

b. Observando las sucesivas potencias de A, se deduce la potencia enésima:

$A^n = \begin{pmatrix} 1 & -n \\ 0 & 1 \end{pmatrix}$

37 Dadas las matrices $A=\begin{pmatrix} 2 & 1 & -1 \\ 1 & 0 & -3 \\ 2 & 1 & -3 \end{pmatrix}$, $B=\begin{pmatrix} 1 & -2 & -2 \\ 3 & 1 & -1 \\ 0 & -1 & 0 \end{pmatrix}$ y $C=\begin{pmatrix} -1 & 0 & 0 \\ 2 & 2 & 0 \\ 3 & 3 & 0 \end{pmatrix}$, calcula:

a. $2A+3B$, $A-2B-3C$ y $2A-B+4C$

b. ABC y BAB

c. A^2B^3

38 Efectúa, si es posible, la siguiente operación matricial.

$$\begin{pmatrix} -1 & 0 \\ -2 & -3 \\ 4 & 8 \end{pmatrix}\begin{pmatrix} -1 & 1 & 3 \\ -2 & -3 & 2 \end{pmatrix}\begin{pmatrix} 0 & -3 \\ -4 & 5 \\ -5 & 6 \end{pmatrix}$$

39 Dadas las matrices $A=\begin{pmatrix} -2 & 3 & 1 & 2 \\ 0 & 1 & 0 & 2 \\ 0 & 0 & -1 & 3 \end{pmatrix}$, $B=\begin{pmatrix} -1 & 1 & 1 & 2 \\ 1 & 1 & 0 & 2 \\ 0 & 3 & 0 & -4 \end{pmatrix}$ y $C=\begin{pmatrix} -2 & -3 & 4 & 2 \\ 1 & 0 & 1 & -1 \end{pmatrix}$:

a. Calcula $(A+B)C^t$.

b. Comprueba que $(A+B)C^t = AC^t + BC^t$.

c. Comprueba que $(AC^t)^t = CA^t$.

40 Dadas las matrices $A=\begin{pmatrix} -1 & 3 & 2 & 4 & 0 \\ 2 & 3 & -1 & 1 & 4 \end{pmatrix}$ y $B=\begin{pmatrix} -1 & 2 & 1 & 0 & 4 \end{pmatrix}$:

a. Comprueba que $(AB^t)^t = BA^t$.

b. Calcula $(AB^t)^t + BA^t$.

41 La siguiente matriz A determina el número de fallecidos, según la edad, en los desastres de tipo climático ocurridos en los años 2020, 2021 y 2022, en una cierta zona de un país.

	2020	2021	2022	
A =	6	4	5	Menores
	14	10	5	Adultos

La siguiente matriz B determina las ayudas, en unidades monetarias, que el gobierno de ese país ha establecido para pagar a las familias de los afectados, según la edad y el año:

	2020	2021	2022	
B =	1500	1500	1600	Menores
	1200	1500	1400	Adultos

a. ¿Se puede realizar el producto AB?

b. Calcula la matriz $C=BA^t$ e indica qué representa el elemento c_{22} de esta matriz.

c. Calcula la matriz $D=A^tB$ e indica qué representa el elemento d_{22} de esta matriz.

d. Da una interpretación para los valores de c_{21} y d_{31}.

4 Rango de una matriz. Cálculo por el método de Gauss

4.1. Dependencia lineal de filas o columnas

Sea la matriz A de dimensión 3×3, $A = \begin{pmatrix} -1 & 1 & -3 \\ -2 & 2 & -6 \\ -3 & 3 & -9 \end{pmatrix}$.

Llamando F_i y C_j a las filas y columnas de la matriz, se puede observar que:

$F_3 = 3F_1$, es decir: $(-3 \;\; 3 \;\; -9) = 3(-1 \;\; 1 \;\; -3)$

$F_2 = F_3 - F_1$, es decir: $(-2 \;\; 2 \;\; -6) = (-3 \;\; 3 \;\; -9) - (-1 \;\; 1 \;\; -3)$

$C_2 = -C_1$, es decir: $\begin{pmatrix} 1 \\ 2 \\ 3 \end{pmatrix} = -\begin{pmatrix} -1 \\ -2 \\ -3 \end{pmatrix}$

Así, se dice que:

- La fila F_3 depende linealmente de la fila F_1 o que F_1 y F_3 son **linealmente dependientes**.
- La fila F_2 depende linealmente de las filas F_1 y F_3 o que F_1, F_2 y F_3 son **linealmente dependientes**.
- La columna C_2 depende linealmente de C_1 o que C_1 y C_2 son **linealmente dependientes**.

En particular, dos filas o dos columnas son linealmente dependientes si son proporcionales, y son linealmente independientes si no lo son.

Una fila (o columna) de una matriz, por ejemplo F_1, **depende linealmente** de otras filas (o columnas) de esa misma matriz, $F_2, F_3, \ldots F_n$, si existen números reales $\lambda_2, \lambda_3, \ldots, \lambda_n$, tales que:

$$F_1 = \lambda_2 F_2 + \lambda_3 F_3 + \ldots + \lambda_n F_n$$

Ejemplo

$F_1 = (-4 \;\; 10 \;\; 15)$ depende linealmente de $F_2 = (-3 \;\; 5 \;\; 7)$, $F_3 = (1 \;\; 3 \;\; 2)$ y $F_4 = (1 \;\; 1 \;\; 1)$, ya que $F_1 = 2F_2 - F_3 + 3F_4$

Un conjunto de filas (o columnas) de una matriz es **linealmente dependiente** si al menos una de ellas depende linealmente de las restantes. En caso contrario se dice que son **linealmente independientes**.

42 **MAT-TIC** **Estudia la dependencia e independencia lineal con ayuda del interactivo de GeoGebra *Combinaciones lineales*.**

4.2. Rango de una matriz

Se puede demostrar que en una matriz el máximo número de filas linealmente independientes coincide con el máximo número de columnas linealmente independientes.

El **rango de una matriz A** es el máximo número de filas, o columnas, linealmente independientes que se pueden encontrar en ella:

$$\text{rg}(A) = \text{rg}(F_1, F_2, F_3, \ldots) = \text{rg}(C_1, C_2, C_3, \ldots)$$

Ejemplo

Siendo $F_1 = (2 \;\; 4 \;\; 1)$, $F_2 = (3 \;\; 0 \;\; -1)$ y $F_3 = (2 \;\; -8 \;\; -4)$, vemos que $F_1 = F_2 - \frac{F_3}{2}$.

Recíprocamente, se ve que $F_2 = F_1 + \frac{F_3}{2}$

Y que $F_3 = -2F_1 + 2F_2$

El rango de una matriz vale 0 solo en el caso de que la matriz sea nula. En cualquier otro caso, el rango es mayor o igual que 1.

Si en una matriz no se pueden encontrar dos filas linealmente independientes, tampoco se pueden encontrar tres filas linealmente independientes.

Ejemplo

Para calcular el rango de la matriz $A=\begin{pmatrix} -1 & 1 & -3 \\ -2 & 2 & -6 \\ -3 & 3 & -9 \end{pmatrix}$ se observa que:

$F_2 = 2F_1$ y, por tanto, las filas F_1 y F_2 son linealmente dependientes.

$F_3 = 3F_1$ y, por tanto, las filas F_1 y F_3 son linealmente dependientes.

$F_3 = \frac{3}{2}F_2$ y, por tanto, las filas F_2 y F_3 son linealmente dependientes.

Como no se pueden encontrar dos filas linealmente independientes, el rango de la matriz vale 1.

Se escribe $\text{rg}(A) = 1$.

43 **Indica el rango de las siguientes matrices.**

a. $A=\begin{pmatrix} 2 & -2 \\ -1 & 1 \end{pmatrix}$ b. $B=\begin{pmatrix} 2 & -2 \\ 1 & 1 \end{pmatrix}$ c. $C=\begin{pmatrix} 0 & 0 \\ 0 & 0 \end{pmatrix}$

44 **Estudia el rango de las siguientes matrices.**

a. $A=\begin{pmatrix} 1 & 4 & 7 \\ 2 & 5 & 8 \\ 3 & 6 & 9 \end{pmatrix}$

b. $B=\begin{pmatrix} 1 & 0 & 1 \\ 0 & 1 & 0 \\ -1 & 0 & 1 \end{pmatrix}$

c. $C=\begin{pmatrix} 1 & 0 & 1 \\ 2 & 1 & 2 \\ -3 & -1 & -3 \end{pmatrix}$

d. $D=\begin{pmatrix} 2 & -1 & 1 \\ 2 & 1 & 0 \\ 3 & -\frac{1}{2} & 1 \end{pmatrix}$

45 **Calcula el rango de la matriz, observando si existe dependencia lineal entre sus filas.**

$$A=\begin{pmatrix} -1 & 2 & 5 & -3 & 1 \\ 2 & -2 & 1 & 0 & 4 \\ 1 & 2 & 17 & -9 & 11 \\ -1 & 1 & -\frac{1}{2} & 0 & -2 \end{pmatrix}$$

4.3. Cálculo del rango de una matriz por el método de Gauss

El método de Gauss para el cálculo del rango de una matriz consiste en aplicar transformaciones elementales a las filas o a las columnas con el fin de obtener una **matriz escalonada**.

El **rango** de la matriz es igual al **número de filas no nulas** de la matriz escalonada, ya que estas son linealmente independientes.

Las transformaciones elementales de filas o columnas que dejan invariante (no cambian) el rango de una matriz son:

- Intercambiar dos filas o columnas de la matriz.
- Multiplicar o dividir una fila o una columna de la matriz por un número real no nulo.
- Sumar o restar a una fila o columna otra multiplicada por un número real cualquiera.

El rango de una matriz no varía si se suprimen:

- Las filas o columnas nulas.
- Las filas o columnas proporcionales a otras.
- Las filas o columnas que dependen linealmente de otras.

El rango de una matriz tampoco varía si se transpone: $\text{rg}(A) = \text{rg}(A^t)$.

46 Actividad resuelta

Calcula el rango de la matriz $A=\begin{pmatrix} 2 & -1 & 1 & 2 & 3 \\ -4 & 2 & 0 & 2 & 3 \\ -1 & 1 & -2 & 0 & 2 \\ -4 & 3 & -3 & 4 & 10 \end{pmatrix}$ **por el método de Gauss.**

El primer elemento de la primera fila se denomina pivote. Este pivote debe ser no nulo. Además, y para facilitar los cálculos, conviene que sea un 1 o un –1.

1. Como primer paso, se intercambian, por ejemplo, las columnas C_1 y C_2 (se podrían haber intercambiado otras, como F_1 y F_3 o C_1 y C_3):

$$A=\begin{pmatrix} 2 & -1 & 1 & 2 & 3 \\ -4 & 2 & 0 & 2 & 3 \\ -1 & 1 & -2 & 0 & 2 \\ -4 & 3 & -3 & 4 & 10 \end{pmatrix} \xrightarrow{C_1 \leftrightarrow C_2} \begin{pmatrix} -1 & 2 & 1 & 2 & 3 \\ 2 & -4 & 0 & 2 & 3 \\ 1 & -1 & -2 & 0 & 2 \\ 3 & -4 & -3 & 4 & 10 \end{pmatrix} \rightarrow$$

2. Se pretende conseguir que debajo del pivote todos los elementos sean nulos:

$$\xrightarrow[\substack{F_2 \to F_2+2F_1 \\ F_3 \to F_3+F_1 \\ F_4 \to F_4+3F_1}]{} \begin{pmatrix} -1 & 2 & 1 & 2 & 3 \\ 0 & 0 & 2 & 6 & 9 \\ 0 & 1 & -1 & 2 & 5 \\ 0 & 2 & 0 & 10 & 19 \end{pmatrix} \rightarrow$$

3. El nuevo pivote es el segundo elemento de la segunda fila. Como el pivote no puede ser nulo, se intercambian F_2 y F_3:

$$\xrightarrow[F_2 \leftrightarrow F_3]{} \begin{pmatrix} -1 & 2 & 1 & 2 & 3 \\ 0 & 1 & -1 & 2 & 5 \\ 0 & 0 & 2 & 6 & 9 \\ 0 & 2 & 0 & 10 & 19 \end{pmatrix} \rightarrow$$

4. De nuevo se busca que debajo del pivote los elementos sean nulos:

$$\xrightarrow[F_4 \to F_4-2F_2]{} \begin{pmatrix} -1 & 2 & 1 & 2 & 3 \\ 0 & 1 & -1 & 2 & 5 \\ 0 & 0 & 2 & 6 & 9 \\ 0 & 0 & 2 & 6 & 9 \end{pmatrix} \rightarrow$$

5. El nuevo pivote es el tercer elemento de la tercera fila. Con la transformación se obtiene un 0 debajo de él:

$$\xrightarrow[F_4 \to F_4-F_3]{} \begin{pmatrix} -1 & 2 & 1 & 2 & 3 \\ 0 & 1 & -1 & 2 & 5 \\ 0 & 0 & 2 & 6 & 9 \\ 0 & 0 & 0 & 0 & 0 \end{pmatrix}$$

El proceso de transformación ha terminado ya que se ha obtenido una matriz escalonada.
El número de filas no nulas de la matriz escalonada final es 3 y, por tanto, rg(A) = 3.

47 Calcula el rango de las siguientes matrices aplicando el método de Gauss.

$$A=\begin{pmatrix} -1 & 0 & 1 \\ -2 & -1 & 0 \\ -3 & 0 & 1 \end{pmatrix} \quad B=\begin{pmatrix} 0 & -1 & 3 \\ 1 & 1 & -2 \\ 2 & 5 & 5 \end{pmatrix} \quad C=\begin{pmatrix} -1 & 0 & 4 & 1 \\ \frac{1}{3} & -1 & \frac{2}{3} & -2 \end{pmatrix}$$

48 Halla el rango de las siguientes matrices.

$$A=\begin{pmatrix} -1 & 0 & 1 \\ -2 & -1 & 0 \\ -3 & 0 & 1 \end{pmatrix} \quad B=\begin{pmatrix} 0 & -1 & 3 \\ 1 & 1 & -2 \\ 2 & 5 & 5 \end{pmatrix} \quad C=\begin{pmatrix} -1 & 0 & 4 & 1 \\ \frac{1}{3} & -1 & \frac{2}{3} & -2 \end{pmatrix}$$

49 Aplicando el método de Gauss, calcula el rango de las siguientes matrices.

a. $A=\begin{pmatrix} 1 & 2 & 3 \\ -1 & 2 & 3 \\ -1 & -2 & -3 \end{pmatrix}$

b. $B=\begin{pmatrix} 1 & 1 & 1 & 1 \\ 2 & 2 & 2 & -2 \\ 5 & 5 & 5 & -3 \end{pmatrix}$

c. $C=\begin{pmatrix} 1 & 2 & -4 \\ 0 & 1 & 5 \\ 1 & 0 & 1 \end{pmatrix}$

d. $D=\begin{pmatrix} 1 & -1 & 4 & -5 & 3 \\ -3 & 6 & 8 & -3 & 0 \\ -2 & 5 & 12 & -8 & 3 \end{pmatrix}$

50 Aplica el método de Gauss para calcular el rango de las matrices siguientes.

$$A=\begin{pmatrix} 1 & 1 & 2 & 1 & 3 \\ 1 & 1 & 3 & 2 & 1 \\ 1 & 1 & 2 & 1 & 7 \end{pmatrix} \quad D=\begin{pmatrix} 0 & -1 & 4 & 4 \\ 2 & 1 & 2 & -3 \\ 2 & -3 & 18 & 13 \end{pmatrix}$$

51 Calcula el rango de la matriz $A=\begin{pmatrix} 1 & -1 & 1 & -1 & 2 \\ 2 & 1 & 0 & -1 & 2 \\ 3 & 3 & -1 & -1 & 2 \\ -4 & -2 & 0 & 2 & -4 \end{pmatrix}$.

5 Matriz inversa. Cálculo por el método de Gauss-Jordan

5.1. Matriz inversa

Dada la matriz cuadrada A, se llama **matriz inversa** de A y se denota por A^{-1} a la matriz que verifica:

$$AA^{-1} = A^{-1}A = I$$

Ejemplo

La matriz inversa de $A=\begin{pmatrix} 2 & 1 \\ 1 & 1 \end{pmatrix}$ es $A^{-1}=\begin{pmatrix} 1 & -1 \\ -1 & 2 \end{pmatrix}$, ya que:

$$AA^{-1}=\begin{pmatrix} 2 & 1 \\ 1 & 1 \end{pmatrix}\begin{pmatrix} 1 & -1 \\ -1 & 2 \end{pmatrix}=\begin{pmatrix} 1 & 0 \\ 0 & 1 \end{pmatrix}=I \qquad A^{-1}A=\begin{pmatrix} 1 & -1 \\ -1 & 2 \end{pmatrix}\begin{pmatrix} 2 & 1 \\ 1 & 1 \end{pmatrix}=\begin{pmatrix} 1 & 0 \\ 0 & 1 \end{pmatrix}=I$$

Para probar que dos matrices cuadradas son inversas una de la otra es suficiente con comprobar uno solo de los dos productos, ya que, en este caso particular, se verifica la conmutatividad.

No todas las matrices tienen matriz inversa. Una condición necesaria es que la matriz sea cuadrada. Sin embargo, esta condición no es suficiente; es decir, existen matrices cuadradas que no poseen matriz inversa.

Las matrices cuadradas que poseen inversa son aquellas en las que su rango coincide con su orden.

Cuando una matriz cuadrada tiene inversa, se dice que es **regular** o **invertible**. En caso contrario, se dice que es **singular**.

Un procedimiento directo para calcular la inversa de una matriz, si existe, es aplicar la definición y resolver el correspondiente sistema de ecuaciones lineales.

Ejemplo

Para calcular la matriz inversa de $A=\begin{pmatrix} -1 & -2 \\ 1 & 1 \end{pmatrix}$ se debe encontrar una matriz $A^{-1}=\begin{pmatrix} a & b \\ c & d \end{pmatrix}$, tal que $AA^{-1}=I$.

$$AA^{-1}=\begin{pmatrix} -1 & -2 \\ 1 & 1 \end{pmatrix}\begin{pmatrix} a & b \\ c & d \end{pmatrix}=\begin{pmatrix} -a-2c & -b-2d \\ a+c & b+d \end{pmatrix}=\begin{pmatrix} 1 & 0 \\ 0 & 1 \end{pmatrix}$$

Igualando término a término obtenemos dos sistemas cuya solución son los elementos de la matriz buscada.

$$\begin{cases} -a-2c=1 \\ a+c=0 \end{cases} \Rightarrow \begin{cases} a=1 \\ c=-1 \end{cases} \text{ y } \begin{cases} -b-2d=0 \\ b+d=1 \end{cases} \Rightarrow \begin{cases} b=2 \\ d=-1 \end{cases} \Rightarrow A^{-1}=\begin{pmatrix} 1 & 2 \\ -1 & -1 \end{pmatrix}$$

52 Actividad resuelta

Comprueba que la matriz $A=\begin{pmatrix} -1 & 2 & 0 \\ 0 & -1 & -2 \\ -1 & 0 & -4 \end{pmatrix}$ **no tiene inversa.**

Se puede comprobar viendo que su rango es menor que 3:

$$A=\begin{pmatrix} -1 & 2 & 0 \\ 0 & -1 & -2 \\ -1 & 0 & -4 \end{pmatrix} \underset{F_3 \to F_3 - F_1}{\to} \begin{pmatrix} -1 & 2 & 0 \\ 0 & -1 & -2 \\ 0 & -2 & -4 \end{pmatrix} \underset{F_3 \to F_3 - 2F_2}{\to} \begin{pmatrix} -1 & 2 & 0 \\ 0 & -1 & -2 \\ 0 & 0 & 0 \end{pmatrix}$$

El rango de la matriz es 2, menor que su orden, 3, y, por tanto, no posee inversa.

Si dos matrices A y B poseen matriz inversa, entonces se verifica:

$$(A^{-1})^{-1} = A \qquad (A^t)^{-1} = (A^{-1})^t \qquad (AB)^{-1} = B^{-1}A^{-1}$$

53 Aplicando la definición, calcula las matrices inversas de:

$$A = \begin{pmatrix} -1 & 1 \\ -1 & 2 \end{pmatrix} \qquad B = \begin{pmatrix} 1 & 0 & 1 \\ 0 & 1 & -1 \\ 0 & 0 & 1 \end{pmatrix}$$

54 Aplicando directamente la definición, calcula las matrices inversas de:

$$A = \begin{pmatrix} 0 & 2 \\ 2 & 0 \end{pmatrix} \qquad B = \begin{pmatrix} 1 & 7 \\ -2 & 15 \end{pmatrix}$$

55 Aplicando directamente la definición, calcula la matriz inversa de $A = \begin{pmatrix} 1 & 0 & -1 \\ 2 & -1 & 0 \\ 2 & 0 & -1 \end{pmatrix}$.

56 Comprueba que las matrices A y B son inversas.

$$A = \begin{pmatrix} \frac{1}{2} & -\frac{1}{4} & 2 \\ 2 & 0 & \frac{1}{2} \\ -1 & -\frac{1}{3} & 2 \end{pmatrix} \qquad B = \begin{pmatrix} -\frac{4}{3} & \frac{4}{3} & 1 \\ 36 & -24 & -30 \\ \frac{16}{3} & -\frac{10}{3} & -4 \end{pmatrix}$$

5.2. Cálculo de la matriz inversa por el método de Gauss-Jordan

En ocasiones, calcular la matriz inversa aplicando directamente la definición hace necesario resolver sistemas de ecuaciones de considerable tamaño y resulta bastante engorroso.

Existe un segundo método para calcular la matriz inversa, el **método de Gauss-Jordan**, que se basa en transformaciones de Gauss similares a las utilizadas para el cálculo del rango, con la diferencia importante de que en este caso no se puede modificar el orden de las columnas (aunque sí de las filas).

La técnica consiste en:

1. Construir una nueva matriz con la matriz A y, a su derecha, la matriz identidad de orden n. $(A \mid I)$.
2. Aplicar, por filas, las transformaciones adecuadas de forma que se llegue a la expresión $(I \mid A^{-1})$.

57 **Actividad resuelta**

Aplica el método de Gauss-Jordan para calcular la matriz inversa de $A = \begin{pmatrix} 1 & 3 & 3 \\ 1 & 3 & 4 \\ 1 & 4 & 3 \end{pmatrix}$.

Construimos la matriz con A y la identidad de orden 3 a su derecha. Comenzamos haciendo las transformaciones necesarias.

$$\left(\begin{array}{ccc|ccc} 1 & 3 & 3 & 1 & 0 & 0 \\ 1 & 3 & 4 & 0 & 1 & 0 \\ 1 & 4 & 3 & 0 & 0 & 1 \end{array}\right) \xrightarrow[F_3 \to F_3 - F_1]{F_2 \to F_2 - F_1} \left(\begin{array}{ccc|ccc} 1 & 3 & 3 & 1 & 0 & 0 \\ 0 & 0 & 1 & -1 & 1 & 0 \\ 0 & 1 & 0 & -1 & 0 & 1 \end{array}\right)$$

El elemento a_{22} es nulo. Se intercambian las filas F_2 y F_3:

$$\left(\begin{array}{ccc|ccc} 1 & 3 & 3 & 1 & 0 & 0 \\ 0 & \textcircled{0} & 1 & -1 & 1 & 0 \\ 0 & 1 & 0 & -1 & 0 & 1 \end{array}\right) \xrightarrow[F_2 \leftrightarrow F_3]{} \left(\begin{array}{ccc|ccc} 1 & 3 & 3 & 1 & 0 & 0 \\ 0 & \textcircled{1} & 0 & -1 & 0 & 1 \\ 0 & 0 & 1 & -1 & 1 & 0 \end{array}\right)$$

Utilizando el pivote marcado, se obtienen ceros encima de él:

$$\left(\begin{array}{ccc|ccc} 1 & 3 & 3 & 1 & 0 & 0 \\ 0 & \textcircled{1} & 0 & -1 & 0 & 1 \\ 0 & 0 & 1 & -1 & 1 & 0 \end{array}\right) \xrightarrow[F_1 \to F_1 - 3F_2]{} \left(\begin{array}{ccc|ccc} 1 & 0 & 3 & 4 & 0 & -3 \\ 0 & 1 & 0 & -1 & 0 & 1 \\ 0 & 0 & 1 & -1 & 1 & 0 \end{array}\right)$$

De la misma forma:

$$\left(\begin{array}{ccc|ccc} 1 & 0 & 3 & 4 & 0 & -3 \\ 0 & 1 & 0 & -1 & 0 & 1 \\ 0 & 0 & \textcircled{1} & -1 & 1 & 0 \end{array}\right) \xrightarrow[F_1 \to F_1 - 3F_3]{} \left(\begin{array}{ccc|ccc} 1 & 0 & 0 & 7 & -3 & -3 \\ 0 & 1 & 0 & -1 & 0 & 1 \\ 0 & 0 & 1 & -1 & 1 & 0 \end{array}\right) \Rightarrow A^{-1} = \begin{pmatrix} 7 & -3 & -3 \\ -1 & 0 & 1 \\ -1 & 1 & 0 \end{pmatrix}$$

58 Comprueba que el rango de $A=\begin{pmatrix} -1 & 1 & 1 \\ 0 & 1 & 2 \\ -1 & 2 & 3 \end{pmatrix}$ es 2 y observa qué ocurre si se intenta calcular A^{-1} por el método de Gauss.

59 Utilizando el método de Gauss-Jordan, calcula las matrices inversas de:

$$A=\begin{pmatrix} 2 & -1 \\ 1 & 2 \end{pmatrix} \quad B=\begin{pmatrix} 0 & 2 \\ -1 & 3 \end{pmatrix} \quad C=\begin{pmatrix} 1 & 2 & -1 \\ 0 & -5 & 3 \\ 1 & 0 & 0 \end{pmatrix} \quad D=\begin{pmatrix} 2 & 1 & 0 \\ -1 & 1 & 3 \\ 0 & 4 & 1 \end{pmatrix}$$

60 Aplicando el método de Gauss, calcula las siguientes matrices inversas.

a. $A=\begin{pmatrix} -1 & -1 \\ 2 & 3 \end{pmatrix}$

b. $B=\begin{pmatrix} -1 & 2 \\ 1 & -3 \end{pmatrix}$

c. $C=\begin{pmatrix} 1 & 1 & -1 \\ -2 & 1 & 0 \\ 3 & -4 & 2 \end{pmatrix}$

d. $D=\begin{pmatrix} -1 & 0 & 2 \\ -2 & 1 & 0 \\ 0 & -1 & 3 \end{pmatrix}$

61 Dada la matriz $A=\begin{pmatrix} 5 & -3 \\ 2 & -1 \end{pmatrix}$, calcula:

a. A^{-1} y A^t

b. $(A^tA^{-1})^2 A$

62 **Actividad resuelta**

a. **Averigua para qué valores del parámetro t la matriz A no tiene inversa.**

$$A=\begin{pmatrix} 1 & 0 & -1 \\ 0 & t & 3 \\ 4 & 1 & -t \end{pmatrix}$$

b. **Calcula, si es posible, la matriz inversa de A para $t=2$.**

a. La matriz A tiene inversa si su rango es 3.

Para estudiar su rango, se transforma A en una matriz escalonada.

Como se sabe, el pivote no puede ser 0 en ningún caso. Además, tampoco conviene que el pivote dependa del parámetro.

$$A=\begin{pmatrix} 1 & 0 & -1 \\ 0 & t & 3 \\ 4 & 1 & -t \end{pmatrix} \xrightarrow[F_3\to F_3-4F_1]{} \begin{pmatrix} 1 & 0 & -1 \\ 0 & t & 3 \\ 0 & 1 & 4-t \end{pmatrix} \xrightarrow[F_2\leftrightarrow F_3]{} \begin{pmatrix} 1 & 0 & -1 \\ 0 & 1 & 4-t \\ 0 & t & 3 \end{pmatrix} \xrightarrow[F_3\to F_3-tF_2]{} \begin{pmatrix} 1 & 0 & -1 \\ 0 & 1 & 4-t \\ 0 & 0 & 3-t(4-t) \end{pmatrix}$$

El rango de A es $rg(A)=2$ y, por tanto, la matriz A no tiene inversa si:

$$3-t(4-t)=t^2-4t+3=0 \Rightarrow t=\frac{4\pm 2}{2} \Rightarrow t=3;\ t=1$$

La matriz A tiene inversa para todo número real t distinto de 1 y de 3.

b. Para $t=2$, la matriz tiene inversa. Se puede calcular por el método de Gauss-Jordan:

$$(A|I_3)=\left(\begin{array}{ccc|ccc} 1 & 0 & -1 & 1 & 0 & 0 \\ 0 & 2 & 3 & 0 & 1 & 0 \\ 4 & 1 & -2 & 0 & 0 & 1 \end{array}\right) \xrightarrow[F_3\to F_3-4F_1]{} \left(\begin{array}{ccc|ccc} 1 & 0 & -1 & 1 & 0 & 0 \\ 0 & 2 & 3 & 0 & 1 & 0 \\ 0 & 1 & 2 & -4 & 0 & 1 \end{array}\right) \to$$

$$\xrightarrow[F_3\to 2F_3-F_2]{} \left(\begin{array}{ccc|ccc} 1 & 0 & -1 & 1 & 0 & 0 \\ 0 & 2 & 3 & 0 & 1 & 0 \\ 0 & 0 & 1 & -8 & -1 & 2 \end{array}\right) \xrightarrow[\substack{F_1\to F_1+F_3 \\ F_2\to F_2-3F_3}]{} \left(\begin{array}{ccc|ccc} 1 & 0 & 0 & -7 & -1 & 2 \\ 0 & 2 & 0 & 24 & 4 & -6 \\ 0 & 0 & 1 & -8 & -1 & 2 \end{array}\right) \to$$

$$\xrightarrow[F_2\to \frac{F_2}{2}]{} \left(\begin{array}{ccc|ccc} 1 & 0 & 0 & -7 & -1 & 2 \\ 0 & 1 & 0 & 12 & 2 & -3 \\ 0 & 0 & 1 & -8 & -1 & 2 \end{array}\right) = (I_3|A^{-1})$$

La matriz inversa es $A^{-1}=\begin{pmatrix} -7 & -1 & 2 \\ 12 & 2 & -3 \\ -8 & -1 & 2 \end{pmatrix}$

63 Dada la matriz $A=\begin{pmatrix} a & b \\ c & d \end{pmatrix}$:

a. Comprueba que su rango vale 2 cuando $ad-bc\neq 0$.

b. Comprueba que su inversa es $A^{-1}=\dfrac{1}{ad-bc}\begin{pmatrix} d & -b \\ -c & a \end{pmatrix}$.

c. Comprueba que $A=\begin{pmatrix} -1 & 2 \\ 1 & -3 \end{pmatrix}$ tiene inversa y calcúlala.

64 Dadas las matrices $A=\begin{pmatrix} -1 & 1 \\ 2 & 3 \end{pmatrix}$ y $B=\begin{pmatrix} 0 & -2 \\ 1 & 3 \end{pmatrix}$:

a. Calcula A^{-1}, B^{-1}, $(2A)^{-1}$ y $\left(\dfrac{1}{3}B\right)^{-1}$.

b. Comprueba que $(2A)^{-1}=\dfrac{1}{2}A^{-1}$.

c. Comprueba que $\left(\dfrac{1}{3}B\right)^{-1}=3B^{-1}$.

d. Comprueba que $\left[(2A)\left(\dfrac{1}{3}B\right)\right]^{-1}=\dfrac{3}{2}B^{-1}A^{-1}$.

5.3. Ecuaciones matriciales

Una **ecuación matricial** es una igualdad algebraica en la que intervienen matrices, siendo una o varias de ellas desconocidas. La matriz no conocida se denomina incógnita de la ecuación, y suele denotarse como X.

Resolver una ecuación matricial es hallar la incógnita. Obviamente, esta incógnita debe satisfacer la ecuación inicial.

Para su resolución utilizaremos las operaciones con matrices ya estudiadas, especialmente, el cálculo de la matriz inversa.

65 Actividad resuelta

Calcula X sabiendo que se verifica la igualdad $AX=B$ y que:

$$A=\begin{pmatrix} 1 & 2 \\ -1 & 4 \end{pmatrix} \quad B=\begin{pmatrix} 1 & -1 \\ 2 & 3 \end{pmatrix}$$

Si existe la matriz inversa de A, se pueden multiplicar a la izquierda por ella los dos miembros de la expresión $AX=B$. De esta forma, se consigue despejar X:

$$A^{-1}AX=A^{-1}B\Rightarrow IX=A^{-1}B\Rightarrow X=A^{-1}B$$

Considerando $A^{-1}=\begin{pmatrix} a & b \\ c & d \end{pmatrix}$, $AA^{-1}=I\Rightarrow\begin{pmatrix} 1 & 2 \\ -1 & 4 \end{pmatrix}\begin{pmatrix} a & b \\ c & d \end{pmatrix}=\begin{pmatrix} a+2c & b+2d \\ -a+4c & -b+4d \end{pmatrix}=\begin{pmatrix} 1 & 0 \\ 0 & 1 \end{pmatrix}$

$$\begin{cases} a+2c=1 \\ -a+4c=0 \end{cases}\Rightarrow a=\frac{2}{3};\ c=\frac{1}{6} \qquad \begin{cases} b+2d=0 \\ -b+4d=1 \end{cases}\Rightarrow b=-\frac{1}{3};\ d=\frac{1}{6}\Rightarrow A^{-1}=\begin{pmatrix} \frac{2}{3} & -\frac{1}{3} \\ \frac{1}{6} & \frac{1}{6} \end{pmatrix}$$

Por tanto: $X=A^{-1}B\Rightarrow X=\begin{pmatrix} \frac{2}{3} & -\frac{1}{3} \\ \frac{1}{6} & \frac{1}{6} \end{pmatrix}\begin{pmatrix} 1 & -1 \\ 2 & 3 \end{pmatrix}=\begin{pmatrix} 0 & -\frac{5}{3} \\ \frac{1}{2} & \frac{1}{3} \end{pmatrix}$

66 **Calcula X de forma que $AX+B=C$ siendo:**

$$A=\begin{pmatrix} -1 & 3 \\ 2 & -5 \end{pmatrix} \qquad B=\begin{pmatrix} -2 & 4 \\ 2 & -3 \end{pmatrix} \qquad C=\begin{pmatrix} 0 & -2 \\ 4 & -6 \end{pmatrix}$$

67 Calcula X de forma que $XA = B - 2C$, siendo $A=\begin{pmatrix} 1 & 1 \\ 0 & 2 \end{pmatrix}$, $B=\begin{pmatrix} -1 & 1 \\ 3 & -3 \end{pmatrix}$ y $C=\begin{pmatrix} 0 & -4 \\ 0 & -3 \end{pmatrix}$.

68 Dada la matriz $A=\begin{pmatrix} 2 & -1 \\ 3 & -1 \end{pmatrix}$, calcula:

a. La matriz inversa de A.

b. La matriz X que verifica la ecuación $AX=\begin{pmatrix} 1 & -2 \\ -3 & 4 \end{pmatrix}$.

69 Resuelve las siguientes ecuaciones matriciales.

a. $X\begin{pmatrix} 2 & -2 \\ 0 & 1 \end{pmatrix}=\begin{pmatrix} 4 & -5 \\ 0 & 3 \\ -2 & 5 \end{pmatrix}$

b. $\begin{pmatrix} 2 & -1 & 1 \\ 2 & 1 & 0 \\ 0 & 1 & -1 \end{pmatrix}X=\begin{pmatrix} 5 & -3 & 0 \\ 4 & 0 & -1 \\ -1 & 1 & 0 \end{pmatrix}$

70 El gobierno de un país quiere aprobar la percepción de una renta mínima para luchar contra la exclusión social de las familias más desfavorecidas. Tendrán derecho a percibir dicha renta las familias que, además de cumplir ciertos requisitos relacionados con sus recursos, estén formadas por un único miembro (S_1) o por dos o más miembros (S_2). Para fijar las cantidades a percibir por cada familia de ambas situaciones, se cuenta con dos posibilidades P_1 y P_2. La siguiente matriz muestra dichas cantidades, en unidades monetarias, por mes.

$$C=\begin{pmatrix} 150 & 250 \\ 350 & 250 \end{pmatrix}\begin{matrix} S_1 \\ S_2 \end{matrix} \quad (\text{columnas } P_1,\ P_2)$$

Por otra parte, el presupuesto total mensual que se deberá destinar en cada una de las dos posibilidades está previsto que sea:

$$T=\begin{pmatrix} 1510000 & 1250000 \end{pmatrix} \quad (\text{columnas } P_1,\ P_2)$$

Por un error informático, se ha perdido la estimación del número de familias de cada tipo que, se prevé, disfrutarán de la percepción. Se quiere recuperar la matriz X, de dimensión 1×2, que establece esta estimación.

a. Escribe una ecuación matricial que relacione las matrices C, T y X.

b. Calcula la matriz X.

71 Halla la matriz X tal que $A^2X + BX = C$, siendo:

$$A=\begin{pmatrix} 1 & 2 \\ -1 & 1 \end{pmatrix} \qquad B=\begin{pmatrix} 1 & 2 \\ 0 & 1 \end{pmatrix} \qquad C=\begin{pmatrix} 0 & 12 \\ -2 & -4 \end{pmatrix}$$

72 Halla la matriz X sabiendo que $3X + BA = AB$ y que $A=\begin{pmatrix} -2 & 0 & -3 \\ 2 & 1 & -1 \\ 0 & 0 & 4 \end{pmatrix}$ y $B=\begin{pmatrix} 2 & 0 & -1 \\ -2 & 3 & -2 \\ 5 & 0 & -1 \end{pmatrix}$.

73 Calcula la matriz X para que verifique la siguiente ecuación matricial.

$$2X-3\left[\begin{pmatrix} 2 & -1 \\ 2 & 3 \end{pmatrix}-3\begin{pmatrix} 1 & 0 \\ -3 & -1 \end{pmatrix}\right]=\begin{pmatrix} -2 & 5 & -1 \\ 0 & 3 & 4 \end{pmatrix}\begin{pmatrix} 0 & -2 \\ 3 & 6 \\ -1 & 2 \end{pmatrix}$$

74 Halla la matriz X tal que $AXB = I$, siendo I la matriz unidad de orden 2, y las matrices A y B, las siguientes.

$$A=\begin{pmatrix} 1 & 0 \\ 1 & 1 \end{pmatrix} \text{ y } B=\begin{pmatrix} 2 & 1 \\ 1 & 1 \end{pmatrix}$$

75 Dadas las matrices $A=\begin{pmatrix} 1 & 2 \\ -1 & 1 \end{pmatrix}$ y $B=\begin{pmatrix} 1 \\ -2 \end{pmatrix}$:

a. Calcula la matriz $Y = A^2 + BB^t$ donde B^t es la matriz traspuesta de B.

b. Determina la matriz X para que se verifique la ecuación $2AX = B$.

CONCEPTOS CLAVE

Matrices: nomenclatura y dimensión

$$A_{m\times n}=\begin{pmatrix} a_{11} & a_{12} & a_{13} & \cdots & a_{1n} \\ a_{21} & a_{22} & a_{23} & \cdots & a_{2n} \\ a_{31} & a_{32} & a_{33} & \cdots & a_{3n} \\ \cdots & \cdots & \cdots & \cdots & \cdots \\ a_{m1} & a_{m2} & a_{m3} & \cdots & a_{mn} \end{pmatrix}$$

- a_{ij}: elemento que ocupa la fila i y la columna j.
- La **dimensión** de A es el número de filas × número de columnas: $m \times n$.
- Si $m = n$, se dice que A es **cuadrada** de orden n.

Clasificación de las matrices

Matriz fila	Matriz diagonal	Matriz unidad	Matriz simétrica	Matriz triangular superior	Matriz escalonada
$A=(a\ b\ c\ d)$	$A=\begin{pmatrix} a & 0 \\ 0 & b \end{pmatrix}$	$I=\begin{pmatrix} 1 & 0 \\ 0 & 1 \end{pmatrix}$	$A=\begin{pmatrix} a & b \\ b & c \end{pmatrix}$	$A=\begin{pmatrix} a & b & c \\ 0 & d & e \\ 0 & 0 & f \end{pmatrix}$	$A=\begin{pmatrix} a & b & c & d \\ 0 & e & f & g \\ 0 & 0 & h & i \end{pmatrix}$
Matriz columna	**Matriz escalar**	**Matriz nula**	**Matriz antisimétrica**	**Matriz triangular inferior**	**Matriz cuadrada**
$A=\begin{pmatrix} a \\ b \\ c \end{pmatrix}$	$A=\begin{pmatrix} a & 0 \\ 0 & a \end{pmatrix}$	$O=\begin{pmatrix} 0 & 0 \\ 0 & 0 \\ 0 & 0 \end{pmatrix}$	$A=\begin{pmatrix} 0 & -b \\ b & 0 \end{pmatrix}$	$A=\begin{pmatrix} a & 0 & 0 \\ b & c & 0 \\ d & e & f \end{pmatrix}$	$A=\begin{pmatrix} a & b \\ c & d \end{pmatrix}$

Operaciones con matrices

Suma de matrices

$$A+B=C$$

$$\begin{pmatrix} a & b & c \\ d & e & f \end{pmatrix}+\begin{pmatrix} g & h & i \\ j & k & l \end{pmatrix}=\begin{pmatrix} a+g & b+h & c+i \\ d+j & e+k & f+l \end{pmatrix}$$

Propiedades

1. $A+B=B+A$
2. $(A+B)+C=A+(B+C)$
3. $A+0=0+A=A$
4. $A+(-A)=0$

Producto de matrices

$$AB=C$$

$$\begin{pmatrix} a_{11} & a_{12} & a_{13} \\ a_{21} & a_{22} & a_{23} \\ a_{31} & a_{32} & a_{33} \end{pmatrix}\cdot\begin{pmatrix} b_{11} & b_{12} & b_{13} \\ b_{21} & b_{22} & b_{23} \\ b_{31} & b_{32} & b_{33} \end{pmatrix}=\begin{pmatrix} & & \\ c_{21} & & \\ & & \end{pmatrix}$$

Propiedades

1. $A(BC)=(AB)C$
2. $A(B+C)=AB+AC$ y $(A+B)C=AC+BC$
3. $A_{m\times n}\, I_n = A_{m\times n}$; $I_m\, A_{m\times n} = A_{m\times n}$
4. $(AB)^t = B^tA^t$

El producto de matrices no es conmutativo. En general, $AB \neq BA$.

Producto de una matriz por un número real

$$kA=B$$

$$k\begin{pmatrix} a & b & c \\ d & e & f \end{pmatrix}=\begin{pmatrix} ka & kb & kc \\ kd & ke & kf \end{pmatrix}$$

Propiedades

1. $\lambda A = A\lambda$
2. $\lambda(A+B)=\lambda A+\lambda B$
3. $(\lambda+\mu)A=\lambda A+\mu A$
4. $\lambda(\mu A)=(\lambda\mu)A$
5. $1A=A$

Matriz traspuesta de A

$$A=\begin{pmatrix} a & b & c \\ d & e & f \end{pmatrix}$$

$$A^t=\begin{pmatrix} a & d \\ b & e \\ c & f \end{pmatrix}$$

Propiedades

1. Si A de dimensión $m\times n$ $\Rightarrow A^t$ es $n\times m$
2. $(A^t)^t = A$
3. $(A+B)^t = A^t + B^t$
4. Si A es simétrica, $A=A^t$, y si es antisimétrica, $A=-A^t$.

Matriz inversa A^{-1}

$$AA^{-1}=A^{-1}A=I$$

Propiedades

1. $(A^{-1})^{-1}=A$
2. $(A^t)^{-1}=(A^{-1})^t$
3. $(AB)^{-1}=B^{-1}A^{-1}$

Cálculo por el método de Gauss-Jordan

Dada la matriz A, se aplican las transformaciones adecuadas a la expresión $(A|I)$, de forma que se llegue a la expresión $(I|A^{-1})$, siendo I la matriz identidad.

Rango de una matriz

Es el máximo número de filas o columnas linealmente independientes. Se expresa de la forma **rg(*A*)**.

No varía si se eliminan:

- Las filas o columnas nulas.
- Una fila o columna proporcional a otra.
- Una fila o columna linealmente dependiente de otras.

Tampoco varía si se cambia el orden de las filas o de las columnas.

Una matriz de orden *n* tiene inversa si su rango es *n*.

Cálculo por el método de Gauss

Se obtiene una matriz escalonada equivalente al:

- Permutar dos filas o columnas.
- Multiplicar o dividir una fila o columna por un número real no nulo.
- Sumar o restar a una fila o columna otra paralela.

El rango de una matriz es igual al número de filas no nulas de la matriz escalonada obtenida.

ACTIVIDADES FINALES

Actividades

1 Actividad resuelta

Dadas las matrices:

$$A=\begin{pmatrix} 4 & -6 \\ 3 & -5 \end{pmatrix} \qquad B=\begin{pmatrix} 4 & -3 \\ 6 & -5 \end{pmatrix}$$

halla una matriz *P* simétrica y regular tal que $PB=AP$.

Para ser simétrica, la matriz *P* debe ser de la forma:

$$P=\begin{pmatrix} a & b \\ b & c \end{pmatrix}$$

$PB=AP \Rightarrow PB-AP=0$

$$\begin{pmatrix} a & b \\ b & c \end{pmatrix}\begin{pmatrix} 4 & -3 \\ 6 & -5 \end{pmatrix}-\begin{pmatrix} 4 & -6 \\ 3 & -5 \end{pmatrix}\begin{pmatrix} a & b \\ b & c \end{pmatrix}=\begin{pmatrix} 0 & 0 \\ 0 & 0 \end{pmatrix}$$

Operando en el primer miembro se obtiene:

$$\begin{pmatrix} 12b & -3a-9b+6c \\ -3a+9b+6c & -6b \end{pmatrix}=\begin{pmatrix} 0 & 0 \\ 0 & 0 \end{pmatrix}$$

Igualando las dos matrices se obtiene:

$b=0$ y $a=2c$.

Además, *a* y *c* son simultáneamente no nulos, pues si uno de los dos fuese nulo, dado que $a=2c$, la matriz *P* sería la matriz nula y esto no es posible, ya que la matriz *P* ha de ser regular. Por tanto:

$$P=\begin{pmatrix} 2c & 0 \\ 0 & c \end{pmatrix}$$

con $c \neq 0$ para que la matriz sea regular.

2 Dadas las matrices:

$$A=\begin{pmatrix} 1 & -2 & 0 \\ 0 & 3 & -2 \\ 0 & -4 & 2 \end{pmatrix}$$

$$B=\begin{pmatrix} 2 & 0 & -1 \\ 0 & -1 & -2 \\ 1 & 2 & 3 \end{pmatrix}$$

Calcula:

a. $A+B$ y $2A-3B$

b. AB y BA

c. ABA

3 Calcula la matriz *X* para que verifique la siguiente ecuación matricial.

$$2X-3\left[\begin{pmatrix} 2 & -1 \\ 2 & 3 \end{pmatrix}-3\begin{pmatrix} 1 & 0 \\ -3 & -1 \end{pmatrix}\right]=$$

$$=\begin{pmatrix} -2 & 5 & -1 \\ 0 & 3 & 4 \end{pmatrix}\begin{pmatrix} 0 & -2 \\ 3 & 6 \\ -1 & 2 \end{pmatrix}$$

4 Se consideran las matrices:

$$A=\begin{pmatrix} -1 & 4 & 3 & 1 & 0 & 1 & 7 & 5 & 4 & 2 & -1 \\ 4 & 0 & 1 & 1 & -1 & 9 & 2 & 0 & 2 & -1 & 0 \\ 3 & 4 & 2 & 9 & 6 & 3 & -2 & -2 & 1 & 0 & 0 \\ 0 & 3 & 0 & 3 & 0 & 3 & -1 & 0 & 0 & -1 & 7 \end{pmatrix}$$

$$B=\begin{pmatrix} -1 & 2 & 2 & 3 & -4 & 2 & 1 & -1 & 0 & 1 & 0 \end{pmatrix}$$

a. Calcula el valor del elemento de la tercera fila y primera columna de la matriz $C=AB^t$.

b. Calcula el valor del elemento de la primera fila y tercera columna de la matriz $D=BA^t$.

c. ¿Cómo son estos valores?

5 **Actividad resuelta**

Considera la matriz $A=\begin{pmatrix} 0 & 2 & -1 \\ 0 & 0 & 1 \\ 0 & 0 & 0 \end{pmatrix}$.

a. Comprueba que A^3 es la matriz nula.

b. Calcula A^{17}.

c. Prueba que las matrices $B=A^2+A+I$ y $C=I-A$ son inversas una de la otra.

a. $A^3=AAA=\begin{pmatrix} 0 & 2 & -1 \\ 0 & 0 & 1 \\ 0 & 0 & 0 \end{pmatrix}\begin{pmatrix} 0 & 2 & -1 \\ 0 & 0 & 1 \\ 0 & 0 & 0 \end{pmatrix}\begin{pmatrix} 0 & 2 & -1 \\ 0 & 0 & 1 \\ 0 & 0 & 0 \end{pmatrix}=\begin{pmatrix} 0 & 0 & 2 \\ 0 & 0 & 0 \\ 0 & 0 & 0 \end{pmatrix}\begin{pmatrix} 0 & 2 & -1 \\ 0 & 0 & 1 \\ 0 & 0 & 0 \end{pmatrix}=\begin{pmatrix} 0 & 0 & 0 \\ 0 & 0 & 0 \\ 0 & 0 & 0 \end{pmatrix}$

Por tanto, la matriz $A^3=O$ es la matriz nula.

b. $A^{17}=A^{15}A^2=(A^3)^5A^2=OA^2=O$

c. La matriz $B=A^2+A+I$ será la inversa de la matriz $C=I-A$ si verifica que $BC=I$

Calculamos este producto:

$BC=(A^2+A+I)(I-A)=A^2+A+I-(A^2+A+I)A=A^2+A+I-A^3-A^2-A=I-A^3=I-O=I$

En efecto, B es la matriz inversa de $(I-A)$.

6 **Dadas las matrices:**

$A=\begin{pmatrix} -3 & 2 \\ -1 & 1 \end{pmatrix}$ y $B=\begin{pmatrix} 0 & 1 \\ -1 & 3 \end{pmatrix}$

a. Calcula A^{-1} y B^{-1}.

b. Comprueba que: $(AB)^{-1}=B^{-1}A^{-1}$

7 **Dada la matriz** $A=\begin{pmatrix} 1 & 2 \\ 0 & 1 \end{pmatrix}$**, calcula:**

a. A^2, A^3 y A^4

b. A^{23}

8 **Dadas las matrices:**

$A=\begin{pmatrix} 2 & -2 & 2 \\ -7 & 6 & -5 \\ -5 & 4 & -3 \end{pmatrix}$ $B=\begin{pmatrix} \lambda & \lambda+1 & \lambda+2 \\ 2 & 4 & 6 \\ 1 & 2 & 3 \end{pmatrix}$

a. Calcula el valor de λ para que el producto AB dé como resultado la matriz nula.

b. Para el valor de λ hallado, calcula el resultado de $BA+BAB+BAB^2$.

9 **Sean las matrices:**

$A=\begin{pmatrix} 1 & -1 \\ 2 & 2 \end{pmatrix}$ $B=\begin{pmatrix} a & b \\ 0 & a \end{pmatrix}$

¿Qué condiciones deben verificar los números reales a y b para que A y B sean conmutables, es decir, para que $AB=BA$?

10 **Dada la matriz** $A=\begin{pmatrix} 1 & -1 \\ 2 & 3 \end{pmatrix}$**:**

a. Halla todas las matrices posibles que conmuten con A.

b. Da un ejemplo de matriz de la forma $\begin{pmatrix} 1 & a \\ b & 0 \end{pmatrix}$ que conmute con A.

11 **Actividad resuelta**

Resuelve el siguiente sistema en el que las incógnitas X e Y son matrices.

$$\begin{cases} 2X+3Y=\begin{pmatrix} 4 & 0 \\ 8 & 13 \end{pmatrix} \\ 3X-2Y=\begin{pmatrix} -7 & 13 \\ 12 & 0 \end{pmatrix} \end{cases}$$

Multiplicando la primera ecuación por 3:

$6X+9Y=\begin{pmatrix} 12 & 0 \\ 24 & 39 \end{pmatrix}$

Multiplicando la segunda ecuación por 2:

$6X-4Y=\begin{pmatrix} -14 & 26 \\ 24 & 0 \end{pmatrix}$

Restando las dos expresiones:

$13Y=\begin{pmatrix} 12 & 0 \\ 24 & 39 \end{pmatrix}-\begin{pmatrix} -14 & 26 \\ 24 & 0 \end{pmatrix}=$

$=\begin{pmatrix} 26 & -26 \\ 0 & 39 \end{pmatrix}\Rightarrow Y=\begin{pmatrix} 2 & -2 \\ 0 & 3 \end{pmatrix}$

Sustituyendo en la primera ecuación se obtiene:

$2X+3\begin{pmatrix} 2 & -2 \\ 0 & 3 \end{pmatrix}=\begin{pmatrix} 4 & 0 \\ 8 & 13 \end{pmatrix}\Rightarrow$

$\Rightarrow 2X=\begin{pmatrix} 4 & 0 \\ 8 & 13 \end{pmatrix}-\begin{pmatrix} 6 & -6 \\ 0 & 9 \end{pmatrix}=$

$=\begin{pmatrix} -2 & 6 \\ 8 & 4 \end{pmatrix}\Rightarrow X=\begin{pmatrix} -1 & 3 \\ 4 & 2 \end{pmatrix}$

12 Resuelve el sistema $\begin{cases} 2A+3B=\begin{pmatrix} 7 & -2 \\ 3 & 8 \end{pmatrix} \\ 3A-4B=\begin{pmatrix} -15 & 14 \\ -4 & -22 \end{pmatrix} \end{cases}$.

13 Resuelve el sistema $\begin{cases} 3X+2Y=A \\ -X+3Y=B \end{cases}$ siendo:

$A=\begin{pmatrix} 5 & -4 & 6 \\ -2 & 10 & 12 \end{pmatrix}$ $B=\begin{pmatrix} 2 & 5 & 9 \\ -3 & 4 & -4 \end{pmatrix}$

14 Actividad resuelta

Se consideran las matrices $A=\begin{pmatrix} 0 & 1 & 0 \\ 1 & 0 & 0 \\ 0 & 1 & 0 \end{pmatrix}$ y $B=A+\alpha I$, donde I es la matriz identidad de orden 3 y α es un número real.

a. Calcula $A(A^2-A^4)$.

b. Calcula los valores de α para que las matrices B y AB sean invertibles.

a. $A^2=\begin{pmatrix} 0 & 1 & 0 \\ 1 & 0 & 0 \\ 0 & 1 & 0 \end{pmatrix}\begin{pmatrix} 0 & 1 & 0 \\ 1 & 0 & 0 \\ 0 & 1 & 0 \end{pmatrix}=\begin{pmatrix} 1 & 0 & 0 \\ 0 & 1 & 0 \\ 1 & 0 & 0 \end{pmatrix}$

$A^4=\begin{pmatrix} 1 & 0 & 0 \\ 0 & 1 & 0 \\ 1 & 0 & 0 \end{pmatrix}\begin{pmatrix} 1 & 0 & 0 \\ 0 & 1 & 0 \\ 1 & 0 & 0 \end{pmatrix}=\begin{pmatrix} 1 & 0 & 0 \\ 0 & 1 & 0 \\ 1 & 0 & 0 \end{pmatrix}$

$A(A^2-A^4)=\begin{pmatrix} 0 & 1 & 0 \\ 1 & 0 & 0 \\ 0 & 1 & 0 \end{pmatrix}\begin{pmatrix} 0 & 0 & 0 \\ 0 & 0 & 0 \\ 0 & 0 & 0 \end{pmatrix}=$

$=\begin{pmatrix} 0 & 0 & 0 \\ 0 & 0 & 0 \\ 0 & 0 & 0 \end{pmatrix}=O$

El resultado es la matriz nula.

b. $B=\begin{pmatrix} 0 & 1 & 0 \\ 1 & 0 & 0 \\ 0 & 1 & 0 \end{pmatrix}+\begin{pmatrix} \alpha & 0 & 0 \\ 0 & \alpha & 0 \\ 0 & 0 & \alpha \end{pmatrix}=\begin{pmatrix} \alpha & 1 & 0 \\ 1 & \alpha & 0 \\ 0 & 1 & \alpha \end{pmatrix}$

Cálculo del rango de B:

$B=\begin{pmatrix} \alpha & 1 & 0 \\ 1 & \alpha & 0 \\ 0 & 1 & \alpha \end{pmatrix}\underset{\substack{F_1\leftrightarrow F_3 \\ F_1\leftrightarrow F_2}}{\rightarrow}\begin{pmatrix} 1 & \alpha & 0 \\ 0 & 1 & \alpha \\ \alpha & 1 & 0 \end{pmatrix}\underset{F_3=F_3-\alpha F_1}{\rightarrow}$

$\underset{F_3=F_3-\alpha F_1}{\rightarrow}\begin{pmatrix} 1 & \alpha & 0 \\ 0 & 1 & \alpha \\ 0 & 1-\alpha^2 & 0 \end{pmatrix}\underset{F_3=F_3-(1-\alpha^2)F_2}{\rightarrow}$

$\underset{F_3=F_3-(1-\alpha^2)F_2}{\rightarrow}\begin{pmatrix} 1 & \alpha & 0 \\ 0 & 1 & \alpha \\ 0 & 0 & -\alpha(1-\alpha^2) \end{pmatrix}$

Por tanto, la matriz B será invertible para todos los valores de α excepto:

$\alpha(1-\alpha^2)=0 \Rightarrow \alpha=0,\ \alpha=1$ y $\alpha=-1$.

Cálculo del rango de AB:

$AB=\begin{pmatrix} 0 & 1 & 0 \\ 1 & 0 & 0 \\ 0 & 1 & 0 \end{pmatrix}\begin{pmatrix} \alpha & 1 & 0 \\ 1 & \alpha & 0 \\ 0 & 1 & \alpha \end{pmatrix}=\begin{pmatrix} 1 & \alpha & 0 \\ \alpha & 1 & 0 \\ 1 & \alpha & 0 \end{pmatrix}$

El rango de la matriz AB nunca es 3, ya que tiene una fila formada completamente por ceros. Por tanto, AB nunca será invertible.

15 Sea la matriz $A=\begin{pmatrix} 1 & -1 & 0 \\ 0 & -1 & 1 \\ \alpha & 0 & -1 \end{pmatrix}$.

a. Indica para qué valores de α la matriz A posee inversa.

b. Calcula la matriz inversa de A para el valor $\alpha=0$.

16 Dada la matriz $A=\begin{pmatrix} 1 & 0 & -1 \\ t & 1 & -1 \\ -1 & 4 & t \end{pmatrix}$:

a. Indica para qué valores de t la matriz A posee inversa.

b. Mediante el método de Gauss-Jordan, calcula la matriz inversa de A para el valor $t=2$.

17 Comprueba que el rango de $A=\begin{pmatrix} -1 & 1 & 1 \\ 0 & 1 & 2 \\ -1 & 2 & 3 \end{pmatrix}$ es 2 y observa qué ocurre si se intenta calcular A^{-1} por el método de Gauss.

18 Estudia el rango de las siguientes matrices según el valor del parámetro t.

a. $A=\begin{pmatrix} -2 & 3 \\ 2 & t \end{pmatrix}$

b. $B=\begin{pmatrix} 2 & t \\ -2 & -t \end{pmatrix}$

c. $C=\begin{pmatrix} 2 & -1 & 3 \\ 1 & 2 & 2 \\ t & -3 & t \end{pmatrix}$

d. $D=\begin{pmatrix} 1 & 0 & -1 \\ 2 & 0 & -2 \\ -4 & t & t+4 \end{pmatrix}$

19 Estudia el rango de las matrices A y B según los diferentes valores de λ.

a. $A=\begin{pmatrix} 2 & 4 & 1 & -2 \\ 3 & 6 & 1 & -1 \\ 5 & 10 & \lambda+1 & \lambda-4 \end{pmatrix}$

b. $B=\begin{pmatrix} 1 & -3 & 2 & 1 \\ \lambda & -6 & 4 & \lambda \\ 3 & -9 & 6 & \lambda+1 \end{pmatrix}$

20 Halla los valores k para los que el rango de la matriz es inferior a 3.

$$A=\begin{pmatrix} 1 & 1 & 1 \\ k & k^2 & k^2 \\ k & k & k^2 \end{pmatrix}$$

Para estos casos, indica su rango.

21 Relaciona y contesta.

Problemas

22 Una de las metas más importantes para reducir la pobreza en el mundo es la de conseguir que toda la población tenga acceso a un servicio de agua potable. Un proyecto encaminado a conseguir dicha meta en cierta zona en desarrollo, establece las conducciones de agua que se deben construir entre cuatro poblaciones vecinas P, Q, R y S. El siguiente grafo determina dichas conducciones.

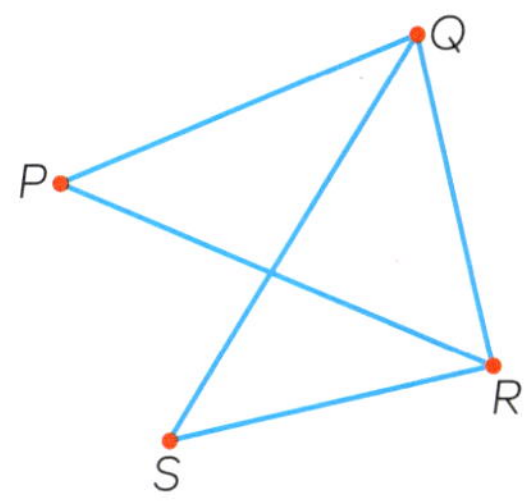

a. Escribe la matriz A de adyacencia del grafo.

b. Calcula $B = A^2$ e interpreta el valor b_{14} de esta matriz.

23 En cierta zona de montaña existen cuatro refugios A, B, C y D que están comunicados por sendas según se establece en el siguiente grafo.

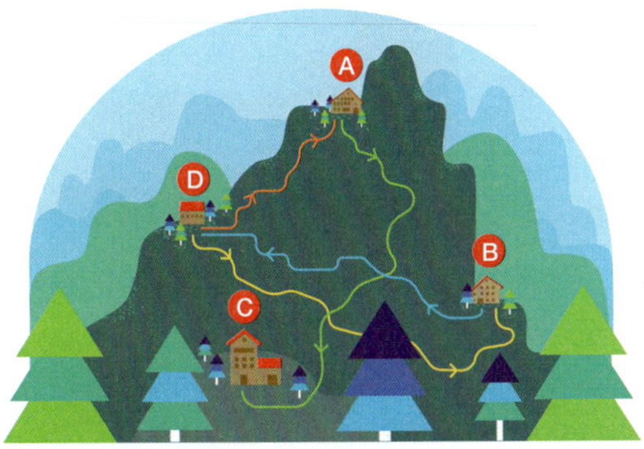

Debido a la pendiente, el recorrido en alguno de los sentidos de ciertas sendas carece de interés para los deportistas.

a. Forma la matriz M, matriz de adyacencia asociada al grafo.

b. Calcula la matriz M^2 e interpreta los resultados.

Comprueba lo que has aprendido

1 Escribe una matriz A de dimensión 2×4 tal que sus elementos verifiquen que:

$$a_{ij} = \begin{cases} 2i+j & \text{si } i<j-2 \\ 2j+i & \text{si } i=j-2 \\ i+j & \text{si } i>j-2 \end{cases}$$

2 Dadas las matrices:

$$M = \begin{pmatrix} -2 & 3 & 4 \\ 0 & -2 & 3 \\ -1 & 0 & -2 \end{pmatrix} \qquad N = \begin{pmatrix} 2 & 1 & -1 \\ 0 & -0 & 4 \\ 0 & -3 & -2 \end{pmatrix}$$

calcula:

a. $M + N$

b. $2M - \frac{1}{2}N$

c. MN

d. $M^t(3M - 2N)$

3 Calcula el rango de las matrices:

$$A = \begin{pmatrix} -10 & 2 & 5 \\ 4 & 2 & -3 \\ 0 & 14 & -5 \end{pmatrix} \qquad B = \begin{pmatrix} -1 & 4 & 6 & -2 \\ 1 & -4 & 2 & 0 \\ 1 & -4 & 10 & -2 \end{pmatrix}$$

4 Calcula las matrices inversas de:

$$A = \begin{pmatrix} -3 & 4 \\ 2 & -4 \end{pmatrix} \qquad B = \begin{pmatrix} 2 & 1 & 1 \\ 0 & 1 & -2 \\ 2 & 2 & 0 \end{pmatrix}$$

5 Dada la matriz $A = \begin{pmatrix} -1 & 1 \\ -1 & 0 \end{pmatrix}$:

a. Calcula A^2, A^3 y A^4.

b. Calcula A^{35} y A^{94}.

6 Estudia el rango de la siguiente matriz A según los valores del parámetro t.

$$A = \begin{pmatrix} 2 & -1 & 3 & 1 \\ 1 & 0 & 2t & 3 \\ 0 & t & 7 & -5 \end{pmatrix}$$

7 Dada la matriz $A = \begin{pmatrix} 2 & -1 & 1 \\ 1 & 2 & 2 \\ t & -1 & t \end{pmatrix}$:

a. Indica para qué valores de t no posee inversa.

b. Calcula la inversa para $t = 0$.

8 Calcula la matriz X tal que $XA + B = C$, siendo:

$$A = \begin{pmatrix} 1 & 1 & 1 \\ 0 & 2 & 0 \\ -1 & -1 & 0 \end{pmatrix}$$

$$B = \begin{pmatrix} 1 & 0 & 2 \\ 1 & 0 & 2 \\ -1 & -1 & 3 \end{pmatrix}$$

$$C = \begin{pmatrix} 2 & -1 & 3 \\ 0 & 1 & 2 \\ -1 & 1 & 4 \end{pmatrix}$$

9 Dibuja el grafo cuya matriz de adyacencia es:

$$A = \begin{pmatrix} 1 & 0 & 1 & 0 \\ 0 & 0 & 1 & 1 \\ 0 & 1 & 0 & 1 \\ 1 & 0 & 0 & 0 \end{pmatrix}$$

Mis competencias   Autoevaluación

1.2 Determinantes

¡EMPEZAMOS!

Enfrentarnos de manera global a los grandes desafíos de la humanidad, como puede ser la lucha contra el cambio climático, necesita una gran capacidad de análisis para interpretar la situación en toda su complejidad, y también de prospección para valorar la evolución de la situación y diseñar estrategias para afrontarla de la mejor manera posible. Los determinantes, que estás a punto de conocer, son herramientas realmente útiles en todos estos procesos.

- ¿No crees que resultará muy práctico un método de cálculo para resolver ecuaciones matriciales?
- ¿Sabes qué nos indicará que el determinante de una matriz es nulo?

RUTA DE APRENDIZAJE

1. Conocer los determinantes y sus propiedades.
2. Calcular determinantes por adjuntos y por el método de Gauss.
3. Determinar el rango de una matriz mediante determinantes.
4. Invertir matrices.
5. Resolver ecuaciones matriciales con la ayuda de los determinantes.

Los determinantes también se usan para...

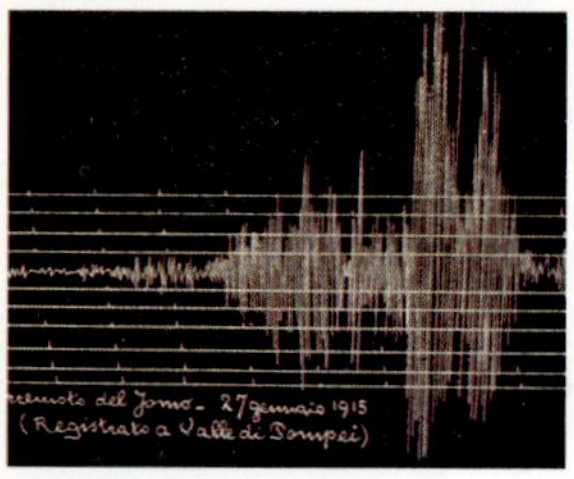

Estudiar las oscilaciones de sistemas complejos.

Resolver problemas relacionados con inversiones bursátiles.

Relacionar los recursos, la oferta y la demanda en las estrategias de planificación.

Construir los códigos de detección de los errores en las señales.

1 Determinantes

1.1. Determinante de orden 2

Dada la matriz cuadrada de orden 2, $A=\begin{pmatrix} a_{11} & a_{12} \\ a_{21} & a_{22} \end{pmatrix}$, se llama **determinante de *A*** al número real:

$$\det(A)=|A|=\begin{vmatrix} a_{11} & a_{12} \\ a_{21} & a_{22} \end{vmatrix}=a_{11}a_{22}-a_{12}a_{21}$$

Es muy importante distinguir entre matriz y determinante. Una matriz es una colección ordenada de números reales, mientras que el resultado de un determinante es un número real.

Para distinguir estos dos elementos matemáticos, las matrices se denotan entre paréntesis y los determinantes entre barras.

Ejemplo

$\begin{vmatrix} 7 & 6 \\ 1 & 2 \end{vmatrix}=7\cdot 2-6\cdot 1=14-6=8$

$\begin{vmatrix} -1 & -3 \\ -4 & 2 \end{vmatrix}=-1\cdot 2-(-3)(-4)=-2-12=-14$

1 Calcula el valor de los siguientes determinantes.

a. $\begin{vmatrix} 1 & 2 \\ 3 & 4 \end{vmatrix}$

b. $\begin{vmatrix} -1 & 3 \\ 6 & 7 \end{vmatrix}$

c. $\begin{vmatrix} -2 & -3 \\ 3 & -8 \end{vmatrix}$

d. $\begin{vmatrix} 1 & -2 \\ 5 & 8 \end{vmatrix}$

e. $\begin{vmatrix} 2^3 & 2^{-2} \\ 2^4 & 2^{-4} \end{vmatrix}$

f. $\begin{vmatrix} a & a^2 \\ a^4 & a^5 \end{vmatrix}$

2 Actividad resuelta

Resuelve la ecuación $\begin{vmatrix} x & x-5 \\ x & -4 \end{vmatrix}=-2$.

$\begin{vmatrix} x & x-5 \\ x & -4 \end{vmatrix}=-4x-x(x-5)=-4x-x^2+5x=-x^2+x$

Por tanto: $-x^2+x=-2\Rightarrow -x^2+x+2=0\Rightarrow x=\dfrac{-1\pm\sqrt{1+8}}{2}=\dfrac{-1\pm 3}{2}\Rightarrow x=-2,\ x=1$

3 Resuelve las siguientes ecuaciones.

a. $\begin{vmatrix} -1 & 3 \\ x & 2 \end{vmatrix}=0$

b. $\begin{vmatrix} 1 & 3 \\ 4 & 4-x \end{vmatrix}=2$

c. $\begin{vmatrix} x & -3 \\ 2x & -8x \end{vmatrix}=-20$

d. $\begin{vmatrix} 2-x & 3 \\ 5-x & 11+x \end{vmatrix}=0$

1.2. Determinante de orden 3

Dada la matriz cuadrada de orden 3, $A=\begin{pmatrix} a_{11} & a_{12} & a_{13} \\ a_{21} & a_{22} & a_{23} \\ a_{31} & a_{32} & a_{33} \end{pmatrix}$, se llama **determinante de *A*** al número real:

$$\det(A)=|A|=\begin{vmatrix} a_{11} & a_{12} & a_{13} \\ a_{21} & a_{22} & a_{23} \\ a_{31} & a_{32} & a_{33} \end{vmatrix}=a_{11}a_{22}a_{33}+a_{21}a_{32}a_{13}+a_{12}a_{23}a_{31}-a_{13}a_{22}a_{31}-a_{23}a_{32}a_{11}-a_{12}a_{21}a_{33}$$

Ejemplo

$\begin{vmatrix} 2 & 1 & 0 \\ -1 & 0 & 3 \\ 2 & -2 & 1 \end{vmatrix}=2\cdot 0\cdot 1+(-1)\cdot(-2)\cdot 0+1\cdot 3\cdot 2-0\cdot 0\cdot 2-2\cdot(-2)\cdot 3-1\cdot(-1)\cdot 1=0+6+0-0+1+12=19$

La **regla de Sarrus** nos permite recordar esta expresión: tienen signo positivo el producto de los elementos de la diagonal principal y los de sus paralelas multiplicados por sus correspondientes opuestos, y signo negativo el producto de la diagonal secundaria y los de sus paralelas multiplicados por sus correspondientes opuestos.

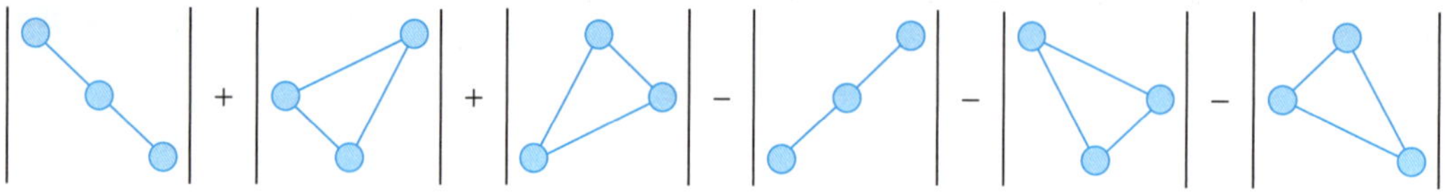

Ejemplo

$$\begin{vmatrix} -1 & 3 & 4 \\ 2 & 2 & 0 \\ 4 & 1 & -5 \end{vmatrix} = (-1)\cdot 2\cdot(-5)+2\cdot 1\cdot 4+3\cdot 0\cdot 4-4\cdot 2\cdot 4-0\cdot 1\cdot(-1)-3\cdot 2\cdot(-5)=16$$

4 Calcula el valor de los siguientes determinantes.

a. $\begin{vmatrix} 4 & 3 \\ 6 & -1 \end{vmatrix}$

b. $\begin{vmatrix} 5 & 2 \\ -7 & -4 \end{vmatrix}$

c. $\begin{vmatrix} -a & 2 \\ a^2 & 3a \end{vmatrix}$

d. $\begin{vmatrix} -1 & 0 & -2 \\ 4 & 1 & 1 \\ 1 & 3 & -1 \end{vmatrix}$

e. $\begin{vmatrix} -3 & -2 & -1 \\ -1 & 2 & -4 \\ 2 & -1 & -1 \end{vmatrix}$

f. $\begin{vmatrix} a & 1 & a \\ -1 & a & -1 \\ a+1 & -1 & a \end{vmatrix}$

5 **MAT-TIC** Calcula ahora determinantes de orden 2 y 3 con ayuda del interactivo de GeoGebra *Regla de Sarrus*.

6 Calcula el valor de las expresiones siguientes.

a. $3\begin{vmatrix} 5 & 8 \\ 4 & -2 \end{vmatrix} - 4\begin{vmatrix} 5 & 8 \\ 3 & -2 \end{vmatrix} + 5\begin{vmatrix} 5 & 5 \\ 3 & 4 \end{vmatrix}$

b. $\frac{1}{2}\begin{vmatrix} -2 & 1 & 0 \\ 2 & 3 & -1 \\ 1 & 1 & -2 \end{vmatrix} - 3\begin{vmatrix} 0 & -1 & 2 \\ 2 & 2 & -3 \\ 3 & 4 & -5 \end{vmatrix}$

7 Resuelve las siguientes ecuaciones.

a. $\begin{vmatrix} -1 & 0 & x \\ -2 & 5 & 6 \\ 1 & 1 & 1 \end{vmatrix} = 0$

b. $\begin{vmatrix} x & 2x & 3x \\ 4 & -5 & 6 \\ -1 & 2 & -3 \end{vmatrix} = 48$

c. $\begin{vmatrix} x & 3 & -1 \\ 3 & x & 1 \\ x+1 & -1 & -2 \end{vmatrix} = 30$

d. $\begin{vmatrix} x & x+1 & x+2 \\ -2 & x & -2 \\ 1 & 2 & 3 \end{vmatrix} + 2x = -6$

e. $\begin{vmatrix} x & 3 & -1 \\ 1 & 2 & 5 \\ 2 & x & -1 \end{vmatrix} + \begin{vmatrix} 3 & x & -1 \\ 5 & 1 & x \\ 1 & 1 & 0 \end{vmatrix} = 5$

f. $\begin{vmatrix} x & 2 & -3 \\ 2 & x & 0 \\ 0 & -3 & x \end{vmatrix} = 18$

8 **El siguiente determinante muestra el porcentaje aproximado de energía utilizada, en un país, procedente de fuentes renovables durante los años 2020, 2021 y 2022. El valor de la variable x es el último dígito del año correspondiente: $R(x)=\begin{vmatrix} x & -1 & 2 \\ 22 & 1 & x \\ 2 & -1 & 3 \end{vmatrix}$.**

a. Calcula el porcentaje de energía renovable utilizada para cada uno de los tres años.

b. Si se siguiera la misma evolución, ¿en qué año se alcanzaría el 38 % de energía renovable utilizada?

1.3. Menor de una matriz. Adjunto de un elemento de una matriz cuadrada

Dada una matriz $A_{n\times m}$, se llama **menor de orden *r*** al determinante de la matriz cuadrada formada por los elementos comunes a *r* filas y *r* columnas de *A*. Se obtiene al eliminar $m-r$ filas y $n-r$ columnas de *A*.

Ejemplo

Dada la matriz $A=\begin{pmatrix} -2 & 3 & 1 & 0 & 2 & 4 & 3 \\ 1 & 2 & -3 & 4 & -4 & 0 & 1 \\ 3 & 5 & -3 & 5 & 2 & 1 & 1 \\ 1 & -7 & 4 & 3 & 5 & -2 & 6 \end{pmatrix}$:

- Al elegir las dos primeras filas y las dos primeras columnas se obtiene el menor de orden 2: $\begin{vmatrix} -2 & 3 \\ 1 & 2 \end{vmatrix}=-7$
- Al elegir las filas primera, tercera y cuarta, y las columnas tercera, quinta y sexta, se obtiene el menor de orden 3: $\begin{vmatrix} 1 & 2 & 4 \\ -3 & 2 & 1 \\ 4 & 5 & -2 \end{vmatrix}=-105$

$$A=\begin{pmatrix} -2 & 3 & 1 & 0 & 2 & 4 & 3 \\ 1 & 2 & -3 & 4 & -4 & 0 & 1 \\ 3 & 5 & -3 & 5 & 2 & 1 & 1 \\ 1 & -7 & 4 & 3 & 5 & -2 & 6 \end{pmatrix}$$

Dada una matriz cuadrada *A* de orden *n*, se llama **adjunto del elemento a_{ij}**, y se designa por A_{ij}, al menor que resulta de eliminar la fila *i* y la columna *j*, multiplicado por $(-1)^{i+j}$.

Ejemplo

Los adjuntos de a_{23} y a_{42} en la matriz $A=\begin{pmatrix} -2 & 1 & 1 & 3 \\ 0 & 1 & -2 & 4 \\ 1 & 1 & -2 & 3 \\ 0 & 2 & -2 & 5 \end{pmatrix}$ son:

$$A_{23}=(-1)^{2+3}\begin{vmatrix} -2 & 1 & 3 \\ 1 & 1 & 3 \\ 0 & 2 & 5 \end{vmatrix}=-(-10+6+12-5)=-3$$

$$A_{42}=(-1)^{4+2}\begin{vmatrix} -2 & 1 & 3 \\ 0 & -2 & 4 \\ 1 & -2 & 3 \end{vmatrix}=12+4+6-16=6$$

1.4. Determinante de una matriz cuadrada de cualquier orden

El **determinante de una matriz cuadrada** de cualquier orden es igual a la suma de cada uno de los elementos de una de sus filas o columnas multiplicados por sus correspondientes adjuntos.

Se demuestra que el valor del determinante es independiente de la fila o columna que se elija para obtener su desarrollo, por lo que, para simplificar los cálculos, es conveniente elegir la fila o columna con mayor número de ceros.

Ejemplo

Para calcular el siguiente determinante se elige desarrollarlo, por ejemplo, por los elementos de la segunda fila, ya que hay un elemento que es cero.

$$|A|=\begin{vmatrix} -1 & 3 & -1 & 2 \\ 2 & 0 & 1 & -1 \\ 3 & 1 & 2 & 3 \\ 1 & -1 & 1 & -1 \end{vmatrix}=a_{21}A_{21}+a_{22}A_{22}+a_{23}A_{23}+a_{24}A_{24}=2A_{21}+0A_{22}+1A_{23}-1A_{24}=$$

$$=2(-1)^{2+1}\begin{vmatrix} 3 & -1 & 2 \\ 1 & 2 & 3 \\ -1 & 1 & -1 \end{vmatrix}+1(-1)^{2+3}\begin{vmatrix} -1 & 3 & 2 \\ 3 & 1 & 3 \\ 1 & -1 & -1 \end{vmatrix}-1(-1)^{2+4}\begin{vmatrix} -1 & 3 & -1 \\ 3 & 1 & 2 \\ 1 & -1 & 1 \end{vmatrix}=-2(-7)-8-(-2)=8$$

Para saber si el signo de un adjunto debe ser o no modificado, se puede utilizar la siguiente regla visual.

$$\begin{vmatrix} + & - & + & - \\ - & + & - & + \\ + & - & + & - \\ - & + & - & + \end{vmatrix}$$

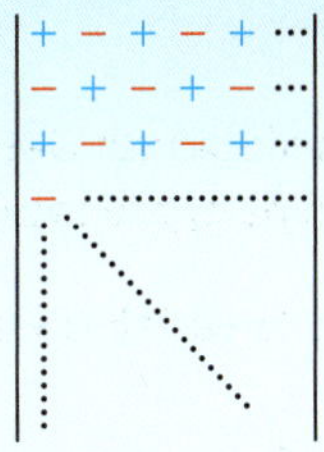

9 Comprueba que se obtiene el mismo valor al desarrollar el determinante $\begin{vmatrix} -1 & 2 & 1 & 0 \\ 2 & 2 & -3 & 2 \\ 2 & -1 & 1 & 1 \\ 1 & 0 & -2 & 3 \end{vmatrix}$ por los elementos de la tercera fila que al hacerlo por los de la cuarta columna.

10 Calcula el valor del determinante $\begin{vmatrix} -1 & 6 & 3 & 3 \\ 2 & 1 & 0 & 4 \\ 1 & 2 & -3 & 0 \\ -7 & 1 & 0 & 5 \end{vmatrix}$ desarrollándolo por los elementos de la fila o columna que consideres más conveniente.

1.5. Propiedades de los determinantes

Las siguientes propiedades de los determinantes son válidas para cualquier orden.

1. El determinante que tiene una de sus filas o columnas con todos sus elementos nulos vale cero.

Ejemplo

$$\begin{vmatrix} -1 & 0 \\ 4 & 0 \end{vmatrix} = 0 - 0 = 0$$

2. El determinante que tiene dos filas o columnas iguales o proporcionales vale cero.

Ejemplo

$$\begin{vmatrix} -1 & 3 & -2 \\ -1 & 3 & -2 \\ 0 & 2 & 4 \end{vmatrix} = 0\text{, ya que } F_1 = F_2 \qquad \begin{vmatrix} 1 & 2 & -2 \\ 2 & 4 & 1 \\ -1 & -2 & 3 \end{vmatrix} = 0\text{, ya que } C_2 = 2C_1$$

3. Cuando una fila o columna es el resultado de sumar o restar otras filas o columnas, multiplicadas por una constante, el determinante vale cero.

Ejemplo

$$\begin{vmatrix} 2 & 3 & 8 \\ -2 & 3 & 4 \\ 1 & -2 & -3 \end{vmatrix} = 0\text{, ya que } C_3 = C_1 + 2C_2$$

4. Si en un determinante se suma a una fila o a una columna el resultado de sumar o restar otras filas o columnas multiplicadas por una constante, el valor del determinante no varía.

Ejemplo

$$\begin{vmatrix} 2 & -2 & 5 \\ 0 & -1 & 4 \\ 1 & 3 & 6 \end{vmatrix} = -39 \underset{F_3 \to F_3 - 2F_1}{\to} \begin{vmatrix} 2 & -2 & 5 \\ 0 & -1 & 4 \\ -3 & 7 & -4 \end{vmatrix} = -39$$

5. Si en un determinante se permutan dos de sus filas o columnas, el resultado cambia de signo.

Ejemplo

$$\begin{vmatrix} 1 & -3 & 5 \\ 2 & 2 & -6 \\ 4 & -3 & 5 \end{vmatrix} = 24 \underset{F_2 \leftrightarrow F_3}{\rightarrow} \begin{vmatrix} 1 & -3 & 5 \\ 4 & -3 & 5 \\ 2 & 2 & -6 \end{vmatrix} = -24$$

6. Si se multiplican todos los elementos de una fila o de una columna de una matriz cuadrada por un número, el determinante queda multiplicado por dicho número.

Ejemplo

$$\begin{vmatrix} -2\cdot 3 & -2\cdot 2 & -2(-1) \\ 4 & 3 & 2 \\ 1 & -2 & 2 \end{vmatrix} = -58 \qquad -2\begin{vmatrix} 3 & 2 & -1 \\ 4 & 3 & 2 \\ 1 & -2 & 2 \end{vmatrix} = -2\cdot 29 = -58$$

De forma inversa, si los elementos de una de las filas o de una de las columnas son múltiplos de un número, se puede extraer ese número como factor común.

Ejemplo

$$\begin{vmatrix} 5 & 2 & -1 \\ 3 & 2 & -2 \\ 4 & -8 & 3 \end{vmatrix} = -52 \underset{C_2 \rightarrow \frac{1}{2}C_2}{\rightarrow} 2\begin{vmatrix} 5 & 1 & -1 \\ 3 & 1 & -2 \\ 4 & -4 & 3 \end{vmatrix} = 2(-26) = -52$$

7. El determinante de una matriz cuadrada coincide con el de su traspuesta: $|A| = |A^t|$

Ejemplo

$$A = \begin{pmatrix} 2 & -1 & 0 \\ 1 & 2 & -1 \\ 1 & 1 & -2 \end{pmatrix} \Rightarrow |A| = -7 \qquad A^t = \begin{pmatrix} 2 & 1 & 1 \\ -1 & 2 & 1 \\ 0 & -1 & -2 \end{pmatrix} \Rightarrow |A^t| = -7$$

8. El determinante del producto de dos matrices cuadradas es igual al producto de los determinantes: $|AB| = |A||B|$

Ejemplo

$$A = \begin{pmatrix} -2 & 1 & 0 \\ 1 & 1 & -2 \\ 3 & 2 & -2 \end{pmatrix} \Rightarrow |A| = -8 \quad B = \begin{pmatrix} -1 & 1 & -1 \\ 2 & 2 & -2 \\ 3 & 1 & 0 \end{pmatrix} \Rightarrow |B| = -4 \quad AB = \begin{pmatrix} 4 & 0 & 0 \\ -5 & 1 & -3 \\ -5 & 5 & -7 \end{pmatrix} \Rightarrow |AB| = 32$$

9. Al sumar dos determinantes que solo se diferencian en una fila o en una columna, su suma es igual al valor del determinante que se forma sumando las filas o las columnas que no son iguales y manteniendo iguales el resto.

Ejemplo

$$\begin{vmatrix} 1 & -1 & 2 \\ 3 & 3 & -2 \\ 2 & -1 & -1 \end{vmatrix} + \begin{vmatrix} 1 & -1 & 2 \\ 3 & 3 & -2 \\ 2 & 3 & -2 \end{vmatrix} = \begin{vmatrix} 1 & -1 & 2 \\ 3 & 3 & -2 \\ 2+2 & -1+3 & -1-2 \end{vmatrix} = \begin{vmatrix} 1 & -1 & 2 \\ 3 & 3 & -2 \\ 4 & 2 & -3 \end{vmatrix} \Rightarrow -22+4 = -18$$

10. El determinante de una matriz triangular es igual al producto de los elementos de la diagonal principal.

Ejemplo

$$\begin{vmatrix} -3 & 2 & 1 & -2 \\ 0 & -1 & 2 & -4 \\ 0 & 0 & 3 & 17 \\ 0 & 0 & 0 & -3 \end{vmatrix} = (-3)\cdot(-1)\cdot 3\cdot(-3) = -27$$

11 Actividad resuelta

Comprueba que $\begin{vmatrix} 4 & -1 & 1 \\ 5 & 0 & 0 \\ 2 & 2 & -3 \end{vmatrix} + \begin{vmatrix} 1 & -1 & 1 \\ 3 & 0 & 0 \\ 2 & 2 & -3 \end{vmatrix} = \begin{vmatrix} 5 & -1 & 1 \\ 8 & 0 & 0 \\ 4 & 2 & -3 \end{vmatrix}$.

$$\begin{vmatrix} 4 & -1 & 1 \\ 5 & 0 & 0 \\ 2 & 2 & -3 \end{vmatrix} + \begin{vmatrix} 1 & -1 & 1 \\ 3 & 0 & 0 \\ 2 & 2 & -3 \end{vmatrix} = (10-15)+(6-9) = -5-3 = -8$$

$$\begin{vmatrix} 5 & -1 & 1 \\ 8 & 0 & 0 \\ 4 & 2 & -3 \end{vmatrix} = 16-24 = -8$$

La igualdad se verifica.

12 **MAT-TIC** Estudia *Nuevas propiedades de los determinantes* con el interactivo de GeoGebra.

13 Actividad resuelta

Dadas las matrices $A=\begin{pmatrix} -2 & -1 & 1 \\ 2 & 1 & 2 \end{pmatrix}$ $B=\begin{pmatrix} 1 & -2 \\ 3 & 2 \\ 1 & 0 \end{pmatrix}$:

a. Calcula AB y BA.

b. Calcula $|AB|$ y $|BA|$. Comprueba que no son iguales.

c. ¿Qué pasaría con los determinantes $|AB|$ y $|BA|$ si A y B fuesen matrices cuadradas del mismo orden?

a. $AB=\begin{pmatrix} -2 & -1 & 1 \\ 2 & 1 & 2 \end{pmatrix}\begin{pmatrix} 1 & -2 \\ 3 & 2 \\ 1 & 0 \end{pmatrix}=\begin{pmatrix} -4 & 2 \\ 7 & -2 \end{pmatrix}$

$$BA=\begin{pmatrix} 1 & -2 \\ 3 & 2 \\ 1 & 0 \end{pmatrix}\begin{pmatrix} -2 & -1 & 1 \\ 2 & 1 & 2 \end{pmatrix}=\begin{pmatrix} -6 & -3 & -3 \\ -2 & -1 & 7 \\ -2 & -1 & 1 \end{pmatrix}$$

b. $|AB|=\begin{vmatrix} -4 & 2 \\ 7 & -2 \end{vmatrix}=8-14=-6$

$$|BA|=\begin{vmatrix} -6 & -3 & -3 \\ -2 & -1 & 7 \\ -2 & -1 & 1 \end{vmatrix}=6-6+42+6-42-6=0$$

c. En este caso: $|AB| \underset{\text{propiedad 8}}{=} |A||B| \underset{\text{conmutatividad del producto en } \mathbb{R}}{=} |B||A| \underset{\text{propiedad 8}}{=} |BA|$

14 Dadas las matrices $A=\begin{pmatrix} -1 & 3 \\ 3 & 4 \\ 2 & 0 \\ 0 & -1 \end{pmatrix}$ y $B=\begin{pmatrix} 2 & -1 & 1 & 0 \\ 2 & 2 & -2 & 3 \end{pmatrix}$:

a. Calcula los productos AB y BA.

b. Calcula el valor de los determinantes $|AB|$ y $|BA|$ y estudia si son iguales.

15 Dadas las matrices $A=\begin{pmatrix} -1 & 2 & 2 \\ 0 & -1 & 0 \\ 2 & -2 & 4 \end{pmatrix}$ y $B=\begin{pmatrix} 1 & 5 & 0 \\ -2 & 5 & 0 \\ 0 & 1 & -1 \end{pmatrix}$:

a. Calcula los productos AB y BA.

b. Calcula el valor de los determinantes $|AB|$ y $|BA|$ y comprueba si son iguales.

16 Calcula el valor de los siguientes determinantes sabiendo que $\begin{vmatrix} x & y \\ a & b \end{vmatrix}=-2$.

a. $\begin{vmatrix} x & 2x+y \\ a & 2a+b \end{vmatrix}$

b. $\begin{vmatrix} a & x \\ b & y \end{vmatrix}$

c. $\begin{vmatrix} 10a & 100x \\ 10b & 100y \end{vmatrix}$

d. $\begin{vmatrix} 3a & 3b \\ -x & -y \end{vmatrix}$

17 Calcula el valor de los siguientes determinantes sabiendo que $\begin{vmatrix} a & b & c \\ x & y & z \\ p & q & r \end{vmatrix}=6$.

a. $\begin{vmatrix} 2x & 2y & 2z \\ \frac{a}{2} & \frac{b}{2} & \frac{c}{2} \\ 4p & 4q & 4r \end{vmatrix}$

b. $\begin{vmatrix} a & b & c \\ x+2a & y+2b & z+2c \\ a+x+p & b+y+q & c+z+r \end{vmatrix}$

c. $\begin{vmatrix} x & p & a \\ y & q & b \\ z & r & c \end{vmatrix}$

d. $\begin{vmatrix} a+x & x+p & 2p \\ b+y & y+q & 2q \\ c+z & z+r & 2r \end{vmatrix}$

18 **Actividad resuelta**

Demuestra, sin desarrollarla, la siguiente igualdad.

$$\begin{vmatrix} -3 & 2 & 5 & 1 \\ 1 & -2 & 3 & 4 \\ -1 & -2 & 11 & 9 \\ 1 & -1 & 2 & 4 \end{vmatrix}=0$$

El determinante es nulo, ya que la fila tercera es igual a la suma de la primera más dos veces la segunda, $F_3=F_1+2F_2$. Por tanto, la igualdad se cumple: $\begin{vmatrix} -3 & 2 & 5 & 1 \\ 1 & -2 & 3 & 4 \\ -1 & -2 & 11 & 9 \\ 1 & -1 & 2 & 4 \end{vmatrix}=0$

19 Prueba, sin necesidad de desarrollar, que el valor del siguiente determinante es nulo.

$$\begin{vmatrix} 1 & 3 & 5 & 7 \\ 9 & 11 & 13 & 15 \\ 17 & 19 & 21 & 23 \\ 25 & 27 & 29 & 31 \end{vmatrix}$$

20 Calcula el valor de la siguiente suma de determinantes sin desarrollarlos previamente por separado.

$$\begin{vmatrix} 2 & 4 & -2 \\ 3 & 4 & -1 \\ 0 & 4 & -5 \end{vmatrix}+\begin{vmatrix} 2 & 4 & -2 \\ -2 & -4 & 5 \\ 0 & 4 & -5 \end{vmatrix}$$

21 La siguiente expresión con determinantes muestra el aumento de la temperatura media de una zona continental, en décimas de grado, que se producirá cuando hayan pasado t años ($t \in [10,25]$).

$$A(t)=\frac{5}{4}\begin{vmatrix} t+2 & 2 & -3 \\ 1 & 1 & 4 \\ 1 & 1 & 5 \end{vmatrix}-\frac{1}{100}\begin{vmatrix} t-5 & 6 & 1 \\ 2 & t & 0 \\ -5 & 6 & 1 \end{vmatrix}$$

a. Aplicando las propiedades y sin necesidad de desarrollarlos, calcula el valor de los dos determinantes que intervienen en la expresión. Calcula el valor desarrollado y simplificado de $A(t)$.

b. Calcula el aumento de temperatura media que se espera en esa zona cuando hayan pasado 10 y 25 años.

2 Cálculo de determinantes

2.1. Cálculo de determinantes por adjuntos

Como ya hemos dicho, a la hora de calcular un determinante a partir de los adjuntos de los elementos de una de sus filas o columnas, es conveniente que la línea elegida tenga la mayor cantidad de ceros posible.

De acuerdo con lo anterior y antes de realizar el desarrollo, se puede aplicar la propiedad 4 de los determinantes y conseguir que una de las filas o columnas esté formada por todo ceros excepto uno de sus elementos. De esta forma, al realizar el desarrollo sólo se tendrá que calcular un determinante de un orden inferior al inicial.

La operación mediante la que se transforma un determinante en otro del mismo valor y con una línea de todo ceros excepto un elemento se denomina "hacer ceros".

Ejemplo

Vamos a calcular el determinante $\begin{vmatrix} -1 & 2 & 1 & 2 \\ 2 & -1 & 1 & -2 \\ 3 & 1 & -1 & -2 \\ 3 & 2 & 4 & -1 \end{vmatrix}$.

Para ello elegimos, por ejemplo, la tercera fila.

Realizaremos transformaciones de manera que esta tercera fila quede formada en su totalidad por ceros, excepto por su segundo elemento, que será el pivote.

Para hacer ceros en una fila se opera por columnas y para hacerlos en una columna, por filas. En nuestro caso, operamos por columnas.

- Para conseguir que a_{31} sea cero, realizamos la transformación $C_1 \to C_1 - 3C_2$.

$$\begin{vmatrix} -1 & 2 & 1 & 2 \\ 2 & -1 & 1 & -2 \\ 3 & 1 & -1 & -2 \\ 3 & 2 & 4 & -1 \end{vmatrix} \underset{C_1 \to C_1 - 3C_2}{=} \begin{vmatrix} -7 & 2 & 1 & 2 \\ 5 & -1 & 1 & -2 \\ 0 & 1 & -1 & -2 \\ -3 & 2 & 4 & -1 \end{vmatrix}$$

- Para conseguir ahora que a_{33} sea cero, realizamos la transformación $C_3 \to C_3 + C_2$.

$$\begin{vmatrix} -7 & 2 & 1 & 2 \\ 5 & -1 & 1 & -2 \\ 0 & 1 & -1 & -2 \\ -3 & 2 & 4 & -1 \end{vmatrix} \underset{C_3 \to C_3 + C_2}{=} \begin{vmatrix} -7 & 2 & 3 & 2 \\ 5 & -1 & 0 & -2 \\ 0 & 1 & 0 & -2 \\ -3 & 2 & 6 & -1 \end{vmatrix}$$

- Finalmente, para conseguir que a_{34} sea cero, realizamos la transformación $C_4 \to C_4 + 2C_2$.

$$\begin{vmatrix} -7 & 2 & 3 & 2 \\ 5 & -1 & 0 & -2 \\ 0 & 1 & 0 & -2 \\ -3 & 2 & 6 & -1 \end{vmatrix} \underset{C_4 \to C_4 + 2C_2}{=} \begin{vmatrix} -7 & 2 & 3 & 6 \\ 5 & -1 & 0 & -4 \\ 0 & 1 & 0 & 0 \\ -3 & 2 & 6 & 3 \end{vmatrix}$$

Una vez que hemos conseguido esos tres ceros, desarrollamos el determinante por la tercera fila.

$$\begin{vmatrix} -7 & 2 & 3 & 6 \\ 5 & -1 & 0 & -4 \\ 0 & 1 & 0 & 0 \\ -3 & 2 & 6 & 3 \end{vmatrix} = 1(-1)^{3+2} \begin{vmatrix} -7 & 3 & 6 \\ 5 & 0 & -4 \\ -3 & 6 & 3 \end{vmatrix}$$

Obtenemos:

$$1(-1)^{3+2} \begin{vmatrix} -7 & 3 & 6 \\ 5 & 0 & -4 \\ -3 & 6 & 3 \end{vmatrix} = -(180+36-168-45) = -3$$

22 **Calcula por adjuntos el siguiente determinante.**

$$\begin{vmatrix} 1 & 2 & 3 & 4 \\ -1 & 1 & 0 & 2 \\ 4 & 0 & -1 & -1 \\ 1 & -1 & 2 & -2 \end{vmatrix}$$

23 Actividad resuelta

Transforma el determinante $\begin{vmatrix} 5 & 5 & 5 \\ 6 & 7 & 8 \\ 9 & 10 & 11 \end{vmatrix}$ para que la primera fila tenga dos ceros y calcula su valor.

$$\begin{vmatrix} 5 & 5 & 5 \\ 6 & 7 & 8 \\ 9 & 10 & 11 \end{vmatrix} \underset{\substack{C_2 \to C_2 - C_1 \\ C_3 \to C_3 - C_1}}{=} \begin{vmatrix} 5 & 0 & 0 \\ 6 & 1 & 2 \\ 9 & 1 & 2 \end{vmatrix} = 5 \begin{vmatrix} 1 & 2 \\ 1 & 2 \end{vmatrix} = 0$$

24 Haz ceros en una de las filas o columnas de los siguientes determinantes y calcula su valor.

a. $\begin{vmatrix} 1 & 2 & -3 & 0 \\ 2 & -1 & 2 & 2 \\ 1 & 1 & -1 & 0 \\ 2 & 2 & -1 & 4 \end{vmatrix}$

b. $\begin{vmatrix} 1 & 1 & 0 & -2 \\ 0 & 1 & 5 & 2 \\ 3 & 2 & 2 & 1 \\ 1 & 1 & 2 & -2 \end{vmatrix}$

c. $\begin{vmatrix} 1 & 2 & 2 & -1 \\ 2 & 1 & 1 & -2 \\ 1 & -1 & 2 & 1 \\ 3 & 1 & 1 & -2 \end{vmatrix}$

d. $\begin{vmatrix} 1 & 3 & 5 & 7 \\ 3 & 5 & 7 & 9 \\ 5 & 7 & 9 & 11 \\ 7 & 9 & 11 & 13 \end{vmatrix}$

25 Reduce los siguientes determinantes de orden 3 a un determinante de orden 2.

a. $\begin{vmatrix} 1 & -2 & 3 \\ 2 & 5 & -6 \\ 2 & 7 & 9 \end{vmatrix}$ b. $\begin{vmatrix} -3 & 2 & 5 \\ 2 & 1 & -3 \\ 4 & 5 & -6 \end{vmatrix}$

26 Reduce el siguiente determinante de orden 4 a un determinante de orden 3 y, posteriormente, a un determinante de orden 2.

$$\begin{vmatrix} 1 & 2 & -1 & 3 \\ 2 & -1 & 2 & -1 \\ 1 & 2 & 3 & 4 \\ 2 & -3 & 4 & -5 \end{vmatrix}$$

27 Desarrolla el siguiente determinante por los elementos de su tercera columna y calcula su valor.

$$\begin{vmatrix} 1 & 0 & 2 & 3 \\ -1 & 2 & -3 & 1 \\ 1 & 1 & 0 & -1 \\ 2 & -2 & 0 & -4 \end{vmatrix}$$

28 Calcula el valor de los siguientes determinantes.

a. $\begin{vmatrix} 1 & -1 & 2 & 0 \\ 1 & -1 & 2 & 3 \\ 3 & 3 & 2 & 1 \\ 1 & 0 & -1 & 5 \end{vmatrix}$

b. $\begin{vmatrix} 1 & 1 & 2 & 2 \\ 1 & -1 & -1 & 2 \\ 2 & -2 & -2 & -2 \\ 2 & 2 & 2 & 2 \end{vmatrix}$

c. $\begin{vmatrix} 4 & 3 & -2 & 2 \\ 5 & 3 & 3 & -2 \\ 2 & 1 & 5 & 4 \\ -5 & 6 & 3 & -2 \end{vmatrix}$

29 Desarrolla los siguientes determinantes por los elementos de la fila o columna que más ceros posea y calcula su valor.

a. $\begin{vmatrix} 0 & 1 & 6 & 0 \\ 2 & 0 & 5 & 4 \\ 3 & 3 & 0 & 4 \\ 2 & 5 & 1 & 2 \end{vmatrix}$

b. $\begin{vmatrix} -1 & 2 & 0 & -3 \\ 4 & -3 & -1 & 2 \\ 1 & -2 & 0 & 2 \\ 3 & 2 & 3 & 1 \end{vmatrix}$

30 Actividad resuelta

Resuelve la ecuación $\begin{vmatrix} 3 & -1 & 3 & 3 \\ 0 & 2 & 2 & x \\ 1 & -1 & 1 & -1 \\ 0 & x & 3 & 5 \end{vmatrix} = 92$.

Para desarrollar el determinante, buscamos ceros en una columna, por ejemplo, la primera columna. Se realiza el cambio $F_1 \to F_1 - 3F_3$ para que quede formada por todo ceros excepto uno de sus elementos:

$$\begin{vmatrix} 3 & -1 & 3 & 3 \\ 0 & 2 & 2 & x \\ 1 & -1 & 1 & -1 \\ 0 & x & 3 & 5 \end{vmatrix} \underset{F_1 \to F_1 - 3F_3}{=} \begin{vmatrix} 0 & 2 & 0 & 6 \\ 0 & 2 & 2 & x \\ 1 & -1 & 1 & -1 \\ 0 & x & 3 & 5 \end{vmatrix} = 1(-1)^{3+1} \begin{vmatrix} 2 & 0 & 6 \\ 2 & 2 & x \\ x & 3 & 5 \end{vmatrix} = 20 + 36 - 12x - 6x = 92 \Rightarrow -18x = 36 \Rightarrow x = -2$$

31 Calcula el valor de k para que se cumpla $\begin{vmatrix} 2 & 3 & 1 & 1 \\ 1 & 1 & 3 & 3 \\ 4 & 4 & 1 & 1 \\ 1 & 1 & 2 & k \end{vmatrix} = 11$.

32 Transforma el determinante $\begin{vmatrix} a & a & a \\ a+1 & a+2 & a+3 \\ a+4 & a+5 & a+6 \end{vmatrix}$ para que la primera fila tenga dos ceros y calcula su valor.

33 Halla el valor de los siguientes determinantes haciendo ceros previamente.

a. $\begin{vmatrix} x+5 & x+8 & x+11 \\ x+6 & x+9 & x+12 \\ x+7 & x+10 & x+13 \end{vmatrix}$

b. $\begin{vmatrix} 1 & b & a^2 \\ b & a^2 & a^3 \\ a^2 & a^3 & a^4 \end{vmatrix}$

34 La siguiente expresión $P(x)$ determina la evolución de la cantidad de agua de lluvia, en mm/m², caída de media sobre una zona de la Sierra de Grazalema. El valor x es el número de años transcurrido desde 2013 ($x = 0$) hasta 2022 ($x = 9$).

$$P(x) = \begin{vmatrix} 1 & 1 & 0 & 0 \\ 1 & -7 & 710 & -760 \\ 1 & 2 & x & 1 \\ 1 & 2 & 0 & x \end{vmatrix}$$

a. Transforma el determinante de forma que haya una fila formada por todo ceros excepto uno de sus elementos. Calcula su valor.

b. Calcula las precipitaciones caídas en los años 2013, 2021 y 2022.

c. Evalúa el porcentaje de disminución por año durante el período comprendido entre 2013 y 2022.

2.2. Método de Gauss para el cálculo de determinantes

La simplificación anterior (hacer ceros) es aún más importante si se consigue obtener un determinante triangular. En tal caso, el valor de dicho determinante es el producto de los elementos de la diagonal principal.

Para obtener un determinante triangular se pueden aplicar las siguientes transformaciones:

Transformación	Efecto en el determinante
Multiplicar o dividir todos los elementos de una fila o columna por un número no nulo.	El determinante queda multiplicado o dividido por dicho número.
Sumar o restar a los elementos de una fila o columna los correspondientes de otra multiplicados por un número cualquiera.	El determinante conserva el valor del inicial.
Cambiar el orden de dos filas o columnas.	El determinante cambia de signo.
Transponer la matriz.	El determinante no varía.
Sumar a una fila o columna el resultado de la suma de una o varias filas o columnas multiplicadas por un número.	El determinante no varía.

El efecto de las transformaciones sobre el determinante se deduce de las propiedades de losl determinantes.

35 Actividad resuelta

Transforma el determinante siguiente para que sea triangular, y demuestra que vale 0.

$$\begin{vmatrix} 1 & -1 & 1 & -2 & 1 \\ 1 & 0 & -1 & 1 & 0 \\ 1 & 2 & 2 & 2 & 2 \\ 1 & 1 & 1 & 1 & 1 \\ 1 & -1 & -1 & -1 & -1 \end{vmatrix}$$

$$\begin{vmatrix} 1 & -1 & 1 & -2 & 1 \\ 1 & 0 & -1 & 1 & 0 \\ 1 & 2 & 2 & 2 & 2 \\ 1 & 1 & 1 & 1 & 1 \\ 1 & -1 & -1 & -1 & -1 \end{vmatrix} \underset{\substack{F_2 \to F_2 - F_1 \\ F_3 \to F_3 - F_1 \\ F_4 \to F_4 - F_1 \\ F_5 \to F_5 - F_1}}{=} \begin{vmatrix} 1 & -1 & 1 & -2 & 1 \\ 0 & 1 & -2 & 3 & -1 \\ 0 & 3 & 1 & 4 & 1 \\ 0 & 2 & 0 & 3 & 0 \\ 0 & 0 & -2 & 1 & -2 \end{vmatrix} \underset{\substack{F_3 \to F_3 - 3F_2 \\ F_4 \to F_4 - 2F_2}}{=} \begin{vmatrix} 1 & -1 & 1 & -2 & 1 \\ 0 & 1 & -2 & 3 & -1 \\ 0 & 0 & 7 & -5 & 4 \\ 0 & 0 & 4 & -3 & 2 \\ 0 & 0 & -2 & 1 & -2 \end{vmatrix} =$$

$$\underset{F_3 \leftrightarrow F_5}{=} - \begin{vmatrix} 1 & -1 & 1 & -2 & 1 \\ 0 & 1 & -2 & 3 & -1 \\ 0 & 0 & -2 & 1 & -2 \\ 0 & 0 & 4 & -3 & 2 \\ 0 & 0 & 7 & -5 & 4 \end{vmatrix} \underset{C_3 \leftrightarrow C_4}{=} \begin{vmatrix} 1 & -1 & -2 & 1 & 1 \\ 0 & 1 & 3 & -2 & -1 \\ 0 & 0 & 1 & -2 & -2 \\ 0 & 0 & -3 & 4 & 2 \\ 0 & 0 & -5 & 7 & 4 \end{vmatrix} \underset{\substack{F_4 \to F_4 + 3F_3 \\ F_5 \to F_5 + 5F_3}}{=} \begin{vmatrix} 1 & -1 & -2 & 1 & 1 \\ 0 & 1 & 3 & -2 & -1 \\ 0 & 0 & 1 & -2 & -2 \\ 0 & 0 & 0 & -2 & -4 \\ 0 & 0 & 0 & -3 & -6 \end{vmatrix} =$$

$$\underset{F_4 \to -\frac{1}{2} F_4}{=} -2 \begin{vmatrix} 1 & -1 & -2 & 1 & 1 \\ 0 & 1 & 3 & -2 & -1 \\ 0 & 0 & 1 & -2 & -2 \\ 0 & 0 & 0 & 1 & 2 \\ 0 & 0 & 0 & -3 & -6 \end{vmatrix} \underset{F_5 \to F_5 + 3F_4}{=} -2 \begin{vmatrix} 1 & -1 & -2 & 1 & 1 \\ 0 & 1 & 3 & -2 & -1 \\ 0 & 0 & 1 & -2 & -2 \\ 0 & 0 & 0 & 1 & 2 \\ 0 & 0 & 0 & 0 & 0 \end{vmatrix} = 0$$

36 Calcula los siguientes determinantes por el método de Gauss.

a. $\begin{vmatrix} 1 & -2 & 3 \\ 2 & 3 & -1 \\ 4 & 2 & 3 \end{vmatrix}$ **b.** $\begin{vmatrix} 1 & -1 & 2 \\ 1 & -2 & -1 \\ -1 & 2 & a \end{vmatrix}$ **c.** $\begin{vmatrix} 1 & a & b \\ a & 1 & ab \\ b & ab & 1 \end{vmatrix}$

37 Transforma los siguientes determinantes en sus equivalentes triangulares y calcula su valor.

a. $\begin{vmatrix} 1 & 2 & 2^2 \\ 1 & 3 & 3^2 \\ 1 & 4 & 4^2 \end{vmatrix}$ **b.** $\begin{vmatrix} x & x & x \\ x+y & x & x \\ x & x+z & x \end{vmatrix}$

38 Una matriz de Vandermonde es aquella que presenta una progresión geométrica en sus filas o columnas, comenzando en 1. Calcula los siguientes determinantes de Vandermonde.

a. $\begin{vmatrix} 1 & 1 & 1 \\ 2 & 3 & 4 \\ 4 & 9 & 16 \end{vmatrix}$ **b.** $\begin{vmatrix} 1 & 1 & 1 & 1 \\ 1 & 2 & 3 & 4 \\ 1 & 4 & 9 & 16 \\ 1 & 8 & 27 & 64 \end{vmatrix}$

39 Calcula el valor del determinante:

$$\begin{vmatrix} x & x & x & x \\ -x & y & x & x \\ -x & -x & y & x \\ -x & -x & -x & y \end{vmatrix}$$

¿Qué relación deben cumplir *x* e *y* para que su valor sea nulo?

40 Calcula los siguientes determinantes de orden 4 por el método de Gauss.

a. $\begin{vmatrix} 1 & 1 & -3 & 2 \\ 2 & 2 & -3 & 2 \\ 1 & -3 & 1 & 2 \\ 1 & 1 & 3 & 2 \end{vmatrix}$ **c.** $\begin{vmatrix} 1 & 2 & 3 & 4 \\ 2 & 3 & 4 & 1 \\ 3 & 4 & 1 & 2 \\ 4 & 1 & 2 & 3 \end{vmatrix}$ **e.** $\begin{vmatrix} 0 & 2 & -1 & 0 \\ -2 & 0 & -6 & -2 \\ 1 & 6 & 0 & 5 \\ 0 & 2 & -5 & 0 \end{vmatrix}$

b. $\begin{vmatrix} 1 & 2 & 1 & -1 \\ 0 & 2 & 2 & 2 \\ 3 & -3 & 2 & 1 \\ 1 & -1 & 2 & -2 \end{vmatrix}$ **d.** $\begin{vmatrix} 1 & 0 & 0 & -1 \\ -1 & 0 & 0 & -1 \\ 0 & -1 & 0 & 1 \\ 2 & 2 & 2 & 2 \end{vmatrix}$ **f.** $\begin{vmatrix} 0 & -2 & -1 & 1 \\ -2 & 1 & 1 & -1 \\ 3 & -2 & 1 & 0 \\ 0 & 3 & -4 & 2 \end{vmatrix}$

3 Cálculo del rango de una matriz por determinantes

3.1. Dependencia lineal de filas o columnas

Con la ayuda de los determinantes, y conociendo el concepto de menor, vamos a poder determinar el rango de una matriz.

El **rango** de una matriz es el mayor orden de sus menores distintos de cero.

Ejemplo

Tenemos la matriz $A=\begin{pmatrix} 2 & -2 & 4 & 3 & 5 \\ 2 & 1 & 0 & 2 & 1 \\ 0 & -3 & 4 & -3 & 0 \\ 1 & 2 & 0 & 4 & 3 \end{pmatrix}$.

1.° Escogemos un menor de orden 2 cuyo valor sea distinto de cero (si no existe, eso ya nos indicaría que el rango de la matriz es 1, e incluso 0 si se tratara de la matriz nula).

Se toma, por ejemplo, el menor de orden 2:

$$A=\begin{pmatrix} 2 & -2 & 4 & 3 & 5 \\ 2 & 1 & 0 & 2 & 1 \\ 0 & -3 & 4 & -3 & 0 \\ 1 & 2 & 0 & 4 & 3 \end{pmatrix} \qquad \begin{vmatrix} 2 & -2 \\ 2 & 1 \end{vmatrix}=6\neq 0 \Rightarrow rg(A)\geq 2$$

2.° Añadimos, al menor anterior, una fila y otra columna sucesivamente para formar los menores de orden tres. Si encontramos un menor de orden tres diferente de 0, el rango es mayor o igual que 3; si no lo encontramos, el rango es definitivamente 2.

$$A=\begin{pmatrix} 2 & -2 & 4 & 3 & 5 \\ 2 & 1 & 0 & 2 & 1 \\ 0 & -3 & 4 & -3 & 0 \\ 1 & 2 & 0 & 4 & 3 \end{pmatrix}$$

Partiendo del menor hallado en el paso anterior, añadimos una fila y otra columna hasta obtener un menor de orden 3 no nulo:

$$\begin{vmatrix} 2 & -2 & 4 \\ 2 & 1 & 0 \\ 0 & -3 & 4 \end{vmatrix}=0 \qquad \begin{vmatrix} 2 & -2 & 3 \\ 2 & 1 & 2 \\ 0 & -3 & -3 \end{vmatrix}=-24\neq 0$$

Como se ha encontrado un menor de orden tres diferente de cero, $rg(A)\geq 3$.

3.° Repetimos el proceso anterior hasta llegar al determinante de mayor orden distinto de cero. El rango de la matriz será la dimensión de dicho determinante.

Añadimos una fila y otra columna al menor no nulo del paso anterior:

$$\begin{vmatrix} 2 & -2 & 3 & 5 \\ 2 & 1 & 2 & 1 \\ 0 & -3 & -3 & 0 \\ 1 & 2 & 4 & 3 \end{vmatrix}=-24\neq 0 \Rightarrow rg(A)\geq 4$$

Como no hay más filas, el $rg(A)=4$.

En el cálculo del rango de una matriz por menores, lo único que interesa observar de los menores es si son nulos o no. No interesa saber su valor exacto.

41 Calcula el rango de las siguientes matrices.

a. $A=\begin{pmatrix} 2 & -1 & 3 \\ 2 & 1 & 5 \\ 0 & 2 & 1 \end{pmatrix}$

b. $B=\begin{pmatrix} -1 & 3 & 2 & 0 \\ 2 & -6 & -4 & 0 \\ 1 & -3 & 2 & -1 \end{pmatrix}$

El método anterior se puede aplicar en todos los casos. Sin embargo:

- Es conveniente eliminar, previamente, las filas y columnas que a simple vista se observe que son linealmente dependientes de otras.
- Cuando se encuentra directamente un menor, del mayor orden posible y diferente de cero, se deduce que el rango es el orden de ese menor. De hecho, si una matriz es cuadrada, el primer paso para calcular su rango puede ser obtener su determinante.

Ejemplo

- En la matriz $A=\begin{pmatrix} 2 & -3 & 3 & 2 \\ 3 & -5 & 8 & 4 \\ 1 & -2 & 5 & 2 \end{pmatrix}$ se observa que $F_2 = F_1 + F_3$.

  Por tanto, $\text{rg}(A)=\text{rg}\begin{pmatrix} 2 & -3 & 3 & 2 \\ 1 & -2 & 5 & 2 \end{pmatrix}$.

  Como $\begin{vmatrix} 2 & 3 \\ 1 & 5 \end{vmatrix} = 7 \neq 0 \Rightarrow \text{rg}(A) = 2$

- En la matriz $A=\begin{pmatrix} 1 & 3 & -2 & 2 & 3 \\ 0 & -3 & 1 & 5 & 0 \\ 0 & 2 & 0 & 2 & -1 \\ 0 & 1 & 0 & 0 & -3 \end{pmatrix}$ se observa que el menor $\begin{vmatrix} 1 & -2 & 2 & 3 \\ 0 & 1 & 5 & 0 \\ 0 & 0 & 2 & -1 \\ 0 & 0 & 0 & -3 \end{vmatrix} = -6 \neq 0$.

  Como no existe ningún menor de orden cinco, rg $(A) = 4$.

42 Actividad resuelta

Estudia el rango de $A=\begin{pmatrix} a & 1 & 1 \\ 2a & -1 & 1 \\ 1 & a & 1 \end{pmatrix}$ según los diferentes valores del parámetro a.

Se calcula el determinante de A y se iguala a cero:

$$|A| = \begin{vmatrix} a & 1 & 1 \\ 2a & -1 & 1 \\ 1 & a & 1 \end{vmatrix} = -a+2a^2+1+1-a^2-2a = a^2-3a+2=0 \Rightarrow a=1,\ a=2$$

Se dan los siguientes casos:

- Si $a \neq 1$ y $a \neq 2 \Rightarrow |A| \neq 0 \Rightarrow \text{rg}(A) = 3$
- Si $a=1 \Rightarrow A=\begin{pmatrix} 1 & 1 & 1 \\ 2 & -1 & 1 \\ 1 & 1 & 1 \end{pmatrix}$. Como $\begin{vmatrix} 1 & 1 \\ 2 & -1 \end{vmatrix} \neq 0$ y $|A| = 0 \Rightarrow \text{rg}(A) = 2$
- Si $a=2 \Rightarrow A=\begin{pmatrix} 2 & 1 & 1 \\ 4 & -1 & 1 \\ 1 & 2 & 1 \end{pmatrix}$. Como $\begin{vmatrix} 2 & 1 \\ 4 & -1 \end{vmatrix} \neq 0$ y $|A| = 0 \Rightarrow \text{rg}(A) = 2$

43 **Estudia, según los valores del parámetro a, el rango de la matriz:**

$$A=\begin{pmatrix} a-2 & 1 & 2 \\ -3 & a+2 & 2 \\ -5 & 1 & a+1 \end{pmatrix}$$

44 **Estudia, según los valores del parámetro a, el rango de las siguientes matrices.**

a. $A=\begin{pmatrix} 1 & 1 & 2 \\ -3 & 2 & 3 \\ 2 & a & -5 \end{pmatrix}$

b. $B=\begin{pmatrix} 1 & 2 & a \\ 2 & 4 & a \\ a & 6 & 9 \end{pmatrix}$

c. $C=\begin{pmatrix} 1 & 2 & 1 \\ 1 & a & 2 \\ 1 & -a & a-4 \end{pmatrix}$

d. $D=\begin{pmatrix} 1 & 1 & a \\ 2 & 2a & 2a \\ 3 & 3 & a+2 \end{pmatrix}$

45 **Estudia, según los valores de k, el rango de la matriz:**

$$A=\begin{pmatrix} 1 & 0 & 1 \\ 0 & 1 & 1-k \\ 1 & k+1 & 2 \\ 1 & 0 & 0 \end{pmatrix}$$

46 **Estudia el rango de la matriz según los diferentes valores del parámetro λ.**

$$A=\begin{pmatrix} \lambda+1 & 1 & 1 \\ 0 & \lambda+2 & 1 \\ 0 & 1 & 1 \end{pmatrix}$$

4 Cálculo de la matriz inversa por determinantes

4.1. Matriz adjunta de una matriz dada

Sabemos que si una matriz A es cuadrada y su rango coincide con su orden, entonces posee matriz inversa A^{-1}. Es decir, existe A^{-1} tal que $AA^{-1} = A^{-1}A = I$.

Vamos a desarrollar un nuevo método para calcular la matriz inversa basado en el cálculo de adjuntos, lo que simplificará los cálculos, sobre todo para los órdenes 2 y 3.

> Dada una matriz cuadrada A, se denomina **matriz adjunta de A**, y se representa por **Adj(A)**, a la matriz del mismo orden que la dada y cuyos elementos son los adjuntos de los elementos correspondientes en A.

$$A = \begin{pmatrix} a_{11} & a_{12} & a_{13} & a_{14} \\ a_{21} & a_{22} & a_{23} & a_{24} \\ a_{31} & a_{32} & a_{33} & a_{34} \\ a_{41} & a_{42} & a_{34} & a_{44} \end{pmatrix}$$

Ejemplo

Dada la matriz $A = \begin{pmatrix} -3 & 0 & 1 \\ -4 & 1 & 5 \\ 0 & 1 & 4 \end{pmatrix}$, sus adjuntos son:

$A_{11} = (-1)^{1+1} \begin{vmatrix} 1 & 5 \\ 1 & 4 \end{vmatrix} = -1$ $\quad A_{12} = (-1)^{1+2} \begin{vmatrix} -4 & 5 \\ 0 & 4 \end{vmatrix} = 16$ $\quad A_{13} = (-1)^{1+3} \begin{vmatrix} -4 & 1 \\ 0 & 1 \end{vmatrix} = -4$

$A_{21} = (-1)^{2+1} \begin{vmatrix} 0 & 1 \\ 1 & 4 \end{vmatrix} = 1$ $\quad A_{22} = (-1)^{2+2} \begin{vmatrix} -3 & 1 \\ 0 & 4 \end{vmatrix} = -12$ $\quad A_{23} = (-1)^{2+3} \begin{vmatrix} -3 & 0 \\ 0 & 1 \end{vmatrix} = 3$

$A_{31} = (-1)^{3+1} \begin{vmatrix} 0 & 1 \\ 1 & 5 \end{vmatrix} = -1$ $\quad A_{32} = (-1)^{3+2} \begin{vmatrix} -3 & 1 \\ -4 & 5 \end{vmatrix} = 11$ $\quad A_{33} = (-1)^{3+3} \begin{vmatrix} -3 & 0 \\ -4 & 1 \end{vmatrix} = -3$

La matriz adjunta de A será: $\text{Adj}(A) = \begin{pmatrix} -1 & 16 & -4 \\ 1 & -12 & 3 \\ -1 & 11 & -3 \end{pmatrix}$

4.2. Cálculo de la matriz inversa

Para una matriz cuadrada con determinante no nulo, se puede demostrar que la siguiente expresión es cierta:

$$A\left(\text{Adj}(A)\right)^t = \left(\text{Adj}(A)\right)^t A = |A| I$$

Ejemplo

Consideramos otra vez la matriz $A = \begin{pmatrix} -3 & 0 & 1 \\ -4 & 1 & 5 \\ 0 & 1 & 4 \end{pmatrix}$

$|A| = \begin{vmatrix} -3 & 0 & 1 \\ -4 & 1 & 5 \\ 0 & 1 & 4 \end{vmatrix} = -1 \qquad \left(\text{Adj}(A)\right)^t = \begin{pmatrix} -1 & 1 & -1 \\ 16 & -12 & 11 \\ -4 & 3 & -3 \end{pmatrix}$

$$A\left(\text{Adj}(A)\right)^t = \begin{pmatrix} -3 & 0 & 1 \\ -4 & 1 & 5 \\ 0 & 1 & 4 \end{pmatrix} \begin{pmatrix} -1 & 1 & -1 \\ 16 & -12 & 11 \\ -4 & 3 & -3 \end{pmatrix} = \begin{pmatrix} -1 & 0 & 0 \\ 0 & -1 & 0 \\ 0 & 0 & -1 \end{pmatrix} = -1 \begin{pmatrix} 1 & 0 & 0 \\ 0 & 1 & 0 \\ 0 & 0 & 1 \end{pmatrix} = |A| I$$

$$\left(\text{Adj}(A)\right)^t A = \begin{pmatrix} -1 & 1 & -1 \\ 16 & -12 & 11 \\ -4 & 3 & -3 \end{pmatrix} \begin{pmatrix} -3 & 0 & 1 \\ -4 & 1 & 5 \\ 0 & 1 & 4 \end{pmatrix} = \begin{pmatrix} -1 & 0 & 0 \\ 0 & -1 & 0 \\ 0 & 0 & -1 \end{pmatrix} = -1 \begin{pmatrix} 1 & 0 & 0 \\ 0 & 1 & 0 \\ 0 & 0 & 1 \end{pmatrix} = |A| I$$

47 Calcula las matrices adjuntas de las siguientes y halla, para cada caso, $A\left(\text{Adj}(A)\right)^t$.

a. $A = \begin{pmatrix} 1 & 1 \\ -2 & 3 \end{pmatrix}$ **b.** $B = \begin{pmatrix} 0 & 1 & 3 \\ -4 & 1 & 2 \\ 2 & 1 & 0 \end{pmatrix}$ **c.** $C = \begin{pmatrix} -1 & 3 & 0 \\ 1 & 0 & 1 \\ 4 & 2 & -2 \end{pmatrix}$

48 Calcula las matrices adjuntas de las siguientes y halla, para cada caso, $A\left(\text{Adj}(A)\right)^t$.

a. $A=\begin{pmatrix} -3 & 4 \\ 5 & 2 \end{pmatrix}$

b. $B=\begin{pmatrix} -2 & 3 & 1 \\ 1 & 0 & -2 \\ 2 & -2 & 0 \end{pmatrix}$

c. $C=\begin{pmatrix} -4 & 5 & 1 \\ 1 & 0 & 1 \\ 1 & 5 & 6 \end{pmatrix}$

d. $D=\begin{pmatrix} 1 & 0 & -1 & 0 \\ 0 & 2 & 0 & -2 \\ 3 & -3 & 0 & 0 \\ 0 & 0 & 4 & -4 \end{pmatrix}$

De la expresión anterior se deduce que: $I=\dfrac{1}{|A|}A\left(\text{Adj}(A)\right)^t$. Por tanto:

Una matriz A tiene inversa, es decir, es **regular** si y solo si es cuadrada y su determinante es distinto de cero. El valor de la inversa es: $A^{-1}=\dfrac{1}{|A|}\left(\text{Adj}(A)\right)^t$

Ejemplo

La matriz inversa de la matriz $A=\begin{pmatrix} -3 & 0 & 1 \\ -4 & 1 & 5 \\ 0 & 1 & 4 \end{pmatrix}$ es:

$$A^{-1}=\frac{1}{|A|}\left(\text{Adj}(A)\right)^t=\frac{1}{-1}\begin{pmatrix} -1 & 16 & -4 \\ 1 & -12 & 3 \\ -1 & 11 & -3 \end{pmatrix}^t=\frac{1}{-1}\begin{pmatrix} -1 & 1 & -1 \\ 16 & -12 & 11 \\ -4 & 3 & -3 \end{pmatrix}=\begin{pmatrix} 1 & -1 & 1 \\ -16 & 12 & -11 \\ 4 & -3 & 3 \end{pmatrix}$$

En resumen, para calcular la matriz inversa de una matriz cuadrada se puede seguir el siguiente esquema.

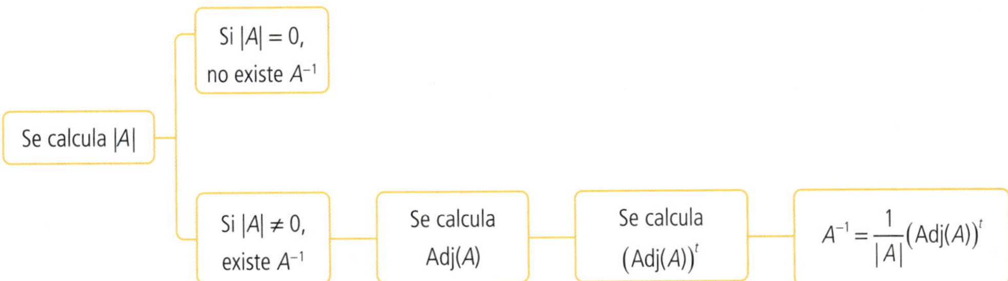

49 Actividad resuelta

Dada la matriz: $A=\begin{pmatrix} 4 & 2 \\ -1 & -3 \end{pmatrix}$

a. Calcula Adj(A).

b. Comprueba que: $A\left(\text{Adj}(A)\right)^t=|A|I$

c. Calcula A^{-1}.

a. $A_{11}=(-1)^{1+1}(-3)=-3 \quad A_{12}=(-1)^{1+2}(-1)=1$; $A_{21}=(-1)^{2+1}2=-2 \quad A_{22}=(-1)^{2+2}4=4$ $\Big\}$ Por tanto: $\text{Adj}(A)=\begin{pmatrix} -3 & 1 \\ -2 & 4 \end{pmatrix}$

b. $|A|=-12+2=-10$

$$A\left(\text{Adj}(A)\right)^t=\begin{pmatrix} 4 & 2 \\ -1 & -3 \end{pmatrix}\begin{pmatrix} -3 & -2 \\ 1 & 4 \end{pmatrix}=\begin{pmatrix} -10 & 0 \\ 0 & -10 \end{pmatrix}=(-10)\begin{pmatrix} 1 & 0 \\ 0 & 1 \end{pmatrix}=|A|I$$

c. $A^{-1}=\dfrac{1}{-10}\begin{pmatrix} -3 & -2 \\ 1 & 4 \end{pmatrix}$

50 Obtén la matriz inversa de las siguientes matrices.

a. $A=\begin{pmatrix} -2 & 1 \\ 1 & 0 \end{pmatrix}$ b. $B=\begin{pmatrix} 1 & -1 \\ 2 & 2 \end{pmatrix}$ c. $C=\begin{pmatrix} \frac{1}{2} & -2 \\ 1 & -3 \end{pmatrix}$

51 Calcula las matrices inversas de:

a. $A=\begin{pmatrix} 1 & 2 & -2 \\ 1 & 1 & 1 \\ 0 & -2 & 5 \end{pmatrix}$ b. $B=\begin{pmatrix} 1 & -1 & 1 \\ -1 & 1 & 0 \\ 2 & 1 & -1 \end{pmatrix}$

52 Halla las matrices inversas de:

a. $A=\begin{pmatrix} 2 & 1 & 0 & 0 \\ -1 & -2 & -1 & -1 \\ 2 & 2 & 1 & 1 \\ 1 & 1 & 0 & 1 \end{pmatrix}$ b. $B=\begin{pmatrix} 1 & 1 & -1 & -2 \\ -1 & 1 & 0 & 1 \\ -1 & -3 & 2 & 4 \\ 1 & 2 & -1 & -3 \end{pmatrix}$

53 **Actividad resuelta**

Calcula los valores de m para los cuales existe la matriz inversa de $A=\begin{pmatrix} m & 1 & 1 \\ 6 & m+1 & 2 \\ 3 & 3 & 3 \end{pmatrix}$ y halla dicha inversa para $m=2$.

Para que exista A^{-1} se debe verificar que $|A|\neq 0$.

$$\begin{vmatrix} m & 1 & 1 \\ 6 & m+1 & 2 \\ 3 & 3 & 3 \end{vmatrix} = 3m(m+1)+18+6-3(m+1)-6m-18=3m^2-6m+3=3(m-1)^2=0 \Rightarrow m=1$$

La matriz A tiene inversa para todos los valores de m excepto para $m=1$.

En particular, para $m=2$, $A=\begin{pmatrix} 2 & 1 & 1 \\ 6 & 3 & 2 \\ 3 & 3 & 3 \end{pmatrix}$.

$|A|=3(2-1)^2=3$

$A_{11}=(-1)^{1+1}\begin{vmatrix} 3 & 2 \\ 3 & 3 \end{vmatrix}=3$ $A_{12}=(-1)^{1+2}\begin{vmatrix} 6 & 2 \\ 3 & 3 \end{vmatrix}=-12$ $A_{13}=(-1)^{1+3}\begin{vmatrix} 6 & 3 \\ 3 & 3 \end{vmatrix}=9$

$A_{21}=(-1)^{2+1}\begin{vmatrix} 1 & 1 \\ 3 & 3 \end{vmatrix}=0$ $A_{22}=(-1)^{2+2}\begin{vmatrix} 2 & 1 \\ 3 & 3 \end{vmatrix}=3$ $A_{23}=(-1)^{2+3}\begin{vmatrix} 2 & 1 \\ 3 & 3 \end{vmatrix}=-3$

$A_{31}=(-1)^{3+1}\begin{vmatrix} 1 & 1 \\ 3 & 2 \end{vmatrix}=-1$ $A_{32}=(-1)^{3+2}\begin{vmatrix} 2 & 1 \\ 6 & 2 \end{vmatrix}=2$ $A_{33}=(-1)^{3+3}\begin{vmatrix} 2 & 1 \\ 6 & 3 \end{vmatrix}=0$

$$A^{-1}=\frac{1}{3}\begin{pmatrix} 3 & -12 & 9 \\ 0 & 3 & -3 \\ -1 & 2 & 0 \end{pmatrix}^t=\frac{1}{3}\begin{pmatrix} 3 & 0 & -1 \\ -12 & 3 & 2 \\ 9 & -3 & 0 \end{pmatrix}=\begin{pmatrix} 1 & 0 & -\frac{1}{3} \\ -4 & 1 & \frac{2}{3} \\ 3 & -1 & 0 \end{pmatrix}$$

54 Calcula los valores de a para los cuales la matriz $A=\begin{pmatrix} -2 & a \\ a-1 & -1 \end{pmatrix}$ posee inversa, y halla dicha matriz inversa para $a=-2$.

55 Halla los valores de k para los cuales la matriz $A=\begin{pmatrix} 1 & k & 2 \\ k-1 & 1 & 1 \\ k-2 & -2 & -1 \end{pmatrix}$ no posee inversa.

56 Se considera la matriz $A=\begin{pmatrix} 2 & 0 & 1 \\ a & -1 & 1 \\ 0 & a & 1 \end{pmatrix}$.

a. Determina los valores del parámetro real a para los cuales la matriz A es invertible.

b. Calcula A^{-1} para $a=1$.

5 Resolución de ecuaciones matriciales con determinantes

5.1. Resolución de ecuaciones matriciales con determinantes

Resolver ecuaciones matriciales de manera directa resulta, como ya vimos en la situación de aprendizaje de *Matrices*, bastante laborioso, por lo que es conveniente utilizar otro método que nos facilite los cálculos.

Este método alternativo consiste en utilizar la matriz inversa y las propiedades del álgebra matricial para despejar la matriz incógnita. Lo que hemos aprendido sobre la utilización de determinantes para calcular la inversa de una matriz nos resultará de gran ayuda.

Ejemplo

Queremos resolver la ecuación matricial $AX - 2B = C$, siendo:

$$A = \begin{pmatrix} 1 & 0 & -1 \\ 2 & 1 & -2 \\ 1 & 2 & 0 \end{pmatrix} \qquad B = \begin{pmatrix} 2 & 3 & 0 \\ 1 & 1 & -2 \\ -3 & 0 & 2 \end{pmatrix} \qquad C = \begin{pmatrix} 1 & -3 & 6 \\ 4 & 2 & 1 \\ 6 & -2 & 3 \end{pmatrix}$$

1. Despejamos la matriz incógnita, X:

$$AX = C + 2B \Rightarrow A^{-1}AX = A^{-1}(C+2B) \Rightarrow IX = A^{-1}(C+2B) \Rightarrow X = A^{-1}(C+2B)$$

2. Calculamos A^{-1}:

$$A^{-1} = \frac{1}{|A|}\left(\text{Adj}(A)\right)^t = \frac{1}{1}\begin{pmatrix} 4 & -2 & 3 \\ -2 & 1 & -2 \\ 1 & 0 & 1 \end{pmatrix}^t = \begin{pmatrix} 4 & -2 & 1 \\ -2 & 1 & 0 \\ 3 & -2 & 1 \end{pmatrix}$$

3. Por último, calculamos X:

$$X = A^{-1}(C+2B) = \begin{pmatrix} 4 & -2 & 1 \\ -2 & 1 & 0 \\ 3 & -2 & 1 \end{pmatrix}\left[\begin{pmatrix} 1 & -3 & 6 \\ 4 & 2 & 1 \\ 6 & -2 & 3 \end{pmatrix} + \begin{pmatrix} 4 & 6 & 0 \\ 2 & 2 & -4 \\ -6 & 0 & 4 \end{pmatrix}\right] = \begin{pmatrix} 8 & 2 & 37 \\ -4 & -2 & -15 \\ 3 & -1 & 31 \end{pmatrix}$$

Recuerda que el producto de matrices no es conmutativo y que, por tanto, a la hora de resolver una ecuación matricial no debes alterar el orden de la matrices que intervienen en ella.

No es lo mismo:

$AX = B \Rightarrow A^{-1}AX = A^{-1}B$

$X = A^{-1}B$

$XA = B \Rightarrow XAA^{-1} = BA^{-1}$

$X = BA^{-1}$

Para aplicar este método, hemos de tener en cuenta que:

- Solo se puede resolver si se está seguro de que existen las inversas de las matrices que lo requieran. Recordemos que para que una matriz tenga inversa, debe ser cuadrada y con determinante no nulo.
- Para despejar la matriz incógnita, debemos multiplicar por la inversa por el lado adecuado. De esta forma se puede aplicar la propiedad $AA^{-1} = A^{-1}A = I$.
- Este método no se puede aplicar siempre, ya que a veces no es posible despejar la matriz incógnita.

Ejemplo

Ecuación	Procedimiento	
$XA + B = 2C$	Restando B en ambos miembros. Multiplicando por la derecha por A^{-1}.	$XA = 2C - B$ $X = (2C - B)A^{-1}$
$AX + BX = C$	Extrayendo factor común X por la derecha. Multiplicando por la izquierda por $(A + B)^{-1}$.	$(A + B)X = C$ $X = (A + B)^{-1}C$
$XAB - XC = 2C$	Extrayendo factor común X por la izquierda. Multiplicando por la derecha por $(AB - C)^{-1}$.	$X(AB - C) = 2C$ $X = 2C(AB - C)^{-1}$
$XA + X = B$	Extrayendo factor común X por la izquierda. Multiplicando por la derecha por $(A + I)^{-1}$	$X(A + I) = B$ $X = B(A + I)^{-1}$
$AX + XB = C$	No se puede despejar X, se debe calcular de forma directa.	

57 Suponiendo que, en cada caso, todas las matrices que aparecen son cuadradas del mismo orden y que A y B poseen inversa, despeja la matriz X en las siguientes expresiones.

a. $XA = AB$
b. $AX = AB$
c. $XA + AB = C$
d. $AXA = B$
e. $AXB = A^2$
f. $XA^t + B^t = (AB)^t$
g. $XAB + AB = BA$
h. $AXB + AB = BA$

58 **Actividad resuelta**

Resuelve la ecuación $XA^2 + B = C$, siendo:

$$A = \begin{pmatrix} -2 & 1 \\ 1 & -1 \end{pmatrix} \qquad B = \begin{pmatrix} 9 & -7 \\ 18 & -10 \end{pmatrix} \qquad C = \begin{pmatrix} -3 & 0 \\ 2 & 0 \end{pmatrix}$$

$$XA^2 = C - B \Rightarrow XA^2(A^2)^{-1} = (C-B)(A^2)^{-1} \Rightarrow X = (C-B)(A^2)^{-1}$$

Calculamos A^2: $A^2 = \begin{pmatrix} -2 & 1 \\ 1 & -1 \end{pmatrix}\begin{pmatrix} -2 & 1 \\ 1 & -1 \end{pmatrix} = \begin{pmatrix} 5 & -3 \\ -3 & 2 \end{pmatrix}$

Calculamos ahora $(A^2)^{-1}$: $(A^2)^{-1} = \dfrac{1}{|A^2|}\left(\text{Adj}(A^2)\right)^t = \dfrac{1}{1}\begin{pmatrix} 2 & 3 \\ 3 & 5 \end{pmatrix}^t = \begin{pmatrix} 2 & 3 \\ 3 & 5 \end{pmatrix}$

Calculamos X: $X = (C-B)(A^2)^{-1} = \left[\begin{pmatrix} -3 & 0 \\ 2 & 0 \end{pmatrix} - \begin{pmatrix} 9 & -7 \\ 18 & -10 \end{pmatrix}\right]\begin{pmatrix} 2 & 3 \\ 3 & 5 \end{pmatrix} = \begin{pmatrix} -12 & 7 \\ -16 & 10 \end{pmatrix}\begin{pmatrix} 2 & 3 \\ 3 & 5 \end{pmatrix} = \begin{pmatrix} -3 & -1 \\ -2 & 2 \end{pmatrix}$

59 Calcula la matriz X tal que $XA - 3B = 4C$, siendo:

$$A = \begin{pmatrix} -2 & 1 \\ 1 & 3 \end{pmatrix} \qquad B = \begin{pmatrix} 1 & -2 \\ 1 & -3 \end{pmatrix} \qquad C = \begin{pmatrix} 1 & 0 \\ 3 & -4 \end{pmatrix}$$

60 Se consideran las matrices $A = \begin{pmatrix} 2 & 3 & 5 \\ 1 & 3 & 6 \\ 3 & 3 & m \end{pmatrix}$ y $B = \begin{pmatrix} 1 & 1 & 0 \\ 1 & 0 & 1 \\ 0 & 0 & 1 \end{pmatrix}$ con $m \in \mathbb{R}$.

a. Determina para qué valores de m la matriz A es invertible

b. Considera la ecuación matricial $A \cdot X = A \cdot B + B$. Para $m = 5$, expresa X en función de A y B y calcula la matriz X.

61 La matriz E_1 expresa, en millones de toneladas, las emisiones de CO_2 equivalente provocadas por un país debidas al consumo de petróleo (*P*), de gas (*G*) y de carbón (*C*), considerando la división del país en tres zonas: norte, centro y sur.

$$E_1 = \begin{pmatrix} 120 & 80 & 20 \\ 100 & 70 & 20 \\ 90 & 65 & 15 \end{pmatrix} \begin{matrix} \textit{Norte} \\ \textit{Centro} \\ \textit{Sur} \end{matrix}$$

(columnas: *P*, *G*, *C*)

En un acuerdo internacional, se estableció para el año siguiente que el total de emisiones del nuevo año (sumando petróleo, gas y carbón) en cada zona deberían ser:

$$E_2 = \begin{pmatrix} 182 & 157 & 141 \end{pmatrix}$$

(columnas: *Norte*, *Centro*, *Sur*)

Considerando la ecuación matricial $E_1 \cdot X = E_2{}^t$, di cuál es la dimensión de la matriz X, calcúlala e indica su significado.

62 Un gobierno presupuesta la formación de las empresas en materia de cambio climático, en tres ámbitos: A_1: Aumento de la utilización de energía renovables, A_2: Disminución de gases de efecto invernadero y A_3: Programas generales de formación.

La matriz C fija las cantidades que recibirá cada empresa, en miles de euros, correspondientes a cada uno de los tres años que dura el programa, y la matriz T, el presupuesto total, suma de los tres ámbitos, para cada año.

$$C = \begin{pmatrix} 24 & 25 & 26 \\ 15 & 16 & 18 \\ 8 & 8 & 10 \end{pmatrix} \begin{matrix} A_1 \\ A_2 \\ A_3 \end{matrix} \qquad T = \begin{pmatrix} 234 & 245 & 268 \end{pmatrix}$$

(columnas: 2023, 2024, 2025)

Determina cuántas empresas pueden recibir la ayuda cada año.

CONCEPTOS CLAVE

Determinantes

Determinante de orden 2

$$\begin{vmatrix} a_{11} & a_{12} \\ a_{21} & a_{22} \end{vmatrix} = a_{11}a_{22} - a_{12}a_{21}$$

Determinante de orden 3

$$\begin{vmatrix} a_{11} & a_{12} & a_{13} \\ a_{21} & a_{22} & a_{23} \\ a_{31} & a_{32} & a_{33} \end{vmatrix} = a_{11}a_{22}a_{33} + a_{21}a_{32}a_{13} + a_{12}a_{23}a_{31} - a_{13}a_{22}a_{31} - a_{23}a_{32}a_{11} - a_{12}a_{21}a_{33}$$

Adjunto de un elemento a_{ij}

Es el determinante A_{ij} de la matriz cuadrada que se obtiene al eliminar la fila i y la columna j, en la matriz inicial y cuyo valor viene multiplicado por $(-1)^{i+j}$.

Propiedades de los determinantes

1. $$\begin{vmatrix} 0 & a_{12} & a_{13} \\ 0 & a_{22} & a_{23} \\ 0 & a_{32} & a_{33} \end{vmatrix} = 0 \qquad \begin{vmatrix} a_{11} & a_{12} & a_{13} \\ 0 & 0 & 0 \\ a_{31} & a_{32} & a_{33} \end{vmatrix} = 0$$

2. $$\begin{vmatrix} b & b & a_{13} \\ b & b & a_{23} \\ b & b & a_{33} \end{vmatrix} = 0 \qquad \begin{vmatrix} b & b & b \\ a_{21} & a_{22} & a_{23} \\ kb & kb & kb \end{vmatrix} = 0$$

3. $$\begin{vmatrix} a_{11} & a_{12} & a_{13} \\ a_{21} & a_{22} & a_{23} \\ \alpha a_{11} + \beta a_{21} & \alpha a_{12} + \beta a_{22} & \alpha a_{13} + \beta a_{23} \end{vmatrix} = 0$$

4. $$\begin{vmatrix} a_{11} & a_{12} & a_{13} \\ a_{21} & a_{22} & a_{23} \\ a_{31} & a_{32} & a_{33} \end{vmatrix} = \begin{vmatrix} a_{11} & a_{12} & a_{13} \\ a_{21} & a_{22} & a_{23} \\ a_{31} + pa_{11} & a_{32} + pa_{12} & a_{33} + pa_{13} \end{vmatrix}$$

5. $$\begin{vmatrix} a_{11} & a_{12} & a_{13} \\ a_{21} & a_{22} & a_{23} \\ a_{31} & a_{32} & a_{33} \end{vmatrix} = -\begin{vmatrix} a_{12} & a_{11} & a_{13} \\ a_{22} & a_{21} & a_{23} \\ a_{32} & a_{31} & a_{33} \end{vmatrix}$$

6. $$\begin{vmatrix} ka_{11} & a_{12} & a_{13} \\ ka_{12} & a_{22} & a_{23} \\ ka_{13} & a_{32} & a_{33} \end{vmatrix} = k\begin{vmatrix} a_{11} & a_{12} & a_{13} \\ a_{12} & a_{22} & a_{23} \\ a_{13} & a_{32} & a_{33} \end{vmatrix}$$

7. $$\det(A) = \det(A^t) \Rightarrow \begin{vmatrix} a_{11} & a_{12} & a_{13} \\ a_{21} & a_{22} & a_{23} \\ a_{31} & a_{32} & a_{33} \end{vmatrix} = \begin{vmatrix} a_{11} & a_{21} & a_{31} \\ a_{12} & a_{22} & a_{32} \\ a_{13} & a_{23} & a_{33} \end{vmatrix}$$

8. $|AB| = |A||B|$

9. $$\begin{vmatrix} a_{11} & a_{12} & a_{13} \\ a_{21} & a_{22} & a_{23} \\ a_{31} & a_{32} & a_{33} \end{vmatrix} + \begin{vmatrix} a'_{11} & a'_{12} & a'_{13} \\ a_{21} & a_{22} & a_{23} \\ a_{31} & a_{32} & a_{33} \end{vmatrix} = \begin{vmatrix} a_{11} + a'_{11} & a_{12} + a'_{12} & a_{13} + a'_{13} \\ a_{21} & a_{22} & a_{23} \\ a_{31} & a_{32} & a_{33} \end{vmatrix}$$

10. $$\begin{vmatrix} a_{11} & a_{12} & a_{13} \\ 0 & a_{22} & a_{23} \\ 0 & 0 & a_{33} \end{vmatrix} = a_{11}a_{22}a_{33}$$

Cálculo de un determinante

$$\begin{vmatrix} a_{11} & a_{12} & a_{13} & a_{14} \\ a_{21} & a_{22} & a_{23} & a_{24} \\ a_{31} & a_{32} & a_{33} & a_{34} \\ a_{41} & a_{42} & a_{43} & a_{44} \end{vmatrix} = a_{11}(-1)^{1+1}A_{11} + a_{21}(-1)^{2+1}A_{21} + a_{31}(-1)^{3+1}A_{31} + a_{41}(-1)^{4+1}A_{41}$$

Hacer ceros

Se puede aplicar la propiedad 4 de los determinantes y conseguir que una de sus filas o columnas esté formada por todo ceros excepto uno de sus elementos.

Método de Gauss para el cálculo de determinantes

Consiste en transformar el determinante en otro equivalente y triangular. En este caso, el valor es el producto de los elementos de la diagonal principal (propiedad 10).

Rango de una matriz

1. Se escoge un menor de orden 2 cuyo valor sea distinto de cero (si no existe, quiere decir que el rango de la matriz es 1 o incluso 0 si se trata de la matriz nula).
2. Se añade, al menor anterior, una fila y otra columna sucesivamente para formar los menores de orden tres. Si se encuentra un menor de orden tres diferente de 0, el rango es mayor o igual que 3; si no se encuentra, el rango es definitivamente 2.
3. Se repite el proceso anterior hasta llegar al menor no nulo de mayor orden. El rango de la matriz será la dimensión de dicho determinante.

Matriz inversa

$$A^{-1}=\frac{1}{|A|}\left(\text{Adj}(A)\right)^t$$

Ecuaciones matriciales

1. Aislamos el término con la matriz incógnita X.
2. Calculamos la inversa de la matriz que multiplica a X.
3. Multiplicamos los dos términos de la ecuación por A^{-1} y despejamos X.

ACTIVIDADES FINALES

Actividades

1 Actividad resuelta

Calcula el rango de la matriz:

$$\begin{pmatrix} 2 & -1 & 5 & -2 \\ 3 & 2 & 1 & 4 \\ 7 & 0 & 11 & 0 \end{pmatrix}$$

Como $C_4 = 2C_2$, se puede prescindir de la cuarta columna y $\text{rg}(A)=\text{rg}\begin{pmatrix} 2 & -1 & 5 \\ 3 & 2 & 1 \\ 7 & 0 & 11 \end{pmatrix}$

$$\begin{vmatrix} 2 & -1 & 5 \\ 3 & 2 & 1 \\ 7 & 0 & 11 \end{vmatrix}=0\Rightarrow \text{rg}(A)<3 \text{ y como } \begin{vmatrix} 2 & -1 \\ 3 & 2 \end{vmatrix}=4+3=7\neq 0\Rightarrow \text{rg}(A)=2$$

2 **Calcula el rango de las siguientes matrices.**

$$A=\begin{pmatrix} 2 & \frac{2}{3} \\ -1 & -\frac{1}{3} \end{pmatrix} \qquad E=\begin{pmatrix} 1 & -2 & 1 & -2 \\ 3 & 0 & -1 & 1 \\ 4 & -2 & 0 & 5 \end{pmatrix}$$

$$B=\begin{pmatrix} 1 & 2 & -3 \\ 4 & 2 & -1 \\ 0{,}5 & 1 & -1{,}5 \end{pmatrix} \qquad F=\begin{pmatrix} 1 & 2 & 3 & 4 \\ -1 & 0 & -1 & 0 \\ 3 & -4 & -1 & -8 \end{pmatrix}$$

$$C=\begin{pmatrix} -1 & 3 & 2 \\ 2 & 4 & 0 \\ 2 & 2 & 2 \end{pmatrix} \qquad G=\begin{pmatrix} 2 & -3 & 0 & -1 & 2 \\ 1 & 2 & -3 & 2 & 1 \\ 3 & -1 & -3 & 1 & 3 \\ 5 & -4 & -3 & 0 & 5 \end{pmatrix}$$

$$D=\begin{pmatrix} -1 & 3 & 2 \\ 2 & 4 & 0 \\ 7 & -1 & -6 \end{pmatrix} \qquad H=\begin{pmatrix} -1 & 2 & 3 & 0 \\ 5 & -4 & -3 & 4 \\ 2 & -1 & 0 & 2 \\ -10 & 8 & 6 & -8 \end{pmatrix}$$

3 **Estudia, en cada caso, según los valores del parámetro a, el rango de las matrices:**

a. $A=\begin{pmatrix} 1 & -2 & a \\ 3 & -1 & 3 \\ a & a & 1 \end{pmatrix}$ **b.** $A=\begin{pmatrix} -2 & 1 & a \\ 4 & a & 1 \\ -6 & 3 & -a \end{pmatrix}$

4 **Estudia, según los valores de m, el rango de la siguiente matriz.**

$$A=\begin{pmatrix} m & 1 & -2 \\ 2m & 2 & -4 \\ 1 & 1 & -2m \end{pmatrix}$$

5 **Estudia, según los valores de λ, el rango de las siguientes matrices.**

$$A=\begin{pmatrix} \lambda & 1 & \lambda & -1 \\ -2 & 3 & 4 & 2 \\ -1 & 4 & 5 & \lambda \end{pmatrix} \qquad B=\begin{pmatrix} \lambda & 1 & 1 & 2 \\ 1 & \lambda & 1 & 2 \\ 1 & 1 & \lambda & 2\lambda \end{pmatrix}$$

6 Actividad resuelta

Halla una expresión general para la inversa de la matriz de orden 2, $A=\begin{pmatrix} a & b \\ c & d \end{pmatrix}$ y usa el resultado para calcular la inversa de:

$$B=\begin{pmatrix} \frac{1}{2} & -2 \\ 3 & \frac{3}{5} \end{pmatrix}$$

La matriz inversa de $A=\begin{pmatrix} a & b \\ c & d \end{pmatrix}$ será:

$$A^{-1}=\frac{1}{|A|}(\text{Adj}(A))^t=\frac{1}{ad-cb}\begin{pmatrix} d & -c \\ -b & a \end{pmatrix}^t=\frac{1}{ad-cb}\begin{pmatrix} d & -b \\ -c & a \end{pmatrix}$$

Aplicando la fórmula:

$$B^{-1}=\frac{1}{ad-cb}\begin{pmatrix} d & -b \\ -c & a \end{pmatrix}=\frac{1}{\frac{1}{2}\cdot\frac{3}{5}+6}\begin{pmatrix} \frac{3}{5} & 2 \\ -3 & \frac{1}{2} \end{pmatrix}=\frac{10}{63}\begin{pmatrix} \frac{3}{5} & 2 \\ -3 & \frac{1}{2} \end{pmatrix}=\begin{pmatrix} \frac{2}{21} & \frac{20}{63} \\ -\frac{10}{21} & \frac{5}{63} \end{pmatrix}$$

7 **Calcula la matriz inversa de:**

$$A=\begin{pmatrix} 2 & 1 & 0 & 0 \\ -1 & -2 & -1 & -1 \\ 2 & 2 & 1 & 1 \\ 1 & 1 & 0 & 1 \end{pmatrix}$$

8 **Calcula las matrices inversas de:**

$$A=\begin{pmatrix} 1 & -1 & 3 \\ 2 & -1 & 1 \\ 2 & 2 & -13 \end{pmatrix}$$

$$B=\begin{pmatrix} 4 & -1 & 0 \\ 0 & 1 & 2 \\ -1 & 1 & 2 \end{pmatrix}$$

9 Actividad resuelta

Resuelve la ecuación $AXA^t=A^tA$, siendo:

$$A=\begin{pmatrix} 1 & 0 & -2 \\ 0 & 1 & 0 \\ 0 & 0 & -1 \end{pmatrix}.$$

$$A^t=\begin{pmatrix} 1 & 0 & 0 \\ 0 & 1 & 0 \\ -2 & 0 & -1 \end{pmatrix}$$

$$A^{-1}=\frac{1}{-1}\begin{pmatrix} -1 & 0 & 0 \\ 0 & -1 & 0 \\ 2 & 0 & 1 \end{pmatrix}^t=\begin{pmatrix} 1 & 0 & -2 \\ 0 & 1 & 0 \\ 0 & 0 & -1 \end{pmatrix}=A$$

$(A^t)^{-1}=(A^{-1})^t=A^t$

$A^{-1}AXA^t(A^t)^{-1}=A^{-1}A^tA(A^t)^{-1}\Rightarrow X=AA^tAA^t=(AA^t)^2=$

$$=\left[\begin{pmatrix} 1 & 0 & -2 \\ 0 & 1 & 0 \\ 0 & 0 & -1 \end{pmatrix}\begin{pmatrix} 1 & 0 & 0 \\ 0 & 1 & 0 \\ -2 & 0 & -1 \end{pmatrix}\right]^2=$$

$$=\begin{pmatrix} 5 & 0 & 2 \\ 0 & 1 & 0 \\ 2 & 0 & 1 \end{pmatrix}\begin{pmatrix} 5 & 0 & 2 \\ 0 & 1 & 0 \\ 2 & 0 & 1 \end{pmatrix}=\begin{pmatrix} 29 & 0 & 12 \\ 0 & 1 & 0 \\ 12 & 0 & 5 \end{pmatrix}$$

10 **Dadas las matrices:**

$$A=\begin{pmatrix} 2 & 1 \\ 1 & 0 \\ 0 & 1 \end{pmatrix}\ B=\begin{pmatrix} 2 & 1 \\ 1 & 1 \\ 0 & -1 \end{pmatrix}$$

Se considera la ecuación $AX=B$.

a. ¿Cuál debe ser la dimensión de X?

b. ¿Crees que sería correcto escribir $X=A^{-1}B$?

c. Encuentra todas las posibles matrices X que verifiquen la ecuación.

11 **Sean las matrices:**

$$A=\begin{pmatrix} 1 & 0 & 2 \\ 0 & 1 & 0 \\ 1 & 1 & 2 \end{pmatrix}\qquad B=\begin{pmatrix} -4 \\ 2 \\ -2 \end{pmatrix}$$

Si se considera la ecuación $AX=B$,

a. ¿Es correcto escribir $X=A^{-1}B$?

b. ¿Cuál debe ser la dimensión de X?

c. Resuelve la ecuación.

12 **Determina para qué valores de λ tiene inversa la matriz:**

$$A=\begin{pmatrix} -1 & -1-\lambda \\ -1-\lambda & -4 \end{pmatrix}$$

a. Calcula la expresión de dicha matriz inversa para $\lambda=4$.

b. Para dicho valor, resuelve la ecuación $AX=I$, siendo I la matriz identidad de segundo orden.

13 **¿Para qué valores de λ tiene inversa la matriz A?**

$$A=\begin{pmatrix} \lambda & \lambda & 1 \\ 2 & -1 & 2 \\ \lambda & -3 & 2 \end{pmatrix}$$

Calcula la expresión de dicha matriz inversa para $\lambda=0$.

14 **Actividad resuelta**

Se consideran las matrices $A=\begin{pmatrix} 2 & 3 & 5 \\ 1 & 3 & 6 \\ 3 & 3 & m \end{pmatrix}$ y $B=\begin{pmatrix} 1 & 1 & 0 \\ 1 & 0 & 1 \\ 0 & 0 & 1 \end{pmatrix}$ donde m es un parámetro real.

a. Determina para qué valores de m la matriz A es invertible.

b. Considera la ecuación matricial $AX = AB + B$. Para $m = 5$, expresa X en función de A y B y calcula la matriz X.

a. $|A|=\begin{vmatrix} 2 & 3 & 5 \\ 1 & 3 & 6 \\ 3 & 3 & m \end{vmatrix}=6m+15+54-45-36-3m=3m-12=0 \Rightarrow m=4$

A es invertible para cualquier valor de m diferente de 4.

b. $AX = AB+B \Rightarrow A^{-1}AX = A^{-1}(AB+B) \Rightarrow X = A^{-1}(AB+B)$

Cálculo de la matriz inversa de A:

$$A=\begin{pmatrix} 2 & 3 & 5 \\ 1 & 3 & 6 \\ 3 & 3 & 5 \end{pmatrix} \quad |A|=3\neq 0 \Rightarrow \exists A^{-1}=\frac{1}{|A|}\left[\text{Adj}(A)\right]^t$$

$$\begin{matrix} A_{11}=-3 & A_{12}=13 & A_{13}=-6 \\ A_{21}=0 & A_{22}=-5 & A_{23}=3 \\ A_{31}=3 & A_{32}=-7 & A_{33}=3 \end{matrix} \Rightarrow A^{-1}=\frac{1}{3}\begin{pmatrix} -3 & 0 & 3 \\ 13 & -5 & -7 \\ -6 & 3 & 3 \end{pmatrix}$$

$$X=A^{-1}(AB+B)=\frac{1}{3}\begin{pmatrix} -3 & 0 & 3 \\ 13 & -5 & -7 \\ -6 & 3 & 3 \end{pmatrix}\left[\begin{pmatrix} 2 & 3 & 5 \\ 1 & 3 & 6 \\ 3 & 3 & 5 \end{pmatrix}\begin{pmatrix} 1 & 1 & 0 \\ 1 & 0 & 1 \\ 0 & 0 & 1 \end{pmatrix}+\begin{pmatrix} 1 & 1 & 0 \\ 1 & 0 & 1 \\ 0 & 0 & 1 \end{pmatrix}\right]=$$

$$=\frac{1}{3}\begin{pmatrix} -3 & 0 & 3 \\ 13 & -5 & -7 \\ -6 & 3 & 3 \end{pmatrix}\begin{pmatrix} 6 & 3 & 8 \\ 5 & 1 & 10 \\ 6 & 3 & 9 \end{pmatrix}=\frac{1}{3}\begin{pmatrix} 0 & 0 & 3 \\ 11 & 13 & -9 \\ -3 & -6 & 9 \end{pmatrix}=\begin{pmatrix} 0 & 0 & 1 \\ \frac{11}{3} & \frac{13}{3} & -3 \\ -1 & -2 & 3 \end{pmatrix}$$

15 Resuelve la ecuación matricial $AX - BX = C$, siendo:

$A=\begin{pmatrix} 2 & 3 \\ 1 & 1 \end{pmatrix}$ $\quad B=\begin{pmatrix} 4 & 5 \\ 2 & 1 \end{pmatrix}$

$C=\begin{pmatrix} -10 & -2 \\ -1 & -2 \end{pmatrix}$

16 Dadas las matrices:

$A=\begin{pmatrix} 2 & -3 \\ 1 & -2 \end{pmatrix}$ $\quad B=\begin{pmatrix} -4 & -4 & 0 \\ -3 & -2 & -1 \end{pmatrix}$

a. Resuelve la ecuación $AX = B$.

b. Resuelve la ecuación $XA = B$.

c. Resuelve la ecuación $(A - I)X = B$ siendo I la matriz: $I=\begin{pmatrix} 1 & 0 \\ 0 & 1 \end{pmatrix}$.

17 Dada la matriz $A=\begin{pmatrix} 1 & -1 & 0 \\ 0 & 1 & t \\ 1 & t & 2 \end{pmatrix}$:

a. Calcula los valores de t para los cuales existe la matriz inversa de A.

b. Calcula dicha matriz inversa para $t = 2$.

c. Resuelve la ecuación matricial $AX = B$, siendo A la matriz correspondiente al valor $t = 2$ y $B=\begin{pmatrix} 1 & -1 \\ 2 & -2 \\ 3 & -3 \end{pmatrix}$.

18 Resuelve la ecuación matricial $AX + B = C$, siendo:

$A=\begin{pmatrix} -1 & 2 & 1 \\ 0 & 2 & 0 \\ -2 & 1 & 1 \end{pmatrix}$ $\quad B=\begin{pmatrix} 1 & 4 & 4 \\ -1 & -1 & -1 \\ 7 & 1 & 0 \end{pmatrix}$

$C=\begin{pmatrix} 0 & 0 & 5 \\ 1 & -2 & 1 \\ -2 & 1 & -3 \end{pmatrix}$

19 Calcula el valor de $\begin{vmatrix} x+1 & y+1 & x+y \\ u+2 & v+2 & u+v \\ s+3 & t+3 & s+t \end{vmatrix}$ sabiendo que $\begin{vmatrix} x & y & 1 \\ u & v & 2 \\ s & t & 3 \end{vmatrix}=5$.

20 Relaciona y contesta.

Problemas

21 a. Comprueba que los números 297, 351 y 405 son todos múltiplos de 27.

b. Demuestra, sin necesidad de desarrollarlo, que el determinante $\begin{vmatrix} 2 & 9 & 7 \\ 3 & 5 & 1 \\ 4 & 0 & 5 \end{vmatrix}$ es múltiplo de 27.

22 Consideramos tres comunidades autónomas vecinas, *A*, *B* y *C*. La probabilidad de que un residente en *A* permanezca en *A* al año siguiente es de 0,90, la de que se vaya a *B*, de 0,06, y la de que se vaya a *C*, de 0,04. La probabilidad de que un residente en *B* permanezca en *B* es de 0,95, la de que se vaya a *A*, de 0,03, y la de que se vaya a *C*, de 0,02. Finalmente, la probabilidad de que un residente en *C* se quede en *C* es de 0,96, la de que se vaya a *A*, de 0,02, y la de que se vaya a *B*, de 0,02.

Si las poblaciones en 2022 eran de 1,52, 2,56 y 5,48 millones de personas, respectivamente, ¿cuáles eran las de 2021?

23 En una localidad de la Costa de la Luz existen tres compañías *A*, *B* y *C* que ofrecen el suministro de electricidad.

La siguiente matriz representa las probabilidades que tiene un cliente de cada zona de permanecer en la misma compañía o cambiarse a otra el año que viene:

$$T=\begin{pmatrix} 0{,}80 & 0{,}15 & 0{,}05 \\ 0{,}10 & 0{,}70 & 0{,}20 \\ 0{,}05 & 0{,}05 & 0{,}90 \end{pmatrix}$$

Calcula el número de clientes que tenía cada compañía en los años 2020 y 2021, sabiendo que en el año 2022 tenían 12 500, 25 000 y 18 000 clientes, respectivamente.

Comprueba lo que has aprendido

1 Calcula el valor de los determinantes:

a. $\begin{vmatrix} \frac{1}{2} & -3 \\ \frac{3}{4} & -5 \end{vmatrix}$ **b.** $\begin{vmatrix} -3 & 2 & 5 \\ 4 & -1 & 3 \\ 5 & 3 & -6 \end{vmatrix}$

2 Resuelve la ecuación $\begin{vmatrix} 1 & x & -3 \\ x & x & -1 \\ 1 & 0 & 4 \end{vmatrix}=-4$.

3 Calcula el valor del determinante:

$$\begin{vmatrix} 2 & -2 & 3 & -1 \\ 3 & 2 & -3 & 4 \\ 2 & -1 & 4 & 5 \\ 5 & 2 & -1 & 6 \end{vmatrix}$$

4 Calcula el rango de las siguientes matrices:

$A=\begin{pmatrix} -2 & 1 & 3 \\ 2 & 2 & -3 \\ 2 & 5 & -3 \end{pmatrix}$ $B=\begin{pmatrix} -2 & 1 & 2 & 0 \\ -4 & 2 & 0 & 3 \\ 0 & 3 & 2 & 4 \end{pmatrix}$

5 Calcula la matriz *X* tal que $AXA=B$, siendo:

$A=\begin{pmatrix} 1 & 0 & 1 \\ 2 & 1 & 0 \\ 1 & 1 & 3 \end{pmatrix}$ $B=\begin{pmatrix} 9 & 5 & 11 \\ 13 & 5 & 15 \\ 12 & 8 & 28 \end{pmatrix}$

6 Calcula el rango de las matrices *A* y *B* para los diferentes valores del parámetro *t*.

$A=\begin{pmatrix} 2 & -1 & 1 \\ 2 & 1 & 3 \\ 0 & t & t \end{pmatrix}$ $B=\begin{pmatrix} 2 & -1 & 1 & 3 \\ 4 & -1 & 2 & 5 \\ t & 0 & 1 & t \end{pmatrix}$

7 Calcula la inversa de la matriz $A=\begin{pmatrix} 10 & -1 & 4 \\ 8 & -7 & 3 \\ 0 & 32 & 1 \end{pmatrix}$.

8 Dadas las matrices:

$A=\begin{pmatrix} -a & -2 & -3 \\ 2 & 0 & -1 \\ -1 & -1 & a \end{pmatrix}$ $B=\begin{pmatrix} 7 & -1 & -4 \\ 0 & -6 & -8 \\ -5 & -4 & -3 \end{pmatrix}$

a. Calcula los valores de *a* para los cuales la matriz *A* tiene inversa.

b. Calcula la inversa de *A* para $a=-1$.

c. Para $a=-1$ resuelve la ecuación matricial $XA=B$.

9 Sabiendo que $\begin{vmatrix} a & b & c \\ -2 & 1 & 0 \\ 2 & 3 & -1 \end{vmatrix}=4$, calcula:

a. $\begin{vmatrix} 2a & 2b & 2c \\ -2 & 1 & 0 \\ 2 & 3 & -1 \end{vmatrix}$ **b.** $\begin{vmatrix} 2a & 2b+4 & 2c-1 \\ -2 & 1 & 0 \\ 2 & 3 & -1 \end{vmatrix}$

Mis competencias Autoevaluación

Bloque 2 SENTIDO ALGEBRAICO

2.1. Sistemas de ecuaciones lineales

2.2. Programación lineal

2.3. Funciones, límites y continuidad

2.4. Derivadas

2.5. Representación de funciones

2.1 Sistemas de ecuaciones lineales

¡EMPEZAMOS!

La innovación y el progreso tecnológico resultan factores clave si queremos descubrir soluciones duraderas para afrontar los desafíos económicos y medioambientales del futuro. Los sistemas de ecuaciones, que permiten plantear situaciones complejas y con muchos factores en juego, ayudan en la tarea de encontrar soluciones a estos desafíos científicos, logísticos y económicos.

RUTA DE APRENDIZAJE

1. Plantear sistemas de ecuaciones lineales.
2. Resolver sistemas de ecuaciones por el método de Gauss.
3. Aplicar la regla de Cramer.
4. Utilizar el teorema de Rouché-Frobenius para determinar el número de soluciones de un sistema.
5. Discutir sistemas de ecuaciones que dependan de parámetros.

- ¿Cómo crees que se pueden relacionar sistemas de ecuaciones con matrices?
- Si tenemos un sistema de ecuaciones con menos ecuaciones que incógnitas, ¿es posible que no tenga solución? ¿Puede tener más de una?

Los sistemas de ecuaciones lineales también se usan para...

Trabajar en problemas de flujos en redes, como puede ser la regulación del tráfico.

Diseñar cadenas de distribución de productos y redes de comunicaciones.

Relacionar la información analítica con su realidad geométrica, algo básico en los campos del diseño y el *software*.

Decidir los porcentajes de los componentes básicos que forman parte de procesos de mezcla en aplicaciones industriales y científicas.

1 Sistemas de ecuaciones lineales

1.1. Expresión matricial de un sistema de ecuaciones lineales

En general un **sistema de m ecuaciones lineales con n incógnitas**, es de la forma:

$$\begin{cases} a_{11}x_1 + a_{12}x_2 + a_{13}x_3 + \cdots + a_{1n}x_n = b_1 \\ a_{21}x_1 + a_{22}x_2 + a_{23}x_3 + \cdots + a_{2n}x_n = b_2 \\ \dots \quad \dots \quad \dots \quad \dots \quad \dots \\ a_{m1}x_1 + a_{m2}x_2 + a_{m3}x_3 + \cdots + a_{mn}x_n = b_m \end{cases}$$

Donde:

- Los números reales a_{ij} son los **coeficientes de las incógnitas**.
- Los números reales $b_1, b_2, b_3, \dots, b_m$ son los **términos independientes**.
- $x_1, x_2, x_3, \dots, x_n$ son las **incógnitas del sistema**.

En un sistema de m ecuaciones lineales con n incógnitas, podemos considerar las siguientes matrices.

Matriz de los coeficientes	Matriz ampliada
$A = \begin{pmatrix} a_{11} & a_{12} & \dots & a_{1n} \\ a_{21} & a_{22} & \dots & a_{2n} \\ \dots & \dots & \dots & \dots \\ a_{m1} & a_{m2} & \dots & a_{mn} \end{pmatrix}$	$A^* = \begin{pmatrix} a_{11} & a_{12} & \dots & a_{1n} & b_1 \\ a_{21} & a_{22} & \dots & a_{2n} & b_2 \\ \dots & \dots & \dots & \dots & \dots \\ a_{m1} & a_{m2} & \dots & a_{mn} & b_m \end{pmatrix}$
Matriz de los términos independientes	**Matriz de las incógnitas**
$B = \begin{pmatrix} b_1 \\ b_2 \\ \dots \\ b_m \end{pmatrix}$	$X = \begin{pmatrix} x_1 \\ x_2 \\ \dots \\ x_n \end{pmatrix}$

- La matriz ampliada puede escribirse como $(A \mid B)$, separando los elementos con una barra vertical.
- Utilizando estas matrices, el sistema se puede escribir de la forma $AX = B$.
- Si el número de ecuaciones coincide con el de incógnitas, el sistema es **cuadrado**. En este caso, la matriz A es, obviamente, cuadrada.

Ejemplo

En el sistema $\begin{cases} 2x - y = 4 \\ x + 2y = -3 \\ -x + y = -3 \end{cases}$ la matriz ampliada es $A^* = \left(\begin{array}{cc|c} 2 & -1 & 4 \\ 1 & 2 & -3 \\ -1 & 1 & -3 \end{array}\right)$ y su expresión matricial es $\begin{pmatrix} 2 & -1 \\ 1 & 2 \\ -1 & 1 \end{pmatrix} \begin{pmatrix} x \\ y \end{pmatrix} = \begin{pmatrix} 4 \\ -3 \\ -3 \end{pmatrix}$.

1 Escribe en forma matricial los siguientes sistemas.

a. $\begin{cases} 2x + y - 2z = 4 \\ x - y = 0 \\ 3x + 3z = 5 \end{cases}$

b. $\begin{cases} x_1 - 2x_2 + x_3 - x_4 = 3 \\ 2x_1 - x_2 - x_3 = 2 \\ -x_1 - x_4 = 5 \end{cases}$

2 Desarrolla el siguiente sistema dado en forma matricial: $\begin{pmatrix} 2 & -3 & 3 \\ 2 & -1 & 0 \end{pmatrix} \begin{pmatrix} x \\ y \\ z \end{pmatrix} = \begin{pmatrix} -1 \\ 2 \end{pmatrix}$

1.2. Soluciones de un sistema

Dado un sistema con *m* ecuaciones y *n* incógnitas, una solución es un conjunto de *n* valores reales, uno para cada una de las incógnitas, tales que, sustituidos en las *m* ecuaciones, hacen que todas ellas se verifiquen.

Ejemplo

Los valores $\begin{cases} x=1 \\ y=-2 \\ z=2 \end{cases}$ son una solución del sistema: $\begin{cases} 3x-z=1 \\ x+2y+z=-1 \\ y-2z=-6 \end{cases}$ ya que $\begin{cases} 3\cdot 1-2=1 \\ 1+2\cdot(-2)+2=-1 \\ -2-2\cdot 2=-6 \end{cases}$

Según el número de soluciones que posee un sistema de ecuaciones lineales –una, ninguna o infinitas–, estos se clasifican en:

- **Incompatibles.** No tienen ninguna solución.
- **Compatibles.** Tienen solución. Pueden ser:
  - **Compatibles determinados** si tienen una única solución.
  - **Compatibles indeterminados** si tienen infinitas soluciones.

Ejemplo

El sistema $\begin{cases} 2x-y+z=-1 \\ x-y=1 \end{cases}$ es compatible indeterminado.

(–3, –4, 1) y (–2, –3, 0) son soluciones del sistema y, en general, cualquiera de la forma $(-z-2, -z-3, z)$. Dando valores a *z*, se obtienen diferentes soluciones del sistema.

1.3. Sistemas equivalentes

Dos **sistemas de ecuaciones** son **equivalentes** cuando tienen exactamente las mismas soluciones.

Si en un sistema de ecuaciones lineales cualquiera se realiza alguna de las siguientes transformaciones, se obtiene siempre un sistema equivalente.

- Cambiar el orden de las ecuaciones.
- Multiplicar o dividir los dos miembros de la ecuación por un número distinto de cero.
- Sumar a una ecuación otra multiplicada por un número.
- Eliminar una ecuación que es combinación lineal de otras.

Ejemplo

Los siguientes sistemas son equivalentes.

$$\begin{cases} 2x+4y+3z=0 \\ x+y+z=-1 \\ 3x+7y+8z=4 \end{cases} \underset{E_1 \leftrightarrow E_2}{\rightarrow} \begin{cases} x+y+z=-1 \\ 2x+4y+3z=0 \\ 3x+7y+8z=4 \end{cases} \underset{\substack{E_2 \to E_2-2E_1 \\ E_3 \to E_3-3E_1}}{\rightarrow} \begin{cases} x+y+z=-1 \\ 2y+z=2 \\ 4y+5z=7 \end{cases} \underset{E_3 \to E_3-2E_2}{\rightarrow} \begin{cases} x+y+z=-1 \\ 2y+z=2 \\ 3z=3 \end{cases}$$

La notación empleada en las transformaciones es similar a la que empleamos en las transformaciones de matrices, pero con ecuaciones (*E*) en lugar de filas (*F*) o columnas (*C*).

3 **Dado el sistema $\begin{cases} 4x+2y-z=6 \\ 2x+2y+3z=-4 \\ 3x+6z=-9 \end{cases}$, escribe sistemas equivalentes a él aplicando sucesivamente las siguientes transformaciones.**

I. $E_3 \to \frac{1}{3}E_3$

II. $E_1 \leftrightarrow E_3$

III. $E_2 \to E_2 - 2E_1$

IV. $E_3 \to E_3 - 4E_1$

V. $E_3 \to E_3 - E_2$

2 Resolución de sistemas por el método de Gauss

2.1. Sistemas escalonados

Un sistema de ecuaciones es escalonado cuando, reordenadas sus ecuaciones de forma conveniente, la matriz de los coeficientes es escalonada.

Ejemplo

Los sistemas $\begin{cases} 4x+2y-3z=5 \\ \quad 4y+2z=3 \\ \qquad 3z=-2 \end{cases}$ y $\begin{cases} 2x+3z=4 \\ \qquad z=4 \end{cases}$ son escalonados.

En un sistema escalonado las incógnitas que aparecen en primer lugar en cada ecuación, se denominan **incógnitas principales**.

2.2. Método de Gauss para resolver sistemas de ecuaciones lineales

El **método de Gauss** para resolver un sistema de ecuaciones lineales consiste en obtener, mediante las transformaciones adecuadas, un sistema equivalente y escalonado.

El trabajo se reduce en gran medida si se resume la información aportada por el sistema en la matriz A^*, que incluye los coeficientes de las incógnitas y los términos independientes. Una vez obtenida la matriz escalonada, analizamos:

<table>
<tr><th>Si hay alguna fila de la forma $(0\ 0\ \ldots\ 0 \mid k)$ con $k \neq 0$</th><th colspan="2">Si no hay ninguna fila de la forma $(0\ 0\ \ldots\ 0 \mid k)$ con $k \neq 0$</th></tr>
<tr><td rowspan="4">El sistema es incompatible, no tiene solución</td><td colspan="2">El sistema es compatible, tiene solución.
Consideramos el número de filas no nulas y el número de incógnitas.</td></tr>
<tr><td>n.º de filas no nulas = n.º de incógnitas</td><td>n.º de filas no nulas < n.º de incógnitas</td></tr>
<tr><td>Sistema compatible determinado, con solución única</td><td>Sistema compatible indeterminado, con infinitas soluciones</td></tr>
<tr><td>Obtenemos la solución resolviendo de abajo arriba el sistema escalonado.</td><td>Utilizamos tantos parámetros como diferencia haya entre el número de incógnitas y el de filas no nulas. Resolvemos de abajo arriba.</td></tr>
</table>

Ejemplo

Para resolver $\begin{cases} x+2y-z=6 \\ 3x-y+z=-8 \\ 2x+y=0 \end{cases}$, se transforma en un sistema equivalente escalonado.

$$A^*=\left(\begin{array}{ccc|c} 1 & 2 & -1 & 6 \\ 3 & -1 & 1 & -8 \\ 2 & 1 & 0 & 0 \end{array}\right) \underset{\substack{F_2 \to F_2-3F_1 \\ F_3 \to F_3-2F_1}}{\rightarrow} \left(\begin{array}{ccc|c} 1 & 2 & -1 & 6 \\ 0 & -7 & 4 & -26 \\ 0 & -3 & 2 & -12 \end{array}\right) \underset{F_3 \to 7F_3-3F_2}{\rightarrow} \left(\begin{array}{ccc|c} 1 & 2 & -1 & 6 \\ 0 & -7 & 4 & -26 \\ 0 & 0 & 2 & -6 \end{array}\right)$$

La parte izquierda de la matriz, que coincide con la matriz de los coeficientes, es escalonada. No hay ninguna fila nula y el último elemento de la última fila de la matriz de la parte izquierda es no nulo, por tanto, el sistema es compatible.

El número de filas no nulas coincide con el número de incógnitas, por lo que, el sistema es compatible determinado.

Vamos a obtener la solución despejando y sustituyendo sucesivamente desde abajo hacia arriba:

Despejamos z en E_3: $2z=-6 \Rightarrow z=-3$

Sustituimos $z=-3$ en E_2 y despejamos y: $-7y+4(-3)=-26 \Rightarrow y=2$

Por último, sustituimos z e y en E_1 y despejamos x: $x+2\cdot 2-1(-3)=6 \Rightarrow x=-1$

4 Actividad resuelta

Aplica el método de Gauss para resolver los siguientes sistemas.

a. $\begin{cases} 2x-3y-2z=7 \\ -2x+y+6z=1 \\ 3x-y-10z=8 \end{cases}$ b. $\begin{cases} x-2y+z=4 \\ 2x+5y-2z=2 \\ 4x+y-z=13 \end{cases}$ c. $\begin{cases} x-3y+z=-5 \\ -2x+y+3z=5 \\ x-4y+2z=-6 \end{cases}$

a. $$\left(\begin{array}{ccc|c} 2 & -3 & -2 & 7 \\ -2 & 1 & 6 & 1 \\ 3 & -1 & -10 & 8 \end{array}\right) \underset{\substack{F_2 \to F_2+F_1 \\ F_3 \to 2F_3-3F_1}}{\to} \left(\begin{array}{ccc|c} 2 & -3 & -2 & 7 \\ 0 & -2 & 4 & 8 \\ 0 & 7 & -14 & -5 \end{array}\right) \underset{F_2 \to -\frac{1}{2}F_2}{\to} \left(\begin{array}{ccc|c} 2 & -3 & -2 & 7 \\ 0 & -1 & 2 & 4 \\ 0 & 7 & -14 & -5 \end{array}\right) \underset{F_3 \to F_3+7F_2}{\to} \left(\begin{array}{ccc|c} 2 & -3 & -2 & 7 \\ 0 & -1 & 2 & 4 \\ 0 & 0 & 0 & 23 \end{array}\right)$$

La parte izquierda de la matriz es una matriz escalonada.

La tercera fila está formada toda ella por ceros excepto el último elemento. Por tanto, el sistema es incompatible; no tiene solución.

b. $$\left(\begin{array}{ccc|c} 1 & -2 & 1 & 4 \\ 2 & 5 & -2 & 2 \\ 4 & 1 & -1 & 13 \end{array}\right) \underset{\substack{F_2 \to F_2-2F_1 \\ F_3 \to F_3-4F_1}}{\to} \left(\begin{array}{ccc|c} 1 & -2 & 1 & 4 \\ 0 & 9 & -4 & -6 \\ 0 & 9 & -5 & -3 \end{array}\right) \underset{F_3 \to F_3-F_2}{\to} \left(\begin{array}{ccc|c} 1 & -2 & 1 & 4 \\ 0 & 9 & -4 & -6 \\ 0 & 0 & -1 & 3 \end{array}\right)$$

La parte izquierda de la matriz es una matriz escalonada.

Como el número de filas que quedan es tres y coincide con el número de incógnitas, el sistema es compatible determinado.

La solución se obtiene resolviendo en la última matriz de abajo arriba:

$$\left.\begin{array}{l} -z=3 \Rightarrow z=-3 \\ 9y-4z=-6 \Rightarrow 9y+12=-6 \Rightarrow y=-2 \\ x-2y+z=4 \Rightarrow x+4-3=4 \Rightarrow x=3 \end{array}\right\} \Rightarrow x=3 \quad y=-2 \quad z=-3$$

c. $$\left(\begin{array}{ccc|c} 1 & -3 & 1 & -5 \\ -2 & 1 & 3 & 5 \\ 1 & -4 & 2 & -6 \end{array}\right) \underset{\substack{F_2 \to F_2+2F_1 \\ F_3 \to F_3-F_1}}{\to} \left(\begin{array}{ccc|c} 1 & -3 & 1 & -5 \\ 0 & -5 & 5 & -5 \\ 0 & -1 & 1 & -1 \end{array}\right) \underset{F_2 \leftrightarrow F_3}{\to} \left(\begin{array}{ccc|c} 1 & -3 & 1 & -5 \\ 0 & -1 & 1 & -1 \\ 0 & -5 & 5 & -5 \end{array}\right) \underset{F_3 \to F_3-5F_2}{\to} \left(\begin{array}{ccc|c} 1 & -3 & 1 & -5 \\ 0 & -1 & 1 & -1 \\ 0 & 0 & 0 & 0 \end{array}\right)$$

La parte izquierda de la matriz es una matriz escalonada y, al ser nula la tercera fila, se elimina. Ninguna fila está formada por todo ceros excepto el último elemento. Por tanto, el sistema no es incompatible.

Como el número de filas que quedan es dos y es menor que el número de incógnitas, el sistema es compatible indeterminado.

Las infinitas soluciones se obtienen utilizando un parámetro. Como x e y son las incógnitas principales, se hace $z=\lambda$ y se pasa al otro lado de las ecuaciones:

$$\left.\begin{array}{l} -y+\lambda=-1 \Rightarrow y=1+\lambda \\ x-3y+\lambda=-5 \Rightarrow x-3(1+\lambda)=-5-\lambda \Rightarrow x=-2+2\lambda \end{array}\right\} \Rightarrow \begin{array}{l} x=-2+2\lambda \\ y=1+\lambda \\ z=\lambda \end{array}$$

5 Resuelve los siguientes sistemas aplicando el método de Gauss.

a. $\begin{cases} 2x+4y-4z=8 \\ 3x+6y+z=5 \\ x+2y-3z=5 \end{cases}$ b. $\begin{cases} 2x+4y=2 \\ 2x+3y=4 \\ 3x-2y=19 \\ -3x+y=-17 \end{cases}$

6 Resuelve los siguientes sistemas de ecuaciones lineales por el método de Gauss.

a. $\begin{cases} 3x+7y=14 \\ -7x+3y=6 \end{cases}$ c. $\begin{cases} x+y+z=3 \\ 2x+y-z=4 \\ 5x+2y-4z=9 \end{cases}$

b. $\begin{cases} x+y-2z=1 \\ -2x+y+z=7 \\ x-z=-2 \end{cases}$ d. $\begin{cases} x+y+z=5 \\ 2x+3y-z=0 \\ 4x+3y-2z=6 \\ 2y-z=-8 \end{cases}$

7 Resuelve, si es posible, los siguientes sistemas aplicando el método de Gauss.

a. $\begin{cases} 2x+y-z=5 \\ 3x-y-z=2 \\ x-2y=3 \end{cases}$

b. $\begin{cases} 2x+y+z=8 \\ x+y-z=7 \\ 3x-2y-z=4 \end{cases}$

c. $\begin{cases} x+y-z=1 \\ 2x+y-2z=1 \\ 3x+2y-3z=2 \\ x-z=0 \end{cases}$

d. $\begin{cases} x+2y=7 \\ 3x-y=7 \\ 2x+5y=15 \end{cases}$

8 **Actividad resuelta**

Discute y resuelve, si es posible, el siguiente sistema de ecuaciones lineales utilizando el método de Gauss.

$$\begin{cases} x_1+x_2+x_3+x_4=4 \\ x_1+2x_2+x_3-x_4=3 \\ 2x_1-x_2-x_3+x_4=2 \\ 4x_1+2x_2+x_3+x_4=8 \end{cases}$$

$$\left(\begin{array}{cccc|c} 1 & 1 & 1 & 1 & 4 \\ 1 & 2 & 1 & -1 & 3 \\ 2 & -1 & -1 & 1 & 2 \\ 4 & 2 & 1 & 1 & 8 \end{array}\right) \underset{\substack{F_2\to F_2-F_1 \\ F_3\to F_3-2F_1 \\ F_4\to F_4-4F_1}}{\rightarrow} \left(\begin{array}{cccc|c} 1 & 1 & 1 & 1 & 4 \\ 0 & 1 & 0 & -2 & -1 \\ 0 & -3 & -3 & -1 & -6 \\ 0 & -2 & -3 & -3 & -8 \end{array}\right) \underset{\substack{F_3\to F_3+3F_2 \\ F_4\to F_4+2F_2}}{\rightarrow}$$

$$\underset{\substack{F_3\to F_3+3F_2 \\ F_4\to F_4+2F_2}}{\rightarrow} \left(\begin{array}{cccc|c} 1 & 1 & 1 & 1 & 4 \\ 0 & 1 & 0 & -2 & -1 \\ 0 & 0 & -3 & -7 & -9 \\ 0 & 0 & -3 & -7 & -10 \end{array}\right) \underset{F_4\to F_4-F_3}{\rightarrow} \left(\begin{array}{cccc|c} 1 & 1 & 1 & 1 & 4 \\ 0 & 1 & 0 & -2 & -1 \\ 0 & 0 & -3 & -7 & -9 \\ 0 & 0 & 0 & 0 & -1 \end{array}\right)$$

La parte izquierda de la matriz es una matriz escalonada.

La cuarta fila está formada por ceros excepto en su último elemento, el término independiente. Por tanto, el sistema es incompatible, no tiene solución.

9 Aplica el método de Gauss para resolver los siguientes sistemas de ecuaciones.

a. $\begin{cases} x+2y-z=2 \\ 2x-2y+z=1 \\ 2x+2y-3z=1 \end{cases}$

b. $\begin{cases} x+3y-2z=6 \\ 2x+3y-2z=8 \\ 4x+2y-6z=6 \end{cases}$

c. $\begin{cases} x+2y-3z=3 \\ 3x-2y+z=7 \\ 5x+2y-5z=1 \end{cases}$

d. $\begin{cases} x+2y-2z=4 \\ 2x+5y-2z=10 \\ 4x+9y-6z=18 \end{cases}$

e. $\begin{cases} x+2y-z=-5 \\ 5x-y+2z=11 \\ 6x+y+z=5 \end{cases}$

f. $\begin{cases} x+3y-2z=-6 \\ 2x-3y+5z=6 \\ 5x-3y+8z=6 \end{cases}$

g. $\begin{cases} -x+3y+2z=1 \\ \frac{1}{6}x-\frac{2}{3}y+\frac{1}{2}z=\frac{5}{2} \\ 3x-11y+4z=10 \end{cases}$

h. $\begin{cases} x+2y-3z=11 \\ \frac{1}{13}x+\frac{1}{13}y=1 \\ 5x+8y-9z=59 \end{cases}$

10 Actividad resuelta

Tres amigos que están estudiando segundo de Bachillerato trabajan unas horas a la semana reponiendo productos en un supermercado. Debido a la diferencia de antigüedad y al número de horas que trabajan, tienen salarios diferentes. Por cada día trabajado, los tres juntos ganan 90 euros. Calcula el dinero que cobra al día cada uno de ellos sabiendo que por 6 días del primero, 4 del segundo y 6 del tercero obtienen un total de 486 euros, mientras que por 5 del primero, 2 del segundo y 2 del tercero cobran 306 euros.

Suponemos que el primer amigo gana x euros por día, el segundo, y euros por día, y el tercero, z euros por día. Podemos deducir del enunciado el siguiente sistema de ecuaciones lineales.

$$\begin{cases} x+y+z=90 \\ 6x+4y+6z=486 \\ 5x+2y+2z=306 \end{cases}$$

Lo resolvemos por el método de Gauss:

$$\left(\begin{array}{ccc|c} 1 & 1 & 1 & 90 \\ 6 & 4 & 6 & 486 \\ 5 & 2 & 2 & 306 \end{array}\right) \underset{\substack{F_2 \to F_2 - 6F_1 \\ F_3 \to F_3 - 5F_1}}{\longrightarrow} \left(\begin{array}{ccc|c} 1 & 1 & 1 & 90 \\ 0 & -2 & 0 & -54 \\ 0 & -3 & -3 & -144 \end{array}\right)$$

Es un sistema compatible determinado, cuya única solución es:

$$\begin{cases} -2y=-54 \Rightarrow y=27 \\ -3y-3z=-144 \Rightarrow -81-3z=-144 \Rightarrow z=21 \\ x+y+z=90 \Rightarrow x+27+21=90 \Rightarrow x=42 \end{cases}$$

El primer amigo gana 42 euros, el segundo, 27, y el tercero, 21.

11 Si una persona invierte el 40 % de sus ahorros en acciones de tipo *A*, y el resto, en acciones de tipo *B*, el interés medio resultante es del 4,8 %, mientras que si invierte el 20 % de sus ahorros en acciones de tipo *A*, y el resto, en acciones de tipo *B*, el interés medio resultante es del 4,4 %. Calcula el interés que ofrecen las acciones de cada tipo.

12 Un gobierno autonómico ha presupuestado una cantidad de 60 000 € para dar acceso a internet a tres zonas mal comunicadas de la región, *A*, *B* y *C*. Debido al tamaño de las poblaciones, se decide que el presupuesto de *A* debe ser la mitad del correspondiente a *B* y *C* juntos. Por otra parte, se hace necesaria una inversión inicial en formación de usuarios, que será del 5 % para *A*, 10 %, para *B*, y 2 %, para *C*. En total, se destinarán 4200 € a formación. Calcula el presupuesto de cada una de las zonas.

3 Regla de Cramer

3.1. Regla de Cramer para sistemas de dos ecuaciones con dos incógnitas

La regla de Cramer nos va a permitir resolver los sistemas de ecuaciones lineales que cumplen ciertas condiciones con la ayuda de los determinantes.

Para resolver el sistema general de dos ecuaciones lineales con dos incógnitas $\begin{cases} ax+by=p \\ cx+dy=q \end{cases}$, se puede utilizar el método de Gauss estudiado anteriormente:

$$\left(\begin{array}{cc|c} a & b & p \\ c & d & q \end{array}\right) \underset{F_2 \to aF_2 - cF_1}{\rightarrow} \left(\begin{array}{cc|c} a & b & p \\ 0 & ad-bc & aq-cp \end{array}\right)$$

Para que este sistema tenga solución única, debe verificarse que $ad - bc \neq 0$. En tal caso, la solución del sistema será:

$$y=\frac{aq-cp}{ad-bc}=\frac{\begin{vmatrix} a & p \\ c & q \end{vmatrix}}{\begin{vmatrix} a & b \\ c & d \end{vmatrix}} \qquad x=\frac{p-by}{a}=\frac{p-b\dfrac{aq-cp}{ad-bc}}{a}=\frac{pad-pbc-baq+bcp}{a(ad-bc)}=\frac{pd-bq}{ad-bc}=\frac{\begin{vmatrix} p & b \\ q & d \end{vmatrix}}{\begin{vmatrix} a & b \\ c & d \end{vmatrix}}$$

Si el **sistema cuadrado** de dos ecuaciones lineales con dos incógnitas $\begin{cases} ax+by=p \\ cx+dy=q \end{cases}$ verifica que el determinante de la matriz de los coeficientes es distinto de cero ($|A| \neq 0$), el sistema es compatible determinado y su única solución viene dada por:

$$x=\frac{\begin{vmatrix} p & b \\ q & d \end{vmatrix}}{\begin{vmatrix} a & b \\ c & d \end{vmatrix}}=\frac{|A_1|}{|A|} \qquad y=\frac{\begin{vmatrix} a & p \\ b & q \end{vmatrix}}{\begin{vmatrix} a & b \\ c & d \end{vmatrix}}=\frac{|A_2|}{|A|}$$

Donde A_1 y A_2 representan el determinante de A, pero en el que se han sustituido, respectivamente, la primera y segunda columna por los términos independientes.

Ejemplo

El sistema $\begin{cases} 2x-3y=-11 \\ 3x+4y=26 \end{cases}$ es cuadrado y $|A|=\begin{vmatrix} 2 & -3 \\ 3 & 4 \end{vmatrix}=8+9=17\neq 0$, por tanto tiene solución única.

Aplicando la regla de Cramer: $x=\frac{|A_1|}{|A|}=\frac{\begin{vmatrix} -11 & -3 \\ 26 & 4 \end{vmatrix}}{17}=\frac{34}{17}=2 \quad y=\frac{|A_2|}{|A|}=\frac{\begin{vmatrix} 2 & -11 \\ 3 & 26 \end{vmatrix}}{17}=\frac{85}{17}=5$

3.2. Generalización de la regla de Cramer para sistemas lineales

Podemos generalizar la regla de Cramer a sistemas de ecuaciones lineales con el mismo número de ecuaciones que de incógnitas, si el determinante de la matriz de los coeficientes es distinto de cero.

Si el sistema cuadrado de n ecuaciones lineales con n incógnitas:

$$\begin{cases} a_{11}x_1+a_{12}x_2+\ldots+a_{1n}x_n=b_1 \\ a_{21}x_1+a_{22}x_2+\ldots+a_{2n}x_n=b_2 \\ \ldots\ldots\ldots \\ a_{n1}x_1+a_{n2}x_2+\ldots+a_{nn}x_n=b_n \end{cases}$$

verifica que el determinante de la matriz de los coeficientes es distinto de cero ($|A| \neq 0$), el sistema es compatible determinado y su única solución viene dada por:

$$x_1=\frac{|A_1|}{|A|},\quad x_2=\frac{|A_2|}{|A|},\quad x_3=\frac{|A_3|}{|A|},\ldots\quad x_n=\frac{|A_n|}{|A|}$$

Donde A_i representa el determinante de A, pero en el que se han sustituido los coeficientes de la incógnita x_i por los términos independientes.

13 Actividad resuelta

Resuelve el sistema de tres ecuaciones con tres incógnitas: $\begin{cases} -2x+3y-2z=-21 \\ 2x-2y+4z=22 \\ -5x-y+z=8 \end{cases}$

El sistema es cuadrado y el determinante de la matriz es $|A|=\begin{vmatrix} -2 & 3 & -2 \\ 2 & -2 & 4 \\ -5 & -1 & 1 \end{vmatrix}=-46\neq 0$.

Por tanto, cumple las condiciones para aplicar la regla de Cramer:

$$x=\frac{\begin{vmatrix} -21 & 3 & -2 \\ 22 & -2 & 4 \\ 8 & -1 & 1 \end{vmatrix}}{|A|}=\frac{0}{-46}=0,\quad y=\frac{\begin{vmatrix} -2 & -21 & -2 \\ 2 & 22 & 4 \\ -5 & 8 & 1 \end{vmatrix}}{|A|}=\frac{230}{-46}=-5,\quad z=\frac{\begin{vmatrix} -2 & 3 & -21 \\ 2 & -2 & 22 \\ -5 & -1 & 8 \end{vmatrix}}{|A|}=\frac{-138}{-7}=3$$

3.3. Resolución de sistemas no cuadrados con la regla de Cramer

Si el sistema tiene n ecuaciones y m incógnitas con $m>n$, y es compatible indeterminado, para hallar sus infinitas soluciones se puede aplicar la regla de Cramer, transformando $m-n$ incógnitas en parámetros y pasándolas al segundo miembro de la ecuación. La elección de las incógnitas que pasan a ser parámetros debe hacerse teniendo en cuenta que el determinante de la matriz de los coeficientes del nuevo sistema no puede valer 0.

Ejemplo

El sistema $\begin{cases} x-y+z=-1 \\ 2x-2y+3z=-4 \end{cases}$ no es cuadrado.

Como la diferencia entre el n.º de incógnitas y el n.º de ecuaciones es 1, tenemos que introducir un parámetro.

Si hacemos $z=\lambda$, al sistema resultante $\begin{cases} x-y=-1-\lambda \\ 2x-2y=-4-3\lambda \end{cases}$, no se le puede aplicar la regla de Cramer, ya que $\begin{vmatrix} 1 & -1 \\ 2 & -2 \end{vmatrix}=0$.

Sin embargo, si hacemos $y=\lambda$, al nuevo sistema, $\begin{cases} x+z=-1+\lambda \\ 2x+3z=-4+2\lambda \end{cases}$ sí se le puede aplicar la regla de Cramer, ya que $\begin{vmatrix} 1 & 1 \\ 2 & 3 \end{vmatrix}=1\neq 0$.

La solución es:

$$y=\lambda,\ x=\frac{\begin{vmatrix} -1+\lambda & 1 \\ -4+2\lambda & 3 \end{vmatrix}}{|A|}=\frac{1+\lambda}{1}=1+\lambda,\ z=\frac{\begin{vmatrix} 1 & -1+\lambda \\ 2 & -4+2\lambda \end{vmatrix}}{|A|}=\frac{-2}{1}=-2$$

14 Resuelve el sistema: $\begin{cases} 5x-5y-z=-15 \\ 3x+y+z=-1 \end{cases}$

15 Resuelve los siguientes sistemas aplicando la regla de Cramer.

a. $\begin{cases} 2x+y-z=4 \\ 3x+3y-3z=-1 \end{cases}$

b. $\begin{cases} 2x+y+z=7 \\ x-y-z=2 \\ 13x+2y+2z=41 \end{cases}$

c. $\begin{cases} x+y=0 \\ x+y+z=4 \end{cases}$

16 Para cada uno de los siguientes sistemas de ecuaciones lineales, comprueba si verifica las condiciones para aplicar la regla de Cramer y, en caso afirmativo, resuélvelos.

a. $\begin{cases} 2x+3y=5 \\ 4x-5y=43 \end{cases}$

b. $\begin{cases} 2(x+y)=1 \\ 6x+12y=-1 \end{cases}$

c. $\begin{cases} 2x+z=1 \\ 3x-2y=-7 \\ y+z=5 \end{cases}$

17 **Actividad resuelta**

Una empresa se dedica a mezclar abonos de origen natural para fertilizar la tierra. Para ello dispone de tres compuestos iniciales: *A*, *B* y *C*:

- ***A*: 40 kg de abono de alta calidad, 50 kg de abono de baja calidad y 90 kg de tierra.**
- ***B*: 60 kg de abono de alta calidad, 40 kg de abono de baja calidad y 80 kg de tierra.**
- ***C*: 30 kg de abono de alta calidad, 60 kg de abono de baja calidad y 120 kg de tierra.**

Calcula cuántos kilogramos de cada composición *A*, *B* y *C* se deben mezclar para obtener una nueva composición *D* que contenga 60 kg de abono de alta calidad, 65 kg de abono de baja calidad y 125 kg de tierra.

En la siguiente tabla se recogen las partes de cada abono y tierra que contiene cada composición inicial.

	A	*B*	*C*
Abono de alta calidad	$\frac{40}{180}$	$\frac{60}{180}$	$\frac{30}{210}$
Abono de baja calidad	$\frac{50}{180}$	$\frac{40}{180}$	$\frac{60}{210}$
Tierra	$\frac{90}{180}$	$\frac{80}{180}$	$\frac{120}{210}$

Supongamos que tomamos *x* kilogramos de *A*, *y* de *B* y *z* de *C*. En estas condiciones se puede escribir el sistema de ecuaciones lineales:

$$\begin{cases} \frac{40}{180}x+\frac{60}{180}y+\frac{30}{210}z=60 \\ \frac{50}{180}x+\frac{40}{180}y+\frac{60}{210}z=65 \\ \frac{90}{180}x+\frac{80}{180}y+\frac{120}{210}z=125 \end{cases} \Rightarrow \begin{cases} 14x+21y+9z=3780 \\ 35x+28y+36z=8190 \\ 63x+56y+72z=15750 \end{cases}$$

Resolviendo por la regla de Cramer:

$$x=\frac{|A_1|}{|A|}=\frac{-317\,520}{-3528}=90 \qquad x=\frac{|A_1|}{|A|}=\frac{-317\,520}{-3528}=90 \qquad z=\frac{|A_3|}{|A|}=\frac{-246\,960}{-3528}=70$$

Se deben mezclar 90 kilogramos de la composición *A* con 90 de la *B* y 70 de la *C*.

18 Definimos como industrialización inclusiva aquella que busca aumentar el acceso de las pequeñas empresas industriales a los servicios financieros, incluyendo el acceso a créditos asequibles, de manera que estos negocios se integren en las cadenas de valor y en los mercados.

Una empresa realiza ampliaciones de su negocio en tres proyectos encaminados a apoyar su industrialización inclusiva y sostenible con un presupuesto total de 2 millones de euros. Espera obtener unos beneficios del 2 %, del 5 % y del 2,5 % de lo que ha invertido en cada uno de los tres proyectos, lo que supondría un total de 60 000 €. Sin embargo, finalmente consigue unos beneficios del 8 %, 9 % y 8,5 %, respectivamente, lo que supone un total de 170 000 €. ¿Cuánto ha invertido en cada proyecto?

4 Teorema de Rouché-Frobenius

4.1. Teorema de Rouché-Frobenius

El estudio de los rangos de la matriz de los coeficientes y de la matriz ampliada del sistema de ecuaciones lineales permite decidir si el sistema tiene o no tiene solución.

El teorema de Rouché-Frobenius nos dice que:

> Dado un sistema de m ecuaciones lineales con n incógnitas:
>
> $$\begin{cases} a_{11}x_1 + a_{12}x_2 + a_{13}x_3 + \ldots + a_{1n}x_n = b_1 \\ a_{21}x_1 + a_{22}x_2 + a_{23}x_3 + \ldots + a_{2n}x_n = b_2 \\ \ldots \quad \ldots \quad \ldots \quad \ldots \quad \ldots \quad = \ldots \\ a_{m1}x_1 + a_{m2}x_2 + a_{m3}x_3 + \ldots + a_{mn}x_n = b_m \end{cases}$$
>
> Si A y A^* son la matriz de los coeficientes y la matriz ampliada, respectivamente:
>
> $$A = \begin{pmatrix} a_{11} & a_{12} & \ldots & a_{1n} \\ a_{21} & a_{22} & \ldots & a_{2n} \\ \ldots & \ldots & \ldots & \ldots \\ a_{m1} & a_{m2} & \ldots & a_{mn} \end{pmatrix} \quad A^* = \begin{pmatrix} a_{11} & a_{12} & \ldots & a_{1n} & b_1 \\ a_{21} & a_{22} & \ldots & a_{2n} & b_2 \\ \ldots & \ldots & \ldots & \ldots & \ldots \\ a_{m1} & a_{m2} & \ldots & a_{mn} & b_m \end{pmatrix}$$
>
> La condición necesaria y suficiente para que el **sistema** sea **compatible** es que los rangos de las dos matrices sean iguales: $\mathbf{rg(A) = rg(A^*)}$.

Ejemplo

- El sistema $\begin{cases} 4x - 2y = 3 \\ -x + 3y = 1 \end{cases}$ tiene como matrices del sistema $A = \begin{pmatrix} 4 & -2 \\ -1 & 3 \end{pmatrix}$ y $A^* = \begin{pmatrix} 4 & -2 & 3 \\ -1 & 3 & 1 \end{pmatrix}$.

  Como $|A| = 10 \neq 0 \Rightarrow rg(A) = 2$

  Como A^* solo tiene dos filas $\Rightarrow rg(A^*) = 2$, y como tenemos que $rg(A) = rg(A^*) = 2$, el sistema es compatible, es decir, tiene solución.

- El sistema $\begin{cases} 2x + y + 3z = 2 \\ 3x + y + 4z = 3 \\ 2x + 3y + 5z = 5 \end{cases}$ tiene como matrices del sistema $A = \begin{pmatrix} 2 & 1 & 3 \\ 3 & 1 & 4 \\ 2 & 3 & 5 \end{pmatrix}$ y $A^* = \begin{pmatrix} 2 & 1 & 3 & 2 \\ 3 & 1 & 4 & 3 \\ 2 & 3 & 5 & 5 \end{pmatrix}$.

  Como $|A| = 0 \Rightarrow rg(A) < 3$

  Encontramos un menor de orden 2 con determinante no nulo: $\begin{vmatrix} 2 & 1 \\ 3 & 1 \end{vmatrix} = -1 \neq 0 \Rightarrow rg(A) = 2$

  En el caso de A^*, hay un menor de orden 3 con determinante no nulo, $\begin{vmatrix} 2 & 1 & 2 \\ 3 & 1 & 3 \\ 2 & 3 & 5 \end{vmatrix} \neq 0 \Rightarrow rg(A^*) = 3$,

  y como tenemos que $rg(A) = 2 < rg(A^*) = 3$, el sistema es incompatible, no tiene solución.

4.2. Número de soluciones de un sistema de ecuaciones lineales

En cualquier sistema de ecuaciones lineales, siempre se verifica una de estas opciones:

$$rg(A^*) = rg(A) \qquad\qquad rg(A^*) = rg(A) + 1$$

Una ampliación del teorema de Rouché-Frobenius permite decidir, tomando como referencia los rangos de la matriz de los coeficientes y de la matriz ampliada, el número de soluciones del sistema:

- Si $rg(A) \neq rg(A^*)$, el **sistema es incompatible**, es decir, no tiene solución.
- Si $rg(A) = rg(A^*)$, el **sistema es compatible**, es decir, tiene solución.
  - Si $rg(A) = rg(A^*) =$ n.º de incógnitas, el sistema es **compatible determinado**: el sistema tiene una única solución.
  - Si $rg(A) = rg(A^*) <$ n.º de incógnitas, el sistema es **compatible indeterminado**: tiene infinitas soluciones.

19 Actividad resuelta

Dados los siguientes sistemas, comprueba si tienen ninguna, una o infinitas soluciones.

a. $\begin{cases} -x-y+z=2 \\ 5x-7y+z=3 \\ 6x-6y=5 \end{cases}$ b. $\begin{cases} 2x+3y-2z+4w=1 \\ x+y-z+w=0 \\ x-w=3 \\ 4x+4y-3z+4w=4 \end{cases}$ c. $\begin{cases} 2x+y=3 \\ 3x+4y=7 \\ -x+4y=3 \end{cases}$

a. Las matrices del sistema son $A=\begin{pmatrix} -1 & -1 & 1 \\ 5 & -7 & 1 \\ 6 & -6 & 0 \end{pmatrix}$ y $A^*=\begin{pmatrix} -1 & -1 & 1 & 2 \\ 5 & -7 & 1 & 3 \\ 6 & -6 & 0 & 5 \end{pmatrix}$

Como $|A|=0$ y, por ejemplo, $\begin{vmatrix} -1 & -1 \\ 5 & -7 \end{vmatrix}=12\neq 0 \Rightarrow \text{rg}(A)=2$

Para calcular el rango de A^*, se añade al menor anterior la columna de los términos independientes y la tercera fila: $\begin{vmatrix} -1 & -1 & 2 \\ 5 & -7 & 3 \\ 6 & -6 & 5 \end{vmatrix}=48\neq 0 \Rightarrow \text{rg}(A^*)=3$

Por tanto, $\text{rg}(A)\neq\text{rg}(A^*) \Rightarrow$ el sistema es incompatible, es decir, no tiene solución.

b. Las matrices del sistema son $A=\begin{pmatrix} 2 & 3 & -2 & 4 \\ 1 & 1 & -1 & 1 \\ 1 & 0 & 0 & -1 \\ 4 & 4 & -3 & 4 \end{pmatrix}$ y $A^*=\begin{pmatrix} 2 & 3 & -2 & 4 & 1 \\ 1 & 1 & -1 & 1 & 0 \\ 1 & 0 & 0 & -1 & 3 \\ 4 & 4 & -3 & 4 & 4 \end{pmatrix}$.

Tanto en A como en A^* se ve que $F_4=F_1+F_2+F_3$ y, por tanto, para estudiar el rango de ambas puede prescindirse de la última fila.

Estudiamos el rg(A): $\begin{vmatrix} 2 & 3 \\ 1 & 1 \end{vmatrix}=2-3=-1\neq 0 \Rightarrow \text{rg}(A)\geq 2$

Añadiendo al anterior menor F_3 y C_3: $\begin{vmatrix} 2 & 3 & -2 \\ 1 & 1 & -1 \\ 1 & 0 & 0 \end{vmatrix}=-1\neq 0 \Rightarrow \text{rg}(A)=3$

Por tanto, $\text{rg}(A)=\text{rg}(A^*)=3<$ n.º de incógnitas $\Rightarrow$ el sistema es compatible indeterminado, es decir, tiene infinitas soluciones.

c. Las matrices asociadas al sistema son $A=\begin{pmatrix} 2 & 1 \\ 3 & 4 \\ -1 & 4 \end{pmatrix}$ y $A^*=\begin{pmatrix} 2 & 1 & 3 \\ 3 & 4 & 7 \\ -1 & 4 & 3 \end{pmatrix}$. Como la matriz ampliada es cuadrada, se empieza estudiando su rango.

$$|A^*|=\begin{vmatrix} 2 & 1 & 3 \\ 3 & 4 & 7 \\ -1 & 4 & 3 \end{vmatrix}=0 \Rightarrow \text{rg}(A)\neq 3$$

Un menor de orden 2 de A y A^* es $\begin{vmatrix} 2 & 1 \\ 3 & 4 \end{vmatrix}=5\neq 0$

$\text{rg}(A)=\text{rg}(A^*)=2=$ n.º de incógnitas $\Rightarrow$ el sistema es compatible determinado, es decir, tiene solución única.

20 Analizando los rangos de las matrices del sistema y la matriz ampliada, estudia la compatibilidad de los siguientes sistemas.

a. $\begin{cases} 2x+5y-4z=7 \\ x-2y-z=-2 \\ x+3y-z=3 \end{cases}$

b. $\begin{cases} -4x-2y+8z=3 \\ 2x+y-4z=3 \end{cases}$

c. $\begin{cases} x+3y+2z=1 \\ -2x+y+3z=0 \\ 3x+2y-z=1 \end{cases}$

d. $\begin{cases} x-2y+2z=4 \\ -3x+y-z=2 \\ -4x-2y+2z=3 \end{cases}$

e. $\begin{cases} x-4y-2z=2 \\ 2x-y-z=3 \end{cases}$

f. $\begin{cases} x+y+z=3 \\ 2y+3z+t=2 \\ 2x+2y+z+t=4 \\ 3x+3y+2z+t=7 \end{cases}$

21 Estudia y resuelve, si es posible, el sistema:

$$\begin{cases} x+y=4 \\ z+w=3 \\ 2z+w=5 \end{cases}$$

22 Calcula las soluciones del sistema.

$$\begin{cases} x-y+z=2 \\ x+y-z=2 \end{cases}.$$

Si se añade la ecuación $x=3$, ¿tiene solución el nuevo sistema?

5 Resolución de sistemas mediante la matriz inversa

5.1. Resolución de sistemas mediante la matriz inversa

Cuando un sistema de ecuaciones lineales es cuadrado y verifica que su matriz de los coeficientes A es **regular** (determinante no nulo), se puede resolver con la ayuda de la matriz inversa de A:

$$AX = B \Rightarrow A^{-1}AX = A^{-1}B \Rightarrow X = A^{-1}B$$

Si el sistema tiene tres ecuaciones y tres incógnitas:

$$\begin{cases} a_{11}x + a_{12}y + a_{13}z = b_1 \\ a_{21}x + a_{22}y + a_{23}z = b_2 \\ a_{31}x + a_{32}y + a_{33}z = b_3 \end{cases} \Rightarrow \begin{pmatrix} a_{11} & a_{12} & a_{13} \\ a_{21} & a_{22} & a_{23} \\ a_{31} & a_{32} & a_{33} \end{pmatrix} \begin{pmatrix} x \\ y \\ z \end{pmatrix} = \begin{pmatrix} b_1 \\ b_2 \\ b_3 \end{pmatrix} \Rightarrow \begin{pmatrix} x \\ y \\ z \end{pmatrix} = \begin{pmatrix} a_{11} & a_{12} & a_{13} \\ a_{21} & a_{22} & a_{23} \\ a_{31} & a_{32} & a_{33} \end{pmatrix}^{-1} \begin{pmatrix} b_1 \\ b_2 \\ b_3 \end{pmatrix}$$

Ejemplo

El sistema $\begin{cases} 2x + 3y = 5 \\ x - 4y = 2 \end{cases}$ es cuadrado y el determinante de la matriz de los coeficientes es

$\begin{vmatrix} 2 & 3 \\ 1 & -4 \end{vmatrix} = -11 \neq 0$. Por tanto, puede resolverse por el método de la matriz inversa.

La forma matricial del sistema es: $\begin{pmatrix} 2 & 3 \\ 1 & -4 \end{pmatrix} \begin{pmatrix} x \\ y \end{pmatrix} = \begin{pmatrix} 5 \\ 2 \end{pmatrix} \Rightarrow \begin{pmatrix} x \\ y \end{pmatrix} = \begin{pmatrix} 2 & 3 \\ 1 & -4 \end{pmatrix}^{-1} \begin{pmatrix} 5 \\ 2 \end{pmatrix}$

$$A^{-1} = \frac{1}{-11}\left(\mathrm{Adj}\begin{pmatrix} 2 & 3 \\ 1 & -4 \end{pmatrix}\right)^t = -\frac{1}{11}\begin{pmatrix} -4 & -1 \\ -3 & 2 \end{pmatrix}^t = -\frac{1}{11}\begin{pmatrix} -4 & -3 \\ -1 & 2 \end{pmatrix} = \begin{pmatrix} \frac{4}{11} & \frac{3}{11} \\ \frac{1}{11} & -\frac{2}{11} \end{pmatrix}$$

$$\begin{pmatrix} x \\ y \end{pmatrix} = \begin{pmatrix} \frac{4}{11} & \frac{3}{11} \\ \frac{1}{11} & -\frac{2}{11} \end{pmatrix} \begin{pmatrix} 5 \\ 2 \end{pmatrix} = \begin{pmatrix} \frac{26}{11} \\ \frac{1}{11} \end{pmatrix} \Rightarrow x = \frac{26}{11} \quad y = \frac{1}{11}$$

23 Comprueba que el sistema: $\begin{cases} 2x + y - z = -2 \\ x - 2y + z = 3 \\ x + 5y - 3z = 4 \end{cases}$ se puede resolver mediante la inversa de la matriz de los coeficientes y calcula su solución.

24 Para los siguientes sistemas cuadrados de ecuaciones lineales:

a. Comprueba que la matriz de los coeficientes es regular.

b. Calcula la inversa de la matriz de los coeficientes.

c. Halla la solución única del sistema resolviéndolo como si fuera una ecuación matricial.

I. $\begin{cases} 3x - 2y = -7 \\ -5x + y = 7 \end{cases}$ **II.** $\begin{cases} 2x - 3y = -13 \\ 4x + 2y - 3z = -8 \\ -5x + 3y + 2z = 23 \end{cases}$ **III.** $\begin{cases} -2x + 2y - z = -4 \\ -2x + y - 3z = -7 \\ -4x - 3y + 2z = 1 \end{cases}$ **IV.** $\begin{cases} 3x - y - 2z = 0 \\ 2x + y - z = -1 \\ 4x + 4y - 3z = -6 \end{cases}$

25 Se quiere estudiar a cuántas personas afecta el déficit de carreteras en buen estado de una zona mal comunicada. Para ello, se consideran tres grupos diferentes.

Grupo *A*: personas que viven a menos de 5 km de una carretera transitable todo el año. Grupo *B*: personas que viven a menos de 10 km pero a más de 5 km. Grupo *C*: personas que viven a más de 10 km.

Se estima que, en total, puede haber 6300 personas; que las del grupo *B* suponen el 25 % de la suma de las de los grupos *A* y *C* y que la suma de las personas de los grupos *B* y *C* son el 50 % de las del grupo *A*. Calcula el número de personas que hay en cada grupo.

6 Sistemas homogéneos

6.1. Sistemas homogéneos

Un sistema de ecuaciones es homogéneo cuando los términos independientes de todas sus ecuaciones son nulos.

La expresión general de un sistema lineal homogéneo es:

$$\begin{cases} a_{11}x_1 + a_{12}x_2 + \dots + a_{1n}x_n = 0 \\ a_{21}x_1 + a_{22}x_2 + \dots + a_{2n}x_n = 0 \\ \dots\dots \\ a_{m1}x_1 + a_{m2}x_2 + \dots + a_{mn}x_n = 0 \end{cases}$$

Las matrices de este sistema son $A = \begin{pmatrix} a_{11} & a_{12} & \dots & a_{1n} \\ a_{21} & a_{22} & \dots & a_{2n} \\ \dots & \dots & \dots & \dots \\ a_{m1} & a_{m2} & \dots & a_{mn} \end{pmatrix}$ y $A^* = \begin{pmatrix} a_{11} & a_{12} & \dots & a_{1n} & 0 \\ a_{21} & a_{22} & \dots & a_{2n} & 0 \\ \dots & \dots & \dots & \dots & \dots \\ a_{m1} & a_{m2} & \dots & a_{mn} & 0 \end{pmatrix}$

y solo se diferencian en la última columna, que está formada toda ella por ceros. Por tanto, tienen el mismo rango y, en consecuencia, el sistema es siempre compatible.

Los sistemas homogéneos siempre tienen la solución $x_1 = 0, x_2 = 0, \dots, x_n = 0$, ya que esta colección de números verifica todas sus ecuaciones. Esta solución se denomina **solución trivial**.

Los sistemas homogéneos pueden tener, pues, una o infinitas soluciones.

- Si **rg(A) = n.º de incógnitas**, el sistema es **compatible determinado** y tiene como única solución la solución trivial.
- Si **rg(A) < n.º de incógnitas**, el sistema el sistema es **compatible indeterminado**. Entre sus infinitas soluciones se encuentra la trivial.

Para sistemas homogéneos cuadrados:

- Si $|A| \neq 0$, el sistema es compatible determinado y tiene como única solución la solución trivial.
- Si $|A| = 0$, el sistema es compatible indeterminado. Entre sus infinitas soluciones se encuentra la trivial.

26 Actividad resuelta

Estudia y resuelve el sistema homogéneo: $\begin{cases} 2x + y - 6z = 0 \\ x + 5y + 6z = 0 \\ x + y - 2z = 0 \end{cases}$

Como $|A| = \begin{vmatrix} 2 & 1 & -6 \\ 1 & 5 & 6 \\ 1 & 1 & -2 \end{vmatrix} = -20 - 6 + 6 + 30 - 12 + 2 = 0$ y $\begin{vmatrix} 2 & 1 \\ 1 & 5 \end{vmatrix} = 9 \neq 0 \Rightarrow \text{rg}(A) = 2$

Por tanto, el sistema es compatible indeterminado. Se consideran como incógnitas principales aquellas cuyos coeficientes se corresponden con las columnas del menor que ha dado el rango. Haciendo $z = \lambda$:

$\begin{cases} 2x + y = 6\lambda \\ x + 5y = -6\lambda \end{cases} \Rightarrow$ Aplicando la regla de Cramer: $x = \dfrac{\begin{vmatrix} 6\lambda & 1 \\ -6\lambda & 5 \end{vmatrix}}{9} = 4\lambda$, $y = \dfrac{\begin{vmatrix} 2 & 6\lambda \\ 1 & -6\lambda \end{vmatrix}}{9} = -2\lambda$

27 Añade una ecuación al sistema $\begin{cases} x + y + z = 0 \\ 2x - y + 5z = 0 \end{cases}$, para que sea homogéneo con infinitas soluciones.

28 Estudia y resuelve, en el caso de tener solución distinta de la trivial, los siguientes sistemas.

a. $\begin{cases} 2x - 3y + 4z = 0 \\ 3x - 2y + 3z = 0 \\ 4x - 7y + z = 0 \end{cases}$

b. $\begin{cases} x - 2y + 3z = 0 \\ 5x + 4y - 6z = 0 \\ -2x + 2y - 3z = 0 \end{cases}$

29 Resuelve los siguientes sistemas.

a. $\begin{cases} -x - 2y + 3z = 0 \\ 2x + 4y - 6z = 0 \end{cases}$

b. $\begin{cases} 2x + y - z = 0 \\ 2x - y + z = 0 \end{cases}$

7 Discusión y resolución de sistemas de ecuaciones

7.1. Discusión de sistemas

Discutir un sistema es estudiar el número de soluciones que posee y resolverlo es hallar, en su caso, todas sus soluciones (una o infinitas).

- El teorema de Rouché y el método de Gauss permiten discutir un sistema y averiguar cuántas soluciones tiene.
- El cálculo de la matriz inversa, el método de Gauss y la regla de Cramer permiten hallar las soluciones de dicho sistema.

7.2. Discusión y resolución de sistemas por el método de Gauss

1.º Escribimos la matriz que aporta toda la información del sistema, A^*.

2.º Modificamos dicha matriz de forma que su parte izquierda se transforme en una matriz escalonada. Eliminamos las filas nulas.

3.º Discutimos el sistema (observamos si existe alguna fila con todos sus elementos, excepto el último, nulo y, en caso negativo, se cuentan las filas que quedan y las incógnitas del sistema.

4.º Se hallan las soluciones utilizando el correspondiente sistema escalonado.

30 Actividad resuelta

Discute y resuelve por el método de Gauss el sistema: $\begin{cases} 3x+4y-z=10 \\ 6x-4y+4z=8 \\ -3x-16y+7z=-22 \end{cases}$

$$\left(\begin{array}{ccc|c} 3 & 4 & -1 & 10 \\ 6 & -4 & 4 & 8 \\ -3 & -16 & 7 & -22 \end{array}\right) \underset{\substack{F_2\to F_2-2F_1 \\ F_3\to F_3+F_1}}{\to} \left(\begin{array}{ccc|c} 3 & 4 & -1 & 10 \\ 0 & -12 & 6 & -12 \\ 0 & -12 & 6 & -12 \end{array}\right) \underset{F_3\to F_3-F_2}{\to} \left(\begin{array}{ccc|c} 3 & 4 & -1 & 10 \\ 0 & -12 & 6 & -12 \\ 0 & 0 & 0 & 0 \end{array}\right)$$

Como la tercera fila es todo ceros, quedan dos filas (ecuaciones) y tres incógnitas, por lo que el sistema es compatible indeterminado. Como las incógnitas principales son x e y, se transforma z en parámetro. Haciendo $z = \lambda$, las infinitas soluciones son de la forma:

$$\left.\begin{array}{l} -12y+6\lambda=-12 \Rightarrow y=1+\frac{1}{2}\lambda \\ 3x+4\left(1+\frac{1}{2}\lambda\right)-\lambda=10 \Rightarrow x=2-\frac{1}{3}\lambda \end{array}\right\} \Rightarrow x=2-\frac{1}{3}\lambda \quad y=1+\frac{1}{2}\lambda \quad z=\lambda$$

En el caso de sistemas compatibles indeterminados, el número de parámetros que se deben utilizar para escribir las infinitas soluciones es igual a la diferencia entre el número de incógnitas y el rango de la matriz de los coeficientes.

31 Resuelve los siguientes sistemas de ecuaciones lineales por el método de Gauss.

a. $\begin{cases} 2x+2y=2 \\ 3x-5y=-21 \end{cases}$

b. $\begin{cases} -3x-2y=7 \\ -2x+7y=-37 \end{cases}$

32 Aplicando el método de Gauss, estudia y resuelve los siguientes sistemas de dos ecuaciones lineales con tres incógnitas.

a. $\begin{cases} x+2y+9z=5 \\ 2x-2y=-2 \end{cases}$

b. $\begin{cases} 2x+2y-4z=2 \\ -x-y+2z=1 \end{cases}$

c. $\begin{cases} x+y+z=3 \\ 2x+2y=0 \end{cases}$

d. $\begin{cases} x+y+z=6 \\ x-y-z=0 \end{cases}$

33 Estudia y resuelve, por el método de Gauss, los siguientes sistemas de cuatro ecuaciones lineales con dos incógnitas.

a. $\begin{cases} x+2y=3 \\ 2x-3y=-1 \\ x-12y=-11 \\ x+9y=10 \end{cases}$

b. $\begin{cases} 2x-3y=3 \\ x-2y=-1 \\ 2x-4y=2 \\ x+y=2 \end{cases}$

34 Aplicando el método de Gauss, estudia y resuelve los siguientes sistemas de cuatro ecuaciones lineales con cuatro incógnitas.

a. $\begin{cases} x+y-2z+2w=-8 \\ x-y-z+w=-2 \\ 2x+3y-z-w=-1 \\ 3x+y+z-3w=10 \end{cases}$

b. $\begin{cases} x+2y-z+w=2 \\ 2x-y-z+2w=4 \\ 2x+3y-z-4w=-2 \\ 3x-z-3w=0 \end{cases}$

7.3. Discusión y resolución de sistemas mediante el teorema de Rouché y la regla de Cramer

1.º Escribimos las matrices A y A^* del sistema y calculamos sus rangos.

2.º Mediante el teorema de Rouché, decidimos el número de soluciones que posee el sistema.

3.º Para hallar, en su caso, las soluciones utilizamos la regla de Cramer aplicando los siguientes pasos.

- Consideramos el menor de mayor orden no nulo que ha servido para establecer el rango de la matriz del sistema A.
- Eliminamos las ecuaciones que no intervienen en ese menor.
- Las incógnitas que no intervienen en ese menor se pasan al segundo miembro con valor de parámetro.
- Se aplica la regla de Cramer al sistema resultante.

35 **Actividad resuelta**

Discute con la ayuda del teorema de Rouché y resuelve mediante la regla de Cramer

el sistema: $\begin{cases} 2x+4y+z=-2 \\ x+2y-2z=9 \\ 3x+y-2z=1 \end{cases}$

Como $|A|=-25\neq 0 \Rightarrow \text{rg}(A)=\text{rg}(A^*)=3=$ n.º de incógnitas $\Rightarrow$ el sistema es compatible determinado.

Aplicamos la regla de Cramer y obtenemos el resultado del sistema:

$$x=\frac{\begin{vmatrix} -2 & 4 & 1 \\ 9 & 2 & -2 \\ 1 & 1 & -2 \end{vmatrix}}{-25}=\frac{75}{-25}=-3$$

$$y=\frac{\begin{vmatrix} 2 & -2 & 1 \\ 1 & 9 & -2 \\ 3 & 1 & -2 \end{vmatrix}}{-25}=\frac{-50}{-25}=2$$

$$z=\frac{\begin{vmatrix} 2 & 4 & -2 \\ 1 & 2 & 9 \\ 3 & 1 & 1 \end{vmatrix}}{-25}=\frac{100}{-25}=-4$$

36 **Aplicando el teorema de Rouché-Frobenius y la regla de Cramer, discute y resuelve los siguientes sistemas.**

a. $\begin{cases} 2x-y+3z=-14 \\ 3x-y-z=-4 \\ -3x+2y+2z=2 \end{cases}$

b. $\begin{cases} 2x-y+3z=-14 \\ 3x-y-z=-4 \\ 4x-y-5z=6 \end{cases}$

c. $\begin{cases} 2x-y+3z=-14 \\ 3x-y-z=-4 \\ -x-y+15z=-40 \end{cases}$

d. $\begin{cases} 2x+y+z=4 \\ 2y+z=3 \\ x+2y-z=2 \\ 2x-y=2 \end{cases}$

37 **Aplica el teorema de Rouché – Frobenius para la discusión de estos sistemas, y resuélvelos después con la regla de Cramer.**

a. $\begin{cases} -x+2y-z=0 \\ x-3y+z=-3 \\ 2x+3y+5z=5 \end{cases}$

b. $\begin{cases} x-2y+z=-3 \\ 2x+3y-z=3 \\ x-y+3z=6 \end{cases}$

c. $\begin{cases} x+y-z=2 \\ -x+2y+z=4 \\ 3x+y+z=6 \end{cases}$

d. $\begin{cases} x+2y-z=1 \\ -3x+y+z=-5 \\ x-y+3z=5 \end{cases}$

38 Actividad resuelta

Discute y resuelve el sistema de ecuaciones lineales: $\begin{cases} 2x-2y+z=1 \\ x-y-z=-1 \\ 4x-4y-z=-1 \end{cases}$

a. **Mediante el método de Gauss.** **b.** **Utilizando determinantes.**

a. Con el método de Gauss:

$$\left(\begin{array}{ccc|c} 2 & -2 & 1 & 1 \\ 1 & -1 & -1 & -1 \\ 4 & -4 & -1 & -1 \end{array}\right) \underset{\substack{F_2 \to 2F_2 - F_1 \\ F_3 \to F_3 - 2F_1}}{\to} \left(\begin{array}{ccc|c} 2 & -2 & 1 & 1 \\ 0 & 0 & -3 & -3 \\ 0 & 0 & -3 & -3 \end{array}\right) \underset{F_3 \to F_3 - F_2}{\to} \left(\begin{array}{ccc|c} 2 & -2 & 1 & 1 \\ 0 & 0 & -3 & -3 \\ 0 & 0 & 0 & 0 \end{array}\right)$$

Quedan dos filas y el sistema tiene tres incógnitas. Por tanto, el sistema es compatible indeterminado. Haciendo $y = \lambda$, las infinitas soluciones son de la forma:

$$\left.\begin{array}{l} -3z = -3 \Rightarrow z = 1 \\ 2x - 2\lambda + 1 = 1 \Rightarrow x = \lambda \end{array}\right\} \Rightarrow x = \lambda \quad y = \lambda \quad z = 1$$

b. Utilizando determinantes:

Las matrices del sistema son: $A = \begin{pmatrix} 2 & -2 & 1 \\ 1 & -1 & -1 \\ 4 & -4 & -1 \end{pmatrix}$ y $A^* = \begin{pmatrix} 2 & -2 & 1 & 1 \\ 1 & -1 & -1 & -1 \\ 4 & -4 & -1 & -1 \end{pmatrix}$

Como $|A| = \begin{vmatrix} 2 & -2 & 1 \\ 1 & -1 & -1 \\ 4 & -4 & -1 \end{vmatrix} = 0$ y $\begin{vmatrix} 2 & 1 \\ 1 & -1 \end{vmatrix} = -3 \neq 0 \Rightarrow \text{rg}(A) = 2$

Para determinar el rango de A^*, se añade al menor anterior la columna de los términos independientes y la tercera fila. Como $\begin{vmatrix} 2 & 1 & 1 \\ 1 & -1 & -1 \\ 4 & -1 & -1 \end{vmatrix} = 0 \Rightarrow \text{rg}(A^*) = 2$

El sistema es compatible indeterminado, ya que $2 < 3$ (número de incógnitas).

- Marcamos en el sistema el menor que ha servido para obtener $\text{rg}(A) = 2$. Las ecuaciones que no intervienen se eliminan y las incógnitas que no intervienen se pasan al segundo miembro con valor de parámetro, en este caso $y = \lambda$

$$\begin{cases} 2x + z = 1 + 2y \\ x - z = -1 + y \end{cases} \Rightarrow \begin{cases} 2x + z = 1 + 2\lambda \\ x - z = -1 + \lambda \end{cases}$$

- Aplicamos la regla de Cramer al sistema resultante:

$$x = \frac{\begin{vmatrix} 1+2\lambda & 1 \\ -1+\lambda & -1 \end{vmatrix}}{\begin{vmatrix} 2 & 1 \\ 1 & -1 \end{vmatrix}} = \frac{-3\lambda}{-3} = \lambda \qquad z = \frac{\begin{vmatrix} 2 & 1+2\lambda \\ 1 & -1+\lambda \end{vmatrix}}{\begin{vmatrix} 2 & 1 \\ 1 & -1 \end{vmatrix}} = \frac{-3}{-3} = 1$$

Las infinitas soluciones son: $x = \lambda$, $y = \lambda$, $z = 1$

39 **Discute con la ayuda del teorema de Rouché-Frobenius y resuelve mediante la regla de Cramer los siguientes sistemas.**

a. $\begin{cases} 2x+2y=3 \\ x+y=\dfrac{3}{2} \\ 3x-2y=2 \end{cases}$

b. $\begin{cases} 3x-2y+z=-17 \\ -5x+2y-4z=-17 \\ 4x+y-5z=17 \end{cases}$

c. $\begin{cases} x+2y-2z=4 \\ 2x+5y-2z=10 \\ 4x+9y-6z=18 \end{cases}$

d. $\begin{cases} x+3y+5z=3 \\ 3x+5y+7z=3 \\ 3x-3z=1 \end{cases}$

e. $\begin{cases} 2x-y-5=0 \\ -\dfrac{2}{3}x+\dfrac{1}{3}y-5=0 \end{cases}$

f. $\begin{cases} x+2y-3z=3 \\ 3x-2y+z=7 \\ 5x+2y-5z=1 \end{cases}$

g. $\begin{cases} x+2z=2 \\ y+2z=2 \\ 2x+2y+4z=3 \end{cases}$

h. $\begin{cases} 2x+2y+6z=0 \\ 2x+5y+4z=2 \\ x+y+3z=0 \end{cases}$

i. $\begin{cases} y=-2x+3 \\ y=\dfrac{x}{2} \end{cases}$

40 Comprueba que los siguientes sistemas son compatibles determinados y resuélvelos utilizando la regla de Cramer.

a. $\begin{cases} 2x-3y=7 \\ 5x-4y=14 \end{cases}$

b. $\begin{cases} 5x+2y=-23 \\ -2x+4y=-10 \end{cases}$

c. $\begin{cases} -x+3y=15 \\ -5x-y=27 \end{cases}$

d. $\begin{cases} \dfrac{2}{3}x-3y=\dfrac{7}{3} \\ \dfrac{x}{2}-\dfrac{2}{5}y=\dfrac{21}{60} \end{cases}$

41 Comprueba que los siguientes sistemas son compatibles determinados y resuélvelos utilizando la regla de Cramer.

a. $\begin{cases} x-2y+3z=14 \\ -2x+y-2z=-10 \\ 3x-2y+5z=22 \end{cases}$

b. $\begin{cases} x-y-z=3 \\ 2x-y+z=0 \\ 3x+y+2z=-1 \end{cases}$

c. $\begin{cases} 2x-3y=30-4z \\ -\dfrac{1}{3}x-\dfrac{1}{3}y+z=5 \\ -3x+y-5z=-33 \end{cases}$

d. $\begin{cases} 2x+2y-z=3 \\ 3x-2y-z=2 \\ -x-6y+z=5 \end{cases}$

42 La pensión completa en un hotel de la Costa Tropical cuesta 30 € por persona y día. A los menores de 10 años se les cobra el 50 %, y a las personas mayores de 65, el 70 % de ese precio.

Determina el número de niños menores de 10 años y de personas mayores de 65 que había cierto día en el hotel, si se sabe que había 200 personas, el número de mayores de 65 años era igual al 25 % del número de niños y se recaudaron 4620 € por las pensiones completas de todas ellas.

43 Dado el sistema de cuatro ecuaciones con cuatro incógnitas: $\begin{cases} x+y+z=4 \\ x+y+w=4 \\ y+z+w=5 \\ 2x+y+w=5 \end{cases}$

a. Comprueba que verifica las condiciones para aplicar la regla de Cramer.

b. Calcula su solución.

44 El cajero de un banco solo dispone de billetes de 10 €, 20 € y 50 €. Se han sacado 16 billetes con un total de 440 €. El doble de billetes de 10 € excede en una unidad al número de billetes de 50 €. Plantea y resuelve el sistema de ecuaciones lineales asociado a este problema para obtener el número de billetes de cada tipo que se han sacado.

45 Se quiere mejorar la instalación eléctrica del edificio de una fábrica para hacerla más eficiente y sostenible. Para ello, se van a utilizar tres tipos de cable: *A*, *B* y *C*. Los precios de cada rollo de 100 metros de cable *A*, *B* y *C* son, respectivamente, 20, 30 y 35 €. En total se necesitan 190 rollos y su coste total sería de 4575 €. ¿Con cuántos rollos de cada tipo se debe contar sabiendo que el número de metros de *A* y de *C* juntos debe ser el 375 % del número de metros de *B*? Plantea un sistema de ecuaciones lineales con tres incógnitas, discútelo y resuélvelo.

7.4. Discusión de sistemas dependientes de parámetros

Discutir un sistema de ecuaciones lineales que depende de uno o más parámetros es decidir para qué valores de dicho parámetro (o parámetros) el sistema es incompatible y para qué valores es compatible, y en este último caso, para qué valores es determinado y para qué valores es indeterminado. En general, también será necesario dar las soluciones, si las posee.

Es conveniente seguir los siguientes pasos:

1.º Hallar los valores del parámetro para los que pueden ser diferentes los rangos de la matriz de los coeficientes y de la matriz ampliada. Si una de las dos matrices es cuadrada, se empieza estudiando su rango; si ninguna de las matrices es cuadrada, se empieza estudiando el rango de la matriz de los coeficientes.

2.º Determinar los rangos de la matriz de los coeficientes y de la matriz ampliada para los valores del parámetro determinados en el paso anterior.

3.º Aplicar el teorema de Rouché-Frobenius (también se puede utilizar el método de Gauss).

En el caso de que el sistema sea cuadrado, bastará con hallar los valores del parámetro que hacen que el determinante de la matriz de los coeficientes sea nulo y discutir después el sistema en función de dichos valores.

46 Actividad resuelta

Discute y resuelve el siguiente sistema en función del parámetro a.

$$\begin{cases} x+y-z=1 \\ 2x+2y-3z=3 \\ 3x+ay-2z=5 \end{cases}$$

La matriz de coeficientes y la matriz ampliada asociadas al sistema son:

$$A=\begin{pmatrix} 1 & 1 & -1 \\ 2 & 2 & -3 \\ 3 & a & -2 \end{pmatrix} \text{ y } A^*=\begin{pmatrix} 1 & 1 & -1 & 1 \\ 2 & 2 & -3 & 3 \\ 3 & a & -2 & 5 \end{pmatrix}$$

En este caso, el máximo rango que pueden tener ambas matrices es 3. Conviene empezar calculando el determinante de A y hallar para qué valores de a es distinto de 0. En estos casos, $\text{rg}(A)=3$.

$$|A|=\begin{vmatrix} 1 & 1 & -1 \\ 2 & 2 & -3 \\ 3 & a & -2 \end{vmatrix}=-4-2a-9+6+3a+4=a-3 \qquad |A|=0 \Rightarrow a-3=0 \Rightarrow a=3$$

- Para $a=3$

  Las matrices son $A=\begin{pmatrix} 1 & 1 & -1 \\ 2 & 2 & -3 \\ 3 & 3 & -2 \end{pmatrix}$ y $A^*=\begin{pmatrix} 1 & 1 & -1 & 1 \\ 2 & 2 & -3 & 3 \\ 3 & 3 & -2 & 5 \end{pmatrix}$

  Como el menor formado por la primera y tercera columna y la primera y segunda fila es:

  $$\begin{vmatrix} 1 & -1 \\ 2 & -3 \end{vmatrix}=-1\neq 0 \Rightarrow \text{rg}(A)=2$$

  Añadiendo a este menor la columna de los términos independientes y la tercera fila:

  $$\begin{vmatrix} 1 & -1 & 1 \\ 2 & -3 & 3 \\ 3 & -2 & 5 \end{vmatrix}=-3\neq 0 \Rightarrow \text{rg}(A^*)=3$$

  El sistema es incompatible, ya que $\text{rg}(A)=2\neq \text{rg}(A^*)=3$.

- Para $a\neq 3$, se cumple: $\text{rg}(A)=\text{rg}(A^*)=3=$ número de incógnitas y, por tanto, el sistema es compatible determinado.

  Su solución se puede obtener mediante la regla de Cramer y vendrá determina en función del parámetro a:

$$x=\frac{\begin{vmatrix} 1 & 1 & -1 \\ 3 & 2 & -3 \\ 5 & a & -2 \end{vmatrix}}{a-3}=\frac{-3}{a-3} \qquad y=\frac{\begin{vmatrix} 1 & 1 & -1 \\ 2 & 3 & -3 \\ 3 & 5 & -2 \end{vmatrix}}{a-3}=\frac{3}{a-3} \qquad z=\frac{\begin{vmatrix} 1 & 1 & 1 \\ 2 & 2 & 3 \\ 3 & a & 5 \end{vmatrix}}{a-3}=\frac{3-a}{a-3}=-1$$

47 **Calcula el valor o los valores de m que hacen que el siguiente sistema sea compatible.**

$$\begin{cases} 3x-2y+z=0 \\ x-y+3z=m \\ 2y+3z=7 \\ x-3z=-m \end{cases}$$

48 **Discute, en función el valor del parámetro a, el sistema**

$$\begin{cases} x-2y+z=0 \\ 3x+2y-2z=3\,. \\ 2x+2y+az=8 \end{cases}$$

49 **Dado el sistema:**

$$\begin{cases} x+y+z=a \\ 3ax+2ay+az=1 \\ ay-2z=2 \end{cases}$$

a. Determina el valor del parámetro a para que el sistema sea compatible determinado.

b. ¿Existe algún valor de a para el que sea compatible indeterminado?

c. ¿Existe algún valor de a para el que el sistema sea incompatible?

CONCEPTOS CLAVE

Sistemas de ecuaciones lineales

$$\left\{\begin{array}{l} a_{11}x_1+a_{12}x_2+a_{13}x_3+\ldots+a_{1n}x_n=b_1 \\ a_{21}x_1+a_{22}x_2+a_{23}x_3+\ldots+a_{2n}x_n=b_2 \\ \ldots \quad \ldots \quad \ldots \quad \ldots \quad \ldots \\ a_{m1}x_1+a_{m2}x_2+a_{m3}x_3+\ldots+a_{mn}x_n=b_m \end{array}\right.$$

$AX = B$

$$\begin{pmatrix} a_{11} & a_{12} & \ldots & a_{1n} \\ a_{21} & a_{22} & \ldots & a_{2n} \\ \ldots & \ldots & \ldots & \ldots \\ a_{m1} & a_{m2} & \ldots & a_{mn} \end{pmatrix} \begin{pmatrix} x_1 \\ x_2 \\ x_3 \\ \ldots \\ x_n \end{pmatrix} = \begin{pmatrix} b_1 \\ b_2 \\ b_3 \\ \ldots \\ b_m \end{pmatrix}$$

Matriz ampliada, A^*

$$A^* = \begin{pmatrix} a_{11} & a_{12} & \ldots & a_{1n} & b_1 \\ a_{21} & a_{22} & \ldots & a_{2n} & b_2 \\ \ldots & \ldots & \ldots & \ldots & \ldots \\ a_{m1} & a_{m2} & \ldots & a_{mn} & b_m \end{pmatrix}$$

Clasificación de los sistemas lineales según el número de soluciones

Tiene solución: **Compatible**
- Solución única: **Compatible determinado**
- Infinitas soluciones: **Compatible indeterminado**

No tiene solución: **Incompatible**

Sistemas equivalentes

Dos **sistemas** son **equivalentes** si tienen las mismas soluciones.

Las siguientes transformaciones producen sistemas equivalentes:

- Modificar el orden de las ecuaciones.
- Multiplicar o dividir una ecuación por un número diferente de cero.
- Cambiar una ecuación por una combinación lineal de las ecuaciones del sistema en la que esté incluida ella misma con coeficiente no nulo.
- Eliminar una ecuación nula.
- Eliminar una ecuación que es igual o proporcional a otra.
- Eliminar una ecuación que es combinación lineal de otras.

Método de Gauss

$$\left(\begin{array}{cccc|c} * & * & \ldots & * & * \\ * & * & \ldots & * & * \\ * & * & \ldots & * & * \\ \ldots & \ldots & \ldots & \ldots & \ldots \\ * & * & \ldots & * & * \end{array}\right) \xrightarrow[\substack{F_2\to a_1F_2\pm b_1F_1 \\ F_3\to a_2F_3\pm b_2F_1 \\ \ldots \\ F_n\to a_nF_n\pm b_nF_1}]{} \left(\begin{array}{cccc|c} * & * & \ldots & * & * \\ 0 & * & \ldots & * & * \\ 0 & * & \ldots & * & * \\ \ldots & \ldots & \ldots & \ldots & \ldots \\ 0 & * & \ldots & * & * \end{array}\right) \xrightarrow[\substack{F_3\to c_3F_3\pm d_3F_2 \\ \ldots \\ F_n\to c_nF_n\pm d_nF_2}]{} \left(\begin{array}{cccc|c} * & * & \ldots & * & * \\ 0 & * & \ldots & * & * \\ 0 & 0 & \ldots & * & * \\ \ldots & \ldots & \ldots & \ldots & \ldots \\ 0 & 0 & \ldots & * & * \end{array}\right) \xrightarrow[\ldots]{}$$

$$\xrightarrow[\ldots]{} \left(\begin{array}{ccccc|c} * & * & * & \ldots & * & * \\ 0 & * & * & \ldots & * & * \\ 0 & 0 & * & \ldots & * & * \\ \ldots & \ldots & \ldots & \ldots & \ldots & \ldots \\ 0 & 0 & 0 & \ldots & * & * \end{array}\right)$$

- Se eliminan las filas nulas.
- Si hay alguna fila del tipo $(0 \;\; 0 \;\; \ldots \; 0 \mid k)$ con $k \neq 0 \Rightarrow$ incompatible.
- En caso contrario: Si número de filas = número de incógnitas ⇒ compatible determinado
  Si número de filas ≠ número de incógnitas ⇒ compatible indeterminado
- Las soluciones se obtienen resolviendo el sistema escalonado.

Teorema de Rouché-Frobenius

- Si $rg(A) \neq rg(A^*)$, el sistema es incompatible.
- Si $rg(A) = rg(A^*)$, el sistema es compatible.
  - Si $rg(A) = rg(A^*) =$ número de incógnitas, el sistema es compatible determinado.
  - Si $rg(A) = rg(A^*) <$ número de incógnitas, el sistema es compatible indeterminado.

Regla de Cramer

El sistema cuadrado $\begin{cases} a_{11}x_1+a_{12}x_2+...+a_{1n}x_n=b_1 \\ a_{21}x_1+a_{22}x_2+...+a_{2n}x_n=b_2 \\ .... \\ a_{n1}x_1+a_{n2}x_2+...+a_{nn}x_n=b_n \end{cases}$ con $|A|\neq 0$ es compatible determinado,

y su única solución es:

$$x_1=\frac{|A_1|}{|A|},\quad x_2=\frac{|A_2|}{|A|},\quad x_3=\frac{|A_3|}{|A|},\ldots\quad x_n=\frac{|A_n|}{|A|}$$

Donde A_i representa el determinante de A, pero en el que se han sustituido los coeficientes de la incógnita x_i por los términos independientes.

Sistemas homogéneos

$$\begin{cases} a_{11}x_1+a_{12}x_2+...+a_{1n}x_n=0 \\ a_{21}x_1+a_{22}x_2+...+a_{2n}x_n=0 \\ .... \\ a_{m1}x_1+a_{m2}x_2+...+a_{mn}x_n=0 \end{cases}$$

- Si $|A|\neq 0 \Rightarrow$ Compatible determinado
  Única solución: la trivial (0, 0, ... 0)
- Si $|A|=0 \Rightarrow$ Compatible indeterminado
  Infinitas soluciones entre las que está incluida la solución trivial.

ACTIVIDADES FINALES

Actividades

1 Escribe en forma matricial los siguientes sistemas.

a. $\begin{cases} 3x+2y-z=4 \\ 5x-y+z=7 \\ 2x+2y-3z=9 \end{cases}$

b. $\begin{cases} 2x-2z=0 \\ 3x+3y=1 \\ 4y-4z=0 \end{cases}$

c. $\begin{cases} 2x+3y-z+t=1 \\ 2x-2z+t=0 \end{cases}$

d. $\begin{cases} x+y=1 \\ x+2y=2 \\ x-3y=-2 \\ x+y=-4 \end{cases}$

2 Para cada uno de los siguientes sistemas, escribe la matriz de los coeficientes y la matriz ampliada.

a. $\begin{cases} 2x+y-z=4 \\ x-y=2 \\ x+2y+2z=0 \end{cases}$

b. $\begin{cases} 2x+3y-3z=2 \\ x-y-3z=-2 \end{cases}$

c. $\{3x+2y=0$

d. $\begin{cases} x+y=0 \\ x-3y=2 \\ 3x-y=4 \end{cases}$

e. $\begin{cases} x+2y-3z+t=2 \\ -x-2y+4z-t=-2 \\ x+y+z+t=0 \\ -2x+3y-z+2t=3 \end{cases}$

f. $\begin{cases} 3x=0 \\ 4y=1 \end{cases}$

3 Escribe de forma desarrollada los siguientes sistemas.

a. $\begin{pmatrix} 2 & -2 & 3 \\ 1 & 0 & -2 \\ 2 & 2 & -1 \end{pmatrix}\begin{pmatrix} x \\ y \\ z \end{pmatrix}=\begin{pmatrix} 1 \\ 2 \\ -3 \end{pmatrix}$

b. $\begin{pmatrix} -\frac{1}{2} & 2 \\ -2 & \frac{3}{4} \end{pmatrix}\begin{pmatrix} x \\ y \end{pmatrix}=\begin{pmatrix} \frac{2}{3} \\ 1 \end{pmatrix}$

c. $\begin{pmatrix} -1 & 2 & 1 & 0 \\ 0 & -2 & 3 & 1 \end{pmatrix}\begin{pmatrix} x \\ y \\ z \\ t \end{pmatrix}=\begin{pmatrix} 2 \\ -3 \end{pmatrix}$

4 Dado el sistema de ecuaciones lineales:

$$\begin{cases} 2x+3y-3z=1 \\ -2x+y-4z=5 \\ 3x+2y-z=-1 \end{cases}$$

Escribe sistemas equivalentes a él aplicando sucesivamente las siguientes transformaciones.

I. $E_2=E_2+E_1$

II. $E_3=2E_3-3E_1$

III. $E_3=4E_3+5E_2$

5 Actividad resuelta

Dado el sistema: $\begin{cases} 2x+3y+4z=1 \\ 3x-2y+5z=5 \\ 2x+\alpha y+\beta z=8 \end{cases}$

Calcula los valores de α y β para que tenga más de una solución.

Las matrices del sistema son $A=\begin{pmatrix} 2 & 3 & 4 \\ 3 & -2 & 5 \\ 2 & \alpha & \beta \end{pmatrix}$ y $A^*=\begin{pmatrix} 2 & 3 & 4 & 1 \\ 3 & -2 & 5 & 5 \\ 2 & \alpha & \beta & 8 \end{pmatrix}$

Como $\begin{vmatrix} 2 & 3 \\ 3 & -2 \end{vmatrix}=-13\neq 0$, $\text{rg}(A)\geq 2$.

Para que el sistema sea compatible indeterminado debe verificarse que $\text{rg}(A)=\text{rg}(A^*)=2$

Por tanto: $\begin{vmatrix} 2 & 3 & 4 \\ 3 & -2 & 5 \\ 2 & \alpha & \beta \end{vmatrix}=0$ y $\begin{vmatrix} 2 & 3 & 1 \\ 3 & -2 & 5 \\ 2 & \alpha & 8 \end{vmatrix}=0 \Rightarrow \begin{cases} 2\alpha-13\beta=-46 \\ -7\alpha=70 \end{cases} \Rightarrow \alpha=-10;\ \beta=2$

6 Escribe un sistema de tres ecuaciones y tres incógnitas si una de sus soluciones es (–2, 3, 7).

7 Dado el sistema $\begin{cases} 3x+2y-4z=a \\ 2x+2y-z=b \\ 3x+y-z=c \end{cases}$, calcula el valor de a, *b* y *c* para que la terna (2, –1, 4) sea solución del mismo.

8 Estudia y resuelve los siguientes sistemas de cuatro ecuaciones lineales con dos incógnitas.

a. $\begin{cases} x+2y=3 \\ 2x-3y=-1 \\ x-12y=-11 \\ x+9y=10 \end{cases}$

b. $\begin{cases} 2x-3y=3 \\ x-2y=-1 \\ 2x-4y=2 \\ x+y=2 \end{cases}$

9 Aplicando el método de Gauss, estudia y resuelve los siguientes sistemas de cuatro ecuaciones lineales con cuatro incógnitas.

a. $\begin{cases} x+y-2z+2w=-8 \\ x-y-z+w=-2 \\ 2x+3y-z-w=-1 \\ 3x+y+z-3w=10 \end{cases}$

b. $\begin{cases} x+2y-z+w=2 \\ 2x-y-z+2w=4 \\ 2x+3y-z-4w=-2 \\ 3x-z-3w=0 \end{cases}$

10 Comprueba que la matriz de los coeficientes de los siguientes sistemas es regular y resuélvelos como si fueran una ecuación matricial.

a. $\begin{cases} 3x-y=1 \\ -5x+2y=-1 \end{cases}$

b. $\begin{cases} x+2z=3 \\ 2x-y+3z=-3 \\ x+2y+z=12 \end{cases}$

c. $\begin{cases} x+y=0 \\ -y+z=2 \\ -x+y=1 \end{cases}$

11 Discute con la ayuda del teorema de Rouché y resuelve mediante la regla de Cramer los sistemas:

a. $\begin{cases} x+z=4 \\ 2y+z=5 \\ x+y+z=4 \\ 2x+3y=-2 \end{cases}$

b. $\begin{cases} x+y+z=3 \\ 2y+z=3 \\ x+3y+2z=6 \\ x-y=0 \end{cases}$

c. $\begin{cases} 2x+y+z=4 \\ 2y+z=3 \\ x+2y-z=2 \\ 2x-y=2 \end{cases}$

d. $\begin{cases} -2x+5y+4z=1 \\ 8y+6z=5 \\ 4y+8z=1 \\ x+6y+4z=3 \end{cases}$

12 Actividad resuelta

Discute y resuelve el siguiente sistema de ecuaciones lineales utilizando determinantes.

$\begin{cases} 2x_1-3x_2+x_3=-11 \\ 3x_1+2x_2-4x_3=-18 \\ 4x_1-2x_2+x_3=-11 \end{cases}$

$A=\begin{pmatrix} 2 & -3 & 1 \\ 3 & 2 & -4 \\ 4 & -2 & 1 \end{pmatrix}$ y $A^*=\begin{pmatrix} 2 & -3 & 1 & -11 \\ 3 & 2 & -4 & -18 \\ 4 & -2 & 1 & -11 \end{pmatrix}$.

Como $|A|=31\neq 0 \Rightarrow \text{rg}(A)=\text{rg}(A^*)=3 \Rightarrow$ el sistema es compatible determinado y su solución única se puede calcular aplicando la regla de Cramer:

$$x_1=\frac{\begin{vmatrix} -11 & -3 & 1 \\ -18 & 2 & -4 \\ -11 & -2 & 1 \end{vmatrix}}{31}=-2$$

$$x_2=\frac{\begin{vmatrix} 2 & -11 & 1 \\ 3 & -18 & -4 \\ 4 & -11 & 1 \end{vmatrix}}{31}=4$$

$$x_3=\frac{\begin{vmatrix} 2 & -3 & -11 \\ 3 & 2 & -18 \\ 4 & -2 & -11 \end{vmatrix}}{31}=5$$

13 Actividad resuelta

Calcula el valor de a para que el siguiente sistema homogéneo tenga soluciones diferentes de la trivial.

$$\begin{cases} x+2y+3z=0 \\ ax+3y+4z=0 \\ ax+ay+2z=0 \end{cases}$$

Escribe las soluciones del anterior sistema para $a=1$.

Un sistema homogéneo tiene soluciones diferentes de la trivial si es compatible indeterminado. Es decir, el rango de la matriz de los coeficientes A debe ser distinto del número de incógnitas. Por tanto, $rg(A)<3$, es decir, $|A|=0$.

$$A=\begin{pmatrix} 1 & 2 & 3 \\ a & 3 & 4 \\ a & a & 2 \end{pmatrix} \Rightarrow |A| = 3a^2-9a+6$$

$|A|=0 \Rightarrow 3a^2-9a+6=0 \Rightarrow a=2, a=1$

Para estos valores, el sistema tiene infinitas soluciones.

Para $a=1$, $rg(A)=2$ ya que $\begin{vmatrix} 1 & 2 \\ 1 & 3 \end{vmatrix}=1\neq 0$. Por tanto, haciendo $z=\lambda$:

$$\begin{cases} x+2y=-3\lambda \\ x+3y=-4\lambda \end{cases} \Rightarrow x=\frac{\begin{vmatrix} -3\lambda & 2 \\ -4\lambda & 3 \end{vmatrix}}{1}=\frac{-\lambda}{1}=-\lambda \qquad y=\frac{\begin{vmatrix} 1 & -3\lambda \\ 1 & -4\lambda \end{vmatrix}}{1}=\frac{-\lambda}{1}=-\lambda$$

14 Estudia y resuelve los siguientes sistemas homogéneos.

a. $\begin{cases} 4x-3y+2z=0 \\ 3y-4z=0 \\ 2x-2y+3z=0 \end{cases}$

b. $\begin{cases} x+y=0 \\ 2x+2y=0 \\ 3x+3y=0 \\ 2x-y=0 \end{cases}$

c. $\begin{cases} x+y=z \\ x-y=z \end{cases}$

d. $\begin{cases} x+y+z+w=0 \\ x-y+z-w=0 \end{cases}$

e. $\begin{cases} 2x-6y-8z=0 \\ x-y-3z=0 \\ -4x-12y+4z=0 \end{cases}$

f. $\begin{cases} x_1+x_2+x_3+x_4+x_5=0 \\ x_1-2x_2+x_3-2x_4+x_5=0 \end{cases}$

15 Estudia los siguientes sistemas según los valores del parámetro a y resuélvelos en los casos en que sea posible.

a. $\begin{cases} 2x-3y=0 \\ 3x-2y=a \end{cases}$

b. $\begin{cases} 3x+(2a+3)y=1 \\ 3ax-y=-1 \end{cases}$

c. $\begin{cases} 2x+(3-a)y=26 \\ -3x+(2+a)y=-a-26 \end{cases}$

d. $\begin{cases} ax+y=a \\ a^2x+ay=1 \end{cases}$

e. $\begin{cases} ax-y=1 \\ -2x+(a-1)y=2 \end{cases}$

f. $\begin{cases} ax-y=1 \\ x-ay=2a-1 \end{cases}$

16 Discute y resuelve según los valores del parámetro k el sistema: $\begin{cases} kx+3y=4 \\ 3x-y=2 \\ 2x-y=k \end{cases}$

17 Estudia los siguientes sistemas según los valores del parámetro a y resuélvelos en los casos en que sea posible.

a. $\begin{cases} 2x+2y-3z=6+a \\ y+z=6 \\ 3x+y-z=17 \\ 2y-z=a \end{cases}$

b. $\begin{cases} ax-3y+z=-10 \\ ay+z=3 \\ -3x-3y+z=-10 \\ -3y+z=3 \end{cases}$

18 Considera el sistema de ecuaciones

$$\begin{cases} ax-\dfrac{y}{a}=1 \\ -ax+ay=2 \end{cases}$$

donde a es un cierto parámetro que no es nunca cero. ¿Existe algún valor de a para el que el sistema sea incompatible?

19 a. Calcula el valor de a para que el siguiente sistema de ecuaciones lineales sea compatible indeterminado y expresa, para este valor, sus infinitas soluciones con ayuda de un parámetro.

$$\begin{cases} 4x-3y+z=7 \\ 2x-2y+z=6 \\ 2x-z=a \end{cases}$$

b. ¿Existe algún valor real de a para el cual el sistema anterior sea compatible determinado?

20 Actividad resuelta

Considera el siguiente sistema de ecuaciones dependiente del parámetro real λ.

$$\begin{cases} 2x-\lambda y+z=-\lambda \\ 4x-2\lambda y+2z=\lambda-3 \end{cases}$$

a. Determina los valores del parámetro λ que hacen que el sistema sea incompatible.

b. Resuélvelo para $\lambda=1$.

a. Las matrices del sistema son $A=\begin{pmatrix} 2 & -\lambda & 1 \\ 4 & -2\lambda & 2 \end{pmatrix}$ y $A^*=\begin{pmatrix} 2 & -\lambda & 1 & -\lambda \\ 4 & -2\lambda & 2 & \lambda-3 \end{pmatrix}$

En la matriz A, $F_2=2F_1$, por tanto $rg(A)=1$ cualquiera que sea el valor de λ.

Para que el sistema sea incompatible $rg(A^*)=2$ y esto sucede si

$|A_1|=\begin{vmatrix} 2 & -\lambda \\ 4 & \lambda-3 \end{vmatrix}\neq 0 \qquad |A_2|=\begin{vmatrix} -\lambda & -\lambda \\ -2\lambda & \lambda-3 \end{vmatrix}\neq 0 \qquad |A_3|=\begin{vmatrix} 1 & -\lambda \\ 2 & \lambda-3 \end{vmatrix}\neq 0$

$|A_1|=6\lambda-6=0 \Rightarrow \lambda=1$

$|A_2|=-3\lambda^2+3\lambda=0 \Rightarrow \lambda=0, \lambda=1$

$|A_3|=3\lambda-3=0 \Rightarrow \lambda=1$

Si $\lambda\neq 1$, $rg(A^*)=2 \Rightarrow$ el sistema es incompatible.

b. Para $\lambda=1$, el sistema es $\begin{cases} 2x-y+z=-1 \\ 4x-2y+2z=-2 \end{cases}$. El sistema es compatible indeterminado, dependiendo de dos parámetros. Haciendo $y=\alpha$ y $z=\beta$, las soluciones son:

$$x=-\frac{1}{2}+\frac{\alpha}{2}-\frac{\beta}{2} \qquad y=\alpha \qquad z=\beta$$

21 Calcula los valores de k para que el sistema $\begin{cases} (2k-2)x-y=-2k \\ (k-1)x+(k+1)y=17 \end{cases}$:

a. Sea incompatible.

b. Sea compatible indeterminado.

22 **MAT-TIC** Resuelve sistemas con el interactivo de GeoGebra *Resolución matricial de un sistema.*

23 Dado el sistema $\begin{cases} 2x+2y-z=6 \\ -4x+3y+4z=2 \\ 2ax+12y+(a+6)z=21-a \end{cases}$:

a. Estudia su compatibilidad según los diferentes valores del parámetro a.

b. Resuélvelo para $a=-1$.

c. Resuélvelo para $a=0$.

24 Dado el sistema:

$$\begin{cases} x+y+z=1 \\ x+ay+z=a \\ x+y+z=a^2-2a+2 \end{cases}$$

a. Estudia su compatibilidad según los diferentes valores del parámetro a.

b. Resuélvelo para $a=1$.

c. ¿Existe algún valor de a para el cuál el sistema tenga una única solución?

25 Se considera el sistema de ecuaciones lineales:

$$\begin{cases} x-y+mz=-3 \\ x-4y+mz=-6 \\ -mx+3y-z=1 \end{cases}$$

a. Estudia la compatibilidad del sistema según los diferentes valores del parámetro m.

b. Resuelve el sistema, si es posible, para $m=2$.

26 Dado el sistema $\begin{cases} 2x+y+(m-1)z=1 \\ 4x+(m-1)y=m-2 \\ y+2z=m \end{cases}$:

a. Estudia su compatibilidad según los diferentes valores del parámetro m.

b. Resuélvelo para $m=0$.

c. Resuélvelo para $m=2$.

27 Dado el sistema $\begin{cases} kx+y+z=1 \\ y+z=1 \\ x+ky+z=2 \end{cases}$:

a. Estudia su compatibilidad según los diferentes valores del parámetro k.

b. Resuélvelo para $k=2$.

c. Resuélvelo para $k=0$.

28 Calcula el valor de m para que el siguiente sistema de ecuaciones lineales sea compatible indeterminado y escribe las infinitas soluciones para este valor hallado.

$$\begin{cases} 2x+3y-z=4 \\ 4x-y-2z=1 \\ 2x-4y-z=-3 \\ 2x-my-z=4 \end{cases}$$

29 Relaciona y contesta.

Problemas

30 Calcula el valor de un número de tres cifras sabiendo que la suma de estas es 14, que la cifra de las decenas excede en cuatro unidades a la suma de la cifra de las unidades y la cifra de las centenas, y que, por último, la suma del número buscado y del que resulta de invertir sus cifras es 685. ¿Existe una única solución? Hállalas todas.

31 Un inversor ha obtenido un beneficio de 1280 € después de invertir un total de 22 000 € en dos empresas distintas. Estos beneficios se desglosan como sigue: la cantidad invertida en la primera empresa le ha proporcionado un m % de beneficios y la cantidad invertida en la segunda empresa le ha proporcionado un 6 % de beneficios.

a. Plantea un sistema de ecuaciones (en función de m) donde las incógnitas x e y sean la cantidad invertida en cada una de las dos empresas.

b. Basándote en un estudio de la compatibilidad del sistema anterior, ¿es posible que los beneficios para la primera empresa sean del 4 %? Resuelve el sistema si se supone que ese es realmente el porcentaje de beneficio para lo invertido en la primera empresa. En ese caso, ¿cuál fue la cantidad invertida en cada una de las dos empresas?

32 María y Luis han realizado un desplazamiento en coche que ha durado 13 horas y durante el cual, un tiempo ha conducido María, otro ha conducido Luis y el resto han descansado. Luis ha conducido 2 horas más de las que han descansado, y el total de horas de descanso junto con las de conducción de Luis es 1 hora menos que las que ha conducido María. Encuentra el número de horas que ha conducido cada uno y las que han descansado.

33 Problema resuelto

Uno de los factores determinantes para los músicos a la hora de elegir amplificadores es la potencia en vatios (W) que puede darles. Una empresa fabrica equipos de amplificación para conciertos. Los producen de tres clases: potencia alta, potencia media y potencia baja.

La siguiente tabla muestra el número de horas de trabajo necesarias para la fabricación de cada clase de aparato, así como la disponibilidad de horas de trabajo de cada departamento. ¿Cuántos aparatos de cada clase pueden fabricarse con los recursos humanos disponibles?

	Potencia alta	Potencia media	Potencia baja	Total
Montaje	3	2	2	300
Conexión	2	2	1	220
Comprobación	2	1	1	175

Si se fabrican x aparatos de alta potencia, y de potencia media y z de baja potencia, el siguiente sistema permite comprobar si existe una posibilidad de fabricación donde se agoten todas las horas.

$$\begin{cases} 3x+2y+2z=300 \\ 2x+2y+z=220 \\ 2x+y+z=175 \end{cases} \Rightarrow z=30,\ y=45,\ x=50$$

Por tanto, fabricando 50 unidades de potencia alta, 45 de potencia media y 30 de potencia baja se consumen todas las horas.

34 Tres jugadores convienen que el que pierda una partida doblará el dinero que en ese momento tengan los otros dos. Después de haber perdido todos ellos una partida, cada jugador se retira con 20 €. ¿Cuánto dinero tenían al principio del juego?

35 Una empresa compra tres inmuebles por un valor total de 2 millones de euros. Al venderlos, espera obtener unas ganancias del 20 %, del 50 % y del 25 %, respectivamente, que le reportarán unos beneficios totales de 600 000 €.

Sin embargo, en el momento de ponerlos en venta, consigue unas ganancias del 80 %, del 90 % y del 85 %, respectivamente, lo que le reporta unos beneficios totales de 1,7 millones de euros. ¿Cuánto había pagado por cada inmueble?

36 Determina la medida de cuatro pesas de una balanza si se sabe que pesadas en grupos de tres dan como resultados respectivos 9, 10, 11 y 12 g.

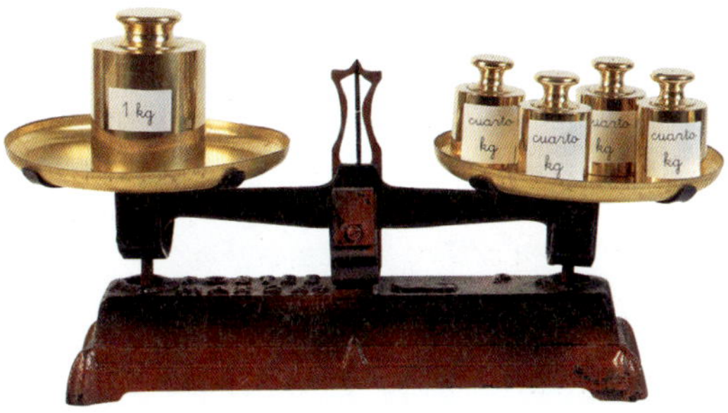

37 Una naviera ha vendido 128 cruceros de los tipos *A*, *B* y *C*, cuyos precios son 1500, 600 y 900 €, respectivamente, recaudando 112 800 €. Si por cada persona que va al crucero *A*, 2 van al crucero *C*, ¿cuántas personas van al crucero *B*?

38 Un establecimiento pone a la venta tres tipos de abrigos, *A*, *B* y *C*. Se sabe que la razón entre los precios de los abrigos *A* y *C* es 2 a 3 y entre los de *B* y *A* es 3 a 1. Al comprar tres abrigos, uno de cada clase, se pagan 330 €. Plantea el sistema de ecuaciones que permite conocer el precio de cada abrigo.

Comprueba lo que has aprendido

1 Escribe la expresión matricial del siguiente sistema de ecuaciones lineales y especifica las matrices de los coeficientes, ampliada y de los términos independientes.

$$\begin{cases} -2x+3z=-4 \\ -3x-y+2z=5 \\ y=-6 \end{cases}$$

2 Comprueba que los siguientes sistemas son compatibles determinados y resuélvelos aplicando el método de Gauss.

a. $\begin{cases} \dfrac{1}{2}x-3y=23 \\ 4x-\dfrac{2}{3}y=44 \end{cases}$ **b.** $\begin{cases} 2x-3y+5z=0 \\ 3x+5y-z=17 \\ 2x+3y+4z=2 \end{cases}$

3 Comprueba que los siguientes sistemas son compatibles determinados y resuélvelos. Aplica el teorema de Rouché y la regla de Cramer.

a. $\begin{cases} 4x-\dfrac{1}{3}y=34 \\ \dfrac{5}{2}x+3y=2 \end{cases}$ **b.** $\begin{cases} 3x-4y+3z=2 \\ x-2y-3z=-16 \\ 4x-2y+5z=10 \end{cases}$

4 Estudia la compatibilidad y resuelve, en cada caso.

a. $\begin{cases} 2x-3y+5z=-3 \\ -3x-y+7z=2 \\ 5x+9y-31z=4 \end{cases}$ **b.** $\begin{cases} 2x-3y+5z=-7 \\ 3x-2y=-8 \\ 4x-2y-2z=-10 \end{cases}$

5 Estudia los siguientes sistemas, según los valores del parámetro *a*, y resuélvelos en los casos en que sea posible.

a. $\begin{cases} 2x-4y+az=-a \\ ax-4y+z=8 \\ x-2z=11 \end{cases}$ **b.** $\begin{cases} 2x-ay+z=14 \\ 3x-3y=27 \\ x-az=5 \\ y+2z=-4 \end{cases}$

6 Susana ha gastado un total de 34 € en la compra de una mochila, un bolígrafo y un libro. Si el precio de la mochila se redujera a la octava parte, el del bolígrafo, a la mitad, y el del libro, a la cuarta parte de sus respectivos precios iniciales, Susana pagaría un total de 6 € por ellos. Calcula el precio de la mochila, del bolígrafo y del libro, sabiendo que el precio de la mochila excede en 4 € al doble de la suma de los precios del bolígrafo y del libro juntos.

Mis competencias Autoevaluación

2.2 Programación lineal

¡EMPEZAMOS!

Reikiavik, la capital islandesa, es una de las ciudades que se toman como modelo de sostenibilidad urbana. Es una ciudad cómoda e inteligente, pues hace uso racional de los recursos naturales y tecnológicos que su población requiere y tiene unas dimensiones abordables que permiten que cada ciudadano tenga a su disposición los servicios que necesita para su vida diaria. Reikiavik es además, una ciudad con fuentes de energía hidroeléctrica y geotérmica cien por cien renovables. Cuenta también con un sistema de transporte público muy eficiente, que aconseja a los usuarios la mejor ruta, cuyo uso se ha convertido en masivo.

¿Cómo podemos maximizar la sostenibilidad y la comodidad de nuestra ciudad minimizando los costes? La programación lineal nos ayuda a ello.

- ¿Sabes de dónde procede el nombre de programación lineal?
- Debatid sobre si, en un negocio, es más importante maximizar los ingresos o minimizar los costes.

RUTA DE APRENDIZAJE

1. Resolver inecuaciones polinómicas y racionales con una incógnita.
2. Resolver inecuaciones con dos incógnitas.
3. Plantear y resolver sistemas de inecuaciones con una y dos incógnitas.
4. Formular y solucionar problemas de programación lineal de manera gráfica y analítica.
5. Aplicar la programación lineal a distintas situaciones reales.

La programación lineal también se usa para...

Diseñar redes eficaces de transporte de mercancías, con las que los costes de distribución se reduzcan.

Programar dietas para toda clase de requisitos, que cubran todas las necesidades mínimas.

Aprovechar de forma óptima las materias primas disponibles en una industria para maximizar sus beneficios.

Reducir los costes de producción para que las empresas puedan obtener el máximo rendimiento en su producción.

1 Desigualdades e inecuaciones polinómicas

1.1. Desigualdades

> Las expresiones numéricas en las que interviene las relaciones $<$, $>$, $\leq$ y $\geq$ se denominan **desigualdades**.

Una desigualdad cumple las siguientes propiedades.

- Si a los dos miembros de una desigualdad se les suma o resta un mismo número, se obtiene otra desigualdad en el mismo sentido.
- Si los dos miembros de una desigualdad se multiplican o dividen por el mismo número real distinto de 0, se obtiene una desigualdad en el mismo sentido, si el número es positivo, o en sentido contrario, si el número es negativo.

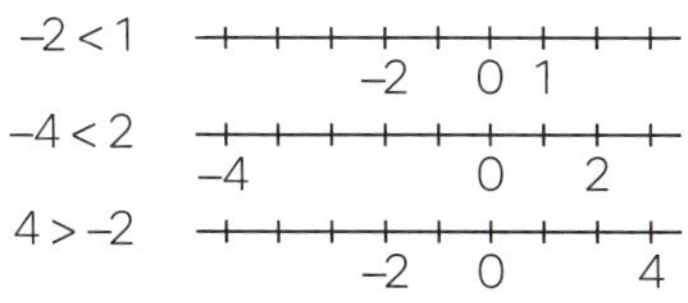

1.2. Inecuaciones

> Una **inecuación** es una desigualdad entre dos expresiones algebraicas. Su **solución** es el conjunto de números reales que la satisfacen. Cuando se trata de una inecuación con una sola incógnita, su conjunto solución, o simplemente solución, es el conjunto de los números reales que la satisfacen.

Ejemplo

$x = -1$ forma parte del conjunto solución de la inecuación $x^3 - 2 \geq -10$, ya que:

$$(-1)^3 - 2 = -1 - 2 = -3 > -10$$

$x = -4$ no forma parte del conjunto solución de la inecuación $x^3 - 2 \geq -10$, ya que:

$$(-4)^3 - 2 = -64 - 2 = -66 < -10$$

La solución de una inecuación se puede expresar mediante una desigualdad simple, mediante un intervalo o una unión de intervalos o de forma gráfica.

Ejemplo

La solución de la inecuación $x^3 - 2 \geq -10$ es el conjunto $\{x \in \mathbb{R}$, tales que $x \geq -2\}$, es decir, aquellos valores que pertenecen a la semirrecta $[-2, +\infty)$.

> Dos inecuaciones son **equivalentes** si tienen el mismo conjunto solución.

- Si se suma o resta el mismo número a los dos miembros de una inecuación, se obtiene una inecuación equivalente.
- Si se multiplican o dividen los dos miembros de una inecuación por un mismo número positivo, se obtiene una inecuación equivalente.
- Si se multiplican o dividen los dos miembros de una inecuación por un mismo número negativo y se cambia el sentido de la desigualdad, se obtiene una inecuación equivalente.

Ejemplo

$-2x + 5 \geq 8$ es equivalente a:

$$-2x+5-5 \geq 8-5 \Rightarrow -2x \geq 3 \Rightarrow \left(-\frac{1}{2}\right)(-2x) \leq \left(-\frac{1}{2}\right) \cdot 3 \Rightarrow x \leq -\frac{3}{2}$$

1.3. Inecuaciones lineales

Una **inecuación lineal** es aquella cuyos miembros son polinomios de **primer grado**. Para resolver una inecuación lineal se sigue un proceso análogo al de la resolución de ecuaciones lineales.

1 Actividad resuelta

Resuelve la inecuación $2(x-3)-5<3(x-2)$.

1.° Eliminamos los paréntesis: $2x-6-5<3x-6$

2.° Agrupamos los términos: $2x-3x<-6+6+5$

3.° Operamos: $-x<5$

4.° Resolvemos, cambiando de signo: $x>-5$

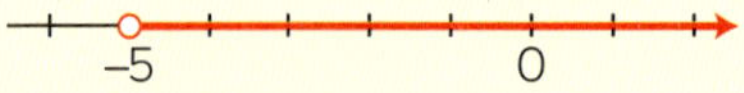

2 **Resuelve las siguientes inecuaciones de primer grado.**

a. $3x+3(2x-5)-4(x-2)\leq 2-x$

b. $\frac{x}{2}-\frac{x-1}{6}>1-\frac{2x-5}{2}$

c. $\frac{x-3}{2}-\frac{x-2}{8}\leq\frac{x}{2}$

d. $2x-3(3x-1)-3\geq 4x-11$

e. $x-\frac{x-1}{5}-\frac{x+3}{25}\geq\frac{x}{3}-\frac{6}{5}$

f. $\frac{3-x}{3}-\frac{x}{2}+\frac{3x-1}{4}<2(x-1)-\frac{67}{12}$

1.4. Inecuaciones de segundo grado

Las **inecuaciones de segundo grado** son aquellas cuyos miembros son polinomios de segundo grado.

3 Actividad resuelta

Resuelve la inecuación $5x^2-2(3-2x)>3x^2-2x+2$.

1.° Operamos para obtener una inecuación equivalente que tenga un polinomio de segundo grado en el primer miembro y cero en el otro:

$$5x^2-6+4x>3x^2-2x+2 \Rightarrow 2x^2+6x-8>0$$

2.° Factorizamos el polinomio: $2(x+4)(x-1)>0$

3.° Estudiamos, con ayuda de una tabla, el signo del factor en cada una de las zonas en las que las raíces del polinomio dividen a la recta real y determinamos el signo del polinomio.

	$-\infty$ a -4	-4 a 1	1 a $+\infty$
$x+4$	–	+	+
$x-1$	–	–	+
$2(x+4)(x-1)$	+	–	+

4.° La solución está formada por la unión de los intervalos en los que el polinomio es positivo. En este caso, como la desigualdad es estricta, las raíces del polinomio no pertenecen al conjunto solución de la inecuación.

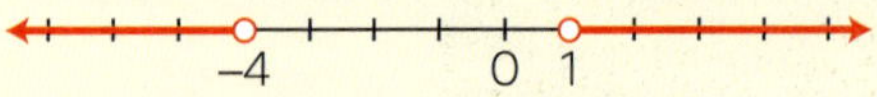

4 **Resuelve las siguientes inecuaciones de segundo grado.**

a. $2(x-1)^2+x<4-(2x+1)^2$

b. $\frac{x^2+2}{3}-\frac{1-x}{2}\geq\frac{1}{2}$

c. $3x^2-5x+2\leq 0$

d. $-2x^2+6x-4\leq 0$

e. $(x-3)(x+4)-x\geq 13$

f. $-2x^2-3(3x-2)(x+4)-24\geq 0$

1.5. Inecuaciones polinómicas de grado superior

Para resolver **inecuaciones polinómicas de grado superior a dos** se sigue un proceso análogo al de la resolución de inecuaciones de segundo grado.

5 Actividad resuelta

Resuelve la inecuación $x^3 + 2x^2 \geq 3 - x(x - 1)$.

1.° Operamos para obtener una inecuación equivalente que tenga un polinomio en el primer miembro y cero en el otro:

$$x^3 + 2x^2 \geq 3 - x^2 + x \Rightarrow x^3 + 3x^2 - x - 3 \geq 0$$

2.° Factorizamos el polinomio: $(x - 1)(x + 1)(x + 3) \geq 0$

3.° Estudiamos, con ayuda de una tabla, el signo del factor en cada una de las zonas en las que las raíces del polinomio dividen a la recta real y determinamos el signo del polinomio, igual que hemos hecho en los casos anteriores.

	$-\infty$ a -3	-3 a -1	-1 a 1	1 a $+\infty$
$x + 3$	−	+	+	+
$x + 1$	−	−	+	+
$x - 1$	−	−	−	+
$(x - 1)(x + 1)(x + 3)$	−	+	−	+

4.° La solución está formada por la unión de los intervalos en los que el polinomio es positivo. En este caso, como la desigualdad no es estricta, las raíces del polinomio pertenecen al conjunto solución de la inecuación.

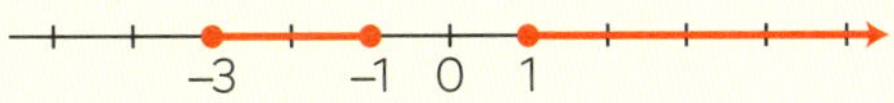

6 **Resuelve las siguientes inecuaciones de grado superior a dos.**

a. $x^3 - 4x^2 - 31x + 70 < 0$

b. $x^3 + 3x(x - 5) + 6 \geq 3(2 - 5x)$

c. $x^3 + 4x^2 - 3x - 10 < 8$

d. $6x^3 + x^2 - 5x - 1 > 1$

e. $x^3 + 2x^2 - x - 2 < 0$

f. $x^3 - x^2 - 8x + 12 \geq 0$

g. $-x^3 + 6x^2 - 12x + 8 \geq 0$

h. $6x^3 + 11x^2 - 19x + 6 \leq 0$

7 **La evolución del porcentaje de población sin acceso al servicio de agua saludable y potable en un país está determinado por la expresión $P(x) = \dfrac{x^2 - 10x + 96}{8}$, donde x es el número de años trascurridos desde el año inicial 2018 ($x = 0$).**

a. Indica dicho porcentaje de población para los años 2018, 2020 y 2022.

b. El objetivo marcado por el gobierno es que, para el año 2030, dicho porcentaje sea residual y no llegue al 1%, ¿crees que, si sigue esa evolución, conseguirá la meta?

2 Inecuaciones racionales

2.1. Inecuaciones racionales

Las **inecuaciones racionales** son aquellas en las que intervienen fracciones algebraicas.

Para resolver las inecuaciones racionales se utiliza un método semejante al de las inecuaciones polinómicas.

8 Actividad resuelta

Halla la solución de $x^2-5x\geq\frac{-7x+2}{x+1}-2$.

1.º Operamos para obtener una inecuación equivalente en la que el primer miembro sea una fracción algebraica y el segundo miembro sea nulo.

$$x^2-5x\geq\frac{-7x+2}{x+1}-2\Rightarrow x^2-5x+2-\frac{-7x+2}{x+1}\geq 0\Rightarrow$$
$$\Rightarrow\frac{x^2(x+1)-5x(x+1)+2(x+1)-(-7x+2)}{x+1}\geq 0\Rightarrow\frac{x^3-4x^2+4x}{x+1}\geq 0$$

2.º Factorizamos el numerador y el denominador: $\frac{x(x-2)^2}{x+1}\geq 0$

3.º Estudiamos, con ayuda de una tabla, el signo de cada factor incluido tanto en el numerador como en el denominador y determinamos el signo de la fracción algebraica.

El factor $(x-2)^2$ es siempre positivo cuando $x\neq 2$, por lo que no sería necesario incluirlo en la tabla de signos, ya que un signo + no cambia el signo de un cociente.

	$-\infty$ a -1	-1 a 0	0 a 2	2 a $+\infty$
$x+1$	−	+	+	+
x	−	−	+	+
$\frac{x(x-1)^2}{x+1}$	+	−	+	+

4.º La solución está formada por la unión de los intervalos en los que la fracción es positiva. En este caso, como la desigualdad no es estricta, las raíces del numerador pertenecen al conjunto solución de la inecuación. Las raíces del denominador no pueden incluirse en la solución de esta inecuación, ya que la fracción algebraica no está definida para los valores que anulan el denominador.

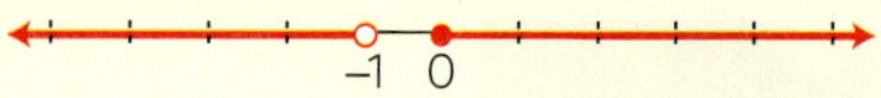

9 Resuelve la inecuación $\frac{x^2-x-2}{x^3-4x^2-3x+18}\geq 0$.

10 Halla las soluciones de las siguientes inecuaciones.

a. $\frac{2x-1}{1-x}<-3$

b. $10+\frac{84}{x-5}\leq -7-3x$

11 Resuelve las siguientes inecuaciones.

a. $\frac{x^3-2x^2-19x+20}{x^2+x-6}\geq 0$

b. $\frac{x^3+x^2-5x+3}{x^3+10x^2+25x}\leq 0$

3 Sistemas de inecuaciones con una incógnita

3.1. Sistemas de inecuaciones con una incógnita

Un **sistema de inecuaciones** está formado por varias inecuaciones con una o más incógnitas.

La **solución de un sistema de inecuaciones con una sola incógnita** es el conjunto de números reales que pueden tomar las incógnitas que satisfacen todas las inecuaciones y que resulta de la **intersección de las soluciones** de cada una de las inecuaciones que lo forman.

Ejemplo

$x=-2$ pertenece a la solución del sistema $\begin{cases}-x^2+2x-3\le 0\\ 9-2x>1\end{cases}$, ya que:

$$\begin{cases}-(-2)^2+2(-2)-3=-4-4-3=-11\le 0\\ 9-2\cdot(-2)=9+4=13>1\end{cases}$$

Para resolver un sistema de inecuaciones con una incógnita:

1.° Resolvemos cada una de las inecuaciones que lo forman.

2.° Hallamos la intersección de todas las soluciones antes obtenidas.

12 Actividad resuelta

Halla la solución del sistema $\begin{cases}-x^2+2x+3\le 0\\ 9-2x>1\end{cases}$.

Hallamos las soluciones de cada una de las inecuaciones.

$-\infty$ | -1 | 3 | $+\infty$

$x+1$	−	+	+
$x-3$	−	−	+
$-(x+1)(x-3)$	−	+	−

$-x^2+2x+3\le 0 \Rightarrow -(x+1)(x-3)\le 0$

Solución: $x\in(-\infty,-1]\cup[3,+\infty)$

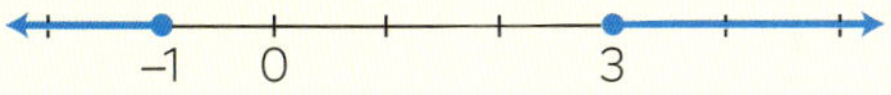

$9-2x>1\Rightarrow -2x>1-9\Rightarrow -2x>-8\Rightarrow x<-4$

Solución $x\in(-\infty, 4)$

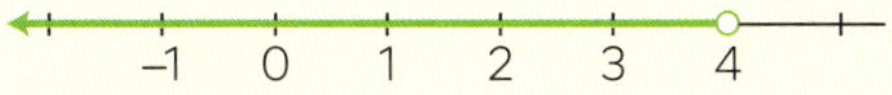

La solución es la intersección de las soluciones obtenidas: $x\in(-\infty,-1]\cup[3,4)$

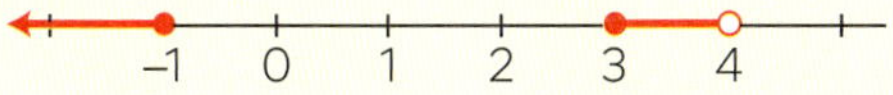

13 Resuelve los siguientes sistemas de inecuaciones.

a. $\begin{cases}x^2-9<0\\ x^2-5x-6\ge 0\end{cases}$

b. $\begin{cases}\dfrac{x^3-1}{x^2-6x+9}\ge 0\\ -x^2-3x>0\end{cases}$

14 En un estudio demográfico se indica que el porcentaje estimado de la población rural de un país sobre el total de población es un valor x que verifica la relación $x^2-60x+800\le 0$.

En otro estudio paralelo, se indica que dicho porcentaje es un valor de x que verifica la relación $x^2-50x+525\le 0$.

Halla un intervalo cerrado para los posibles valores de x si se consideran acertados los dos estudios.

4 Inecuaciones lineales con dos incógnitas

4.1. Inecuaciones lineales con dos incógnitas

Al representar en el plano los puntos que cumplen la ecuación de primer grado $ax + by = c$, se obtiene una recta. Al sustituir el signo de igualdad por uno de desigualdad, los puntos que satisfacen la inecuación forman un semiplano, sin borde si la desigualdad es estricta y con borde si no lo es.

Para obtener estos semiplanos, dibujamos la recta tomando dos puntos cualesquiera y comprobamos si un punto exterior a ella verifica o no la inecuación.

Ejemplo

- $x - y \leq 2$ representa un semiplano con borde.

x	0	2
$y = x - 2$	−2	0

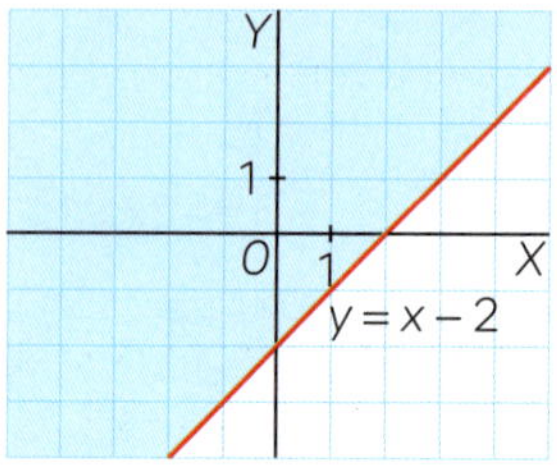

El origen de coordenadas pertenece al semiplano, ya que $0 - 0 \leq 2$.

- $x + 2y > 3$ representa un semiplano sin borde.

x	0	1
$y = -\frac{x}{2} + \frac{3}{2}$	$\frac{3}{2}$	1

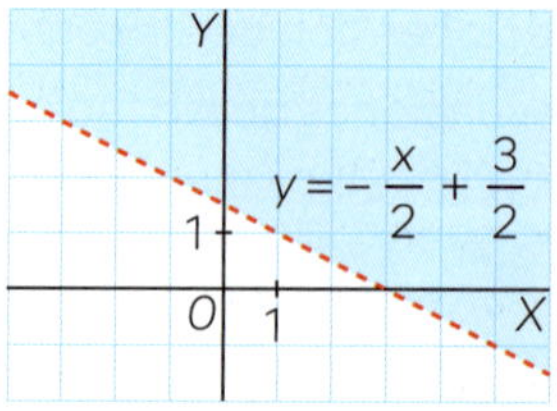

El origen de coordenadas no pertenece al semiplano, ya que $0 + 0 < 3$.

- La inecuación $x \geq -3$ representa el semiplano con borde que queda a la derecha de la recta vertical $x = -3$.

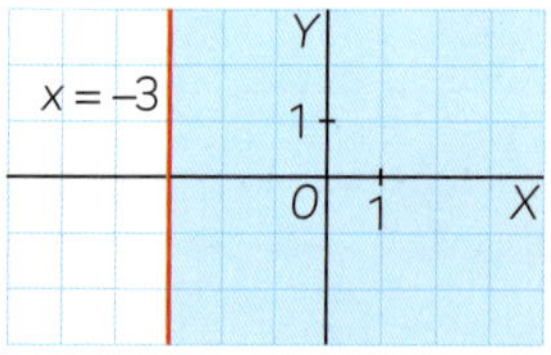

- La inecuación $y < 2$ representa el semiplano sin borde que queda por debajo de la recta horizontal $y = 2$.

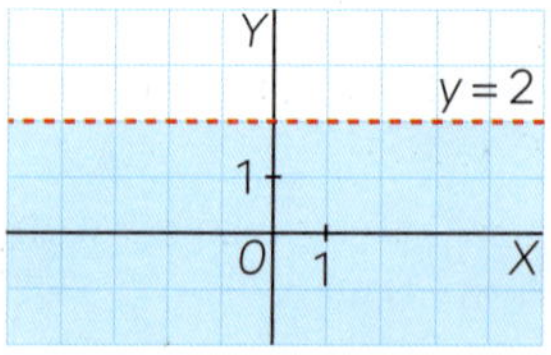

15 **Representa los semiplanos determinados por las siguientes expresiones.**

a. $x - 2 > 3$

b. $2x \geq 4$

c. $4x - 2y > 6$

d. $3(2x - 3) - (2 - 6y) < 1$

e. $\frac{x}{3} + \frac{y}{2} > -1$

f. $\frac{2x}{3} - \frac{3y}{2} \geq -6$

16 **Comprueba si los puntos siguientes están o no a un mismo lado de la recta r: $2x + 7y = 3$.**

a. $A(0, -3)$ y $B(-4, 1)$

b. $A(2, 3)$ y $B(6, -1)$

17 **Establece las expresiones algebraicas que determinan los siguientes semiplanos.**

a.

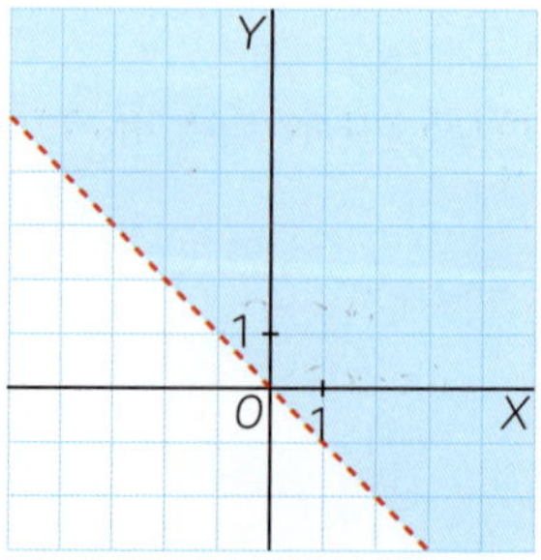

b.

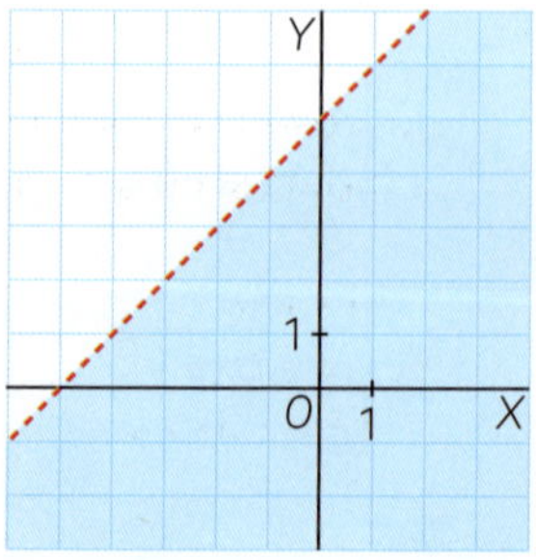

5 Sistemas de inecuaciones lineales con dos incógnitas

5.1. Sistemas de inecuaciones con dos incógnitas

Un **sistema de inecuaciones lineales con dos incógnitas** es aquel en el que únicamente aparecen dos incógnitas y en el que todas las inecuaciones son de primer grado. Es decir, ninguna de las dos incógnitas puede aparecer elevada a una potencia mayor que uno ni tampoco pueden aparecer multiplicadas entre sí.

Ejemplo

$\begin{cases} 4(5x-2)-3(6x-y)>4 \\ -2y>3 \end{cases}$ es un sistema de inecuaciones lineales con dos incógnitas.

La **solución de un sistema de inecuaciones lineales con dos incógnitas** está formada por los puntos del plano que satisfacen todas y cada una de sus inecuaciones.

Para representar la solución de un sistema de inecuaciones lineales con dos incógnitas:

1.° Se representan los semiplanos solución de cada una de las inecuaciones del sistema.

2.° Se determina la intersección de los semiplanos anteriores. En ocasiones, la intersección de todos los semiplanos puede quedar contenida dentro de un solo semiplano, en cuyo caso se dice que la restricción que determina dicho semiplano es redundante.

3.° Se calculan los vértices de la región del plano hallada en el paso 2, con el fin de determinar completamente la solución del sistema.

La solución puede ser **acotada** o **no acotada**, según esté determinada por un recinto limitado en todas sus direcciones o no.

18 Actividad resuelta

Representa la solución del siguiente sistema de inecuaciones, y estudia si su solución es acotada: $\begin{cases} 3x \le 3-y \\ x+y \ge 1 \\ y<1 \end{cases}$

La inecuación $y+3x \le 3$ representa un semiplano con borde. El borde pasa por los puntos (0, 3) y (1, 0). El punto (0, 0) pertenece al semiplano, ya que $0+0<3$.

La inecuación $x+y \ge 1$ representa un semiplano con borde. El borde pasa por los puntos (0, 1) y (1, 0). El punto (0, 0) no pertenece al semiplano, ya que $0+0<1$.

La inecuación $y<1$ representa un semiplano sin borde. El origen pertenece a este semiplano, ya que $0<1$.

La solución del sistema es acotada. Es la zona formada por el triángulo ABC y todos los puntos de su interior, a excepción de los extremos del segmento AB, siendo:

$A: \begin{cases} y=1 \\ x+y=1 \end{cases} \Rightarrow A(0,1)$ $\quad B: \begin{cases} 3x+y=3 \\ y=1 \end{cases} \Rightarrow B\left(\dfrac{2}{3},1\right)$ $\quad C: \begin{cases} 3x+y=3 \\ x+y=1 \end{cases} \Rightarrow C(1,0)$

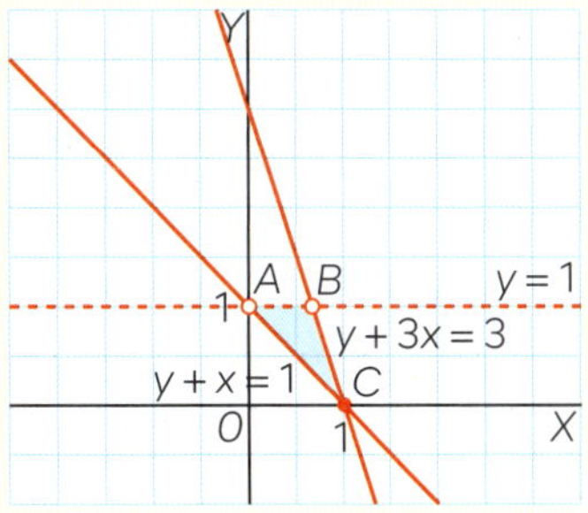

19 **Representa la solución de los siguientes sistemas de inecuaciones, calcula sus vértices e indica si es o no acotada.**

a. $\begin{cases} x>-2 \\ y \le 3 \\ 2x+2y \ge 5 \end{cases}$

b. $\begin{cases} x+4y<-6 \\ x-2y \ge -2 \\ y<1 \end{cases}$

c. $\begin{cases} 3x+y \le 12 \\ x+6y>18 \\ x+y \ge -5 \\ x \ge 0 \\ y \le 6 \end{cases}$

d. $\begin{cases} x+3y \le 15 \\ 4x+y \le 16 \\ x-y \le 2 \\ x \ge 0 \\ y \le 0 \end{cases}$

6 Formulación matemática de problemas de programación lineal

6.1. Programación matemática y programación lineal

La **programación matemática** es una técnica mediante la cual se puede calcular el valor óptimo (máximo o mínimo, según los casos) de una función objetivo cuyas variables están sujetas a un conjunto de restricciones. Cuando la función objetivo y las restricciones son lineales, se dice que se trata de un problema de **programación lineal**.

Un problema de **programación lineal** consta, por tanto, de los siguientes elementos.

- Un conjunto de variables reales $x_1, x_2, ..., x_n$ denominadas **variables de decisión**.
- Una **función objetivo** de primer grado, cuyas variables son las variables de decisión, y que se pretende optimizar (hallar su máximo o su mínimo). La función objetivo es, en realidad, la representación matemática del objetivo general de la situación con la que se pretende tomar la mejor decisión posible.
- Un **conjunto de restricciones** establecidas mediante relaciones lineales entre las variables del problema y que pueden ser de igualdad o de desigualdad.

20 Actividad resuelta

Un taller de artesanía produce figuras sencillas, que vende a 60 €, y figuras elaboradas, que vende por 100 €. El personal disponible hace que la producción diaria no pueda ser superior a 15 figuras sencillas, a 30 elaboradas, ni a 40 en total. Suponiendo que se vende toda la producción, ¿cuántas figuras de cada clase interesa producir para obtener los máximos ingresos?

Variables de decisión: el taller produce x figuras sencillas e y figuras elaboradas.

Función objetivo: se quieren maximizar los ingresos, $I(x, y) = 60x + 100y$

Restricciones: teniendo en cuenta que las variables de decisión no pueden ser negativas y las limitaciones en la producción:

$$\begin{cases} x+y \leq 40 \\ 0 \leq x \leq 15 \\ 0 \leq y \leq 30 \end{cases}$$

6.2. Solución óptima de un problema de programación lineal

En un problema de programación lineal con dos variables x e y hay que **optimizar** (calcular el máximo o el mínimo, según los casos) una función lineal llamada **función objetivo**:

$$z = f(x, y) = c_1x + c_2y$$

sujeta a una serie de condiciones o restricciones establecidas mediante un sistema de inecuaciones, con signos de desigualdad no estrictos, en las variables x e y de la forma:

$$\begin{cases} a_{11}x + a_{12}y \geq, \leq b_1 \\ a_{21}x + a_{22}y \geq, \leq b_2 \\ \dots \\ a_{m1}x + a_{m2}y \geq, \leq b_m \end{cases}$$

Para estudiar un problema de programación lineal debemos tener en cuenta que:

- El recinto que determina la solución del sistema de inecuaciones se denomina **región factible** y está formado por todos los puntos del plano que verifican todas y cada una de las restricciones. Estos puntos se denominan **soluciones factibles**. Entre estas soluciones factibles se encontrará, en su caso, la solución del problema denominada **solución óptima**.

- En ocasiones, al establecer las restricciones de un problema, aparecen algunas que no aportan información adicional al sistema. A estas restricciones se las llama **condiciones redundantes**.
- Nos centramos en resolver problemas con solo dos variables de decisión, aunque no existe un límite en el número de las mismas.
- Un problema de programación lineal puede tener ninguna, una o infinitas soluciones óptimas.
- La región factible puede ser **acotada** o **no acotada**.
- Si existe solución óptima única, esta se encuentra siempre en uno de los vértices de la región factible. Si el problema tiene infinitas soluciones óptimas, estas son siempre los puntos a uno de los lados de la región factible.
- Si la región factible es acotada, el problema siempre tiene al menos una solución óptima. Si es no acotada, el problema puede no tener solución.
- En las regiones factibles, el segmento que une dos puntos cualesquiera siempre está totalmente contenido en ellas. Este tipo de regiones se denominan convexas. Las regiones factibles son siempre convexas.

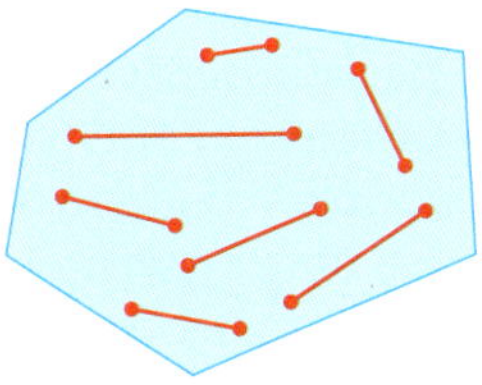

Ejemplo

Una empresa monta ordenadores de tres tipos: *A*, *B* y *C*.

En la fase de producción se deben realizar los siguientes tipos de acciones: montaje de elementos básicos, montaje de periféricos, instalación del *software* y comprobación de funcionamiento. Por cada ordenador de tipo *A*, la empresa obtiene un beneficio neto de 400 €, por el de tipo *B*, 300 €, y por cada ordenador de tipo *C*, 150 €.

La tabla siguiente nos muestra el tiempo, en horas, necesario para montar un ordenador distinguiendo el tipo y la fase de producción.

	Tipo *A*	Tipo *B*	Tipo *C*
Montaje básico	2	2	1
Montaje de periféricos	2	1	1
Comprobación y software	1	1	1

La empresa dispone de un total de 50 horas para realizar el montaje básico, 40 horas para montar los periféricos y 25 horas para comprobar el funcionamiento.

Podríamos formular este problema de programación lineal de la siguiente forma:

- **Variables de decisión:**

  Se fabricarán x_1 ordenadores de tipo *A*, x_2 ordenadores de tipo *B* y x_3 ordenadores de tipo *C*.
- **Función objetivo.** Se debe maximizar el beneficio total obtenido, representado por la función de tres variables: $B = 400x_1 + 300x_2 + 150x_3$.
- **Restricciones.** Las variables de decisión deberán respetar las siguientes condiciones.

$$\begin{cases} 2x_1 + 2x_2 + x_3 \leq 50, & \text{restricción del tiempo de montaje básico} \\ 2x_1 + x_2 + x_3 \leq 40, & \text{restricción del tiempo de montaje de periféricos} \\ x_1 + x_2 + x_3 \leq 25, & \text{restricción del tiempo de comprobación y software} \\ x_1 \geq 0, x_2 \geq 0, x_3 \geq 0, & \text{restricciones de no negatividad} \end{cases}$$

7 Resolución de problemas de programación lineal

7.1. Resolución gráfica de un problema de programación lineal

Para resolver de forma gráfica un problema de programación lineal se deben dar los siguientes pasos.

1.º Se representa gráficamente la región factible.

2.º Si la **función objetivo** es $z = ax + by$, se representa gráficamente la recta inicial $ax + by = 0$ y se considera que puede moverse de forma paralela a lo largo del eje Y, con rectas $ax + by = k$.

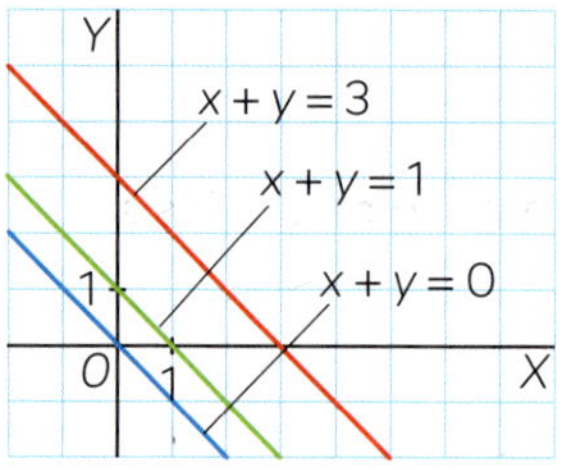

3.º Si los valores **a y b de la función objetivo son positivos**, las rectas de la forma $ax + by = k$ son decrecientes (tienen pendiente negativa) y el valor de k aumenta a medida que la recta se aleja del origen por arriba. Si se trata de un problema de maximización, la solución óptima es el último vértice que toca la recta movible según se acerca a $+\infty$ en el eje Y. Por el contrario, si se trata de un problema de minimización, será el último vértice que toque la recta movible según se acerca a $-\infty$ en el eje Y.

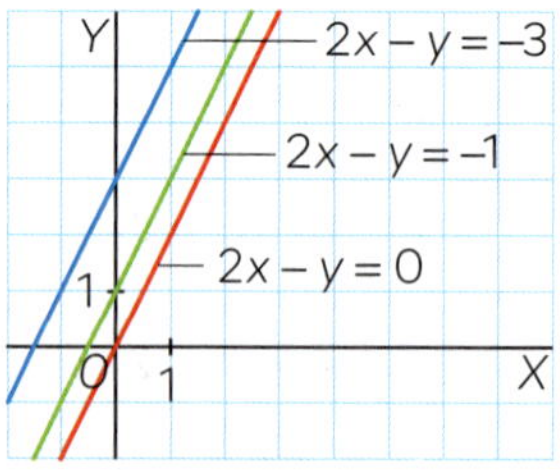

4.º En el caso de que la función objetivo sea $z = ax + by$ y **a sea positivo** y **b negativo**, las rectas de la forma $ax + by = k$, son crecientes (tienen pendiente positiva) y el valor de k se acerca más a $-\infty$ según la recta movible esté más alejada del origen por arriba. Por tanto, se procede de forma opuesta a la del punto anterior: si el problema es de maximización, se elige el último vértice más próximo a $-\infty$, y si es de minimización, se elige el último vértice más próximo a $+\infty$.

5.º En el caso de que **a sea negativo** y la función objetivo sea $z = ax + by$, se puede resolver el problema considerando que hallar el máximo de z equivale a hallar el mínimo de $-z$, y que hallar el mínimo de z equivale a hallar el máximo de $-z$.

Al aplicar estos pasos se debe tener en cuenta, además, que:

- Si la última recta móvil toca a la vez en dos vértices, el problema tiene infinitas soluciones: todos los puntos incluidos en el segmento cuyos extremos son esos dos vértices.
- Si la región factible es no acotada, el método permite observar fácilmente si la función objetivo crece o decrece de forma indefinida, ya que esta puede alejarse o no sin dejar de tocar la región factible.

Si una recta tiene por expresión $ax + by = c$, cualquier recta del tipo $ax + by = k$, con $k \in \mathbb{R}$, es paralela a ella. La recta con $k = 0$ es la que pasará por el origen.

21 Actividad resuelta

Calcula el máximo y el mínimo de la función $z = x - y$ sujeta a las restricciones $\begin{cases} 3x + 4y \le 10 \\ x - 4y \ge -2 \\ x \ge 0 \end{cases}$.

Representamos la región factible resolviendo gráficamente el sistema de inecuaciones determinado por las restricciones. En este caso, la región no es acotada. Se representa la recta $x - y = 0$ y se mueve de forma paralela a lo largo del eje Y. En este caso, tenemos una función objetivo con a positivo y b negativo. Por tanto, para localizar el máximo se deberá desplazar hacia abajo y para localizar el mínimo se deberá desplazar hacia arriba.

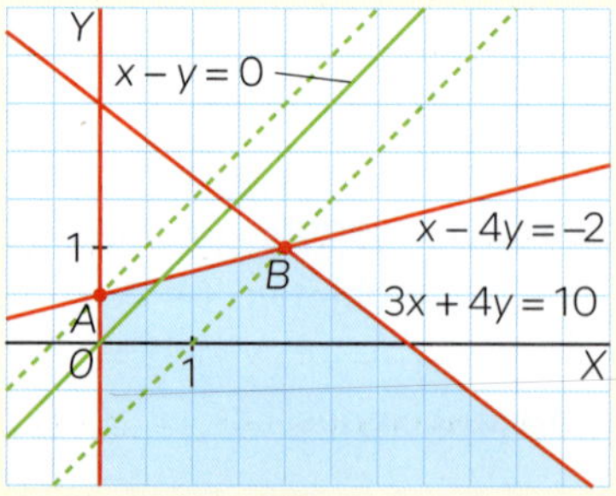

Al moverla hacia arriba, el último vértice que toca de la región factible es A. Luego, el mínimo de la función objetivo se alcanza en A: $\begin{cases} x - 4y = -2 \\ x = 0 \end{cases} \Rightarrow A\left(0, \frac{1}{2}\right)$ y vale $z = 0 - \frac{1}{2} = -\frac{1}{2}$.

Al moverla hacia abajo, la recta no deja de contener en ningún momento puntos de la región factible. Por tanto, no existe el máximo de la función objetivo.

22 Considera la región S definida por $\begin{cases} x+y\geq 2 \\ 2x+y\leq 6 \\ 0\leq x\leq 2 \\ 0\leq y\leq 4 \end{cases}$.

a. Obtén de forma gráfica los máximos y mínimos de la función $g(x, y) = 3x + 3y$ en la región S.

b. Calcula gráficamente, si existen, los puntos que dan el valor mínimo a la función $f(x, y) = x - 2y$ en la región S.

23 Considera la región S del plano definida por las siguientes restricciones $\begin{cases} y\geq 2x-4 \\ y\leq x-1 \\ 2y\geq x \\ x\geq 0 \\ y\geq 0 \end{cases}$.

Obtén, de forma gráfica, los valores máximos y mínimos de la función $z = x - 3y$ en S.

24 Actividad resuelta

Calcula el máximo y el mínimo de la función objetivo $z = x - y$ sujeta a las restricciones:

$$\begin{cases} x+4y\leq 10 \\ 5x+y\geq -7 \\ 4x-3y\leq 2 \end{cases}$$

Representamos la región factible y la recta $x - y = 0$.

Se mueve de forma paralela a lo largo del eje Y. Al tener la función objetivo el coeficiente de la x (a) positivo y el coeficiente de la y (b) negativo:

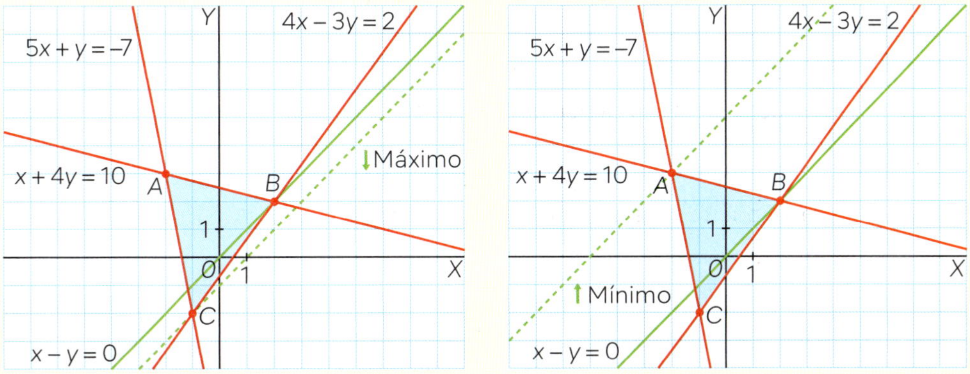

- El máximo se localizará en el último vértice que se toque al ir alejándola del origen de coordenadas en el sentido negativo del eje Y.
- El mínimo se localizará en el último vértice que se toque al ir alejándola del origen de coordenadas en el sentido positivo del eje Y.

Por tanto:

El máximo se encuentra en el punto $C: \begin{cases} 5x+y=-7 \\ 4x-3y=2 \end{cases} \Rightarrow C(-1,-2)$ y vale $z = -1 + 2 = 1$

El mínimo se encuentra en el punto $A: \begin{cases} 5x+y=-7 \\ x+4y=10 \end{cases} \Rightarrow A(-2,3)$ y vale $z = -2 - 3 = -5$

25 **MAT-TIC** Resuelve gráficamente problemas de programación lineal en los que solo se consideran valores enteros con ayuda del interactivo de GeoGebra *Programación lineal entera*.

26 **Resuelve de forma gráfica los siguientes problemas de programación lineal.**

a. Calcula el máximo y el mínimo de la función objetivo $z = 2x + y$, sujeta a las condiciones:

$$\begin{cases} x \geq 2 \\ y \geq 4 \\ x + y \geq 5 \\ x + 2y \geq 16 \end{cases}$$

b. Calcula el máximo y el mínimo de la función objetivo $z = x + y$ sujeta a las condiciones:

$$\begin{cases} x \geq 2 \\ x \leq 9 \\ x + y \geq 5 \\ x - 2y \leq 5 \end{cases}$$

27 **Comprueba, resolviendo gráficamente el problema, que la función $f(x, y) = 2x + y$ no alcanza ni un máximo ni un mínimo cuando está sujeta a las restricciones:**

$$\begin{cases} x + y \leq 7 \\ x - y \geq -7 \\ y \leq 5 \end{cases}$$

28 **La Agencia Espacial Europea contará con un presupuesto de 2,4 millones de euros para financiar misiones sobre observación de la Tierra y programas de transporte espacial. Cada misión supone una inversión de 200 000 euros y cada programa requiere 100 000 euros. Teniendo en cuenta que en la sucesión final deben superarse los 2 millones de euros de inversión y que el número de misiones debe ser de al menos 4, pero de no más de la mitad del número de programas, ¿cuántas misiones x y cuántos programas y se deben llevar a cabo para obtener el máximo de la función $F(x, y) = 0{,}6x + 0{,}4y$?**

7.2. Resolución analítica de un problema de programación lineal

Para resolver de forma analítica un problema de programación lineal con dos variables debemos dar los siguientes pasos.

1.° Representar gráficamente la región factible.

2.° Obtener las coordenadas de todos los vértices de dicha región factible. Si existe duda sobre si un punto de corte de dos rectas es o no vértice de la región, se comprueba si verifica o no todas y cada una de las restricciones del problema. En caso positivo es vértice de la región, y en caso negativo, no.

3.° Evaluar la función objetivo en los vértices de la región factible.

4.° Con los resultados obtenidos, elegir la solución óptima del problema: si se trata de un problema de maximizar, se elige el vértice que hace mayor la función objetivo, y si se trata de un problema de minimizar, se elige el vértice que hace menor la función objetivo.

Al aplicar estos pasos se pueden dar las siguientes posibilidades.

I. Si la región factible es acotada:

El problema siempre tiene solución óptima. Pueden darse dos posibilidades.

- Que el valor óptimo se obtenga en un único vértice de la región factible. En este caso la solución es, obviamente, única.
- Que el valor óptimo se obtenga en dos vértices de la región factible. Se puede demostrar que, en este caso, los vértices son con seguridad consecutivos y el problema tiene infinitas soluciones que son todos los puntos que pertenecen al segmento cuyos extremos son dichos vértices.

II. Si la región factible no es acotada :

Se sigue el mismo criterio que en el caso anterior, pero existe la posibilidad de que no haya solución óptima, ya que la función objetivo puede crecer o decrecer de forma indefinida. Reconocer esta situación puede plantear alguna dificultad, por lo que en estos casos de regiones no acotadas es preferible utilizar el método gráfico estudiado en el apartado anterior.

29 Actividad resuelta

Resuelve de forma analítica el siguiente problema de programación lineal:

$$\text{Máximo de } z = 2x + y \text{ sujeto a } \begin{cases} x + 2y \leq 4 \\ x - 2y \leq 4 \\ 2x - 3y \geq -6 \\ 2x + 3y \geq -6 \\ x \leq 2 \end{cases}$$

Representamos la región factible:

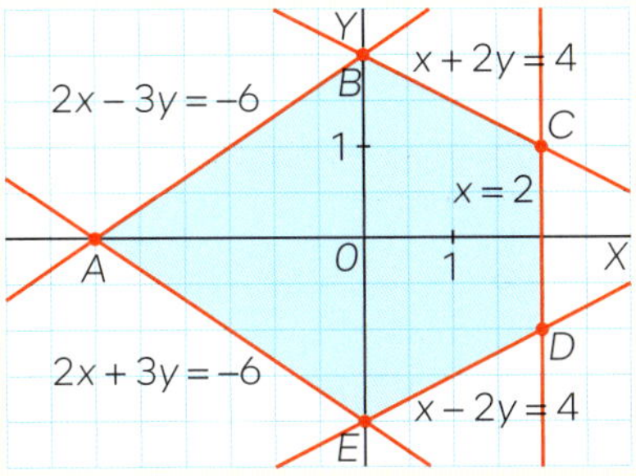

La recta $x + 2y = 4$ pasa por los puntos (0, 2) y (2, 1), y el semiplano $x + 2y \leq 4$ contiene al origen (0, 0).

La recta $x - 2y = 4$ pasa por los puntos (2, –1) y (0, –2), y el semiplano $x - 2y \leq 4$ contiene al origen (0, 0).

La recta $2x - 3y = -6$ pasa por los puntos (–3, 0) y (0, 2), y el semiplano $2x - 3y \geq -6$ contiene al origen (0, 0).

La recta $2x + 3y = -6$ pasa por los puntos (–3, 0) y (0, –2), y el semiplano $2x + 3y \geq -6$ contiene al origen (0, 0).

La restricción $x \leq 2$ indica que la región se encuentra a la izquierda de la recta $x = 2$.

Los vértices de la región factible son:

$$A: \begin{cases} 2x - 3y = -6 \\ 2x + 3y = -6 \end{cases} \Rightarrow A(-3, 0) \qquad D: \begin{cases} x = 2 \\ x - 2y = 4 \end{cases} \Rightarrow D(2, -1)$$

$$B: \begin{cases} 2x - 3y = -6 \\ x + 2y = 4 \end{cases} \Rightarrow B(0, 2) \qquad E: \begin{cases} 2x + 3y = -6 \\ x - 2y = 4 \end{cases} \Rightarrow E(0, -2)$$

$$C: \begin{cases} x = 2 \\ x + 2y = 4 \end{cases} \Rightarrow C(2, 1)$$

Evaluamos la función objetivo en cada uno de los vértices de la región factible:

$$z_A = 2\cdot(-3) + 0 = -6 \qquad z_C = 2\cdot 2 + 1 = 5 \qquad z_E = 2\cdot 0 + (-2) = -2$$

$$z_B = 2\cdot 0 + 2 = 2 \qquad z_D = 2\cdot 2 + (-1) = 3$$

Por tanto, el máximo se alcanza en C, para $x = 2$, $y = 1$, y vale 5.

30 Resuelve analíticamente el siguiente problema de programación lineal.

$$\text{Max y Min } z = x + 2y \text{ sujeta a: } \begin{cases} 3x + 2y \geq 6 \\ 3x - 4y \leq 6 \\ 3x + 4y \leq 30 \\ 3x - 2y \geq -6 \end{cases}$$

31 Halla el valor máximo de las funciones $F(x, y) = 6x + 5y$ y $G(x, y) = 2x + 4y$ en la región del plano definida por las

$$\text{inecuaciones: } \begin{cases} 0 \leq x \\ 0 \leq y \\ 3x + y \leq 60 \\ x + 2y \leq 40 \end{cases}$$

7.3. Problema de maximización de beneficios

Los métodos de programación lineal pueden utilizarse para tomar ciertas decisiones relacionadas con la producción de una empresa o de una fábrica.

Habitualmente, en estas situaciones se pretende calcular la cantidad óptima de producción para que los beneficios obtenidos sean máximos, teniendo en cuenta las limitaciones o restricciones de los recursos, tanto de trabajo como de capital.

32 Actividad resuelta

Una empresa fabrica dos tipos de relojes: el reloj de pedestal y el de pared. La empresa tiene tres secciones: en la primera se ensamblan las partes internas del reloj, en la segunda se producen las cajas de madera labradas a mano y en la tercera se embalan y envían los relojes. El tiempo requerido para cada tarea viene dado en la siguiente tabla.

	Reloj de pedestal	Reloj de pared
Ensamblar mecanismo	2	6
Labrar caja madera	4	3
Embalar y enviar	2	3

La primera sección puede trabajar un máximo de 52 horas por semana, la segunda hasta 44 horas y la tercera solo puede trabajar hasta 28 horas por semana. Si cada reloj deja una ganancia de 300 €, ¿cuál es la mejor decisión de producción y qué beneficio se conseguirá con ella? ¿Se puede prescindir de alguna de las horas disponibles?

Las variables de decisión son:

x unidades de relojes de pedestal

y unidades de relojes de pared

Los beneficios obtenidos vienen determinados por la función objetivo: $z = 300x + 300y$

Las restricciones del problema de programación lineal son:

- $2x + 6y \leq 52$, debido a las horas de ensamblaje
- $4x + 3y \leq 44$, debido a las horas de labrar la caja
- $2x + 3y \leq 28$, debido a las horas de embalaje y envío
- $x \geq 0$, $y \geq 0$, restricciones de no negatividad

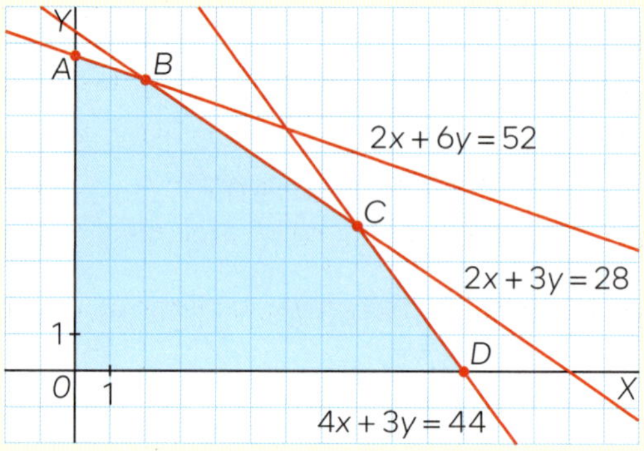

Se trata de resolver el problema de programación lineal, en este caso aplicando el método analítico.

Calculamos el máximo de $z = 300x + 300y$ sujeta a:

$$\begin{cases} 2x+6y \leq 52 \\ 4x+3y \leq 44 \\ 2x+3y \leq 28 \\ x \geq 0, y \geq 0 \end{cases}$$

Los vértices de la región factible son:

$$O(0,0),\ A\left(0,\frac{26}{3}\right),\ B(2,8),\ C(8,4),\ D(11,0)$$

La función objetivo en estos vértices con coordenadas enteras vale:

$$z_O = 0,\ z_A = 2600,\ z_B = 3000,\ z_C = 3600,\ z_D = 3300$$

El máximo se alcanza en C. Para obtener los máximos beneficios, se deben comercializar 8 relojes de pedestal y 4 de pared. En este caso, dichos beneficios ascienden a 3600 €.

Con esta solución se cubren las horas disponibles de labrado de caja y de embalaje y envío. Sin embargo, el número de horas necesarias para ensamblaje sería de 40, por lo que se puede prescindir de 12 de las 52 disponibles.

7.4. Problema de minimización de costes

Otro problema relacionado con la producción es el de la minimización de los costes sin poner en riesgo los objetivos de fabricación, que deben quedar asegurados.

33 Actividad resuelta

En la fabricación de frigoríficos de tipo A+ y A++ se pueden utilizar dos tipos de máquinas-robots, M_1 y M_2. Cada unidad de la maquina M_1 tiene un coste de 2000 €, y cada unidad de la maquina M_2 tiene un coste de 3000 €.

La tabla muestra las unidades que se pueden obtener, en un cierto período de tiempo, de frigoríficos A+ y A++, tanto en la máquina M_1 como en la máquina M_2. En ese período deben producirse, al menos, 11 unidades de frigoríficos A+ y 24 de A++.

	Tipo A+	Tipo A++
M_1	2	3
M_2	1	3

¿Cuántas unidades de cada tipo de máquina se deben adquirir para que el coste total sea mínimo? ¿A cuánto ascenderá dicho coste? Se desea saber, además, si la producción, en estas condiciones, superará los mínimos marcados.

Las variables de decisión son:

x unidades que se adquieren de M_1.

y unidades que se adquieren de M_2.

Los costes totales vienen determinados por la función objetivo: $z = 2000x + 3000y$

Las restricciones del problema de programación lineal son:

- $2x + y \geq 11$, debido a la producción mínima de unidades de A+
- $3x + 3y \geq 24$, debido a la producción mínima de unidades de A++
- $x \geq 0$, $y \geq 0$, condiciones de no negatividad

Por tanto, se debe resolver el problema de programación lineal.

Calculamos el mínimo de $z = 2000x + 3000y$ sujeta a: $\begin{cases} 2x+y\geq 11 \\ x+y\geq 8 \\ x\geq 0 \\ y\geq 0 \end{cases}$

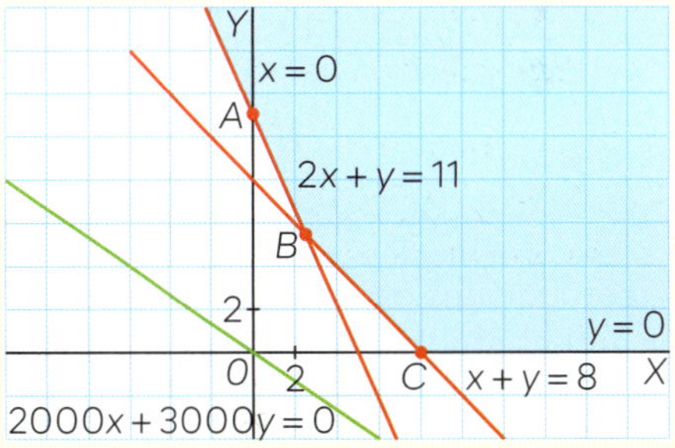

Como los coeficientes de la función objetivo son ambos positivos, aplicando el método gráfico, el mínimo se encuentra en el vértice C.

$$C: \begin{cases} x+y=8 \\ y=0 \end{cases} \Rightarrow C(8,0)$$

Este es el primer vértice que las rectas paralelas a $2000x + 3000y = 0$, tocan en su desplazamiento desde el origen de coordenadas hacia la parte positiva del eje Y.

Para obtener los menores costes posibles y cubrir la producción marcada, se deben pedir 8 máquinas del tipo M_1 y ninguna del tipo M_2. Dichos costes ascienden entonces a 16 000 €.

Con esta solución, la producción de frigoríficos A++ es la mínima marcada de 24 unidades, pero se producirán 5 unidades más de las 11 mínimas marcadas para A+.

7.5. El problema del transporte

Las situaciones relacionadas con el transporte fueron de las primeras que se estudiaron con el modelo general de programación lineal. En ellas hay que hallar la mejor solución para transportar una mercancía desde varios puntos de origen (oferta) hasta varios puntos de destino (demanda), con diferentes costes asociados según el trayecto.

34 Actividad resuelta

Desde las ciudades de origen de Lisboa (*L*) y Oporto (*O*) se surte de pescado a las ciudades de destino de Évora (*E*), Braga (*Br*) y Beja (*Be*). La tabla muestra los costes, en unidades monetarias, de transportar una caja de pescado desde un lugar de origen a un lugar de destino.

	E	*Br*	*Be*
L	1	3	2
O	2	1	2

Si las cantidades ofertadas por las ciudades de origen son 25 cajas en *L* y 15 en *O* y las cantidades demandadas por las ciudades de destino son 20 cajas por *E*, 15 por *Br* y 5 por *Be*, ¿cuál es la mejor opción para distribuir el pescado para que los costes de transporte sean mínimos y que todas las ciudades de destino reciban al completo las cantidades demandadas?

Si la cantidad total ofertada coincide con la cantidad total demandada, se puede establecer la siguiente tabla de variables para indicar el número de cajas que se transportan de un lugar a otro.

	Évora	Braga	Beja	Total
Lisboa	x	y	$25-x-y$	25
Oporto	$20-x$	$15-y$	$x+y-20$	15
Total	20	15	5	40

Tenemos que minimizar la función objetivo de costes:

$$z = x + 3y + 2(25 - x - y) + 2(20 - x) + 15 - y + 2(x + y - 20) = -x + 2y + 65$$

Las restricciones del problema son las que resultan al obligar a que todas las variables de la anterior tabla sean positivas o nulas.

Por tanto, se debe resolver el siguiente problema de programación lineal.

Calculamos el mínimo de $z = -x + 2y + 65$ sujeta a:

$$\begin{cases} x+y\le 25 \\ x\le 20 \\ y\le 15 \\ x+y\ge 20 \\ x\ge 0, y\ge 0 \end{cases}$$

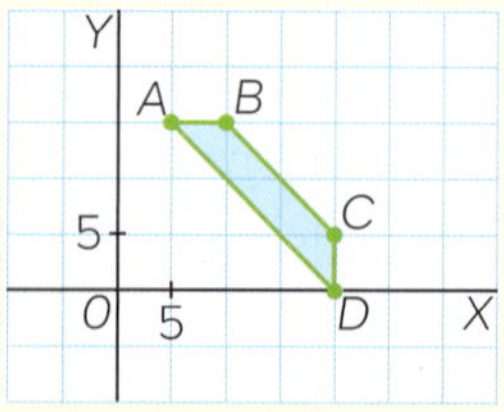

Los vértices de la región y el valor de z en cada uno de ellos es:
$A(5, 15) \Rightarrow z_A = 90$, $B(10, 15) \Rightarrow z_B = 85$, $C(20, 5) \Rightarrow z_C = 55$, $D(20, 0) \Rightarrow z_D = 45$

La solución óptima se encuentra en D, $x = 20$, $y = 0$.

Por tanto, la mejor distribución es 20 cajas de Lisboa a Évora, 5 cajas de Lisboa a Beja, 15 cajas de Oporto a Braga.

El coste total es de 45 unidades monetarias.

7.6. El problema de la dieta

Uno de los problemas clásicos resueltos mediante el método general de programación lineal es el de la dieta. En este problema se desea saber qué alimentos y en qué cantidades se deben incluir en la dieta de una persona o de un animal para cumplir dos objetivos:

- Que el coste de los mismos sea mínimo.
- Que la mezcla de dichos alimentos satisfaga las necesidades mínimas nutricionales como la cantidad de calorías, la cantidad de vitaminas, la proporción de minerales...

35 Actividad resuelta

Un veterinario quiere elaborar un compuesto que permita alimentar a los guacamayos y que cubra sus necesidades mínimas de calcio, fósforo y magnesio al mínimo coste posible. Para ello, debe mezclar de forma adecuada dos preparados alimenticios, *A* y *B*. Una porción de *A* contiene 30 mg de calcio, 10 mg de fósforo y 40 mg de magnesio y cuesta 3 €. Una porción de *B* contiene 40 mg de calcio, 30 mg de fósforo y 20 mg de magnesio y tiene un precio de 4 €.

Si la dieta debe aportar, al menos, 350 mg de calcio, 150 mg de fósforo y 300 mg de magnesio, ¿cuántas porciones de cada preparado deben utilizarse para satisfacer estos requisitos con el mínimo coste? ¿En estos casos recibirá el guacamayo más cantidad de calcio que la necesaria?

Las variables de decisión son:

x porciones de A $\quad\quad$ y porciones de B

Organizamos los datos con ayuda de una tabla:

	Calcio	Fósforo	Magnesio	Coste
Preparado *A* (*x*)	30	10	40	3€
Preparado *B* (*y*)	40	30	20	4€
Cantidades mínimas	350	150	300	

El coste del alimento vendrá determinado por la función objetivo $z = 3x + 4y$.

Las restricciones del problema de programación lineal son:

- $30x + 40y \geq 350$, debido a la cantidad mínima de calcio
- $10x + 30y \geq 150$, debido a la cantidad mínima de fósforo
- $40x + 20y \geq 300$, debido a la cantidad mínima de magnesio
- $x \geq 0$, $y \geq 0$, condiciones de no negatividad

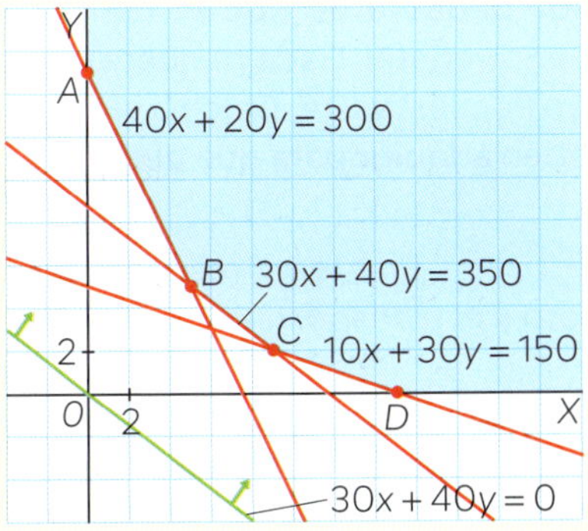

Por tanto, se debe resolver el problema de programación lineal.

Calculamos el mínimo de $z = 3x + 4y$ sujeta a: $\begin{cases} 30x+40y \geq 350 \\ 10x+30y \geq 150 \\ 40x+20y \geq 300 \\ x \geq 0 \\ y \geq 0 \end{cases}$

Aplicando el método gráfico, se observa que los coeficientes de la función objetivo son ambos positivos y, por tanto, el mínimo se encuentra en cualquiera de los puntos del segmento cuyos extremos son los vértices *B* y *C*.

Si las unidades de las porciones de *A* y *B* deben ser números enteros, solo hay dos posibilidades: cinco unidades de *A* y cinco de *B*, o nueve unidades de *A* y dos de *B*. En estos casos, los costes ascienden a 35 €.

En ambos casos el aporte de calcio es de 350 mg.

36 Una persona debe alimentar a un animal. En la tienda de animales de compañía hay dos tipos de pienso, *A* y *B*, con las siguientes composiciones y precio por paquete.

	Proteínas	Hidratos de carbono	Grasas	Precio
A	1 g	5 g	3 g	2 €
B	2 g	2 g	2 g	1,7 €

Dicho animal debe comer diariamente, al menos, 8 g de proteínas, 20 g de hidratos de carbono y 16 g de grasas. Determina cuántos paquetes de cada tipo debe comer para que la dieta tenga un coste mínimo.

37 En un hospital se irradia con dos bombas de cobalto, C_1 y C_2. Cada dosis de radiación con C_1 aporta 0,3 kilorads al centro del tumor, 0,25 kilorads a otras regiones del tumor, 0,15 kilorads a regiones críticas colindantes y 0,2 kilorads a zonas de anatomía sana colindante. Cada dosis de radiación con C_2 aporta a esas mismas zonas 0,2; 0,25; 0,05 y 0,25 kilorads, respectivamente.

Para tratar un tumor en el mediastino, el equipo médico considera necesario aportar al menos 6 kilorads al centro del tumor y exactamente 6 kilorads a otras regiones del tumor. Sin embargo, el aporte de más de 2,4 kilorads a las regiones críticas colindantes sería fatal. ¿Con cuántas dosis de cada fuente deberá realizarse el tratamiento para minimizar el aporte de kilorads a la anatomía sana?

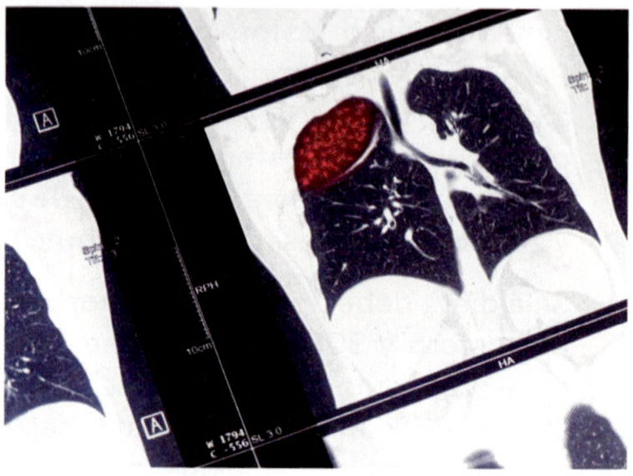

38 Una empresa, que abastece los lotes de perfumería de un supermercado, dispone en el almacén de 240 frascos de gel, 95 de champú y 270 de crema de manos. Los lotes son de dos tipos: *A* y *B*, de forma que el lote *A* está compuesto por 2 frascos de gel, 1 de champú y 3 de crema de manos, mientras que el lote *B* esta formado por 3 frascos de gel, 1 de champú y 2 de crema de manos. Cada lote de tipo *A* le produce un beneficio de 25 €, y cada lote de tipo *B*, de 22 €. ¿Cuántos lotes de cada tipo debe preparar para maximizar el beneficio? ¿Cuál es ese beneficio máximo?

39 El terreno dedicado a una plantación de hortalizas precisa semanalmente un mínimo de 16 kg de abono mineral y un mínimo de 18 kg de abono vegetal. En el mercado existen dos paquetes de abonos P_1 y P_2. El paquete P_1 contiene 2 kg de abono mineral y 5 kg de abono vegetal y cada paquete de tipo P_2 contiene 3 kg de abono mineral y 2 kg de abono vegetal. Cada paquete de tipo P_1 cuesta 15 € y cada paquete de tipo P_2 cuesta 10 €. Calcula el número de paquetes de cada tipo que se deben adquirir para que el coste sea mínimo.

40 **MAT-TIC** Plantea y resuelve problemas utilizando el interactivo de GeoGebra *La dieta y el transporte*.

41 Se deben transportar naranjas de las ciudades de Gandía y Cullera a las ciudades de Burgos, Oviedo y A Coruña. Las cantidades ofertadas son 500 kg de Gandía y 750 kg de Cullera. Las cantidades demandadas son 250 kg por Burgos, 500 kg por Oviedo y 500 kg por A Coruña. Los costes, en céntimos por kilogramo, de transportar de una ciudad a otra son:

	Burgos	Oviedo	A Coruña
Gandía	1	2	2
Cullera	2	2	3

Establece la mejor forma de realizar el transporte para que el coste total sea mínimo. ¿Hay una única solución?

CONCEPTOS CLAVE

Resolución de inecuaciones

Inecuaciones con una incógnita: Las soluciones son intervalos, semirrectas o uniones de estos.

- **Lineales:** Se resuelven aplicando las propiedades de las desigualdades.
- **Polinómicas:** Se resuelven hallando las raíces, factorizando el polinomio y estudiando el signo de los factores en las zonas en las que las raíces dividen a la recta real.
- **Racionales:** Igual que en el caso polinómico, pero factorizando el numerador y el denominador.

Inecuaciones lineales con dos incógnitas: Las soluciones son semiplanos.

Resolución de sistemas de inecuaciones

- Si las inecuaciones tienen una sola incógnita, la solución es la intersección de intervalos y semirrectas.
- Si las inecuaciones son lineales con dos incógnitas, la solución es la región del plano determinada por la intersección de los semiplanos solución de cada una de las inecuaciones.

Problemas de programación lineal

Función objetivo $z = c_1x + c_2y$

Restricciones $\begin{cases} a_{11}x + a_{12}y \geq, \leq b_1 \\ a_{21}x + a_{22}y \geq, \leq b_2 \\ \dots \\ a_{m1}x + a_{m2}y \geq, \leq b_m \end{cases}$

Región factible acotada

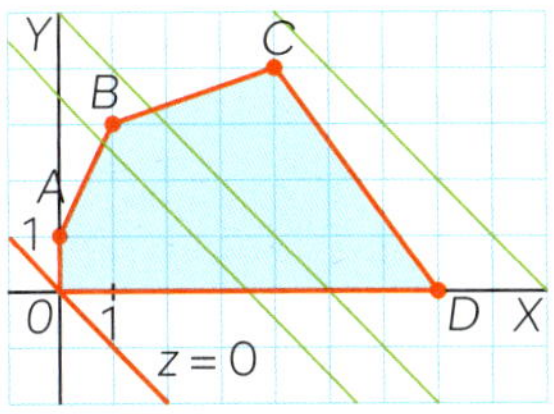

Región factible no acotada

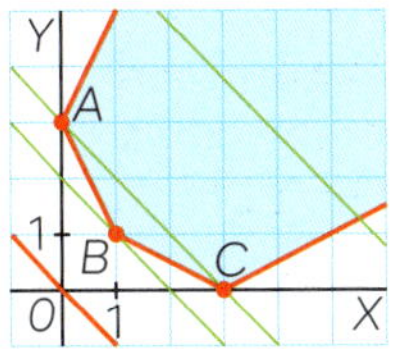

Resolución de un problema de programación lineal

De manera gráfica

1.° Se representa gráficamente la región factible.

2.° Se representa gráficamente la recta $ax + by = 0$ correspondiente a la función objetivo $z = ax + by$ y se la considera movible de forma paralela a lo largo del eje Y.

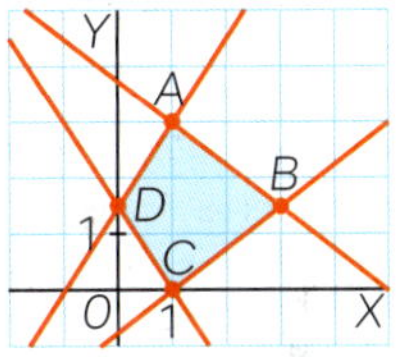

3.° Si a y b son ambos positivos y se trata de un problema de maximización, el último vértice que toca la recta movible según se acerca a $+\infty$ en el eje Y es la solución óptima. Si se trata de un problema de minimización, el ultimo vértice que toca la recta movible según se acerca a $-\infty$ en el eje Y es la solución óptima del problema.

4.° En el caso de que a sea positivo y b negativo, se elige la solución óptima del problema de forma opuesta al apartado anterior.

5.° En el caso de que a sea negativo, el máximo de z se encuentra en el mismo vértice que el mínimo de $-z$ y viceversa.

Si la última recta movible toca a la vez en dos vértices, el problema tiene infinitas soluciones: todos los puntos incluidos en el segmento cuyos extremos son esos dos vértices.

Si la región factible es no acotada, el método permite observar fácilmente si la función objetivo crece o decrece de forma indefinida y si, en consecuencia, no tiene solución.

De manera analítica

1.° Se representa gráficamente la región factible.

2.° Se obtienen las coordenadas de todos los vértices de la región factible.

3.° Se evalúa la función objetivo en los vértices de la región factible.

4.° Se elige la solución óptima del problema: si se trata de un problema de maximización, se elige el vértice que hace mayor la función objetivo y, si se trata de un problema de minimización, se elige el vértice que hace menor la función objetivo.

Si se obtiene el mismo valor óptimo para dos vértices, el problema tiene infinitas soluciones: todos los puntos del segmento cuyos extremos son esos dos vértices.

Si la región es acotada, el problema siempre tiene solución. Si no es acotada, puede no tenerla.

ACTIVIDADES FINALES

Actividades

1 Resuelve las siguientes inecuaciones polinómicas.

a. $x^3+2x^2-x-2<0$

b. $x^3-x^2-8x+12\geq 0$

c. $-x^3+6x^2-12x+8\geq 0$

d. $6x^3+11x^2-19x+6\leq 0$

2 Resuelve las siguientes inecuaciones racionales.

a. $\dfrac{2x-4}{x+5}\geq 0$

b. $\dfrac{3x-2}{x-3}\geq \dfrac{5}{4}$

c. $\dfrac{x^2-2x}{3x-6}\geq 0$

d. $\dfrac{x^2+x-6}{2x^2-7x+3}\geq 0$

3 Halla la solución de los siguientes sistemas de inecuaciones lineales con una incógnita.

a. $\begin{cases} 4x-3(x+2)>7+2x \\ 20-2x<4(2x-15) \end{cases}$

b. $\begin{cases} 3-5(2x-1)\leq 8-5x \\ x-2-\dfrac{x-3}{2}\geq 1-2(x-3) \end{cases}$

c. $\begin{cases} \dfrac{2-x}{3}+3\leq \dfrac{2+x}{2}-\dfrac{x-2}{6} \\ 2-\dfrac{5-2x}{2}+x<1-\dfrac{2x-3}{4} \end{cases}$

d. $\begin{cases} 2-3(x-3)+\dfrac{1}{3}\leq \dfrac{2x-3}{2}-\dfrac{5}{6} \\ \dfrac{1-x}{2}-\dfrac{x-1}{4}-\dfrac{1-x}{8}\geq -\dfrac{5}{2} \end{cases}$

e. $\begin{cases} 1-\dfrac{2+3x}{5}\geq \dfrac{1-x}{10}-\dfrac{x+3}{2} \\ \dfrac{x+2}{3}-\dfrac{3+10x}{8}<2(1-x)+\dfrac{5}{4} \end{cases}$

4 Resuelve los siguientes sistemas de inecuaciones.

a. $\begin{cases} x^2-36\leq -11 \\ x^2-5x+4>0 \end{cases}$

b. $\begin{cases} 6(x^2-1)\geq -5x \\ 1>x^2 \end{cases}$

c. $\begin{cases} x^2-36\leq -11 \\ x^2-5x+4>0 \end{cases}$

d. $\begin{cases} 0\leq y\leq 5 \\ 0\leq x\leq 4 \\ x+2y\geq 0 \\ x-y\leq 11 \end{cases}$

5 Se considera el sistema de inecuaciones lineales:

$$\begin{cases} x+2y\leq 8 \\ 2x+y\leq 7 \\ 0\leq x\leq 3 \\ y\geq 0 \end{cases}$$

Comprueba si la intersección de las rectas $x+2y=8$ y $x=3$ es o no vértice del recinto solución.

6 Para cada uno de los siguientes sistemas de inecuaciones lineales, representa el recinto correspondiente a la solución y calcula las coordenadas de sus vértices. Indica si es o no acotado.

a. $\begin{cases} x-2y\geq 0 \\ 2x+3y\leq 7 \\ y\geq 0 \end{cases}$

b. $\begin{cases} x-1\geq 0 \\ y-1\geq 0 \\ x+y\geq 4 \end{cases}$

c. $\begin{cases} 3x+2y\leq 0 \\ y\geq x \\ 5x+6y\leq 0 \end{cases}$

d. $\begin{cases} 3x-4y\leq -12 \\ 3x+4y\leq 12 \\ y\geq -3 \end{cases}$

e. $\begin{cases} 0\leq y\leq 4 \\ x+3y\leq 15 \\ 0\leq x\leq 6 \end{cases}$

f. $\begin{cases} -3\leq y-x\leq 3 \\ y\leq -x+9 \\ x+y\leq 3 \\ x\geq 1 \\ x\leq 5 \end{cases}$

7 Para cada uno de los siguientes sistemas de inecuaciones, representa la solución e indica si alguna de las inecuaciones que lo forman es redundante.

a. $\begin{cases} 0\leq y\leq 5 \\ 0\leq x\leq 4 \\ x-2y\leq 0 \\ x+y\leq 11 \end{cases}$

b. $\begin{cases} y\geq 5 \\ x\geq 4 \\ x-2y\leq 0 \\ x+y\leq 11 \end{cases}$

c. $\begin{cases} 0\leq y\leq 5 \\ x\geq 4 \\ x-2y\leq 0 \\ x+y\leq 11 \end{cases}$

d. $\begin{cases} 0\leq y\leq 5 \\ 0\leq x\leq 4 \\ x+2y\geq 0 \\ x-y\leq 11 \end{cases}$

8 Se considera el sistema de inecuaciones lineales:

$$\begin{cases} x-2y\leq 7 \\ 2x+y\leq 7 \\ 3x-y\leq 7 \\ x\geq 0 \\ y\geq 0 \end{cases}$$

Comprueba si la intersección de las rectas $2x+y=7$ y $3x-y=3$ es o no vértice del recinto solución.

9 Comprueba que la función $f(x, y)=x-3y$ no alcanza ni máximo ni mínimo si está sujeta a las restricciones:

$$\begin{cases} 2x-y\geq 5 \\ x+y\leq -3 \\ y>4 \end{cases}$$

10 Actividad resuelta

Resuelve el siguiente problema de programación lineal teniendo en cuenta que los valores de las variables *x* e *y* en la solución óptima deben ser enteros.

Calcula el máximo de $z = x + y$, sujeta a: $\begin{cases} 2x + y \le 18 \\ 5x + y \le 40 \\ 2y \le 13 \\ x \ge 0 \\ y \ge 0 \\ x, y \in \mathbb{Z} \end{cases}$

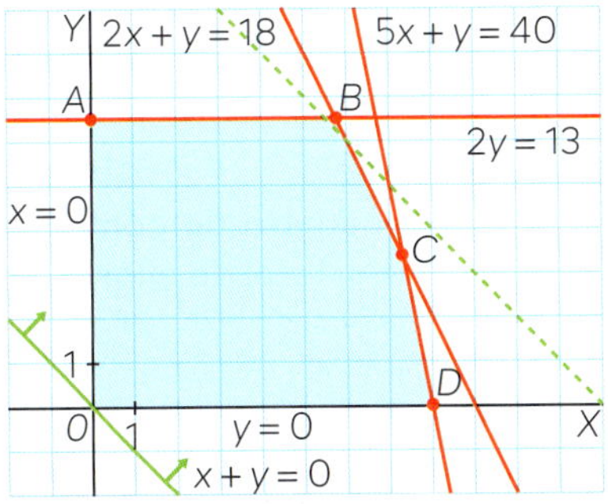

Representamos la región factible cuyos vértices son:

$A: \begin{cases} x = 0 \\ 2y = 13 \end{cases} \Rightarrow A\left(0, \frac{13}{2}\right)$

$C: \begin{cases} 2x + y = 18 \\ 5x + y = 40 \end{cases} \Rightarrow C\left(\frac{22}{3}, \frac{10}{3}\right)$

$B: \begin{cases} 2y = 13 \\ 2x + y = 18 \end{cases} \Rightarrow B\left(\frac{23}{4}, \frac{13}{2}\right)$

$D: \begin{cases} y = 0 \\ 5x + y = 40 \end{cases} \Rightarrow D(8, 0)$

Si las variables *x* e *y* no tuvieran que ser necesariamente enteras, el máximo estaría en el vértice $B\left(\frac{23}{4}, \frac{13}{2}\right)$ y valdría $\frac{49}{4}$.

Al considerar solo valores enteros, debemos observar el último punto de la región factible que es tocado por las rectas paralelas $x + y = k$ cuando se desplazan del origen de coordenadas al infinito del eje *Y*. Este punto es el de coordenadas (6, 6). Por tanto, la solución óptima del problema se produce para $x = 6$, $y = 6$, y vale 12.

11 Calcula el máximo de $z = x + y$, sujeta a:

$$\begin{cases} x - 3y \le 6 \\ -3x + y \le 3 \\ 5x + 4y \le 20 \\ x \ge 0, y \ge 0 \\ x, y \in \mathbb{Z} \end{cases}$$

12 Dibuja la región determinada por las condiciones:

$$\begin{cases} x - y \ge -3 \\ x - 3y \ge -13 \\ y \ge 0 \\ x + y \le 11 \\ 0 \le x \le 7 \end{cases}$$

Halla gráficamente el máximo y el mínimo de $f(x, y) = x - 2y$ sujeta a las anteriores condiciones.

13 Dibuja la región determinada por las condiciones:

$$\begin{cases} 4x - 7y \le 0 \\ 7x - 2y \le 14 \\ x + y \ge 0 \\ x \le -2 \end{cases}$$

Halla de forma gráfica el máximo y el mínimo de la función $f(x, y) = x - 4y$ si está sujeta a las anteriores condiciones.

14 Evalúa la función objetivo $z = \frac{1}{2}x + \frac{7}{3}y$ en los vértices del recinto de la figura:

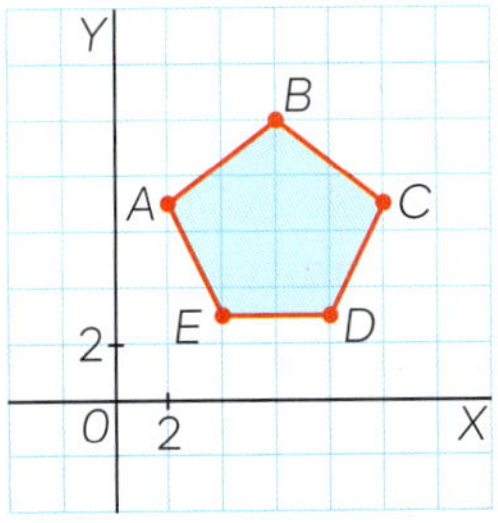

15 Resuelve de forma analítica los siguientes problemas de programación lineal.

a. Mín. $z = 9x + y$, sujeta a:

$$\begin{cases} x + y \le 5 \\ 3x + y \ge 2 \\ 3x - 2y \le 5 \\ x \ge 0 \end{cases}$$

b. Mín. $z = 4x + 5y$, sujeta a:

$$\begin{cases} \frac{x}{10} + \frac{y}{8} \le 1 \\ \frac{x}{5} + \frac{y}{8} \ge 1 \\ \frac{x}{10} + \frac{y}{4} \ge 1 \end{cases}$$

16 Relaciona y contesta.

Problemas

17 Problema resuelto

El ayuntamiento de una ciudad quiere colocar contenedores de residuos. Parte de ellos serán para residuos de envases, y otros, para residuos de papel. Se deben cumplir los siguientes requisitos.

- **El número de contenedores de residuos de envases debe superar al doble de contenedores de residuos de papel.**
- **Por lo menos debe haber 5 contenedores de cada tipo y, por otra parte, el número de contenedores de cada tipo no debe superar los 14.**

Halla el número de contenedores que hay que colocar de cada tipo para que el total de ellos sea el máximo posible.

Las variables de decisión son x contenedores de envases e y contenedores de papel.

Se quiere calcular el máximo de $z = x + y$ sujeto a: $\begin{cases} x \geq 2y \\ 5 \leq x \leq 14 \\ 5 \leq y \leq 14 \end{cases}$

Representamos la región factible y calculamos sus vértices:

$A(10, 5)$ $\quad B(14, 7)$ $\quad C(14, 5)$

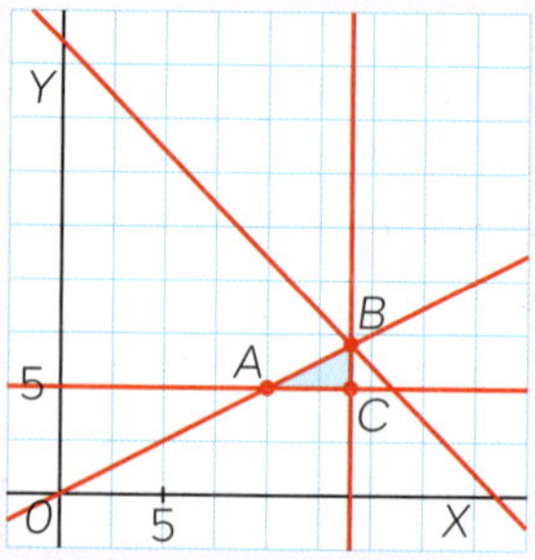

Trazando las paralelas a la recta $x + y = 0$ se observa que el máximo de z se alcanza en B y vale 21.

Por tanto, se colocarán 21 contenedores, de los cuales 14 serán para envases y 7 para papel.

18 En una granja hay un total de 9000 conejos. La dieta mensual mínima que debe consumir cada conejo es de 48 unidades de hidratos de carbono y 60 unidades de proteínas. En el mercado hay dos tipos de productos, *A* y *B*, que cubren estas necesidades de consumo. Cada envase *A* contiene 2 unidades de hidratos de carbono y 4 unidades de proteínas y cada envase de *B* contiene 3 unidades de hidratos de carbono y 3 unidades de proteínas. Sabiendo que cada envase de *A* cuesta 0,24 € y que cada envase de *B* cuesta 0,20 €, determina, justificando la respuesta:

a. El número de envases de cada tipo que deben adquirir en la granja para que el coste sea mínimo y se cubran las necesidades de consumo mensuales de todos los conejos.

b. El valor de dicho coste mensual.

19 Un astillero de la Bahía de Cádiz recibe un encargo para reparar barcos pesqueros de 500 toneladas y yates de 100 toneladas. Se tarda 100 horas en reparar cada pesquero y 50 cada yate. El astillero dispone de 1600 horas para hacer las reparaciones. Por política de empresa, no aceptan encargos de más de 12 pesqueros ni más de 16 yates. Las reparaciones se pagan a 100 € la tonelada, independientemente del tipo de barco. ¿Cuántos barcos de cada clase debe reparar el astillero para maximizar el ingreso con este encargo? ¿Cuál es dicho ingreso máximo?

20 Un agricultor tiene 40 hectáreas de terreno en las que puede plantar cebada, maíz o no plantar nada. Cada ha de cebada necesita 5 hm^3 de agua mientras que cada ha de maíz necesita 10 hm^3 de agua. Puede disponer de 225 hm^3 de agua. El beneficio que obtendrá por cada ha de cebada es de 150 € y por cada ha de maíz, de 240 €; además, las hectáreas en las que no plante nada las arrendará y obtendrá un beneficio de 75 € por ha. La normativa no le permite plantar más hectáreas de maíz que de cebada. ¿Cuántas hectáreas debe plantar de cada cosa para maximizar su beneficio? ¿Cuál será el beneficio?

21 En un puesto de una lonja hortofrutícola disponen de 70 cajas de naranjas, 120 cajas de peras y 110 cajas de manzanas que desean vender antes de que se estropeen. Para hacerlo, hacen dos tipos de lotes: el lote *A* contiene una caja de naranjas, dos cajas de peras y una caja de manzanas y se venderá a 20 € y el lote *B* contiene una caja de naranjas, una de peras y dos de manzanas y se venderá a 24 €. Calcula cuántos lotes deberán hacer de cada tipo para que los ingresos por las ventas sean máximos.

22 **Problema resuelto**

Se quieren dedicar varios solares de una ciudad para crear una zona verde en la que haya, entre otras plantas, pinos y abetos. Se quieren plantar por lo menos 50 árboles, entre pinos y abetos, de forma que haya por lo menos 20 pinos y 25 abetos. Además, por cada dos abetos debe haber, como mucho, tres pinos.

Si el precio de plantar cada pino es de 25 euros, y el de cada abeto, 30 euros, ¿cuántos árboles de cada tipo se deben plantar para que el coste sea mínimo? ¿Cuál es este coste?

Las variables de decisión son *x* pinos e *y* abetos. Se quiere calcular el mínimo de $z = 25x + 30y$

sujeto a: $\begin{cases} x + y \geq 50 \\ x \geq 20 \\ y \geq 25 \\ 2x \leq 3y \end{cases}$

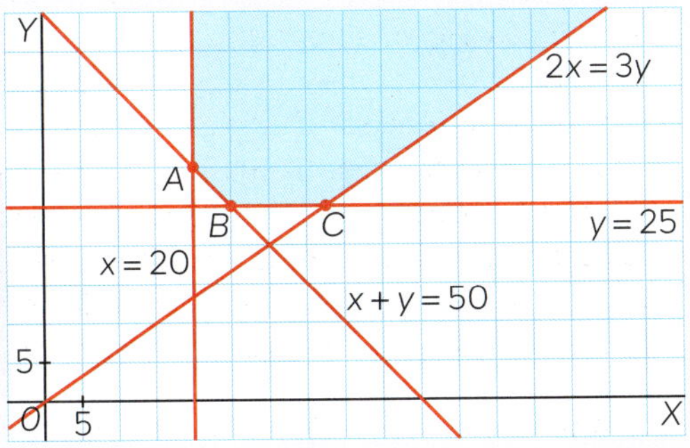

Representamos la región factible y calculamos sus vértices:

$A(20, 30)$ $B(25, 25)$ $C(37{,}5;\ 25)$

Evaluando la función objetivo en los vértices:

$z_A = 25 \cdot 20 + 30 \cdot 30 = 1400$

$z_B = 25 \cdot 25 + 30 \cdot 25 = 1375$

$z_C = 25 \cdot 37{,}5 + 30 \cdot 25 = 1687{,}5$

El mínimo esta en *B*, se deberán plantar 25 árboles de cada tipo con un coste total de 1375 euros.

23 Un mayorista que vende productos congelados los comercializa en envases de dos tamaños, pequeños y grandes. La capacidad de sus congeladores no le permite almacenar más de 1000 envases en total. En función de la demanda sabe que debe mantener unas existencias mínimas de 100 envases pequeños y 200 grandes. La demanda de envases grandes es igual o superior a la de envases pequeños. El coste por almacenaje es de 10 céntimos de euro por cada envase pequeño y de 20 céntimos de euro por cada envase grande. ¿Qué número de envases de cada tipo proporciona el mínimo coste de almacenaje?

24 Se quiere diseñar la iluminación para un nuevo ensanche de la ciudad. Se deben intercalar farolas normales con farolas sensibles a la presencia de peatones. En total, se deben incluir por lo menos 63 farolas con un mínimo de 10 farolas de cada clase. Además, el número de farolas sensibles a la presencia de peatones debe superar a las normales en, por lo menos, un 25 %.

Calcula el número de farolas de cada tipo que se deben colocar si se quiere que el coste sea mínimo, sabiendo que una farola sensible vale el doble que una normal.

25 Los empleados de un banco deben rellenar cada tarde el cajero automático de una sucursal con billetes de 20 y 50 €. Por motivos de seguridad, la máquina nunca debe contener más de 20 000 €. Por otro lado, dado que los clientes prefieren los billetes de 20 €, deben introducir al menos el doble de billetes de 20 € que de 50 €. Si quieren que el cajero tenga el menor número posible de billetes, ¿cuántos debe haber de cada tipo?

26 En un taller de artesanía se fabrican jarrones de adorno de dos tipos, *A* y *B*. Cada jarrón de tipo *A* precisa 30 minutos de modelado, 40 minutos de pintura y se vende a 120 €. Cada jarrón de tipo *B* precisa 40 minutos de modelado, 30 minutos de pintura y se vende a 105 €. Para fabricar estos jarrones se cuenta con dos empleados que hacen el modelado y que trabajan 5 horas por día y con dos empleados que hacen la pintura y que trabajan 5,5 horas por día. Halla el número óptimo de jarrones que se pueden fabricar al día para que los ingresos sean máximos.

27 Problema resuelto

Un almacén de legumbres al por mayor tiene sacos de dos tipos, con capacidad para 5 kg de peso y con capacidad para 10 kg de peso. Solo tiene 180 sacos de 10 kg. Debe poner a la venta como mucho 2000 kg de alubias en sacos de ambos tipos. Por cada 3 sacos de 10 kg puede vender, como mucho, 2 sacos de 5 kg, y como mínimo tiene que poner a la venta 20 sacos de 5 kg y 60 de 10 kg. Por cada saco de 10 kg obtiene un beneficio de 5 € y por cada saco de 5 kg obtiene un beneficio de 2 €. Determina cuántos sacos de cada tipo debe vender para obtener el máximo beneficio y calcula ese beneficio.

Las variables de decisión son x sacos de 5 kg e y sacos de 10 kg.

Calculamos el máximo de $B = 2x + 5y$ sujeta a $\begin{cases} y \leq 180 \\ 5x + 10y \leq 2000 \\ 3x \leq 2y \\ x \geq 20 \\ y \geq 60 \end{cases}$.

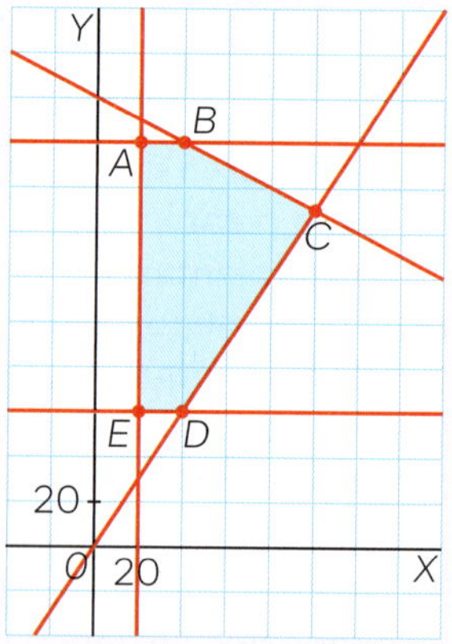

Los vértices de la región factible son:

$A(20, 180)$ $B(40, 180)$ $C(100, 150)$

$D(40, 60)$ $E(20, 60)$

Se evalúa la función objetivo en los vértices:

$z_A = 940$ $z_B = 980$ $z_C = 950$ $z_D = 380$ $z_E = 340$

El máximo se alcanza en el vértice B y, por tanto, se deben utilizar 40 sacos de 5 kg y 180 sacos de 10 kg. Ese resparto nos ofrecerá un beneficio máximo de 980 €.

28 Un heladero artesano elabora dos tipos de helados ,*A* y *B*. Los helados tipo *A* llevan 1 g de nata y los helados tipo *B* llevan 2 g de chocolate. El heladero dispone de 200 g de nata, 400 g de chocolate y le da tiempo a elaborar como máximo 350 helados diariamente. Por cada helado tipo *A* obtiene un beneficio de 1,5 € y por cada helado tipo *B* el beneficio es de 1 €.

Determina las unidades de cada tipo de helado que debe elaborar diariamente para que su beneficio sea máximo y calcula dicho beneficio.

29 El dueño de una tienda de golosinas dispone de 10 paquetes de pipas, 30 chicles y 18 bombones. Decide que para venderlas mejor va a confeccionar dos tipos de paquetes. El tipo *A* estará formado por un paquete de pipas, dos chicles y dos bombones y se venderá a 3 €. El tipo *B* estará formado por un paquete de pipas, cuatro chicles y un bombón y se venderá a 4 €. ¿Cuántos paquetes de cada tipo conviene preparar para conseguir los ingresos máximos? Determina los ingresos.

30 Un distribuidor de aceite de Jaén acude a una almazara de su entorno para comprar dos tipos de aceite, *A* y *B*.

La cantidad máxima que puede comprar es de 12 000 L en total. El aceite de tipo *A* cuesta 3 €/L y el de tipo *B* cuesta 2 €/L. Necesita adquirir al menos 2000 L de cada tipo de aceite. Por otra parte, el coste total por compra de aceite no debe ser superior a 30 000 €. El beneficio que se conseguirá con la venta del aceite será de un 25 % sobre el precio que ha pagado por el aceite de tipo *A* y de un 30 % sobre el precio que ha pagado por el aceite de tipo *B*. ¿Cuántos litros de cada tipo de aceite se deberán adquirir para maximizar el beneficio? Obtén el valor del beneficio máximo.

31 **Problema resuelto**

Una pequeña empresa se dedica a instalar placas solares en viviendas unifamiliares o para comunidades. Para instalar una placa en una vivienda unifamiliar se precisan 20 m² de paneles y 4 horas de trabajo y para instalar las placas en un edificio de varias viviendas se precisan 50 m² de paneles y 12 horas de trabajo. La empresa dispone de un máximo de 680 m² de paneles y de 160 horas de trabajo semanales. Además, quiere que el número de placas instaladas en viviendas unifamiliares se encuentre entre 4 y 10, y el de comunidades de propietarios, entre 4 y 12. El margen de beneficio que deja una instalación unifamiliar es de 200 €, y la instalación en un edificio, de 600 €.

a. **¿Existe alguna condición redundante?**

b. **¿Cuántas placas de cada tipo se deben instalar si se pretende maximizar el beneficio?**

c. **Estudia si se consumen o no todos los recursos.**

Las variables de decisión son x viviendas unifamiliares e y edificios con varias viviendas.

Debemos hallar el máximo de la función $z = 200x + 600y$ sujeta a las restricciones:

$$\begin{cases} 20x+50y \le 680, \text{ restricción de cable} \\ 4x+12y \le 160, \text{ restricción de horas} \\ 4 \le x \le 10, \text{ restricción del n.º de unifamiliares} \\ 4 \le y \le 12, \text{ restricción del n.º de comunidades} \end{cases}$$

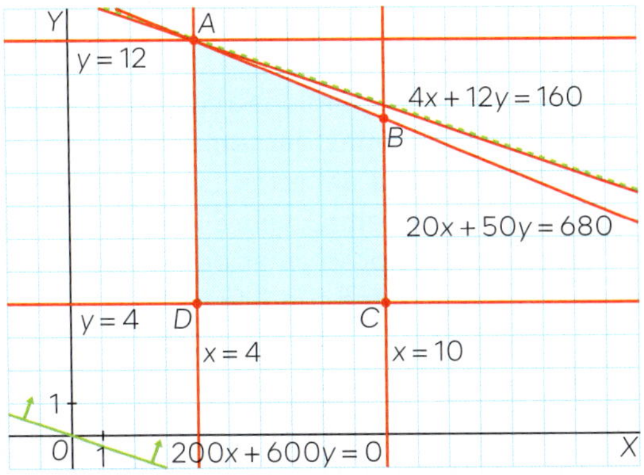

La región factible es el interior del polígono $ABCD$:

a. Se observa que las condiciones $4x+12y \le 160$, correspondiente al número de horas disponibles, e $y \le 12$ son redundantes; no influyen en la región factible y, por tanto, se pueden eliminar.

b. Como los coeficientes de la función objetivo son positivos, el máximo se encuentra en el último vértice que tocan las rectas paralelas a $200x + 600y = k$ cuando se desplazan hacia la parte positiva del eje Y. En este caso, el máximo se encuentra en el punto $A: \begin{cases} 20x+50y=680 \\ x=4 \end{cases} \Rightarrow A(4,12)$.

Por tanto, se harán 4 instalaciones en viviendas de una familia y 12 en comunidades de vecinos. El valor de la función objetivo será de $z = 200 \cdot 4 + 600 \cdot 12 = 8000$ €.

c. Para realizar 4 instalaciones individuales y 12 familiares se consumirán:

$20 \cdot 4 + 50 \cdot 12 = 680$ metros cuadrados de paneles y $4 \cdot 4 + 12 \cdot 12 = 160$ horas de trabajo.

Es decir, se consumirán todos los recursos.

32 **Cierta quesería produce dos tipos de queso: mezcla y tradicional. Para producir un queso de mezcla son necesarios 25 cl de leche de vaca y otros 25 cl de leche de cabra. Para producir uno tradicional, solo hacen falta 50 cl de leche de vaca. La quesería dispone de 3600 cl de leche de vaca y 500 cl de leche de cabra diarios. Por otra parte, puesto que los quesos tradicionales gustan más, cada día produce, al menos, tantos quesos de tipo tradicional como de mezcla.**

a. ¿Cuántas unidades de cada tipo podrá producir en un día cualquiera? Plantea el problema y representa gráficamente el conjunto de soluciones.

b. Si la quesería vende todo lo que produce y obtiene un beneficio de 6 € por queso de tipo mezcla y 8 € por queso tradicional. ¿Cuántos quesos de cada tipo debe producir al día para maximizar beneficios? ¿Cuál es el beneficio?

33 **En un edificio de la administración pública se quieren colocar, al menos, 20 máquinas expendedoras de bebidas.**

- Hay disponibles 12 máquinas expendedoras de bebidas calientes y 40 máquinas expendedoras de bebidas frías.
- Se pretende que el número de expendedoras de bebidas calientes no sea superior a una tercera parte del de bebidas frías.
- Se quiere que, por lo menos, una quinta parte del total de máquinas que se coloquen en dicho edificio sean de bebidas calientes.

Cumpliendo las condiciones anteriores, ¿qué combinación de máquinas de cada tipo hace que la diferencia entre el número de máquinas de bebidas frías y el de bebidas calientes colocadas sea mayor?

34 El dueño de una empresa que organiza fiestas infantiles quiere hacer chocolate con leche y dispone para la mezcla de 30 litros de leche y 20 litros de chocolate líquido. Por cada litro de chocolate debe poner, como máximo, 3 litros de leche, y por cada litro de leche, como máximo 1,6 litros de chocolate. Además, solo dispone de botellas para envasar 45 litros de chocolate con leche. Por cada litro de leche de la mezcla puede obtener un beneficio de 1€ y por cada litro de chocolate un beneficio de 2€. Determina cuántos litros de leche y de chocolate líquido debe mezclar para obtener el máximo beneficio y calcula el beneficio que se obtiene así.

35 Un profesor proporciona a sus alumnos un listado con 20 problemas del tema 1 y 20 del tema 2. Cada problema del tema 1 vale 5 puntos y cada problema del tema 2 vale 8 puntos. Los alumnos pueden hacer problemas de los dos temas, pero con las siguientes condiciones.

1. El número de problemas realizados del tema 1 no puede ser mayor que el número de problemas del tema 2 más 2, ni ser menor que el número de problemas del tema 2 menos 8.
2. La suma de 4 veces el número de problemas realizados del tema 1 con el número de problemas realizados del tema 2 no puede ser mayor que 38.

Halla cuántos problemas del tema 1 y del tema 2 hay que hacer para obtener la máxima puntuación.

36 Una ONG va a realizar un envío de lotes de alimentos y de medicamentos a una zona en guerra. Como mínimo se han de enviar 4 lotes de medicamentos, pero por problemas de capacidad, no pueden enviarse más de 8 lotes de estos medicamentos. Para realizar el transporte se emplean 4 contenedores para cada lote de alimentos y 2 para cada lote de medicamentos. El servicio de transporte exige que al menos se envíen 24 contenedores, pero que no superen los 32.

a. ¿Qué combinaciones de lotes de cada tipo pueden enviarse? Plantea el problema y representa gráficamente las soluciones. ¿Pueden enviarse 4 lotes de alimentos y 5 de medicamentos?

b. Si la ONG quiere maximizar el número total de lotes enviados, ¿qué combinación debe elegir?

37 Un estudiante reparte publicidad para conseguir ingresos. Le pagan 16 céntimos de euro por cada impreso colocado en el parabrisas de un coche y 24 céntimos por cada uno depositado en un buzón. Ha calculado que cada día puede repartir como máximo 150 impresos y la empresa le exige diariamente que la diferencia entre los colocados en coche y el doble de los colocados en buzones no sea inferior a 30 unidades. Además, tiene que introducir en buzones al menos 15 impresos diariamente.

a. ¿Cuántos impresos debe colocar en coches y buzones para maximizar sus ingresos diarios?

b. ¿Cuál es ese ingreso máximo?

38 Las fábricas de automóviles de Fráncfort y de Milán proveen de cierto modelo a las ciudades de París, Viena y Praga.

Las producciones de las fábricas son:

Fráncfort	Milán
150	100

Las demandas de las ciudades son:

París	Viena	Praga
125	100	25

Los costes de transporte, en unidades monetarias, de cada automóvil desde un punto de origen a uno de destino son:

	Fráncfort	Milán
París	5	20
Viena	10	15
Praga	15	20

¿Cuántos automóviles deben llevarse desde cada fábrica a cada ciudad para que el coste total del transporte sea mínimo? Calcula dicho coste.

39 Un ayuntamiento desea ajardinar dos tipos de parcelas, tipo A y tipo B, y dispone de 6000€ para ello. El coste de la parcela A es de 100€, y el de la B, de 150€. Se considera conveniente ajardinar al menos tantas parcelas de tipo B como las del tipo A y, en todo caso, no ajardinar más de 30 parcelas de tipo B.

a. ¿Cuántas parcelas de cada tipo deberá ajardinar para maximizar el número total de parcelas ajardinadas?

b. ¿Se agotará el presupuesto disponible?

40 En una comunidad autónoma coinciden tres fábricas de televisores, O_1, O_2 y O_3, cuya principal línea de negocio consiste en proveer de aparatos a dos ciudades, D_1 y D_2.

Las producciones de las fábricas son:

O_1	O_2	O_3
100	150	225

Las demandas de las ciudades son:

D_1	D_2
175	300

Los costes de transporte, en euros, de cada unidad desde un punto de origen a uno de destino son:

	D_1	D_2
O_1	10	8
O_2	6	5
O_3	4	5

Halla cuántos televisores deben llevarse desde cada fábrica a cada ciudad para que el coste total de los gastos de transporte sea mínimo. Calcula dicho coste mínimo.

41 Una persona preocupada por su salud desea consumir al día un mínimo de 18 unidades de vitamina A, 16 unidades de vitamina C y 12 unidades de vitamina D. Una unidad del producto 1 cuesta 5 € y proporciona 9 unidades de vitamina A, 4 unidades de vitamina C y 2 unidades de vitamina D. Una unidad del producto 2 cuesta 4 € y proporciona 3 unidades de vitamina A, 4 unidades de vitamina C y 6 unidades de vitamina D. ¿Cuál es la combinación más económica de los productos 1 y 2 que garantiza las necesidades diarias?

a. Plantea el problema.

b. Resuélvelo gráficamente.

c. Analiza gráficamente qué ocurriría si cada unidad del producto 1 costara 4 €.

Comprueba lo que has aprendido

1 Halla el conjunto de soluciones del siguiente sistema de inecuaciones lineales con una incógnita.

$$\begin{cases} x \geq \dfrac{7-x}{x+2} - 1 \\ 2x(x-3)+7 > (x-1)(x+1) \end{cases}$$

2 Escribe un sistema de inecuaciones lineales que tenga como recinto solución la figura sombreada.

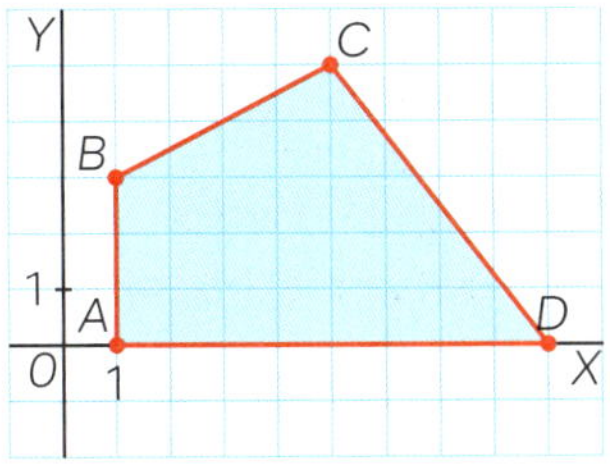

3 Halla analíticamente el máximo y mínimo de

$$z = 15x - 10y \text{ sujeta a } \begin{cases} 2x+3y \geq -6 \\ 7x+4y \leq 5 \\ -3x+2y \leq 9 \end{cases}.$$

4 Determina gráficamente el máximo y mínimo de $z = 12x + 6y$ en la región definida por:

$$\begin{cases} 4x+7y \geq 28 \\ x-y \geq -4 \\ y \geq 0 \end{cases}$$

5 Un perfumista compra un mismo elemento para la elaboración de perfumes a dos distribuidores, *A* y *B*. *A* y *B* venden la materia a 20 € y 30 € por kilogramo, respectivamente. Cada distribuidor vende un mínimo de 2 kg y el distribuidor *B* un máximo de 7 kg. El perfumista debe comprar en total un mínimo de 6 kg y desea que la compra al distribuidor *A* sea como máximo, el doble que al distribuidor *B*. ¿Qué cantidad de materia prima debe comprar a cada distribuidor para que el coste sea mínimo? Determina dicho coste mínimo.

6 Una fábrica de tablones para suelos lignarios tiene almacenados 200 kg de pasta de madera de baja calidad y 150 kg de pasta de madera de alta calidad. La fábrica elabora dos tipos de tablones: los tablones de tipo *A* precisan 2 kg de pasta de baja calidad y 1 kg de pasta de alta calidad y los de tipo *B* precisan 2 kg de baja calidad y 3 kg de alta calidad. La fábrica obtiene unos beneficios de 5 € por cada tablón de tipo *A* y de 6 € por cada tablón de tipo *B*. ¿Cuántos tablones de cada tipo elaborará para obtener el máximo beneficio?

Mis competencias

Autoevaluación

2.3 Funciones, límites y continuidad

¡EMPEZAMOS!

En el año 2021 la Unión Europea se comprometió a alcanzar la neutralidad climática en el año 2050. Es decir, cada país solo podrá emitir los gases de efecto invernadero que pueda absorber por si mismo. Para conseguirlo, se tomarán diversas medidas, tales como reducir las emisiones de CO_2 o promover las energías renovables. La automoción tenderá al modelo eléctrico y también se pretende reducir el consumo de energía con hogares más eficientes. Las matemáticas ofrecen una ayuda fundamental, ya que utilizando funciones para modelizar las diferentes situaciones, podemos saber qué tendencias seguirán los procesos y tomar las medidas más adecuadas.

- ¿Sabrías modelizar matemáticamente la tendencia decreciente a contaminar?
- ¿Cómo podrías aplicar las funciones al análisis del crecimiento demográfico en una región?

RUTA DE APRENDIZAJE

1. Definir funciones de variable real y estudiar su dominio de definición.
2. Componer funciones.
3. Determinar el límite de una función en un punto.
4. Calcular límites infinitos y en el infinito.
5. Estudiar la continuidad de una función a partir de los límites.
6. Aplicar teoremas de continuidad para tener un conocimiento más profundo de las funciones.

El estudio de funciones, límites y continuidad también se usa para...

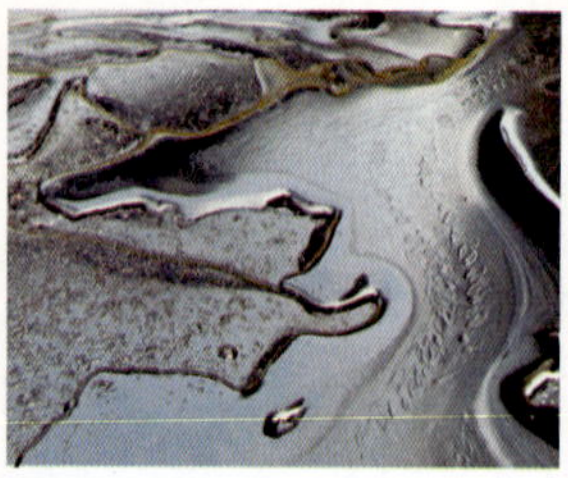

Calcular cuándo se agotará un recurso natural, como el petróleo, prever ese fin y actuar en consecuencia.

Llevar un registro del cambio de divisas y estudiar los períodos en los que resulta más ventajoso y aquellos en los que se estabiliza.

Relacionar variables y estudiar sus relaciones mutuas, cuestiones esencial en campos como la sociología y la psicología.

Encontrar la solución óptima para optimizar el beneficio en una situación, controlando los costes e ingresos.

1 Funciones reales de variable real

1.1. Función real de variable real. Dominio y recorrido

Una **función real de variable real**, *f*, es una regla que asigna a cada número *x* de un subconjunto de $\mathbb{R}$, un único número real *y*, **y = f(x)**, donde *y* es la imagen de *x* por *f*.

La *x* se denomina **variable independiente**, y la *y*, **variable dependiente**, ya que su valor depende del valor de *x*.

El subconjunto de números reales *x* para los que la función está definida se llama **dominio de f, D(f)**. Los valores *y* que toma *f* forman un subconjunto llamado **recorrido o imagen de f, R(f)**.

$$f: D(f) \to R(f)$$
$$x \to y = f(x)$$

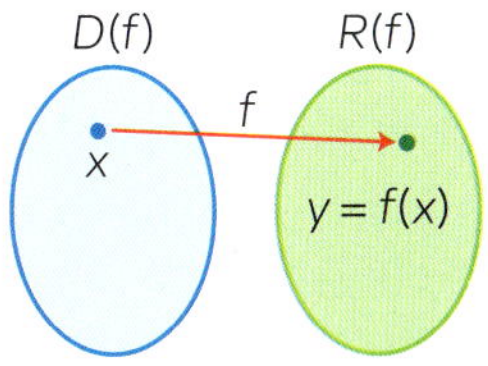

1 Actividad resuelta

Estudia el dominio de las siguientes funciones de variable real.

a. $f(x)=4x^3-5x^2+6$ b. $g(x)=\dfrac{x^2-4}{x+1}$ c. $h(x)=\log(x^2-9)$

a. El dominio de todas las funciones polinómicas es todo el conjunto $\mathbb{R}$, ya que estas funciones no presentan ningún problema de definición, así que $D(f)=\mathbb{R}$.

b. En las funciones racionales debemos estudiar en qué punto se anula el denominador. En este caso, $x+1=0 \Leftrightarrow x=-1$, por lo que $D(g)=\mathbb{R}-\{-1\}$

c. El argumento de una función logarítmica debe ser positivo para que esta exista. Imponemos que $x^2-9>0 \Rightarrow D(h)=(-\infty,-3)\cup(3,+\infty)$

2 Calcula el dominio de las siguientes funciones.

a. $f(x)=e^{3x-6}$

b. $f(x)=\dfrac{3}{x-2}-\sqrt{x-2}$

c. $f(x)=\sqrt{x^2+16}$

d. $f(x)=\left(\dfrac{1}{x}\right)^{\frac{x}{x-2}}$

e. $f(x)=\dfrac{x}{\sqrt{x-5}}$

f. $f(x)=\ln(3x-7)$

3 Sea la función $f(x)=\dfrac{2x+5}{x^2-4}$:

a. Calcula su dominio.

b. ¿Para qué valores de *x* es $f(x)>0$?

Una función puede venir expresada de distintas formas.

Ejemplo

- Mediante una fórmula que relacione las dos variables: $y=x^2+5$
- Mediante una tabla de valores extraída de una situación real.

Año	1950	1960	1970	1980	1990	2000	2010	2020
Población	2560	3040	3710	4450	5280	6080	6850	7840

- Mediante un enunciado sencillo.

  Calentamos agua para infusionar un té y la vertemos a 90 °C sobre la infusión. Al principio, el agua se enfría rápidamente y, a partir de los diez minutos, lo hace lentamente hasta alcanzar la temperatura ambiente, que era de 14 °C.

Ejemplo

- También podemos expresar una función mediante una gráfica.

  Esta gráfica muestra la distancia en kilómetros (eje Y) en el instante t en horas (eje X) al punto de partida de una persona que realiza una ascensión a una montaña.

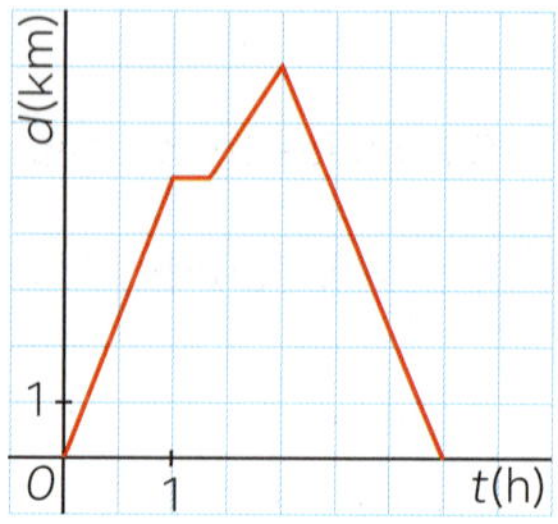

> La **gráfica** de una función f es el conjunto de puntos del plano $A(a, f(a))$, donde a recorre todos los valores del dominio de f.

La gráfica nos ofrece una idea muy visual de cómo se comporta la función: nos informa sobre su dominio y recorrido, sus zonas de crecimiento y decrecimiento; si es o no continua; si es o no simétrica, o si es periódica, por ejemplo.

Una curva en el plano XY es la gráfica de una función solo si ninguna recta vertical se interseca con la curva más de una vez.

Ejemplo

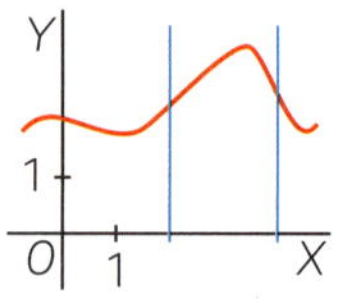

Sí es la gráfica de una función.

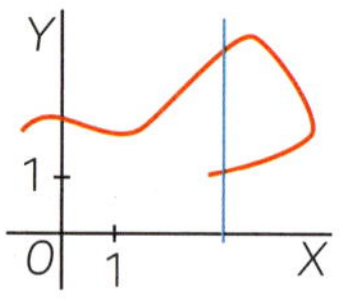

No es la gráfica de una función.

4 **Una empresa fabrica botes de latón sin tapa para almacenar un líquido colorante con un volumen de 500 cm³. Los botes tienen forma cilíndrica. Llama x al radio de la base y encuentra una función que devuelva los metros cuadrados de latón necesarios en función de x.**

5 **Encuentra la expresión matemática que nos da el producto de dos números en función de uno de ellos, sabiendo que la suma de ambos es 100.**

6 **Sean las funciones $f(x) = x^2 + ax + b$ y $g(x) = -x^2 + c$. Determina a, b y c sabiendo que las gráficas de ambas funciones se cortan en los puntos $(-2, -3)$ y $(1, 0)$.**

7 **La función $f(x) = -x^2 + 120x - 3200$ representa el beneficio que obtiene una empresa en la fabricación de x unidades de un producto.**

a. ¿Cuántas unidades hay que fabricar para obtener el máximo beneficio posible? ¿Cuál es este beneficio máximo?

b. Halla la función que expresa el beneficio unitario.

c. ¿Cuál es beneficio unitario al fabricar 160 unidades?

8 **Expresa la función $f(x) = |2x + 4| - |x - 1|$ como una función definida a trozos y dibuja su gráfica.**

1.2. Operaciones con funciones

Dadas dos funciones $f(x)$ y $g(x)$, se pueden definir nuevas funciones a partir de ellas, tal y como se hace con las operaciones básicas entre números reales:

> **Función suma**: $s(x) = f(x) + g(x)$
>
> **Función resta**: $d(x) = f(x) - g(x)$
>
> **Función producto**: $p(x) = f(x)g(x)$
>
> **Función cociente**: $c(x) = \dfrac{f(x)}{g(x)}$, siempre que $g(x) \neq 0$.

Los dominios de estas nuevas funciones están formados por los números que simultáneamente pertenecen al dominio de f y al domino de g, y en el caso de la función cociente, excluyendo del dominio los valores de x que anulan la función denominador.

9 Actividad resuelta

Dadas las funciones $f(x)=\sqrt{x+1}$ y $g(x)=\dfrac{2}{\sqrt{x+1}}$, halla las funciones $s = f + g$, $p = fg$ y $c=\dfrac{f}{g}$, así como sus dominios.

Estudiamos los dominios de las funciones a partir de las que vamos a operar:

$D(f) = [-1, +\infty)$ $\qquad$ $D(g) = (-1, +\infty)$

$$s(x)=(f+g)(x)=f(x)+g(x)=\sqrt{x+1}+\frac{2}{\sqrt{x+1}}=\frac{x+3}{\sqrt{x+1}}\Rightarrow D(s)=(-1,+\infty)$$

$$p(x)=(fg)(x)=f(x)g(x)=\sqrt{x+1}\cdot\frac{2}{\sqrt{x+1}}=2\Rightarrow D(p)=(-1,+\infty)$$

$$c(x)=\left(\frac{f}{g}\right)(x)=\frac{f(x)}{g(x)}=\frac{\sqrt{x+1}}{\dfrac{2}{\sqrt{x+1}}}=\frac{x+1}{2}\Rightarrow D(c)=(-1,+\infty)$$

Podríamos pensar que el dominio de $p(x) = f(x)g(x) = 2$ debería ser $\mathbb{R}$, pero eso no es así, ya que la función surge de operar otras dos, cuyo dominio no incluye todos esos valores.

Por ejemplo, no existe $p(-10)$, ya que para ese valor no existen ni $f(-10)$ ni $g(-10)$.

10 Dadas las funciones $f(x)=\sqrt{x^2-3}$ y $g(x)=\dfrac{x+1}{x^2-4}$, calcula el dominio y la expresión de las funciones siguientes.

a. $f+g$

b. $f-g$

c. fg

d. $\dfrac{1}{f}$

e. $\dfrac{f}{g}$

f. $\dfrac{g}{f}$

11 Sean las funciones f y g:

$$f(x)=\begin{cases}5x-7 & \text{si } x<-1\\ 1-3x & \text{si } x\geq-1\end{cases}\qquad g(x)=\begin{cases}3-2x & \text{si } x<2\\ x+7 & \text{si } x\geq 2\end{cases}$$

Encuentra la expresión de la función suma: $s(x) = (f + g)(x)$.

1.3. Composición de funciones

Además de estas operaciones, hay otra operación exclusiva de las funciones de gran utilidad: la composición de funciones, que aparece cuando actúan dos funciones de forma sucesiva.

Dadas dos funciones f y g, se llama **función compuesta** de f y g, y se designa por $f\circ g$ a la función definida como $(f\circ g)(x)=f\left[g(x)\right]$.

La función $(f\circ g)(x)$ se lee g compuesta con f.

Dadas dos funciones, f y g, si se cumple que $(f\circ g)(x)=(g\circ f)(x)=x$, entonces diremos que f y g son inversas y escribiremos $g=f^{-1}$.

En general, la composición de funciones no es conmutativa. Para que un número a pertenezca al dominio de $(f\circ g)(x)$ deben cumplirse dos requisitos:

I. Que exista $g(a)$, o sea, que $a\in D(g)$. $\qquad$ **II.** Que $g(a)\in D(f)$.

Ejemplo

Si $f(x)=\dfrac{1}{x^2-1}$ y $g(x)=\dfrac{1}{x-1}$, entonces $(f\circ g)(x)=f\left[g(x)\right]=\dfrac{1}{\left(\dfrac{1}{x-1}\right)^2-1}=\dfrac{(x-1)^2}{x(2-x)}$

$x=1$ no está en $D(f\circ g)(x)$, pues, aunque el denominador solo se anula en 0 y 2, no existe $g(1)$.

12 Para $f(x)=\sqrt{\dfrac{1}{x}}$ y $g(x)=\dfrac{1}{x-2}$, calcula $(f\circ g)(x)$ y $(g\circ f)(x)$ y sus respectivos dominios.

2 Límite de una función en un punto

2.1. Límite de una función

Estudiando los dominios ya hemos visto que hay funciones que no están definidas para ciertos valores de x.

13 Actividad resuelta

¿Cuánto vale la función $f(x)=\dfrac{\sqrt{x^2+9}-3}{x^2}$ en $x=0$?

La función $f(x)=\dfrac{\sqrt{x^2+9}-3}{x^2}$, no existe en $x=0$, pero ¿hacia qué valor se aproximará cuando x toma valores cada vez más próximos a dicho valor de 0?

Podemos usar la calculadora y elaborar una tabla como la siguiente.

x	±1	±0,5	±0,1	±0,05	±0,01
$f(x)$	0,162 28	0,165 53	0,166 62	0,166 66	0,166 67

Con los resultados obtenidos, podemos afirmar que la función se acerca a $\dfrac{1}{6}$, tal y como se justificará con rigor más adelante.

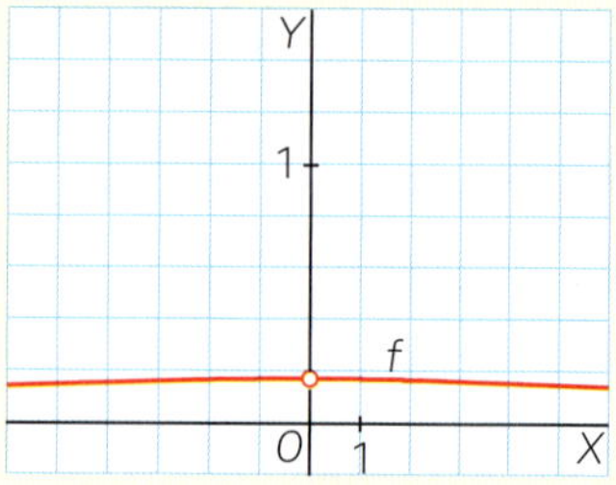

Decimos entonces que el límite de $f(x)$ cuando x tiende a 0 es $\dfrac{1}{6}$ y escribimos:

$$\lim_{x\to 0} f(x)=\frac{1}{6}$$

14 La función $f(x)=\dfrac{x^3-8}{x^2-4}$ no está definida para $x=2$. Con ayuda de la calculadora obtén el límite $\lim\limits_{x\to 2} f(x)$.

Si a y b son dos números reales, la expresión $\lim\limits_{x\to a} f(x)=b$ quiere decir que siempre que x toma valores suficientemente próximos al número a (tanto menores como mayores), los correspondientes valores de $f(x)$ se aproximan al número b tanto como se quiera.

- Si al calcular el límite, se consideran los valores próximos a a por la izquierda, es decir, menores que el número a, se habla de **límite lateral de $f(x)$ por la izquierda:** $\lim\limits_{x\to a^-} f(x)=b$.
- De forma análoga, para los valores próximos por la derecha, es decir mayores que a, se habla de **límite lateral de $f(x)$ por la derecha:** $\lim\limits_{x\to a^+} f(x)=b$.

Si existe el límite de una función en un punto, dicho límite es **único** y coincide con los límites laterales.

Los límites laterales van a ser especialmente importantes cuando trabajemos con funciones definidas a trozos.

Ejemplo

Observando la gráfica de la función f con $f(1)=2$ y $f(-2)=-2$ se pueden obtener los siguientes resultados:

$\lim\limits_{x\to 1^-} f(x)=-1$ $\lim\limits_{x\to 1^+} f(x)=-1$ $\lim\limits_{x\to 1} f(x)=-1$

$\lim\limits_{x\to -2^-} f(x)=0$ $\lim\limits_{x\to -2^+} f(x)=-2$

$\lim\limits_{x\to -2} f(x)$ no existe, ya que los límites laterales son distintos.

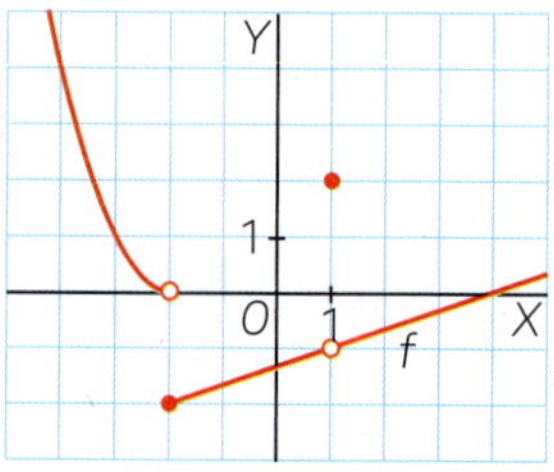

Las expresiones $\lim\limits_{x\to a} f(x)$ y $f(a)$ pueden existir o no. Y en el caso de que existan, pueden ser iguales o diferentes.

2.2. Propiedades de los límites

Con la noción de límite ya adquirida, y con ayuda de la calculadora si es necesario, se puede obtener el límite de cualquier función en un punto. Estos cálculos se simplifican notablemente con las siguientes propiedades.

Si $\lim\limits_{x\to a} f(x)=p$ y $\lim\limits_{x\to a} g(x)=q$, entonces:

- $\lim\limits_{x\to a}\big(f(x)+g(x)\big)=p+q$
- $\lim\limits_{x\to a}\big(f(x)-g(x)\big)=p-q$
- $\lim\limits_{x\to a}\big(kf(x)\big)=kp$ donde k es un número real.
- $\lim\limits_{x\to a}\big(f(x)g(x)\big)=pq$
- $\lim\limits_{x\to a}\dfrac{f(x)}{g(x)}=\dfrac{p}{q}$ si $q\neq 0$
- $\lim\limits_{x\to a}\big(f(x)\big)^{g(x)}=p^q$ si p^q es un número real.

Actividades resueltas

15 **Calcula, si existe, $\lim\limits_{x\to -1} f(x)$, siendo f la función: $f(x)=\begin{cases} x^3-4 & \text{si } x<-1 \\ 4x-1 & \text{si } x\geq -1\end{cases}$**

Estudiamos los límites laterales, a izquierda y derecha de $x=-1$:

$$\left.\begin{aligned}\lim_{x\to -1^-} f(x)=\lim_{x\to -1}(x^3-4)=-5\\ \lim_{x\to -1^+} f(x)=\lim_{x\to -1}(4x-1)=-5\end{aligned}\right\}\Rightarrow \text{Como ambos coinciden: } \lim_{x\to -1} f(x)=-5$$

16 **Dada $f(x)=\dfrac{1+3x}{|x-1|+2}$, estudia $\lim\limits_{x\to 1} f(x)$.**

Como es una función en la que interviene un valor absoluto, es muy útil definirla a trozos.

$$f(x)=\begin{cases}\dfrac{1+3x}{-(x-1)+2} & \text{si } x<1\\ \dfrac{1+3x}{x-1+2} & \text{si } x\geq 1\end{cases}\Rightarrow f(x)=\begin{cases}\dfrac{1+3x}{3-x} & \text{si } x<1\\ \dfrac{1+3x}{x+1} & \text{si } x\geq 1\end{cases}$$

Como hay expresiones diferentes a la izquierda y a la derecha de $x=1$, se deben estudiar los límites laterales:

$$\lim_{x\to 1^-} f(x)=\lim_{x\to 1}\frac{1+3x}{3-x}=\frac{4}{2}=2 \qquad \lim_{x\to 1^+} f(x)=\lim_{x\to 1}\frac{1+3x}{x+1}=\frac{4}{2}=2$$

Como los límites laterales coinciden, $\lim\limits_{x\to 1} f(x)=2$

17 Estudia, si existe, $\lim\limits_{x\to 0} f(x)$, dada la función:

$$f(x)=\begin{cases}\dfrac{2^x-1}{x} & \text{si } x<0\\ -5 & \text{si } x\geq 0\end{cases}$$

18 Calcula, si existe, $\lim\limits_{x\to 1} f(x)$, dada la función:

$$f(x)=\begin{cases}x^2+3 & \text{si } x<1\\ 4-x & \text{si } x\geq 1\end{cases}$$

19 Escribe una posible expresión para una función f, definida a trozos, que cumpla que $\lim\limits_{x\to 1^-} f(x)=3$, $\lim\limits_{x\to 1^+} f(x)=-2$ y $f(1)=-2$.

20 Dada la función $f(x)=\begin{cases}\dfrac{2}{x+1} & \text{si } x\leq -2\\ x^2+kx & \text{si } x>-2\end{cases}$, calcula el valor de k para que exista $\lim\limits_{x\to -2} f(x)$.

21 Calcula el valor de a para que exista $\lim\limits_{x\to 2} f(x)$.

$$f(x)=\begin{cases}ax+1 & \text{si } x<2\\ \sqrt{x-2} & \text{si } x\geq 2\end{cases}$$

22 Calcula, si existen, $\lim\limits_{x\to -1} f(x)$ y $\lim\limits_{x\to 4} f(x)$.

$$f(x)=\begin{cases}x+3 & \text{si } x<-1\\ x^2+1 & \text{si } -1\leq x\leq 4\\ 3-5x & \text{si } x>4\end{cases}$$

23 La función f está definida a trozos:

$$f(x)=\begin{cases}\dfrac{x^2-1}{x+1} & \text{si } x\leq -1\\ e^{1+x} & \text{si } x>-1\end{cases}$$

a. Con ayuda de la calculadora, obtén los límites laterales $\lim\limits_{x\to -1^-} f(x)$ y $\lim\limits_{x\to -1^+} f(x)$.

b. Decide si existe o no el límite $\lim\limits_{x\to -1} f(x)$.

24 Actividad resuelta

Calcula los siguientes límites.

a. $\lim_{x\to 3}(2x+5)$ b. $\lim_{x\to -1}(x+3)^2$ c. $\lim_{x\to 1}\frac{5-x^2}{x+2}$

a. $\lim_{x\to 3}(2x+5)=\lim_{x\to 3}2x+\lim_{x\to 3}5=2\lim_{x\to 3}x+\lim_{x\to 3}5=2\cdot 3+5=11$

b. $\lim_{x\to -1}(x+3)^2=\left[\lim_{x\to -1}(x+3)\right]^2=(-1+3)^2=2^2=4$

c. $\lim_{x\to 1}\frac{5-x^2}{x+2}=\frac{\lim_{x\to 1}(5-x^2)}{\lim_{x\to 1}(x+2)}=\frac{5-1}{1+2}=\frac{4}{3}$

25 Sabiendo que $\lim_{x\to a}f(x)=2$ y $\lim_{x\to a}g(x)=-3$. Calcula:

a. $\lim_{x\to a}\left[f(x)-3g(x)\right]$ b. $\lim_{x\to a}\frac{g(x)+3}{f(x)}$ c. $\lim_{x\to a}\left[f(x)-1\right]^{-g(x)}$

26 Si $\lim_{x\to a}f(x)=3$ y $\lim_{x\to a}g(x)=5$, calcula los siguientes límites.

a. $\lim_{x\to a}\left[f(x)+g(x)\right]$

b. $\lim_{x\to a}\left[f(x)-g(x)\right]$

c. $\lim_{x\to a}\left[3f(x)-g(x)\right]$

d. $\lim_{x\to a}\left[f(x)\right]^2$

e. $\lim_{x\to a}\left[f(x)+2g(x)\right]^2$

f. $\lim_{x\to a}\sqrt{\left[f(x)\right]^2+g(x)+2}$

g. $\lim_{x\to a}\left(\frac{f(x)}{g(x)}\right)^2$

h. $\lim_{x\to a}\left[f(x)\right]^{2f(x)+g(x)}$

27 Actividad resuelta

Dibuja la gráfica para una función que cumpla, alrededor de $x = 0$, que $f(0) = 3$, $\lim_{x\to 0^-}f(x)=-2$, $\lim_{x\to 0^+}f(x)=3$.

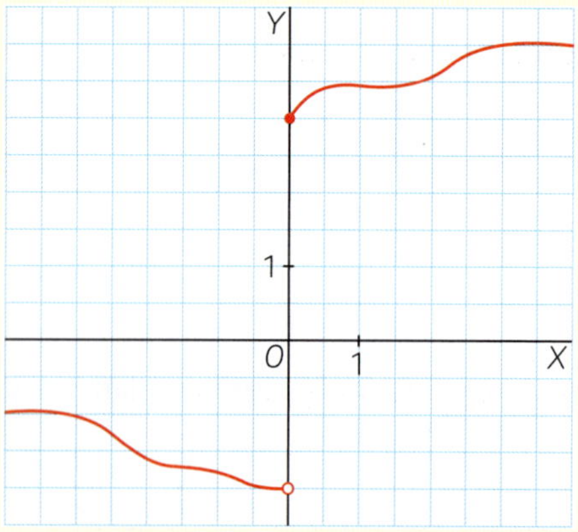

28 Dibuja, aproximadamente, la gráfica de una posible función que se comporte cerca de $x=2$ tal y como se indica en los casos siguientes.

a. $f(2)=1$ y $\lim_{x\to 2}f(x)=1$

b. $f(2)=1$, $\lim_{x\to 2^-}f(x)=1$, $\lim_{x\to 2^+}f(x)=-1$

c. $f(2)=2$ $\lim_{x\to 2^-}f(x)=1$, $\lim_{x\to 2^+}f(x)=3$

d. $f(2)$ no está definida, $\lim_{x\to 2^-}f(x)=1$, $\lim_{x\to 2^+}f(x)=1$

e. $f(2)$ no está definida, $\lim_{x\to 2^-}f(x)=1$, $\lim_{x\to 2^+}f(x)=2$

f. $f(2)$ no está definida, $\lim_{x\to 2^-}f(x)=1$, $\lim_{x\to 2^+}f(x)$ no existe

3 Límites infinitos y en el infinito

3.1. Límites infinitos

Vamos a estudiar límites que se hacen arbitrariamente grandes en valor absoluto. Estos límites juegan un papel primordial en el dibujo de las gráficas de muchas funciones, como las racionales.

Ejemplo

Analizamos el límite $\lim_{x \to -1} \frac{2}{(x+1)^2} = \frac{\lim_{x \to -1} 2}{\lim_{x \to -1} (x+1)^2} = \frac{2}{\lim_{x \to -1} (x+1)^2}$.

Como no se puede dividir entre cero, debemos ayudarnos de la calculadora para decidir si dicho límite existe o no. Vemos los valores en la tabla:

x	−1,01	−1,001	−0,99	0,999
$f(x)$	20 000	2 000 000	20 000	2 000 000

Como los valores de $f(x)$ no se aproximan a ningún valor concreto, sino que se hacen arbitrariamente grandes, se concluye que $\lim_{x \to -1} \frac{2}{(x+1)^2}$ no existe.

En la gráfica podemos observar esta situación: a medida que x toma valores próximos a −1, los correspondientes valores de $f(x)$ se hacen muy grandes.

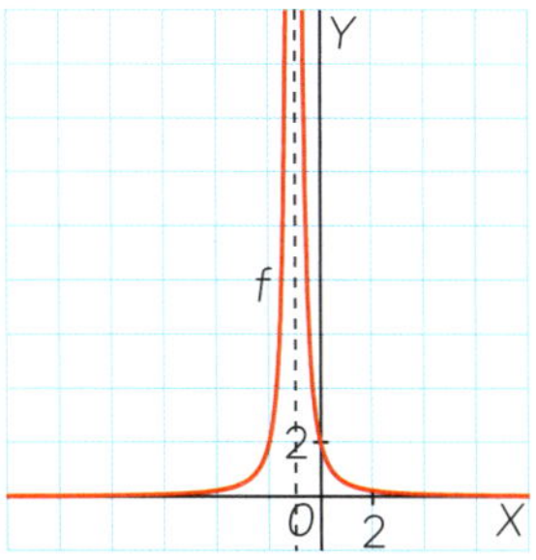

Esta situación se resume diciendo que "el límite de $f(x)$ cuando x tiende a −1 es más infinito" y lo escribimos como $\lim_{x \to -1} f(x) = +\infty$.

La expresión $\lim_{x \to a} f(x) = +\infty$ significa que siempre que x tome valores próximos a a, por ambos lados, los correspondientes valores de f se harán arbitrariamente grandes y positivos.

$\lim_{x \to a} f(x) = -\infty$ se define de forma análoga.

La expresión ∞ sin signo solo se refiere al valor absoluto y quiere decir que puede ser tanto $+\infty$ como $-\infty$.

Sin embargo, en muchas ocasiones el resultado depende del lado por el que x se acerca al valor en cuestión, lo que hace preciso recurrir a los **límites laterales**.

29 Actividad resuelta

Estudia el límite de $f(x) = \frac{1}{(x-2)^3}$ cuando x tiende a 2.

Asignamos valores cercanos a 2, tanto menores como mayores y los vemos en la tabla:

x	1,9	1,99	2,1	2,01
$f(x)$	−1000	−1 000 000	1000	1 000 000

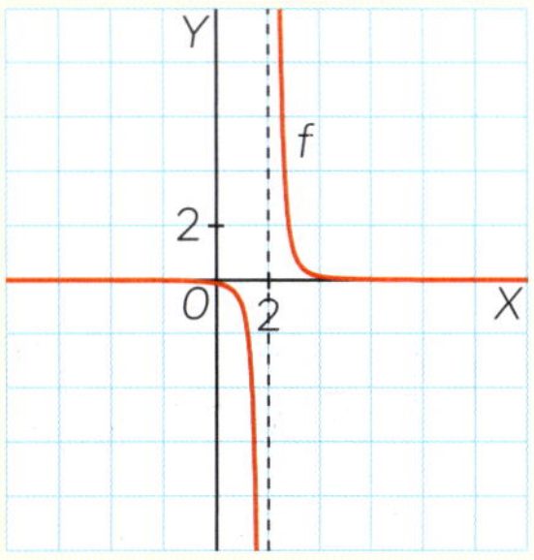

Si x se aproxima a 2 por su izquierda (valores menores que 2), el denominador es negativo y $f(x)$ toma valores muy grandes en valor absoluto y negativos. Sin embargo, si se acerca a 2 por la derecha (valores mayores que 2), los correspondientes valores de $f(x)$ se hacen también muy grandes en valor absoluto pero positivos. Podemos verlo en la gráfica de la función.

Esta situación se resume diciendo que $\lim_{x \to 2^-} \frac{1}{(x-2)^3} = -\infty$ y $\lim_{x \to 2^+} \frac{1}{(x-2)^3} = +\infty$, y concluimos que $\lim_{x \to 2} \frac{1}{(x-2)^3}$ no existe.

La expresión $\lim_{x \to a^-} f(x) = +\infty$ quiere decir que siempre que x tome valores próximos a a, pero menores que a, los correspondientes valores de f se hacen arbitrariamente grandes. Análogamente se definen $\lim_{x \to a^+} f(x) = +\infty$, $\lim_{x \to a^-} f(x) = -\infty$ y $\lim_{x \to a^+} f(x) = -\infty$.

30 **Calcula los siguientes límites.**

a. $\lim_{x \to 1^-} \dfrac{x^2 - 3x}{x - 1}$, $\lim_{x \to 1^+} \dfrac{x^2 - 3x}{x - 1}$ y $\lim_{x \to 1} \dfrac{x^2 - 3x}{x - 1}$

b. $\lim_{x \to -1^-} \dfrac{-3 - 2x}{(1 - x)^4}$, $\lim_{x \to -1^+} \dfrac{-3 - 2x}{(1 - x)^4}$ y $\lim_{x \to -1} \dfrac{-3 - 2x}{(1 - x)^4}$

c. $\lim_{x \to 0^-} \dfrac{e^x}{x}$, $\lim_{x \to 0^+} \dfrac{e^x}{x}$ y $\lim_{x \to 0} \dfrac{e^x}{x}$

31 **Ayudándote de la calculadora, obtén los siguientes límites.**

a. $\lim_{x \to -3} e^x + 5$

b. $\lim_{x \to 0} \dfrac{e^x - 1}{x}$

c. $\lim_{x \to 0} \dfrac{|x|}{x}$

d. $\lim_{x \to 2} \dfrac{\ln(x - 1)}{x - 2}$

32 **Las gráficas siguientes corresponden a cuatro funciones que no están definidas en $x = 1$. Asocia cada gráfica con alguna de estas funciones:**

A. $f(x) = \dfrac{1}{x^2 - 1}$

B. $g(x) = \dfrac{1}{(x - 1)^2}$

C. $h(x) = \dfrac{1}{1 - x}$

D. $j(x) = \dfrac{1}{(x^2 - 1)^2}$

I.

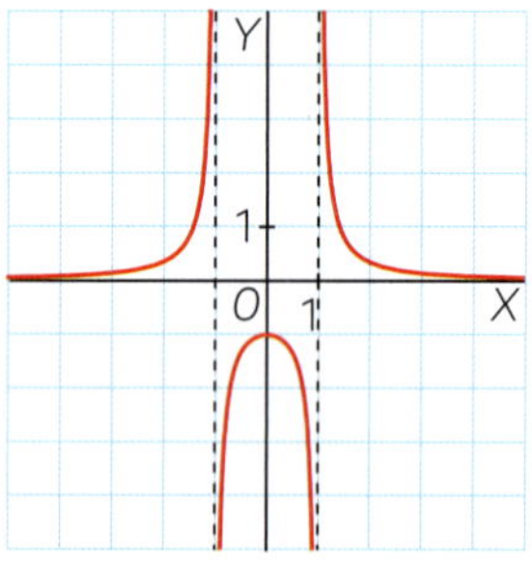

III.

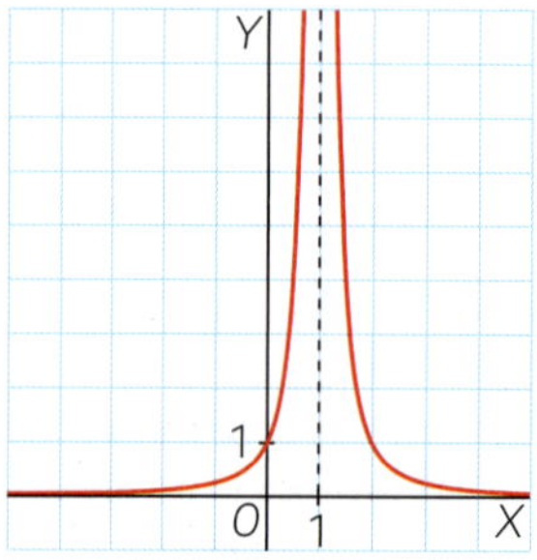

II.

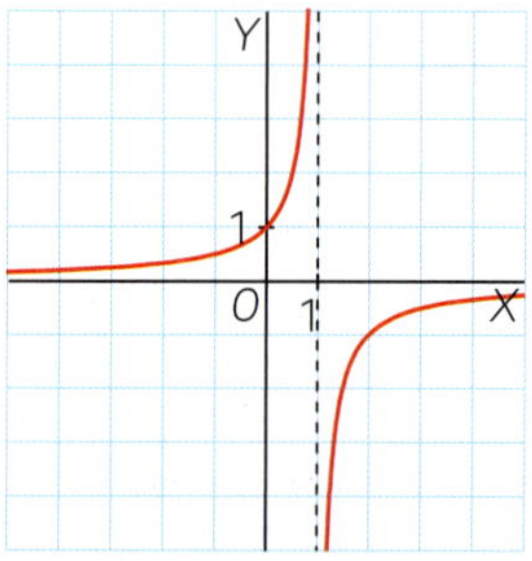

IV.

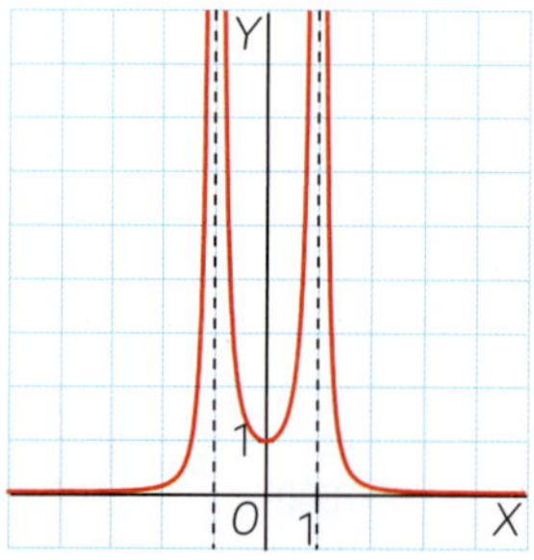

33 **Calcula $\lim_{x \to 4^-} f(x)$, $\lim_{x \to 4^+} f(x)$ y $\lim_{x \to 4} f(x)$ en cada caso.**

a.

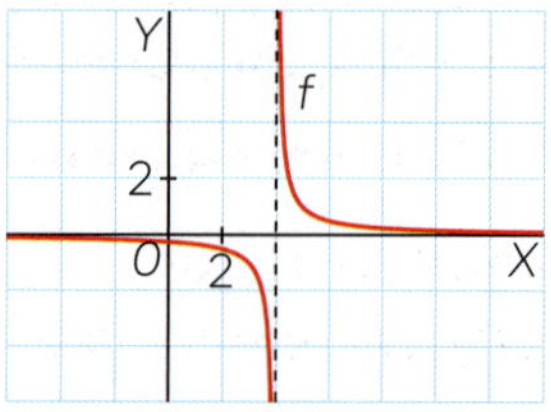

b.

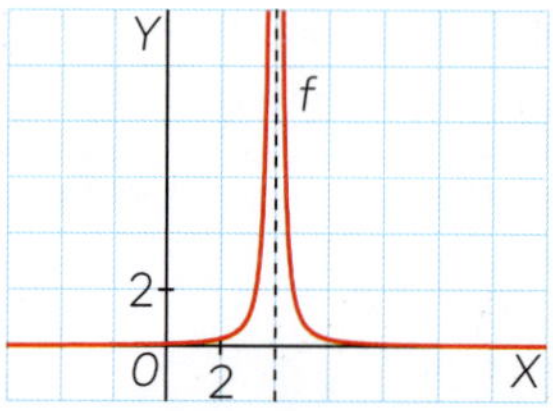

4.2. Límites en el infinito

Los límites pueden utilizarse para estudiar el comportamiento de una función cuando la variable independiente toma valores muy grandes en valor absoluto.

34 Actividad resuelta

Los beneficios de una empresa vienen dados por la función $B(x)=\dfrac{3x-5}{x+2}$, donde x es el dinero invertido en publicidad y $B(x)$ los beneficios, ambos en miles de euros. ¿Hacia qué valor tienden los beneficios a medida que se incrementa el gasto en publicidad?

Observamos que a medida que x aumenta, los beneficios $B(x)$ se acercan a 3.

x	5	20	100	5000
$B(x)$	1,429	2,5	2,892	2,999

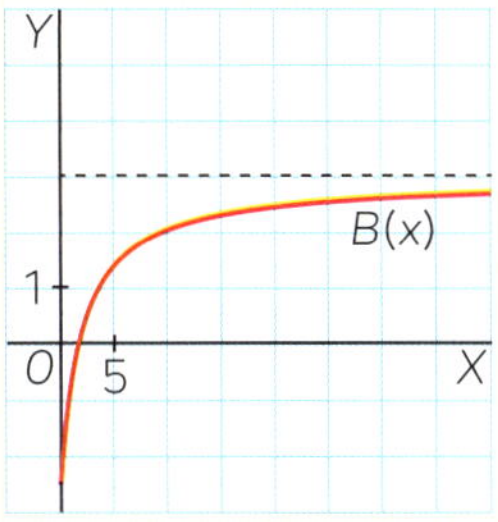

Esta situación se representa matemáticamente escribiendo que $\lim\limits_{x\to+\infty}\dfrac{3x-5}{x+2}=3$. Viendo la gráfica, se observa que por grande que sea la inversión en publicidad, los beneficios nunca llegarán a 3000 €.

La expresión $\lim\limits_{x\to+\infty} f(x)=l$ quiere decir que siempre que x tome valores muy grandes y positivos, los correspondientes valores de f se aproximan al número l tanto como queramos. Análogamente se define $\lim\limits_{x\to-\infty} f(x)=l$.

35 Actividad resuelta

Calcula $\lim\limits_{x\to+\infty} f(x)$ con $f(x)=\dfrac{x-x^3}{x+1}$.

A medida que x aumenta, $f(x)$ toma valores muy grandes en valor absoluto, pero negativos.

x	10	100	1000	10000
$f(x)$	−90	−9900	−999 000	−99 990 000

Esta situación se expresa así: $\lim\limits_{x\to+\infty}\dfrac{x-x^3}{x+1}=-\infty$

La expresión $\lim\limits_{x\to+\infty} f(x)=+\infty$ quiere decir que siempre que x tome valores muy grandes y positivos, los correspondientes valores de f se hacen arbitrariamente grandes. Análogamente se definen $\lim\limits_{x\to-\infty} f(x)=+\infty$, $\lim\limits_{x\to+\infty} f(x)=-\infty$ y $\lim\limits_{x\to-\infty} f(x)=-\infty$.

Para calcular límites cuando $x\to-\infty$, y para evitar confusiones de signo, se puede aplicar esta igualdad: $\lim\limits_{x\to-\infty} f(x)=\lim\limits_{x\to+\infty} f(-x)$

36 Calcula los siguientes límites.

a. $\lim\limits_{x\to+\infty}\dfrac{(2x-1)(2+3x)}{2x^2-5}$

b. $\lim\limits_{x\to+\infty}\dfrac{3x^2-5}{x+2}$

c. $\lim\limits_{x\to-\infty}\dfrac{x-1}{x^2-4}$

d. $\lim\limits_{x\to+\infty}\ln\left(\dfrac{1}{x}\right)$

37 Calcula los valores de a para que $\lim\limits_{x\to+\infty}\dfrac{(ax-x)(2+ax)}{3x^2+1}=2$.

38 La evolución de la población de un país europeo, en millones de habitantes, se puede aproximar mediante la función $P(t)=\dfrac{20t}{4+t^2}+40, t\ge 0$ donde t se mide en años.

a. Calcula la población actual (para $t=0$).

b. Determina el límite de $P(t)$ cuando t tiende a infinito.

4 Cálculo de límites. Indeterminaciones

4.1. Indeterminaciones

En la mayoría de los límites estudiados hasta el momento, se ha calculado el valor del límite elaborando una pequeña tabla de valores con la ayuda de la calculadora. Sin embargo, esta tarea se agiliza bastante aplicando las propiedades de los límites y utilizando algunas técnicas sencillas.

Ejemplo

- $\lim_{x\to -1} \frac{x+5}{x+2} = \frac{-1+5}{-1+2} = \frac{4}{1} = 4$
- $\lim_{x\to 3} \frac{x+1}{x-3} = \frac{4}{0}$. La expresión $\frac{4}{0}$ no está definida en $\mathbb{R}$. En realidad, el denominador no será nunca cero, pero sí un número muy cercano a cero y dicho cociente será, por tanto, un número (positivo o negativo) muy grande en valor absoluto. Es decir, el límite será $+\infty$, $-\infty$, o no existirá, dependiendo de si los límites laterales coinciden o no.

$$\lim_{x\to 3^-} \frac{x+1}{x-3} = \frac{+}{-} = -\infty, \quad \lim_{x\to 3^+} \frac{x+1}{x-3} = \frac{+}{+} = +\infty \Rightarrow \text{No existe } \lim_{x\to 3} \frac{x+1}{x-3}.$$

- $\lim_{x\to -2} \frac{x^2+5x+6}{x+2}$ da lugar a la indeterminación $\frac{0}{0}$. Para obtener el valor del límite, se factorizan los polinomios que intervienen y el límite queda $\lim_{x\to -2} \frac{(x+2)(x+3)}{x+2}$. Cuando x toma valores cercanos a –2, los factores $(x + 2)$ del numerador y denominador nunca llegan a ser 0 y pueden eliminarse, quedando:

$$\lim_{x\to -2} \frac{x^2+5x+6}{x+2} = \lim_{x\to -2} \frac{(x+2)(x+3)}{x+2} = \lim_{x\to -2}(x+3) = -2+3 = 1$$

En realidad, $f(x) = \frac{(x+2)(x+3)}{x+2}$ y $g(x) = x + 3$ no son la misma función, pues $f(-2)$ no existe pero sí existe $g(-2)$. Sin embargo, analizando la definición de límite, se puede afirmar que si las funciones f y g coinciden para todo x próximo a a pero no necesariamente en $x = a$, entonces, $\lim_{x\to a} f(x) = \lim_{x\to a} g(x)$ cuando cualquiera de los dos existe.

- $\lim_{x\to 2}\left(\frac{x+2}{x-2} - \frac{x^3}{x^2-4}\right)$. En este caso, llegamos a una expresión del tipo $+\infty - \infty$. El límite se resuelve operando las fracciones:

$$\lim_{x\to 2}\left(\frac{x+2}{x-2} - \frac{x^3}{x^2-4}\right) = \lim_{x\to 2} \frac{x^2+4x+4-x^3}{x^2-4}$$

$$\lim_{x\to 2^-} \frac{-x^3+x^2+4x+4}{x^2-4} = \frac{+}{-} = -\infty \qquad \lim_{x\to 2^+} \frac{-x^3+x^2+4x+4}{x^2-4} = \frac{+}{+} = +\infty$$

Como los límites laterales no coinciden, no existe $\lim_{x\to 2} \frac{x^2+4x+4-x^3}{x^2-4}$, como tampoco existe $\lim_{x\to 2}\left(\frac{x+2}{x-2} - \frac{x^3}{x^2-4}\right)$.

- $\lim_{x\to +\infty}\left(\sqrt{x^2+3x} - x\right)$ da lugar a una expresión del tipo $+\infty - \infty$.

Para resolverlo, se busca una función $g(x)$ que coincida con f y no dé lugar a una expresión del tipo $+\infty - \infty$. Esto se consigue multiplicando y dividiendo por la expresión conjugada:

$$\lim_{x\to +\infty} \frac{x^2+3x-x^2}{\sqrt{x^2+3x}+x} = \lim_{x\to +\infty} \frac{3x}{\sqrt{x^2+3x}+x} = \lim_{x\to +\infty} \frac{\frac{3x}{x}}{\sqrt{\frac{x^2+3x}{x^2}}+\frac{x}{x}} = \lim_{x\to +\infty} \frac{3}{\sqrt{1+\frac{3}{x}}+1} = \frac{3}{2}$$

Las siguientes igualdades solo tienen sentido entendiéndolas como límites.

Suma	
$a + \infty = +\infty$	$+\infty + \infty = +\infty$
$a - \infty = -\infty$	$-\infty - \infty = -\infty$

Producto	
$(+\infty)(+\infty) = +\infty$	$(-\infty)(-\infty) = +\infty$
$(+\infty)(-\infty) = -\infty$	
Si $a > 0$ $a(+\infty) = +\infty$ $a(-\infty) = -\infty$	Si $a < 0$ $a(+\infty) = -\infty$ $a(-\infty) = +\infty$

Cociente	
$\frac{a}{+\infty} = 0$	$\frac{a}{-\infty} = 0$
Si $k > 0$ $\frac{+\infty}{k} = +\infty$ $\frac{-\infty}{k} = -\infty$	Si $k < 0$ $\frac{+\infty}{k} = -\infty$ $\frac{-\infty}{k} = +\infty$

Potencia	
Si $n \in \mathbb{N}$	$\left[(+\infty)^n\right] = +\infty$
Si $n \in \mathbb{N}$, impar $[(-\infty)^n] = -\infty$	Si $n \in \mathbb{N}$, par $[(-\infty)^n] = +\infty$
Si $a > 1$ $a^{+\infty} = +\infty$ $a^{-\infty} = 0$	Si $0 < a < 1$ $a^{+\infty} = 0$ $a^{-\infty} = +\infty$
$[(+\infty)^{+\infty}] = +\infty$	$[(+\infty)^{-\infty}] = 0$

Recuerda que el conjugado de $a + b$ es $a - b$.

En los dos últimos ejemplos se ha visto que una expresión del tipo $\infty-\infty$ ha dado lugar a dos resultados diferentes, en el primer caso no existe el límite y $\frac{3}{2}$ en el segundo caso. Decimos que $\infty-\infty$ es una **indeterminación**, ya que no podemos anticipar el resultado.

4.2. Cálculo de límites

En las indeterminaciones hay que manipular la expresión de la función para conseguir otra equivalente (o que coincida con ella salvo en un punto) en la que desaparezca la indeterminación y así determinar el valor del límite.

Indeterminación	Técnicas para calcular el límite
$\frac{0}{0}$	Si la función es racional, se factorizan numerador y denominador.
$\frac{\infty}{\infty}$	Si la función es un cociente de funciones polinómicas o irracionales, se dividen numerador y denominador entre la mayor "potencia" de x que aparezca. En una función racional con raíces cuadradas en el denominador, se multiplica y divide por la expresión conjugada del denominador.
$\infty-\infty$	Se opera la expresión antes de calcular el límite. Si hay raíces cuadradas, se multiplica y se divide por la expresión conjugada.
$0\cdot\infty$	Se opera la expresión antes de calcular el límite. En muchos casos se convierten en las de tipo $\frac{0}{0}$ o $\frac{\infty}{\infty}$.
1^{∞}	Dan lugar a potencias del número e.
0^0 ∞^0	Se toman logaritmos. Las estrategias para resolver los límites resultantes exceden los contenidos de este curso.

Para calcular límites de funciones racionales en el infinito de la forma

$L=\lim\limits_{x\to\pm\infty}\frac{P(x)}{Q(x)}$ siendo $P(x)$ y $Q(x)$ polinomios, basta con comparar los grados de P y Q:

- grado $P>$ grado $Q \Rightarrow L=\pm\infty$
- grado $P<$ grado $Q \Rightarrow L=0$
- grado $P=$ grado $Q \Rightarrow L=\frac{a_n}{b_n}$, donde a_n y b_n son los coeficientes de los términos de mayor grado de P y Q.

39 Actividad resuelta

Calcula el límite $\lim\limits_{x\to+\infty}(x^3-2016x^2-10^{10}x+1)$.

$\lim\limits_{x\to+\infty}(x^3-2016x^2-10^{10}x+1)$ da lugar a una expresión indeterminada del tipo $+\infty-\infty-\infty$.

Escribimos el polinomio: $x^3-2016x^2-10^{10}x+1=x^3\left(1-\frac{2016}{x}-\frac{10^{10}}{x^2}+\frac{1}{x^3}\right)$

$$\lim_{x\to+\infty}(x^3-2016x^2-10^{10}x+1)=\lim_{x\to+\infty}x^3\cdot\lim_{x\to+\infty}\left(1-\frac{2016}{x}-\frac{10^{10}}{x^2}+\frac{1}{x^3}\right)=+\infty\cdot1=+\infty$$

40 Calcula $\lim\limits_{x\to2}f(x)$ en los siguientes casos.

a. $f(x)=\dfrac{x+\frac{1}{x}}{x-\frac{1}{x}}$

b. $f(x)=\dfrac{x^2-7x+10}{x^2-4}$

c. $f(x)=\dfrac{x-2}{x+2}$

d. $f(x)=\dfrac{x^2-4}{x-2}$

41 Calcula los siguientes límites.

a. $\lim\limits_{x\to-1}\dfrac{\sqrt{2+x}-1}{\sqrt{8-x}-3}$

b. $\lim\limits_{x\to1}\dfrac{\sqrt{8+x}}{\sqrt{3+x}-\sqrt{2x+2}}$

42 Calcula los siguientes límites.

a. $\lim\limits_{x\to+\infty}\left(20\sqrt{x}-x\right)$

b. $\lim\limits_{x\to+\infty}\dfrac{(x-3)(2x+1)}{4x^2-3x+1}$

c. $\lim\limits_{x\to-2}\dfrac{x^2+2}{(x+2)^2}$

d. $\lim\limits_{x\to0}\dfrac{5}{x}$

43 Calcula los límites siguientes.

a. $\lim\limits_{x\to-\infty}\dfrac{3}{x+5}$

b. $\lim\limits_{x\to+\infty}\dfrac{3x+2}{\sqrt{16x^2+5}}$

c. $\lim\limits_{x\to-\infty}(2-x)$

d. $\lim\limits_{x\to+\infty}(5-x)(3+x)$

e. $\lim\limits_{x\to+\infty}e^{-x}$

f. $\lim\limits_{x\to-\infty}\left(\dfrac{2}{3x+1}+x\right)$

44 Actividad resuelta

Calcula los límites siguientes.

a. $\lim_{x\to+\infty} \dfrac{x^3+x^2-6x}{x^3+5x}$

b. $\lim_{x\to 0}(3-2x)^{\frac{4}{x}}$

c. $\lim_{x\to+\infty} \dfrac{8^x+5^x}{9^x+2^x}$

d. $\lim_{x\to 4} \dfrac{x^2-16}{\sqrt{x}-2}$

e. $\lim_{x\to+\infty} \left(\sqrt{x+1}-\sqrt{x}\right)x$

a. $\lim_{x\to 0} \dfrac{x^3+x^2-6x}{x^3+5x} = \dfrac{0}{0}$ (indet.) $\to \lim_{x\to 0} \dfrac{x^3+x^2-6x}{x^3+5x} = \lim_{x\to 0} \dfrac{x(x+3)(x-2)}{x(x^2+5)} = \lim_{x\to 0} \dfrac{(x+3)(x-2)}{x^2+5} = -\dfrac{6}{5}$

b. $\lim_{x\to 0}(3-2x)^{\frac{4}{x}} = 3^{\frac{4}{0}} = \infty$ Es necesario calcular los límites laterales:

$\lim_{x\to 0^-}(3-2x)^{\frac{4}{x}} = 3^{-\infty} = \dfrac{1}{3^{\infty}} = 0$ $\qquad$ $\lim_{x\to 0^+}(3-2x)^{\frac{4}{x}} = 3^{+\infty} = +\infty$

Como los límites laterales no coinciden, concluimos que no existe el límite pedido.

c. $\lim_{x\to+\infty} \dfrac{8^x+5^x}{9^x+2^x} = \dfrac{+\infty}{+\infty}$ (indet.) $\to \lim_{x\to+\infty} \dfrac{8^x+5^x}{9^x+2^x} = \lim_{x\to+\infty} \dfrac{\frac{8^x}{9^x}+\frac{5^x}{9^x}}{\frac{9^x}{9^x}+\frac{2^x}{9^x}} = \lim_{x\to+\infty} \dfrac{\left(\frac{8}{9}\right)^x+\left(\frac{5}{9}\right)^x}{1+\left(\frac{2}{9}\right)^x} = \dfrac{0+0}{1+0} = 0$

d. $\lim_{x\to 4} \dfrac{x^2-16}{\sqrt{x}-2} = \dfrac{0}{0}$ (indet.) $\to \lim_{x\to 4} \dfrac{x^2-16}{\sqrt{x}-2} = \lim_{x\to 4} \dfrac{(x+4)(x-4)}{\sqrt{x}-2} = \lim_{x\to 4} \dfrac{(x+4)\left(\sqrt{x}+2\right)\left(\sqrt{x}-2\right)}{\sqrt{x}-2} =$

$= \lim_{x\to 4}(x+4)\left(\sqrt{x}+2\right) = 8\cdot 4 = 32$

e. $\lim_{x\to+\infty} \left(\sqrt{x+1}-\sqrt{x}\right)x = 0\cdot(+\infty)$ que es una indeterminación. Multiplicamos y dividimos por el conjugado:

$$\lim_{x\to+\infty} \left(\sqrt{x+1}-\sqrt{x}\right)x = \lim_{x\to+\infty} \frac{\left(\sqrt{x+1}-\sqrt{x}\right)\left(\sqrt{x+1}+\sqrt{x}\right)x}{\sqrt{x+1}+\sqrt{x}} = \lim_{x\to+\infty} \frac{(x+1-x)x}{\sqrt{x+1}+\sqrt{x}} =$$

$$= \lim_{x\to+\infty} \frac{x}{\sqrt{x+1}+\sqrt{x}} = \frac{+\infty}{+\infty} \text{ (indet.)} \to \lim_{x\to+\infty} \frac{x}{\sqrt{x+1}+\sqrt{x}} =$$

$$= \lim_{x\to+\infty} \frac{\frac{x}{x}}{\sqrt{\frac{x+1}{x^2}}+\sqrt{\frac{x}{x^2}}} = \lim_{x\to+\infty} \frac{1}{\sqrt{\frac{1}{x}+\frac{1}{x^2}}+\sqrt{\frac{1}{x}}} = \frac{1}{0} = +\infty$$

ya que $\left(\sqrt{x+1}-\sqrt{x}\right)x > 0$ para $x > 0$.

45 Calcula estos límites. Si dan lugar a indeterminaciones indica de qué tipo son y resuélvelas.

a. $\lim_{x\to+\infty} \left(7-\dfrac{3}{x}\right)$

b. $\lim_{x\to-3} \dfrac{x^2-x+1}{x-2}$

c. $\lim_{x\to-\infty} (3x^2+x-5)$

d. $\lim_{x\to 2} \dfrac{x^3-8}{x^2-4}$

e. $\lim_{x\to 0} \dfrac{1-\sqrt{1-x^2}}{x^2}$

f. $\lim_{x\to 1} \dfrac{1-x^2}{2-\sqrt{x^2+3}}$

g. $\lim_{x\to 1} \dfrac{x^3-x^2-4x+4}{(x-1)^3}$

h. $\lim_{x\to+\infty} (3x^2+x-5)$

i. $\lim_{x\to 1} \left(\dfrac{x+2}{x-1}-\dfrac{x-3}{x^2-3x+2}\right)$

46 Calcula estos límites en el infinito.

a. $\lim_{x\to+\infty} \dfrac{3x-2}{2x+5}$

b. $\lim_{x\to+\infty} \dfrac{5-x}{x+5}$

c. $\lim_{x\to+\infty} \left(3x-5\sqrt{x}\right)$

d. $\lim_{x\to+\infty} (x^3-3x^2+2x)$

e. $\lim_{x\to+\infty} \left(\dfrac{2}{3x}-\dfrac{3}{2x+1}\right)$

f. $\lim_{x\to+\infty} x^2\left(\dfrac{1}{x}-\dfrac{1}{x+1}\right)$

g. $\lim_{x\to+\infty} \left(\dfrac{1+x}{x}-\dfrac{2+x}{1+x}\right)$

h. $\lim_{x\to+\infty} \dfrac{(2-x)(8x-3)}{(2x-1)^2}$

47 Actividad resuelta

El alquiler mensual de un local dedicado a la fabricación de paneles solares por encargo asciende a 3000 €. El precio de venta de un panel viene dado por la función $V(x)=\dfrac{7000}{x+1}$ donde x representa el número total de paneles fabricados.

a. Encuentra la función que expresa los beneficios en relación al número de paneles vendidos.

b. Si el número de paneles vendidos aumenta considerablemente, ¿también lo harán los beneficios o están limitados de alguna manera?

a. La función beneficio al vender x paneles, $B(x)$, será igual a ventas menos costes:

$$B(x)=\frac{7000}{x+1}\cdot x-3000$$

b. $\lim\limits_{x\to+\infty} B(x)=\lim\limits_{x\to+\infty}\left(\dfrac{7000}{x+1}\cdot x-3000\right)=\lim\limits_{x\to+\infty}\left(\dfrac{4000x-3000}{x+1}\right)=\dfrac{+\infty}{+\infty}\text{(indet)}\to$

$$\to\lim_{x\to+\infty}\left(\frac{4000x-3000}{x+1}\right)=\lim_{x\to+\infty}\left(\frac{\frac{4000x}{x}-\frac{3000}{x}}{\frac{x}{x}+\frac{1}{x}}\right)=\lim_{x\to+\infty}\left(\frac{4000-\frac{3000}{x}}{1+\frac{1}{x}}\right)=4000$$

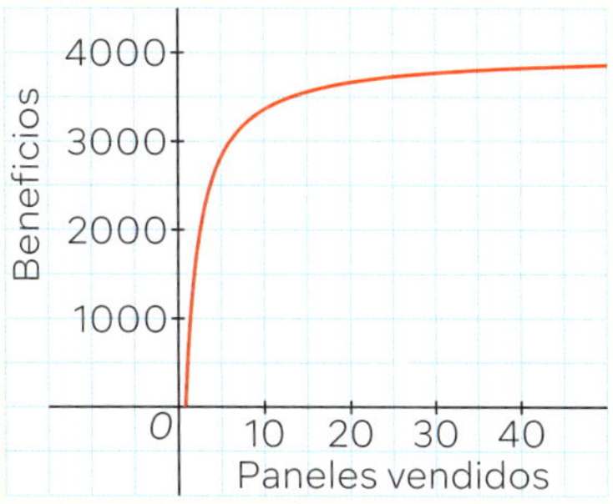

Los beneficios nunca superarán los 4000 €.

48 Se sabe que los costes totales de fabricar x unidades de un determinado producto vienen dados por la expresión $C(x)=3x^2-27x+108$.

a. Encuentra la función que devuelve el coste unitario medio.

b. A medida que se fabrican más y más unidades, ¿el beneficio medio está acotado o crece indefinidamente?

49 Se define poder adquisitivo, PA, como la cantidad de bienes o servicios (de precio unitario, PU) que podemos adquirir con una determinada cantidad de dinero, T, es decir: $PA=\dfrac{T}{PU}$. Por ejemplo, si disponemos de 180 € para la compra de libros que cuestan 15 € cada uno, tenemos un poder adquisitivo de 12 libros. Calcula el límite del poder adquisitivo cuando T y PU dependen del tiempo t y este tiende a más infinito, en los casos siguientes.

a. $T(t)=5t+1$ y $PU(t)=t^2+1$ b. $T(t)=8t^2+t$ y $PU(t)=2t^2-3$ c. $T(t)=3t+12$ y $PU(t)=250$

50 Con el objetivo de reducir la huella ecológica de consumir kiwis, una empresa decidió hace años empezar con un cultivo local y evitar así tener que importarlos desde Nueva Zelanda. El balance económico mensual, en miles de euros, de dicha compañía agrícola viene dado por $f(x)=3-\dfrac{5}{x+2}$, $x\geq 0$, donde x es el precio en euros de un kilo de kiwis. ¿A qué valor tienden sus ganancias o pérdidas a largo plazo?

51 Se ha estimado que la población de un barrio periférico de una gran ciudad evolucionará siguiendo el modelo $P(t)=\dfrac{240+20t}{16+t}$ en miles de habitantes, donde t indica los años transcurridos desde su construcción en el año 2005.

a. ¿Qué población tenía dicho barrio en el año 2005?

b. ¿Qué población tendrá dicho barrio en el año 2025?

c. ¿Será posible que la población del barrio duplique la población inicial?

d. A largo plazo, ¿se estabilizará la población de esta zona?

4.3. Indeterminación 1^{∞}

Tal y como muestra la tabla, si se obtiene con la calculadora la imagen para valores grandes de x de la función $f(x)=\left(1+\frac{1}{x}\right)^x$, se observa que esas imágenes se van acercando a un cierto número, menor que 3.

x	1	10	100	1000	10 000	100 000	9 999 999 999
$f(x)=\left(1+\frac{1}{x}\right)^x$	2	2,593 742	2,704 814	2,716 924	2,718 146	2,718 268	2,718 282

Este número es irracional y se conoce como **número *e***. Sus primeras cifras son: $e=2{,}718\,281\,828\,459\,045\,235\,36...$

Así pues: $\lim\limits_{x\to+\infty}\left(1+\frac{1}{x}\right)^x=e$

En general, se prueba que:

$$\lim_{g(x)\to+\infty}\left(1+\frac{1}{g(x)}\right)^{g(x)}=e \qquad \lim_{g(x)\to-\infty}\left(1+\frac{1}{g(x)}\right)^{g(x)}=e$$

El número *e* aparece en muchas situaciones en la vida real tales como: propagación de una epidemia, enfriamiento de un cuerpo, crecimiento de una población...

Con las propiedades que se conocen de los límites, se puede calcular el límite de expresiones exponenciales en las que la base tenga por límite 1 y el exponente tienda a $-\infty$ o $+\infty$.

52 Actividad resuelta

Calcula $\lim\limits_{x\to+\infty}\left(\frac{2x+3}{2x-1}\right)^{x+5}$.

$$\lim_{x\to+\infty}\left(\frac{2x+3}{2x-1}\right)^{x+5}=\lim_{x\to+\infty}\left(\frac{2x+3}{2x-1}\right)^{\lim\limits_{x\to+\infty}(x+5)}=\left(\frac{+\infty}{+\infty}\right)^{+\infty}\text{(indet.)}\to\lim_{x\to+\infty}\left(\frac{\frac{2x}{x}+\frac{3}{x}}{\frac{2x}{x}-\frac{1}{x}}\right)^{\lim\limits_{x\to+\infty}(x+5)}=1^{+\infty}$$

Como se llega a una expresión indeterminada, se busca transformar la función $f(x)$ en una expresión parecida a la que aparece en la definición del número e.

$$f(x)=\left(\frac{2x+3}{2x-1}\right)^{x+5}=\left(1+\frac{4}{2x-1}\right)^{x+5}=\left(1+\frac{1}{\frac{2x-1}{4}}\right)^{x+5}=\left[\left(1+\frac{1}{\frac{2x-1}{4}}\right)^{\frac{2x-1}{4}}\right]^{\frac{x+5}{\frac{2x-1}{4}}}$$

Así pues, $f(x)=\left[b(x)\right]^{c(x)}$, siendo $b(x)=\left(1+\frac{1}{\frac{2x-1}{4}}\right)^{\frac{2x-1}{4}}$ y $c(x)=\frac{x+5}{\frac{2x-1}{4}}=\frac{4x+20}{2x-1}$, por lo que $\lim\limits_{x\to+\infty}b(x)=e$ y $\lim\limits_{x\to+\infty}c(x)=2$, con lo que, finalmente: $\lim\limits_{x\to+\infty}f(x)=e^2$.

53 Calcula $\lim\limits_{x\to2^+}(2x-3)^{\frac{1}{3x-6}}$.

54 Calcula los siguientes límites.

a. $\lim\limits_{x\to+\infty}\left(\frac{x+2}{x-5}\right)^{2x-1}$

b. $\lim\limits_{x\to+\infty}\left(\frac{x^2-x+3}{x^2+3x-1}\right)^{\frac{x^2+1}{x+3}}$

c. $\lim\limits_{x\to+\infty}\left(\frac{3x-2}{x-5}\right)^{x+5}$

d. $\lim\limits_{x\to5^+}\left(\frac{2x}{x+5}\right)^{\frac{1}{x-5}}$

Actividad resuelta

55 Se estima que dentro de t años la población de un país se ajustará a la función $P(t)=\dfrac{a}{2+3e^{-0,06t}}$ en millones de habitantes.

a. Si actualmente la población es de 4 millones, halla el valor del parámetro a.

b. ¿Dentro de cuántos años se duplicará la población?

c. ¿Cuántos habitantes tendrá ese país dentro de muchísimos años?

a. $P(0)=4 \Rightarrow \dfrac{a}{2+3e^{-0,06\cdot 0}}=\dfrac{a}{2+3e^{0}}=\dfrac{a}{2+3}=4 \Rightarrow a=20$

b. $2\cdot 4=\dfrac{20}{2+3e^{-0,06t}} \Rightarrow 16+24e^{-0,06t}=20 \Rightarrow 24e^{-0,06t}=4 \Rightarrow e^{-0,06t}=\dfrac{1}{6} \Rightarrow e^{0,06t}=6$

Tomando logaritmos: $\ln e^{0,06t}=\ln 6 \Rightarrow 0,06t=\ln 6 \Rightarrow t=\dfrac{\ln 6}{0,06}\simeq 30$ años

c. $\lim\limits_{t\to+\infty}\dfrac{20}{2+3e^{-0,06t}}=\dfrac{20}{2+3\cdot 0}=10$ millones de habitantes

Es decir, la población tiende a aproximarse a 10 millones de habitantes.

56 El actual modelo urbano emite demasiado CO_2 y una ciudad busca reducirlo con un modelo de movilidad más limpio y sostenible. Cuando se aplique dicho modelo de manera completa, las emisiones por habitante se ajustarán a la función $E(t)=\dfrac{k}{2-e^{0,05t}}$ en toneladas.

a. Si actualmente la emisión per cápita es de 5 toneladas de CO_2, halla el valor de k.

b. ¿Cuánto se habrán reducido las emisiones dentro de 10 años?

Actividad resuelta

57 Calcula el valor del parámetro a para que: $\lim\limits_{x\to+\infty}\left(\dfrac{3x-1}{3x+5}\right)^{ax+4}=\dfrac{1}{e}$.

Como el límite es de la forma $1^{+\infty}$, buscamos transformar f en una expresión parecida a la que aparece en la definición del número e.

$$f(x)=\left(\frac{3x-1}{3x+5}\right)^{ax+4}=\left(1+\frac{-6}{3x+5}\right)^{ax+4}=\left(1+\frac{1}{\frac{3x+5}{-6}}\right)^{ax+4}=\left[\left(1+\frac{1}{\frac{3x+5}{-6}}\right)^{\frac{3x+5}{-6}}\right]^{(ax+4)\frac{-6}{3x+5}}$$

$$\lim_{x\to+\infty}\left(\frac{3x-1}{3x+5}\right)^{ax+4}=\lim_{x\to+\infty}\left[\left(1+\frac{1}{\frac{3x+5}{-6}}\right)^{\frac{3x+5}{-6}}\right]^{(ax+4)\frac{-6}{3x+5}}=e^{\lim\limits_{x\to+\infty}\frac{-6ax-24}{3x+5}}=\frac{1}{e}=e^{-1}$$

Para que se cumpla la condición pedida: $\lim\limits_{x\to+\infty}\dfrac{-6ax-24}{3x+5}=-1$

$\lim\limits_{x\to+\infty}\dfrac{-6ax-24}{3x+5}=\dfrac{-\infty}{+\infty}$ que es una indeterminación. Resolviéndola:

$$\lim_{x\to+\infty}\frac{-6ax-24}{3x+5}=-1\Rightarrow\lim_{x\to+\infty}\frac{\frac{-6ax}{x}-\frac{24}{x}}{\frac{3x}{x}+\frac{5}{x}}=\lim_{x\to+\infty}\frac{-6a-\frac{24}{x}}{3+\frac{5}{x}}=\frac{-6a}{3}=-1\Rightarrow a=\frac{1}{2}$$

58 A partir del resultado $\lim\limits_{x\to+\infty}\left(1+\dfrac{1}{x}\right)^{x}=e$, justifica que $\lim\limits_{x\to-\infty}\left(1+\dfrac{1}{x}\right)^{x}=e$.

PISTA: Escribe $\lim\limits_{x\to-\infty}\left(1+\dfrac{1}{x}\right)^{x}$ como $\lim\limits_{x\to+\infty}\left(1-\dfrac{1}{x}\right)^{-x}$ y opera con esta última expresión.

5 Continuidad de una función

5.1. Continuidad de una función en un punto

Hay una clara diferencia entre las gráficas de estas dos funciones. La segunda gráfica presenta una "ruptura" en $x=1$. En cambio, la primera no presenta interrupciones en ningún punto, y tampoco en $x=1$.

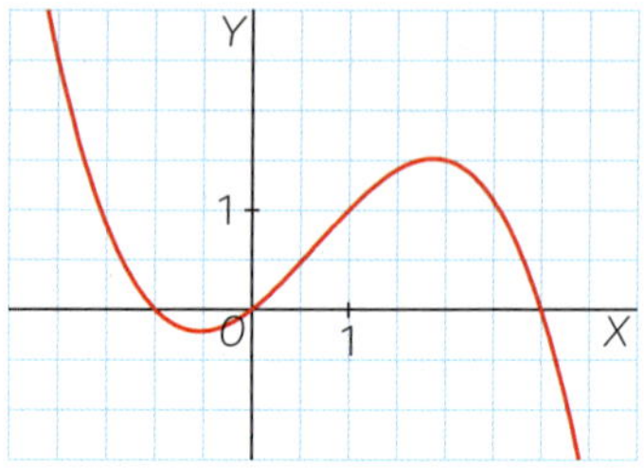

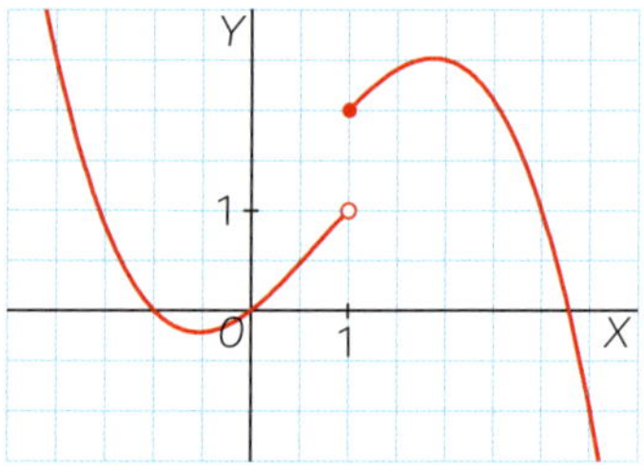

Se dice entonces que la primera función es continua en $x=1$ y que la segunda función es discontinua en $x=1$.

Los límites se utilizan para formalizar matemáticamente esta idea tan intuitiva de la continuidad de una función en un punto:

- En el caso de la función continua, se cumple que $\lim_{x\to 1} f(x) = f(1)$, es decir, el límite y la función valen lo mismo en $x=1$.
- En el caso de la función discontinua, ni siquiera existe $\lim_{x\to 1} f(x)$. Ya que no coinciden los límites laterales, la función presenta un salto.

Una **función** f es **continua en un punto** $x = a$ si se cumplen las tres condiciones siguientes:

1. Que exista $\lim_{x\to a} f(x)$.
2. Que exista $f(a)$.
3. Que ambos números coincidan, es decir, que $\lim_{x\to a} f(x) = f(a)$.

Si una función no es continua en un punto, se dice que es discontinua en él.

5.2. Continuidad de una función en un intervalo

Una función es continua en un intervalo abierto (a, b) si lo es en todos los puntos del mismo.

Una función es continua en un intervalo cerrado $[a, b]$ si lo es en todos los puntos del mismo. Al estudiar la continuidad, hay que tener en cuenta que en los extremos del intervalo solo se pueden calcular los límites laterales por la derecha en $x=a$ y por la izquierda en $x=b$.

59 Actividad resuelta

Un grupo de amigas decidieron, durante su etapa universitaria, poner en marcha su propia empresa. Crearon una *app* en la que proponer y encontrar planes de ocio en cualquier ciudad y decidieron llamarla *#compartuocio*.

Los beneficios de *#compartuocio* (en miles de euros) $B(t)$ durante los primeros 10 años dependen del tiempo transcurrido t (en años) desde su creación según la función: $B(t)=\begin{cases} t^2-8t+2A & \text{si } 1\le t<6 \\ Bt & \text{si } 6\le t\le 10 \end{cases}$.

Calcula, razonando tu respuesta, las constantes A y B, sabiendo que la función $B(t)$ es continua y que en el año 8 obtuvieron unos beneficios de 16 mil euros.

Como la función es continua, también ha de serlo en el punto de cambio, $t=6$, por lo que sus límites laterales tienen que ser iguales a $B(6)$:

$$\left.\begin{array}{l} \lim_{t\to 6^-} B(t) = \lim_{t\to 6}(t^2-8t+2A) = -12+2A \\ \lim_{t\to 6^+} B(t) = \lim_{t\to 6} Bt = 6B \\ B(6) = 6B \end{array}\right\} \Rightarrow -12+2A=6B \Rightarrow A=3B+6$$

Y como el enunciado nos asegura que $B(8) = 8B = 16$, sabemos que $B = 2$. Y ya podemos calcular A: $A=3B+6=3\cdot 2+6=12$

Concluimos que la función $B(t)$ es continua si $A=12$ y $B=2$.

60 Estudia la continuidad de la función:

$$f(x)=\begin{cases}16-x^2 & \text{si } -2\le x<2\\ x^2 & \text{si } 2\le x\le 3\end{cases}$$

61 Se considera la función real de variable real definida por $f(x)=\begin{cases}x+a & \text{si } x<1\\ x^2-2 & \text{si } 1\le x\le 3\\ x+b & \text{si } x>3\end{cases}$. Determina a y b para que f sea continua en todo $\mathbb{R}$.

62 Determina para qué valores de a y b es continua la función $f(x)=\begin{cases}x^2-b & \text{si } x\le 0\\ ax+b & \text{si } 0<x\le 2\\ x^2+b & \text{si } x\ge 2\end{cases}$.

63 Sea $f(x)=\begin{cases}2x^2-ax+1 & \text{si } x\le 1\\ -x^2+3x-b & \text{si } x>1\end{cases}$. Determina los valores a y b que hacen que f sea continua en $x=1$ y que $f\left(\frac{3}{2}\right)=\frac{1}{4}$.

5.3. Continuidad de las funciones elementales

Dadas dos funciones f y g continuas en $x=a$:

1. La función $(f\pm g)(x)=f(x)\pm g(x)$ es continua en $x=a$.
2. La función $(kf)(x)=kf(x)$, con $k\in\mathbb{R}$, es continua en $x=a$.
3. La función $(fg)(x)=f(x)g(x)$ es continua en $x=a$.
4. La función $\left(\frac{f}{g}\right)(x)=\frac{f(x)}{g(x)}$ es continua en $x=a$ siempre que $g(a)\neq 0$.

Tipo de función	Continuidad
Función polinómica	Continua en $\mathbb{R}$
$f(x)=\frac{P(x)}{Q(x)}$ con $P(x)$ y $Q(x)$ polinomios	Continua en $\mathbb{R}-\{x$ tales que $Q(x)=0\}$
$f(x)=\sqrt[n]{P(x)}$	• Si n impar: continua en $\mathbb{R}$ • Si n par: continua en los puntos x tales que $P(x)\ge 0$
$f(x)=a^x$ (con $a\neq 0$)	Continua en $\mathbb{R}$
$f(x)=\log_a x$ (con $a\neq 0$ y $a\neq 1$)	Continua en $\mathbb{R}^+$ (números reales positivos)
$f(x)=\text{sen } x$ y $f(x)=\cos x$	Continuas en $\mathbb{R}$
$f(x)=\text{tg } x$	Continua en $\mathbb{R}-\left\{x=\frac{\pi}{2}+k\pi, \text{con } k\in\mathbb{Z}\right\}$

64 **Actividad resuelta**

Estudia la continuidad de la función:

$$f(x)=\begin{cases}\frac{x^2-4x+3}{x-1} & \text{si } x<1\\ 2x-4 & \text{si } x\ge 1\end{cases}$$

La función $g(x)=\frac{x^2-4x+3}{x-1}$ es continua en el intervalo $(-\infty, 1)$, ya que el único valor problemático sería $x=1$, que no pertenece a dicho dominio al anularse el denominador.

La función $h(x)=2x-4$ es continua en $[1,+\infty)$.

Hay que ver qué sucede en $x=1$, y para eso calculamos los límites laterales:

$$\left.\begin{array}{l}\lim_{x\to 1^-} f(x)=\lim_{x\to 1}\frac{x^2-4x+3}{x-1}=\lim_{x\to 1}\frac{(x-1)(x-3)}{x-1}=\lim_{x\to 1}(x-3)=-2\\ \lim_{x\to 1^+} f(x)=\lim_{x\to 1}(2x-4)=2\cdot 1-4=-2\end{array}\right\}\Rightarrow \lim_{x\to 1} f(x)=-2$$

Como $f(1)=2\cdot 1-4=-2\Rightarrow \lim_{x\to 1} f(x)=f(1)$, la función es continua en $x=1$ y, por tanto, en todo $\mathbb{R}$.

65 Estudia la continuidad de las funciones siguientes.

a. $f(x)=x+2$

b. $f(x)=xe^x+x^2$

c. $f(x)=x^2-\ln x$

d. $f(x)=\dfrac{x+1}{x}$

e. $f(x)=\dfrac{x+1}{x^2-3}$

f. $f(x)=\dfrac{x^2+1}{x^2-25}$

66 Dada la función:

$$f(x)=\begin{cases}\dfrac{x+2}{x-1} & \text{si } x\le 2\\ \dfrac{3x^2-2x}{x+2} & \text{si } x>2\end{cases}$$

Estudia su continuidad.

67 Calcula los valores de a, $b\in\mathbb{R}$ para que la función $f(x)=\begin{cases}x+a & \text{si } x\le 0\\ \dfrac{\sqrt{1+x}-\sqrt{1-x}}{3x} & \text{si } 0<x<1\\ bx & \text{si } x\ge 1\end{cases}$ sea continua en todo punto.

68 Sea la función $f(x)=\begin{cases}e^{x-1} & \text{si } x<1\\ (x+a)^2 & \text{si } x\ge 1\end{cases}$.

¿Para qué valores del parámetro a es continua?

69 Estudia la continuidad de la función real de variable real $f(x)=\begin{cases}e^x & \text{si } x<0\\ \dfrac{x^3}{(x-2)^2}+1 & \text{si } x\ge 0\end{cases}$.

70 **Actividad resuelta**

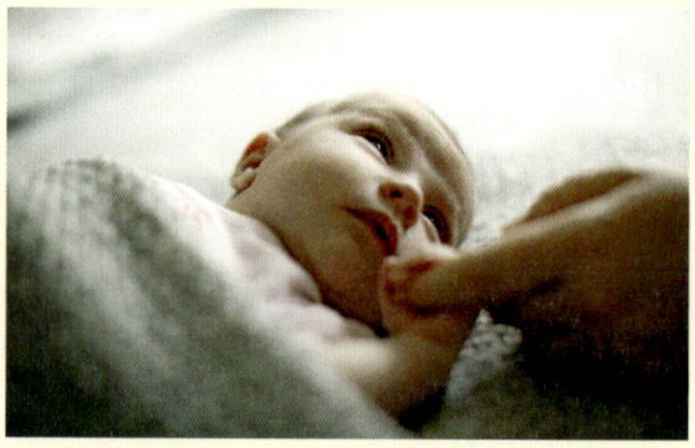

El número de nacimientos (en cientos) anuales en una ciudad, a partir del año 2000 viene dado por la función:

$$N(t)=\begin{cases}\dfrac{1}{4}t^2-3t+15 & \text{si } 0\le t<8\\ 10-\dfrac{6}{t-6} & \text{si } t\ge 8\end{cases}$$

Siendo t los años transcurridos desde el año 2000 ($t=0$).

a. Comprueba que dicha función es continua.

b. ¿Cuál es la tendencia de la natalidad en dicha población?

a. Como el primer tramo es una parábola y el denominador que aparece en la expresión del segundo tramo se anula solo en $t=6$, que no pertenece al tramo ($t\ge 8$), el único punto problemático es $t=8$.

$$\left.\begin{array}{l}\lim\limits_{t\to 8^-}N(t)=\lim\limits_{t\to 8}\left[\dfrac{1}{4}t^2-3t+15\right]=\dfrac{1}{4}\cdot 64-24+15=7\\ \lim\limits_{t\to 8^+}N(t)=\lim\limits_{t\to 8}\left[10-\dfrac{6}{t-6}\right]=10-\dfrac{6}{2}=7\end{array}\right\}\Rightarrow \lim_{t\to 8}N(t)=7$$

Como $N(8)=7=\lim\limits_{t\to 8}N(t)$, la función es continua en $t=8$ y, por tanto, es continua en su dominio.

b. Estudiamos la tendencia con este límite:

$$\lim_{t\to+\infty}N(t)=\lim_{t\to+\infty}\left[10-\dfrac{6}{t-6}\right]=10-0=10$$

Es decir, dicha población tiende a estabilizar su natalidad en torno a la cifra de 1000 nacimientos anuales.

71 El servicio de traumatología de un hospital universitario va a implantar un nuevo sistema para reducir a corto plazo las listas de espera. Se prevé que, a partir de ahora, la siguiente función indique en cada momento (t, medido en meses) el porcentaje de pacientes que podrá ser operado sin necesidad de entrar en lista de espera:

$$P(t)=\begin{cases}t^2-8t+50 & \text{si } 0\le t\le 10\\ \dfrac{38t-100}{0{,}4t} & \text{si } t>10\end{cases}$$

a. Confirma que dicha función es continua y que, por tanto, no presenta un salto en $t=10$.

b. Por mucho tiempo que pase, ¿a qué porcentaje no se llegará nunca?

72 Queremos invertir en un fondo de inversión una cantidad de dinero mayor o igual que 1000 € y menor o igual que 9000 €. El beneficio B que se obtiene depende de la cantidad invertida x, en miles de euros, de la manera siguiente:

$$B(x)=\begin{cases} x-1 & \text{si } 1\leq x<4 \\ -x^2+10x-21 & \text{si } 4\leq x\leq 9 \end{cases}$$

a. Estudia la continuidad de la función B en el intervalo (1, 9).

b. ¿Para qué valores de $x \in [1, 9]$ es positivo el beneficio?

5.4. Tipos de discontinuidad

Dependiendo de qué condición se incumpla en la definición de continuidad en un punto, existen diferentes **tipos de discontinuidad**. Entre ellas, las más habituales son:

Evitables	Inevitables	
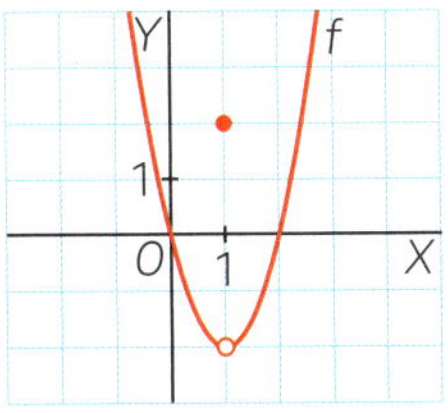	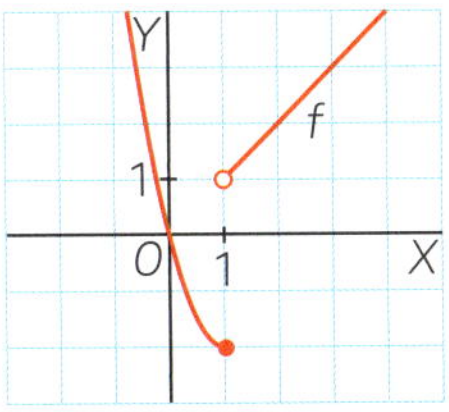 De salto finito	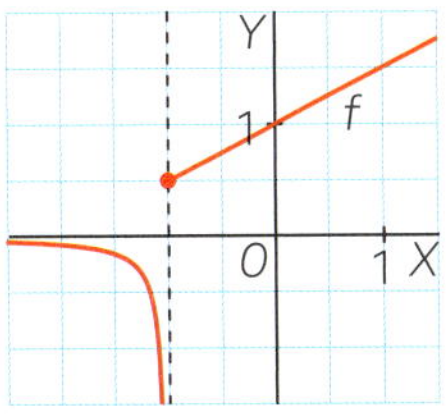 De salto infinito
Existe $\lim_{x\to a} f(x)$ finito pero $\neq f(a)$.	$\lim_{x\to a^+} f(x) \neq \lim_{x\to a^-} f(x) \neq \pm\infty$	$\lim_{x\to a^+} f(x)$ o $\lim_{x\to a^-} f(x)$ son $\pm\infty$.

Ejemplo

$f(x)=\begin{cases} 2x^2-4x & \text{si } x\neq 1 \\ 2 & \text{si } x=1 \end{cases}$ presenta una discontinuidad evitable en $x=1$, ya que $\lim_{x\to 1^-} f(x)=\lim_{x\to 1^+} f(x)=\lim_{x\to 1}(2x^2-4x)=-2\neq f(1)=2$.

73 **Estudia qué tipo de discontinuidad presentan las siguientes funciones.**

a. $g(x)=\begin{cases} 2x^2-4x & \text{si } x\leq 1 \\ x & \text{si } x>1 \end{cases}$

b. $h(x)=\begin{cases} \dfrac{1}{x+1} & \text{si } x<-1 \\ x+1 & \text{si } x\geq -1 \end{cases}$

74 **Estudia la continuidad de las siguientes funciones, especificando su tipo.**

a. $f(x)=\dfrac{x+1}{2x^3-7x^2+5x+4}$

b. $f(x)=\ln\sqrt[3]{x-2}$

c. $f(x)=\begin{cases} x+1 & \text{si } x\leq 0 \\ x^2+1 & \text{si } 0<x\leq 1 \\ 2x+1 & \text{si } x>1 \end{cases}$

d. $f(x)=\left|\dfrac{x}{x-3}\right|$

75 **Un banco ofrece las siguientes ventajas para los jóvenes que se abren una nueva cuenta con 1000 € como mínimo y se comprometen a mantenerlos durante al menos un año. Si se ingresan menos de 2000 € dan un interés del 2 % más una bonificación de 100 €; si se ingresa una cantidad mayor o igual a 2000 € pero menor de 3000 €, aplican un interés del 3 % y una bonificación de 150 €; y así sucesivamente en tramos de 1000 €, aumentando el interés en un 1 % y la bonificación en 50 € en cada caso.**

a. Encuentra la función que devuelve los beneficios para cantidades menores de 5000 €. Dibuja su gráfica. Estudia su continuidad. Describe el tipo de discontinuidad que se da.

b. Violeta y Cristina, dos mellizas que acaban de cumplir los 18, van a abrir una cuenta con 2100 € cada una. ¿Qué les resulta más ventajoso, abrir dos cuentas por separado o abrir una única cuenta común?

6 Teoremas relacionados con la continuidad

6.1. Teorema de Bolzano

Una función, por el mero hecho de ser continua en un intervalo cerrado, tiene algunas propiedades muy útiles. No las vamos a demostrar rigurosamente, pero sí vamos a dar alguna explicación visual que las justifique.

El **teorema de Bolzano** nos dice que:

> Si f es una función real y continua en el intervalo cerrado $[a, b]$ toma valores de distinto signo en a y en b, entonces, existe al menos un valor c, comprendido entre a y b, tal que $f(c) = 0$.

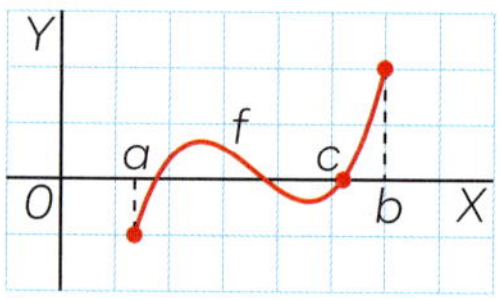

Ejemplo

La función $f(x) = 2x^2 + x - 1$ corta al eje X en algún punto del intervalo $(0, 1)$, ya que $f(x)$ es continua en $[0, 1]$; y $f(0) = -1$, $f(1) = 2$ tienen distinto signo.

Es fácil comprobar la afirmación en la gráfica.

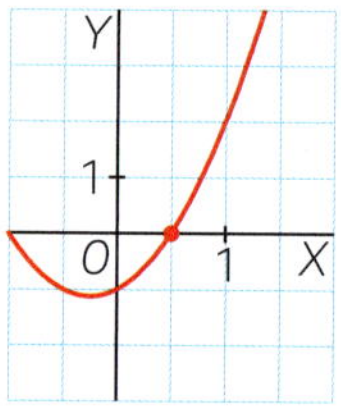

76 **MAT-TIC** **Profundiza en la comprensión y el manejo del *teorema de Bolzano* con ayuda del interactivo de GeoGebra.**

Este resultado tan intuitivo (una función continua que pasa de ser positiva a negativa, a la fuerza tiene que valer 0 en algún punto y cortar al eje X) es muy útil para estudiar la existencia de soluciones en ecuaciones.

77 **Actividad resuelta**

Demuestra que la ecuación $2x^5 - 3x^2 - 3 = 0$ tiene al menos una solución real comprendida entre 1 y 2.

La función polinómica $f(x) = 2x^5 - 3x^2 - 3$ es continua en el intervalo $[1, 2]$ y, además, $f(1) = -4$ y $f(2) = 49$.

Podemos aplicar el teorema de Bolzano y asegurar que existe un valor c, $1 < c < 2$ tal que $f(c) = 0$, es decir, $2c^5 - 3c^2 - 3 = 0$.

c es solución de la ecuación y será de la forma 1,...

Para buscar una solución más aproximada, "se estrecha" el intervalo de tal manera que $f(x)$ siga teniendo signos diferentes en sus extremos:

$$f(1{,}3) = -0{,}644 \qquad f(1{,}4) = 1{,}876$$

Una solución de la ecuación es de la forma 1,3...

Reiterando el proceso, se puede encontrar la solución con la aproximación que queramos.

78 **Demuestra que la ecuación $1 - \ln(1 + x) = \sqrt{x}$ tiene, al menos, una solución y hállala con aproximación a las décimas.**

79 **Demuestra que la ecuación $x^3 + 5x + 1 = 0$ tiene alguna solución real y da una aproximación correcta hasta las décimas.**

80 **La función $f(x) = \dfrac{3}{x-2}$ cumple que $f(1) = -3$ y $f(3) = 3$ y no corta al eje X en ningún punto. ¿Contradice este ejemplo el teorema de Bolzano? ¿Cómo lo explicas?**

81 **Demuestra que la ecuación $x^3 + x - 5 = 0$ tiene al menos una solución real menor que 2 y mayor que 1.**

6.2. Teorema de los valores intermedios

Este resultado es una generalización del teorema de Bolzano y resulta igual de intuitivo:

> Si f es una función continua en el intervalo cerrado $[a, b]$, entonces f toma todos los valores comprendidos entre $f(a)$ y $f(b)$.

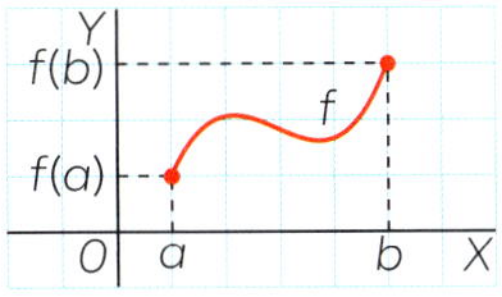

6.3. Teorema de Weierstrass para el máximo y el mínimo

> Si f es una función continua en el intervalo cerrado $[a, b]$, entonces f alcanza el mínimo y el máximo en $[a, b]$. Es decir, existen dos números c y d en $[a, b]$ tales que $f(c) \leq f(x) \leq f(d)$ para todo x del intervalo $[a, b]$.

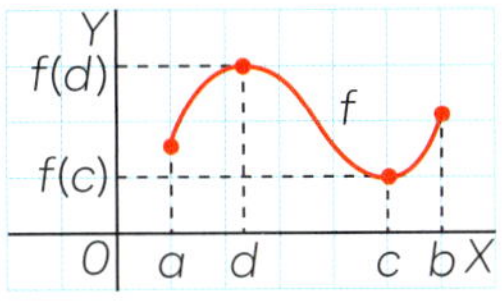

El resultado anterior, referido a máximos y mínimos y conocido como **teorema de Weierstrass**, es bastante intuitivo, ya que una función continua en un intervalo cerrado no se puede escapar al infinito ni tener huecos.

Hay que tener en cuenta que una función puede tener varios puntos donde se alcance el máximo o el mínimo y que dichos puntos pueden coincidir con los extremos a y b del intervalo.

Ejemplo

La función $f(x) = x^2 - 2x - 2$ continua en $[0, 3]$ toma en dicho intervalo un valor mínimo, en $x = 1$, y un valor máximo, en $x = 3$.

Es fácil comprobar la afirmación en la gráfica

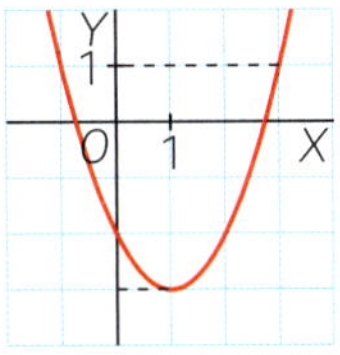

82 Actividad resuelta

Encuentra el máximo de la función $P(x) = x(5 - x)$ en el intervalo $[0, 5]$.

Ya sabemos que la función tiene un máximo. Al ser una parábola con el parámetro $a < 0$, sabemos que dicho máximo lo alcanzará en el vértice.

Este tiene coordenadas $V\left(\frac{5}{2}, \frac{25}{4}\right)$ y, como sabíamos, pertenece al intervalo $[0, 5]$.

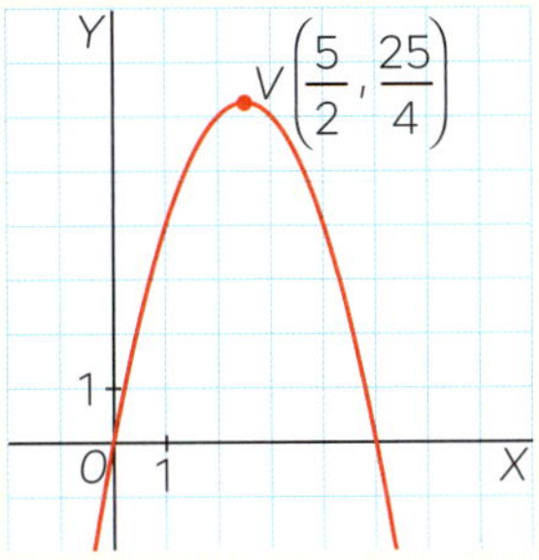

83 **Determina, si existen, el máximo y el mínimo de la función $f(x) = x^2 - 16$ en el intervalo $[-2, 4]$.**

84 Actividad resuelta

Demuestra que entre todas las parejas de números no negativos que suman 5 hay una cuyo producto es máximo y otra cuyo producto es mínimo.

Expresando dicho producto mediante una función continua definida en un intervalo cerrado, se podrá aplicar el teorema del máximo y del mínimo.

Sean x e y los números que forman pareja, por tanto: $x + y = 5$, es decir, $y = 5 - x$.

El producto de ambos será la función: $P(x) = x(5 - x)$.

Como han de sumar 5, x no puede ser mayor de 5, es decir: $0 \leq x \leq 5$.

$P(x)$ es una función continua en el intervalo cerrado $[0, 5]$ y el teorema nos asegura que el producto $P(x)$ alcanza un valor máximo y otro mínimo en el intervalo $[0, 5]$.

85 **Parece lógico pensar que entre todas las ventanas de perímetro 30 dm con forma rectangular coronadas por un semicírculo, hay una que encierra el área máxima. Justifícalo y encuentra las dimensiones de dicha ventana.**

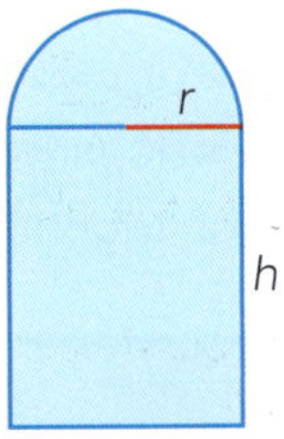

CONCEPTOS CLAVE

Límite de una función en un punto

Si a y b son dos números reales, la expresión $\lim_{x \to a} f(x) = b$ quiere decir que siempre que x toma valores suficientemente próximos al número a (tanto menores como mayores), los correspondientes valores de $f(x)$ se aproximan al número b tanto como queramos.

Límites laterales: cuando x solo toma valores próximos a a pero menores que a (por la izquierda) o mayores que a (por la derecha).

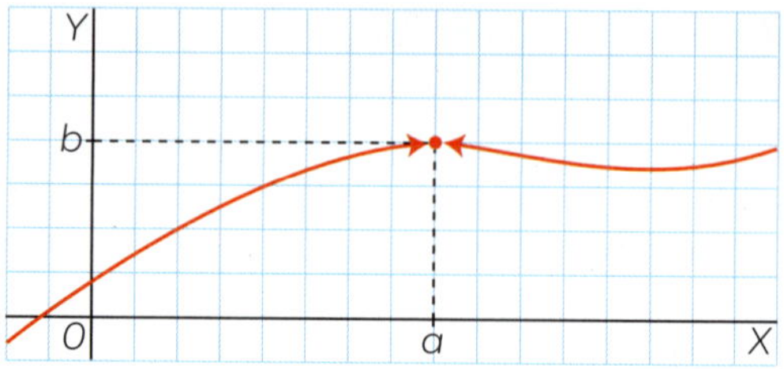

Propiedades de los límites

Si $\lim_{x \to a} f(x) = p$ y $\lim_{x \to a} g(x) = q$ entonces, siempre que los resultados obtenidos tengan sentido en $\mathbb{R}$:

- $\lim_{x \to a} \big(f(x) + g(x)\big) = p + q$
- $\lim_{x \to a} \big(kf(x)\big) = kp$
- $\lim_{x \to a} \frac{f(x)}{g(x)} = \frac{p}{q}$, si $q \neq 0$
- $\lim_{x \to a} \big(f(x) - g(x)\big) = p - q$
- $\lim_{x \to a} \big(f(x) g(x)\big) = pq$
- $\lim_{x \to a} \big(f(x)\big)^{g(x)} = p^q$, si p^q es un número real.

Límites infinitos

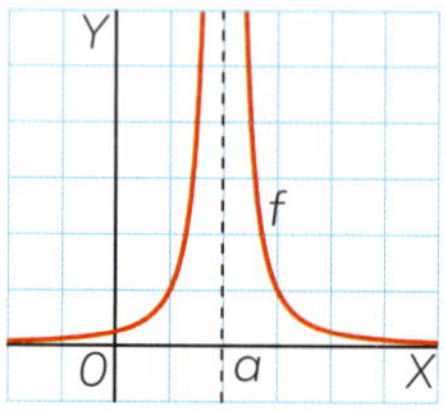

$\lim_{x \to a} f(x) = +\infty$

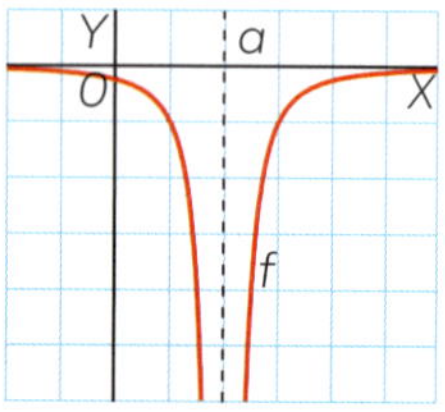

$\lim_{x \to a} f(x) = -\infty$

Límites en el infinito

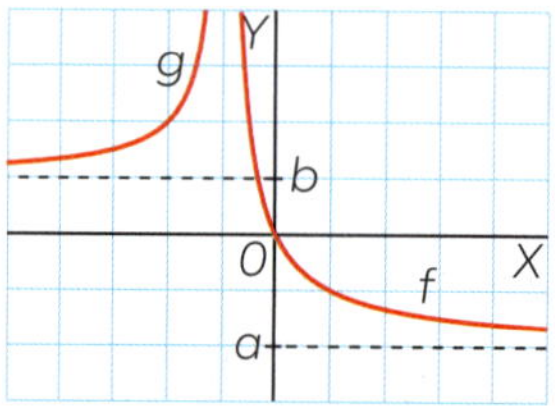

$\lim_{x \to -\infty} f(x) = b$ $\quad \lim_{x \to +\infty} f(x) = a$

Indeterminaciones

Expresiones que no tienen sentido en $\mathbb{R}$ y que deben resolverse con técnicas apropiadas.

$\frac{\infty}{\infty} \quad \infty - \infty \quad \frac{0}{0}$

$0 \cdot \infty \quad \infty^0 \quad 0^0 \quad 1^\infty$

Continuidad

Una función $y = f(x)$ es continua en $x = a$ si:

1. Existe $\lim_{x \to a} f(x)$. **2.** Existe $f(a)$. **3.** $\lim_{x \to a} f(x) = f(a)$

Discontinuidad evitable

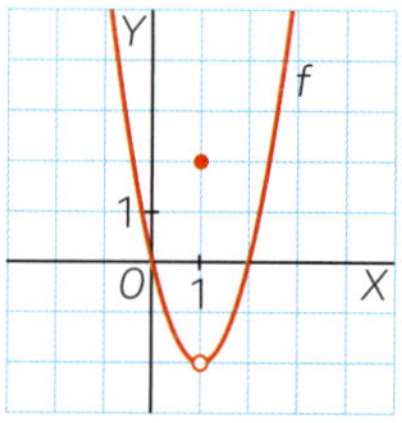

$\lim_{x \to a} f(x) \neq f(a)$

Discontinuidades inevitables

Salto finito

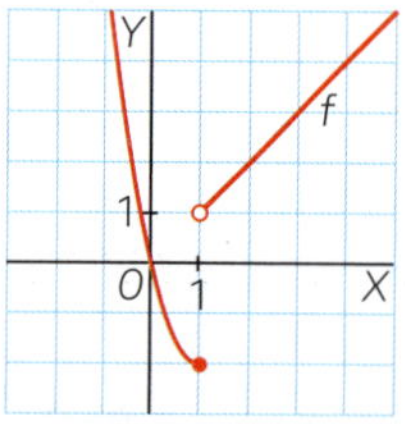

$\lim_{x \to a^+} f(x) \neq \lim_{x \to a^-} f(x) \neq \pm\infty$

Salto infinito

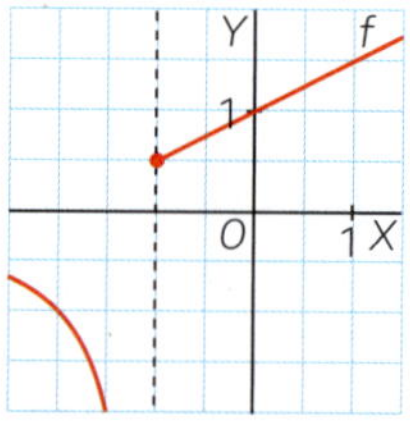

$\lim_{x \to a^+} f(x)$ o $\lim_{x \to a^-} f(x) = \pm\infty$

- Las funciones polinómicas, exponenciales, seno y coseno son continuas en $\mathbb{R}$.
- Las funciones racionales son continuas en $\mathbb{R}$ excepto donde se anula el denominador.
- La función irracional $y = \sqrt[n]{P(x)}$ es continua en $\mathbb{R}$ si n es impar, y solo en aquellos que verifican $P(x) \geq 0$ si n es par.
- La función logarítmica $f(x) = \log_a x$ (con $a > 0$ y $a \neq 1$) es continua en $\mathbb{R}^+$.
- La función trigonométrica $y = \operatorname{tg} x$ es continua en $\mathbb{R}$ excepto en los valores $x = \pm\frac{\pi}{2}k$ con $k \in \mathbb{Z}$.

Teoremas relacionados con la continuidad

Teorema de Bolzano

Si f es una función continua en el intervalo cerrado $[a, b]$ que toma valores de distinto signo en a y en b, entonces existe al menos un valor c, comprendido entre a y b, tal que $f(c) = 0$.

Teorema de los valores intermedios

Si f es una función continua en el intervalo cerrado $[a, b]$, entonces f toma todos los valores comprendidos entre $f(a)$ y $f(b)$.

Teorema del máximo y el mínimo

Si f es continua en el intervalo cerrado $[a, b]$, entonces f alcanza el mínimo y el máximo en $[a, b]$. Es decir, existen dos números c y d en $[a, b]$ tales que $f(c) \leq f(x) \leq f(d)$ para todo x del intervalo $[a, b]$.

ACTIVIDADES FINALES

Actividades

1 Actividad resuelta

Sea la función $f(x)=\dfrac{2x-3}{x+5}$.

a. **Encuentra otra función $g(x)$ tal que $(f\circ g)(x)=x$.**

b. **Comprueba que también se cumple que $(g\circ f)(x)=x$.**

a. Si dos funciones f y g cumplen que $(f\circ g)(x)=(g\circ f)(x)=x$, se dice que f y g son funciones inversas.

Para obtener la inversa de la función $y=\dfrac{2x-3}{x+5}$ se despeja la variable independiente x:

$$y=\frac{2x-3}{x+5} \Rightarrow xy+5y=2x-3 \Rightarrow xy-2x=-3-5y \Rightarrow x(y-2)=-3-5y \Rightarrow x=\frac{-3-5y}{y-2}$$

Por tanto, $g(x)=\dfrac{-3-5x}{x-2}$, que verifica la condición pedida:

$$(f\circ g)(x)=f\big(g(x)\big)=f\left(\frac{-3-5x}{x-2}\right)=\frac{2\left(\frac{-3-5x}{x-2}\right)-3}{\frac{-3-5x}{x-2}+5}=\frac{-6-10x-3x+6}{-3-5x+5x-10}=\frac{-13x}{-13}=x$$

b. $$(g\circ f)(x)=g\big(f(x)\big)=g\left(\frac{2x-3}{x+5}\right)=\frac{-3-5\left(\frac{2x-3}{x+5}\right)}{\frac{2x-3}{x+5}-2}=\frac{-3x-15-10x+15}{2x-3-2x-10}=\frac{-13x}{-13}=x$$

2 **Calcula la función inversa de:**

a. $f(x)=x^3-8$

b. $f(x)=\dfrac{2x-5}{3}$

3 **Escribe las siguientes funciones como composición de funciones elementales.**

a. $A(x)=(5x-2)^{12}$

b. $B(x)=\cos\sqrt{e^{x-1}}$

4 **A partir de la función:**

$$f(x)=\frac{1}{1+x}$$

a. Calcula la función $(f\circ f)(x)$.

b. Juana asegura que $(f\circ f)(-1)=0$ y Martina afirma que $(f\circ f)(-1)$ no existe. ¿Quién de las dos tiene razón?

5 Actividad resuelta

Calcula:

a. $f(x)=\lim_{x\to 0}\frac{\operatorname{sen} x}{x}$

x	$f(x)$
−0,01	0,9999833
−0,001	0,9999998
0,001	0,9999998
0,01	0,9999833

$\lim_{x\to 0}\frac{\operatorname{sen} x}{x}=1$

b. $g(x)=\lim_{x\to 0}\frac{\cos x}{x}$

x	$g(x)$
−0,01	−99,995
−0,001	−999,9995
0,001	999,9995
0,01	99,995

No existe. $\lim_{x\to 0^-}\frac{\cos x}{x}=-\infty$ $\lim_{x\to 0^+}\frac{\cos x}{x}=+\infty$

Para construir las tablas de valores, recuerda poner la calculadora en modo radianes.

6 Sea $f(x)=\frac{1+3x}{|x-1|+2}$, estudia los siguientes límites.

a. $\lim_{x\to +\infty} f(x)$ b. $\lim_{x\to -\infty} f(x)$ c. $\lim_{x\to 1} f(x)$

7 La función f está definida a trozos:

$$f(x)=\begin{cases}\frac{x^2-1}{x+1} & \text{si } x\le -1\\ e^{1+x} & \text{si } x>-1\end{cases}$$

a. Ayudándote de la calculadora, obtén los límites laterales $\lim_{x\to -1^-} f(x)$ y $\lim_{x\to -1^+} f(x)$.

b. Decide si existe o no el límite $\lim_{x\to -1} f(x)$.

8 Calcula los siguientes límites. No olvides estudiar, si es necesario, los limites laterales.

a. $\lim_{x\to 3}\frac{(x+1)^2}{x-3}$ c. $\lim_{x\to -1}\frac{2x+1}{x+1}$

b. $\lim_{x\to 1}\frac{1}{x^2-1}$ d. $\lim_{x\to 2}\frac{x^2-5x+6}{x^2-4x-4}$

9 Calcula los siguientes límites.

a. $\lim_{x\to +\infty}\frac{\sqrt{9x^2+3}}{2x+5}$ c. $\lim_{x\to +\infty}\frac{1}{\sqrt{x+1}-\sqrt{x-1}}$

b. $\lim_{x\to +\infty}\sqrt{9x^2+4x+1}-3x$ d. $\lim_{x\to +\infty}\left(\sqrt{x+3}-\sqrt{x}\right)$

10 Dibuja en cada caso una posible gráfica que cumpla los dos requisitos indicados para cada función.

a. $\lim_{x\to 2^+} f(x)=+\infty$ y $\lim_{x\to 2^-} f(x)=+\infty$

b. $\lim_{x\to 2^+} g(x)=+\infty$ y $\lim_{x\to 2^-} g(x)=-\infty$

c. $\lim_{x\to 2^+} h(x)=-\infty$ y $\lim_{x\to 2^-} h(x)=+\infty$

d. $\lim_{x\to 2^+} i(x)=-\infty$ y $\lim_{x\to 2^-} i(x)=-\infty$

11 Calcula los siguientes límites.

a. $\lim_{x\to +\infty}(3x^2+x+1)$ d. $\lim_{x\to -\infty}(3x^2+x+1)$

b. $\lim_{x\to +\infty}(-x^2+4x+5)$ e. $\lim_{x\to -\infty}(-x^2+4x+5)$

c. $\lim_{x\to +\infty}(x^2-x^4)$ f. $\lim_{x\to -\infty}(x^2-x^4)$

12 ¿Existe el límite $\lim_{x\to 3}\frac{|x-3|}{|x|-3}$?

13 Calcula los siguientes límites.

a. $\lim_{x\to 1}\frac{x-1}{\sqrt{x-1}}$ d. $\lim_{x\to -1}\frac{x^2+3x}{x^2-x}$

b. $\lim_{x\to 2}\frac{x^2+3x}{x^2-x}$ e. $\lim_{x\to 1}\frac{x^2-1}{x^2-3x+2}$

c. $\lim_{x\to -3}\frac{x^2+3x}{x^2-x}$ f. $\lim_{x\to 9}\frac{x^2+x-90}{\sqrt{x}-3}$

14 Calcula los siguientes límites.

a. $\lim_{x\to 0^-}\frac{x-1}{x^2-x}$ d. $\lim_{x\to 2^-}\frac{x^4-3x}{x^3-2x^2}$

b. $\lim_{x\to 0^+}\frac{x-1}{x^2-x}$ e. $\lim_{x\to 0^-}\left(\frac{2}{x}-\frac{3}{x+1}\right)$

c. $\lim_{x\to 2^+}\frac{x^4-3x}{x^3-2x^2}$ f. $\lim_{x\to 3^+}\frac{x^2+6x+9}{x-3}$

15 Calcula los siguientes límites.

a. $\lim_{x\to +\infty}\left(1+\frac{3}{x}\right)^{2x}$ d. $\lim_{x\to 1} x^{\frac{1}{(x-1)^2}}$

b. $\lim_{x\to +\infty}\left(\frac{2+x}{x-7}\right)^{\frac{x}{5}}$ e. $\lim_{x\to 0}(1+x)^{\frac{1}{x^2}}$

c. $\lim_{x\to +\infty}\left(\frac{x}{2x-7}\right)^{3x}$ f. $\lim_{x\to +\infty}\left(\frac{x^2-5}{x^2-3x}\right)^{3x^2+2}$

16 Actividad resuelta

Considera la función real de variable real definida por $f(x)=\begin{cases}\dfrac{x^2-4}{x^2-5x+6} & \text{si } x<2\\ 3x+m & \text{si } x\geq 2\end{cases}$.

a. Calcula el valor del parámetro real m para que la función f sea continua en $x=2$.

b. Calcula $\lim\limits_{x\to-\infty} f(x)$ y $\lim\limits_{x\to+\infty} f(x)$.

a. Para que la función sea continua en ese punto, deben coincidir sus límites laterales a izquierda y derecha, así como el propio valor de la función.

$$\lim_{x\to2} f(x)=\begin{cases}\lim\limits_{x\to2^-} f(x)=\lim\limits_{x\to2^-}\dfrac{x^2-4}{x^2-5x+6}=\lim\limits_{x\to2^-}\dfrac{(x+2)\cancel{(x-2)}}{\cancel{(x-2)}(x-3)}=\lim\limits_{x\to2}\dfrac{(x+2)}{(x-3)}=-4\\ \lim\limits_{x\to2^+} f(x)=\lim\limits_{x\to2^+}(3x+m)=6+m=f(2)\end{cases}$$

Para que sea continua, se debe cumplir que $-4=6+m \Rightarrow m=-10$

b. $\lim\limits_{x\to-\infty} f(x)=\lim\limits_{x\to-\infty}\dfrac{x^2-4}{x^2-5x+6}=1$ $\qquad \lim\limits_{x\to+\infty} f(x)=\lim\limits_{x\to+\infty}(3x+m)=+\infty$

17 Se considera la función:

$$f(x)=\begin{cases}x^2-9 & \text{si } x\leq 0\\ \dfrac{9x-27}{x+3} & \text{si } x>0\end{cases}$$

a. Estudia su continuidad en el punto $x=0$.

b. Calcula el límite cuando x tiende a $-\infty$ y cuando x tiende a $+\infty$.

18 Sea la función $f(x)=\begin{cases}e^{x-1} & \text{si } x<1\\ (x+a)^2 & \text{si } x\geq 1\end{cases}$. ¿Para qué valores del parámetro a es continua la función?

19 Determina el valor de a para que la función $f(x)=\begin{cases}\dfrac{ax}{x-1} & \text{si } x\leq -1\\ x^3-3x^2+6x-2 & \text{si } x>-1\end{cases}$ sea continua en $x=-1$.

20 Determina a y b para que la siguiente función sea continua en todos sus puntos.

$$f(x)=\begin{cases}ax^2+b & \text{si } x<0\\ x-a & \text{si } 0\leq x<1\\ \dfrac{a}{x}+b & \text{si } 1\leq x\end{cases}$$

21 Se considera la función $f(x)=\begin{cases}|-x-1|-t & \text{si } x\leq 2\\ x-5 & \text{si } x>2\end{cases}$.

Halla el valor de t para que f sea continua en $x=2$.

22 Pon un ejemplo de dos funciones f y g tales que no existan $\lim\limits_{x\to1} f(x)$ ni $\lim\limits_{x\to1} g(x)$, pero sí exista $\lim\limits_{x\to1}\big(f(x)+g(x)\big)$

23 Actividad resuelta

Demuestra que la ecuación $x+e^x=0$ tiene al menos una solución real.

$f(x)=x+e^x$ es continua, ya que es suma de funciones continuas, por eso, si existe un intervalo cerrado en el que $f(x)=x+e^x$ tome valores de signo distinto en sus extremos, se podrá aplicar el teorema de Bolzano y asegurar que la ecuación $x+e^x=0$ tiene al menos una solución real.

Como e^x siempre es positivo, tomando como extremo inferior del intervalo un valor negativo, e^x será menor que 1. Así, considerando el intervalo cerrado $[-1, 0]$:

$$f(-1)=-1+e^{-1}=-1+\frac{1}{e}\simeq -0{,}6321<0$$

$$f(0)=0+e^0=1>0$$

En el intervalo $[-1, 0]$ se cumplen las hipótesis del teorema de Bolzano y, por tanto, existe al menos un valor c comprendido entre -1 y 0, tal que $f(c)=0$, es decir, que es solución de $x+e^x=0$.

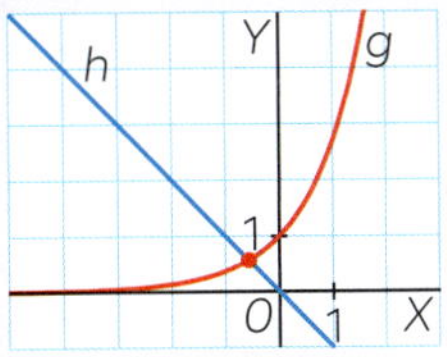

Como $x+e^x=0$ es equivalente a la ecuación $e^x=-x$, al representar las gráficas de las funciones $g(x)=e^x$ y $h(x)=-x$, apreciamos cómo, en efecto, se cortan. Ese punto de corte nos da la solución, que es única.

24 Demuestra que la ecuación $x^5-x^2-x-5=0$ tiene alguna solución real.

25 Relaciona y contesta.

26 Problema resuelto

El deterioro del hábitat natural de una colonia de aves está produciendo estragos en la misma. Una universidad ha encontrado un modelo matemático para estudiar cómo varía la población en función del tiempo t, medido en años, según la función $P: [2, 12] \rightarrow \mathbb{R}$ dada por:

$$P(t)=\begin{cases} 14+(t-6)^2 & \text{si } 2\leq t\leq 10 \\ 32-2^{t-a} & \text{si } 10<t\leq 12 \end{cases}$$

a. Dado que la función P es continua en el intervalo considerado, ¿cuál es el valor de a?

b. ¿En qué momento alcanza la población su valor mínimo?

c. Si la población evolucionara a partir de $t=12$ con la misma función que para $10<t\leq 12$, ¿llegaría a extinguirse? Justifica tu respuesta, dando, en caso afirmativo, el momento de la extinción.

a. La función es continua en $x=10$ y, por tanto, deben coincidir estos tres valores:

$$\lim_{t\to 10^-} P(t)=\lim_{t\to 10}\left[14+(t-6)^2\right]=14+16=30$$

$$\lim_{t\to 10^+} P(t)=\lim_{t\to 10}\left[32-2^{10-a}\right]=32-2^{10-a}$$

$$P(10)=30$$

Exigimos que $32-2^{10-a}=30\Rightarrow 2^{10-a}=2\Rightarrow 10-a=1\Rightarrow a=9$ y la función es:

$$P(t)=\begin{cases} 14+(t-6)^2 & \text{si } 2\leq t\leq 10 \\ 32-2^{t-9} & \text{si } 10<t\leq 12 \end{cases}$$

b. En el primer tramo, $P(t)$ es 14 más un sumando que nunca es negativo. Por tanto, el mínimo se alcanza cuando dicho sumando se anule, es decir, en $t=6$: $P(6)=14$.

En el segundo tramo, $P(t)$ es 32 menos una potencia de exponente positivo, por lo que dicha función va decreciendo a medida que t aumenta: su mínimo estará en $t=12$, $P(12)=24$.

Así pues, la población mínima es de 14 ejemplares y se conseguirá a los 6 años.

c. Como $\lim_{t\to+\infty} P(t)=\lim_{t\to+\infty}(32-2^{t-9})=-\infty<0$, $P(12)>0$ y la función es continua, el teorema de Bolzano nos asegura que habrá al menos un instante en $(12, +\infty)$ en que la población sea cero. Para encontrar dicho instante fatídico, resolvamos la ecuación:

$$32-2^{t-9}=0\Rightarrow 2^{t-9}=32=2^5\Rightarrow t-9=5\Rightarrow t=14$$

A ese ritmo, la población se extinguiría a los 14 años.

27 Los tratamientos mecánicos a los que se somete al acero mientras se está enfriando mejoran sus características, dotándolo de mayor dureza y resistencia y disminuyendo su plasticidad. Una pieza es sometida a uno de estos procesos de mejora durante 4 horas. La temperatura T en grados Celsius, que adquiere la pieza en función del tiempo x, en horas, viene dada por la expresión:

$$T(x)=Ax-Bx^2 \qquad 0\leq x\leq 4$$

Se sabe que a las dos horas la temperatura es de 40° C y que al acabar el proceso ($T=4$) la pieza está a 0° C. Determina las constantes A y B.

28 La concentración de ozono contaminante, en microgramos por metro cúbico, en una ciudad, viene dada por la función:

$$C(x)=90+15x-0{,}6x^2$$

donde x es el tiempo transcurrido desde el 1 de enero de 2000, contado en años.

a. ¿Hasta qué año está creciendo la concentración de ozono?

b. ¿Cuál es la concentración máxima de ozono que alcanza esa ciudad?

c. Calcula cuál es la concentración actual de ozono contaminante en dicha ciudad.

29 Una tahona elabora diariamente x kg de pasteles caseros sin azúcares añadidos. El coste diario de producción depende de la cantidad según la siguiente relación: $C(x) = 5 + 22{,}5x$ €.

Se estima que si se elaboran x kg diarios, un kg debe venderse a $60 - 0{,}5x^2$ €. Si cada día se vende toda la producción, encuentra una función que exprese los beneficios diarios de la tahona si se cumplen las indicaciones dadas.

30 Una población de suricatos huye de una fuerte sequía que asola su hábitat y comienza su peregrinaje en busca de agua en el instante $t = 0$. El número de individuos de la población sigue la ley $P(t) = 140 - 4t - t^2$, donde t se mide en meses.

- **a.** ¿Cuántos suricatos había al principio de la huida?
- **b.** Demuestra que la población va siempre disminuyendo.
- **c.** Si no encontraran zonas con agua, ¿cuándo desaparecería la población?

31 El accidente de un buque petrolero ha generado una mancha de combustible en alta mar. La superficie afectada, en hm^2, viene dada por la función $f(t) = \dfrac{11t + 20}{t + 2}$, siendo t el tiempo transcurrido desde que empezamos a observarla.

- **a.** ¿Cuál es la superficie afectada inicialmente, cuando empezamos a medirla?
- **b.** ¿Tiene algún limite la extensión de la superficie de la mancha?

32 Un pequeño comercio de ropa abre sus puertas a las nueve de la mañana y las cierra cuando toda la clientela se ha marchado. El número de clientes viene dado por la función $C(t) = -t^2 + 8t$, siendo t el número de horas transcurridas desde la apertura. El gasto por cliente (en euros) también depende de t y decrece a medida que pasan las horas siguiendo la función: $G(t) = 300 - 25t$.

- **a.** ¿A qué hora se produce la mayor afluencia de clientes?
- **b.** ¿A qué hora se cierra el comercio?
- **c.** ¿Cuánto gasta el último cliente?
- **d.** Encuentra la función que nos da la recaudación dependiendo del tiempo.

33 Un artesano ha solicitado y obtenido una licencia para vender sus productos en un mercadillo municipal. Los beneficios mensuales expresados en euros, para x objetos vendidos, se ajustan a la siguiente función:

$$B(x) = -0{,}5x^2 + 50x - 800, \text{ con } 20 \leq x \leq 60.$$

Demuestra que las funciones beneficio y beneficio medio tienen un máximo.

Comprueba lo que has aprendido

1 Se sabe que la gráfica de la función $f(x) = \dfrac{ax + b}{x + 2}$ corta al eje horizontal en el punto $A(3,\ 0)$ y $\lim\limits_{x \to +\infty} f(x) = 2$. Calcula $f(1)$.

2 Considera la función $f(x) = \dfrac{x^2 - 1}{2 - \sqrt{x^2 + 3}}$.

- **a.** Escribe otra función $g(x)$ que coincida con $f(x)$ en todos los puntos salvo en $x = 1$ (donde f no está definida).
- **b.** Calcula $\lim\limits_{x \to 1} f(x)$.

3 Calcula los siguientes límites.

- **a.** $\lim\limits_{h \to 0} \dfrac{\sqrt{x+h} - \sqrt{x}}{h}$
- **b.** $\lim\limits_{h \to 0} \dfrac{(2+h)^3 - 8}{h}$
- **c.** $\lim\limits_{x \to -\infty} \left(\sqrt{x^2 + 3x} + x\right)$
- **d.** $\lim\limits_{x \to +\infty} \left(\dfrac{2x + 7}{2x - 6}\right)^{\sqrt{4x^2 + x - 3}}$

4 ¿Es continua la función $f(x) = \dfrac{x + 1}{|x| + 1}$? Calcula los límites en más infinito y en menos infinito.

5 Dada la función $f(x) = \begin{cases} \dfrac{x^2 - 4}{x^2 - 5x + 6} & \text{si } x < 2 \\ 3x + m & \text{si } x \geq 2 \end{cases}$, calcula el valor de m para que f sea continua en $x = 2$.

6 ¿Es continua en $x = 0$ la siguiente función?

$$f(x) = \begin{cases} \dfrac{1}{2 + e^{\frac{1}{x}}} & \text{si } x \neq 0 \\ 0 & \text{si } x = 0 \end{cases}$$

7 Dada la función:

$$f(x) = \begin{cases} e^x & \text{si } x < 0 \\ \dfrac{a + 3x}{x^2 - 4x + 3} & \text{si } x \geq 0 \end{cases}$$

Estudia la continuidad de f en $x = 0$ para los distintos valores del parámetro a.

2.4 Derivadas

¡EMPEZAMOS!

Los cambios pueden ser a mejor o a peor, además de la tendencia, nos interesa conocer la velocidad a la que se producen. No es lo mismo subir la ladera de una montaña por un camino que por otro, pues el esfuerzo depende de la pendiente que debamos superar. Estudiar e interpretar los distintos ritmos de evolución de una situación nos ayuda a prever su situación futura. Por ejemplo, una situación negativa, como la disminución de la población de una especie de peces en un mar contaminado, comienza a mejorar cuando reducimos el ritmo de desaparición. Las derivadas constituyen una gran herramienta en estos casos, pues nos dan información sobre tendencias, cambios y el ritmo al que estos se producen.

RUTA DE APRENDIZAJE

1. Calcular la derivada de una función en un punto e interpretarla geométricamente.
2. Estudiar la derivabilidad de funciones.
3. Derivar funciones elementales y funciones compuestas.
4. Aplicar el cálculo de derivadas para obtener la solución óptima de un problema.
5. Conocer y aplicar teoremas de derivabilidad.

- ¿Cuándo alcanzará su máximo una población, humana o animal, de acuerdo con un cierto modelo demográfico?
- ¿Cómo debe programarse la fabricación de un producto para minimizar el coste por unidad fabricada?

Las derivadas también se usan para...

Definir magnitudes de uso cotidiano, como la velocidad y la aceleración.

Modelizar los beneficios de una empresa en función del tiempo.

Optimizar los tiempos y los recursos humanos destinados a la fabricación de productos y a la prestación de servicios.

Predecir la evolución con el tiempo de los índices de precios al consumo y su repercusión en la economía.

1 Derivada de una función en un punto. Interpretación geométrica

1.1. Derivada de una función en un punto

Estudiar cómo varía una función es fundamental para caracterizarla. Dicho estudio se puede hacer en un intervalo a través de la **tasa de variación media (*TVM*)**. Para una función *f*, se define su *TVM* en el intervalo $[a, b]$ como el cociente:

$$TVMf[a,b]=\frac{f(b)-f(a)}{b-a}$$

Ejemplo

En una fábrica, la producción de unidades de un determinado artículo a lo largo de un día viene dada por la función $u(t)=20t(48-t)$, donde t representa el tiempo en horas. La velocidad media de fabricación en el día viene dada por la TVM en el intervalo [0, 24]. Así:

$$TVMu[0,24]=\frac{u(24)-u(0)}{24-0}=\frac{20\cdot 24(48-24)}{24}=480 \text{ unidades/hora}$$

En muchas ocasiones, necesitamos conocer cuál es la variación de una función en un punto. Para conseguir esta información se puede utilizar la *TVM* de la función en un intervalo que comienza en el punto considerado y cuya amplitud, *h*, tiende a 0. Esto nos lleva a la definición de la tasa de variación instantánea (*TVI*) en un punto *a* como:

$$TVI\,f(a)=\lim_{h\to 0}\frac{f(a+h)-f(a)}{h}$$

Ejemplo

En la misma fábrica anterior, la velocidad instantánea de fabricación a las 10 de la mañana es:

$$TVI\,u(10)=\lim_{h\to 0}\frac{u(10+h)-u(10)}{h}=\lim_{h\to 0}\frac{20(10+h)[48-(10+h)]-7600}{h}=\lim_{h\to 0}\frac{20\cancel{h}(28-h)}{\cancel{h}}=560 \text{ unidades/hora}$$

1 **La emisión diaria de gases en toneladas, en una fábrica, viene dada por la función $n(t)=t(3-0{,}25t)$ con $0\le t\le 10$ (*t* en horas). Calcula la tasa de variación instantánea de $n(t)$ para $t=5$ horas.**

La *TVI* de una función *f* en $x=a$ también se denomina derivada de la función *f* en $x=a$.

> La **derivada de una función *f* en el punto $x=a$** se representa por **$f'(a)$** y es igual al límite
>
> $$f'(a)=\lim_{h\to 0}\frac{f(a+h)-f(a)}{h}$$
>
> Si dicho límite es un número real, esto es, si existe y es finito, se dice que ***f* es derivable en *a*.**

El límite que define la derivada en el punto $x=a$ también puede escribirse como:

$$f'(a)=\lim_{x\to a}\frac{f(x)-f(a)}{x-a}.$$

Basta con escribir $a+h=x$, de forma que si *h* tiende a 0, entonces *x* tiende a *a*.

2 Actividad resuelta

Halla la derivada en $x=0$ de $f(x)=\begin{cases}1-x & \text{si } x\le 0\\ x^2+1 & \text{si } x>0\end{cases}$.

En este caso, como la función cambia de definición en $x=0$, para determinar el límite que da la derivada, hay que calcular los correspondientes límites laterales en 0 y comprobar si son o no iguales.

$$f'(0)=\lim_{h\to 0}\frac{f(0+h)-f(0)}{h}=\begin{cases}\lim\limits_{h\to 0^-}\dfrac{f(h)-f(0)}{h}=\lim\limits_{h\to 0}\dfrac{1-h-1}{h}=-1\\[2ex] \lim\limits_{h\to 0^+}\dfrac{f(h)-f(0)}{h}=\lim\limits_{h\to 0^+}\dfrac{h^2+1-1}{h}=\lim\limits_{h\to 0^+}\dfrac{h^2}{h}=\lim\limits_{h\to 0^+}h=0\end{cases}\Rightarrow \text{no existe } f'(0).$$

3 Comprueba que $f(x)=\begin{cases} x^2 & \text{si } x\neq 1 \\ 3 & \text{si } x=1 \end{cases}$ no es derivable en $x=1$.

4 **Actividad resuelta**

Dada $f(x)=\sqrt[3]{x}$, calcula $f'(0)$.

$f'(0)=\lim\limits_{h\to 0}\dfrac{f(0+h)-f(0)}{h}=\lim\limits_{h\to 0}\dfrac{f(h)-0}{h}=\lim\limits_{h\to 0}\dfrac{\sqrt[3]{h}}{h}=\lim\limits_{h\to 0}\dfrac{1}{\sqrt[3]{h^2}}=+\infty$. Como dicho límite no es finito, concluimos que f no es derivable en $x=0$.

5 **Calcula la derivada de las siguientes funciones en los puntos indicados.**

a. $f(x)=\dfrac{1}{x}$ en $x=1$.

b. $f(x)=3x^2-4x$ en $x=1$

c. $f(x)=\dfrac{1}{x+3}$ en $x=-1$

d. $f(x)=\sqrt{2x+1}$ en $x=4$

1.2. Interpretación geométrica de la derivada en un punto

Además de como una medida de la variación de una función en un punto determinado, la derivada tiene una interpretación geométrica clara. En primer lugar, consideramos una función cualquiera $y=f(x)$ y un punto cualquiera de su gráfica $P\left(a,f(a)\right)$.

Si tomamos otro punto $Q\left(a+h,f(a+h)\right)$, la recta que une P con Q es una secante de la gráfica de la función y su pendiente viene dada por el número:

$$\frac{QT}{PT}=\frac{f(a+h)-f(a)}{h}$$

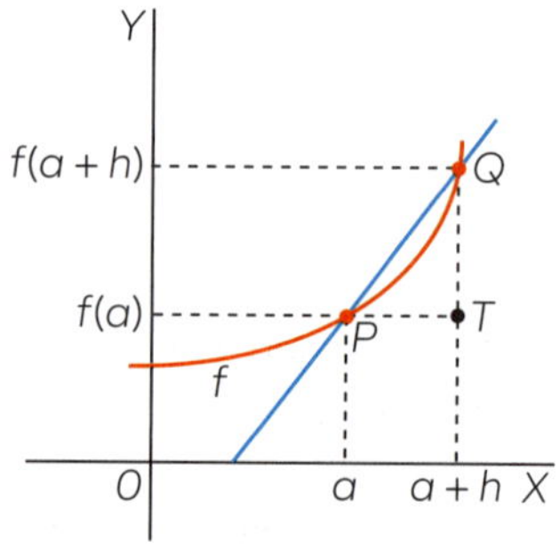

Cuando el punto Q recorre la gráfica de f, aproximándose a P (puntos Q_1 a Q_4 de la figura derecha), la recta secante que une P con Q se va aproximando a la recta que, intuitivamente, se identifica con la recta tangente a la gráfica de f en P.

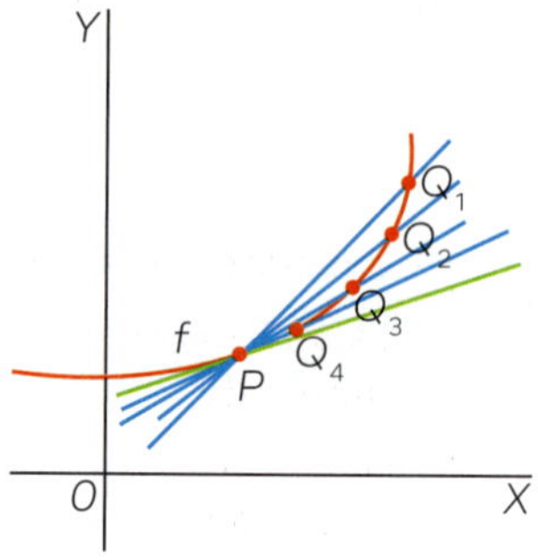

La pendiente de esta recta tangente a la curva vendrá dada por el número m, al que se aproximan las pendientes de las rectas secantes que unen P con Q cuando Q se aproxima a P, es decir, cuando h se aproxima a 0.

$$m=\lim_{h\to 0}\frac{f(a+h)-f(a)}{h}=f'(a)$$

Geométricamente, la derivada de una función en un punto a, $f'(a)$, representa el valor de la **pendiente de la recta tangente** a la gráfica de f en el punto $P\left(a,f(a)\right)$.

La ecuación de dicha recta tangente es: $y-f(a)=f'(a)(x-a)$

6 **Actividad resuelta**

Halla la ecuación de la recta tangente a la gráfica de $f(x)=\dfrac{1}{x+2}$ en $x=-1$.

El punto de tangencia es $\left(-1,f(-1)\right)=(-1,1)$. La pendiente de la recta vendrá dada por la derivada de f en $x=-1$:

$$f'(-1)=\lim_{h\to 0}\frac{f(-1+h)-f(-1)}{h}=\lim_{h\to 0}\frac{\frac{1}{-1+h+2}-\frac{1}{-1+2}}{h}=\lim_{h\to 0}\frac{\frac{1}{1+h}-1}{h}=\lim_{h\to 0}\frac{-h}{h(1+h)}=-1$$

Por tanto, la ecuación de la recta tangente buscada es: $y-1=-1[x-(-1)]\Rightarrow y=-x$

7 Encuentra las ecuaciones de las rectas tangentes a las gráficas de las siguientes funciones.

a. $f(x)=\dfrac{1}{x^2-3}$ en el punto de abscisa $x=2$.

b. $f(x)=2x^2+x-1$ en el punto de abscisa $x=-1$

8 Halla la ecuación de la recta tangente a la gráfica de las siguientes funciones en los puntos indicados.

a. $f(x)=x^2+1$ en $x=3$

b. $h(x)=\dfrac{1}{x+1}$ en $x=0$

9 **Actividad resuelta**

Determina si hay algún punto en el que la recta tangente a $f(x)=x^3+x$ sea horizontal.

Si en algún punto $x=a$ la recta tangente es horizontal, la derivada de f en dicho punto ha de ser nula. Por tanto:

$$\lim_{h\to 0}\frac{f(a+h)-f(a)}{h}=\lim_{h\to 0}\frac{(a+h)^3+(a+h)-(a^3+a)}{h}=$$

$$=\lim_{h\to 0}\frac{a^3+3a^2h+3ah^2+h^3+a+h-a^3-a}{h}=\lim_{h\to 0}\frac{h(3a^2+3ah+h^2+1)}{h}=3a^2+1$$

Como $3a^2+1$ nunca se anula, concluimos que las tangentes a f nunca son horizontales.

10 **Encuentra la ecuación de la recta tangente a la gráfica de $f(x)=(1-2x)^2$, que es paralela a la recta $4x-y+5=0$.**

11 **MAT-TIC** **Practica y profundiza el trabajo con rectas tangentes con ayuda del interactivo de GeoGebra *Gráfica de la función derivada*.**

12 **Actividad resuelta**

Para la función polinómica $f(x)=2x^3-9x^2-61x+8$:

a. Calcula los puntos en los que la recta tangente a la gráfica de la función forma un ángulo de 135° con la horizontal.

b. Para los puntos hallados, determina las ecuaciones de las correspondientes rectas tangentes.

a. En los puntos buscados, la pendiente de la recta tangente a la gráfica será $m=\text{tg}\,135°=-1$. Si calculamos la derivada de la función en un punto $x=a$ en el que $f'(a)=-1$, tenemos:

$$f'(a)=6a^2-18a-61=-1\Rightarrow a^2-3a-10=0\Rightarrow x=-2,\ x=5$$

En $x=-2$ y en $x=5$, la tangente a f forma un ángulo de 135° con la horizontal.

b. La tangente en un punto se puede determinar utilizando la ecuación punto–pendiente: $y-f(a)=f'(a)(x-a)$, donde $P\big(a,f(a)\big)$ es el punto de tangencia. En este caso:

$a=-2\Rightarrow f(a)=2(-2)^3-9(-2)^2-61(-2)+8=78$, con lo que la recta tangente es:

$$y-78=-1(x-(-2))\Rightarrow y=-x+76$$

$a=5\Rightarrow f(a)=2(5)^3-9(5)^2-61(5)+8=-272$, con lo que la recta tangente es ahora:

$$y-(-272)=-1(x-5)\Rightarrow y=-x-267$$

13 **Si la recta tangente a $y=f(x)$ en el punto $A(5,3)$ pasa por el punto $B(0,1)$, calcula $f'(5)$.**

14 **Calcula las ecuaciones de las rectas tangentes a la gráfica de la función $y=x^2$ trazadas desde el punto $P(1,-2)$. Representa gráficamente la parábola y las dos tangentes obtenidas.**

2 Derivabilidad y continuidad. Función derivada

2.1. Derivabilidad y continuidad

Si *f* es **derivable** en $x = a$, entonces **f es continua en** $x = a$.

Intuitivamente, parece claro que si *f* tiene tangente en el punto $A(a,f(a))$, no podrá tener ningún tipo de discontinuidad en ese punto. Para justificarlo con precisión:

$$f(a+h)-f(a)=\frac{f(a+h)-f(a)}{h}\cdot h \Rightarrow \lim_{h\to 0}\left[f(a+h)-f(a)\right]=\lim_{h\to 0}\frac{f(a+h)-f(a)}{h}\cdot\lim_{h\to 0}h=f'(a)\cdot 0=0$$

Por tanto, $\lim_{h\to 0} f(a+h)=f(a)$, y *f* es continua en *a*. Este resultado implica que:

Si *f* no es continua en $x = a$, *f* no puede ser derivable en $x = a$.

Una función puede ser continua en un punto, pero no derivable en él. Para que una función continua sea derivable en un punto $x = a$, debe existir $\lim_{h\to 0}\frac{f(a+h)-f(a)}{h}$ y esto exige que existan y coincidan los límites laterales $\lim_{h\to 0^-}\frac{f(a+h)-f(a)}{h}$ y $\lim_{h\to 0^+}\frac{f(a+h)-f(a)}{h}$, lo que conduce al concepto de derivadas laterales.

La **derivada lateral de *f* en *a* por la izquierda** es $f'(a^-)=\lim_{h\to 0^-}\frac{f(a+h)-f(a)}{h}$. Análogamente, $f'(a^+)=\lim_{h\to 0^+}\frac{f(a+h)-f(a)}{h}$ es la **derivada lateral en *a* por la derecha**.

f es **derivable en *a*** solo si $f'(a^-)=f'(a^+)$, siendo entonces $f'(a)=f'(a^-)=f'(a^+)$.

Ejemplo

Se puede comprobar que la función $f(x) = |x|$ es continua pero no derivable en $x = 0$.

$f(x)=|x|=\begin{cases}-x & \text{si } x<0\\ x & \text{si } x\geq 0\end{cases}$. $f(0) = 0$ y $\lim_{x\to 0^+} f(x)=\lim_{x\to 0^-} f(x)=0 \Rightarrow$ *f* es continua en 0.

$f'(0^-)=\lim_{h\to 0^-}\frac{f(0+h)-f(0)}{h}=\lim_{h\to 0}\frac{-h}{h}=-1$ y $f'(0^+)=\lim_{h\to 0}\frac{f(0+h)-f(0)}{h}=\lim_{h\to 0}\frac{h}{h}=1$. Como ambos valores no coinciden, se deduce que no existe $f'(0)$ y *f* no es derivable en 0.

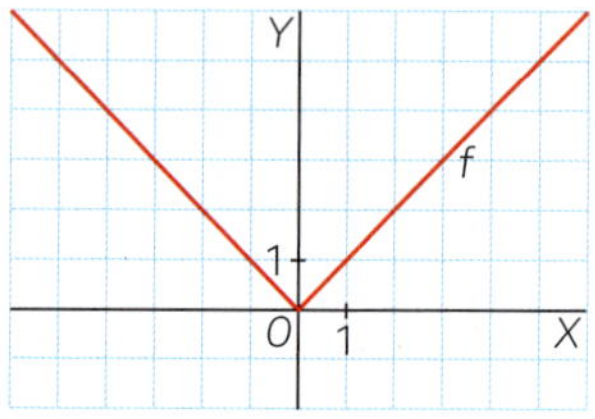

15 Calcula las derivadas laterales de la función $f(x)=|2x-4|+x$ en el punto $x = 2$. ¿Es la función derivable en dicho punto? Esboza su gráfica.

16 Estudia si las siguientes funciones son derivables en $x = 1$.

a. $f(x)=\begin{cases}(x-1)^3 & \text{si } x\leq 1\\ (x-1)^2 & \text{si } x>1\end{cases}$

b. $f(x)=\begin{cases}x^2 & \text{si } x\leq 1\\ 2x & \text{si } x>1\end{cases}$

17 ¿Es la función $f(x)=\begin{cases}(x+1)^2 & \text{si } x\leq 0\\ (x+1)(3-x)-2 & \text{si } x>0\end{cases}$ continua y derivable en 0?

18 Estudia la continuidad y derivabilidad de la función:

$$f(x)=\begin{cases}x^2-1 & \text{si } x\leq 1\\ x-1 & \text{si } x>1\end{cases}$$

2.2. Función derivada

La función que a cada número x del dominio de f le asigna, si existe, el número $f'(x)$, se llama **función derivada de f**, o, simplemente, derivada de f, y se suele representar por f'.

Ejemplo

La derivada de la función $f(x)=3x^2+1$ es:

$$f'(x)=\lim_{h\to 0}\frac{f(x+h)-f(x)}{h}=\lim_{h\to 0}\frac{3(x+h)^2+1-\left(3x^2+1\right)}{h}=\lim_{h\to 0}\frac{6xh+3h^2}{h}=6x$$

19 **Halla las funciones derivadas de la función constante, $f(x)=k$ y de la función identidad, $f(x)=x$.**

20 **En cada caso, determina la función derivada.**

a. $f(x)=ax+b$ b. $f(x)=\sqrt{x}$ c. $f(x)=x^{-2}$ d. $f(x)=\dfrac{1}{ax+b}$

2.3. Derivadas laterales y límites de la función derivada

A veces, el cálculo de las derivadas laterales aplicando la definición es engorroso. Existe un resultado que enunciamos sin demostración y que dice:

- Si f es continua en a y existe $\lim\limits_{x\to a^-} f'(x)$ entonces existe la **derivada lateral por la izquierda en a** y coincide con este límite, es decir, $f'(a^-)=\lim\limits_{x\to a^-} f'(x)$.
- Si f es continua en a y existe $\lim\limits_{x\to a^+} f'(x)$ entonces existe la **derivada lateral por la derecha en a** y coincide con este límite, es decir, $f'(a^+)=\lim\limits_{x\to a^+} f'(x)$.

De lo anterior se deduce que si $\lim\limits_{x\to a^-} f'(x)\neq\lim\limits_{x\to a^+} f'(x)$, entonces **no existe $f'(a)$**.

21 ### Actividad resuelta

Halla las derivadas laterales y la derivada en $x=0$ de $f(x)=\begin{cases}x^2+x & \text{si } x\le 0\\ -3x^2+x & \text{si } x>0\end{cases}$.

Estudiamos la continuidad como primera condición, evaluando los límites laterales de la función a izquierda y derecha de 0.

$$\left.\begin{array}{l}\lim\limits_{x\to 0^-} f(x)=\lim\limits_{x\to 0}(x^2+x)=0\\ \lim\limits_{x\to 0^+} f(x)=\lim\limits_{x\to 0}(-3x^2+x)=0\end{array}\right\}\Rightarrow \lim_{x\to 0} f(x)=0=f(0)\Rightarrow f \text{ es continua en } x=0.$$

Por otra parte, la función derivada de f para $x\neq 0$ es

$$f'(x)=\begin{cases}\lim\limits_{h\to 0}\dfrac{(x+h)^2+(x+h)-(x^2+x)}{h}=\lim\limits_{h\to 0}\dfrac{h(h+2x+1)}{h}=2x+1 & \text{si } x<0\\[2ex] \lim\limits_{h\to 0}\dfrac{-3(x+h)^2+(x+h)-(-3x^2+x)}{h}=\lim\limits_{h\to 0}\dfrac{h(-3h-6x+1)}{h}=-6x+1 & \text{si } x>0\end{cases}$$

Y ahora resulta:
$$\left.\begin{array}{l}\lim\limits_{x\to 0^-} f'(x)=\lim\limits_{x\to 0}(2x+1)=1=f'(0^-)\\ \lim\limits_{x\to 0^+} f'(x)=\lim\limits_{x\to 0}\left(-6x+1\right)=1=f'(0^+)\end{array}\right\}\Rightarrow f'(0)=1$$

Ejemplo

Si $f(x)=\begin{cases} x^2 & \text{si } x\le 1 \\ x^3-x & \text{si } x>1 \end{cases}$, derivando para $x\neq 1$ se obtiene: $f'(x)=\begin{cases} 2x & \text{si } x<1 \\ 3x^2-1 & \text{si } x>1 \end{cases}$

Así que $\lim\limits_{x\to 1^-} f'(x)=2$ y $\lim\limits_{x\to 1^+} f'(x)=2$, igualdad de la que bajo ningún concepto se puede deducir que $f'(1^-)=f'(1^+)=2=f'(1)$, pues f no es derivable en $x=1$, ya que no es continua (no existe $\lim\limits_{x\to 1} f(x)$, puesto que: $\lim\limits_{x\to 1^-} f(x)=1$ y $\lim\limits_{x\to 1^+} f(x)=0$).

22 A Rocío le han pedido que calcule, si existe, $f'(3)$, siendo f $f(x)=\begin{cases} x-2 & \text{si } x\le 3 \\ x^2-5x & \text{si } x>3 \end{cases}$.

Hace lo siguiente: calcula la derivada de la función para valores distintos de 3, esto es, $f'(x)=\begin{cases} 1 & \text{si } x<3 \\ 2x-5 & \text{si } x>3 \end{cases}$ y concluye que, como $\lim\limits_{x\to 3^-} f'(x)=1$ y $\lim\limits_{x\to 3^+} f'(x)=2\cdot 3-5=1$, entonces $f'(3)=1$. ¿Dónde se equivoca Rocío?

23 Actividad resuelta

¿Qué valor debe tener k para que la función $f(x)=\begin{cases} kx^2-1 & \text{si } x\le 1 \\ k-x & \text{si } x>1 \end{cases}$ sea derivable en $x=1$?

La función es continua en $x=1$, ya que $\lim\limits_{x\to 1^-} f(x)=\lim\limits_{x\to 1}(kx^2-1)=k-1=f(1)$ y $\lim\limits_{x\to 1^+} f(x)=\lim\limits_{x\to 1}(k-x)=k-1$. Una vez confirmada la continuidad de f en $x=1$, para que sea derivable basta con que se cumpla $\lim\limits_{x\to 1^-} f'(x)=\lim\limits_{x\to 1^+} f'(x)$. Calculando la expresión de f':

$$f'(x)=\begin{cases} \lim\limits_{h\to 0}\dfrac{k(x+h)^2-1-(kx^2-1)}{h}=\lim\limits_{h\to 0}\dfrac{\not{h}k(h+2x)}{\not{h}}=2kx, \text{ si } x<1 \\ \lim\limits_{h\to 0}\dfrac{k-(x+h)-(k-x)}{h}=\lim\limits_{h\to 0}\dfrac{-\not{h}}{\not{h}}=-1, \quad \text{si } x>1 \end{cases} \Rightarrow 2k=-1 \Rightarrow k=-\dfrac{1}{2}$$

24 En cada caso, encuentra los valores de los parámetros que hacen que las funciones dadas sean derivables en todo $\mathbb{R}$.

a. $f(x)=\begin{cases} x^2+1 & \text{si } x\le 2 \\ ax & \text{si } x>2 \end{cases}$

b. $g(x)=\begin{cases} ax^2+bx & \text{si } x\le -1 \\ ax-3 & \text{si } x>-1 \end{cases}$

25 Sea la función $f(x)=\begin{cases} 2x^2-3x+a & \text{si } x\le 0 \\ x^2+bx+1 & \text{si } x>0 \end{cases}$. Halla los valores de a y b para que sea continua y derivable en todo su dominio.

26 Determina los valores que han de tomar a y b para que $f(x)=\begin{cases} -x^2+ax-7 & \text{si } x<1 \\ 4x-b & \text{si } x\ge 1 \end{cases}$, sea derivable en $x=1$.

27 Se sabe que la función $f:[0,5]\to\mathbb{R}$ dada por $f(x)=\begin{cases} ax+bx^2 & \text{si } 0\le x<2 \\ c+\sqrt{x-1} & \text{si } 2\le x\le 5 \end{cases}$, es derivable en el intervalo (0, 5) y además verifica que $f(0)=f(5)$. ¿Cuánto valen a, b y c?

28 Dada la función $f(x)=\begin{cases} x^2+ax+b & \text{si } x<1 \\ cx & \text{si } x\ge 1 \end{cases}$.

Calcula a, b y c para que f sea derivable en $x=1$, sabiendo que $f(0)=f(4)$.

3 Propiedades de las derivadas. Regla de la cadena

3.1. Derivadas de las funciones constantes y x^n

Si $f(x) = k$, entonces $f'(x) = 0$, y si $f(x) = x^n$ entonces $f'(x) = nx^{n-1}$.

$$f'(x)=\lim_{h\to 0}\frac{f(x+h)-f(x)}{h}=\lim_{h\to 0}\frac{(x+h)^n-x^n}{h}=\lim_{h\to 0}\frac{x^n+nx^{n-1}h+h^2\cdot(\cdots)-x^n}{h}=\lim_{h\to 0}\frac{h\left[nx^{n-1}+h\cdot(\cdots)\right]}{h}=nx^{n-1}$$

Ejemplo

$f(x)=x^7 \Rightarrow f'(x)=7x^6$

3.2. Derivada del producto por una constante y de la suma de funciones

Si k es un número real y f y g tienen derivada en el punto de abscisa x, entonces, existen y son derivables en el punto x, las funciones producto de k por f y suma de f y g, siendo:

$F(x) = kf(x) \Rightarrow F'(x) = kf'(x)$ $F(x) = f(x) + g(x) \Rightarrow F'(x) = f'(x) + g'(x)$

Se puede demostrar la segunda afirmación de la siguiente forma:

$$F(x)=f(x)+g(x)\Rightarrow F'(x)=\lim_{h\to 0}\frac{F(x+h)-F(x)}{h}=\lim_{h\to 0}\frac{f(x+h)+g(x+h)-\big(f(x)+g(x)\big)}{h}=$$

$$=\lim_{h\to 0}\left(\frac{f(x+h)-f(x)}{h}+\frac{g(x+h)-g(x)}{h}\right)=\lim_{h\to 0}\frac{f(x+h)-f(x)}{h}+\lim_{h\to 0}\frac{g(x+h)-g(x)}{h}=f'(x)+g'(x)$$

Estos resultados nos permiten obtener la derivada de cualquier polinomio.

Ejemplo

- $f(x)=x^{11}+19 \Rightarrow f'(x)=11x^{10}+0=11x^{10}$
- $f(x)=3x^6+4x^5-3x^2+x-2 \Rightarrow f'(x)=18x^5+20x^4-6x+1$

3.3. Derivada del cuadrado de una función

Si $F(x)=\left[f(x)\right]^2=f^2(x)$ y f es derivable en el punto x, entonces, $F'(x)=2f(x)f'(x)$.

$$F'(x)=\lim_{h\to 0}\frac{F(x+h)-F(x)}{h}=\lim_{h\to 0}\frac{f^2(x+h)-f^2(x)}{h}=\lim_{h\to 0}\frac{\left[f(x+h)+f(x)\right]\left[f(x+h)-f(x)\right]}{h}=$$

$$=\lim_{h\to 0}\left[f(x+h)+f(x)\right]\lim_{h\to 0}\frac{f(x+h)-f(x)}{h}=2f(x)f'(x)$$

En donde hemos utilizado que $\lim_{h\to 0}f(x+h)=f(x)$, ya que sabemos que f es continua por ser derivable.

Ejemplo

$F(x)=(3x^2+6)^2 \Rightarrow F'(x)=2(3x^2+6)6x=12x(3x^2+6)$

Lógicamente, obtendríamos el mismo resultado si primero desarrolláramos el cuadrado y después deriváramos la función resultante:

$F(x)=(3x^2+6)^2=9x^4+36x^2+36 \Rightarrow F'(x)=36x^3+72x=12x(3x^2+6)$

> Recuerda que no siempre es posible operar en primer lugar y luego derivar. Esto siempre dependerá de condiciones de continuidad y derivabilidad. En este caso, al ser una función polinómica, no hay ningún problema.

29 **Aplicando la derivada del cuadrado de una función, calcula la derivada de $f(x)=\sqrt{2x+3}$.**

3.4. Derivada del producto de dos funciones

Si $F(x) = f(x)g(x)$ y f y g son derivables en el punto x, entonces $F'(x) = f'(x)g(x) + f(x)g'(x)$.

Se puede demostrar que si f y g son dos funciones derivables, su producto también lo es. En efecto, si f y g son derivables, lo serán las funciones $(f + g)^2$ y $(f - g)^2$ y también lo será fg ya que se puede escribir en función de ellas como:

$$\frac{1}{4}\left[(f+g)^2-(f-g)^2\right]=\frac{1}{4}\left[f^2+2f\cdot g+g^2-(f^2-2f\cdot g+g^2)\right]=f\cdot g$$

La derivada de fg también se puede obtener calculando la derivada de $(f+g)^2$ de dos formas diferentes, desarrollando el cuadrado y aplicando la fórmula de la derivada del cuadrado de una función.

$$\left[(f+g)^2\right]'=\begin{cases}(f^2+2fg+g^2)'=2ff'+2(fg)'+2gg'=2(ff'+(fg)'+gg') \\ 2(f+g)(f+g)'=2(f+g)(f'+g')=2(ff'+fg'+gf'+gg')\end{cases}\Rightarrow$$

$$\Rightarrow ff'+(fg)'+gg'=ff'+fg'+gf'+gg'\Rightarrow\left[f(x)g(x)\right]'=f'(x)g(x)+f(x)g'(x)$$

Ejemplo

$f(x) = (2x^4 + 3x)(3x^2 - 2) \Rightarrow f'(x) = (2x^4 + 3x)'(3x^2 - 2) + (2x^4 + 3x)(3x^2 - 2)' =$

$= (8x^3 + 3)(3x^2 - 2) + (2x^4 + 3x)(6x) = 36x^5 - 16x^3 + 27x^2 - 6$

3.5. Derivada del cociente de dos funciones

Si f y g tienen derivada en el punto de abscisa x, con $g(x) \neq 0$, entonces su cociente también es derivable y se verifica: $\left(\dfrac{f(x)}{g(x)}\right)'=\dfrac{f'(x)g(x)-f(x)g'(x)}{\left(g(x)\right)^2}$.

Si f y g son funciones derivables, el cociente $\frac{f}{g}$ es derivable en los puntos en los que está definido, es decir, cuando $g(x) \neq 0$.

Este resultado, cuya justificación no realizamos en este curso, es necesario para que la demostración sea válida.

Para los puntos en los que no se anula el denominador, el resultado se demuestra de la siguiente manera.

$$f=\frac{f}{g}\cdot g\Rightarrow f'=\left(\frac{f}{g}\right)'g+\frac{f}{g}\cdot g'\Rightarrow\left(\frac{f}{g}\right)'=\frac{1}{g}\left(f'-\frac{f}{g}\cdot g'\right)=\frac{f'g-fg'}{g^2}$$

Ejemplo

$$f(x)=\frac{2x-4}{x^3+x}\Rightarrow f'(x)=\frac{2(x^3+x)-(2x-4)(3x^2+1)}{(x^3+x)^2}=\frac{-4x^3+12x^2+4}{x^6+2x^4+x^2}$$

30 Determina las derivadas de las funciones $f(x)=\dfrac{2x}{x^2+1}$ y $g(x)=\dfrac{(x+1)^2}{x^2+1}$. ¿Qué observas?

31 Calcula la derivada de las siguientes funciones y encuentra después para qué valores de x se anulan.

a. $f(x)=\dfrac{x-1}{x^2+3}$ **b.** $f(x)=\dfrac{x-5}{x+8}$ **c.** $f(x)=\dfrac{x^2+1}{x^2-4}$

32 Dadas $f(x)=x^2+2x+1$ y $g(x)=3x-1$, calcula:

a. $\left(f^2\right)'(x)$ **b.** $\left(\dfrac{g}{f}\right)'(x)$ **c.** $\left(2f-3g\right)'(x)$ **d.** $\left(\dfrac{5}{g^2}\right)'(x)$

3.6. Derivada de la función compuesta. Regla de la cadena

Con los resultados vistos hasta ahora, sería muy laborioso obtener la derivada de una función del tipo $t(x) = (x^2 + 3x - 1)^{12}$ pues, aunque es polinómica, escribirla como suma de monomios requeriría un pesado cálculo. Sin embargo, si consideramos $t = f \circ g$, con $g(x) = x^2 + 3x - 1$ y $f(x) = x^{12}$, el siguiente resultado, conocido como **regla de la cadena**, permite calcular con comodidad $t'(x)$.

> Si g tiene derivada en x y f tiene derivada en $g(x)$, entonces la función $f \circ g$ tiene derivada en x y es $\mathbf{(f \circ g)'(x) = f'(g(x))g'(x)}$.

Actividades resueltas

33 **Aplicando la regla de la cadena, deriva la función $t(x) = (x^2 - x + 2)^2$.**

Consideramos $t(x) = (f \circ g)(x)$, con $f(x) = x^2$ y $g(x) = x^2 - x + 2$. Sus derivadas son $f'(x) = 2x$ y $g'(x) = 2x - 1$, luego: $t'(x) = f'(g(x))g'(x) = 2g(x)g'(x) = 2(x^2 - x + 2)(2x - 1) = 4x^3 - 6x^2 + 10x - 4$

34 **Siendo $f(x) = x^2 - 5x$ y $g(x) = 3x + 1$, calcula la derivada de las funciones:**

a. $j(x) = (f \circ g)(x)$

b. $k(x) = (g \circ f)(x)$

a. $j(x) = (f \circ g)(x) \Rightarrow j'(x) = (f \circ g)'(x) = f'(g(x))g'(x) = (2(3x+1) - 5) \cdot 3 = 18x - 9$

También podríamos haber calculado antes la función compuesta y haber derivado a continuación:

$$j(x) = (f \circ g)(x) = f(g(x)) = (3x+1)^2 - 5(3x+1) = 9x^2 - 9x - 4 \Rightarrow j'(x) = 18x - 9$$

b. $k(x) = (g \circ f)(x) \Rightarrow k'(x) = (g \circ f)'(x) = g'(f(x))f'(x) = 3(2x - 5) = 6x - 15$

35 **Calcula, aplicando la regla de la cadena las derivadas de las siguientes funciones.**

a. $f(x) = \left(\sqrt{x} + x\right)^5$

b. $f(x) = \left(\dfrac{x+3}{x-5}\right)^3$

36 **Deriva las siguientes funciones.**

a. $f(x) = \dfrac{3x-1}{x^4+1}$

b. $f(x) = (x^7 + 7x)^7$

c. $f(x) = \left(\dfrac{2\sqrt{x}}{3x^2+1}\right)^3$

d. $f(x) = (2x+3)\sqrt{\dfrac{1}{x^2+1}}$

37 **Dada la función $f(x) = \sqrt{2x-1} \cdot (2x+3)^2 \cdot \dfrac{3}{x-2}$, halla $f'(5)$.**

38 **Sabiendo que $f(2) = 1$; $f'(2) = 3$; $g(2) = 2$; $g'(2) = 5$ y $g'(1) = 0$, calcula:**

a. $(f \circ g)'(2)$

b. $(f^2 \circ g)'(2)$

c. $\left(\sqrt{g}\right)'(2)$

d. $(g \circ f)'(2)$

e. $\left(\dfrac{1}{f} \circ g\right)'(2)$

f. $(f^n)'(2)$

4 Derivadas de las funciones elementales

4.1. Derivada de la función exponencial

Sea la función $f(x) = e^x$, donde el número e es la base de los logaritmos naturales, también llamados neperianos, es decir, el número 2,718... Aplicando la definición de derivada, se obtiene la derivada de la función exponencial:

$$f'(x)=\lim_{h\to 0}\frac{f(x+h)-f(x)}{h}=\lim_{h\to 0}\frac{e^{x+h}-e^x}{h}=\lim_{h\to 0}\frac{e^x[e^h-1]}{h}=e^x\cdot\lim_{h\to 0}\frac{e^h-1}{h}$$

Este límite se puede estimar con ayuda de la calculadora, dando a h valores próximos a 0:

h	0,1	0,01	−0,001	0,000 01
$\frac{e^h-1}{h}$	1,051 709	1,005 016	0,999	1,000 004

De los datos de la tabla, se deduce que $\lim_{h\to 0}\frac{e^h-1}{h}=1$ y, como consecuencia:

Si $\mathbf{f(x)=e^x \Rightarrow f'(x)=e^x}$ y si el exponente es una función: $\mathbf{f(x)=e^{g(x)} \Rightarrow f'(x)=e^{g(x)}\cdot g'(x)}$

Ejemplo

La derivada de $f(x)=e^{-x^2+3x-1}$ es $f'(x)=(-2x+3)e^{-x^2+3x-1}$

4.2. Derivada de la función inversa a una dada

Si dos funciones f y g son inversas la una de la otra, se verifica que $(f\circ g)(x)=(g\circ f)(x)=x$, es decir, que si el punto (a, b) es de la gráfica de f, resulta que $f(a) = b$, por lo que $(g\circ f)(a)=a$, es decir, $g\big(f(a)\big)=g(b)=a$, con lo que el punto (b, a) es de la gráfica de g.

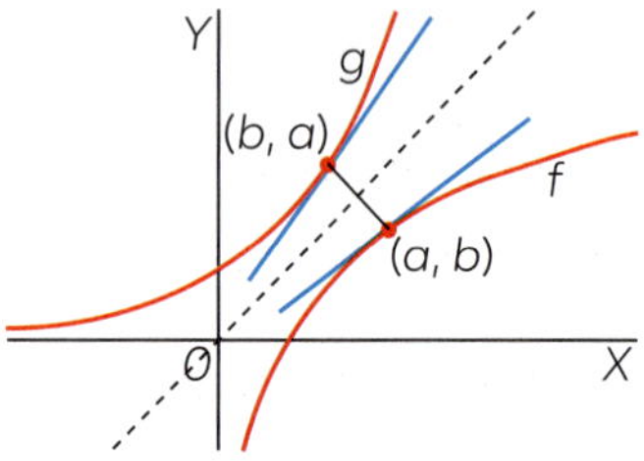

Del razonamiento anterior se sigue que las gráficas de f y g son simétricas respecto de la bisectriz del 1.er cuadrante, con lo que si $f(x)$ admite tangente no horizontal en el punto $P\big(a, f(a)\big)$, su inversa admitirá tangente no vertical en el punto $Q\big(f(a), a\big)$, es decir, si $f'(a) \neq 0$, entonces existirá $g'\big(f(a)\big)$.

La derivada de la función inversa se obtiene aplicando la regla de la cadena a la función $(f\circ g)(x)=(g\circ f)(x)=x$.

Ejemplo

La inversa de $\mathbf{f(x)=\sqrt[3]{x}}$ es $g(x) = x^3$

$(g\circ f)(x)=g\big(f(x)\big)=\left(\sqrt[3]{x}\right)^3=x$, por lo que: $3\left(\sqrt[3]{x}\right)^2\left(\sqrt[3]{x}\right)'=1\Rightarrow\left(\sqrt[3]{x}\right)'=\frac{1}{3\left(\sqrt[3]{x}\right)^2}$

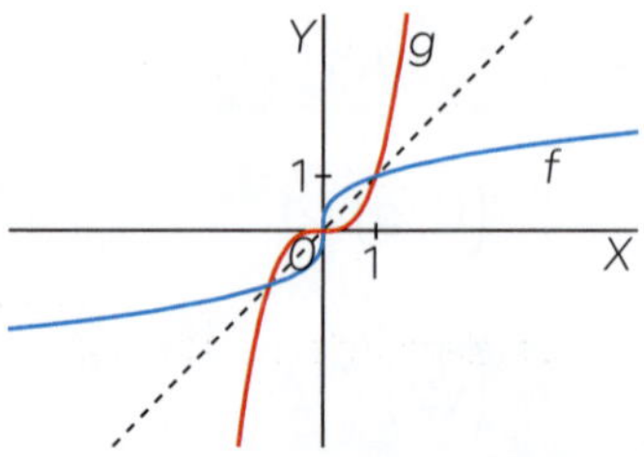

4.3. Derivada de la función a^x

Ya se ha visto cómo obtener la derivada de $f(x) = e^x$. Si la base es cualquier número real a, positivo y distinto de 1, una simple transformación algebraica conduce a su derivada. Por tanto:

Si escribimos $a = e^{\ln a}$, resulta $a^x = e^{x \ln a}$.

Si $f(x)=a^x \Rightarrow f'(x)=a^x \cdot \ln a$ y, en general, si $f(x)=a^{g(x)} \Rightarrow f'(x)=a^{g(x)} \cdot \ln a \cdot g'(x)$

Ejemplo

La derivada de la función $f(x)=2^{x^2-3x+1}$ es $f'(x)=2^{x^2-3x+1} \cdot \ln 2 \cdot (2x-3)$

4.4. Derivada de la función logarítmica, $f(x) = \log_a x$, $a > 0$, $a \neq 1$

Conviene recordar en primer lugar que si $\log_a b=c$, entonces $a^c=b$, es decir, $y=\log_a x$ e $y=a^x$ son funciones inversas. Esto permite determinar la derivada de $f(x)=\log_a x$.

Considerando la función $g(x) = a^x$, entonces $g\left(f(x)\right)=a^{\log_a x}=x$, por lo que aplicando la regla de la cadena resulta: $a^{\log_a x} \cdot \ln a \cdot (\log_a x)'=1 \Rightarrow (\log_a x)'=\frac{1}{x} \cdot \frac{1}{\ln a}$

Si $f(x)=\log_a x \Rightarrow f'(x)=\frac{1}{x} \cdot \frac{1}{\ln a}$ y, en general, si $f(x)=\log_a\left[g(x)\right] \Rightarrow f'(x)=\frac{g'(x)}{g(x)} \cdot \frac{1}{\ln a}$.

Si $a=e$, resulta $f(x)=\ln x \Rightarrow f'(x)=\frac{1}{x}$ y, en general, si $f(x)=\ln\left[g(x)\right] \Rightarrow f'(x)=\frac{g'(x)}{g(x)}$.

Ejemplo

La derivada de $f(x) = \ln(x^3 - x)$ es $f'(x)=\frac{1}{x^3+x} \cdot (3x^2+1)=\frac{3x^2+1}{x^2+1}$.

4.5. Derivada de las funciones irracionales

Si m y n son números enteros y $n > 0$, la derivada de la función $f(x)=x^{\frac{m}{n}}=\sqrt[n]{x^m}$ puede obtenerse utilizando la derivada de su función inversa y la regla de la cadena. En efecto:

Tomando $g(x)=x^n$, resulta que $(g \circ f)(x)=g\left(f(x)\right)=\left[f(x)\right]^n=\left(\sqrt[n]{x^m}\right)^n=x^m$. Aplicando la regla de la cadena: $n\left[f(x)\right]^{n-1} \cdot f'(x)=mx^{m-1} \Rightarrow f'(x)=\frac{m}{n}\frac{x^{m-1}}{\left(x^{\frac{m}{n}}\right)^{n-1}}=\frac{m}{n}x^{\frac{m}{n}-1}$. En resumen:

Si $f(x)=\sqrt[n]{x^m}=x^{\frac{m}{n}} \Rightarrow f'(x)=\frac{m}{n}x^{\frac{m}{n}-1}$ que, para $m=1$ se suele expresar como $f'(x)=\frac{1}{n\sqrt[n]{x^{n-1}}}$.

Si $f(x)=\sqrt[n]{\left[g(x)\right]^m}=\left[g(x)\right]^{\frac{m}{n}} \Rightarrow f'(x)=\frac{m}{n}\left[g(x)\right]^{\frac{m}{n}-1} \cdot g'(x)$ o, si $m=1$, $f'(x)=\frac{g'(x)}{n\sqrt[n]{\left[g(x)\right]^{n-1}}}$.

Esta es la misma regla que la de la derivada de $f(x) = x^n$, con n entero.

Ejemplo

La derivada de $f(x)=\sqrt[5]{(x^2-1)^3}=(x^2-1)^{\frac{3}{5}}$ es $f'(x)=\frac{3}{5}(x^2-1)^{\frac{3}{5}-1} \cdot 2x=\frac{6x}{5\sqrt[5]{(x^2-1)^2}}$.

4.6. Derivada de $f(x) = x^r$, con r cualquier número real

Tras determinar la derivada de $f(x)=x^{\frac{n}{m}}$ con m y n enteros, podemos deducir la expresión de la derivada en el caso de que el exponente sea cualquier número real r. Para ello, realizamos una transformación similar a la efectuada en el cálculo de $(a^x)^r$.

Como $x=e^{\ln x}$, escribimos $x^r=e^{r\ln x}$, y deducimos que: $f(x)=x^r$, $f'(x)=e^{r\ln x}\cdot\frac{r}{x}=e^{\ln x^r}\cdot\frac{r}{x}=x^r\cdot\frac{r}{x}=r\,x^{r-1}$.

Por consiguiente, para cualquier número real r tenemos que:

> Si $\mathbf{f(x)=x^r}$, $\mathbf{f'(x)=r\,x^{r-1}}$ y, en general, si $\mathbf{f(x)=[g(x)]^r}$, $\mathbf{f'(x)=r[g(x)]^{r-1}\cdot g'(x)}$.

Ejemplo

La derivada de $f(x)=x^{x^2}$ es $f'(x)=x^2x^{x^2-1}2x=2x^3x^{x^2-1}$

39 Calcula las derivadas de las siguientes funciones.

a. $f(x)=\sqrt{x}e^{-x}$

b. $f(t)=\left(\sqrt{t}+1\right)^{100}$

c. $f(t)=(t^3+2)^{90}$

d. $f(x)=2^{2x-1}$

40 Calcula la derivada de estas funciones.

a. $f(x)=\frac{x}{6}-8x^2+\frac{1}{x}$

b. $f(x)-xe^{3x}$

c. $f(x)=x(5-x^2)^4$

d. $f(x)=\frac{x^3}{4}-8$

e. $f(x)=e^{x^3}$

f. $f(x)=x^2-e^x$

g. $f(x)=\frac{3}{(2x-5)^2}+\ln(1-x)$

h. $f(x)=\frac{x}{\ln x}$

i. $f(x)-5\sqrt{\ln x}$

j. $f(x)=\frac{x^2}{3x^2+1}$

k. $f(x)=\frac{6-x^5}{x^6}$

l. $f(x)=2\sqrt{x}-\ln x$

m. $f(x)=\sqrt{x^3}$

n. $f(x)=\frac{e^x}{x^3+1}$

41 Halla la derivada de estas funciones.

a. $f(x)=e^{7x-1}$

b. $f(x)=\sqrt{e^x}$

c. $f(x)=\frac{e^{3x}}{1+x^2}$

d. $f(x)=\ln\left[x(1+3x^2)\right]$

e. $f(x)=e^{x^2}\cdot e^{-3x}\cdot e^2$

f. $f(x)=\frac{e^{2x}+e^{3x}}{e^x+1}$

g. $f(x)=2^{5x}+\frac{1}{x^2}$

h. $f(x)=e^{-x^1}\cdot\ln x$

42 ¿Para qué valores de x se anula la derivada de las siguientes funciones?

a. $f(x)=5x-3$

b. $f(x)=\frac{2x}{x+3}$

c. $f(x)=e^{2x}$

d. $f(x)=\ln(3x+7)$

e. $f(x)=3x^2-5x+1$

f. $f(x)=\frac{x^2}{x+1}$

g. $f(x)=e^{x^2-6x}$

h. $f(x)=\ln(x^2-2x)$

4.7. Derivada de las funciones trigonométricas

Para obtener la derivada de $f(x)=\operatorname{sen}x$, hay que calcular $\lim_{h\to 0}\frac{\operatorname{sen}(x+h)-\operatorname{sen}x}{h}$. Una forma intuitiva de obtener este límite, sin utilizar fórmulas trigonométricas, es desarrollarlo a partir de la figura de la derecha. En ella se observa que $\frac{\operatorname{sen}(x+h)-\operatorname{sen}x}{h}=\frac{AC}{\text{Arco } AB}$.

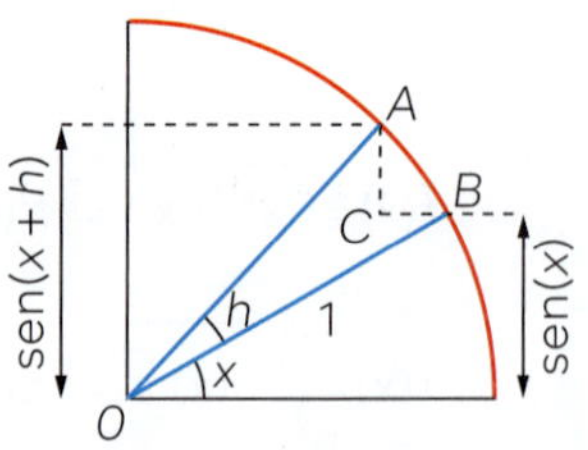

Si h es pequeño, el arco AB es casi un segmento, por lo que se puede hablar del triángulo ABC, pero, además, el "segmento" AB se confunde con la recta tangente en B, con lo que en el triángulo ABC el ángulo en B es el complementario de x y, por tanto, el ángulo A es x. En conclusión, $\frac{AC}{\text{Arco } AB}=\cos x$. Cuanto más próximo esté h a 0, mejor será esta aproximación, por lo que $\lim_{h\to 0}\frac{\operatorname{sen}(x+h)-\operatorname{sen}x}{h}=\cos x$.

Si $f(x) = \text{sen}\, x \Rightarrow f'(x) = \cos x$ y, en general, $f(x)=\text{sen}\left[g(x)\right] \Rightarrow f'(x)=\cos\left[g(x)\right]\cdot g'(x)$.

Ejemplo

La derivada de $f(x)=\text{sen}^2 x$ es $f(x)=2\,\text{sen}\, x\cos x$.

Una vez que se conoce la derivada de $g(x) = \text{sen}\, x$, aplicando la regla de la cadena se obtiene la derivada de $f(x) = \cos x$, ya que $\cos x = \text{sen}\left(\frac{\pi}{2}-x\right)$, con lo que: $f'(x)=\cos\left(\frac{\pi}{2}-x\right)(-1)=-\text{sen}\, x$

Si $f(x) = \cos x \Rightarrow f'(x) = -\text{sen}\, x$ y, en general, si $f(x)=\cos\left[g(x)\right] \Rightarrow f'(x)=-\text{sen}\left[g(x)\right]\cdot g'(x)$.

Para derivar la función tangente, basta con escribirla en función del seno y del coseno:

$$f(x)=\text{tg}\, x=\frac{\text{sen}\, x}{\cos x} \Rightarrow f'(x)=\frac{(\text{sen}\, x)'\cos x-\text{sen}\, x(\cos x)'}{\cos^2 x}=\frac{\cos^2 x+\text{sen}^2 x}{\cos^2 x}=\begin{cases}\dfrac{1}{\cos^2 x}\\ 1+\dfrac{\text{sen}^2 x}{\cos^2 x}=1+\text{tg}^2 x\end{cases}$$

Si $f(x) = \text{tg}\, x \Rightarrow f'(x)=\dfrac{1}{\cos^2 x}=1+\text{tg}^2 x$ y, en general, si

$f(x)=\text{tg}\left[g(x)\right]$, $f'(x)=\dfrac{1}{\cos^2\left[g(x)\right]}\cdot g'(x)=(1+\text{tg}^2\left[g(x)\right])\cdot g'(x)$.

43 **Calcula la derivada de estas funciones trigonométricas.**

a. $f(x)=\text{sen}(3x^2-5x+1)$

b. $f(x)=\cos^3(e^x-5x^2)$

c. $f(x)=x\,\text{tg}(3x+2)$

d. $f(x)=\dfrac{\cos x^3}{1+x^2}$

e. $f(x)=e^{\text{sen}\, x}$

f. $f(x)=\text{sen}\, x\cdot\cos x$

g. $f(x)=\ln(\cos x^2)$

h. $f(x)=\dfrac{\text{sen}\, x+\cos x}{\text{sen}\, x-\cos x}$

4.8. Derivada de las funciones trigonométricas inversas

La función arco tangente, $f(x) = \text{arctg}\, x$, es la inversa de la función tangente.

Por ejemplo, $\text{arctg}\, 1 = \frac{\pi}{4}$ pues es el único ángulo en $\left(-\frac{\pi}{2},\frac{\pi}{2}\right)$ cuya tangente es 1.

Su derivada se obtiene operando con su función inversa, $g(x) = \text{tg}\, x$. Así, se tiene:

$$\left(g\left[f(x)\right]\right)'=g'\left[f(x)\right]f'(x)=1\Rightarrow f'(x)=\frac{1}{g'\left[f(x)\right]}=\frac{1}{1+\text{tg}^2\left[f(x)\right]}=\frac{1}{1+\text{tg}^2(\text{arctg}\, x)}=\frac{1}{1+x^2}$$

Si $f(x) = \text{arctg}\, x \Rightarrow f'(x)=\dfrac{1}{1+x^2}$ y, en general, si $f(x)=\text{arctg}\left[g(x)\right]\Rightarrow f'(x)=\dfrac{g'(x)}{1+\left[g(x)\right]^2}$.

En las calculadoras, el recorrido de la función arco tangente es el intervalo $\left(-\frac{\pi}{2},\frac{\pi}{2}\right)$. Es importante hacer notar que, sin especificar el recorrido, no se trataría de una función, pues para cada valor de x hay infinitos ángulos cuya tangente es x, pero solo uno en el intervalo $\left(-\frac{\pi}{2},\frac{\pi}{2}\right)$.

Ejemplo

Para obtener la derivada de la función $f(x)=\text{arctg}\left[\cos(x^2-1)\right]$ nos basta con aplicar las derivadas de las funciones elementales contenidas en f y la regla de la cadena.

$$f'(x)=\frac{1}{1+\cos^2(x^2-1)}\cdot\text{sen}(x^2-1)\cdot 2x=\frac{2x\,\text{sen}(x^2-1)}{1+\cos^2(x^2-1)}$$

La función arco seno, $f(x) = \text{arcsen}\,x$, es la inversa de la función $g(x) = \text{sen}\,x$. Su derivada se obtiene por un procedimiento análogo al utilizado para el arco tangente. Así, de la igualdad sen (arcsen x) = x, es decir, $g\left[f(x)\right] = x$, se deduce derivando que:

$$g'\left[f(x)\right]f'(x) = 1 \Rightarrow f'(x) = \frac{1}{g'\left[f(x)\right]} = \frac{1}{\cos(\text{arcsen}\,x)} = \frac{1}{\sqrt{1-x^2}}$$

Ya que al ser $\cos t = \sqrt{1-\text{sen}^2 t}$, es $\cos(\text{arcsen}\,x) = \sqrt{1-\left(\text{sen}(\text{arcsen}\,x)\right)^2} = \sqrt{1-x^2}$.

Si $f(x) = \text{arcsen}\,x \Rightarrow f'(x) = \frac{1}{\sqrt{1-x^2}}$ y, en general, si $f(x) = \text{arcsen}\left[g(x)\right] \Rightarrow f'(x) = \frac{g'(x)}{\sqrt{1-\left(g(x)\right)^2}}$

De manera parecida a lo que ocurre con el arco tangente, en las calculadoras el recorrido de la función arco seno es el intervalo $\left[-\frac{\pi}{2}, \frac{\pi}{2}\right]$. Para el arco coseno, el recorrido es el intervalo $[0, \pi]$.

Para derivar la función inversa del coseno, el arco coseno $f(x) = \arccos x$, basta recordar que si dos ángulos suman 90°, es decir, $\frac{\pi}{2}$ radianes, el seno de uno es el coseno del otro, así que $\arccos x + \text{arcsen}\,x = \frac{\pi}{2}$, por lo que $\arccos x = \frac{\pi}{2} - \text{arcsen}\,x$. Por tanto:

$\mathbf{f(x) = \arccos x \Rightarrow f'(x) = -(\text{arcsen}\,x)' = -\frac{1}{\sqrt{1-x^2}}}$ y, en general, si:

$$\mathbf{f(x) = \arccos\left[g(x)\right] \Rightarrow f'(x) = -\frac{g'(x)}{\sqrt{1-\left(g(x)\right)^2}}}$$

44 **Actividad resuelta**

Halla las derivadas de las siguientes funciones.

a. $f(x) = \text{sen}^3(3x^2 - 2^x)$ b. $f(x) = \cos^2 x - \text{sen}^2 x$ c. $f(x) = \frac{\text{arctg}(x^2)}{\ln x}$

a. $f'(x) = 3\left[\text{sen}^2(3x^2 - 2^x)\right](6x - 2^x \ln 2)$

b. $f'(x) = 2\cos x \cdot (-\text{sen}\,x) - 2\text{sen}\,x \cdot \cos x = -4\text{sen}\,x \cdot \cos x$

c. $f'(x) = \dfrac{\frac{1}{1+(x^2)^2} \cdot 2x \cdot \ln x - \text{arctg}(x^2) \cdot \frac{1}{x}}{(\ln x)^2} = \dfrac{2x^2 \ln x - (1+x^4)\text{arctg}(x^2)}{x(1+x^4)\ln^2 x}$

45 **Calcula la derivada de estas funciones trigonométricas inversas.**

a. $f(x) = \frac{\text{arctg}x}{\text{arctg}x + 1}$

b. $f(x) = \text{arcsen}\left(\frac{x+1}{x}\right)$

c. $f(x) = \arccos\sqrt{2x+5}$

d. $f(x) = \text{arctg}(x^2 - 2x + 1)$

46 **Determina las derivadas de estas funciones.**

a. $f(x) = \frac{x(\cos x + e^x)}{e^x}$

b. $f(x) = \frac{\arccos\sqrt{x-1}}{5x^2+1}$

c. $f(x) = \ln\left(\frac{1+\cos x}{1-\cos x}\right)$

d. $f(x) = \text{tg}\left(\frac{x^2-1}{x^2+1}\right)$

47 **Calcula la derivada de las siguientes funciones.**

a. $f(t) = t\cos t + \text{tg}\,t$

b. $f(x) = \sqrt{1-\cos x}$

c. $f(x) = e^{\cos x}$

d. $f(x) = \text{tg}\left(\sqrt{x}\right)$

e. $f(x) = \sqrt{\text{arctg}\,x}$

f. $f(x) = \text{sen}^4 x$

g. $f(x) = \cos^3(e^x - 1)$

h. $f(x) = \text{sen}^7\left[(x^7+1)^7\right]$

i. $f(\beta) = e^\beta\,\text{arcsen}(2\beta)$

j. $f(z) = \text{tg}(e^z)$

48 **Calcula la derivada de las siguientes funciones.**

a. $f(x) = \text{arcsen}\sqrt{x}$

b. $f(x) = \text{arctg}(\ln x)$

c. $f(x) = \arccos e^x$

d. $f(x) = \text{arcsen}\,x - \arccos x$

5 Crecimiento y decrecimiento de una función. Extremos relativos

5.1. Crecimiento y decrecimiento

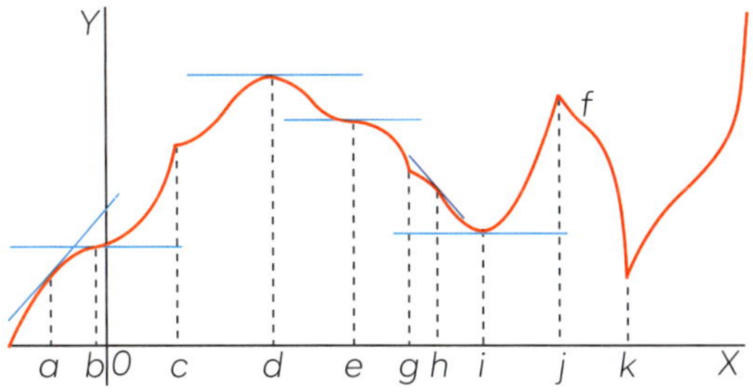

Sea $y = f(x)$ una función continua cuya gráfica es la de la figura. Si se recuerda lo aprendido en cursos anteriores, se pueden hacer las siguientes afirmaciones sobre ella:

- f es creciente en los puntos a, b y c.
- f es decreciente en los puntos e, g y h.
- f presenta máximos relativos en los puntos d y j.
- f presenta mínimos relativos en los puntos i y k.

A la vista de estas observaciones, se pueden dar las siguientes definiciones:

Sea f una función definida en un cierto intervalo (p, q) y sea a un punto de su interior:

- **f es creciente en $x = a$** si existe un intervalo centrado en a en el que se cumple:

  $f(a) \geq f(x)$ con **$x < a$**

  $f(a) \leq f(x)$ con **$x > a$**

- **f es decreciente en $x = a$** si existe un intervalo centrado en a en el que se cumple:

  $f(a) \leq f(x)$ con $x < a$

  $f(a) \geq f(x)$ con $x > a$

5.2. Máximos y mínimos relativos

- **f tiene un máximo relativo en $x = a$** si existe un intervalo centrado en a en el que:

  $f(a) \geq f(x)$ para todo punto x de ese intervalo.

- **f tiene un mínimo relativo en $x = a$** si existe un intervalo centrado en a en el que:

  $f(a) \leq f(x)$ para todo punto x de ese intervalo.

Si volvemos a fijarnos en la figura inicial, observamos situaciones como las siguientes.

- Que una función sea creciente en un punto y no sea derivable en él: punto c
- Que presente un extremo relativo y su derivada no sea cero porque no exista: puntos j y k.

Sin embargo, en los puntos en los que f es derivable, parece existir una estrecha relación entre los conceptos anteriores y el signo de la derivada primera en un punto.

> Si **$f'(a) > 0$**, entonces f es creciente en a.

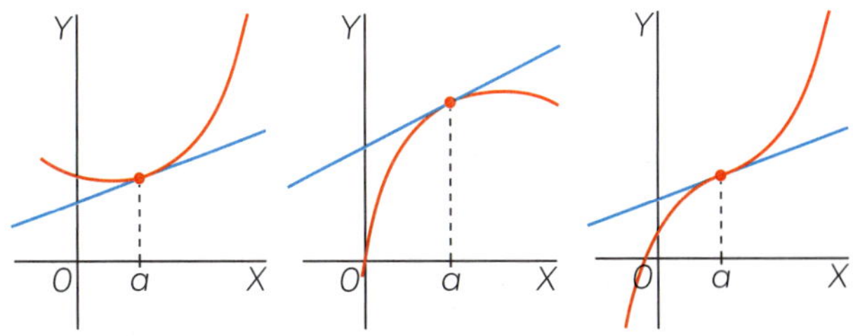

Si la derivada en un punto es positiva, la recta tangente en ese punto tiene pendiente positiva. Entonces la función presenta alguna de las situaciones dadas en las gráficas de la derecha y será creciente en a.

> Si **$f'(a) < 0$**, entonces f es decreciente en a.

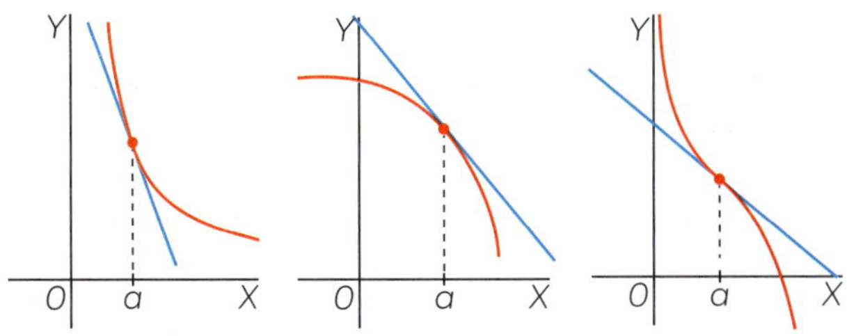

Si la derivada en un punto es negativa, la recta tangente en ese punto tiene pendiente negativa. Entonces, la función presenta alguna de las situaciones dadas en las gráficas de la derecha y será decreciente en a.

> Si f presenta un máximo o un mínimo relativo en a, y existe $f'(a)$, entonces $f'(a) = 0$.

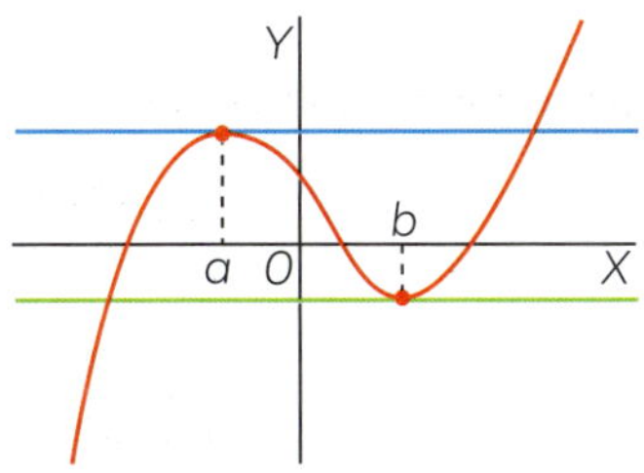

En los extremos relativos, máximos o mínimos, si existe recta tangente, es horizontal y, por tanto, la derivada de la función en dichos puntos será cero.

También se puede argumentar diciendo que, si existiera $f'(x)$ y no fuera cero, sería positiva o negativa, con lo que, por los resultados anteriores, sería creciente o decreciente en ese punto.

49 Actividad resuelta

Estudia el crecimiento y los extremos relativos de $f(x) = 5x^3 - 3x^5$.

Se calcula en primer lugar $f'(x)$ y se resuelve la inecuación $f'(x) > 0$. Para ello hay que determinar en qué puntos se anula f'. Dichos puntos serán los posibles máximos y mínimos relativos de f.

$f'(x) = 15x^2 - 15x^4 \Rightarrow 15x^2(1 - x^2) = 0 \Rightarrow 15x^2(1 + x)(1 - x) = 0 \Rightarrow$
$\Rightarrow x = 0, x = 1$ y $x = -1$.

Vemos el signo de f' en la tabla.

	$-\infty$ a -1	-1 a 0	0 a 1	1 a $+\infty$
Signo de f'	−	+	+	−
Comportamiento de f	↘	↗	↗	↘

De la misma se deduce que:

- En $x = -1$ la gráfica de f pasa de ser decreciente a creciente, así que el punto $A(-1, -2)$ es un mínimo relativo.
- En $x = 1$ la gráfica de f pasa de creciente a decreciente, por lo que el punto $C(1, 2)$ es un máximo relativo.
- En $x = 0$ se anula $f'(x)$, pero el punto $B(0, 0)$ no es ni máximo ni mínimo relativo; en él la función es creciente, como se ve en la representación.

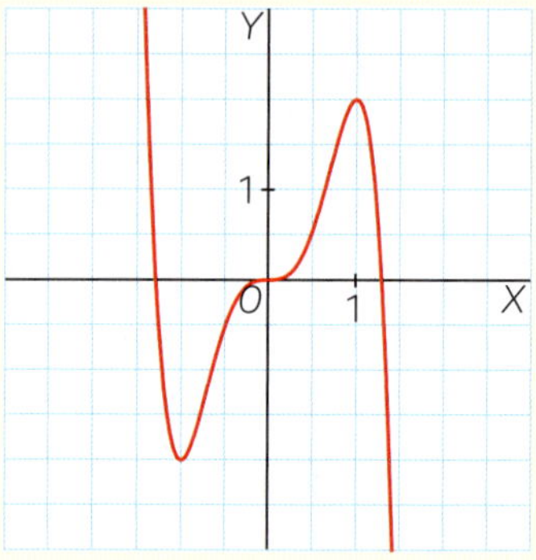

50 Determina los máximos y mínimos relativos de la función $f(x) = 2x^3 - 3x^2 + 1$, cuya gráfica está al margen.

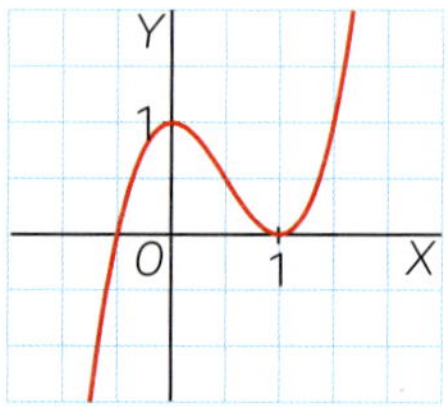

51 Determina los máximos y mínimos relativos de la función $f(x) = 3x^4 - 6x^2$.

52 Investiga si las siguientes funciones tienen extremos relativos y, en su caso, determínalos.

a. $f(x) = x^3 + 3x^2 + 6x + 1$

b. $g(x) = \operatorname{sen} x - \cos x - 3x + 1$

53 Identifica los extremos relativos y los intervalos de crecimiento y de decrecimiento de las funciones:

a. $f(x) = \frac{1}{5}x^5 - x^4 + x^3 + 2x^2 - 4x + 1$

b. $f(x) = (x+1)^2 - 2\ln(x+1)$

54 Estudia el crecimiento y los extremos relativos de:

a. $f(x) = \frac{x-1}{x+1}$

b. $f(x) = \frac{(x+1)^2}{e^x}$

c. $f(x) = e^{1-x^2}$

d. $f(x) = \frac{\ln x}{x}$

e. $f(x) = \frac{1}{(x-2)^2}$

f. $f(x) = x^3 \cdot (x+2)$

g. $f(x) = 2x + \frac{1}{2x}$

h. $f(x) = \frac{x^2(1-x)}{x^2-1}$

i. $f(x) = \frac{|x|}{2-x}$

55 Halla los extremos relativos de $f(x) = \frac{(x+1)^3}{e^x}$.

56 Para cada h se considera la función $f(x) = 2x^3 - 3x^2 + h$.

a. Halla los puntos en los que f alcanza sus valores máximos y mínimos.

b. Encuentra h para que el valor de f en el mínimo local hallado en el apartado anterior sea 0.

57 Determina dónde se alcanza el mínimo de la función $f(x) = 3x^2 - 6x + a$. Calcula el valor de a para que el valor mínimo de la función sea 5.

6 Optimización

6.1. Problemas de optimización

En muchas ocasiones surgen situaciones en las que resulta importante calcular el máximo o el mínimo de ciertas magnitudes.

Los problemas en los que hay que determinar el máximo volumen, el coste mínimo, el camino más corto o las máximas ganancias pertenecen a esta casuística.

Si disponemos de la gráfica de la función que representa la variación de cada magnitud, el problema sería muy simple.

Si no se dispone de la gráfica, es necesario un procedimiento que determine el máximo o el mínimo de una función en un intervalo dado. El cálculo diferencial tiene herramientas para responder a este tipo de problemas, que fueron el origen de esta rama de las matemáticas.

El problema, en su marco más general, consiste en encontrar el **máximo de una función** continua f en un cierto intervalo $[a, b]$; es decir, hay que encontrar, por ejemplo, el punto x_0 de $[a, b]$ en el que $f(x_0) \geq f(x)$ para cualquier x de ese intervalo.

Si f es continua, es seguro que existe ese x_0 (como nos asegura el teorema de Weierstrass), aunque se pueden dar diferentes situaciones:

- Que x_0 esté en el interior del intervalo y que exista $f'(x_0)$, en cuyo caso se cumplirá que $f'(x_0)= 0$.
- Que x_0 esté en el interior del intervalo pero que no exista $f'(x_0)$.
- Que x_0 coincida con a o con b y, por tanto, no tenga sentido plantearse el valor $f'(x_0)$.

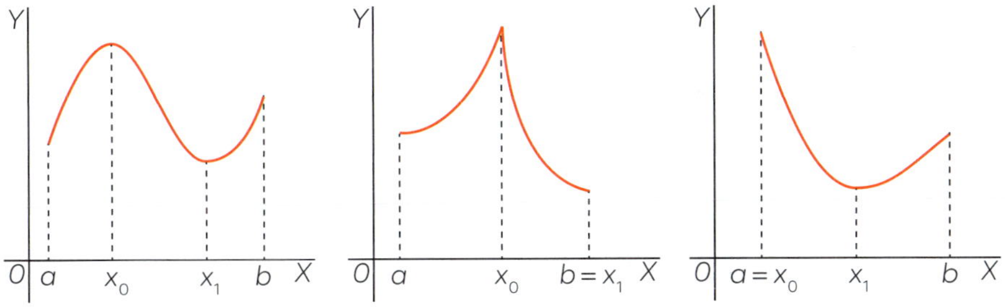

Situaciones totalmente análogas pueden darse para el **mínimo** de f, $f(x_1)$, en $[a, b]$.

Con estas observaciones, un procedimiento razonable para resolver estos problemas es el siguiente:

1° Nombrar las variables correspondientes y escribir la función que hay que optimizar (buscar el máximo o el mínimo en un cierto intervalo).

2° Esta función, f, normalmente dependerá de varias variables, por lo que deben buscarse relaciones entre ellas que permitan escribir f en términos de una sola variable. Habitualmente, tendremos una $f(x,y)$, y buscaremos, a través de las condiciones del problema, cómo escribir y en función de x para tener $f(x)$.

3° Se establece el intervalo $[a, b]$ en el que, por el contexto del problema, se moverá la variable elegida.

4° Se busca el máximo y el mínimo de f en $[a, b]$. Para ello, se puede proceder así:

- Se hallan los puntos de (a, b) donde f no es derivable. Sean estos $c_1, c_2, ..., c_p$.
- Se calcula $f'(x)$, se resuelve la ecuación $f'(x_0) = 0$ y se seleccionan las soluciones $x_1, x_2, ..., x_k$ de dicha ecuación que están en (a, b).
- Se calculan $f(c_1), f(c_2), ..., f(c_p), f(x_1), ... f(x_k), f(a)$ y $f(b)$ y se elige el mayor valor para el máximo y el menor para el mínimo.

La determinación de las relaciones a las que se alude en el punto 2 suele ser la parte más compleja de la resolución de un problema de optimización. Dichas relaciones se denominan a veces **relaciones de ligadura** y se fijan atendiendo a diversos factores, como por ejemplo:

- Las condiciones impuestas por el contexto real del problema.
- Las relaciones geométricas entre las variables.

Habitualmente trabajaremos con funciones derivables o con funciones que tienen a lo sumo un punto de no derivabilidad (es decir, $p = 0$ o 1) y las soluciones de $f'(x_0) = 0$ en (a, b) se reducirán a uno o dos valores.

58 **Actividad resuelta**

Se quiere construir una lata de bebida con capacidad de un tercio de litro. El material con el que se harán las bases cuesta el doble de caro que el material con el que se construirá la cara lateral. Calcula las dimensiones de la lata más económica.

Seguimos los pasos indicados anteriormente:

1.° Las variables son, en este caso, el radio de la base r y la altura h y, llamando p al precio en euros del centímetro cuadrado de la cara lateral, el coste en euros de la lata será:

$$C = \text{Área lateral} \cdot p + 2 \cdot \text{Área de la base} \cdot 2p = 2\pi rh \cdot p + 2\pi r^2 \cdot 2p = 2\pi p(rh + 2r^2)$$

2.° La función coste, C, depende de dos variables, r y h, ya que p es una cantidad fija.

La relación entre r y h viene dada por el volumen de la lata: $V = \pi r^2 h = \dfrac{1000}{3}$ cm³.

Se despeja h, no solo porque sea más cómodo, sino también porque al sustituir en el coste C solo interviene en un sumando: $h = \dfrac{1000}{3\pi r^2}$. Sustituyendo ahora en la expresión de C:

$$C(r) = 2\pi p\left[r \cdot \frac{1000}{3\pi r^2} + 2r^2\right] = 2\pi p\left[\frac{1000}{3\pi} \cdot \frac{1}{r} + 2r^2\right]$$

3.° En estos problemas, la variable toma valores en un intervalo cerrado que se determina por el contexto del problema. En este caso, basta suponer que, por ejemplo 1 cm $\le r \le$ 10 cm. Los resultados fuera de ese intervalo no tendrían ningún sentido.

4.° Buscamos el mínimo de C en [1, 10]. C es una función polinómica y, por tanto, derivable en todo $\mathbb{R}$.

$$C'(r) = 2\pi p\left[\frac{1000}{3\pi}\left(-\frac{1}{r^2}\right) + 4r\right] = 0 \Rightarrow 4r = \frac{1000}{3\pi r^2} \Rightarrow r^3 = \frac{250}{3\pi} \Rightarrow r = \sqrt[3]{\frac{250}{3\pi}} = 2{,}9823 \simeq 3 \text{ cm}$$

Calculamos ahora $C(1)$, $C(3)$ y $C(10)$ y elegimos el menor.

$$C(1) = 2\pi p\left(\frac{1000}{3\pi} + 2\right) \simeq 2\pi p \cdot 108{,}1 \simeq 679{,}2p \qquad C(3) = 2\pi p\left(\frac{1000}{3\pi} \cdot \frac{1}{3} + 2 \cdot 3^2\right) \simeq 2\pi p \cdot 53{,}36 \simeq 335{,}3p$$

$$C(10) = 2\pi p\left(\frac{1000}{3\pi} \cdot \frac{1}{10} + 2 \cdot 10^2\right) \simeq 2\pi p \cdot 210{,}6 \simeq 1323p$$

El mínimo coste se consigue si $r = 3$ cm, por lo que las dimensiones de la lata son 3 cm de radio de la base y $\dfrac{1000}{3\pi \cdot 3^2} = 11{,}8$ cm de altura. Estas dimensiones prácticamente coinciden con las de una lata normal de bebida.

59 **La suma de dos números no negativos es 14. Calcúlalos para que su producto sea el mayor posible.**

60 **Queremos escribir un texto que ocupe 96 cm², de tal modo que deje 2 cm en cada margen lateral de la hoja en la que está escrito, así como 3 cm de margen arriba y abajo. Calcula las dimensiones de la hoja más pequeña posible que se puede utilizar.**

61 **Una empresa alquila 65 estudios. Alquilando cada uno a 600 €, conseguiría alquilarlos todos y, por cada 20 € que aumentara el alquiler, alquilaría 1 menos. Si cada estudio tiene 60 € mensuales de gastos, ¿a cuánto debe alquilarlos para obtener el máximo beneficio?**

62 **Una cadena de montaje está especializada en la producción de un modelo de motocicleta. Los costes de producción en euros, $C(x)$, se relacionan con el número de motocicletas fabricadas, x, mediante la expresión:**

$$C(x) = 10x^2 + 2000x + 250\,000$$

Si el precio de venta al público de cada motocicleta es de 5000 euros y se venden todas las fabricadas:

a. Define la función de ingresos que obtiene la cadena de montaje en función de las unidades vendidas.

b. ¿Qué función expresa los beneficios de la cadena?

c. ¿Cuántas motocicletas debe fabricar para maximizar beneficios? ¿A cuánto ascenderán los mismos?

63 Actividad resuelta

Un escultor quiere dividir un alambre muy fino en dos trozos que se utilizarán para delimitar, respectivamente, un cuadrado y un rectángulo cuya base debe medir el doble que su altura. Posteriormente, se fabricarán ambas figuras planas con un material que cuesta 16 céntimos de euro/cm² para el cuadrado y 10 céntimos de euro/cm² para el rectángulo. Si el alambre inicial mide 450 cm, determina la función de coste total de ambas figuras. Obtén la longitud de cada trozo de alambre para que el coste total de estas piezas sea mínimo.

PISTA: Expresa el coste total en función de la altura del rectángulo y utiliza 3 cifras decimales para realizar los cálculos.

Comencemos poniendo nombres:

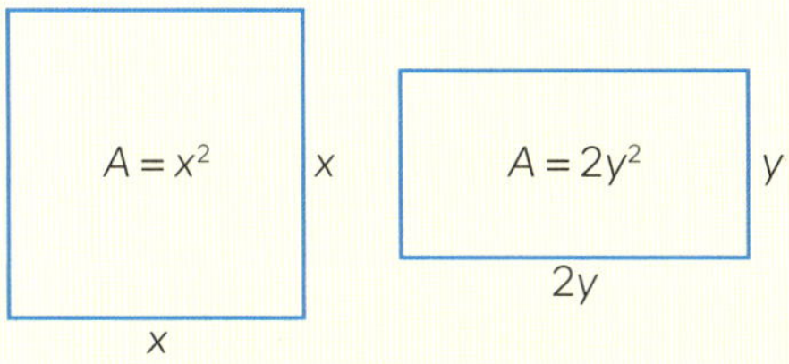

El perímetro de ambas figuras es $4x + 6y = 450$. Como nos sugieren expresar todo en función de la altura del rectángulo (y), despejamos x y obtenemos la expresión $x = \frac{450-6y}{4}$, donde y no puede tomar cualquier valor, ya que x e y no pueden ser negativos, así pues $0 \leq y \leq 75$.

El coste del material para el cuadrado es $16x^2 = 16\left(\frac{450-6y}{4}\right)^2 = (450-6y)^2$.

El coste del material para el rectángulo es $10 \cdot 2y^2 = 20y^2$

Así pues, queremos minimizar la función $C(y) = (450-6y)^2 + 20y^2$ en el intervalo [0, 75].

Se trata de una parábola cóncava hacia arriba, por lo que alcanza el mínimo en el vértice.

Derivamos e igualamos a cero:

$$C'(y) = 2(450-6y)(-6) + 40y = -5400 + 112y = 0$$

La solución es $y = 48{,}214$, que, como se encuentra en el intervalo [0, 75], es el valor buscado.

Así pues, como el perímetro del rectángulo es $6y$, el trozo de alambre para hacerlo debe medir 289,284 centímetros y el trozo de alambre para el cuadrado medirá $450 - 289{,}284 = 160{,}716$ cm.

64 **El número de socios de una protectora de animales durante los cinco primeros años de su existencia viene dado por la función $P(x) = x^3 - 6x^2 + 9x + 4$ con $x =$ años y $1 \leq x \leq 5$.**

a. ¿En qué intervalos aumenta el número de socios? ¿Y en cuáles disminuye?

b. ¿En qué año ha habido mayor número de socios y cuántos eran?

c. ¿En qué año ha habido menor número de socios y cuántos eran?

65 **Se quiere abrir un tragaluz de forma rectangular en el techo de un recinto cuya superficie sea de 162 m² y rematar la obra con un marco, de perfil de aluminio, de solo tres lados, ya que uno de los lados del tragaluz da al exterior y no lo necesita.**

a. ¿Qué dimensiones debe tener el rectángulo para emplear la mínima longitud posible de perfil de aluminio?

b. ¿Cuántos metros de perfil de aluminio son necesarios?

66 **En una planta depuradora de aguas residuales la expresión que determina el coste de funcionamiento anual en función de la cantidad de agua depurada es:**

$$C(x) = 35x^2 - 140x + 2600$$

donde $C(x)$ son los costes expresados en euros y x es el volumen de agua depurada en un año en miles de metros cúbicos. Determina:

a. La cantidad de agua depurada que hace mínimo el coste.

b. El valor de dicho coste mínimo.

c. El coste de la depuración de agua de una localidad de 2000 habitantes, si cada uno genera al año 30 metros cúbicos de agua para depurar.

67 **La ONG Huertas Familiares proporciona material y formación para crear huertas comunitarias en zonas con población infantil vulnerable debido a una alimentación deficiente. Dos factores son importantes para desarrollar su labor: disponer de agua para el riego y vallar la zona convenientemente para evitar que la fauna herbívora del entorno arrase con los cultivos. En una aldea cercana a un río se desea cercar una superficie rectangular limitada en uno de sus lados por el río para lo que hay disponibles 48 metros de valla. ¿Cómo debe construirse la valla para abarcar la mayor superficie posible?**

7 Curvatura y puntos de inflexión

7.1. Segunda derivada de una función

La segunda derivada nos da información sobre la posición de una curva respecto de la tangente en un punto.

Ejemplo

Consideramos la función $f(x)=3x(x-1)^2$. Entonces:

$f'(x)=3(x-1)^2+3\cdot 2x(x-1)=3(x-1)(3x-1)$

$f''(x)=3(3x-1)+3(x-1)\cdot 3=6(3x-2)$

$f''(x)$ se anula en $x=\frac{2}{3}$. A la izquierda de este valor, la curva está por debajo de la tangente en cada punto, mientras que a la derecha está por encima. Además, se cumple que si $x<\frac{2}{3}\Rightarrow f''(x)<0$, y si $x>\frac{2}{3}\Rightarrow f''(x)>0$

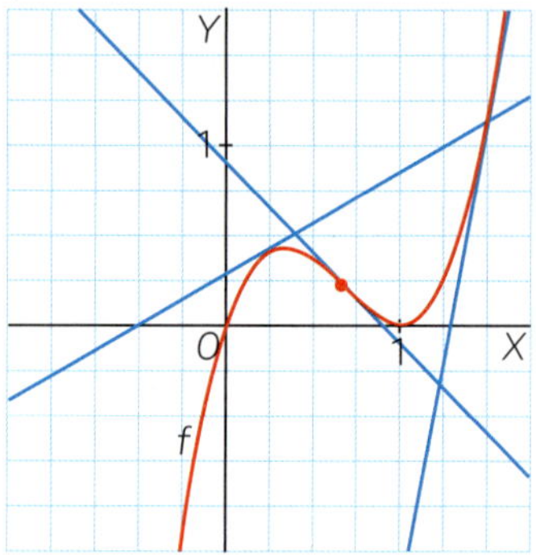

Si $f''(a)>0$, en un intervalo centrado en a, la curva está por encima de la recta tangente en el punto $P(a,f(a))$.

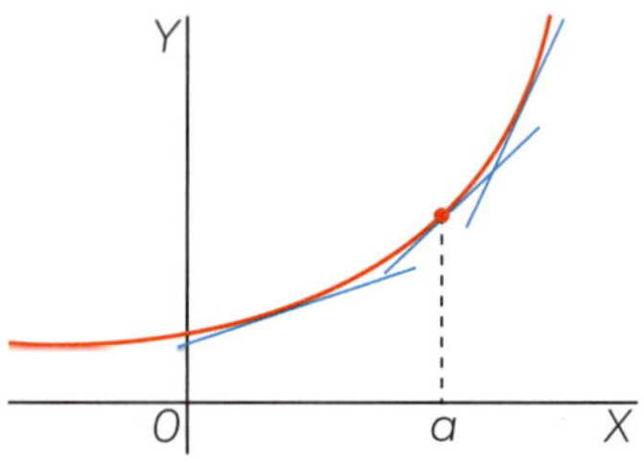

Si $f''(a)>0$, la función f' es creciente en a. Así pues, suponiendo que $f'(a)>0$, resultará que en un intervalo centrado en a, la recta tangente estará cada vez más vertical, por lo que la curva estará por encima de la tangente en a.

En la figura de la derecha se observa este comportamiento para la función $f(x)=x^4$ en el punto $x=0$.

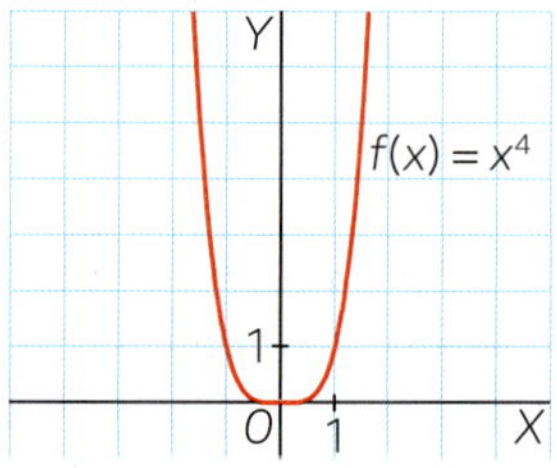

Si $f''(a)<0$, en un intervalo centrado en a, la curva está por debajo de la recta tangente en $P(a,f(a))$.

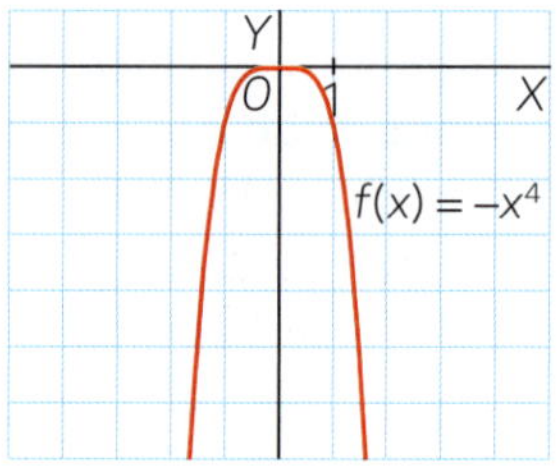

Si $f''(a)<0$, basta con considerar la función $g(x)=-f(x)$. Como $f''(a)<0$, entonces $g''(a)>0$ y como las gráficas de f y g son simétricas respecto del eje horizontal, el resultado anterior aplicado a g justifica ahora la posición de f.

En la figura se observa este comportamiento para la función $f(x)=-x^4$ en el punto $x=0$.

Si $f''(a)=0$, no se puede asegurar nada.

En la figura se observa este comportamiento para la función $f(x)=x^3$ en el punto $x=0$.

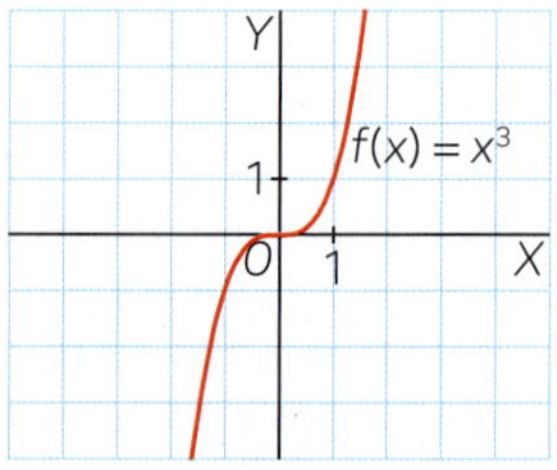

7.2. Curvatura y puntos de inflexión

- Si la curva $y=f(x)$ está por encima de la tangente en $P(a,f(a))$, se dice que f es **cóncava hacia arriba** en a.
- Si la curva $y=f(x)$ está por debajo de la tangente en $P(a,f(a))$, se dice que f es **cóncava hacia abajo** en a.
- Si f cambia de posición respecto de la tangente en a, $P(a,f(a))$ es un **punto de inflexión.**

68 Actividad resuelta

Determina la concavidad y los puntos de inflexión de la función:

$$f(x) = x^4 + 2x^3 - 36x^2 + 12x - 12$$

Se calcula en primer lugar $f''(x)$ y se resuelve la inecuación $f''(x) > 0$. Para ello, hay que determinar en qué puntos se anula f''. Dichos puntos serán los posibles puntos de inflexión de f.

$$f'(x) = 4x^3 + 6x^2 - 72x + 12 \Rightarrow f''(x) = 12x^2 + 12x - 72 = 12(x+3)(x-2);\ f''(x) = 0 \Rightarrow x = -3, x = 2$$

$-\infty$ … $+\infty$	$(-\infty, -3)$	$(-3, 2)$	$(2, +\infty)$
Signo de f''	+	−	+
Curvatura de f	$\cup$	$\cap$	$\cup$

El signo de f'' se da en la tabla junto con la correspondiente concavidad de f. De la misma se deduce que:

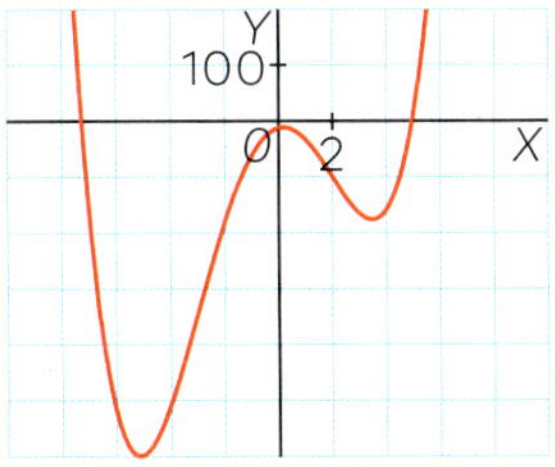

- f es cóncava hacia arriba si $x \in (-\infty, -3) \cup (2, +\infty)$.
  f es cóncava hacia abajo si $x \in (-3, 2)$.
- En $x = -3$ la gráfica de f pasa de ser cóncava hacia arriba a ser cóncava hacia abajo, por lo que el punto $A(-3, -345)$ es un punto de inflexión de f.
- En $x = 2$ la gráfica de f pasa de ser cóncava hacia arriba a ser cóncava hacia abajo por lo que el punto $B(2, -100)$ es un punto de inflexión de f.

69 Determina la curvatura y los puntos de inflexión de las siguientes funciones.

a. $f(x) = x^3 + 6x^2 - 5$ b. $f(x) = \dfrac{e^x}{x+1}$ c. $f(x) = xe^x$ d. $f(x) = \cos x$, en $[0, 2\pi]$

70 ¿Cuáles son las abscisas de los puntos de inflexión de una función f en los que $f''(x) = (x-1)(x-3)^2$?

71 Estudia la curvatura y halla los puntos de inflexión de las siguientes funciones.

a. $f(x) = \dfrac{x-1}{x+1}$ d. $f(x) = x^3(x+2)$ g. $f(x) = \dfrac{x^2(1-x)}{x^2-1}$

b. $f(x) = \dfrac{(x+1)^2}{e^x}$ e. $f(x) = 2x + \dfrac{1}{2x}$ h. $f(x) = e^{1-x^2}$

c. $f(x) = \dfrac{1}{(x-2)^2}$ f. $f(x) = \dfrac{1}{x} + \ln x$ i. $f(x) = \dfrac{\ln x}{x}$

72 Si $f''(x) = (x+1)(x-3)^2(x-7)$, determina la curvatura y la abscisa de los puntos de inflexión de $f(x)$.

73 Sea la función $f(x) = \dfrac{x}{x^2+1}$.

a. Halla los puntos de inflexión de f(x).
b. Halla la recta tangente a la gráfica de f en su punto de inflexión de abscisa positiva.

74 Sea la función: $f(x) = (x+1)e^{-x}$.

a. Halla los intervalos de crecimiento y decrecimiento.
b. Calcula, si existen, los extremos relativos.
c. Halla, si existen, los puntos de inflexión e intervalos de curvatura.
d. Estudia su curvatura y sus posibles puntos de inflexión.

75 Demuestra que la función $y = x^4 - x^3 + x^2 - x + 1$ no tiene ningún punto de inflexión.

76 Halla los valores de m para los que la función $f(x) = x^4 + 4x^3 + mx^2 + 3x - 2$ sea siempre cóncava hacia arriba.

7.3. Prueba de la segunda derivada para el cálculo de extremos relativos

La segunda derivada permite decidir qué tipo de extremo es un punto $P(a,f(a))$ en el que $f'(a) = 0$, es decir, si la tangente es horizontal:

- Si $f''(a) > 0$, la curva está por encima de la tangente y $P(a,f(a))$ es un **mínimo relativo**.
- Si $f''(a) < 0$, la curva está por debajo de la tangente y $P(a,f(a))$ es un **máximo relativo**.
- Si $f''(a) = 0$ no se puede asegurar nada, pero $P(a,f(a))$ es un **punto de inflexión**. Se denomina **punto de inflexión de tangente horizontal**.

Actividades resueltas

77 **Determina los extremos relativos de la función $f(x)=3x^4-6x^2+1$.**

Es una función polinómica. La derivamos inmediatamente: $f'(x) = 12x^3 - 12x$.

Así pues, $f'(x) = 0$, si $x = 0$, $x = 1$ o $x = -1$.

$f''(x) = 36x^2 - 12$

$f''(0) = -12 < 0 \Rightarrow$ el punto (0, 1) es un máximo relativo.

$f''(1) = 24 > 0 \Rightarrow$ el punto (1, –2) es un mínimo relativo.

$f''(-1) = 24 > 0 \Rightarrow$ el punto (–1, –2) es también un mínimo relativo

78 **Determina los extremos relativos de la función $f(x)=x\ln x$.**

Derivamos aplicando la regla del producto: $f'(x)=1\cdot\ln x+x\dfrac{1}{x}=\ln x+1$

Igualamos a 0 para estudiar los posibles máximos y mínimos:

$$f'(x)=\ln x+1=0\Rightarrow \ln x=-1\Rightarrow x=\frac{1}{e}$$

Vemos ahora si es un máximo o un mínimo estudiando su segunda derivada:

$$f''(x)=\frac{1}{x}$$

$f''\left(\dfrac{1}{e}\right)=\dfrac{1}{\frac{1}{e}}=e>0 \Rightarrow$ el punto (e, e) es un mínimo relativo.

79 **De una cierta función f se conoce su primera derivada: $f'(x)=(e^x-1)(x-2)$. Obtén las abscisas de los posibles extremos relativos de f y determina su carácter aplicando la prueba de la segunda derivada.**

80 **Utiliza el criterio de la segunda derivada para hallar los máximos y mínimos relativos de estas funciones.**

a. $f(x) = x^3(x - 2)$

b. $f(x) = 2x^3 - 15x^2 + 36x$

81 **La gráfica que se muestra en la figura representa la derivada de una cierta función f(x).**

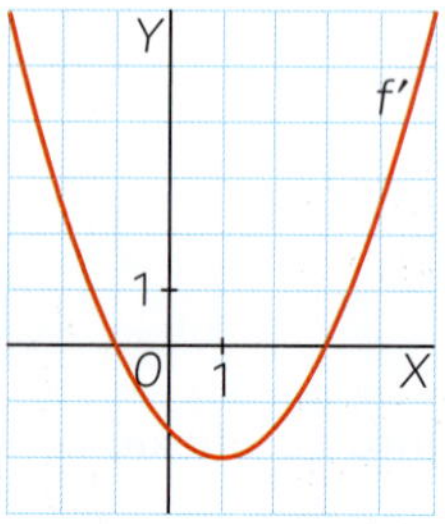

A partir de ella, deduce los intervalos de crecimiento y decrecimiento de f(x), así como sus extremos relativos, su curvatura y sus puntos de inflexión.

8 Teoremas relacionados con la derivabilidad. Diferencial de una función

8.1. Teorema de Rolle

82 Actividad resuelta

¿En cuántos puntos corta al eje X la gráfica de $f(x) = 3x^4 + 4x^3 + 12x^2 - 12$?

Al tratarse de una función polinómica de 4° grado, es posible que corte al eje horizontal cuatro veces, como indica la gráfica I, o dos veces, como indica la gráfica II, o incluso, ninguna vez, como ocurre en la gráfica III.

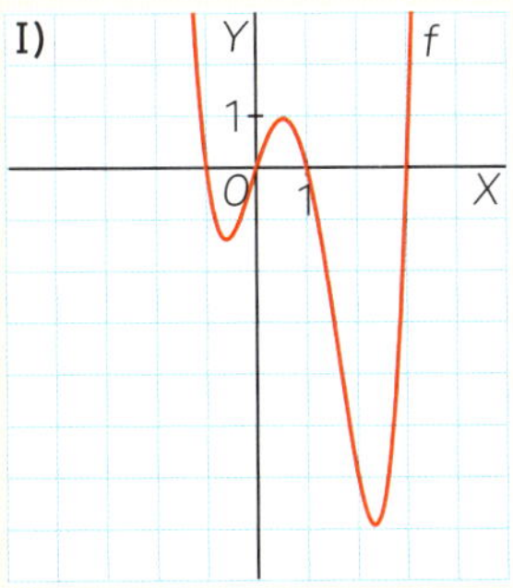

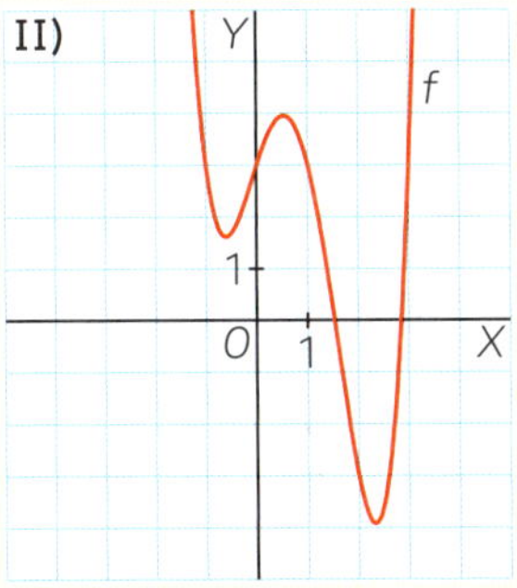

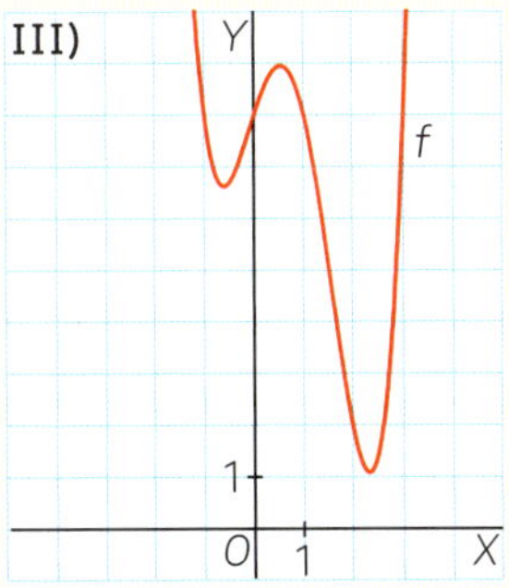

Observando las gráficas se comprueba que entre cada dos cortes hay un punto con tangente horizontal, por lo que parece que del estudio de la derivada podremos obtener información sobre el número de cortes:

$f'(x) = 12x^3 + 12x^2 + 24x = 12x\,(x^2 + x + 2)$

$f'(x)$ solo se anula cuando $x = 0$, pues $x^2 + x + 2$ no se anula para ningún valor real.

Por tanto, el máximo número de cortes con el eje horizontal de $y = f(x)$ es 2 y como, por ejemplo, $f(-2) > 0$, $f(0) < 0$ y $f(1) > 0$, se deduce que en el intervalo $(-2, 0)$ cortará al menos una vez y en el $(0, 1)$ otra vez, por lo que se deduce que tiene exactamente dos cortes con el eje horizontal.

La forma más general del resultado nos dice que entre dos cortes con el eje horizontal, hay un punto en el que se anula la derivada. Se conoce con el nombre de **teorema de Rolle** y dice así:

> Si **f** es **continua en el intervalo cerrado $[a, b]$, derivable en todos los puntos del intervalo abierto (a, b)** y además **$f(a) = f(b)$**, entonces existe al menos un punto **c** de (a, b) con **$f'(c) = 0$**.

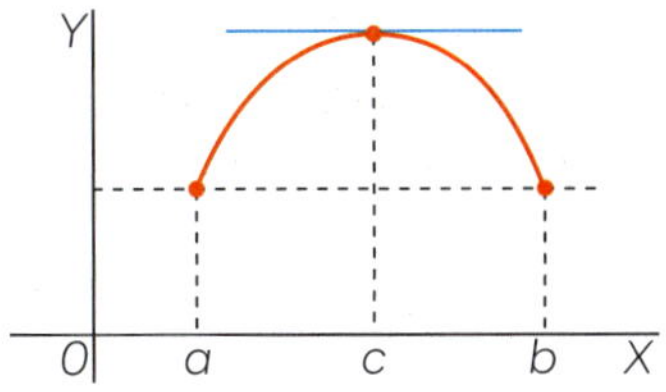

83 **¿Cuántas veces corta al eje horizontal la gráfica de $f(x) = x^4 - x^3 + 5x^2 - 2$?**

84 **Sea $f(x) = (x + 1)3(x - 2)^2 + 3$. Demuestra que la ecuación $f'(x) = 0$ tiene alguna solución en $[-1, 2]$.**

8.2. Teorema del valor medio de Lagrange

Si la velocidad media de un vehículo en un cierto intervalo de tiempo fue de 100 km/h, parece lógico pensar que en algún momento de ese intervalo el velocímetro marcó exactamente ese valor, 100 km/h.

Esta idea, tan intuitiva, equivale a decir que si la gráfica de una función continua f en un intervalo $[a, b]$ es como la de la figura, debe haber al menos un punto c dentro de ese intervalo en el que la recta tangente a la curva que representa a f sea paralela a la recta que une el punto inicial y el final de la gráfica.

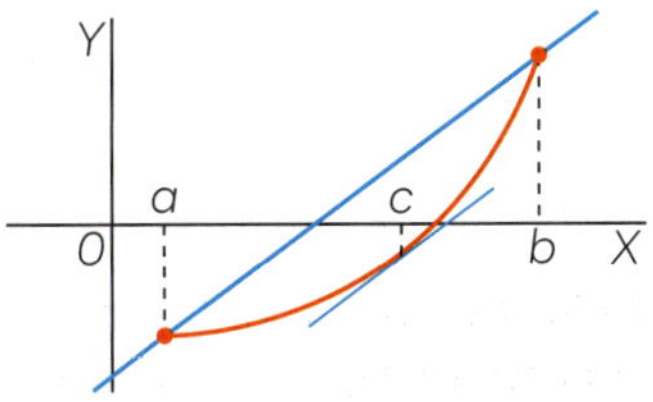

Las observaciones anteriores son consecuencia del llamado teorema del valor medio:

Si f es **continua en el intervalo cerrado** $[a, b]$ y es **derivable en todos los puntos del intervalo abierto** (a, b), entonces existe al menos un punto c de (a, b) para el que se cumple que:

$$f'(c)=\frac{f(b)-f(a)}{b-a}$$

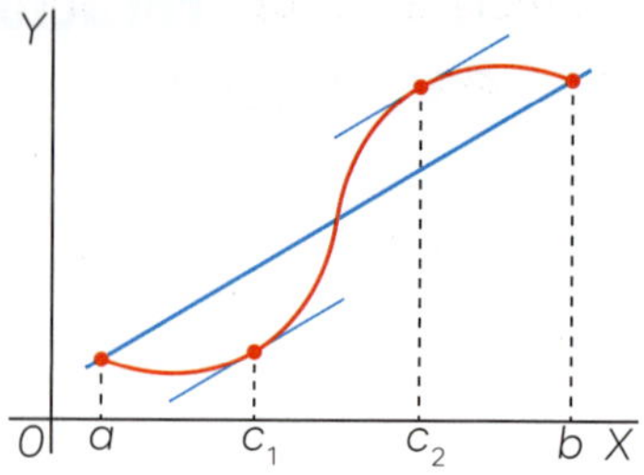

85 **Actividad resuelta**

Sin calcular la derivada, ¿puedes asegurar que existe algún punto de la gráfica de $f(x)=x^2-2x$ cuya tangente sea paralela a la recta que une los puntos $A(0, 0)$ y $B(3, 3)$?

Se trata de la interpretación geométrica del teorema del valor medio.

Como $f(0) = 0$ y $f(3) = 3$, se puede afirmar que existe un número c entre 0 y 3 con $f'(c)=\frac{f(3)-f(0)}{3-0}=\frac{3-0}{3}=1$.

El punto es aquel en el que la derivada vale 1: $f'(x)=2x-2=1$ si $x=\frac{3}{2}$.

Por tanto, el punto es $C\left(\frac{3}{2},-\frac{3}{4}\right)$.

86 **Demuestra de manera formal con ayuda del teorema del valor medio que si un vehículo ha llevado una velocidad media de 105 km/h, en algún momento del tramo ha alcanzado exactamente esa velocidad.**

8.3. Regla de L'Hôpital

Cuando estudiamos límites, ya aprendimos que si $\lim_{x\to a} f(x)=0$ y $\lim_{x\to a} g(x)=0$, el límite $\lim_{x\to a}\frac{f(x)}{g(x)}$ es indeterminado del tipo $\frac{0}{0}$.

Solo sabemos resolver límites de este tipo en algunos casos. Ahora vamos a ver un método general de resolución, la **regla de L'Hôpital**.

Sean dos funciones f y g tales que $\lim_{x\to a} f(x)=0$ y $\lim_{x\to a} g(x)=0$. Si existe $\lim_{x\to a}\frac{f'(x)}{g'(x)}$, entonces existe $\lim_{x\to a}\frac{f(x)}{g(x)}$ y $\lim_{x\to a}\frac{f(x)}{g(x)}=\lim_{x\to a}\frac{f'(x)}{g'(x)}$.

Ejemplo

Estudiamos el límite $\lim_{x\to 0}\frac{1-\cos x}{e^x-1}$.

Comprobamos que se cumplen las hipótesis de la regla de L'Hôpital:

$\lim_{x\to 0} f(x)=\lim_{x\to 0}(1-\cos x)=0$, $\lim_{x\to 0} g(x)=\lim_{x\to 0}(e^x-1)=0 \Rightarrow \lim_{x\to 0}\frac{1-\cos x}{e^x-1}=\frac{0}{0}$ (indeterminación).

Existe el límite $\lim_{x\to 0}\frac{f'(x)}{g'(x)}=\lim_{x\to 0}\frac{\operatorname{sen} x}{e^x}=\frac{0}{1}=0$

Y la aplicamos: $\lim_{x\to 0}\frac{1-\cos x}{e^x-1}=\lim_{x\to 0}\frac{\operatorname{sen} x}{e^x}=\frac{0}{1}=0$

La regla de L'Hôpital también resuelve indeterminaciones del tipo $\frac{0}{0}$ cuando $x \to \infty$. En concreto:

Si $\lim_{x\to\infty} f(x)=0$ y $\lim_{x\to\infty} g(x)=0$ y existe $\lim_{x\to\infty}\frac{f'(x)}{g'(x)}$, entonces existe $\lim_{x\to\infty}\frac{f(x)}{g(x)}=\lim_{x\to\infty}\frac{f'(x)}{g'(x)}$

Ejemplo

Estudiamos el límite $\lim_{x\to+\infty}\frac{x^{-2}}{e^{-x^2}}=\frac{0}{0}$, que es una indeterminación.

Vemos que la regla de L'Hôpital es aplicable, y obtenemos:

$$\lim_{x\to+\infty}\frac{x^{-2}}{e^{-x^2}}=\lim_{x\to+\infty}\frac{-2x}{-2xe^{x}}=\lim_{x\to+\infty}\frac{1}{e^{x}}=\frac{1}{+\infty}=0$$

De manera análoga, la regla de L'Hôpital nos permite resolver las siguientes indeterminaciones.

Sea el límite $\lim_{x\to a}\frac{f(x)}{g(x)}$; si $a \in \mathbb{R}$ o $a=\infty$ y se obtiene la indeterminación $\frac{\infty}{\infty}$, si existe el límite del cociente de las derivadas, entonces:

$$\lim_{x\to a}\frac{f(x)}{g(x)}=\lim_{x\to a}\frac{f'(x)}{g'(x)}$$

87 **Calcula los siguientes límites mediante la regla de L´Hôpital.**

a. $\lim_{x\to 0}\frac{\operatorname{sen} 3x}{\operatorname{sen} 2x}$

b. $\lim_{x\to+\infty}\frac{\ln x}{\sqrt{x}}$

c. $\lim_{x\to 0}\frac{e^{x}-e^{-x}}{\ln(1+x)}$

d. $\lim_{x\to 1}\left(\frac{1}{\ln x}-\frac{1}{x-1}\right)$

e. $\lim_{x\to+\infty} x^{\frac{1}{x}}$

f. $\lim_{x\to 0^+} x^{\operatorname{sen} x}$

g. $\lim_{x\to 0}\frac{(1-\cos x)\operatorname{sen} x}{x^2}$

h. $\lim_{x\to 0^+} x^{\frac{1}{\ln x}}$

88 **Calcula los siguientes límites.**

a. $\lim_{x\to 1}\frac{\ln x}{x-1}$

b. $\lim_{x\to 0}\frac{1-\cos x}{x^2}$

c. $\lim_{x\to 0^+} x^{x}$

d. $\lim_{x\to+\infty}\left(e^{-x}\ln x\right)$

e. $\lim_{x\to 3^+}\left(\frac{2}{x-3}\right)^{x^2-9}$

8.4. Aproximación lineal de una función en un punto

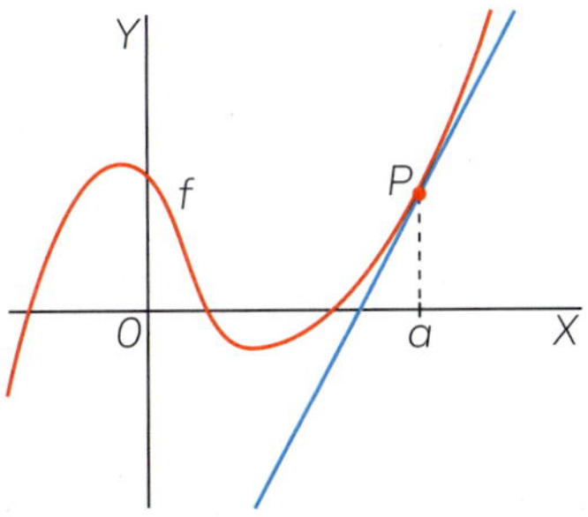

Para una gráfica como la de la figura, derivable en $x = a$, si se dibuja la tangente en $P(a,f(a))$ se puede observar que, para puntos próximos a a, los valores de $f(x)$ y los correspondientes en la tangente son muy parecidos. Por esta razón, se dice que la ecuación de la tangente en $(a,f(a))$ es una aproximación lineal de la función en ese punto.

Al tener de pendiente $f'(a)$, la ecuación de la recta tangente en $(a,f(a))$ es:

$y - f(a) = f'(a)\,(x - a) \Rightarrow y = f(a) + f'(a)\,(x - a)$.

Si f es derivable en a, entonces la función $L(x) = f(a) + f'(a)\,(x - a)$ es la **aproximación lineal** de f en a.

89 Actividad resuelta

Utilizando la aproximación lineal, estima el valor de $\sqrt{4{,}0008}$. Compáralo con el obtenido con la calculadora.

Tomando $f(x)=\sqrt{x}$, se considera la aproximación lineal de f en $a=4$.

Como $f'(x)=\dfrac{1}{2\sqrt{x}}$, sería $L(x)=2+\dfrac{1}{2\sqrt{4}}(x-4)=2+\dfrac{1}{4}(x-4)=1+\dfrac{x}{4}$

$\sqrt{4{,}0008}\simeq L(4{,}0008)=1+\dfrac{4{,}0008}{4}=2{,}0002.$

Con la calculadora se obtiene $\sqrt{4{,}0008}=2{,}00019999$, por lo que el error cometido es muy pequeño.

90 Sabiendo que $\ln 2\approx 0{,}69315$, obtén la aproximación lineal de la función $f(x)=\log_2 x$ en $x = 2$ y úsala para obtener los valores aproximados de $f(x)$ en $x = 2{,}01$; $x = 1{,}9$ y $x = 2{,}9$. Compara estos resultados con los obtenidos con la calculadora. ¿Qué ocurre cuando nos alejamos del 2?

91 En el dibujo se muestra parte de la gráfica de cierta función f y la recta tangente a dicha gráfica en el punto $A(2, 2)$. Se quieren calcular los valores de $f(2{,}05)$ y de $f(1{,}87)$ pero se desconoce la expresión analítica de la función f.

Ayudándote de la aproximación lineal y calculando previamente la ecuación de la recta tangente, estima los valores de $f(2{,}05)$ y $f(1{,}87)$.

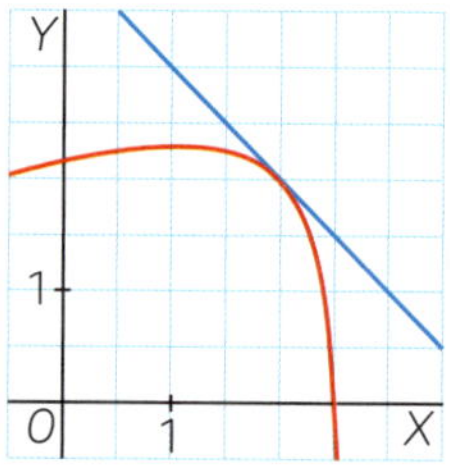

8.5. Diferencial de una función

En muchas ocasiones, utilizaremos para la derivada de $y=f(x)$, la notación $f'(x)=\dfrac{dy}{dx}$. Aunque esta expresión no representa un cociente, se puede considerar para cada x una nueva variable llamada diferencial de x, dx, que representa un incremento, esto es $\Delta x = (x + h) - x$, y así se define diferencial de y como $\mathbf{dy = f'(x) \cdot dx}$. Se puede utilizar esta fórmula para obtener una aproximación para $f(x+h)$.

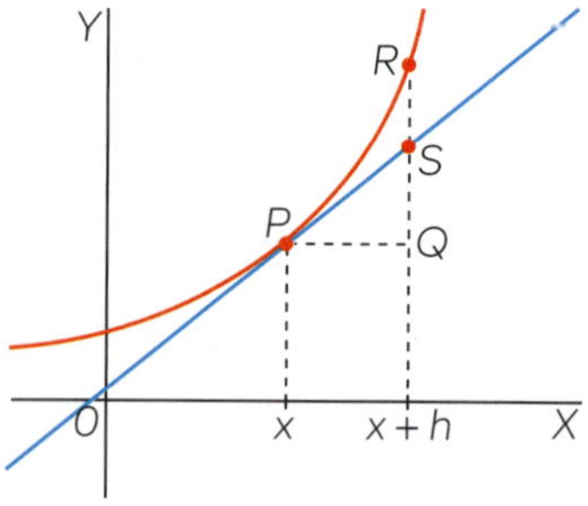

$PQ = h = dx$ $\quad$ $QS = dy$ $\quad$ $f'(x)=\dfrac{QS}{PQ}=\dfrac{dy}{dx}$ $\quad$ $QR = f(x+h) - f(x) = \Delta y$

$$f(x+h) = f(x) + \Delta y \simeq f(x) + QS = f(x) + dy = f(x) + f'(x)dx$$

Utilizamos la fórmula $f(x+h) \simeq f(x) + f'(x)dx$ con $dx = \Delta x$ para aproximar $f(x+h)$, exactamente igual que la aproximación lineal vista con anterioridad.

92 Actividad resuelta

Utiliza diferenciales para aproximar el número $2{,}001^3 + 3{\cdot}2{,}001^2 - 2{\cdot}2{,}001$ y compara el resultado con el obtenido directamente con la calculadora.

Sea $f(x) = x^3 + 3x^2 - 2x$. Debemos aproximar $f(x+h)$ para $h = \Delta x = dx = 0{,}001$ y $x = 2$.

Así pues: $f(x+h) \simeq f(x) + f'(x)dx$

$f'(x) = 3x^2 + 6x - 2$, con lo que $f'(2) = 22$ $\qquad$ $f(2) = 16$

Por tanto: $f(2+h) \simeq f(2) + f'(2)\cdot 0{,}001 \Rightarrow f(2+h) \simeq 16 + 22\cdot 0{,}001 = 16{,}022.$

Si realizamos el cálculo directo de $2{,}001^3 + 3\cdot 2{,}001^2 - 2\cdot 2{,}001$ con ayuda de la calculadora, vemos que nos da como resultado 16,022009. La aproximación es muy buena.

93 Utiliza diferenciales para aproximar $e^{0{,}01}$.

94 Calcula aproximadamente $5\,\text{sen}(0{,}01) - 2\cos^2(0{,}01)$.

95 Obtén con la calculadora el valor de $\sqrt[5]{32{,}3}$ y, posteriormente, obtenlo también utilizando la aproximación lineal de la diferencial.

CONCEPTOS CLAVE

Derivada

- La derivada de una función f en el punto $x = a$ se representa por $f'(a)$ y es igual a $f'(a)=\lim_{h\to 0}\frac{f(a+h)-f(a)}{h}$.
- Geométricamente, $f'(a)$ representa el valor de la pendiente de la recta tangente a la gráfica de f en el punto $P\big(a, f(a)\big)$.
- La ecuación de la recta tangente a $y = f(x)$ en $P\big(a, f(a)\big)$ es $y-f(a)=f'(a)(x-a)$.
- La función derivada de f es la función que asigna, a cada número x del dominio de f, el número $f'(x)$, si existe.

Propiedades de las derivadas

$f(x)=x^p, (p\in\mathbb{R})$	$f'(x)=px^{p-1}$	$F(x)=f(x)\cdot g(x)$	$F'(x)=f'(x)g(x)+f(x)g'(x)$
$F(x)=f(x)+g(x)$	$F'(x)=f'(x)+g'(x)$	$F(x)=\frac{f(x)}{g(x)}$	$F'(x)=\frac{f'(x)g(x)-f(x)g'(x)}{(g(x))^2}$
$F(x)=k\cdot f(x)$	$F'(x)=k\cdot f'(x)$	Regla de la cadena: $\left(f\circ g\right)'(x)=f'\left[g(x)\right]\cdot g'(x)$	

Derivadas de las funciones elementales

$f(x)=\left[g(x)\right]^p, (p\in\mathbb{R})$	$f'(x)=p\left[g(x)\right]^{p-1}\cdot g'(x)$	$f(x)=\text{arcsen}\left[g(x)\right]$	$f'(x)=\frac{g'(x)}{\sqrt{1-g^2(x)}}$
$f(x)=e^{g(x)}$	$f'(x)=e^{g(x)}\cdot g'(x)$	$f(x)=\arccos\left[g(x)\right]$	$f'(x)=-\frac{g'(x)}{\sqrt{1-g^2(x)}}$
$f(x)=a^{g(x)}, \left(\begin{matrix}a>0\\a\neq 1\end{matrix}\right)$	$f'(x)=a^{g(x)}\cdot g'(x)\cdot \ln a$	$f(x)=\text{arctg}\left[g(x)\right]$	$f'(x)=\frac{g'(x)}{1+g^2(x)}$
$f(x)=\ln\left[g(x)\right]$	$f'(x)=\frac{g'(x)}{g(x)}$	$f(x)=\text{sen}\left[g(x)\right]$	$f'(x)=\cos\left[g(x)\right]g'(x)$
$f(x)=\log_a\left[g(x)\right], \left(\begin{matrix}a>0\\a\neq 1\end{matrix}\right)$	$f'(x)=\frac{1}{\ln a}\cdot\frac{g'(x)}{g(x)}$	$f(x)=\cos\left[g(x)\right]$	$f'(x)=-\text{sen}\left[g(x)\right]g'(x)$
$f(x)=\text{tg}\left[g(x)\right]$	$f'(x)=\frac{g'(x)}{\cos^2\left[g(x)\right]}=\left(1+\text{tg}^2\left[g(x)\right]\right)g'(x)$		

Crecimiento y decrecimiento de una función

- $f'(a) > 0 \Rightarrow$ f es creciente en a.
- $f'(a) < 0 \Rightarrow$ f es decreciente en a.
- Si f presenta un máximo o un mínimo relativo en a, entonces $f'(a) = 0$; pero puede ser $f'(a) = 0$ y que en a NO haya un extremo relativo de la función.

Aplicaciones de la segunda derivada

- $f''(a) > 0 \Rightarrow$ f es cóncava hacia arriba en $a \Rightarrow (a, f(a))$ es un mínimo.
- $f''(a) < 0 \Rightarrow$ f es cóncava hacia abajo en $a \Rightarrow (a, f(a))$ es un máximo.
- $f''(a) = 0 \Rightarrow$ f cambia de curvatura $\Rightarrow (a, f(a)$ es un punto de inflexión.

Teoremas sobre funciones derivables

- **Teorema de Rolle:** Si f es continua en $[a, b]$, derivable en (a, b) y es $f(a) = f(b)$, entonces existe al menos un valor $c\in(a,b)$ en el que $f'(c) = 0$.
- **Teorema del valor medio de Lagrange:** Si f es continua en $[a, b]$ y derivable en (a, b), entonces existe al menos un valor $c\in(a,b)$ en el que $f'(c)=\frac{f(b)-f(a)}{b-a}$.
- **Regla de L'Hôpital:** Sean dos funciones f y g tales que $\lim_{x\to a}f(x)=0$ y $\lim_{x\to a}g(x)=0$. Si existe $\lim_{x\to a}\frac{f'(x)}{g'(x)}$, entonces existe $\lim_{x\to a}\frac{f(x)}{g(x)}$ y es $\lim_{x\to a}\frac{f(x)}{g(x)}=\lim_{x\to a}\frac{f'(x)}{g'(x)}$.

Problemas de optimización

1° Nombramos las variables correspondientes y escribimos la función, f, que hay que optimizar.

2° Si f depende de varias variables, buscamos relaciones entre ellas para escribir f en términos de una sola.

3° Hallamos el intervalo $[a, b]$ en el que, por el contexto del problema, se moverá la variable elegida.

4° Calculamos f en los extremos a y b, en los valores x_i de (a, b) que anulan f', y en los que f no sea derivable. De entre todos ellos, se elige el valor mayor si se busca el máximo, o el menor, si se busca el mínimo.

ACTIVIDADES FINALES

Actividades

1 Actividad resuelta

Esboza la gráfica de $y = f(x)$ si $f(0) = 0$ y la gráfica de $f'(x)$ es la que se muestra a la derecha.

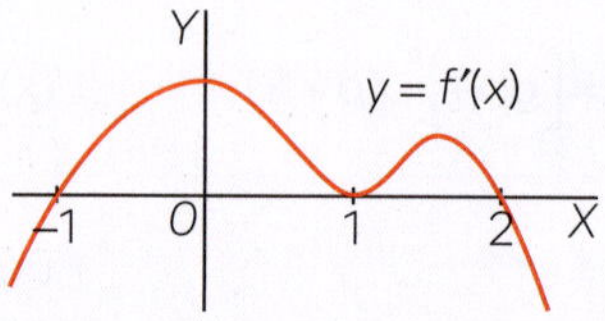

Como f' se anula solo en $x = -1$, 1 y 2, los únicos posibles extremos relativos de f (máximo o mínimo) tendrían por abscisa alguno de esos números.

- En $(-\infty, -1)$ y en $(2, +\infty)$, $f'(x) < 0 \Rightarrow f$ decrece.
- En $(-1, 1)$ y en $(1, 2)$, $f'(x) > 0 \Rightarrow f$ es creciente.

Teniendo en cuenta que $f(0) = 0$, la gráfica de f será la que mostramos.

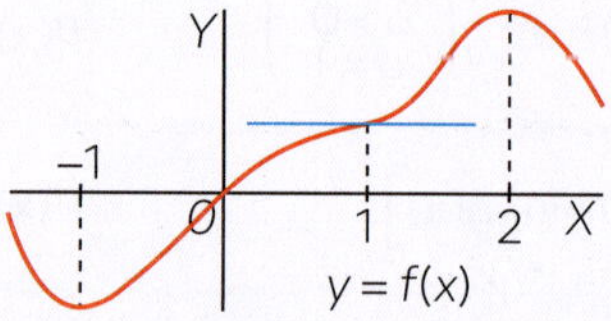

2 Considera la función $h(x) = f(x)g(x)$ donde las gráficas de f y g son las que se pueden ver en la gráfica:

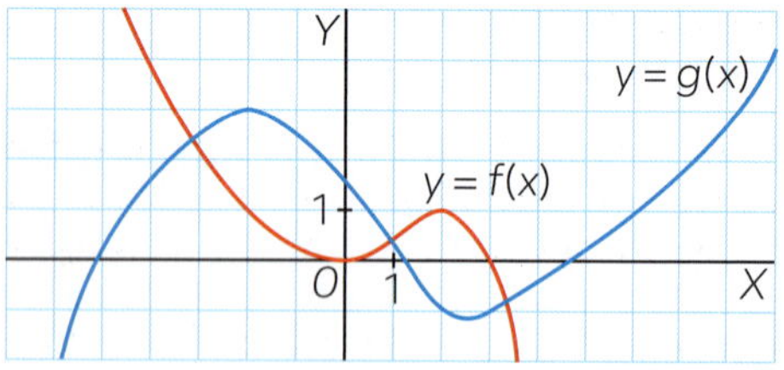

I. a. Calcula $h(-2)$ y $h(3)$

b. Calcula aproximadamente $f'(-2)$, $f'(3)$, $g'(-2)$ y $g'(3)$.

c. Calcula aproximadamente $h'(-2)$ y $h'(3)$.

II. Con las mismas gráficas del apartado anterior, sea $c(x) = f\left[g(x)\right]$.

a. Calcula $c(-2)$ y $c(3)$.

b. ¿Es $c'(-3)$ positivo, negativo o cero?¿Y $c'(-1)$? Explica en cada caso, cómo puedes saberlo.

3 Determina $g'(3)$, siendo $g(x) = 2x\,e^{3x-1}$.

4 Determina los valores que han de tomar a y b para que $f(x) = \begin{cases} -x^2 + ax - 7 & \text{si } x < 1 \\ 4x - b & \text{si } x \geq 1 \end{cases}$, sea derivable en $x = 1$.

5 Dibuja la parábola $f(x) = x^2 - 6x + 8$.

a. ¿En qué punto de la gráfica la tangente es horizontal?

b. Halla la ecuación de la tangente a f en el punto $P(2, 0)$.

6 Calcula los valores de a y b para que la función $f(x) = \begin{cases} x^2 + a & \text{si } x < 1 \\ bx(x-3) & \text{si } x \geq 1 \end{cases}$ sea derivable en $x = 1$.

7 ¿Para qué valores de x se anula la derivada de $f(x) = \dfrac{x^3}{3} - 2x^2 - 5x$?

8 Se sabe que la función $f:[0,5]\to\mathbb{R}$ dada por $f(x)=\begin{cases} ax+bx^2 & \text{si } 0\le x<2 \\ c+\sqrt{x-1} & \text{si } 2\le x\le 5\end{cases}$, es derivable en el intervalo (0, 5) y además verifica que $f(0) = f(5)$. ¿Cuánto valen a, b y c?

9 Dada la función $f(x)=\begin{cases} x^2+ax+b & \text{si } x<1 \\ cx & \text{si } x\ge 1\end{cases}$.

Calcula a, b y c para que f sea derivable en $x = 1$, sabiendo que $f(0) = f(4)$.

10 Actividad resuelta

Deriva las siguientes funciones.

a. $a(x)=\dfrac{2^x-x}{x^2+x+1}$

b. $b(x)=\dfrac{e^x-e^{-x}}{2}$

c. $c(x)=\ln(\text{sen}^2x+1)$

d. $d(x)=\sqrt[3]{2x^2-4x+1}$

a. $a'(x)=\dfrac{(2^x-x)'(x^2+x+1)-(2^x-x)(x^2+x+1)'}{(x^2+x+1)^2}=$
$=\dfrac{(\ln 2\cdot 2^x-1)(x^2+x+1)-(2^x-x)(2x-1)}{(x^2+x+1)^2}$

b. $b'(x)=\dfrac{e^x+e^{-x}}{2}$

c. $c'(x)=\dfrac{1}{\text{sen}^2x+1}\cdot(\text{sen}^2x+1)'=\dfrac{2\text{sen}x\cos x}{\text{sen}^2x+1}$

d. $d(x)=\sqrt[3]{3x^2-6x+1}=(3x^2-6x+1)^{\frac{1}{3}}\Rightarrow$

$d'(x)=\dfrac{1}{3}(3x^2-6x+1)^{-\frac{2}{3}}(3x^2-6x+1)'=$

$=\dfrac{6x-6}{3\sqrt[3]{(3x^2-6x+1)^2}}=\dfrac{2x-2}{\sqrt[3]{(3x^2-6x+1)^2}}$

11 Calcula la derivada de estas funciones.

a. $f(x)=\dfrac{2x+1}{x+2}$

b. $f(x)=\sqrt{\dfrac{x}{x+1}}$

c. $f(x)=\dfrac{x^2+1}{x-1}$

d. $f(x)=\sqrt{\dfrac{x+1}{x}}$

12 Calcula la derivada de estas funciones.

a. $f(x)=\ln\left(\dfrac{1}{x}\right)$

b. $f(x)=\sqrt{\ln x}$

c. $f(x)=\ln\left(x^2\right)$

d. $f(x)=\ln\left[(x+5)(2x-1)^2\right]$

Pista: Te será útil manejar las propiedades de los logaritmos.

13 Calcula la ecuación de la recta tangente en $x=-1$ a la función $f(x)=x^3-3x^2$.

14 Consideremos las funciones $f(x)=(x-a)^3$ y $g(x)=-x^2+bx+c$. Determina los valores de los parámetros que hacen que las dos curvas tengan la misma tangente en el punto $A(2,1)$.

15 Calcula $f'(-0{,}5)$, siendo f la función dada por $f(x)=x^2+\dfrac{1}{x^2}-53x+150$, $(x\ne 0)$.

16 Halla los valores de a y b para que la recta tangente a la gráfica de $f(x) = ax^2 - b$ en el punto (1, 5) sea la recta $y = 3x + 2$.

17 Actividad resuelta

Halla los extremos absolutos de la función $f(x)=x^2-8|1-x|+10x$ en el intervalo [–1, 6].

Al ser una función con un valor absoluto, conviene escribirla como una función definida a trozos.

$$f(x)=x^2-8|1-x|+10=\begin{cases} x^2-8(1-x)+10 & \text{si } -1\le x\le 1 \\ x^2+8(1-x)+10 & \text{si } 1<x\le 6\end{cases}=$$
$$=\begin{cases} x^2+8x+2 & \text{si } -1\le x\le 1 \\ x^2-8x+18 & \text{si } 1<x\le 6\end{cases}$$

La función es continua en [–1, 6], ya que para $x\ne 1$ está definida por polinomios y en $x = 1$ coinciden los límites laterales con lo que $\lim_{x\to 1} f(x)=f(1)=11$.

Ahora se calcula la derivada de f para buscar los posibles extremos relativos en el intervalo.

Para $x\ne 1$ $f'(x)=\begin{cases} 2x+8 & \text{si } -1<x<1 \\ 2x-8 & \text{si } 1<x<6\end{cases}$, que se anula

si: $\begin{cases} 2x+8=0\Rightarrow x=-4 \\ 2x-8=0\Rightarrow x=4\end{cases}$

Hay que descartar $x=-4$, ya que no pertenece al intervalo considerado.

En $x=1$, la función es continua pero no es derivable, ya que no coinciden los límites laterales de f' cuando x tiende a 1: $\lim_{x\to 1^-} f'(x)=\lim_{x\to 1}(2x+8)=10$

$\lim_{x\to 1^+} f'(x)=\lim_{x\to 1}(2x-8)=-6$

En resumen, los posibles extremos de la función son $x=-1$; $x=1$, $x=4$ y $x=6$.

Para localizar los extremos absolutos se calculan los valores de la función en dichos puntos:

$f(-1) = (-1)^2 + 8\cdot(-1) + 2 = -5$

$f(4) = 4^2 - 8\cdot 4 + 18 = 2$

$f(1) = 1^2 + 8\cdot 1 + 2 = 11$

$f(6) = 6^2 - 8\cdot 6 + 18 = 6$

Por tanto, el mínimo absoluto es $A(-1, -5)$ y el máximo absoluto es $B(1, 11)$.

18 En cada caso, averigua razonadamente dónde alcanza el máximo absoluto la función dada.

a. $f(x)=2x+4$ si $0\leq x\leq 4$

b. $f(x)=x^2-4$ si $4<x\leq 8$

19 Aplicando el teorema de Rolle, justifica que la gráfica de la función $f(x) = 3x^5 + 7x + 1$ no puede cortar 2 veces al eje horizontal.

20 Relaciona y contesta.

Problemas

21 En el centro de un gran lago volcánico de agua potable hay una mancha producida por una erupción subacuática. La superficie afectada, en km², viene dada por la función $f(t)=\dfrac{11t+20}{t+2}$, siendo t el tiempo transcurrido desde que empezamos a observarla.

a. ¿Cuál es la superficie afectada inicialmente?

b. Estudia si la mancha crece o decrece con el tiempo.

22 Según un modelo matemático para la economía de un país, la función $f(t) = t - 2$ es la derivada de la función que estima la inflación en función del tiempo, con $0 \leq t \leq 5$ y t medido en años.

a. Determina el valor de t para el que la inflación es mínima y halla el valor de ese mínimo.

b. Determina cuándo la inflación es máxima y su valor.

23 La cotización de las acciones de una empresa, suponiendo que la bolsa funciona todos los días de un mes de 30 días, responde a la siguiente ley: $C(x) = x^3 - 45x^2 + 243x + 30\,000$, siendo x el número de días.

a. ¿Cuál ha sido la cotización en bolsa el día 2?

b. Determina los días en que alcanza las cotizaciones máxima y mínima.

c. Calcula esas cotizaciones máxima y mínima.

24 En los últimos años un ayuntamiento ha ido aumentando la inversión en campañas de sensibilización y prevención de la contaminación del río a su paso por la ciudad, alcanzando actualmente los 4000 € anuales. A la vista de los buenos resultados obtenidos tras las campañas, el ayuntamiento tenía previsto ir aumentando el presupuesto hasta los 7000 € en los próximos años. El alcalde, conocedor de que el gasto en campañas de este tipo puede ser efectivo hasta una cierta cantidad de euros a partir del cual, por saturación y otras causas, deja de serlo, ha optado por encargar un estudio sobre el impacto de la campaña. El estudio ha concluido que la ecuación que mejor aproxima el porcentaje de reducción de residuos arrojados al río en función de los euros (en miles) invertidos en campañas viene dada por la expresión $F(x)=\dfrac{2000\sqrt{x}}{108+x^2}$.

a. ¿Qué porcentaje de residuos se ha conseguido reducir con la inversión actual?

b. ¿Cuál será la reducción cuando se alcancen los 7000 euros de presupuesto?

c. ¿Mejorarían aún más los resultados si el presupuesto se aumentara indefinidamente?

d. ¿Cuál es el dinero que debe invertirse en campañas para maximizar el impacto?

25 Una persona amante de las matemáticas desea donar sus 3600 libros de la materia, que ha ido adquiriendo desde sus tiempos de estudiante, a dos bibliotecas interesadas, *A* y *B*.

Ha querido plantear un pequeño problema para la donación, y deja fijado que los lotes de libros se hagan de modo que el producto del número de libros destinados a la biblioteca *A* por el cubo del número de libros destinados a la biblioteca *B* sea máximo.

Determina la cantidad de libros que recibirá cada biblioteca.

26 Una artista plástica ha adquirido un listón de 6 m de largo del que quiere colgar dos grandes telas rectangulares, una a continuación de la otra y que ocupen todo el listón: la primera ha de ser naranja y el lado que está sobre el listón debe ser un tercio del lado que cuelga; la otra será verde y debe tener forma de cuadrado. ¿Qué dimensiones deben tener las telas para que su superficie sea la mínima posible?

27 En una zona de humedales de un parque natural, que goza de protección especial, el número de aves $N(t)$, en cientos, en función del tiempo t (años transcurridos desde que se contabilizan las aves) viene dado por la función:

$$N(t)=\begin{cases} t^2-8t+50 & \text{si } 0\le t\le 10 \\ 95-\dfrac{250}{t} & \text{si } t>10 \end{cases}$$

a. Calcula los intervalos de crecimiento y decrecimientos de la función $N(t)$. ¿Entre qué años crece la función? ¿Entre qué años decrece?

b. ¿Cuándo se alcanza el número mínimo de aves en el parque? ¿Cuántas aves hay en ese momento?

c. Calcula el intervalo de tiempo en el que la población de aves se mantiene entre 5000 y 7500 aves. ¿A qué valor tiende la población de aves con el paso del tiempo?

28 Una empresa ha comprobado que sus beneficios están relacionados con su inversión en publicidad según la función $B(x)=50\,000+40x-\left(\dfrac{x}{10}\right)^2$, donde x es la inversión en publicidad $x\ge 0$ e $y(x)$ es el beneficio obtenido, ambos en euros.

a. Calcula la cantidad invertida en publicidad que produce un beneficio máximo. ¿Cuál es dicho beneficio máximo?

b. Calcula los intervalos para la inversión en publicidad en los que los beneficios crecen o decrecen.

c. ¿Existe un valor para la inversión en publicidad a partir del cual los beneficios obtenidos serían menores que si no se invirtiera nada en ella? En caso afirmativo, determínalo.

29 Varios jóvenes que acaban de terminar sus estudios universitarios valoran poner en marcha un proyecto empresarial y, para ello, han encargado un estudio de mercado en el que estimaron que los beneficios para los próximos años, en cientos de miles de euros, vendrán dados por la función:

$B(t)=\dfrac{2t-6}{t+4}$ donde t representa los años transcurridos desde la apertura. Quieren ser previsores y desean saber:

a. ¿En qué intervalo la empresa tendrá pérdidas?

b. En qué momento $t\in[3,10]$ se alcanza el máximo beneficio y a cuántos euros asciende su valor. Justifica la respuesta.

c. ¿Cuánto tiempo tiene que pasar para obtener un beneficio de 150 000 €?

d. En un horizonte infinito de tiempo, ¿existe límite para el beneficio? En caso afirmativo, ¿cuál es ese límite?

Comprueba lo que has aprendido

1 Determina los valores de k para que las tangentes a la curva $y=kx^3-(kx)^2+7x-18$ en los puntos de abscisas 1 y 2 sean paralelas.

2 Sabiendo que $f:\mathbb{R}\to\mathbb{R}$ es una función continua cuya expresión es $f(x)=\begin{cases} x & \text{si } x<1 \\ Ax^2+6x+B & \text{si } 1\le x<4 \\ -x+8 & \text{si } x\ge 4 \end{cases}$.

a. Determina A y B.

b. ¿Es f derivable en $\mathbb{R}$?

3 El coste de producción de x unidades de un determinado artículo, en euros, es $\dfrac{1}{50}x^2-40x+4000$ y el precio de venta de cada uno de ellos es $50-\dfrac{1}{100}x$. ¿Cuál es el número de unidades que hay que fabricar para obtener el máximo beneficio y cuál es el valor de este?

4 Justifica que la función $\dfrac{\ln(1-x)}{\ln x}$ es estrictamente creciente en todo su dominio.

5 ¿Cuántos extremos relativos y cuántos puntos de inflexión tiene la gráfica de $f(x)=x^5-5x^4+1$?

6 Estudia la curvatura de la función $f(x)=e^{-x^2}$ y después esboza su gráfica.

Mis competencias

Autoevaluación

2.5 Representación de funciones

¡EMPEZAMOS!

A finales del año 2022, la población mundial superó los 8000 millones de habitantes y los modelos matemáticos prevén que en el 2050 se pueda llegar a los 9700 millones. Los factores más determinantes en este crecimiento son la tasa de fecundidad y la esperanza de vida. Este crecimiento se está produciendo en paralelo a procesos de aumento del coste de la vida y despoblación de las zonas rurales en favor de las ciudades. La situación supone un reto para la humanidad porque puede generar problemas muy graves como el agotamiento de los recursos naturales, la degradación del medioambiente, el aumento del desempleo o el aumento de desigualdades entre países.

RUTA DE APRENDIZAJE

1. Determinar el dominio de las funciones.
2. Estudiar el comportamiento de las funciones en el infinito y calcular sus asíntotas.
3. Realizar un estudio completo de funciones.
4. Modelizar, plantear y resolver problemas mediante funciones racionales, irracionales, exponenciales y logarítmicas.
5. Representar de manera gráfica las funciones con la información obtenida.

- ¿Qué tipo de funciones crees que se utilizan para modelizar la evolución de las poblaciones?
- ¿Qué información eres capaz de deducir sobre el funcionamiento de una función a partir de su gráfica?

La representación de funciones también se usa para...

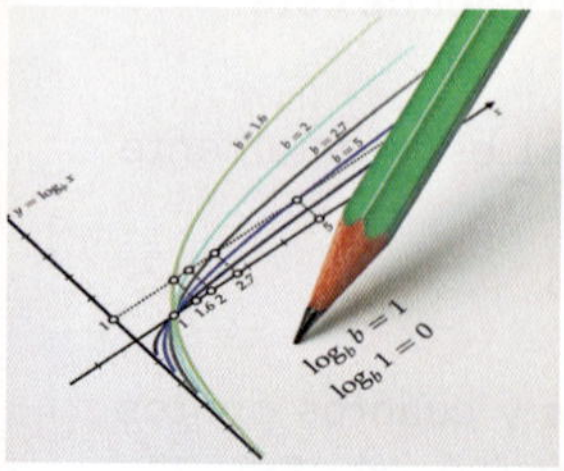

Interpretar la información contenida en las funciones estudiando sus gráficas.

Profundizar en la comprensión de todos los campos del conocimiento y de la actividad humana.

Determinar el punto de equilibrio entre la oferta y la demanda para cualquier producto de consumo.

Analizar la idoneidad de un modelo matemático para gestionar una empresa.

1 Propiedades globales de las funciones

1.1. Dominio y recorrido

Para estudiar una función y, en su caso, representarla gráficamente, en primer lugar, hay que determinar su dominio y, si es posible, su recorrido.

> El subconjunto de números reales x para los que la función está definida se llama **dominio de f** y se representa por **$D(f)$**.
> Los valores y, que toma la imagen, forman un subconjunto llamado **recorrido de f, $R(f)$**.

Para determinar el dominio de una función debe tenerse en cuenta no solo que su expresión matemática debe tener sentido, sino también el contexto real al que se aplica dicha función.

Se conocen como puntos frontera del dominio de una función, a los extremos de los intervalos que constituyen dicho dominio y que no son $+\infty$ o $-\infty$.

Calcular el recorrido de una función no siempre es fácil a partir de la expresión, pero resulta sencillo si disponemos de su gráfica.

1 Actividad resuelta

Una empresa conservera, centrada en el trabajo con pesca sostenible, ha observado que el coste, en miles de euros, de producción de x unidades viene dado por la fórmula $C(x) = 4x + 50$. Calcula el dominio de $C(x)$.

Aunque la función $4x + 50$ está definida para cualquier número real, dado que x es el número de unidades fabricadas, en este contexto la función solo tiene sentido si x es un número entero no negativo. Por tanto, $D(C) = \{0, 1, 2, 3...\}$.

2 Calcula el dominio de las siguientes funciones.

a. $f(x)=\dfrac{x+1}{x^3+x}$

b. $f(x)=x-\sqrt{3-2x}$

c. $f(x)=\ln\left(x^2-2x-8\right)$

d. $f(x)=\sqrt{\dfrac{x+3}{x-2}}$

e. $f(x)=e^{\frac{x+1}{x-1}}$

f. $f(x)=\dfrac{x}{\operatorname{sen} x}$

g. $f(x)=\dfrac{\sqrt{x^3+x^2-6x}}{x^2-1}$

h. $f(x)=\dfrac{x}{\sqrt[3]{x-2}}$

1.2. Cortes con los ejes y signo

- El **punto de corte con el eje de ordenadas**, si existe, es $P\left(0, f(0)\right)$.
- Las abscisas de los **puntos de corte con el eje X** son las soluciones de la ecuación $f(x) = 0$. Si dichas soluciones son $x_1, x_2, ...$, los puntos buscados serán $Q_1(x_1, 0)$, $Q_2(x_2, 0)$...
- Estudiar el **signo de una función** es determinar en qué intervalos toma valores positivos, es decir, cuándo la gráfica está por encima del eje X, y en cuáles toma valores negativos y su gráfica está por debajo del eje X. Se determina resolviendo la inecuación $f(x) > 0$.

Ejemplo

- Los puntos de corte con los ejes de la función $f(x) = x^3 + x^2 - 9x - 9$ se calculan:

  Haciendo $x = 0$ para determinar el corte con el eje de ordenadas: $A(0, f(0)) = A(0, -9)$.

  Igualando a 0 para calcular los puntos de corte con el eje X.

  $x^3 + x^2 - 9x - 9 = 0 \Rightarrow (x - 3)(x + 1)(x + 3) = 0 \Rightarrow x = -1, \pm 3 \Rightarrow B(-3, 0), C(-1, 0), D(3, 0)$.

- Para determinar el signo de la función $f(x)=\dfrac{x-1}{x+3}$, resolvemos la inecuación $f(x) > 0$, lo que nos da:

$$\begin{cases} f>0, \text{ si } x\in(-\infty,-3)\cup(1,+\infty) \\ f<0, \text{ si } x\in(-3,1)\,. \end{cases}$$

3 Para las siguientes funciones, calcula sus puntos de corte con los ejes y estudia las zonas dónde su imagen es positiva y dónde es negativa.

a. $f(x)=(2x-6)(x+1)(x^2+3)$

b. $f(x)=x^3-x^2-4x+4$

c. $f(x)=x^3+x^2-16x+20$

d. $f(x)=\dfrac{x^2+2}{x^2-4}$

e. $f(x)=\sqrt{\dfrac{x-1}{x+2}}$

f. $f(x)=\dfrac{1}{1-e^x}$

g. $f(x)=\ln(x^2-8)$

h. $f(x)=|2x-10|-|2-x|$

4 En cada caso, obtén el dominio, los cortes con los ejes y el signo de las funciones siguientes.

a. $f(x)=\dfrac{x^2+x}{2}$

b. $f(x)=\dfrac{\sqrt{3-x}}{x+6}$

c. $f(x)=\dfrac{x+1}{x^2+4x}$

d. $f(x)=\dfrac{\sqrt{x-1}}{x^2+x+1}$

e. $f(x)=\sqrt{3-\sqrt{x-2}}$

f. $f(x)=\sqrt{x-1}+\sqrt{1-x}$

1.3. Puntos singulares y puntos críticos

Los **puntos singulares** de una función f son aquellos en los que se anula su primera derivada, es decir, aquellos $x=a$ en los que $f'(a)=0$. En ellos, la recta tangente a f es horizontal.

Los **puntos críticos** son los puntos que tienen derivada nula (es decir, los puntos singulares) y también aquellos que no son derivables aunque la función sea continua en ellos.

5 Actividad resuelta

Halla los puntos, singulares y críticos, de las funciones $f(x)=x^2-6x$ y $g(x)=|x-5|$.

La función $f(x)=x^2-6x$ es una parábola y tiene un punto singular que coincide con su vértice, ya que $f'(x)=2x-6$ se anula si $x=3$. Su punto singular y crítico es, por tanto, $V(3, -9)$. No tiene más puntos críticos ya que f es derivable en todo $\mathbb{R}$.

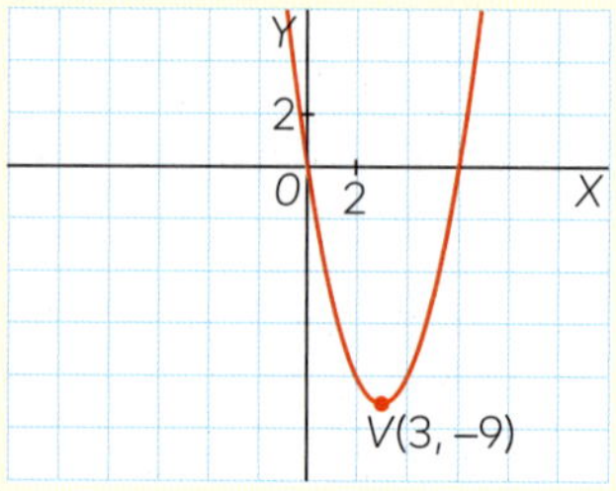

La función $g(x)=|x-5|$ no tiene puntos singulares pero sí tiene un punto crítico en $x=5$, ya que no es derivable en $x=5$ pero sí continua.

El punto crítico es $A(5, 0)$. En ese punto la gráfica tiene un pico.

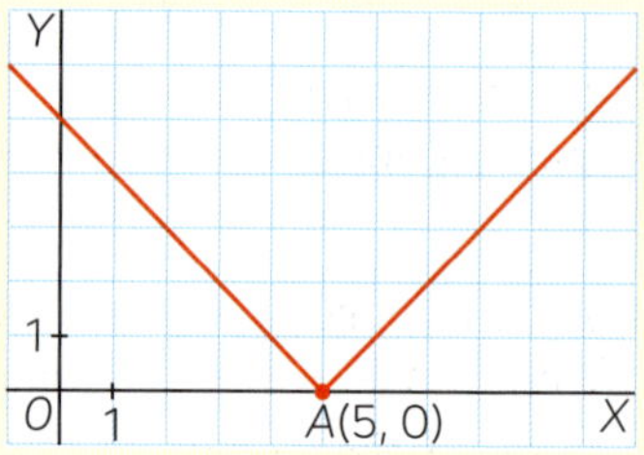

6 Indica los puntos de discontinuidad, singulares y críticos para las siguientes funciones:

a. $f(x)=\dfrac{x^3-3x^2}{2}$

b. $f(x)=\dfrac{1}{x^3+x^2+4}$

c. $f(x)=\sqrt{\dfrac{x}{x^2-4}}$

1.4. Simetría de una función

Una **función** es **simétrica respecto del eje de ordenadas** cuando verifica que, para cualquier punto x de su dominio, las imágenes en x y en $-x$ son iguales: $\mathbf{f(-x)=f(x)}$.

Las funciones simétricas respecto del eje Y reciben el nombre de **funciones pares**.

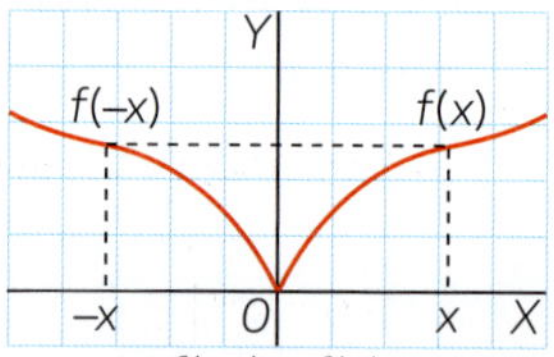

$f(-x)=f(x)$

Ejemplo

$f(x)=\dfrac{3x^2}{x^4-1}$ es una función par, ya que: $f(-x)=\dfrac{3(-x)^2}{(-x)^4-1}=\dfrac{3x^2}{x^4-1}=f(x)$

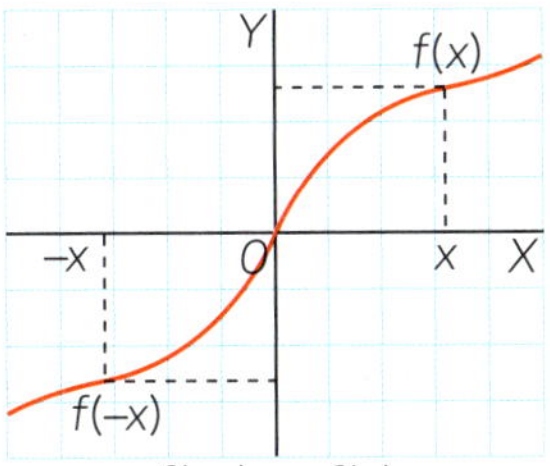

$f(-x) = -f(x)$

Una **función** es **simétrica respecto del origen** O cuando verifica que para cualquier punto x de su dominio, las imágenes en x y en $-x$ son opuestas: $\mathbf{f(-x) = -f(x)}$.

Las funciones simétricas respecto del origen O reciben el nombre de **funciones impares**.

Ejemplo

$f(x)=\dfrac{5x^3}{x^4+1}$ es una función impar, ya que: $f(-x)=\dfrac{5(-x)^3}{(-x)^4+1}=-\dfrac{5x^3}{x^4+1}=-f(x)$

7 Sea la función $f(x)=\dfrac{x^5-3}{4x^2+1}$, ¿es simétrica respecto del origen de coordenadas o respecto del eje Y?

8 Estudia la simetría de las siguientes funciones.

a. $f(x)=1+\dfrac{1+x^2}{x^4}$
b. $f(x)=\dfrac{x^2-|x|+x}{x^4+2}$
c. $f(x)=x+\dfrac{1}{x}$
d. $f(x)=\dfrac{2x}{x+1}$
e. $f(x)=\ln(x^2)$
f. $f(x)=\dfrac{x}{1-|x|}$

9 Estudia la simetría de estas funciones.

a. $f(x)=\dfrac{x^6}{x^4-1}$
b. $f(x)=\dfrac{x^6+1}{x^3-x}$
c. $f(x)=\dfrac{x+2}{x^2+4}$
d. $f(x)=\dfrac{e^x-e^{-x}}{2}$
e. $f(x)=\dfrac{\operatorname{sen}x+\operatorname{tg}x}{\cos x}$
f. $f(x)=\operatorname{sen}(3x)+\cos(5x)$

1.5. Funciones periódicas

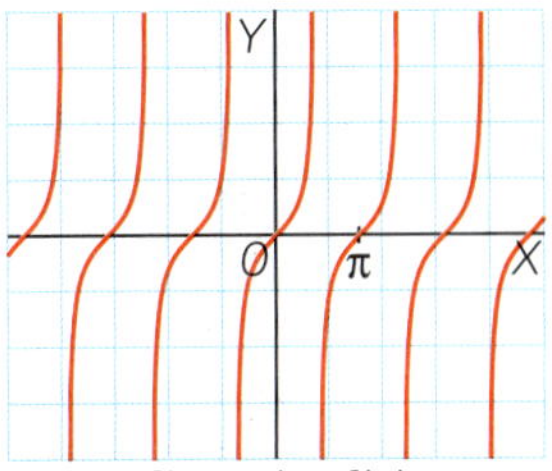

$f(x + T) = f(x)$

Una función es **periódica**, con **período** T, cuando se verifica que $\mathbf{f(x+T)=f(x)}$ para cualquier punto x del dominio, siendo T el menor número real que cumple esta condición.

- Las funciones periódicas más conocidas son las funciones trigonométricas. El período de las funciones $f(x) = \operatorname{sen} x$ y de $f(x) = \cos x$ es 2π. El período de $f(x) = \operatorname{tg} x$ es π.
- Las funciones trigonométricas inversas $\operatorname{arcsen}(x)$ y $\operatorname{arccos}(x)$ también son periódicas, de período 2π.
- Si dos funciones $f(x)$ y $g(x)$ son periódicas con período T, las funciones $f+g$, $f-g$, fg y $\dfrac{f}{g}$ son periódicas con período menor o igual que T.

10 **Actividad resuelta**

Comprueba que la función $f(x) = \cos^2 x + \operatorname{tg} x$ es periódica con período $T = \pi$.

$f(x+\pi) = \cos^2(x+\pi) + \operatorname{tg}(x+\pi) = (-\cos x)^2 + \operatorname{tg} x = \cos^2 x + \operatorname{tg} x = f(x)$

11 Indica si las siguientes funciones son periódicas y, en caso afirmativo, indica el período.

a. $f(x)=\operatorname{sen}\left(\dfrac{x}{3}\right)$
b. $f(x)=1+\dfrac{1}{\cos^2 x}$
c. $f(x)=x+\operatorname{sen}x$

12 Determina el período de cada una de estas funciones.

a. $f(x)=\sec x$
b. $f(x)=\operatorname{tg}(\pi x)$
c. $f(x)=\operatorname{sen}(4x)$
d. $f(x)=\operatorname{sen}^4 x$
e. $f(x)=\operatorname{sen}x+\operatorname{tg}x$
f. $f(x)=\operatorname{sen}(2x)+\operatorname{tg}(2x)$
g. $f(x)=\operatorname{sen}(3x)+\operatorname{tg}(3x)$
h. $f(x)=\operatorname{sen}^2 x+\cos^2 x$

2 Ramas infinitas y asíntotas de una función

2.1. Comportamiento asintótico

Una **rama infinita** de una función aparece cuando alguna de las variables, o bien ambas, tienden a $+\infty$ o a $-\infty$.

Si una rama infinita de una función se aproxima a una recta, se dice que la rama infinita tiene **comportamiento asintótico** y dicha recta es una **asíntota** de la función.

2.2. Asíntotas verticales

Si el valor de $f(x)$ tiende a $+\infty$ o a $-\infty$ cuando el valor de x se acerca a algún número real a, por la izquierda o por la derecha, f presenta una rama infinita con comportamiento asintótico, ya que se aproxima a la recta vertical $x = a$.

La recta $x = a$ es una **asíntota vertical de f(x)** si se verifica al menos una de las condiciones siguientes.

$$\lim_{x\to a^-} f(x) = -\infty \qquad \lim_{x\to a^+} f(x) = -\infty \qquad \lim_{x\to a^-} f(x) = +\infty \qquad \lim_{x\to a^+} f(x) = +\infty$$

Las asíntotas verticales aparecen en los puntos dónde la función presenta discontinuidades de salto infinito. Pueden presentarse en las siguientes situaciones.

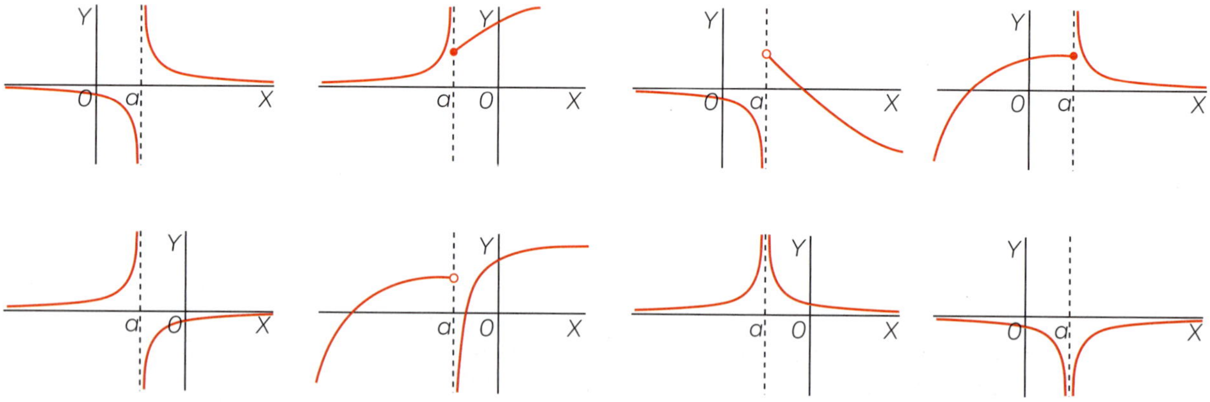

Una función puede tener ninguna, una, varias o infinitas asíntotas verticales. Obviamente, si el dominio es todo $\mathbb{R}$, la función carece de asíntotas verticales. En todo caso, interesa conocer la posición de la función respecto de la asíntota mediante el cálculo de los correspondientes límites.

13 Actividad resuelta

Estudia las asíntotas verticales de la función $f(x) = \dfrac{3x}{x+2}$.

La función presenta un único punto de discontinuidad en $x = -2$.

$$\lim_{x\to -2^-} f(x) = \lim_{x\to -2^-} \frac{3x}{x+2} = \left[\frac{-6}{0^-}\right] = +\infty \qquad \lim_{x\to -2^+} f(x) = \lim_{x\to -2^+} \frac{3x}{x+2} = \left[\frac{-6}{0^+}\right] = -\infty$$

Estas dos expresiones confirman que $f(x)$ tiene una asíntota vertical en $x = -2$.

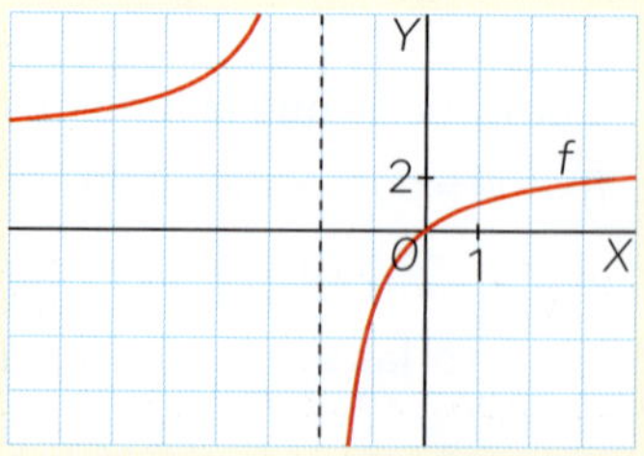

2.3. Asíntotas horizontales

Si el valor de $f(x)$ tiende a un número real b cuando x tiende a $+\infty$ o a $-\infty$, la rama infinita correspondiente tiene comportamiento asintótico, ya que se aproxima a la recta horizontal $y = b$.

La recta $y=b$ es una **asíntota horizontal de $f(x)$** si se verifica que $\lim\limits_{x \to +\infty} f(x)=b$ (asíntota horizontal en $+\infty$) o $\lim\limits_{x \to -\infty} f(x)=b$ (asíntota horizontal en $-\infty$).

Si una función *f* tiene asíntotas horizontales, pueden darse las cuatro situaciones siguientes.

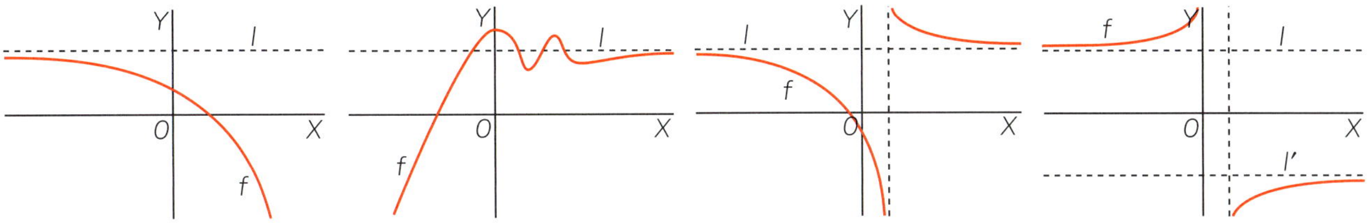

Como máximo, *f* puede tener una asíntota horizontal en $+\infty$ y otra, igual o distinta, en $-\infty$. También es interesante conocer la posición de $f(x)$ con respecto a la asíntota $y=b$.

14 Actividad resuelta

Estudia las posibles asíntotas horizontales de la función $f(x)=e^{3x}+2$.

$\lim\limits_{x \to -\infty} f(x)=\lim\limits_{x \to -\infty}(e^{3x}+2)=e^{-\infty}+2=\dfrac{1}{e^{+\infty}}+2=2 \Rightarrow f$ tiene la asíntota horizontal $y=2$, en $-\infty$.

En este caso, dado que $f>2$ en todo su dominio, se acerca a su asíntota por encima.

Por otro lado, $\lim\limits_{x \to +\infty} f(x)=\lim\limits_{x \to +\infty}(e^{3x}+2)=e^{+\infty}+2=+\infty \Rightarrow f$ no tiene asíntota en $+\infty$.

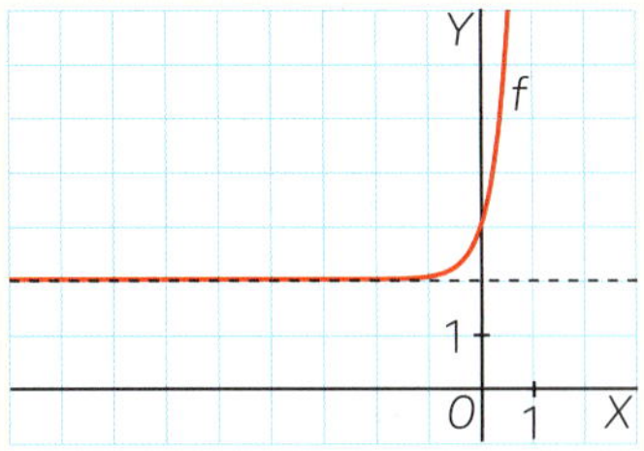

15 Dada la función $f(x)=\dfrac{x^2-x}{x^2-3x+2}$:

a. Especifica su dominio de definición.

b. Estudia su continuidad.

c. Calcula sus asíntotas verticales y horizontales si las hubiera.

2.4. Asíntotas oblicuas

Si el valor de $f(x)$ tiende a $+\infty$ o a $-\infty$ cuando x tiende a $+\infty$ o a $-\infty$, la correspondiente rama infinita puede aproximarse o no a una recta oblicua.

La recta no horizontal $y=mx+n$ es una **asíntota oblicua** de $f(x)$ si se verifica al menos una de estas condiciones: $\lim\limits_{x \to +\infty}\left(f(x)-(mx+n)\right)=0$ $\lim\limits_{x \to -\infty}\left(f(x)-(mx+n)\right)=0$

Una función tiene, como máximo, una asíntota oblicua en $+\infty$ y otra en $-\infty$.

Si $y=mx+n$ es asíntota oblicua de $y=f(x)$ en $+\infty$, entonces para calcular m y n se procede así:

- $\lim\limits_{x \to +\infty}\left(f(x)-(mx+n)\right)=0 \Rightarrow \lim\limits_{x \to +\infty}\dfrac{f(x)-(mx+n)}{x}=0 \Rightarrow \lim\limits_{x \to +\infty}\left(\dfrac{f(x)}{x}-\dfrac{mx+n}{x}\right)=0 \Rightarrow$

$$\Rightarrow \lim_{x \to +\infty}\frac{f(x)}{x}-\lim_{x \to +\infty}\frac{mx+n}{x}=0 \Rightarrow \lim_{x \to +\infty}\frac{f(x)}{x}-m=0 \Rightarrow \lim_{x \to +\infty}\frac{f(x)}{x}=m$$

- $\lim\limits_{x \to +\infty}\left(f(x)-(mx+n)\right)=0 \Rightarrow \lim\limits_{x \to +\infty}\left(f(x)-mx\right)-\lim\limits_{x \to +\infty} n=0 \Rightarrow \lim\limits_{x \to +\infty}\left(f(x)-mx\right)=n$

Estas expresiones también sirven para calcular las asíntotas oblicuas en $-\infty$, por lo que:

$$m=\lim_{x \to +\infty}\frac{f(x)}{x},\ n=\lim_{x \to +\infty}\left(f(x)-mx\right) \text{ en } +\infty;\ \text{y } m=\lim_{x \to -\infty}\frac{f(x)}{x},\ n=\lim_{x \to -\infty}\left(f(x)-mx\right) \text{ en } -\infty$$

Las asíntotas horizontales y oblicuas son excluyentes. Donde hay asíntota horizontal estamos seguros de que no habrá asíntota oblicua, y viceversa.

Para que haya asíntota oblicua, es necesario que existan los dos límites y que $m \neq 0$.

También interesa estudiar la posición de la función con respecto a la asíntota oblicua.

16 Actividad resuelta

Calcula la asíntota oblicua de la función $f(x)=\dfrac{3x^2+2}{x+1}$ en $+\infty$.

Calculamos la pendiente y la ordenada en el origen:

$$m=\lim_{x\to+\infty}\frac{f(x)}{x}=\lim_{x\to+\infty}\left(\frac{3x^2+2}{x+1}:x\right)=\lim_{x\to+\infty}\frac{3x^2+2}{x^2+x}=3$$

$$n=\lim_{x\to+\infty}\left(f(x)-mx\right)=\lim_{x\to+\infty}\left(\frac{3x^2+2}{x+1}-3x\right)=\lim_{x\to+\infty}\left(\frac{2-3x}{x+1}\right)=-3$$

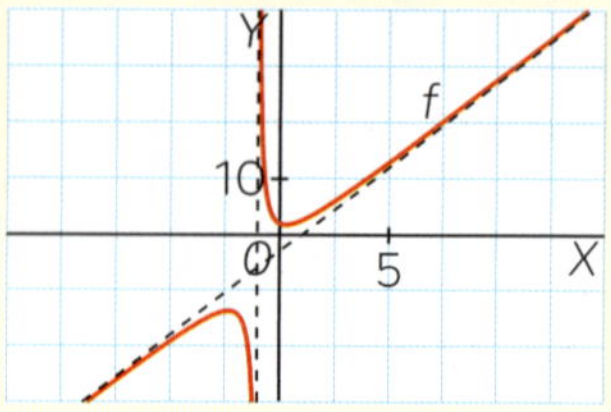

La ecuación de la asíntota es: $y = 3x - 3$. Además, f se acerca a la asíntota por encima, ya que $f(x)-(3x-3)=\dfrac{3x^2+2}{x+1}-3x+3=\dfrac{5}{x+1}>0$, si x se acerca a $+\infty$.

17 Halla las asíntotas verticales, horizontales u oblicuas de las siguientes funciones y úsalas para trazar aproximadamente sus ramas infinitas.

a. $f(x)=\dfrac{x^2-16}{x^2+3x-4}$ b. $f(x)=\dfrac{2x^2+1}{x-1}$ c. $f(x)=\dfrac{1}{x^2-2x-3}$

18 Determina las asíntotas de las funciones:

a. $f(x)=\dfrac{x^3+2x^2-3x}{x^2-3x+2}$ b. $f(x)=\sqrt{x^2+3}$ c. $f(x)=\dfrac{|x|}{x+2}$

19 Actividad resuelta

Determina el valor de $k\in\mathbb{N}$ para que la función $f(x)=\dfrac{x^k}{\sqrt{x^2-1}}$ tenga asíntota oblicua en $+\infty$.

El grado del numerador es k y el del denominador 1. Para que el límite en $+\infty$ sea finito y no nulo, debe cumplirse que $k-1=1\Rightarrow k=2$. En este caso resultará:

$$m=\lim_{x\to\infty}\frac{f(x)}{x}=\lim_{x\to\infty}\frac{\frac{x^2}{\sqrt{x^2-1}}}{x}=\lim_{x\to\infty}\frac{x}{\sqrt{x^2-1}}=1$$

$$n=\lim_{x\to\infty}\left(f(x)-mx\right)=\lim_{x\to\infty}\left(\frac{x^2}{\sqrt{x^2-1}}-x\right)=\lim_{x\to\infty}\frac{x^2-x\sqrt{x^2-1}}{\sqrt{x^2-1}}=\lim_{x\to\infty}\left(\frac{x^2-x\sqrt{x^2-1}}{\sqrt{x^2-1}}\cdot\frac{x^2+x\sqrt{x^2-1}}{x^2+x\sqrt{x^2-1}}\right)=$$

$$=\lim_{x\to\infty}\frac{\cancel{x^4}-x^2(\cancel{x^2}-1)}{x^2\sqrt{x^2-1}+x(x^2-1)}=\lim_{x\to\infty}\frac{1}{\sqrt{x^2-1}+x-x^{-1}}=\frac{1}{+\infty}=0\Rightarrow \text{La asíntota es } y=x.$$

20 Estudia las asíntotas, y su posición respecto de la curva, para las siguientes funciones.

a. $f(x)=\sqrt{x+\dfrac{3}{4}}$ c. $f(x)=\dfrac{\sqrt{x^4-16}}{x}$ e. $f(x)=\left(2+x^2\right)e^{\frac{x}{2}}$ g. $f(x)=\ln(2x-3)$

b. $f(x)=\dfrac{\sqrt{x^4+1}}{x^2}$ d. $f(x)=\sqrt{x^2-1}$ f. $f(x)=\dfrac{x^2+1}{e^x}$ h. $f(x)=\ln\sqrt{x+1}$

21 Halla las asíntotas de las siguientes funciones.

a. $f(x)=|2x-3|+x|x-1|$ b. $f(x)=\dfrac{1}{|x|}$ c. $f(x)=\dfrac{|x|+2}{x+2}$ d. $f(x)=\left|\dfrac{x}{x+1}\right|$

3 Esquema general para el estudio y representación de funciones

3.1. Estudio y representación de funciones

1. Dominio y continuidad	Se determina el conjunto de números reales para los que se puede hallar el valor de la función f y, dentro de este conjunto, los valores donde f es continua.
2. Simetría	• Si $f(-x) = f(x)$, $\forall x \in D(f) \Rightarrow f$ simétrica respecto del eje Y (f par). • Si $f(-x) = -f(x)$, $\forall x \in D(f) \Rightarrow f$ simétrica respecto del origen (f impar).
3. Periodicidad	Si existe un número real T positivo, tal que para cualquier x del dominio se verifica que $f(x) = f(x + T)$, entonces f es periódica. El mínimo valor de T con esa propiedad es el período.
4. Puntos de corte con los ejes y signo	• Con el **eje de abscisas**: se resuelve la ecuación $f(x) = 0$. Puede haber ninguno, uno, varios o infinitos puntos de corte con el eje X. • Con el **eje de ordenadas**: se calcula $f(0)$. Como mucho, hay un punto de corte con el eje Y. • El **signo de f** se averigua a partir de los puntos de corte con el eje X y de discontinuidad de f.
5. Ramas infinitas y asíntotas	• **Asíntotas verticales**. Son las rectas $x = a$ tales que: $\lim_{x\to a^+} f(x) = \pm\infty$ o $\lim_{x\to a^-} f(x) = \pm\infty$ Se buscan en los puntos de discontinuidad de la función. • Asíntotas horizontales. Son las rectas $y = b$ tales que $\lim_{x\to\pm\infty} f(x) = b$. f tiene, como máximo, una asíntota horizontal en $-\infty$ y otra en $+\infty$. • **Asíntotas oblicuas**. Son las rectas $y = mx + n$, con $m = \lim_{x\to+\infty} \frac{f(x)}{x}$, $n = \lim_{x\to+\infty} \left(f(x) - mx\right)$ f tiene, como mucho, una asíntota oblicua en $+\infty$ y otra en $-\infty$. Si en un lado hay asíntota horizontal, no puede existir asíntota oblicua.
6. Puntos singulares y crecimiento (si f es derivable)	• **Intervalos I de crecimiento**: aquellos en los que $f'(x) > 0$, $\forall x \in I$. • **Intervalos I de decrecimiento**: aquellos en los que $f'(x) < 0$, $\forall x \in I$. Los puntos singulares se calculan igualando a cero la primera derivada. Pueden ser máximos o mínimos relativos, o puntos de inflexión de tangente horizontal. Se decide sobre ello observando el crecimiento a la izquierda y a la derecha: • **Máximo relativo** $A\left(a, f(a)\right)$. Alrededor de a hay una zona en la que la función crece en los puntos situados a la izquierda de a y decrece en los puntos situados a la derecha de a. • **Mínimo relativo** $A\left(a, f(a)\right)$. Alrededor de a hay una zona en la que la función decrece en los puntos situados a la izquierda de a y crece en los puntos situados a la derecha de a. • **Punto de inflexión de tangente horizontal**. Alrededor de a hay una zona en la que el crecimiento de f no cambia y, además, $f''(x)$ cambia de signo en $x = a$, con $f''(a) = 0$.
7. Puntos de inflexión y concavidad (si existe f'')	• **Intervalos I de concavidad hacia arriba**: si $f''(x) > 0$, $\forall x \in I$. • **Intervalos I de concavidad hacia abajo**: si $f''(x) < 0$, $\forall x \in I$. • **Punto de inflexión** $A\left(a, f(a)\right)$: todo aquel en el que $f''(a) = 0$ y f cambia su concavidad.
8. Representación gráfica	Con la información obtenida en los apartados anteriores, se traza la gráfica de la función.

Utilizando las propiedades de las funciones ya vistas hasta ahora, se pueden estudiar y representar las funciones elementales, de acuerdo al esquema de esta página.

En algunos casos puede resultar aconsejable realizar una tabla de valores para facilitar la representación gráfica de la función. Esto sucede cuando se requiere mayor precisión en la determinación de la función o cuando hay alguna zona del dominio de la que no se posee mucha información.

4 Funciones polinómicas

4.1. Estudio y representación de funciones polinómicas

Para estudiar y representar **funciones polinómicas,** $f(x) = a_n x^n + ... + a_1 x + a_0$, seguimos el esquema general, teniendo en cuenta las siguientes particularidades.

1. Dominio y continuidad	Las funciones polinómicas tienen por dominio $\mathbb{R}$ y son continuas en todo su dominio.
2. Simetría	Para que sea simétrica respecto del eje Y, todos los monomios que formen la función deben ser de grado par. Para que sea simétrica respecto del origen de coordenadas, dichos monomios deben ser de grado impar.
3. Periodicidad	Las funciones polinómicas de grado mayor que cero nunca son periódicas.
4. Puntos de corte con los ejes y signo	• Los puntos de corte con el eje de abscisas son las raíces del polinomio. • Su signo cambia en los puntos correspondientes a las raíces de multiplicidad impar.
5. Ramas infinitas y asíntotas	• Al ser continuas en todo $\mathbb{R}$, no presentan asíntotas verticales. • Solo tienen asíntotas horizontales las de grado cero (funciones constantes) y solo tienen asíntotas oblicuas las de grado uno. En ambos casos, la asíntota coincide con la propia función. • Tienen dos ramas infinitas, una cuando $x \to +\infty$ y otra cuando $x \to -\infty$.

22 **Actividad resuelta**

Estudia y esboza la gráfica de la función polinómica $f(x) = x^3 + 3x^2 - 4$

2. Simetrías: $f(-x) = -x^3 + 3x^2 - 4 \neq f(x)$ y $f(-x) \neq -f(x) \Rightarrow$ No es par ni impar.

4. Puntos de corte con los ejes y signo

Eje X: $x^3 + 3x^2 - 4 = 0 \Rightarrow (x-1)(x+2)^2 = 0 \Rightarrow x = 1,\ x = -2$. Eje Y: $f(0) = -4$

Por tanto, los puntos de corte son: $A(0, -4)$, $B(1, 0)$ y $C(-2, 0)$

En cuanto al signo, se observa que $f(x) = (x-1)(x+2)^2$, solo cambia de signo en $x = 1$, siendo positiva para $x > 1$ y negativa para $(-\infty, -2) \cup (-2, 1)$.

6. Puntos singulares y crecimiento: Se calculan los puntos que anulan f':

$$f'(x) = 3x^2 + 6x = 0 \Rightarrow x = 0,\ x = -2$$

Ahora analizamos la monotonía en los intervalos que estos puntos definen sobre la recta real, estudiando en cada intervalo el signo de la derivada primera.

En la tabla se observa el resultado obtenido, del cual se deduce también el carácter de los puntos en los que $f'(x) = 0$.

$-\infty \quad -2 \quad 0 \quad +\infty$

$f'(x)$	+	−	+
$f(x)$	↗	↘	↗

Así, f crece en $(-\infty, -2) \cup (0, +\infty)$, decrece en $(-2, 0)$, presenta un mínimo relativo en $A(0, -4)$ y un máximo relativo en $C(-2, 0)$.

7. Puntos de inflexión y concavidad: Se calculan los puntos que anulan f'':

$f''(x) = 6x + 6 = 0 \Rightarrow x = -1$, y se estudia la concavidad en los intervalos que este punto define sobre la recta real, determinando para ello el signo de $f''(x)$.

$-\infty \quad -1 \quad +\infty$

$f''(x)$	−	+
$f(x)$	∩	∪

En la tabla se observa el resultado. Concluimos que f es cóncava hacia abajo en $(-\infty, -1)$, cóncava hacia arriba en $(-1, +\infty)$ y tiene un punto de inflexión en $D(-1, -2)$.

8. Con la información completa, trazamos la gráfica de f.

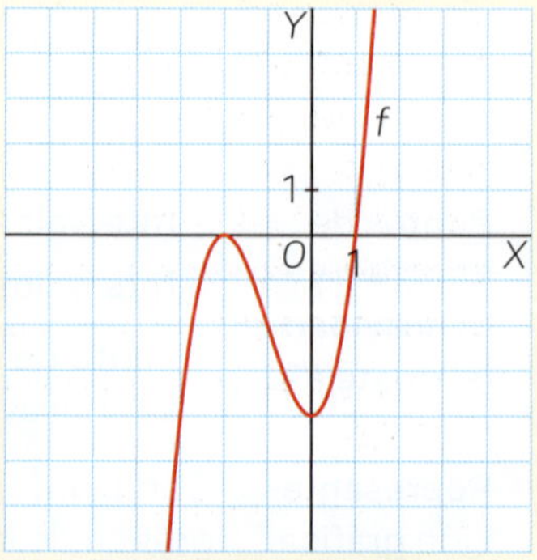

23 Estudia los intervalos de crecimiento y los extremos relativos de las funciones siguientes y esboza su gráfica.

a. $f(x)=\dfrac{6x^2-x^4}{8}$

b. $f(x)=x^3-7x^2+16x-13$

c. $f(x)=8x^3-84x^2+240x$

d. $f(x)=3x^5-5x^3$

24 Si $f(x)=ax^3+bx^2+c$ pasa por (0, 0) y tiene un máximo local en (1, 2), calcula *a*, *b* y *c* y representa *f*.

25 En cada caso, calcula los valores de *a* y b para que:

a. $f(x)=x^3+ax^2+bx-113$ tenga un máximo en (5, 162).

b. $f(x)=x^4+ax^3+bx^2+12x-28$ tenga un punto de inflexión en el punto (2, 0).

26 Se considera la función $f(x)=2x^3-21x^2+60x-32$.

a. Halla sus máximos y mínimos.

b. Determina sus intervalos de crecimiento y decrecimiento.

27 Considera la función $G(x)=\begin{cases}2x+2 & \text{si } x\le 0\\ x^2-3x+2 & \text{si } x>0\end{cases}$.

a. Dibuja su gráfica.

b. Estudia su continuidad.

c. Determina sus extremos relativos.

28 Dada la función $f(x)=x^4+4x^3-2x^2-12x+9$:

a. Traza su gráfica estudiando previamente los puntos de corte con los ejes, su signo, su crecimiento y la existencia de extremos relativos.

b. ¿Cuántos puntos de inflexión tiene la función?

29 Sea la función $f(x)=-x^2+2x+\dfrac{3}{2}$.

a. Estudia sus cortes con los ejes y su signo.

b. Halla sus máximos y mínimos y determina sus intervalos de crecimiento y decrecimiento.

c. Esboza la gráfica con la información obtenida.

30 **Actividad resuelta**

Para un determinado modelo de coche, su consumo de gasolina, en litros consumidos cada 100 km recorridos a una velocidad constante de *x* km/h para velocidades comprendidas entre 20 y 160 km/h, viene dado por la función:

$C(x)=8-0{,}045x+0{,}00025x^2$

a. ¿Cuántos litros cada 100 km consume el coche si su velocidad es de 120 km/h?

b. ¿A qué velocidad consume menos? ¿Cuánto consume?

c. ¿A qué velocidad se ha de conducir para consumir 10 L cada 100 km?

a. Como $C(120)=8-0{,}045\cdot 120+0{,}00025\cdot 120^2=6{,}2$, se consumen 6,2 L conduciendo a 120 km/h.

b. Para calcular el consumo mínimo, derivamos la función e igualamos a cero para saber dónde se anula.

$$C'(x)=-0{,}045+0{,}0005x=0\Rightarrow x=90$$

Como la función está definida en [20, 120], los posibles mínimos son $x=20$, $x=90$ y $x=120$.

$$C(20)=7{,}2 \qquad C(90)=5{,}975 \qquad C(160)=7{,}2$$

El mínimo consumo se obtiene conduciendo a 90 km/h y es de 5,975 L cada 100 km.

c. Igualamos la función a 10 y se resuelve la ecuación resultante:

$$8-0{,}045x+0{,}00025x^2=10\Rightarrow 0{,}00025x^2-0{,}045x-2=0$$

Las soluciones de la ecuación son $x=216{,}9$ y $x=-36{,}9$

Como la única solución positiva es mayor que 160, no es posible consumir 10 L por cada 100 km circulando a una velocidad comprendida entre 20 y 160 km/h.

31 Una cadena de televisión estrena un programa para la franja de las 11:00 a las 15:00. El *share* (cuota de pantalla, o porcentaje de audiencia) de la primera emisión vino dado por la función $S(t)=-t^3+36t^2-420t+1596$, siendo *t* el instante de emisión medido, en horas. Para que el programa siga en antena, la cuota de pantalla ha tenido que ser en algún instante del 30 %.

a. Calcula el porcentaje de audiencia a las 11:00 y a las 15:00.

b. Indica cuándo creció el *share* y cuándo decreció.

c. Determina si el programa seguirá emitiéndose.

5 Funciones racionales e irracionales

5.1. Estudio y representación de funciones racionales

Para estudiar funciones racionales, seguimos el esquema general, teniendo en cuenta las siguientes particularidades.

1. Dominio y continuidad	El dominio de una función racional es todo $\mathbb{R}$, excepto para aquellos valores en los que se anule el denominador. Son continuas en su dominio.
3. Periodicidad	Estas funciones no son periódicas.
4. Puntos de corte con los ejes y signo	• Los puntos de corte con el eje *X* son las raíces del polinomio numerador que no son raíces del polinomio denominador. • Su signo cambia en los puntos correspondientes a las raíces cuya multiplicidad total, obtenida sumando las multiplicidades de dicha raíz en el numerador y en el denominador, sea impar.
5. Ramas infinitas y asíntotas	• Presentan asíntotas verticales en los puntos que anulan el denominador, excepto quizás en aquellos que anulan también al numerador. • Solo existen asíntotas horizontales si el grado del numerador es menor o igual que el del denominador. En el primer caso, la asíntota es la recta $y = 0$, y en el segundo, la recta $y = k$, siendo k el cociente de los coeficientes principales del numerador y del denominador. • Solo hay asíntotas oblicuas si el grado del numerador es una unidad superior al grado del denominador. Se pueden hallar mediante límites, pero para este tipo de funciones suele resultar más rápido efectuar la división entera de numerador y denominador y tomar límites: $f(x)=\frac{P(x)}{Q(x)}=C(x)+\frac{R(x)}{Q(x)} \Rightarrow \lim_{x\to+\infty}\left[f(x)-C(x)\right]=\lim_{x\to+\infty}\frac{R(x)}{Q(x)}=0$ Este límite es nulo ya que se cumple que $\text{grado}(R(x))<\text{grado}(Q(x))$. Por tanto, el cociente $C(x)$ es la asíntota. • Si una función racional tiene una asíntota horizontal u oblicua en $+\infty$, entonces tiene la misma asíntota en $-\infty$, si bien la posición de la curva con respecto a la asíntota puede variar.
8. Representación gráfica	Conviene ir representando la información conforme se va obteniendo empezando por: • Dominio, cortes con los ejes y signo. • Asíntotas. Después, hay que comprobar que lo representado respeta las posibles simetrías (si las hay) y deducir qué resultados son esperables para otros puntos del estudio, como crecimiento, extremos, curvatura y puntos de inflexión.

Para representar una función racional $f(x)=\frac{P(x)}{Q(x)}$, con $P(x)$ y $Q(x)$ polinomios, conviene en primer lugar asegurarse de que el numerador y el denominador no poseen raíces comunes. En caso afirmativo, se simplifica todo lo posible la fracción algebraica $\frac{P(x)}{Q(x)}$ y se estudia la función resultante.

Esta nueva función será igual a la inicial, excluyendo de su dominio los puntos $x = a$ que anulaban a $P(x)$ y $Q(x)$ a la vez.

Ejemplo

Con la función $f(x)=\dfrac{x^2+4x-5}{x^3+3x^2-10x}$, factorizamos los polinomios numerador y denominador y eliminamos los factores comunes a ambos: $f(x)=\dfrac{x^2+4x-5}{x^3+3x^2-10x}=\dfrac{(x-1)\cancel{(x+5)}}{x(x-2)\cancel{(x+5)}}=\dfrac{x-1}{x^2-2x}$

No debemos olvidar que, a pesar de la simplificación, el dominio debe analizarse en la función inicial, y es $D(f)=\mathbb{R}-\{-5, 0, 2\}$.

32 Actividad resuelta

Estudia y representa la función racional: $f(x)=\dfrac{2x^3}{x^2-4}$

La expresión de la función está simplificada, ya que no hay raíces comunes al numerador y al denominador.

1. Dominio y continuidad: $x^2-4=0 \Rightarrow x=2,\ x=-2 \Rightarrow D(f)=\mathbb{R}-\{-2, 2\}$

2. Simetría: $f(-x)=\dfrac{2(-x)^3}{(-x)^2-4}=-\dfrac{2x^3}{x^2-4}=-f(x) \Rightarrow f$ presenta simetría respecto del origen.

4. Puntos de corte con los ejes y signo.

Eje X: $\dfrac{2x^3}{x^2-4}=0 \Rightarrow 2x^3=0 \Rightarrow x=0$. Eje Y: $x=0 \Rightarrow f(0)=0. \Rightarrow$ Único punto de corte: $O(0, 0)$.

El signo de f cambia en las raíces del numerador y del denominador y se muestra en la tabla.

	$-\infty$ a -2	-2 a 0	0 a 2	2 a $+\infty$
$f(x)$	$-$	$+$	$-$	$+$

5. Asíntotas

- Verticales: $x=2$ y $x=-2$

$$\lim_{x\to 2^+}\frac{2x^3}{x^2-4}=+\infty,\quad \lim_{x\to 2^-}\frac{2x^3}{x^2-4}=-\infty,\quad \lim_{x\to -2^+}\frac{2x^3}{x^2-4}=+\infty,\quad \lim_{x\to -2^-}\frac{2x^3}{x^2-4}=-\infty$$

- Horizontales: no tiene, ya que el grado del numerador es superior al del denominador.
- Oblicuas: tiene, al ser el grado del numerador una unidad superior al del denominador:

$$\frac{2x^3}{x^2-4}=2x+\frac{8x}{x^2-4} \Rightarrow \text{La asíntota oblicua es } y=2x.$$

$$\frac{2x^3}{x^2-4}-2x=\frac{8x}{x^2-4}\to\begin{cases}>0 & \text{si } x\to+\infty\\ <0 & \text{si } x\to-\infty\end{cases} \Rightarrow$$

La curva queda por encima de la asíntota en $+\infty$ y por debajo en $-\infty$.

6. Puntos singulares y crecimiento

$$f'(x)=\frac{(x^2-4)6x^2-2x^3 2x}{(x^2-4)^2}=\frac{2x^4-24x^2}{(x^2-4)^2}=\frac{2x^2(x^2-12)}{(x^2-4)^2}=0 \Rightarrow x=0,\ x=2\sqrt{3},\ x=-2\sqrt{3}$$

Estudiamos el signo de f', para determinar la monotonía y el carácter de los puntos singulares. Vemos que f presenta un máximo relativo en $A\left(-2\sqrt{3}, -6\sqrt{3}\right)$ y un mínimo relativo en $B\left(2\sqrt{3}, 6\sqrt{3}\right)$.

	$-\infty$ a $-2\sqrt{3}$	$-2\sqrt{3}$ a -2	-2 a 0	0 a 2	2 a $2\sqrt{3}$	$2\sqrt{3}$ a $+\infty$
$f'(x)$	$+$	$-$	$-$	$-$	$-$	$+$
$f(x)$	↗	↘	↘	↘	↘	↗

7. Puntos de inflexión y concavidad

$$f''(x)=\frac{(x^2-4)^2(8x^3-48x)-(2x^4-24x^2)2(x^2-4)2x}{(x^2-4)^4}=\frac{16x(x^2+12)}{(x^2-4)^3}=0 \Rightarrow x=0$$

Se estudia ahora el signo de f'' para determinar la concavidad de f. En la tabla está el resultado, del que se deduce que $(0, 0)$ es un punto de inflexión de tangente horizontal.

	$-\infty$ a -2	-2 a 0	0 a 2	2 a $+\infty$
$f''(x)$	$-$	$+$	$-$	$+$
$f(x)$	∩	∪	∩	∪

8. Con la información acumulada, podemos trazar la gráfica de f.

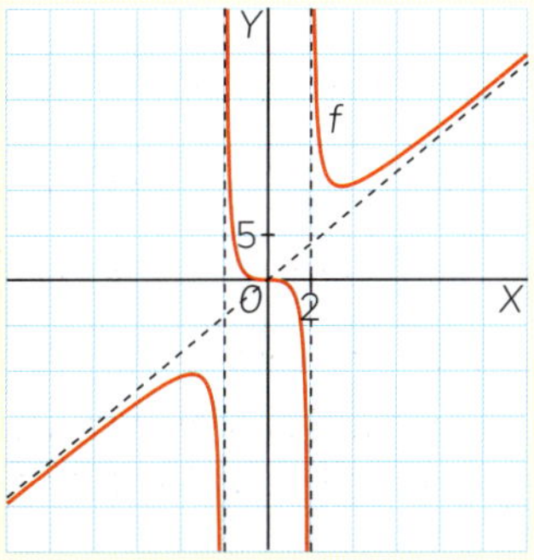

33 Estudia y representa las siguientes funciones.

a. $f(x)=\dfrac{x^2+5}{x^2-4}$

b. $f(x)=\dfrac{3}{x^2+3}$

c. $f(x)=\dfrac{x^3}{x^2+1}$

34 Halla el valor de a para que la función $f(x)=-\dfrac{1}{x^2+a}$ tenga un punto de inflexión en $x=1$ y calcula el valor de su ordenada.

35 Sea la función definida a trozos:

$f(x)=\begin{cases} \dfrac{2x-3}{x+1} & \text{si } x\le 0 \\ x^2+2x-3 & \text{si } x>0 \end{cases}$. Realiza un estudio completo de la misma y represéntala.

36 Dada la función real de variable real $f(x)=\dfrac{x}{x+1}$:

a. Calcula su dominio y asíntotas.

b. Determina sus intervalos de crecimiento y decrecimiento.

c. Haz su representación gráfica aproximada.

37 Actividad resuelta

Determina el dominio y calcula las asíntotas de la función real de variable real definida por $f(x)=\dfrac{10}{x^2+2x-3}$.

Tenemos que excluir del dominio de f aquellos valores de x que anulen el denominador.

$x^2+2x-3=0 \Rightarrow x=-3,\ x=1$, por tanto, $D(f)=R-\{-3,1\}$.

Las candidatas a asíntotas verticales son $x=-3$ y $x=1$.

Empezamos estudiando en $x=-3$:

$$\lim_{x\to -3} f(x)=\lim_{x\to -3}\frac{10}{x^2+2x-3}=\lim_{x\to -3}\frac{10}{(x+3)(x-1)}=\left[\frac{10}{0}\right]$$, calculamos sus límites laterales:

$$\left.\begin{array}{l}\displaystyle\lim_{x\to -3^-} f(x)=\lim_{x\to -3^-}\frac{10}{(x+3)(x-1)}=\left[\frac{+}{0^+}\right]=+\infty \\ \displaystyle\lim_{x\to -3^+} f(x)=\lim_{x\to -3^+}\frac{10}{(x+3)(x-1)}=\left[\frac{+}{0^-}\right]=-\infty\end{array}\right\}\Rightarrow x=-3 \text{ es una AV}$$

De manera análoga:

$$\left.\begin{array}{l}\displaystyle\lim_{x\to 1^-} f(x)=\lim_{x\to 1^-}\frac{10}{(x+3)(x-1)}=\left[\frac{+}{0^-}\right]=-\infty \\ \displaystyle\lim_{x\to 1^+} f(x)=\lim_{x\to 1^+}\frac{10}{(x+3)(x-1)}=\left[\frac{+}{0^+}\right]=+\infty\end{array}\right\}\Rightarrow x=1 \text{ es una AV}$$

Para estudiar las posibles asíntotas horizontales hay que estudiar los límites en el infinito:

$$\lim_{x\to +\infty} f(x)=\lim_{x\to +\infty}\frac{10}{x^2+2x-3}=0\Rightarrow y=0 \text{ es una AH en } +\infty$$

$$\lim_{x\to -\infty} f(x)=\lim_{x\to -\infty}\frac{10}{x^2+2x-3}=0\Rightarrow y=0 \text{ es una AH en } -\infty$$

Como tiene asíntotas horizontales, no puede tener asíntotas oblicuas.

38 Estudia y representa la función $f(x)=\dfrac{x^2}{(x-2)^2}$.

39 Considera la función real de variable real $f(x)=\dfrac{x^2-x+1}{x-1}$.

a. Determina sus asíntotas verticales, horizontales y oblicuas.

b. Calcula $f'(x)$.

c. Halla el valor de $f'(2)$.

40 Dada la función $f(x)=\dfrac{x^2+1}{x^2-4}$, calcula:

a. Su dominio y los puntos de corte con los ejes.

b. Las asíntotas.

c. Sus intervalos de crecimiento y decrecimiento y los extremos relativos que existan.

d. Sus intervalos de concavidad y convexidad y los puntos de inflexión que existan.

e. Con los datos obtenidos, dibuja su gráfica.

41 Actividad resuelta

La demanda de un producto es la cantidad del mismo que los compradores desean comprar para cada nivel de precio. La oferta es la cantidad de producto que los vendedores ofrecen al mercado en función del nivel de precio.

El punto de corte de las curvas de oferta y demanda se llama punto de equilibrio y determina una cantidad y un precio de mercado. En este punto, la cantidad que los compradores quieren adquirir coincide con la que los vendedores desean vender.

Encuentra el punto de equilibrio si para un producto las funciones de oferta y de demanda son, respectivamente, $O(p)=4p-8$ y $D(p)=\dfrac{896}{p}$.

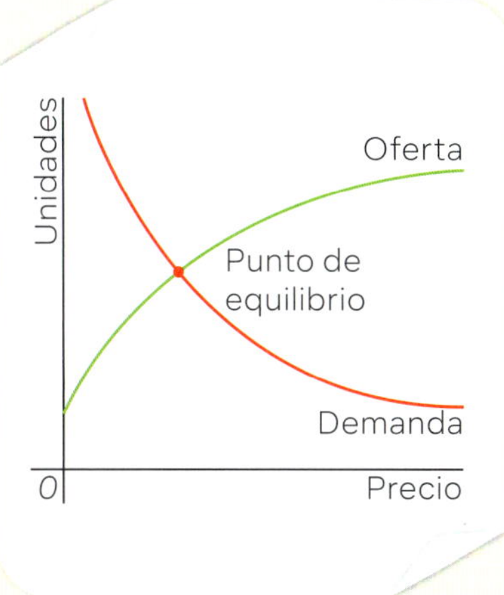

Igualando ambas expresiones y resolviendo la ecuación resultante:

$$4p-8=\frac{896}{p} \Rightarrow 4p^2-8p-896=0 \Rightarrow p=16 \Rightarrow \text{El punto de equilibrio es } (16, 56).$$

La otra solución, $p=-14$, no tiene sentido al ser negativa.

42 Las funciones de oferta y demanda en función del precio de un producto son, respectivamente:

$$O(p)=2p-10 \qquad D(p)=\frac{2800}{p}$$

a. Encuentra el punto de equilibrio e indica el precio y el número de unidades correspondientes.

b. Dibuja la gráfica de las funciones de oferta y demanda.

c. ¿Dónde corta la gráfica de la oferta el eje de abscisas? Explica qué significado económico tiene ese punto.

5.2. Estudio y representación de funciones irracionales

Una **función** se llama **irracional** o **radical** si la variable independiente aparece bajo un signo radical.

En estas funciones se incluyen desde funciones tan simples como $f(x)=\sqrt[n]{x^m}$, con $n \geq 2$, hasta otras más complejas del tipo $f(x)=\sqrt[n]{g(x)}$, con $g(x)$ una función polinómica o racional. En su estudio, hay que tener en cuenta las siguientes particularidades.

1. Dominio y continuidad	• No están definidas las raíces de índice par para números negativos. • Las raíces de índice impar están definidas para todo $\mathbb{R}$. • Son continuas en su dominio.
2. Simetría	La simetría de la función dependerá de la función que se encuentre en el radicando.
3. Periodicidad	Estas funciones no son periódicas.
4. Puntos de corte con los ejes y signo	Si el índice es par, el signo es constante, positivo o negativo, en todo su dominio, excepto en los puntos donde su gráfica corte al eje X.
5. Ramas infinitas y asíntotas	• Pueden presentar asíntotas de cualquier tipo, si la función que aparece en el radicando las presenta. • Es habitual que una asíntota horizontal y oblicua en $+\infty$, no lo sea en $-\infty$, y viceversa. Por ello, hay que calcularlas en los dos infinitos.

43 Actividad resuelta

Estudia y representa la función $f(x)=\sqrt{x^2-1}$.

1. Dominio y continuidad

   El radicando debe ser positivo. Por tanto $x^2-1\geq 0 \Rightarrow D(f)=(-\infty,-1]\cup[1,+\infty)$.

2. Simetrías: $f(-x)=\sqrt{(-x)^2-1}=\sqrt{x^2-1}=f(x)\Rightarrow$ La función es par.

4. Puntos de corte con los ejes

   Eje X: $\sqrt{x^2-1}=0\Rightarrow x^2=1\Rightarrow A(-1, 0), B(1, 0)$. Eje Y: No corta al no estar $x=0$ en el dominio.

   La función f es siempre positiva salvo en los puntos de corte con el eje de abscisas.

5. Asíntotas

   - Verticales: No tiene, al no haber puntos en el dominio en los que la función tienda a $\pm\infty$.
   - Horizontales: No tiene, ya que los límites en $+\infty$ y en $-\infty$ son iguales a $+\infty$.
   - Oblicuas: Serán de la forma $y=mx+n$. Se calculan por separado en $+\infty$ y en $-\infty$.En $+\infty$:

   $$m=\lim_{x\to+\infty}\frac{f(x)}{x}=\lim_{x\to+\infty}\frac{\sqrt{x^2-1}}{x}=1$$

   $$n=\lim_{x\to+\infty}\left(f(x)-mx\right)=\lim_{x\to+\infty}\left(\sqrt{x^2-1}-x\right)=\lim_{x\to+\infty}\left(\sqrt{x^2-1}-x\right)\frac{\left(\sqrt{x^2-1}+x\right)}{\left(\sqrt{x^2-1}+x\right)}=\lim_{x\to+\infty}\frac{-1}{\sqrt{x^2-1}+x}=0$$

   $y=x$ es asíntota oblicua de f en $+\infty$.

   Al ser la función par, la recta $y=-x$ será asíntota oblicua de f en $-\infty$.

6. Puntos singulares y crecimiento

   $f'(x)=\dfrac{x}{\sqrt{x^2-1}}$ que no se anula en $D(f)$, por lo que no hay extremos relativos.

   En la tabla se representa el signo de f' y la correspondiente monotonía de f.

	$-\infty$ — 1	1 — 1	1 — $+\infty$
$f'(x)$	−		+
$f(x)$	↘		↗

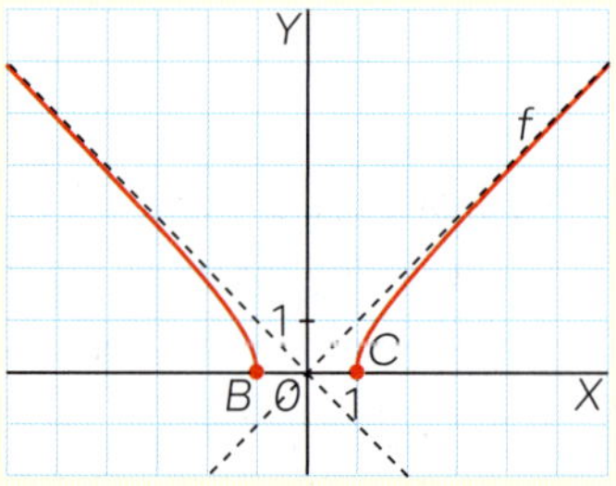

8. Con los datos obtenidos podemos trazar la gráfica de f.

44 Estudia y representa las siguientes funciones.

a. $f(x)=\sqrt{x^2-4}$

b. $f(x)=1-\sqrt{3-2x-x^2}$

45 Haz un estudio completo de la función $f(x)=\dfrac{x^2}{\sqrt{x+1}}$ y represéntala.

46 Traza la gráfica de la función $f(x)=\dfrac{1}{\sqrt{1-x}}$.

Para ello, determina primero el dominio, los puntos de corte con los ejes, las asíntotas, los intervalos de crecimiento y los extremos relativos.

47 Para la siguiente función:

$$f(x)=\sqrt{x^2-4x+8}$$

a. Dibuja su grafica estudiando previamente su dominio, los puntos de corte con los ejes, el crecimiento y la existencia de extremos relativos.

b. De acuerdo con la gráfica, señala los intervalos de concavidad de la función.

48 Relaciona las siguientes funciones con sus gráficas.

A. $\sqrt{x^3+1}$

I.

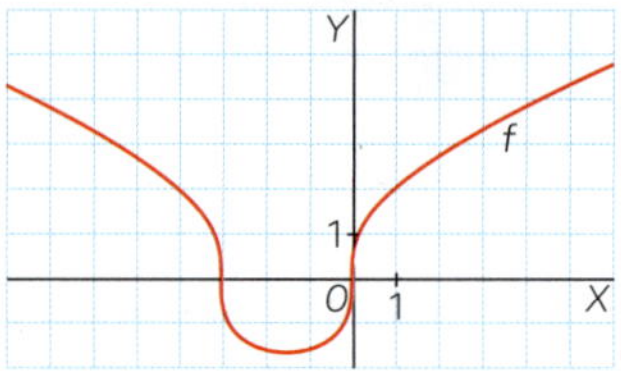

B. $\sqrt{(-x)^2+1}$

II.

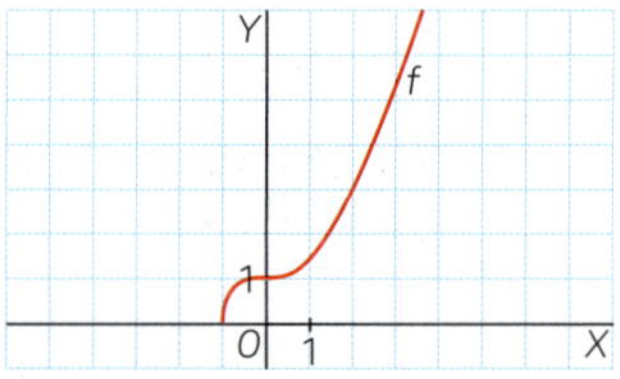

C. $x\sqrt[3]{x^4-x}$

III.

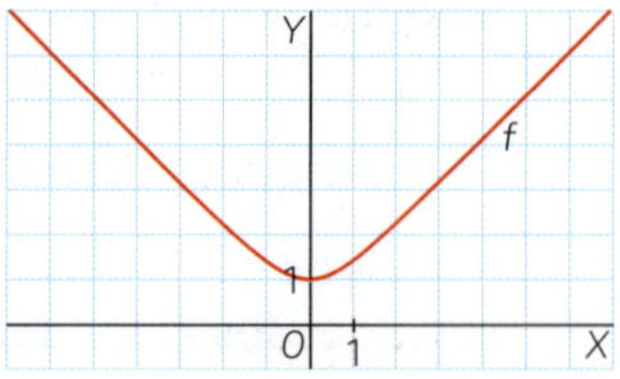

D. $\sqrt[3]{2x^2+6x}$

IV.

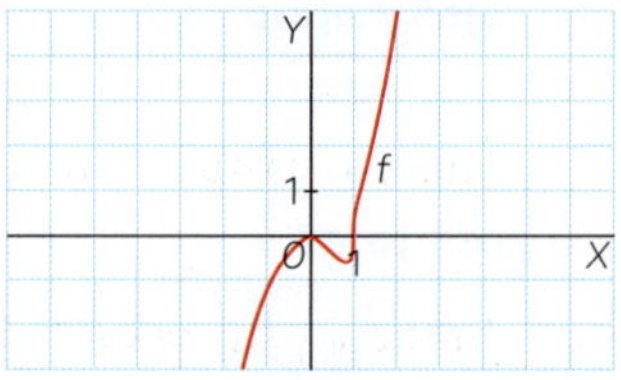

6 Funciones trigonométricas

6.1. Estudio y representación de funciones trigonométricas

Para representar funciones trigonométricas, debemos tener en cuenta las siguientes particularidades:

1. Dominio y continuidad	• Las funciones trigonométricas sen x y cos x están definidas y son continuas para cualquier ángulo x. La función tg x no está definida y, por tanto, no es continua para los ángulos de la forma $\frac{\pi}{2}+k\pi$, donde k es cualquier número entero. • Los ángulos que aparecen como argumentos en estas funciones, siempre se expresan en radianes.
2. Simetría	sen x y tg x son funciones impares, cos x es una función par.
3. Periodicidad	Muchas funciones trigonométricas son periódicas, lo que simplifica notablemente su representación, ya que solo hay que estudiarlas en un período, por ejemplo en el intervalo $[0, 2\pi]$.
5. Ramas infinitas y asíntotas	• La función tg x presenta asíntotas verticales en sus puntos de discontinuidad, esto es, para los ángulos de la forma $\frac{\pi}{2}+k\pi,\ k\in\mathbb{Z}$. • No existen los tres límites siguientes: $\lim\limits_{x\to\pm\infty}\operatorname{sen}x$; $\lim\limits_{x\to\pm\infty}\cos x$ y $\lim\limits_{x\to\pm\infty}\operatorname{tg}x$. • Es habitual que las funciones que contienen expresiones trigonométricas carezcan de asíntotas horizontales y oblicuas.

49 Actividad resuelta

Representa la función $f(x) = \operatorname{sen}x + \cos x$.

1. Dominio y continuidad: $D(f) = \mathbb{R}$. La función es continua en D.
2. Simetrías: $f(-x) = \operatorname{sen}(-x) + \cos(-x) = -\operatorname{sen}x + \cos x \Rightarrow$ La función no es par ni impar.
3. Periodicidad: $f(x+2\pi) = \operatorname{sen}(x+2\pi) + \cos(x+2\pi) = \operatorname{sen}x + \cos x = f(x) \Rightarrow$ La función es periódica con período 2π. Nos basta con realizar el estudio en el intervalo $[0, 2\pi]$ y generalizar a $\mathbb{R}$.
4. Puntos de corte con los ejes

   Eje X: $\operatorname{sen}x + \cos x = 0 \Rightarrow \operatorname{sen}x = -\cos x \Rightarrow \operatorname{tg}x = -1 \Rightarrow x = \frac{3\pi}{4}, x = \frac{7\pi}{4}$.

   Eje Y: Es el punto $(0, 1)$. Por tanto, los puntos de corte son $A(0,1)$, $B\left(\frac{3\pi}{4},0\right)$ y $C\left(\frac{7\pi}{4},0\right)$.

6. Puntos singulares y crecimiento: Determinamos los puntos que anulan la primera derivada.

   $f'(x) = \cos x - \operatorname{sen}x = 0 \Rightarrow \operatorname{sen}x = \cos x \Rightarrow \operatorname{tg}x = 1 \Rightarrow x = \frac{\pi}{4}, x = \frac{5\pi}{4}$

   Estudiamos ahora el signo de f' para conocer la monotonía y determinar los extremos relativos.

	0 – $\frac{\pi}{4}$	$\frac{\pi}{4}$ – $\frac{5\pi}{4}$	$\frac{5\pi}{4}$ – 2π
$f'(x)$	+	−	+
$f(x)$	↗	↘	↗

   Máximo: $D\left(\frac{\pi}{4},\sqrt{2}\right)$.

   Mínimo: $E\left(\frac{5\pi}{4},-\sqrt{2}\right)$.

8. Con todos estos datos, representamos la función.

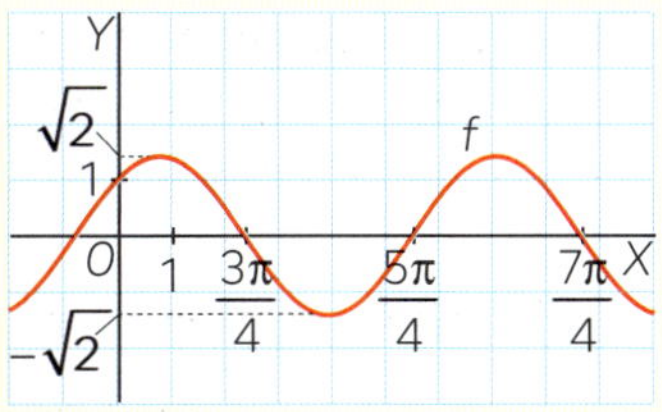

50 Haz un estudio completo y representa la gráfica de la función $f(x) = \frac{1}{\operatorname{sen}(2x)}$.

51 Estudia y representa la gráfica de la función $f(x) = 1 - \operatorname{tg}(2x)$.

7 Funciones exponenciales

7.1. Estudio y representación de funciones exponenciales

La siguiente tabla ofrece varias particularidades que hay que tener presentes al estudiar las funciones exponenciales. Algunas son específicas de las funciones del tipo $y = a^x$, y otras son más generales, como las referentes a las ramas infinitas y asíntotas.

1. Dominio y continuidad	• El dominio de la función $f(x) = a^x$, $(a > 0, a \neq 1)$ es todo $\mathbb{R}$, y f es continua en él. • Al ser a^x, $(a > 0, a \neq 1)$ siempre un número positivo, el recorrido de f es $(0, +\infty)$.
3. Periodicidad	Estas funciones no son periódicas.
4. Puntos de corte con los ejes y signo	• De lo dicho sobre el recorrido de f en el apartado 1.°, se deduce que la función a^x no corta el eje X y su signo es siempre positivo. • Corta el eje de ordenadas en el punto (0, 1).
5. Ramas infinitas y asíntotas	• Puede ocurrir que una recta sea asíntota horizontal u oblicua en $+\infty$ y no en $-\infty$, y viceversa. Incluso una función podría tener asíntota horizontal en un lado y oblicua en el otro.

A partir de la función exponencial más básica, $f(x) = a^x$, se pueden construir otras más generales de la forma $F(x) = h(x)\, a^{g(x)}$, cuyas características finales dependen de las que poseen las tres funciones que la forman.

52 Actividad resuelta

Estudia y representa la función $f(x) = e^{3x - x^3}$.

1. Dominio y continuidad: $D(f) = \mathbb{R}$. Es continua en todo el dominio.

2. Simetrías: $f(-x) = e^{3(-x)-(-x)^3} = e^{-3x+x^3} \Rightarrow f(x)$ no es par ni impar.

4. Puntos de corte con los ejes y signo: No corta el eje X.

   Eje Y: $x = 0 \Rightarrow f(0) = e^0 = 1 \Rightarrow$ corta en el punto $A(0, 1)$.

5. Asíntotas

   • Verticales: Al ser $D(f) = \mathbb{R}$, no tiene.

   • Horizontales $\left.\begin{array}{l} \lim_{x \to +\infty} e^{3x-x^3} = e^{(-\infty)} = 0 \\ \lim_{x \to -\infty} e^{3x-x^3} = e^{(+\infty)} = +\infty \end{array}\right\} \Rightarrow$ La recta $y = 0$ es asíntota horizontal en $+\infty$.

6. Puntos singulares y crecimiento

$$f'(x) = (3 - 3x^2)e^{3x-x^3} = 0 \Rightarrow x = -1, x = 1$$

El estudio del signo de f' permite determinar la monotonía y el carácter de los puntos singulares. Del resultado, mostrado en la tabla, se deduce que:

	$-\infty$ a -1	-1 a 1	1 a $+\infty$
$f'(x)$	−	+	−
$f(x)$	↘	↗	↘

f es decreciente en $(-\infty, -1) \cup (1, +\infty)$ y creciente en $(-1, 1)$.

f presenta un mínimo relativo en el punto $P(-1, e^{-2})$ y un máximo relativo en el punto $Q(1, e^2)$

7. Puntos de inflexión y concavidad

$$f''(x) = -6xe^{3x-x^3} + (3 - 3x^2)^2 e^{3x-x^3} = (9x^4 - 18x^2 - 6x + 9)e^{3x-x^3}$$

No es fácil resolver la ecuación $f'' = 0$, que nos permitiría determinar los puntos de inflexión y estudiar la concavidad. No obstante, tenemos suficiente información como para trazar la gráfica de f.

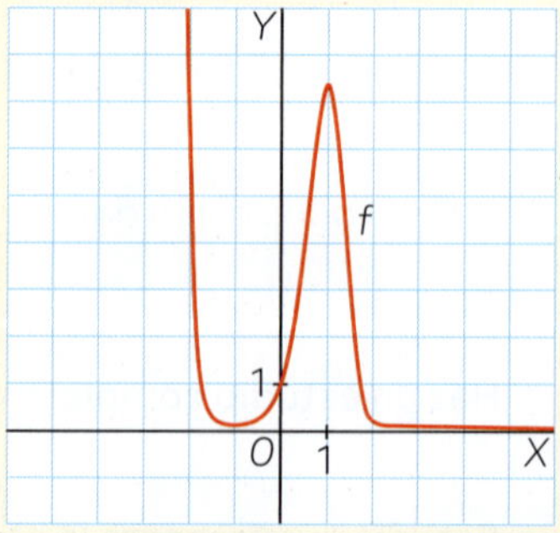

53 Estudia y traza la gráfica de las siguientes funciones exponenciales.

a. $f(x)=xe^{x}$ b. $f(x)=e^{-x^2}$

54 Determina los intervalos de crecimiento y decrecimiento, así como los máximos y mínimos de la función $f(x)=x^2e^{-x}$.

55 Realiza el estudio completo de las siguientes funciones y esboza su gráfica.

a. $f(x)=(1-x)e^{-x}$ b. $f(x)=e^{-x^2}$

56 Representa la gráfica de las siguientes funciones.

a. $f(x)=\dfrac{4}{1+e^{-x}}$ b. $f(x)=\left(\dfrac{1}{2}\right)^{x^2-4}$

57 Dibuja la gráfica de la siguiente función.

$$f(x)=\frac{2\cdot\left(1-e^{x}\right)}{1+e^{x}}$$

Para ello, calcula sus asíntotas, demuestra que es simétrica respecto al origen y siempre decreciente, estudia su curvatura y halla su punto de inflexión.

58 **Actividad resuelta**

Gran parte de los modelos poblacionales utilizan funciones exponenciales. Un modelo logístico predijo que la población mundial (en miles de millones), t años después de 1960, se comportaría según la función $P(t)=\dfrac{5,4}{1+1,4e^{at}}$.

a. Halla el valor de a sabiendo que en el año 1980 la población era de 4 385 190 000 habitantes.

b. ¿Cuál hubiera debido ser, según este modelo, la población a finales de 2022?

a. Como desde 1960 hasta 1980 han pasado 20 años, se tiene que:

$$P(20)=\frac{5,4}{1+1,4e^{20a}}=4,38519\Rightarrow 5,4-4,38519=4,38519\cdot 1,4e^{20a}\Rightarrow$$

$$\Rightarrow\frac{1,01481}{6,139266}=e^{20a}\Rightarrow 20a=\ln 0,1653\Rightarrow a\simeq -0,09.$$

b. Para calcular la población en 2022, se calcula el valor de la función para 62, los años transcurridos entre 1960 y 2022. Así: $P(62)=\dfrac{5,4}{1+1,4e^{-0.09\cdot 62}}=5,37$. Claramente, el modelo no es válido para 2022, ya que a finales de ese año se habían superado los 8000 millones de habitantes en el mundo.

59 El célebre economista inglés Thomas Malthus (1766 – 1834) fue el primero en asegurar que el crecimiento de las poblaciones sigue un modelo exponencial y alertó a los dirigentes avisándoles de que los recursos naturales no crecían tan rápido. Malthus observó que la población de Estados Unidos crecía siguiendo la función: $P(t)=3,9\cdot 1,03^{t}$ millones de personas, considerando que $t=0$ en 1790. Muy pronto empezaron a surgir discrepancias, ya que los datos reales y los datos esperados por el modelo de Malthus presentaban bastantes diferencias. El error de Malthus consistió en que no tuvo en cuenta las limitaciones alimenticias, energéticas y otros factores ambientales.

En 1837, el belga Verhulst palió el error de Malthus al observar que el crecimiento de la población depende también de la densidad de población ya alcanzada. Es decir, a medida que aumenta la densidad de población, se frena el crecimiento de la misma. Verhulst estudió la población belga a partir de 1830 y encontró una función de este tipo: $P(t)=\dfrac{k}{1+ae^{-rt}}$, donde k, a y r son constantes y t representa el tiempo. A su modelo lo llamó crecimiento logístico.

a. Según el modelo de Malthus, ¿qué población hubiera tenido Estados Unidos a finales de 2020? Busca datos reales y compáralos.

b. Llamamos nivel de saturación de un modelo al valor en el que la función se estabiliza a medida que pasa el tiempo. Calcula el nivel de saturación del modelo logístico.

c. Ayudándote de GeoGebra, dibuja la gráfica de la función del modelo logístico para distintos valores de las constantes.

8 Funciones logarítmicas

8.1. Estudio y representación de funciones logarítmicas

En el caso de las funciones logarítmicas, $f(x) = \log_a x$, debemos tener en cuenta que:

1. Dominio y continuidad	El número $\log_a x$ ($a > 0, a \neq 1$) solo está definido para valores de x estrictamente positivos, por lo que el dominio de la función $f(x) = \log_a x$ es $D(f) = (0, +\infty)$, siendo f continua en él.
2. Simetría 3. Periodicidad	Dada la forma de su dominio, la función $f(x) = \log_a x$ no tiene simetría ni es periódica.
4. Puntos de corte con los ejes y signo	• f corta el eje X en el punto (1, 0). No corta el eje Y ($x = 0 \notin D(f)$). • En cuanto al signo, se resume en esta tabla: $a<1$: $f<0$ si $x>1$; $f>0$ si $x<1$. $a>1$: $f<0$ si $x<1$; $f>0$ si $x>1$
5. Ramas infinitas y asíntotas	• La función presenta una asíntota vertical en $x = 0$: $\lim_{x\to 0^+} \log_a x = -\infty$, si $a > 1$ y $\lim_{x\to 0^+} \log_a x = +\infty$, si $a < 1$ • Para calcular los límites necesarios para determinar las asíntotas, en ocasiones necesitaremos el apoyo de la calculadora.

Las funciones logarítmicas se definen por la relación:

$\log_a x = y \Leftrightarrow a^y = x$

con $a > 0, a \neq 1$

60 Actividad resuelta

Estudia y representa la función $f(x)=\ln\sqrt{2x^2-x}$.

1. Dominio y continuidad: El argumento del logaritmo tiene que ser positivo. Por tanto:

$$2x^2-x>0 \Rightarrow x(2x-1)>0 \Rightarrow D(f)=(-\infty, 0)\cup\left(\frac{1}{2}, +\infty\right)$$

4. Puntos de corte con los ejes y signo:

- Eje X: $\ln\sqrt{2x^2-x}=0 \Rightarrow \sqrt{2x^2-x}=1 \Rightarrow 2x^2-x=1 \Rightarrow 2x^2-x-1=0 \Rightarrow x=1,\ x=-\frac{1}{2}$
- Eje Y: No hay punto de corte, ya que $x = 0$ no pertenece al dominio de f.
- Signo: Viene determinado por los puntos de corte con el eje X. El signo de f se da en la tabla de la derecha. $\left(0, \frac{1}{2}\right)$ no pertenece al dominio.

	$-\infty$ a $-\frac{1}{2}$	$-\frac{1}{2}$ a 0	0 a $\frac{1}{2}$	$\frac{1}{2}$ a 1	1 a $+\infty$
$f(x)$	+	−		−	+

5. Asíntotas. Puede tener asíntotas verticales en los puntos frontera del dominio.

$$\lim_{x\to\frac{1}{2}^+} f(x)=-\infty;\ \lim_{x\to 0^-} \ln\left(\sqrt{2x^2-x}\right)=-\infty \Rightarrow x=0 \text{ y } x=\frac{1}{2}$$ son asíntotas verticales. No tiene asíntotas horizontales ni oblicuas.

6. Puntos singulares y crecimiento. Derivamos e igualamos a cero: $f'(x)=\frac{4x-1}{4x^2-2x}=0 \Rightarrow x=\frac{1}{4}$, que no pertenece al dominio. Por tanto, no hay máximos ni mínimos relativos.

Del estudio del signo de f', se concluye que f decrece en $(-\infty, 0)$ y crece en $\left(\frac{1}{2}, +\infty\right)$.

8. Con toda la información acumulada, trazamos la gráfica.

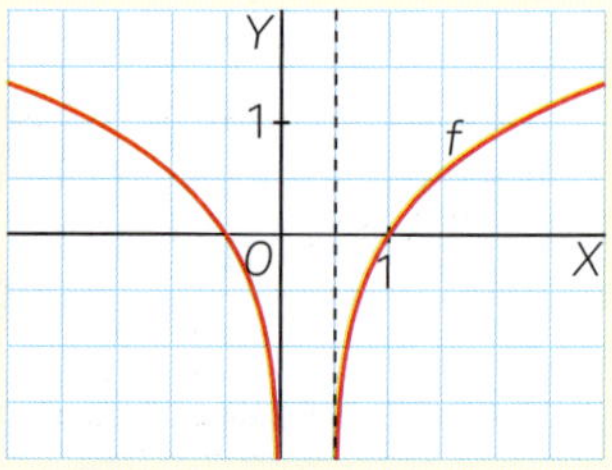

61 Estudia las siguientes funciones logarítmicas y traza su gráfica.

a. $f(x)=x\cdot\ln x$

b. $f(x)=\frac{\ln x}{x}$

c. $f(x)=\frac{\ln x}{e^x}$

d. $f(x)=\ln\left(\frac{2x}{2-x}\right)$

CONCEPTOS CLAVE

Estudio completo de funciones

Esquema general:

1. Dominio y continuidad
2. Simetrías
3. Periodicidad
4. Puntos de corte con los ejes y signo
5. Ramas infinitas y asíntotas
6. Puntos singulares y crecimiento
7. Puntos de inflexión y concavidad
8. Representación gráfica

Dominio y recorrido

Dominio: conjunto de valores de x para los que existe $f(x)$. Se representa por $D(f)$.

Recorrido: conjunto de valores que toma la función o imagen y. Se representa por $R(f)$.

Puntos singulares

Aquellos puntos $A(a, f(a))$ en los que $f'(a) = 0$.

Puntos críticos

Aquellos en los que la función es continua y son singulares o en ellos no existe primera derivada.

Simetrías

Funciones pares

Simétricas respecto del eje Y

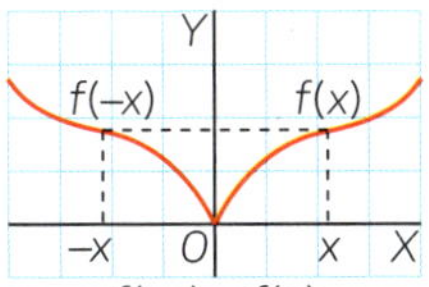

$f(-x) = f(x)$

Funciones impares

Simétricas respecto del origen

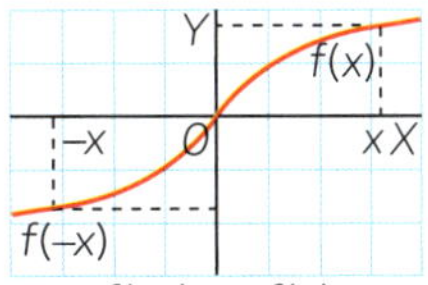

$f(-x) = -f(x)$

Periodicidad

Funciones periódicas de período T

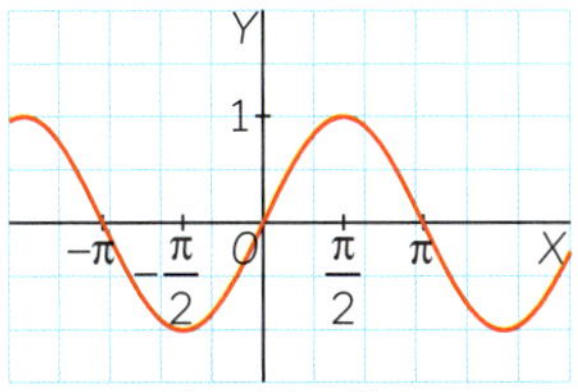

$f(x + T) = f(x)$

Asíntotas

Verticales

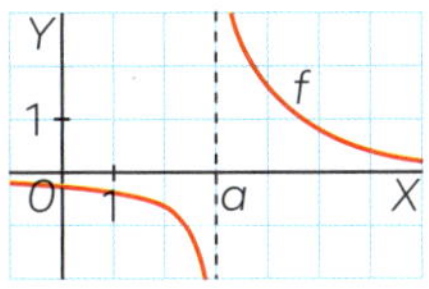

$\lim_{x\to a^-} f(x) = \pm\infty \qquad \lim_{x\to a^+} f(x) = \pm\infty$

Horizontales

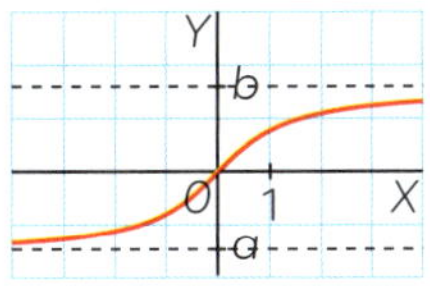

$\lim_{x\to -\infty} f(x) = a \qquad \lim_{x\to +\infty} f(x) = b$

Oblicuas

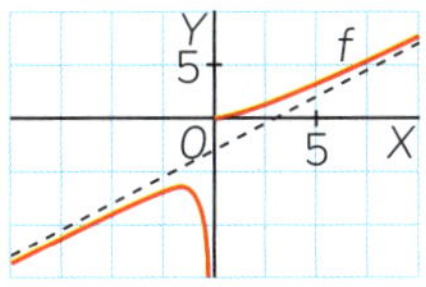

$y = mx + n$

$m = \lim_{x\to +\infty} \frac{f(x)}{x} \qquad n = \lim_{x\to +\infty} \left(f(x) - mx\right)$

Tipos de funciones

Polinómicas

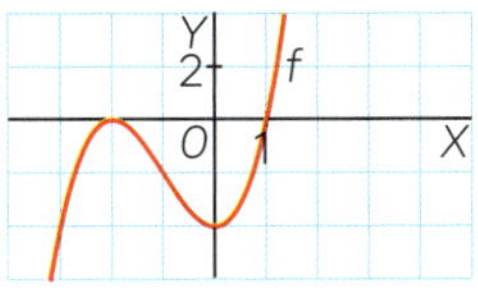

$f(x) = x^3 + 3x^2 - 4$

Racionales

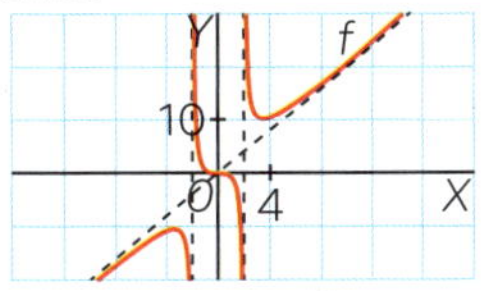

$f(x) = \frac{2x^3}{x^2 - 4}$

Irracionales

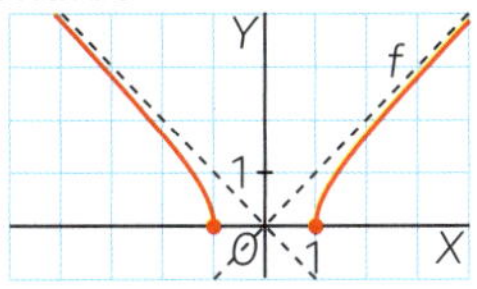

$f(x) = \sqrt{x^2 + x}$

Trigonométricas

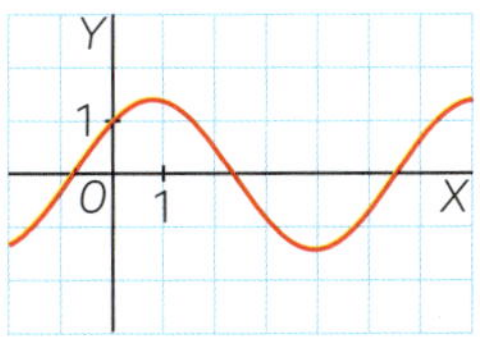

$f(x) = \operatorname{sen} x + \cos x$

Exponenciales

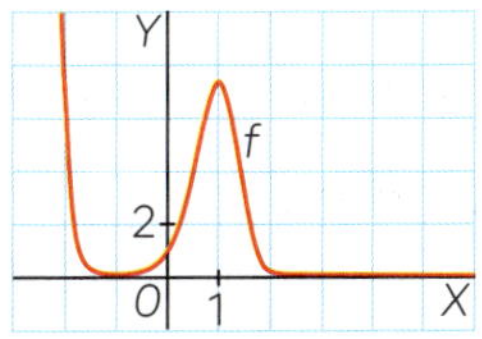

$f(x) = e^{3x - x^3}$

Logarítmicas

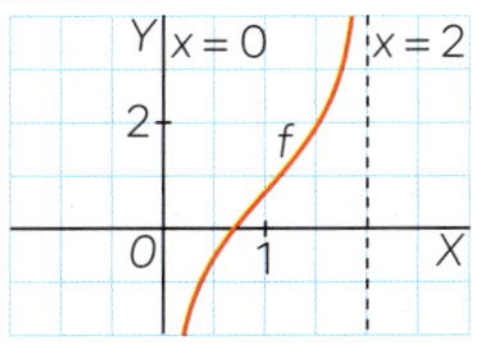

$f(x) = \ln\left(\frac{2x}{2 - x}\right)$

ACTIVIDADES FINALES

Actividades

1 Actividad resuelta

Estudia las asíntotas de la función:

$$f(x)=\frac{x^3-2x^2}{x^2-1}$$

Y comprueba si la curva corta a la asíntota oblicua en algún punto.

Asíntotas verticales:

Puede tener en los puntos que no pertenecen al $D(f)$: $x=1$ y $x=-1$

$$\lim_{x\to1^+}\frac{x^3-2x^2}{x^2-1}=-\infty \qquad \lim_{x\to1^-}\frac{x^3-2x^2}{x^2-1}=+\infty \qquad \lim_{x\to-1^+}\frac{x^3-2x^2}{x^2-1}=+\infty \qquad \lim_{x\to-1^+}\frac{x^3-2x^2}{x^2-1}=-\infty$$

Por tanto, se confirma que $x=1$ y $x=-1$, son asíntotas verticales de la función.

Asíntotas horizontales:

No tiene, al ser el grado del numerador mayor que el del denominador.

Asíntota oblicua:

Sí tiene, ya que el grado del numerador es una unidad superior al del denominador:

$$\frac{x^3-2x^2}{x^2-1}=x-2+\frac{x-2}{x^2-1} \Rightarrow \text{La asíntota oblicua es } y=x-2$$

$$\frac{x^3-2x^2}{x^2-1}-x+2=\frac{x-2}{x^2-1}=\begin{cases}>0 & \text{si } x\to+\infty\\ <0 & \text{si } x\to-\infty\end{cases}$$

La curva queda por encima de la asíntota en $+\infty$ y por debajo en $-\infty$.

Ahora se buscan los posibles puntos de corte de la asíntota oblicua con la función:

$$\begin{cases}y=\dfrac{x^3-2x^2}{x^2-1}\\ y=x-2\end{cases} \Rightarrow \frac{x^3-2x^2}{x^2-1}=x-2 \Rightarrow$$

$$x^3-2x^2=x^3-2x^2-x+2 \Rightarrow x=2, y=0$$

La asíntota corta a la función en el punto (2, 0).

En la gráfica representamos la función y sus asíntotas.

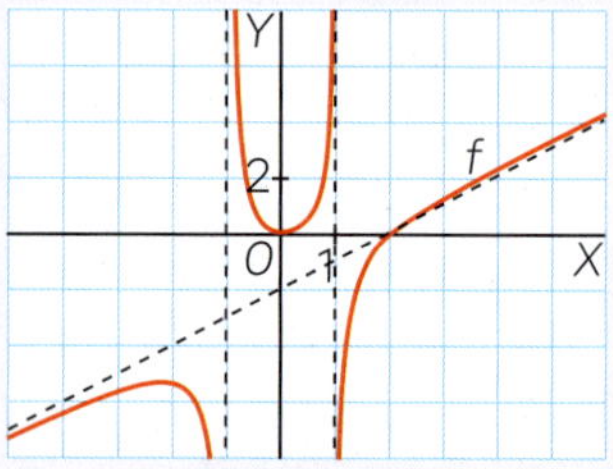

2 **Determina el valor de $k \in \mathbb{N}$ para que la función $f(x)=\dfrac{x^k}{\sqrt{x^2-1}}$ tenga asíntota oblicua en $+\infty$.**

3 **Estudia y representa la función:**

$$f(x)=\begin{cases}\dfrac{12}{x^2-4} & \text{si } x<1\\ x^2-2x-3 & \text{si } x\geq1\end{cases}$$

4 **Dibuja la gráfica de la función $f(x)=e^{4x}-2e^{2x}$.**

5 **Representa una función que cumpla las siguientes condiciones.**

- Las rectas $x=-2$, $x=4$ e $y=-2$ son sus únicas asíntotas.
- Su derivada no se anula nunca y es negativa en todos los puntos en que está definida.

Después, responde a estas preguntas:

a. ¿Cuántas veces se anula una función con estas propiedades?

b. ¿Puede la derivada segunda no anularse nunca?

6 Halla todas las asíntotas de las siguientes funciones, estudia el comportamiento de la función con respecto a sus asíntotas e interprétalas gráficamente.

a. $f(x)=\frac{-3}{x^2+4}$

b. $f(x)=\frac{-3}{x^2-4}$

c. $f(x)=\frac{x}{(x-1)^2}$

d. $f(x)=\frac{x^2}{(x-1)^2}$

e. $f(x)=\frac{x^3}{x-1}$

f. $f(x)=\frac{2x^2-3x}{x^3+1}$

g. $f(x)=\frac{4x^2-3x}{x^2+1}$

h. $f(x)=\frac{x^2}{x^3-1}$

i. $f(x)=\frac{(x-2)^2}{x^2+4}$

j. $f(x)=\frac{2x^3-3x^2+2}{2x^2-3}$

k. $f(x)=\frac{x^2-x-6}{x^3-2x^2-3x}$

l. $f(x)=\frac{2x^2+x+2}{2x^2-x+2}$

m. $f(x)=\frac{x^2+2x+1}{x+1}$

n. $f(x)=\frac{x^3-3x-2}{x^2-4}$

7 La curva $y = f(x)$ de la figura tiene como dominio el conjunto de todos los números reales.

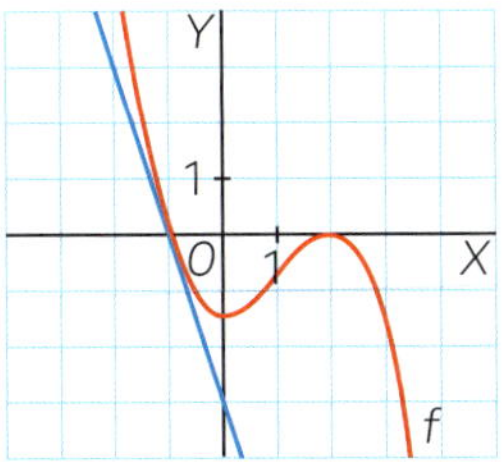

a. Determina los puntos donde la función vale 0. Determina los valores de x para los que la función es positiva.

b. Indica en qué puntos se anula la derivada y en qué puntos $f'(x) < 0$.

c. Halla la ecuación de la recta tangente en el punto de abscisa $x = 2$.

d. Halla la ecuación de la recta tangente en el punto de abscisa $x = -1$.

e. Determina a sabiendo que $f(x) = a(x + 1)(x - 2)^2$.

8 Dada la función $f(x)=8x^8-84x^2+240x$:

a. Determina su monotonía y sus extremos relativos.

b. Determina su curvatura y sus puntos de inflexión.

c. Represéntala gráficamente.

9 Dada la función $f(x)=x^3-3x^2-9x+5$:

a. Traza su gráfica estudiando previamente el crecimiento y la existencia de extremos relativos.

b. ¿Hay puntos de corte con los ejes de coordenadas?

10 Sea la función $f(x)=\frac{x}{x^2-4}$. Se pide:

a. Dominio de la función, puntos de corte con los ejes y simetrías.

b. Asíntotas y regiones de existencia de la gráfica.

c. Intervalos de crecimiento y decrecimiento.

d. Extremos relativos.

e. Representación gráfica aproximada.

11 Considera la función $f(x)=\frac{x^2+4x+4}{x^2+1}$.

Halla el dominio de definición, los puntos de corte con los ejes, las posibles asíntotas, los intervalos de crecimiento y decrecimiento y los posibles máximos y mínimos.

Después de este estudio sobre la función, esboza su gráfica.

12 Sea la función $f(x)=\frac{x^4+3}{x}$:

a. Halla, si existen, los puntos de corte con los ejes y las asíntotas de la gráfica de f.

b. Calcula los intervalos de crecimiento y decrecimiento, y los extremos relativos de f.

c. Estudia su curvatura y sus puntos de inflexión.

13 Dibuja las siguientes funciones racionales, realizando el estudio completo de las mismas.

a. $f(x)=\frac{2x+4}{x-3}$ b. $f(x)=\frac{x^2}{x^2+1}$ c. $f(x)=-\frac{x^3}{x^2-9}$

14 Estudia y representa las siguientes funciones.

a. $f(x)=\sqrt{1-x}$ b. $f(x)=\sqrt{x-1}$

Una vez que las hayas representado, analiza las similitudes y diferencias entre ambas gráficas.

15 Dada la función $f(x)=\sqrt{\frac{x^3+1}{x}}$, estudia su dominio, los puntos de corte con los ejes, las asíntotas y los extremos relativos. Finalmente, traza su gráfica.

16 Esboza la gráfica de las siguientes funciones.

a. $f(x) = 3\cos(2x)$ b. $f(x) = \operatorname{sen}(2x) + \cos(2x)$

17 Dada la función $f(x)=x^2e^x$, calcula:

a. El dominio de definición de la función.

b. Los intervalos de crecimiento y decrecimiento.

c. Los máximos y mínimos locales.

d. La derivada de la función $f(x)$ en el punto de abscisa $x = 1$.

18 Realiza el estudio completo de las siguientes funciones y traza su gráfica.

a. $f(x)=\ln(x+1)-1$

b. $f(x)=\ln(x^2-4)$

c. $f(x)=\ln\left(\dfrac{1}{x^2}\right)$

d. $f(x)=\ln(1+x^2)$

e. $f(x)=2x^2-\ln x$

f. $f(x)=\ln\left(\dfrac{x-1}{x+2}\right)$

19 Dibuja una posible gráfica para $y=f(x)$ si se sabe que:

- $f'(x)>0$ si $x<-3$ o si $x>4$ y $f'(x)<0$ si $-3<x<4$.
- $f(-3)<4$ y $f(4)>-2$

20 **MAT-TIC** Practica el *Estudio y representación gráfica de funciones* de todo tipo con ayuda del interactivo de GeoGebra.

21 Representa una función que verifique que:

- Crece en $(-\infty,-2)\cup(-2,0)\cup(4,+\infty)$ y decrece en $(0, 4)$.
- Sus extremos relativos son $A(0, 6)$ y $B(4,-3)$.
- $f'(x)>0$ en $(-\infty,-2)\cup(2,+\infty)$ y $f'(x)<0$ en $(-2, 2)$

22 Asocia cada función de la izquierda con su correspondiente gráfica de la derecha.

A. $f(x)=\dfrac{x^2+1}{x^2}$

B. $f(x)=e^{-x^2}$

C. $f(x)=\dfrac{x}{x^2-4}$

D. $f(x)=\dfrac{x^3}{5}-x$

E. $f(x)=e^x \operatorname{sen} x$

I.

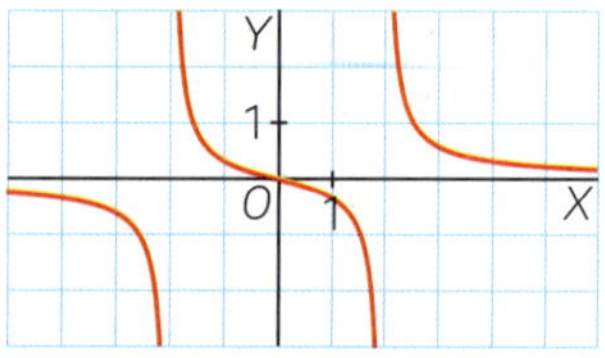

II.

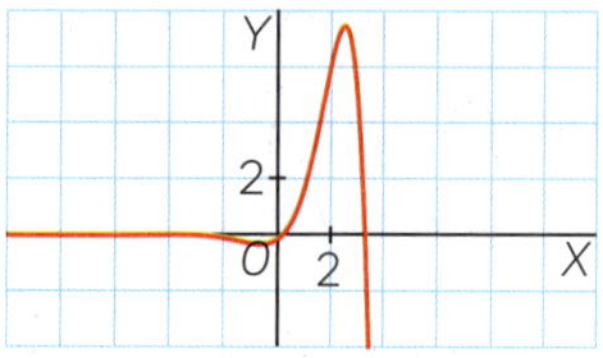

III.

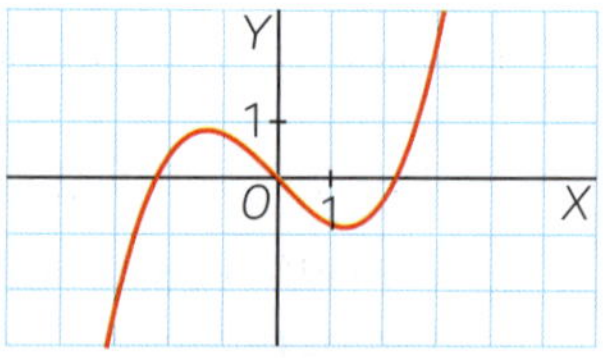

IV.

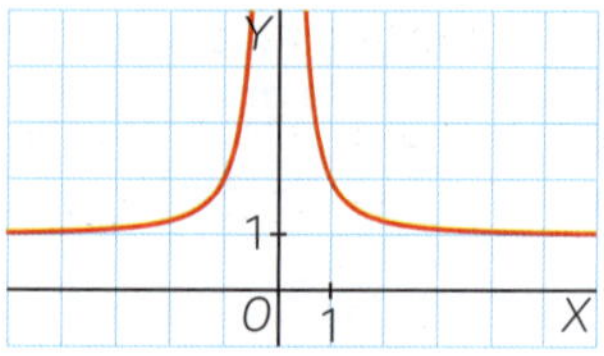

V.

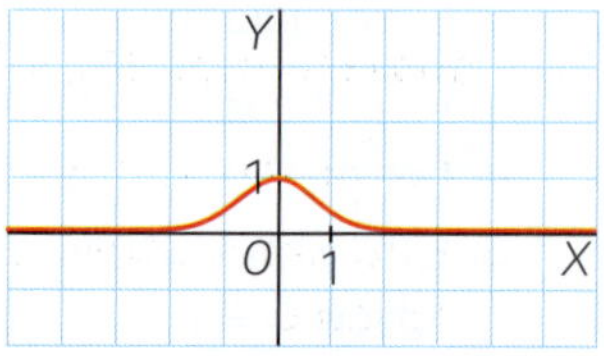

23 La figura representa la función $f(x)=\dfrac{ax^2+bx+c}{dx+e}$.

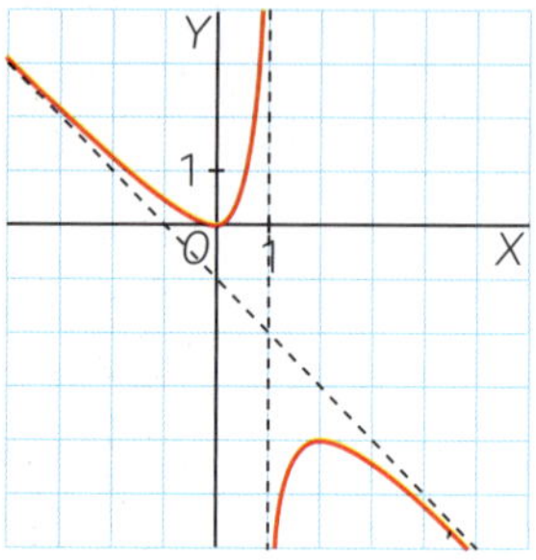

Obtén los números reales a, b, c, d y e.

24 Halla el valor de k para que $f(x)=\dfrac{k+\ln x}{x^2}$ tenga un máximo relativo en $x=e$. ¿Cuál es su valor?

25 Calcula, si es que existen, el valor o los valores de k para que función $f(x)=\dfrac{x+k}{e^x}$:

a. Tenga un máximo relativo en $x=-2$.

b. Tenga un punto de inflexión en $x=1$.

26 Relaciona y contesta.

Problemas

27 Unos estudiantes de primero de ingeniería están realizando un trabajo de investigación sobre el rendimiento (en una escala de 0 a 100) de un modelo de válvula para ollas a presión, considerando funcionamientos de hasta 24 horas.

Para ello, han comprobado que dicho rendimiento se comporta de acuerdo con la función:

$$R(t)=\frac{(30-t)(t+10)}{4};\quad 0\le t\le 24$$

a. ¿Cuánto tiempo debe permanecer funcionando la válvula para conseguir su máximo rendimiento? Justifica la respuesta.

b. Representa y comenta la función.

28 Para intentar que las zonas rurales de una provincia no se vacíen, se han puesto en marcha unas políticas de captación de población.

En los dos primeros años el censo ha variado de esta manera:

Tiempo	Comienzo	Año 1	Año 2
Población rural de la provincia	42 000	49 500	53 800

Para estimar qué ocurrirá en el tercer año se han propuesto tres modelos matemáticos:

MODELO 1. Curva logística:

$L(t)=\dfrac{5,7}{1+1,4e^{-1,3t}}$ (t: años transcurridos, $L(t)$ miles de personas)

MODELO 2. Crecimiento exponencial:

$E(t)=2,2+0,52e^{t}$ (t: años transcurridos, $E(t)$ miles de personas)

MODELO 3. Crecimiento parabólico:

$P(t)=At^2+Bt+C$ (t: años transcurridos, $P(t)$ miles de personas)

a. Encuentra los parámetros A, B y C del modelo parabólico. Comenta el resultado.

b. Ayudándote de GeoGebra, representa sobre los mismos ejes los tres modelos. ¿Cuál crees que se ajustará mejor a la realidad?

c. Al tercer año la población rural en esa provincia fue de 61 200 habitantes. ¿Qué modelo predijo mejor el dato?

29 Un importador de quesos azules franceses estima que si vende el kilogramo de queso a x euros, entonces su beneficio por kilogramo viene dado por la función $B(x)=160x-x^2-63000$.

a. Indica entre qué precios obtiene beneficios el importador.

b. Calcula a qué precio debe vender el kilogramo de queso azul para obtener un beneficio máximo.

c. Calcula el beneficio máximo por kilogramo.

30 La puntuación obtenida por una estudiante en un examen depende del tiempo en horas, t, que ha dedicado a su preparación según la función:

$$P(t)=\begin{cases}\dfrac{t}{3} & \text{si } 0\le t\le 15\\[2mm] \dfrac{2t}{0,2t+3} & \text{si } 15<t\end{cases}$$

a. Estudia el crecimiento de esta función. Justifica que, dedicando menos de 15 horas a preparar el examen, se suspenderá.

b. Justifica que nunca se pueden superar los 10 puntos.

Comprueba lo que has aprendido

1 Estudia el dominio y las asíntotas de las siguientes funciones.

a. $f(x)=\dfrac{4x^3}{9-x^2}$

b. $f(x)=\dfrac{e^{\sqrt{x}}}{\sqrt{x}}$

2 Dibuja la gráfica de la función racional $f(x)=\dfrac{x^2+4}{x^2+1}$, tras realizar un estudio completo de la misma.

3 Calcula, en cada caso, los posibles valores de a y b para que la función racional $f(x)=\dfrac{ax^2+1}{x+b}$ tenga:

a. Por asíntota oblicua la recta $y=3x-3$.

b. Un extremo relativo en el punto $(-1, 1)$.

4 Para la función $f(x)=(x+1)e^{x-1}$:

a. Estudia su monotonía y sus extremos relativos.

b. Determina su concavidad y sus puntos de inflexión.

5 Dada la función $f(x)=\dfrac{\ln(x^4)}{x^2}$.

a. Estudia su dominio y posibles simetrías.

b. Estudia el crecimiento y la existencia de extremos relativos.

Mis competencias

Autoevaluación

Bloque 3 SENTIDO DE LA MEDIDA

3.1. Integrales

3.1 Integrales

¡EMPEZAMOS!

A estas alturas de tu formación, podrías calcular las precipitaciones medias en tu localidad a lo largo de un año. Necesitarías las precipitaciones registradas durante enero, febrero... y podrías sumarlas y dividirlas entre los 12 meses del año. Eso te daría una media aproximada de las precipitaciones medias por mes. ¿Cómo lo harías si quisieras el nivel medio de precipitaciones diarias? Podrías dividir entre 365, o 366 en los años bisiestos. ¿Podríamos alcanzar una precisión mayor o calcular el número medio de precipitaciones por hora, o por minuto? La solución consistiría en conocer la función matemática que determina las precipitaciones en cada instante y tomar registros cada minuto, cada segundo o cada milisegundo. Matemáticamente, renunciaremos a hacerlo mediante sumas y utilizaremos una nueva herramienta, la integral.

RUTA DE APRENDIZAJE

1. Conocer el concepto de primitiva e integral indefinida.
2. Calcular las primitivas de las funciones conocidas.
3. Aplicar los métodos de integración por partes y de cambio de variable.
4. Utilizar el cálculo integral para calcular el área bajo curvas.
5. Conocer y aplicar el teorema del valor medio del cálculo integral.

- **¿Sabrías hallar el beneficio acumulado por una empresa a lo largo de un cierto período de tiempo, si conoces la evolución de los costes y del precio de venta de un producto?**
- **Ya eres capaz de obtener sin demasiada dificultad la derivada de cualquier función elemental. ¿Crees que es posible calcular primitivas con la misma facilidad?**

Las integrales también se usan para...

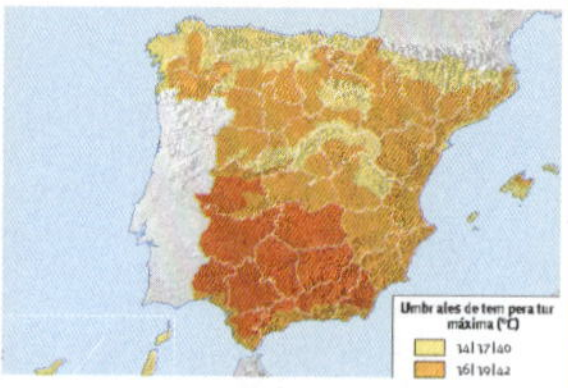

Representar la temperatura de una región a lo largo del día y calcular su promedio.

Determinar cantidades que se aproximen bien mediante sumas de muchos términos, como el rédito de una cuenta que se capitaliza al instante.

Calcular la media de cantidades que varían continuamente, como las cotizaciones de un valor en bolsa.

Establecer modelos ecológicos que permitan conocer la evolución de las poblaciones de seres vivos.

1 Primitiva e integral indefinida. Propiedades

1.1. Primitiva de f

Dada una función $f(x)$, cualquier función $F(x)$ tal que **$F'(x) = f(x)$**, recibe el nombre de **primitiva** de f.

Ejemplo

Para hallar una primitiva de $f(x) = 3x^2$, hay que buscar una función cuya derivada sea $3x^2$. Recordamos las reglas de derivación y vemos que una función que cumple esta condición es $F(x) = x^3$.

Pero debemos tener en cuenta que hay otras muchas funciones que también son primitivas de f.

Por ejemplo, $G(x) = x^3 + 3$, $H(x) = x^3 - 4$ y, en general, cualquier función obtenida sumando una constante a x^3 ya que, como sabemos, la derivada de cualquier constante es cero.

1 **Halla una primitiva de $f(x) = -2x^4$.**

1.2. Integral indefinida de f

Una función f tiene infinitas primitivas que difieren entre sí en una constante.

El conjunto de todas las primitivas de f se representa por $\int f(x)dx$ y se denomina **integral indefinida de f**.

En la integral indefinida, la función **$f(x)$** es el **integrando** y **dx** indica la **variable sobre la que se integra**.

La variable que se integra es la que aparece en la expresión dx. Se trata de una variable muda, esto es, aunque normalmente es x, puede llamarse de cualquier otra forma: $t, s, \ldots$, y escribimos: $\int f(t)dt$, $\int f(s)ds$

Ejemplo

La integral indefinida de $f(x) = 3x^2$ es $\int 3x^2 dx = x^3 + C$, donde C es cualquier número real.

2 **Halla la integral indefinida de $f(x) = -2x^4$.**

3 Actividad resuelta

Halla una primitiva, F, de la función $f(x) = x^2$, tal que $F(2) = 5$.

Se puede deducir que $F(x) = \frac{x^3}{3} + C$, ya que $F'(x) = x^2$. Al imponer la condición $F(2) = 5$ se obtiene $F(2) = \frac{2^3}{3} + C = 5 \Rightarrow C = \frac{7}{3}$.

4 **Halla una primitiva, F, de la función $f(x) = -2x^4$, tal que $F(-1) = 1$.**

De las propiedades de las derivadas de la suma y del producto de un número por una función, se siguen dos **propiedades** análogas para el **cálculo de primitivas**.

1. $\int f(x)+g(x)dx = \int f(x)dx + \int g(x)dx$ **2.** $\int k \cdot f(x)dx = k\int f(x)dx$ con $k \in \mathbb{R}$

Estas igualdades deben interpretarse en el sentido de que, para obtener una primitiva de $f + g$, basta sumar una primitiva de f con una de g y, para obtener una primitiva de kf, basta multiplicar k por una primitiva de f.

5 **Actividad resuelta**

Halla una primitiva de $f(x) = -2x^4 + 5x$.

Aplicamos las dos propiedades estudiadas para calcular que:

$$\int(-2x^4+5x)\,dx=\int -2x^4\,dx+\int 5x\,dx=-\int 2x^4\,dx+\int 5x\,dx=-\frac{2x^5}{5}+\frac{5}{2}x^2+C$$

1.3. Primitivas inmediatas

Se conocen como **primitivas inmediatas** aquellas que se pueden determinar directamente, sin necesidad de hacer transformaciones, a partir de las derivadas de las funciones elementales.

Una primera lista de primitivas vendría dada por la siguiente tabla. Para justificarla basta con que derivemos, en cada caso, la función de la derecha de la igualdad.

1. $\int x^r\,dx=\frac{1}{r+1}x^{r+1}+C$, si $r\in\mathbb{R}$ y $r\neq -1$
2. $\int x^{-1}\,dx=\int\frac{1}{x}\,dx=\ln|x|+C$
3. $\int e^x\,dx=e^x+C$
4. $\int a^x\,dx=\frac{a^x}{\ln a}+C$, con $a\in\mathbb{R}$ y $a>0, a\neq 1$
5. $\int\cos x\,dx=\operatorname{sen} x+C$
6. $\int\operatorname{sen} x\,dx=-\cos x+C$
7. $\int\frac{1}{\cos^2 x}\,dx=\int(1+\operatorname{tg}^2 x)\,dx=\operatorname{tg} x+C$
8. $\int\frac{1}{\sqrt{1-x^2}}\,dx=\operatorname{arcsen} x+C=-\arccos x+C$
9. $\int\frac{1}{1+x^2}\,dx=\operatorname{arctg} x+C$

El valor absoluto que aparece en la integral de tipo 2 se debe a que hay que asegurar la existencia de la integral en todo el dominio de la función integrando. Por ejemplo, la función $\int\frac{1}{x}dx$ debe existir para cualquier número real distinto de 0, algo que no se cumpliría si se escribe $\int\frac{1}{x}dx=\ln x+C$, que solo tiene sentido para $x > 0$.

6 **Actividad resuelta**

Obtén la única función $f(x)$ cuya derivada es $f'(x)=\frac{1}{\sqrt{x}}-2x+e^x+1$ y tal que $f(0) = 1$.

En primer lugar hallamos la expresión de todas las funciones f cuya derivada es la función dada:

$$\int\left(\frac{1}{\sqrt{x}}-2x+e^x+1\right)dx=\int x^{-\frac{1}{2}}\,dx-2\int x\,dx+\int e^x\,dx+\int 1\,dx=$$

$$=\frac{x^{-\frac{1}{2}+1}}{-\frac{1}{2}+1}-2\frac{x^{1+1}}{1+1}+e^x+x+C=2\sqrt{x}-x^2+e^x+x+C$$

El dato $f(0) = 1$ nos permite determinar C: $f(0)=2\sqrt{0}-0^2+e^0+0+C=1+C=1\Rightarrow C=0$

y, por tanto, $f(x)=2\sqrt{x}-x^2+e^x+x$.

7 **Halla la primitiva de $f(x)=x+\frac{4}{x^2}$ que vale 5 en $x=2$.**

8 Actividad resuelta

Calcula las primitivas de las siguientes funciones.

a. $f(x)=x^3+\frac{5}{x^2}$

b. $f(x)=\cos x-\operatorname{sen} x$

a. $\int f(x)\,dx=\int\left(x^3+\frac{5}{x^2}\right)dx=\int\left(x^3+5x^{-2}\right)dx=\frac{x^{3+1}}{3+1}+5\cdot\frac{x^{-2+1}}{-2+1}+C=\frac{x^4}{4}-\frac{5}{x}+C$

b. $\int f(x)\,dx=\int(\cos x-\operatorname{sen}x)\,dx=\operatorname{sen}x+\cos x+C$

9 Calcula las siguientes primitivas inmediatas.

a. $\int(3^x-\operatorname{sen} x)dx$

b. $\int\left(\frac{4}{x}+\frac{6}{x^3}+e^x\right)dx$

10 Calcula las siguientes integrales indefinidas.

a. $\int\frac{x^2+3x-1}{3}dx$

b. $\int\frac{\sqrt{x}-x^3+2x}{x^2}dx$

c. $\int(2x-4)(3x+1)dx$

d. $\int\left(1+\sqrt[3]{x^2}\right)dx$

e. $\int\sqrt[3]{x^2\sqrt{x}}\,dx$

f. $\int\left(\operatorname{sen}x-e^x+\sqrt{x}\right)dx$

11 Actividad resuelta

Halla la forma general de una función f(x) cuya derivada segunda es $f''(x)=x^2$. Si además exigimos que $f(0)=1$ y $f'(0)=-1$, ¿qué función es f(x)?

$f'(x)=\int x^2\,dx=\frac{1}{3}x^3+C$; $f(x)=\int\left(\frac{1}{3}x^3+C\right)dx=\frac{1}{3}\cdot\frac{x^{3+1}}{3+1}+Cx+D=\frac{1}{12}x^4+Cx+D$

Como $f'(0)=-1$, entonces, $f'(0)=\frac{1}{3}0^3+C=-1\Rightarrow C=-1$. Por tanto, $f(x)=\frac{1}{12}x^4-x+D$

y, como $f(0)=1$, $f(0)=\frac{1}{12}0^4-0+D=1$, $D=1$.

La función es $f(x)=\frac{1}{12}x^4-x+1$.

12 Halla en cada caso la función f(x) que verifica las condiciones dadas.

a. $f'(x)=\cos x+x\sqrt{x}$ y $f(\pi)=0$

b. $f'(x)=\frac{3}{x^2}-e^x+e$ y $f(1)=1$

c. $f'(0)=x^3-4\cdot 6^x$ y $f(0)=-\frac{4}{\ln 6}$

d. $f'(x)=\frac{\sqrt{x}+2x}{\sqrt[3]{x}}$ y corta a la bisectriz del primer cuadrante en el punto A(1, 1).

13 Determina la ecuación de la función polinómica f que pasa por los puntos A(0, 1) y B(1, 1), tal que $f''(x)=6x+4$.

14 Dada la función $f(x) = x^2 - 2x - 3$, se pide encontrar la primitiva F de f verificando que $F(0)=0$.

1.4. Más primitivas inmediatas

Aparentemente, la lista de primitivas inmediatas que hemos estudiado, no permitiría calcular primitivas como, por ejemplo, $\int 2x \cdot e^{x^2} dx$.

Sin embargo, si lo pensamos un poco más, vemos que esta primitiva también es inmediata, pues la función $f(x)=2x \cdot e^{x^2}$ es la derivada de $F(x)=e^{x^2}$, por lo que debe ser:

$$\int 2x \cdot e^{x^2} dx = e^{x^2} + C$$

Esta observación nos permite reescribir esa misma lista, pero con funciones más generales. De nuevo, para justificarla, basta con derivar la función de la derecha.

1. $\int \left(f(x)\right)^r \cdot f'(x)\,dx = \frac{1}{r+1}\left(f(x)\right)^{r+1} + C$, si $r \in \mathbb{R}$ y $r \neq -1$
2. $\int \frac{f'(x)}{f(x)}\,dx = \ln|f(x)| + C$
3. $\int e^{f(x)} \cdot f'(x)\,dx = e^{f(x)} + C$
4. $\int a^{f(x)} \cdot f'(x)\,dx = \frac{a^{f(x)}}{\ln a} + C$, con $a \in \mathbb{R}$ y $a>0, a \neq 1$
5. $\int \left(\cos f(x)\right) f'(x)\,dx = \operatorname{sen} f(x) + C$
6. $\int \left(\operatorname{sen} f(x)\right) f'(x)\,dx = -\cos f(x) + C$
7. $\int \frac{f'(x)}{\cos^2 f(x)}\,dx = \int \left(1+\operatorname{tg}^2 f(x)\right) f'(x)\,dx = \operatorname{tg} f(x) + C$
8. $\int \frac{f'(x)}{\sqrt{1-\left(f(x)\right)^2}}\,dx = \operatorname{arcsen} f(x) + C = -\arccos f(x) + C$
9. $\int \frac{f'(x)}{1+\left(f(x)\right)^2}\,dx = \operatorname{arctg} f(x) + C$

15 Actividad resuelta

Calcula las integrales indefinidas $\int 6xe^{3x^2+1} dx$ y $\int 4(4x+2)^3\, dx$.

- En la primera integral, la forma del primer integrando nos induce a pensar que es del tipo 3: $\int e^{f(x)} \cdot f'(x)\, dx$. En efecto, el factor que acompaña a $e^{f(x)}$ es exactamente la derivada del exponente, ya que si $f(x)=3x^2+1$ es $f'(x)=6x$.
  Por tanto, la integral es:
  $$\int 6x\,e^{3x^2+1} dx = e^{3x^2+1} + C.$$
- En el segundo caso, parece que se va a tratar de un caso del tipo 1: $\int \left(f(x)\right)^r \cdot f'(x)dx$.
  En efecto, la derivada de la base de la potencia que aparece en el integrando es justo el factor 4 que está multiplicando a dicha potencia. Por tanto, tomando $f(x)=4x+2$ llegamos a que $\int 4(4x+2)^3 dx = \frac{(4x+2)^4}{4} + C$.

En el cálculo de primitivas no son frecuentes casos como estos, en los que aparecen funciones que se corresponden exactamente con las de la tabla. Sin embargo, en muchas ocasiones, mínimas transformaciones llevan a alguno de los casos enunciados en la misma.

16 Actividad resuelta

Calcula las siguientes primitivas.

Para ello, primero identifica a qué tipo de los nueve de la lista de primitivas inmediatas pertenecen y, a continuación, realiza las transformaciones oportunas para poder aplicar las fórmulas dadas en dicha lista.

a. $\int \frac{6x+6}{x^2+2x+7}dx$

b. $\int \frac{e^{\sqrt{x}}}{\sqrt{x}}dx$

c. $\int \text{sen}^5 x\cdot\cos x\,dx$

d. $\int \frac{7}{1+\left(t-3\right)^2}dt$

a. $\int \frac{6x+6}{x^2+2x+7}dx$. La aparición de un cociente nos lleva a pensar que es un caso del tipo 2, $\int \frac{f'(x)}{f(x)}dx$. Extrayendo 3 como factor común, obtenemos en el numerador la derivada del denominador:

$$\int \frac{6x+6}{x^2+2x+7}dx = \int \frac{3\cdot\left(2x+2\right)}{x^2+2x+7}dx = 3\int \frac{2x+2}{x^2+2x+7}dx = 3\ln|x^2+2x+7| + C$$

b. $\int \frac{e^{\sqrt{x}}}{\sqrt{x}}dx$ es del tipo 3, $\int e^{f(x)}\cdot f'(x)dx$. Por tanto, obtenemos:

$$\int \frac{e^{\sqrt{x}}}{\sqrt{x}}dx = \int e^{\sqrt{x}}\cdot\frac{1}{\sqrt{x}}dx = \int 2e^{\sqrt{x}}\cdot\frac{1}{2\sqrt{x}}dx = 2\int e^{\sqrt{x}}\,\frac{1}{2\sqrt{x}}dx = 2e^{\sqrt{x}} + C$$

c. $\int \text{sen}^5 x\cdot\cos x\,dx$. Aunque en principio puede parecer de tipo 6, $\int \left(\text{sen}\,f(x)\right)f'(x)dx$, una observación más detenida nos muestra que se trata de $\int (\text{sen}\,x)^5\cdot\cos x\,dx$, es decir, del tipo 1, $\int \left(f(x)\right)^5\cdot f'(x)dx$, con $f(x)=\text{sen}\,x$.

Por tanto, $\int \text{sen}^5 x\cdot\cos x\,dx = \frac{1}{6}\text{sen}^6 x + C$.

d. $\int \frac{7}{1+(t-3)^2}dt$. Se trata de una integral del tipo 8, $\int \frac{f'(t)}{1+(f(t))^2}dt$.

$$\int \frac{7}{1+(t-3)^2}dt = 7\int \frac{1}{1+(t-3)^2}dt = 7\,\text{arctg}(t-3) + C$$

17 Calcula las siguientes primitivas.

a. $\int \text{sen}(2-5x)dx$

b. $\int \sqrt{3x+1}\,dx$

c. $\int \frac{x^2+2}{x^3+6x+1}dx$

18 Calcula las siguientes integrales indefinidas.

a. $\int \frac{t+1}{\sqrt{t^2+2t+3}}dt$

b. $\int \frac{e^{2s}}{1+e^{2s}}ds$

c. $\int \frac{e^s}{1+e^{2s}}ds$

d. $\int \frac{2x}{\sqrt{1-x^4}}dx$

e. $\int \left(x^2+1\right)^{20}\cdot 5x\,dx$

f. $\int \frac{\cos(\ln t)}{t}dt$

19 Halla las integrales indefinidas de las siguientes funciones.

a. $f(x)=2x(\text{sen}\,x^2)(\cos^4 x^2)$

b. $g(x)=3(1+\text{tg}^2 x)\text{tg}\,x$

c. $j(x)=\text{tg}(3x+2)$

d. $k(x)=x^2e^{x^3}$

2 Métodos de integración. Integración por partes e integración por cambio de variable

2.1. Integral por partes

Si hay que calcular una primitiva del producto de dos funciones, es posible hacerlo si una de las funciones es la derivada de otra fácil de obtener. Así, partiendo de la derivada del producto:

$$[f(x)g(x)]' = f'(x)g(x) + f(x)g'(x) \Rightarrow f(x)g'(x) = [f(x)g(x)]' - f'(x)g(x),$$

e integrando la expresión anterior se llega a:

> $\int f(x)g'(x)\,dx = f(x)g(x) - \int f'(x)g(x)\,dx$, fórmula de la **integración por partes.**

Esto indica que, para buscar una primitiva de $f(x)g'(x)$ bastaría con hallar una de $f'(x)g(x)$. Esta fórmula resulta útil siempre que este cálculo sea más fácil que el inicial.

La fórmula de la integración por partes se suele escribir para recordarla como

$\int fg' = fg - \int f'g$

20 Actividad resuelta

Calcula las siguientes integrales indefinidas aplicando la integración por partes.

a. $I = \int x \operatorname{sen} x\,dx$ b. $I = \int e^x x\,dx$

a. $I = \int x \operatorname{sen} x\,dx$. En este caso tomamos: $\left.\begin{array}{l} f(x) = x \Rightarrow f'(x) = 1 \\ g'(x) = \operatorname{sen} x \Rightarrow g(x) = \int \operatorname{sen} x\,dx = -\cos x \end{array}\right\}$ con lo que nos queda $I = x(-\cos x) - \int 1\cdot(-\cos x)dx = -x\cos x + \operatorname{sen} x + C$

b. $I = \int e^x x\,dx$. Procedemos de forma similar al caso anterior:

$\left.\begin{array}{l} f(x) = x \Rightarrow f'(x) = 1 \\ g'(x) = e^x \Rightarrow g(x) = \int e^x\,dx = e^x \end{array}\right\} \Rightarrow I = xe^x - \int 1\cdot e^x\,dx = xe^x - e^x + C = (x-1)e^x + C$. Es importante que nos demos cuenta de que si hubiéramos tomado la elección contraria:

$$\left.\begin{array}{l} f(x) = e^x \Rightarrow f'(x) = e^x \\ g'(x) = x \Rightarrow g(x) = \int x\,dx = \dfrac{x^2}{2} \end{array}\right\} \Rightarrow I = e^x\cdot\frac{x^2}{2} - \int \frac{x^2}{2}\cdot e^x\,dx,$$

la integral que habría que calcular sería más complicada que la inicial. Por tanto, la primera elección es la adecuada.

Se sabe que la diferencial de una función derivable $f(x)$ es $Df = f'(x)dx$.

Para diferenciar un producto se utiliza la misma regla que al derivar:

$d(uv) = vdu + udv$

La integración se puede ver también como la operación opuesta a la diferenciación, por lo que integrando la expresión anterior se obtiene la fórmula de la integración por partes en función de u y v.

$\int u\,dv = uv - \int v\,du$

> La principal dificultad de la **integración por partes** se encuentra en la asignación correcta de las funciones f y g'.
>
> Para facilitar la integración por partes conviene:
>
> 1. Llamar g' a una función para la que sea sencillo obtener g.
> 2. Si es sencillo obtener g, sea cual fuere la elección que hagamos para g', llamar entonces g' a aquella que haga que $\int f'g\,dx$ sea más fácil que la integral inicial $\int fg'\,dx$.

21 **Obtén las siguientes integrales indefinidas.**

a. $\int (x^2-5)\cos x\,dx$

b. $\int \operatorname{arctg} x\,dx$

c. $\int \operatorname{arcsen} x\,dx$

d. $\int x\operatorname{sen}(2x)\,dx$

e. $\int \operatorname{sen} x \operatorname{sen} x\,dx$

f. $\int e^x\cos x\,dx$

22 Determina las siguientes integrales indefinidas.

a. $\int \sqrt{x} \ln x dx$

b. $\int x^2 \ln x dx$

c. $\int te^{-\frac{t}{2}} dt$

d. $\int (1-x)e^{-x} dx$

23 Determina $I = \int \ln x dx$.

24 Calcula una primitiva $F(x)$ de la función $f(x) = x \ln x^2$ que cumpla $F(1) = 0$.

25 Calcula las siguientes integrales por partes.

a. $\int x e^{-2x} dx$

b. $\int \ln(x+1) dx$

c. $\int (x^2+x)e^{-2x+1} dx$

d. $\int \text{sen}^2 x dx$

e. $\int \sqrt{x} \ln x dx$

f. $\int \ln(x^2-1) dx$

g. $\int \frac{\ln x}{x^2} dx$

h. $\int x^3 e^{-x^2} dx$

i. $\int x \ln x dx$

j. $\int e^x \cos(3x) dx$

2.2. Integral por cambio de variable

El método de integración por cambio de variable, también llamado por sustitución, está basado en la regla de la cadena. Si F y g son funciones derivables, la regla de la cadena asegura que $(F \circ g)'(x) = F'(g(x))g'(x)$, es decir, $(F \circ g)(x)$ es una primitiva de $F'(g(x))g'(x)$, con lo que se puede escribir:

$$\int F'(g(x))g'(x)dx = F(g(x)) + C$$

A veces conviene hacer un cambio de variable y sustituir la función $g(x)$ por t, y la expresión $g'(x)dx$, por dt, con lo que quedaría $\int F'(t)dt$, que podría ser más fácil de calcular.

Para aplicar el **método de cambio de variable** procedemos así:

1. Buscamos en la función a integrar una expresión $g(x) = t$ cuya derivada, $g'(x)$, también aparezca como un factor en dicha función a integrar.
2. Sustituimos $g(x)$ por t, y $g'(x)\, dx$ por dt.
3. Obtenemos una primitiva como función de t.
4. Deshacemos el cambio.

26 **Actividad resuelta**

Determina las siguientes integrales indefinidas.

a. $\int 2x\sqrt[3]{x^2+5}\, dx$

b. $\int x^3 \cos x^4 dx$

a. Tomamos $g(x) = x^2 + 5$. Por tanto, hacemos el cambio de variable $x^2 + 5 = t$, y $2xdx$ se sustituirá por dt.

$$\int 2x\sqrt[3]{x^2+5}\, dx = \int \sqrt[3]{t}\, dt = \int t^{\frac{1}{3}} dt = \frac{t^{\frac{1}{3}+1}}{\frac{1}{3}+1} + C = \frac{3}{4}\sqrt[3]{t^4} + C = \frac{3}{4}\sqrt[3]{(x^2+5)^4} + C$$

b. Algunas veces, la derivada de $g(x)$ está algo escondida, como en $\int x^3 \cos x^4 dx$.

Si llamamos t a $g(x) = x^4$, su derivada $g'(x) = 4x^3$ no aparece como tal en la integral, pero basta introducir el factor 4 para que aparezca. Así que:

$$\int x^3 \cos x^4 dx = \frac{1}{4}\int 4x^3 \cos x^4 dx = \frac{1}{4}\int \cos t\, dt = \frac{1}{4}\text{sen}\, t + C = \frac{1}{4}\text{sen}\, x^4 + C$$

27 Calcula:

a. $\int \text{sen}(\text{sen}\, x)\cos x\, dx$

b. $\int \frac{e^x}{(e^x+1)^3} dx$

c. $\int \frac{e^{-2x}}{1+c^{-4x}} dx$

d. $\int \frac{\cos(\ln x)}{x} dx$

28 Actividad resuelta

Calcula, mediante un cambio de variable, la integral $\int \frac{6}{1-\sqrt{x}}dx$.

Haciendo el cambio de variable $g(x)=\sqrt{x}=t$, su derivada, $g'(x)=\frac{1}{2\sqrt{x}}$, no aparece como un factor en la función a integrar, pero se puede introducir multiplicando y dividiendo por dicho factor:

Haciendo la división

$$\int \frac{6}{1-\sqrt{x}}dx=\int \frac{6}{1-\sqrt{x}}\frac{2\sqrt{x}}{2\sqrt{x}}dx=\int \frac{6}{1-t}2t\,dt=12\int \frac{t}{1-t}dt=12\int\left(-1+\frac{1}{1-t}\right)dt=$$
$$=12\left(-t-\ln|1-t|\right)+C=-12\sqrt{x}-12\ln\left(1-\sqrt{x}\right)+C$$

El paso intermedio de multiplicar y dividir por $2\sqrt{x}$ se evita haciendo como si se despejara dx en la expresión $g'(x)dx=dt$. En efecto, sería $dx=2\sqrt{x}\,dt=2tdt$ y de aquí se llega a la misma integral que antes: $\int \frac{6}{1-\sqrt{x}}dx=\int\frac{6}{1-t}2tdt$.

29 Calcula la integral $\int e^{2x}\operatorname{sen} e^{x}dx$ mediante el cambio $t=e^{x}$.

30 Calcula las siguientes integrales.

a. $\int \frac{1+\ln x}{x}dx$

b. $\int \frac{x^2}{\sqrt{x^3+5}}dx$

c. $\int \frac{x}{(5+x^2)^2}dx$

d. $\int (x^3+5)^4x^2dx$

31 Actividad resuelta

Halla la integral indefinida $\int \operatorname{sen} x\cdot\ln(\cos x)dx$.

Empezamos haciendo el cambio de variable $\begin{cases}\cos x=t\\ -\operatorname{sen} x\,dx=dt\end{cases}$ que transforma la integral en la forma:

$I=\int \operatorname{sen} x\cdot\ln(\cos x)dx=-\int \ln t dt$ que resolveremos por partes.

$$\left.\begin{array}{l}f(t)=\ln t\Rightarrow f'(t)=\frac{1}{t}\\ g'(t)=1\Rightarrow g(t)=\int 1dt=t\end{array}\right\}\Rightarrow I=t\ln t-\int\frac{1}{t}\cdot t\,dt=t\ln t-t+C=t(\ln t-1)+C$$

Y deshacemos el cambio de variable, que nos deja: $I=\cos x\left(\ln(\cos x)-1\right)+C$

32 Calcula la integral $\int \frac{1}{2x\sqrt{x-1}}dx$.

PISTA: **Para ello, haz el cambio de variable $t=\sqrt{x-1}$, despeja x elevando al cuadrado en dicha expresión y sustituye x por el resultado obtenido en la función a integrar.**

33 Halla las siguientes integrales.

a. $\int \frac{\cos x}{2\operatorname{sen}x+5}dx$

b. $\int \frac{2}{3+\sqrt{x}}dx$

34 En una actividad de clase se ha pedido a los estudiantes que calculen las primitivas de la función $f(x)=2\operatorname{sen}x\cos x$.

I. Gema la resolvió con el cambio de variable $u=\operatorname{sen} x$.

II. Fernanda utilizó el cambio $y=\cos x$.

III. Iván lo hizo usando la fórmula 2 sen x.

Aunque dieron respuestas distintas, el profesor les dijo que los tres habían calculado correctamente la primitiva. Encuentra las tres respuestas dadas y explica por qué todas eran correctas sin ser iguales.

3 Integración de funciones racionales

3.1. Integrales racionales

Las funciones racionales son cocientes de polinomios. En este curso vamos a trabajar exclusivamente integrales racionales en las que el denominador sea un polinomio de grado menor que 3.

En todos los casos, supondremos que el grado del numerador es menor que el del denominador.

En caso contrario, efectuaremos primero la división y la integral se reducirá a la de un polinomio más un cociente con grado del numerador menor que el grado del denominador, ya que entonces el numerador sería el resto de la división.

35 Actividad resuelta

Transforma la integral $\int \frac{x^3}{x^2+2x+7}dx$, para que el numerador de la fracción sea de menor grado que el denominador.

Nos encontramos ante un caso en el que el grado del numerador es mayor que el del denominador.

Efectuamos la división: $\frac{x^3}{x^2+2x+7} = x-2+\frac{14-3x}{x^2+2x+7}$, y sustituimos en el integrando:

$$\int \frac{x^3}{x^2+2x+7}dx = \int\left(x-2+\frac{14-3x}{x^2+2x+7}\right)dx = \frac{x^2}{2}-2x+\int \frac{14-3x}{x^2+2x+7}dx.$$

Esta integral que queda por calcular ya cumple con la condición de que el grado del numerador sea menor que el del denominador.

En las integrales racionales que vamos a trabajar podemos distinguir cuatro casos:

CASO 1. El denominador es un polinomio de primer grado.

Las integrales de este caso 1 son inmediatas, porque nos llevarán a logaritmos neperianos.

36 Actividad resuelta

Determina la siguiente integral indefinida $\int \frac{3}{x-2}dx$.

Como el denominador es un polinomio de primer grado, se trata de un ejemplo del caso 1. Tal y como comentábamos, se trata de una integral inmediata:

$$\int \frac{3}{x-2}dx = 3\ln|x-2|+C$$

37 **Calcula las siguientes integrales indefinidas.**

a. $\int \frac{5}{x-2}dx$

b. $\int \frac{3}{2x-1}dx$

CASO 2. El denominador es un polinomio de segundo grado que no se puede factorizar, es decir, que no tiene raíces reales.

38 Actividad resuelta

Determina la siguiente integral indefinida $\int \frac{x+3}{x^2-2x+5}dx$.

Se trata de un ejemplo del caso 2. Para resolverla, primero se transforma el numerador para que contenga la derivada del denominador: $2x-2$.

Para ello, escribimos: $x+3=\frac{1}{2}(2x+6)=\frac{1}{2}(2x-2+8)$. Y sustituyendo:

$$\int \frac{x+3}{x^2-2x+5}dx=\frac{1}{2}\int \frac{2x-2+8}{x^2-2x+5}dx=\frac{1}{2}\int \frac{2x-2}{x^2-2x+5}dx+\frac{1}{2}\int \frac{8}{x^2-2x+5}dx=$$
$$=\frac{1}{2}\ln|x^2-2x+5|+4\int \frac{1}{x^2-2x+5}dx$$

Escribimos el denominador como suma de cuadrados: $x^2-2x+5=(x-1)^2+4$. De aquí:

$$\int \frac{1}{4+(x-1)^2}dx=\frac{1}{4}\int \frac{1}{1+\left(\frac{x-1}{2}\right)^2}dx=\frac{1}{2}\int \frac{\frac{1}{2}}{1+\left(\frac{x-1}{2}\right)^2}dx=\frac{1}{2}\operatorname{arctg}\left(\frac{x-1}{2}\right)$$

Y, finalmente, la integral pedida queda:

$$\int \frac{x+3}{x^2-2x+5}dx=\frac{1}{2}\ln|x^2-2x+5|+2\operatorname{arctg}\left(\frac{x-1}{2}\right)+C$$

39 **Calcula las siguientes integrales indefinidas.**

a. $\int \frac{4x-1}{x^2+6x+25}dx$

b. $\int \frac{3}{x^2+4}dx$

CASO 3. El denominador es un polinomio de segundo grado con dos raíces reales diferentes, factorizable como producto de dos binomios distintos de primer grado.

40 Actividad resuelta

Determina la siguiente integral indefinida $\int \frac{3x-2}{x^2-7x+12}dx$.

Se trata de un ejemplo del caso 3:

$$\int \frac{3x-2}{x^2-7x+12}dx=\int \frac{3x-2}{(x-3)(x-4)}dx$$

Descomponemos el integrando en suma de fracciones cuyos denominadores son los factores del denominador original y cuyos numeradores son números reales, *A* y *B*, que determinamos sumando las fracciones e igualando al integrando original:

$$\frac{3x-2}{(x-3)(x-4)}=\frac{A}{x-3}+\frac{B}{x-4}=\frac{A(x-4)+B(x-3)}{(x-3)(x-4)}\Rightarrow 3x-2=A(x-4)+B(x-3)$$

La última igualdad debe ser cierta para cualquier valor de *x*. Esto permite averiguar *A* y *B* dando a *x* los valores correspondientes a las raíces del denominador:

$$x=4:\quad 3\cdot 4-2=A(4-4)+B(4-3)\Rightarrow B=10$$
$$x=3:\quad 3\cdot 3-2=A(3-4)+B(3-3)\Rightarrow A=-7$$

Sustituyendo el integrando en la integral de partida, obtenemos:

$$\int \frac{3x-2}{(x-3)(x-4)}dx=\int\left(-\frac{7}{x-3}+\frac{10}{x-4}\right)dx=-7\int \frac{1}{x-3}dx+10\int \frac{1}{x-4}dx=$$
$$=-7\ln|x-3|+10\ln|x-4|+C$$

41 Calcula:

a. $\int \frac{x-1}{x^2+3x+2}dx$

b. $\int \frac{1}{x^2+x}dx$

CASO 4. El denominador es un polinomio de segundo grado que se puede factorizar como el cuadrado de un binomio.

42 Actividad resuelta

Determina la integral indefinida $\int \frac{5x+7}{x^2-2x+1}dx$.

El denominador es un polinomio de segundo grado que se puede factorizar como el cuadrado de un binomio. Es pues, un ejemplo del caso 4.

$$\int \frac{5x+7}{x^2-2x+1}dx = \int \frac{5x+7}{(x-1)^2}dx$$

En este caso, la observación de que, por ejemplo, $\frac{3x+2}{x^2} = \frac{3}{x} + \frac{2}{x^2}$ permite intuir una descomposición análoga para el integrando:

$$\frac{5x+7}{(x-1)^2} = \frac{A}{x-1} + \frac{B}{(x-1)^2} = \frac{A(x-1)+B}{(x-1)^2} \Rightarrow 5x+7 = A(x-1)+B \Rightarrow \begin{cases} A=5 \\ B=12 \end{cases}$$

Y, sustituyendo en la integral de partida se obtiene:

$$\int \frac{5x+7}{(x-1)^2}dx = 5\int \frac{1}{x-1}dx + 12\int \frac{1}{(x-1)^2}dx = 5\ln|x-1| - \frac{12}{x-1} + C$$

43 Calcula las siguientes integrales indefinidas.

a. $\int \frac{3}{x^2-6x+9}dx$

b. $\int \frac{2x+1}{x^2+8x+16}dx$

c. $\int \frac{x^3+2}{x^2-5x+6}dx$

44 Determina las siguientes integrales indefinidas.

a. $\int \frac{x^3+1}{x^2+2x+4}dx$

b. $\int \frac{1}{4x^2-8x+4}dx$

c. $\int \frac{6x-8}{3x^2-8x+5}dx$

d. $\int \frac{x^2+2x+3}{x-2}dx$

e. $\int \frac{x^2}{x^2+2x+5}dx$

f. $\int \frac{5}{(x+1)(x-2)}dx$

45 Actividad resuelta

Calcula la integral indefinida $\int \frac{dx}{\sqrt{1+e^x}}$.

El cambio apropiado es: $\begin{cases} 1+e^x = t^2 \\ e^x dx = 2t\,dt \end{cases}$. Por tanto: $\int \frac{dx}{\sqrt{1+e^x}} = \int \frac{1}{t}\frac{2tdt}{t^2-1} = \int \frac{2dt}{(t-1)(t+1)}$

Escribimos el integrando como suma de fracciones simples: $\frac{2}{(t-1)(t+1)} = \frac{1}{t-1} - \frac{1}{t+1}$, con lo que podemos terminar el cálculo:

$$\int \frac{2}{(t-1)(t+1)}dt = \int\left(\frac{1}{t-1} - \frac{1}{t+1}\right)dt = \ln|t-1| - \ln|t+1| + C = \ln\left(\frac{\sqrt{1+e^x}-1}{\sqrt{1+e^x}+1}\right) + C$$

46 Calcula las siguientes integrales indefinidas previa descomposición en fracciones simples.

a. $\int \frac{dx}{2x+5}$

b. $\int \frac{2x-1}{(x-1)(x-2)}dx$

c. $\int \frac{dx}{x^2+2x-3}$

d. $\int \frac{dx}{x^2-x}$

4 Área bajo una curva. Teorema fundamental del cálculo

4.1. Área bajo una curva

En muchas ocasiones necesitaremos calcular el área de alguna región limitada por rectas o curvas. Habrá casos más sencillos y otros más complejos. Algunas áreas correspondientes a regiones delimitadas por rectas pueden calcularse a partir de las fórmulas que dan el área de polígonos.

Ejemplo

Región 1: limitada por el eje de abscisas, la recta $f(x) = 3$ y las rectas verticales trazadas por los puntos de abscisa 2 y $x > 2$.

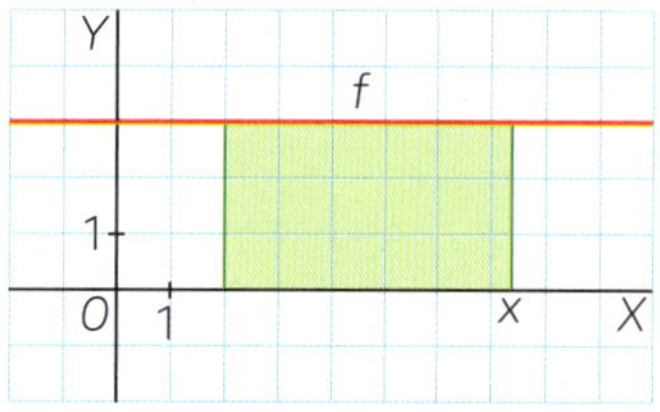

La región es un rectángulo y su área depende de x:

$$\text{Área} = 3(x-2) = 3x - 6 = F(x)$$

Región 2: limitada por la recta $g(x) = 2x + 1$, el eje de ordenadas, el de abscisas y la recta vertical trazada por el punto de abscisa $x \geq 1$.

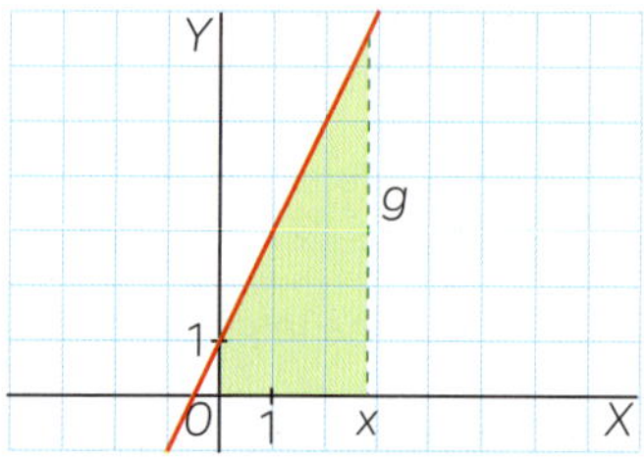

La región es un trapecio y su área, depende de x:

$$\text{Área} = \frac{1+2x+1}{2}x = x^2 + x = G(x)$$

Si analizamos los resultados obtenidos:

Región	Función área	Derivada de la función área
1	$F(x) = 3x - 6$	$F'(x) = 3 = f(x)$
2	$G(x) = x^2 + x$	$G'(x) = 2x + 1 = g(x)$

En los dos casos, se observa que la derivada de la función que da el área de la región considerada es, precisamente, la función que define la región.

Nos podemos hacer la pregunta de si para cualquier función continua f sucederá que la derivada de la función área coincida con la función que define la región.

La respuesta es que sí, algo que podemos probar con la ayuda de un teorema.

4.2. Teorema fundamental del cálculo

Si $F(x)$ mide el área entre el eje X, la curva de una función f, continua en un intervalo $[a, b]$, con $f(x) > 0$, y las rectas verticales por los puntos de abscisas a y x, entonces F es derivable en dicho intervalo y verifica que $F'(x) = f(x)$ para cualquier x de $[a, b]$.

Esto es, F es una primitiva de f.

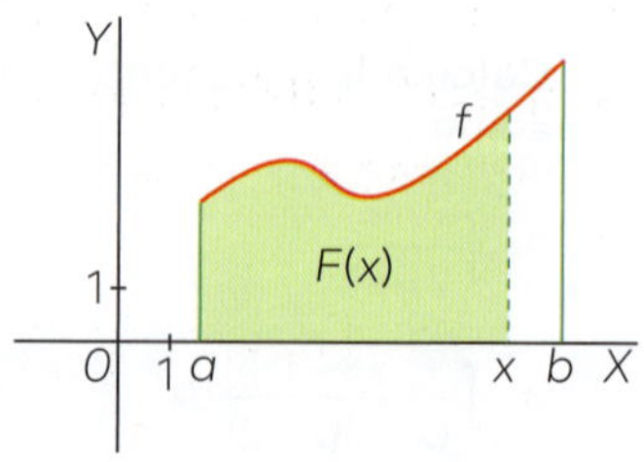

Para demostrarlo, supondremos que f es creciente en un intervalo centrado en x, pero un mínimo retoque haría válida la demostración para cualquier otra f continua.

Hay que probar que $F'(x)=\lim_{h\to 0}\dfrac{F(x+h)-F(x)}{h}=f(x)$.

La diferencia $F(x + h) - F(x)$ mide el área de la región sombreada en la figura, mientras que $hf(x)$ y $hf(x + h)$ dan, respectivamente, las áreas de los dos rectángulos marcados. Así, resulta:

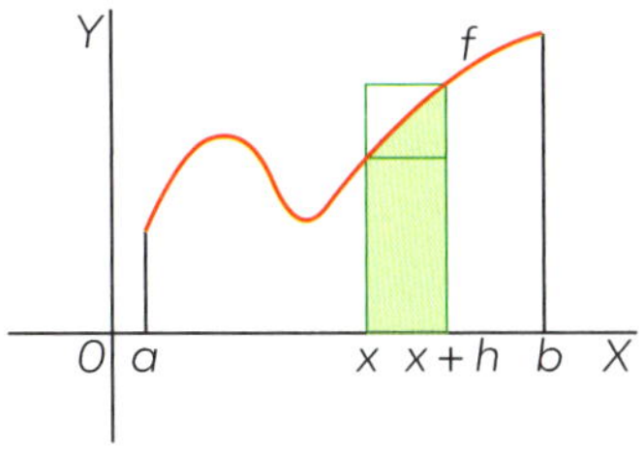

$$hf(x) \le F(x + h) - F(x) \le hf(x + h)$$

Si $\dfrac{\not{h}f(x)}{\not{h}}\le\dfrac{F(x+h)-F(x)}{h}\le\dfrac{\not{h}f(x+h)}{\not{h}}\Rightarrow\lim_{h\to 0}f(x)\le\lim_{h\to 0}\dfrac{F(x+h)-F(x)}{h}\le\lim_{h\to 0}f(x+h)$

Como f es una función continua, se verifica que $\lim_{h\to 0}f(x)=f(x)$ y $\lim_{h\to 0}f(x+h)=f(x)$ y, por tanto,

$f(x)\le\lim_{h\to 0}\dfrac{F(x+h)-F(x)}{h}\le f(x)$, que implica que $F'(x) = f(x)$, que es lo que queríamos probar.

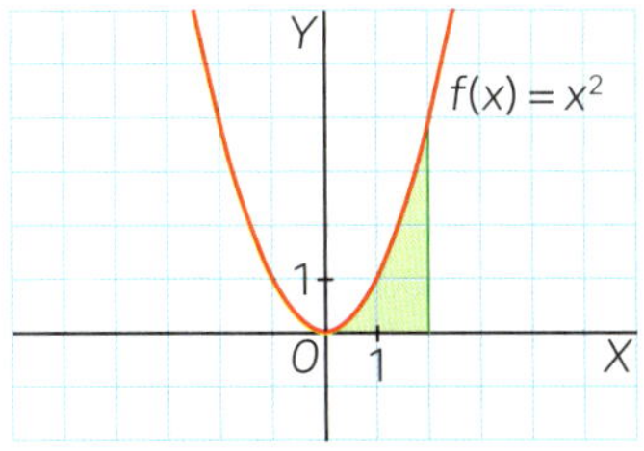

¿Cómo se aplica este teorema, para calcular, por ejemplo, el área del recinto limitado por la gráfica de $y = x^2$, el eje horizontal y las rectas verticales $x = 0$ y $x = 2$?

Volviendo al caso general, si $F(x)$ mide el área de toda la región, el problema es cómo calcular el número $F(b)$, siendo b el extremo superior del intervalo ($b = 2$ en el ejemplo de $y = x^2$).

4.3. Un método para calcular áreas

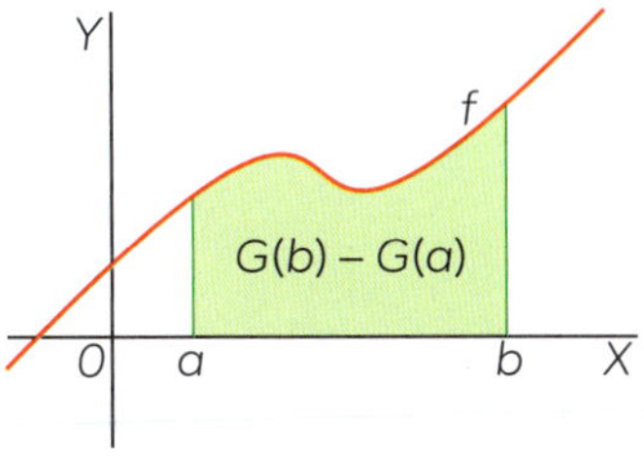

Si f es continua en el intervalo $[a, b]$ con $f(x) \ge 0$, el **área de la región limitada** por el eje de abscisas, la gráfica de f y las rectas verticales $x = a$ y $x = b$, se puede calcular con el siguiente procedimiento:

1. Se busca una función G cuya derivada sea f, $G'(x) = f(x)$, es decir, una primitiva de f.
2. El **área** buscada es igual al número **$G(b) - G(a)$**.

El teorema fundamental del cálculo asegura que el área viene dada por el número $F(b)$, siendo F una función cuya derivada es f. Si G es otra función cuya derivada es también f, F y G no tienen por qué ser iguales, pero sí debe ocurrir que $F(x) - G(x)$ sea constante.

Así pues, $F(a) - G(a) = F(b) - G(b)$, por lo que $F(b) = G(b) - G(a) + F(a)$ y como $F(a) = 0$, al ser el área de una región reducida a un segmento, se tiene que $F(b) = G(b) - G(a)$.

$$\text{Área región} = G(b) - G(a),\ \text{donde } G'(b) = f(x)$$

47 Actividad resuelta

Calcula el área de la región limitada por la gráfica de la función $f(x)=-x^3+5x^2-4x$, el eje de abscisas y las rectas verticales $x = 2$ y $x = 3$.

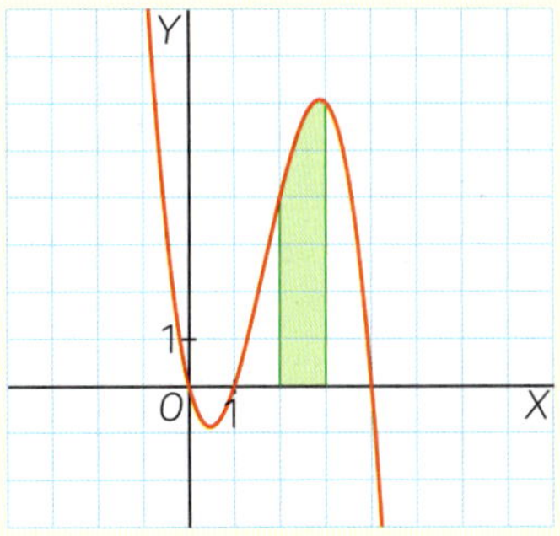

En la figura se ha representado la gráfica de la función f.

Si aplicamos el método que acabamos de enunciar:

$$\text{Área sombreada} = G(3) - G(2),\ \text{siendo}$$

$G'(x)=f(x)=-x^3+5x^2-4x$, por tanto, G es una primitiva de f y su cálculo es inmediato:

$$G(x)=\int f(x)dx=\int(-x^3+5x^2-4x)dx=-\frac{x^4}{4}+\frac{5x^3}{3}-2x^2+C$$

Como para hallar el área se ha probado que vale cualquier función G que verifique que $G'(x) = f(x)$, se elige la más sencilla, que es aquella con $C = 0$.

Por tanto, el área pedida es:

$$G(3)-G(2)=\left(-\frac{3^4}{4}+\frac{5\cdot 3^3}{3}-2\cdot 3^2\right)-\left(-\frac{2^4}{4}+\frac{5\cdot 2^3}{3}-2\cdot 2^2\right)=\frac{65}{12}\ \text{unidades cuadradas (u}^2\text{)}$$

48 Actividad resuelta

Calcula el área de las regiones sombreadas.

a.

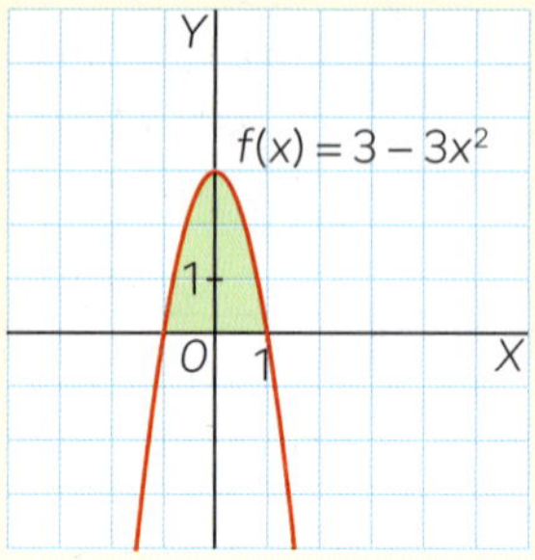

b.

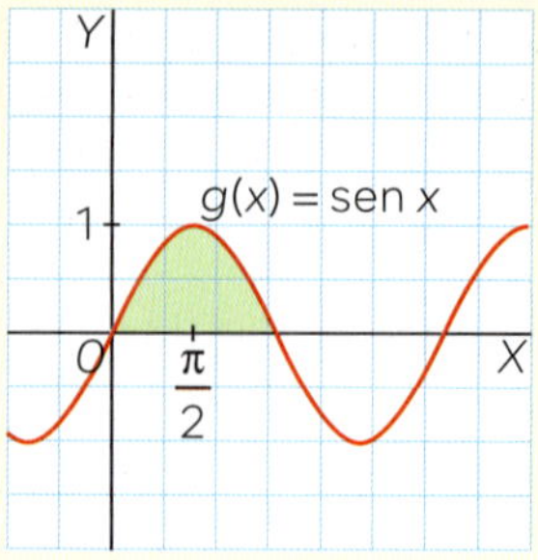

a. Si $f(x) = 3 - 3x^2$, entonces $F(x) = 3x - x^3$ cumple que $F'(x) = f(x)$ y el área de la zona sombreada es:

$$F(1) - F(-1) = (3 - 1) - (-3 + 1) = 4 \text{ u}^2$$

b. Si $g(x) = \text{sen}\, x$, entonces $G(x) = -\cos x$ cumple que $G'(x) = g(x)$, y el área sombreada es:

$$G(\pi) - G(0) = -(-1) + 1 = 2 \text{ u}^2$$

49 Calcula el área de la región sombreada.

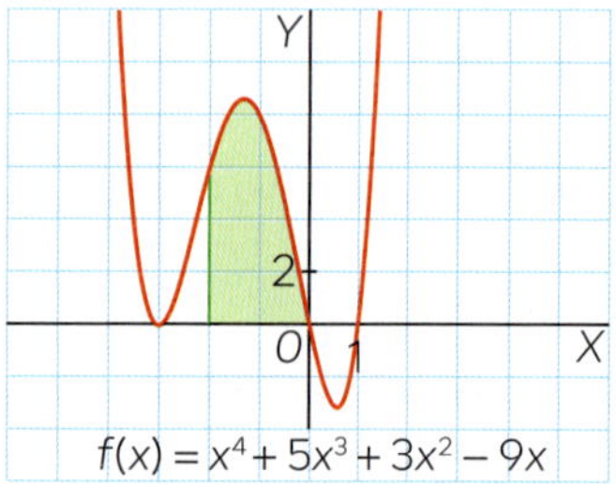

50 Calcula el área del recinto plano acotado por la función $f(x) = x^4 - 2x^2$ y el eje X. ¿Qué sucedería con la función $f(x) = x^4 - 2x^2 + 1$?

51 Calcula el área de la zona limitada por la gráfica de $y = x^2$, el eje X y las rectas $x = 0$ y $x = 2$.

52 Calcula el área del recinto plano acotado limitado por la gráfica de la función $g(x) = x^3 - 9x$ y el eje X.

53 Calcula el área de las siguientes regiones.

a.

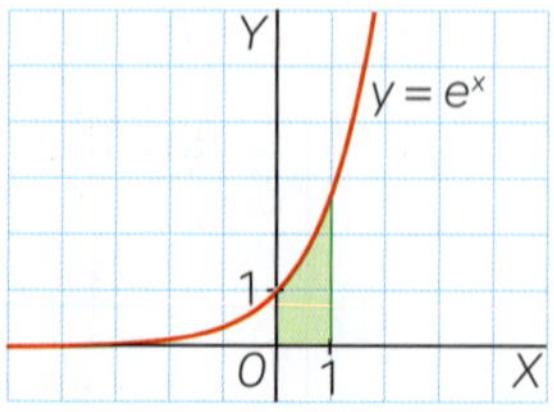

b.

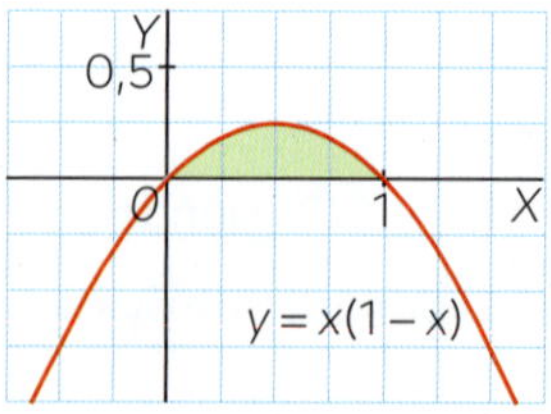

54 Representa gráficamente la función dada por:

$$f(x) = \begin{cases} 4 - x^2 & \text{si } -2 \leq x < 0 \\ 4 - x & \text{si } 0 \leq x \leq 4 \end{cases}$$

Halla el área de la región limitada por la gráfica de f y el eje de abscisas.

55 Dada la función $f(x) = x^2 + a$ con $a > 0$, calcula el valor de a para que el área determinada por la gráfica de la función, el eje de abscisas y las rectas $x = 0$ y $x = 3$ valga 27.

5 Integral definida. Regla de Barrow

5.1. Integral definida

I. Si f es una función continua y no negativa en el intervalo $[a, b]$, se llama integral definida de f entre a y b al área de la región limitada por la curva $y = f(x)$, el eje de abscisas y las rectas verticales $x = a$ y $x = b$. Se representa por $\int_a^b f(x)dx$.

II. Si f es una función continua negativa en el intervalo $[a, b]$, entonces $\int_a^b f(x)dx$ representa el opuesto del área descrita en el punto I.

III. Si f cambia de signo entre a y b, se divide $[a, b]$ en intervalos en los que f sea de signo constante, se aplica en cada uno de ellos la definición anterior que corresponda y se define $\int_a^b f(x)dx$ como la suma de estos números.

Según el signo de $f(x)$ en $[a, b]$, tenemos:

- $f(x) \geq 0 \Rightarrow \int_a^b f(x)\,dx \geq 0$
- $f(x) \leq 0 \Rightarrow \int_a^b f(x)\,dx \leq 0$
- Si el signo de f cambia en $[a, b]$, $\int_a^b f(x)\,dx$ puede ser positiva, negativa o cero.

5.2. Regla de Barrow

Si f es continua en el intervalo $[a, b]$ y F es cualquier primitiva de f, $F'(x) = f(x)$ entonces:

$$\int_a^b f(x)dx = \left[F(x)\right]_a^b = F(b) - F(a)$$

En efecto:

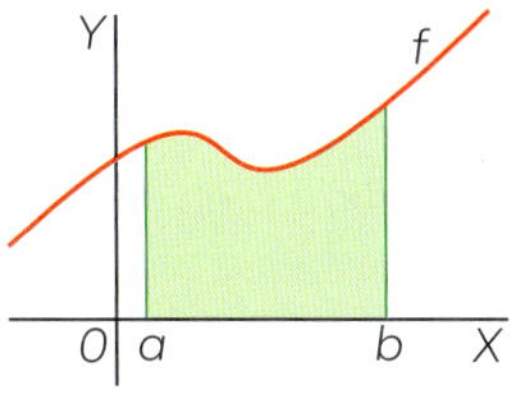

- Si $f(x) \geq 0$ en $[a, b]$, entonces $\int_a^b f(x)dx$ mide el área sombreada y ya se ha demostrado que dicha área es precisamente $F(b) - F(a)$.

- Si $f(x) \leq 0$ en $[a, b]$, se define $\int_a^b f(x)dx$ como el opuesto del área sombreada, que es igual al área limitada por la función positiva $-f$, el eje de abscisas y las rectas verticales $x = a$ y $x = b$, y que se calcula de acuerdo al caso anterior.

$$\int_a^b f(x)dx = -\int_a^b \left(-f(x)\right)dx = -\left[\left(-F(b)\right) - \left(-F(a)\right)\right] = F(b) - F(a)$$

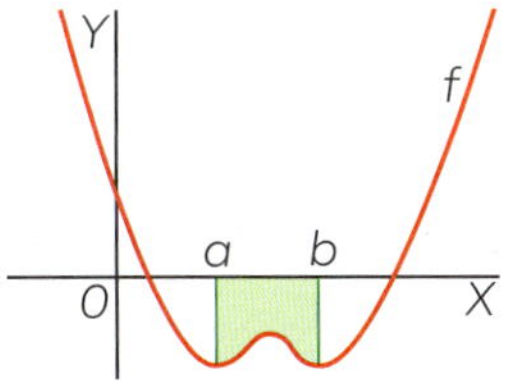

- Si f cambia de signo en $[a, b]$, por ejemplo, $f(x) \leq 0$ en $[a, c]$ y $f(x) \geq 0$ en $[c, b]$, se define:

$$\int_a^b f(x)dx = -\int_a^c \left(-f(x)\right)dx + \int_c^b f(x)dx =$$
$$= -\left[\left(-F(c)\right) - \left(-F(a)\right)\right] + \left(F(b) - F(c)\right) = F(b) - F(a)$$

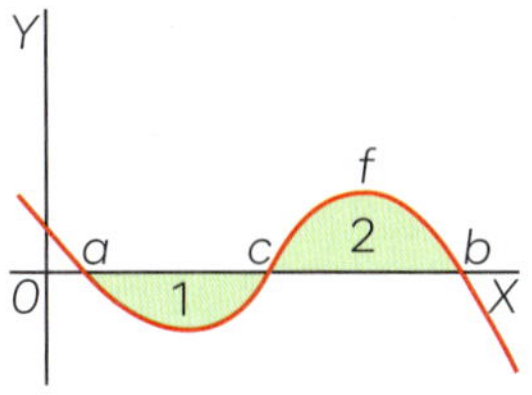

El valor obtenido es igual a la suma de las áreas de las regiones 1 y 2 de la figura.

56 MAT-TIC Practica y afianza lo estudiado con el interactivo de GeoGebra *Regla de Barrow.*

57 Calcula las siguientes integrales definidas.

a. $\int_{-1}^1 x(x^2 - 1)dx$

b. $\int_0^1 \cos x\,dx$

c. $\int_0^2 (x^2 - 1)\,dx$

d. $\int_0^3 \left(2x^4 - 3x + \sqrt{x}\right)dx$

e. $\int_{-1}^1 (4e^x - x)dx$

f. $\int_0^{2\pi} \operatorname{sen} x\,dx$

58 Escribe una función continua f para la que $\int_{-1}^1 f(x)\,dx = 0$.

59 Calcula $\int_{-1}^4 |3x|dx$.

60 Escribe una función f no constante en $[0, 2]$, tal que $\int_0^2 f(x)dx = 2$.

61 Calcula el área encerrada por el eje X, la gráfica de $f(x) = x(x^2 - 1)$ y las rectas verticales $x = -1$ y $x = 1$.

6 Propiedades de la integral definida

6.1. Propiedades de la integral definida

1. $\int_a^b \left(f(x)+g(x)\right)dx=\int_a^b f(x)dx+\int_a^b g(x)dx$

Si $F(x)$ y $G(x)$ son primitivas, respectivamente, de $f(x)$ y $g(x)$, entonces $F(x)+G(x)$ es una primitiva de $f(x)+g(x)$, por lo que:

$$\int_a^b \left(f(x)+g(x)\right)dx=(F+G)(b)-(F+G)(a)=\left(F(b)-F(a)\right)+\left(G(b)-G(a)\right)=\int_a^b f(x)dx+\int_a^b g(x)dx$$

2. $\int_a^b k\,f(x)dx=k\int_a^b f(x)dx$, siendo k cualquier número real.

Si $f(x)=1$, la propiedad 2 nos lleva a que: $\int_a^b k\,dx=k(b-a)$

Si $F(x)$ es una primitiva de $f(x)$, $\int_a^b kf(x)dx=(kF)(b)-(kF)(a)=k\left(F(b)-F(a)\right)=k\int_a^b f(x)dx$

3. $\int_a^c f(x)dx+\int_c^b f(x)dx=\int_a^b f(x)dx$ para cualquier $c\in[a,b]$

En efecto, si $F(x)$ es una primitiva de $f(x)$, entonces:

$$\int_a^c f(x)dx+\int_c^b f(x)dx=\left(F(c)-F(a)\right)+\left(F(b)-F(c)\right)=\left(F(b)-F(a)\right)=\int_a^b f(x)dx$$

4. Si $f(x)\geq 0$ en $[a,b]$, entonces $\int_a^b f(x)dx\geq 0$.

Como $f(x)\geq 0$, $\int_a^b f(x)dx$ mide un área, por lo que es mayor o igual que cero.

5. Si $f(x)\geq g(x)$ en $[a,b]$, entonces $\int_a^b f(x)dx\geq\int_a^b g(x)dx$.

La función $f(x)-g(x)$, es positiva o cero en $[a,b]$, por lo que $\int_a^b\left(f(x)-g(x)\right)dx\geq 0$, es decir, $\int_a^b f(x)dx-\int_a^b g(x)dx\geq 0$, así que $\int_a^b f(x)dx\geq\int_a^b g(x)dx$.

6. Si $m\leq f(x)\leq M$ en $[a,b]$, entonces $m(b-a)\leq\int_a^b f(x)dx\leq M(b-a)$.

Utilizando las propiedades 5 y 1, resultan las desigualdades pedidas.

7. $\left|\int_a^b f(x)dx\right|\leq\int_a^b\left|f(x)dx\right|$

El número $\int_a^b|f(x)|dx$ es mayor o igual que el número $\int_a^b f(x)dx$ y que su opuesto, con lo que será mayor o igual que su valor absoluto, es decir, $\left|\int_a^b f(x)dx\right|\leq\int_a^b|f(x)|dx$.

62 Si $\int_a^b f(x)dx=1$, $\int_a^b g(x)dx=2$ y $\int_a^b h(x)dx=-3$, calcula, si tienes datos suficientes, el valor de algunas de estas integrales:

a. $\int_a^b\left(f(x)+g(x)\right)dx$

b. $\int_a^b\left(2f(x)-3g(x)\right)dx$

c. $\int\left(f(x)\cdot g(x)\right)dx$

d. $\int\left(f(x)-2h(x)\right)dx$

63 Si f es continua y $\int_0^1 f(x)dx=2$, ¿cuánto vale $\int_0^1 g(t)dt$, siendo $g(t)=f(t)+1$?

64 Si $\int_0^1 f(x)dx=1$, $\int_1^2 f(x)dx=2$ y $\int_0^3 f(x)dx=3$, calcula:

a. $\int_0^2 f(x)dx$

b. $\int_1^3 f(x)dx$

c. $\int_2^3 f(x)dx$

7 Áreas de recintos planos

7.1. Áreas de recintos planos

La regla de Barrow nos proporciona una herramienta muy útil para calcular el área de recintos limitados por curvas si se conoce una primitiva de las funciones que definen dichas curvas.

- Si f es continua y no negativa en $[a, b]$, el área de la región limitada por la gráfica de f, el eje horizontal y las rectas verticales $x = a$ y $x = b$ viene dada por el número:

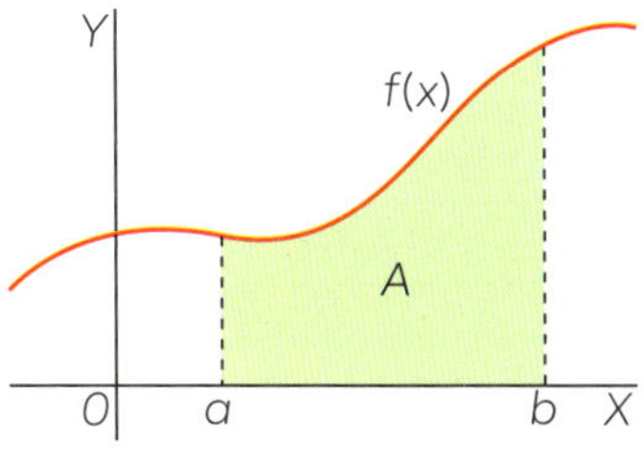

$$\int_a^b f(x)dx = F(b) - F(a) \text{ con } F'(x) = f(x)$$

- Si el recinto está limitado por dos curvas no negativas en $[a, b]$, como en la figura, la situación es totalmente análoga a la anterior sin más que dividir el recinto convenientemente. En efecto:

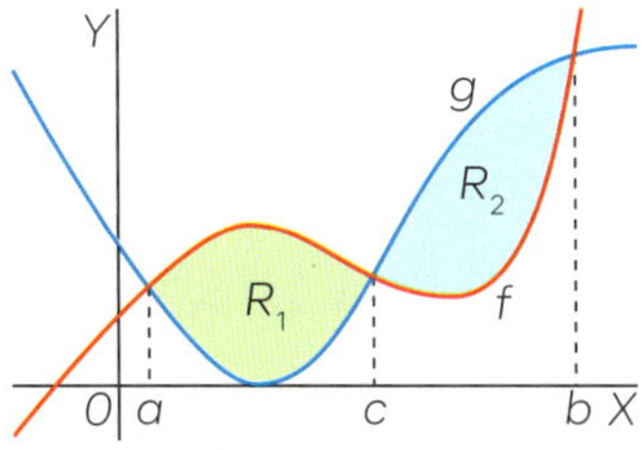

1.° Se obtienen los puntos de corte de las dos funciones. Las abscisas de dichos puntos son a, b y c.

Estos puntos dividen el intervalo $[a, b]$ en dos subintervalos: $[a, c]$ y $[c, b]$.

2.° El área del recinto se puede calcular entonces como la suma de las áreas de los recintos determinados por las curvas en cada uno de los subintervalos.

Teniendo en cuenta que en los subintervalos las gráficas no se cortan y, por tanto, una de las funciones siempre será mayor que la otra, el cálculo del área de los recintos se realiza como sigue:

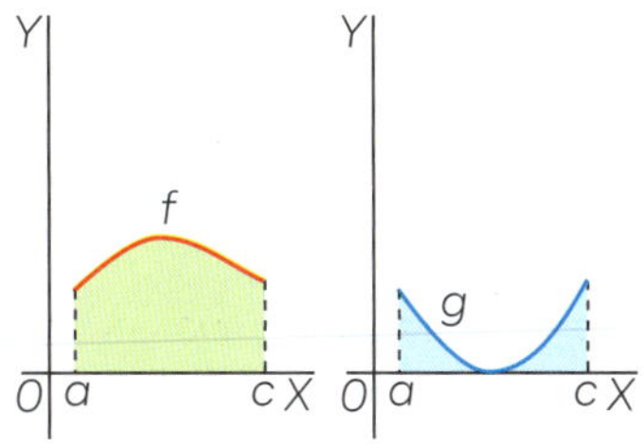

- El área de la región R_1 se puede calcular como la diferencia de las áreas señaladas en la figura:

$$\text{Área de } R_1 = \int_a^c f(x)dx - \int_a^c g(x)dx = \int_a^c \left[f(x) - g(x)\right]dx$$

- Análogamente, el área del recinto R_2 puede calcularse como una diferencia:

$$\text{Área de } R_2 = \int_c^b g(x)dx - \int_c^b f(x)dx = \int_c^b \left[g(x) - f(x)\right]dx$$

El área pedida es, por tanto:

$$A = R_1 + R_2 = \int_a^c \left[f(x) - g(x)\right]dx + \int_c^b \left[g(x) - f(x)\right]dx$$

65 Actividad resuelta

Calcula el área de la región limitada por las funciones $y = x^3 - 6x^2 + 9x$ e $y = x$.

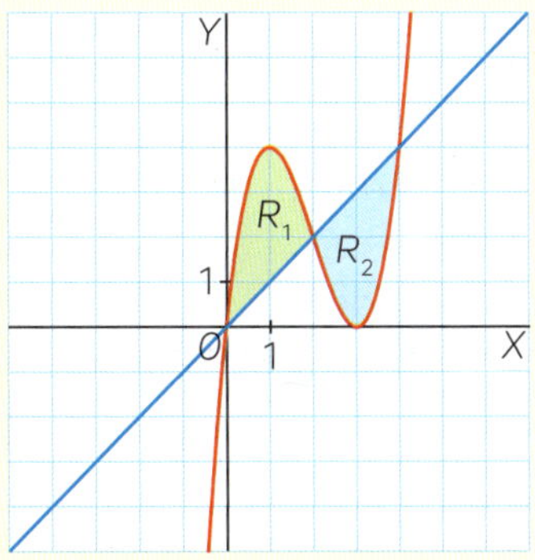

Calculamos los puntos de corte de las dos funciones:

$$x^3 - 6x^2 + 9x = x \Rightarrow x^3 - 6x^2 + 8x = 0 \Rightarrow x(x-2)(x-4) = 0 \Rightarrow x = 0, x = 2, x = 4$$

La zona de interés queda dividida en dos recintos:

- R_1: recinto limitado por las dos funciones en el intervalo $[0, 2]$
- R_2: recinto limitado por las dos funciones en el intervalo $[2, 4]$

Para calcular el área de estos dos recintos debemos saber qué función es mayor en cada uno de los intervalos. Para ello, conviene representar las gráficas de las dos funciones en unos mismos ejes.

$$\text{Área de } R_1 = \int_0^2 \left((x^3 - 6x^2 + 9x) - x\right)dx = \int_0^2 (x^3 - 6x^2 + 8x)dx = \left[\frac{x^4}{4} - 2x^3 + 4x^2\right]_0^2 = 4 \text{ u}^2$$

$$\text{Área de } R_2 = \int_2^4 \left(x - (x^3 - 6x^2 + 9x)\right)dx = \int_2^4 (-x^3 + 6x^2 - 8x)dx = \left[-\frac{x^4}{4} + 2x^3 - 4x^2\right]_2^4 = 4 \text{ u}^2$$

El área del recinto es de 8 u².

En el caso anterior, las dos gráficas que delimitan la región son positivas en el intervalo que define la región y por eso ha bastado con descomponer esta en dos. Pero ¿qué ocurre en el caso de un recinto como el de la figura? ¿Cómo se calcula su área?

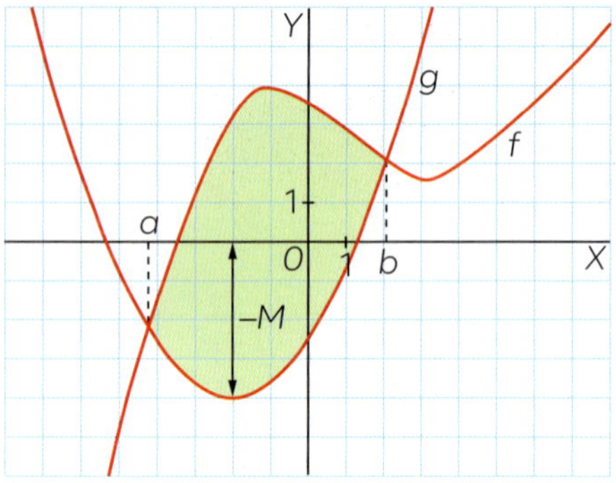

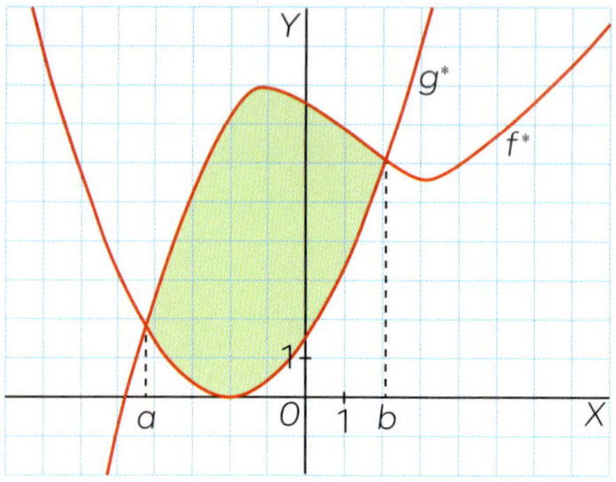

Si a y b son las abscisas de sus puntos de corte, resulta que en el intervalo $[a, b]$, $f(x) \geq g(x)$, ambas presentan signos positivos y negativos en dicho intervalo. Si llamamos $-M$ al mínimo valor de g en $[a, b]$ y consideramos dos nuevas funciones $f^* = f + M$ y $g^* = g + M$, la región determinada por f^* y g^* es idéntica a la dada (desplazada M unidades hacia arriba), pero con f^* y g^* positivas en $[a, b]$, una situación que ya sabemos resolver.

Así pues, el área pedida será:

$$\int_a^b \left[f^*(x)-g^*(x)\right]dx=\int_a^b \left[f(x)+M-\left(g(x)+M\right)\right]dx=\int_a^b \left[f(x)-g(x)\right]dx$$

con lo que no es preciso calcular el valor de M y basta obtener la integral entre a y b de la diferencia de las dos funciones (la que está por arriba menos la que está por debajo).

66 **Actividad resuelta**

Calcula el área de la región sombreada.

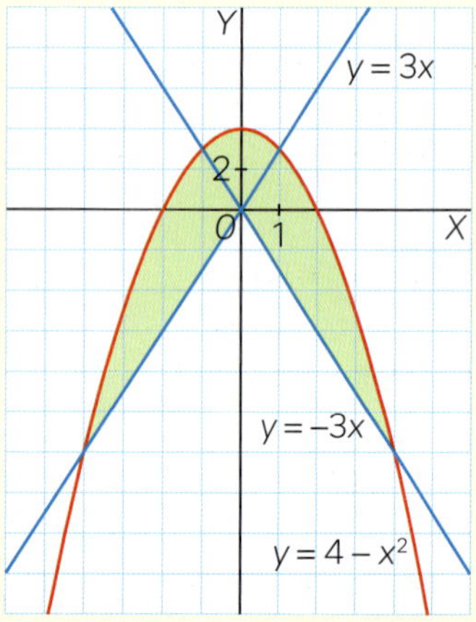

Por cuestiones de simetría, bastará calcular el área de la región que se encuentra a la derecha del eje vertical y luego multiplicarla por 2. En primer lugar, calculamos el punto de corte de las funciones:

$$\begin{cases} y=4-x^2 \\ y=-3x \end{cases} \Rightarrow 4-x^2=-3x \Rightarrow x^2-3x-4=0 \Rightarrow x=-1, x=4$$

Así pues, el área pedida será:

$$2\int_0^4 \left((4-x^2)-(-3x)\right)dx=2\left[4x-\frac{x^3}{3}+\frac{3x^2}{2}\right]_0^4=2\left(16-\frac{64}{3}+24\right)=\frac{112}{3}\,u^2$$

67 **Calcula el área de la región limitada por la gráfica de $y=\frac{x}{1+x^2}$, el eje horizontal y las rectas verticales $x=1$ y $x=2$.**

68 Dadas las parábolas $f(x)=2x^2+2x-12$ y $g(x)=-x^2-x+6$, cuyas gráficas se presentan a continuación, hallar el área de recinto acotado encerrado entre ambas.

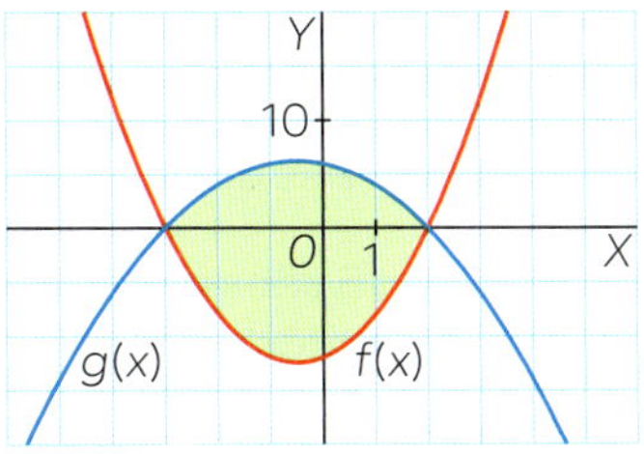

69 Consideramos la función real de variable real:

$$f(x)=-8x^2+24x-10$$

a. Calcula los máximos y mínimos locales de f y represéntala gráficamente.

b. Determina el área del recinto cerrado comprendido entre la gráfica de la función f y las rectas $x=1$, $x=2$ e $y=4$.

70 Sea la curva de ecuación $f(x)=px^2+2x+q$.

a. Calcula los valores de p y q para los que la curva pasa por el punto (2, 15) y tiene un máximo para $x=1$.

b. Esboza la gráfica de la función $f(x)$ y halla el área limitada por dicha función y el eje X.

71 Calcula el área de la región finita limitada por el eje horizontal y la gráfica de $y=x^2-2x-3$.

72 Un artista quiere pintar un mural abstracto en una pared. En ese mural hay que pintar la figura encerrada dentro de la parábola $y=x^2-1$, limitada por encima por la recta $y=11-x$, y por debajo, por el eje X. Las distancias en los ejes están definidas en metros.

a. ¿Cuántos metros cuadrados mide la figura?

b. El trozo de figura a la izquierda de la recta $x=-1$ se pinta de azul, y el trozo a la derecha de gris. Si cada metro cuadrado de pintura azul cuesta 2 € y pintar el mural ha costado en total 95 €, ¿cuánto cuesta cada m^2 de pintura gris?

73 Calcula el área de la región encerrada entre las gráficas de $f(x)=2x-x^2$ y $g(x)=x^2-\frac{3}{2}$.

74 Calcula el área de la región limitada por las curvas $y=x+5$, $y=2$, $y=-1$ e $y^2=x$.

7.2. El problema de la transmisión

75 Actividad resuelta

En un determinado momento, en una granja de pollos aparece una enfermedad que se desarrolla a un ritmo de $r(t)=3\cdot 2^{\frac{t}{10}}$ pollos enfermos por hora. Calcula cuántos pollos habrá enfermos al cabo de 10 horas.

Figura 1

Figura 2

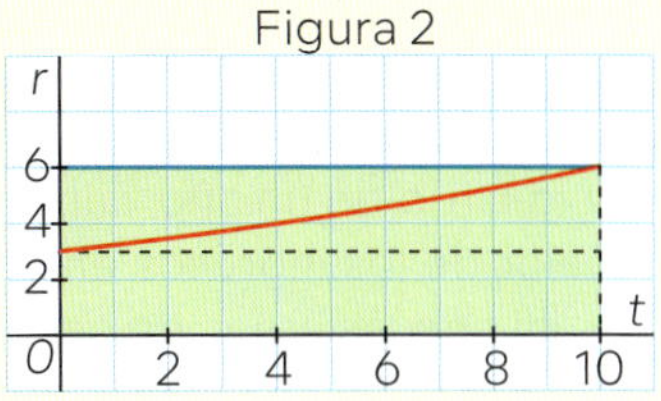

Figura 3

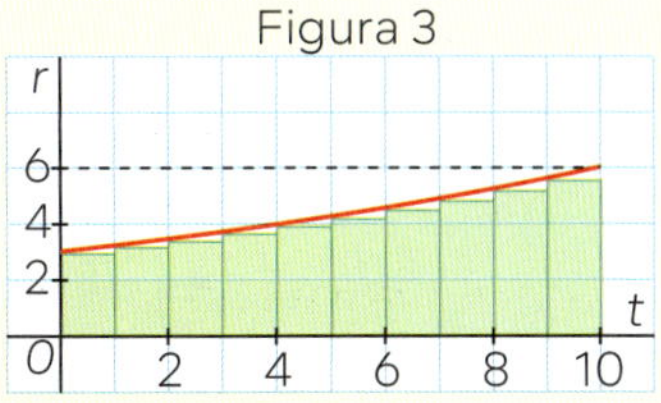

Representamos la función que da el ritmo de crecimiento de la enfermedad (línea roja).

- En la figura 1, el área sombreada indica el número de pollos enfermos al cabo de 10 horas si el ritmo de desarrollo de la enfermedad fuera constante e igual al ritmo de crecimiento de la primera hora:

  $r(0)=3$ pollos enfermos por hora $\Rightarrow 3\cdot 10=30$ pollos a las 10 horas

- En la figura 2, el área sombreada indica el número de pollos enfermos al cabo de 10 horas, si el ritmo de desarrollo de la enfermedad fuera constante e igual al ritmo de crecimiento de la última hora:

  $r(10)=6$ pollos enfermos por hora $\Rightarrow 6\cdot 10=60$ pollos a las 10 horas

Estos cálculos no resuelven la situación, pues el ritmo de desarrollo de la enfermedad no es constante e igual a lo largo de las 10 horas.

Si se divide el intervalo [0, 10] en n subintervalos (figura 3), es razonable pensar que en cada uno de ellos el ritmo es constante y la suma de las áreas de los rectangulitos de base cada subintervalo y de altura el valor de la función en el extremo de la izquierda del subintervalo, sí se aproximará al número real de pollos enfermos al cabo de las 10 horas. Como cuanto mayor es n, más se aproxima la suma de las áreas de estos rectángulos al área encerrada bajo la curva, se puede concluir que el número de pollos infectados al cabo de 10 horas es dicha área, es decir:

$$\int_0^{10} 3\cdot 2^{\frac{t}{10}}dt=3\left[\frac{1}{\ln 2}\cdot 10\cdot 2^{\frac{t}{10}}\right]_0^{10}=\frac{30}{\ln 2}\left[2-1\right]\simeq 43 \text{ pollos enfermos}$$

76 Una empresa estima que la tasa de variación de gastos de mantenimiento de sus equipos informáticos viene dada por la función $m(t)=10+10t+4t^2$ donde t se mide en años, y m, en cientos de euros por año.

Se pide:

a. Dibujar la gráfica y hacer una interpretación de la misma.

b. Hallar el área entre la curva anterior y el eje de abscisas, entre los valores $t = 0$ y $t = 5$. ¿Qué representa el resultado?

77 Al trasplantar una especie de árbol se observa que su tasa de crecimiento a los x años medidos desde el trasplante es de $1-\frac{1}{(x+1)^2}$ metros por año. Si se desea que a los 5 años midan 5 m, ¿cuánto deben medir al ser trasplantados?

78 Una fábrica arroja diariamente, después de tratarlos adecuadamente, material a una balsa según un ritmo dado por la siguiente función:

$$m(t) = 0{,}01t^3 - 0{,}2t^2 + t + 1,$$

siendo m la cantidad de material en kg, y t, la hora del día.

a. Esboza la gráfica de esta función en el intervalo [0, 24].

b. ¿Qué representa el área bajo esa curva y sobre el eje horizontal?

c. Calcula el material que se arroja al día.

7.3. Beneficio neto

79 Actividad resuelta

Una fábrica compra nueva maquinaria industrial que se prevé que genere unos ingresos de $I(x) = 10\,000 - 5x^2$ euros mensuales a los x meses de su adquisición, y para la que se calculan unos costes de mantenimiento y funcionamiento de $C(x) = 1900 + 4x^2$ euros mensuales. Calcula el beneficio neto al cabo de un año.

Si estudiamos las funciones $I(x)$ y $C(x)$, vemos que la función de los ingresos es decreciente, mientras que la función de los gastos es creciente, por lo que, naturalmente, llegará un momento en el que la máquina dejará de ser rentable. Esto ocurrirá en el momento en el que los ingresos sean iguales a los gastos, dado por la solución de la ecuación $I(x) = C(x)$. Dicha solución es $x = 30$ meses, por lo que después de 30 meses, la máquina producirá más gastos que ingresos.

Para calcular los ingresos en un año, dividimos el intervalo [0, 12] en n subintervalos iguales y se calcula la suma de las áreas de los rectángulos cuya base es la longitud de cada subintervalo y cuya altura es el valor de $I(x)$ en cualquiera de los puntos de dicho subintervalo, por ejemplo, el extremo derecho. Esta suma representa los ingresos a lo largo de un año, suponiendo que en cada subintervalo son constantes e iguales al valor de los ingresos en el extremo derecho. Cuanto mayor es n, más se aproxima la suma de las áreas de estos rectángulos al área encerrada bajo la curva, por lo que, se puede concluir que los ingresos en esos 12 meses coinciden con el valor del área bajo la curva $I(x)$. De forma análoga se calculan los costes.

Por tanto, el beneficio neto al cabo de un año viene dado por:

$$B=\int_0^{12}\left(I(x)-C(x)\right)dx=\int_0^{12}\left((10\,000-5x^2)-(1900+4x^2)\right)dx=$$

$$=\int_0^{12}(8100-9x^2)dx=\left[8100x-3x^3\right]_0^{12}=91\,116\text{ €}$$

80 Una empresa quiere producir $c(t)=200+10t$ unidades de un producto que pretende vender a $p(t)=200-2t$ euros cada unidad, siendo t el número de días transcurridos desde el inicio de la producción.

a. Halla, dependiendo de t, la función beneficio $B(t)$.

b. Halla el beneficio acumulado durante los primeros 90 días.

8 Teorema del valor medio del cálculo integral

8.1. Teorema del valor medio del cálculo integral

Al estudiar la derivada obtuvimos el teorema del valor medio para el cálculo diferencial que decía que, bajo ciertas restricciones, existe un número c en un intervalo $[a, b]$ tal que $f'(c)=\dfrac{f(b)-f(a)}{b-a}$. El teorema del valor medio del cálculo integral es análogo y establece que:

> Si f es continua en $[a, b]$, existe al menos un número $c \in [a, b]$ tal que $\int_a^b \mathbf{f(x)\,dx = f(c)(b-a)}$.
> Al número $f(c)$ se le llama **valor medio** de f en el intervalo $[a, b]$.

En efecto, si f es continua en $[a, b]$, existe $\int_a^b f(x)dx$ y, siendo m y M el mínimo y el máximo, respectivamente, de f en $[a, b]$, la propiedad 6 de la integral definida asegura que:

$$m(b-a)\le\int_a^b f(x)dx\le M(b-a) \quad\Rightarrow\quad m\le\frac{1}{b-a}\int_a^b f(x)dx\le M$$

Como f es continua, tomará cualquier valor intermedio entre m y M, en particular $\dfrac{1}{b-a}\int_a^b f(x)dx$, es decir, existirá un número $c \in [a, b]$ tal que $f(c)=\dfrac{1}{b-a}\int_a^b f(x)dx$, o bien, $\int_a^b f(x)dx=f(c)(b-a)$.

8.2. Interpretación geométrica

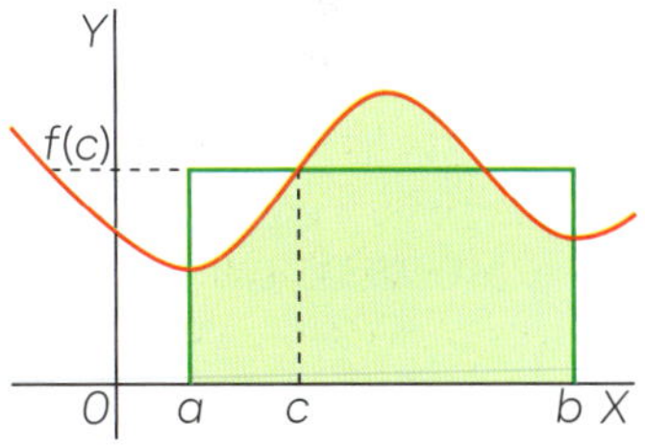

Si f es no negativa, $f(x)\ge 0$ en $[a, b]$, $\int_a^b f(x)dx$ mide el área sombreada en la figura y el teorema del valor medio del cálculo integral viene a decir que dicha área es igual al área de un rectángulo de base $b-a$ y altura la imagen por f de un punto c perteneciente al intervalo $[a, b]$.

81 Actividad resuelta

La función $T = f(t)$ da la temperatura T en el instante t de una cierta ciudad desde las 0 horas de un día. Calcula la temperatura media a lo largo de las 24 horas siguientes.

Una posibilidad sería medir la temperatura n veces en los instantes $t_1, t_2, ..., t_n$ y calcular la media de esas temperaturas, cuyo valor aproximado sería $T_m \approx \dfrac{f(t_1)+f(t_2)+...+f(t_n)}{n}$.

Naturalmente, cuanto mayor sea n, es decir, cuantas más mediciones se hagan, más se parecerá el cálculo obtenido a la temperatura media alcanzada.

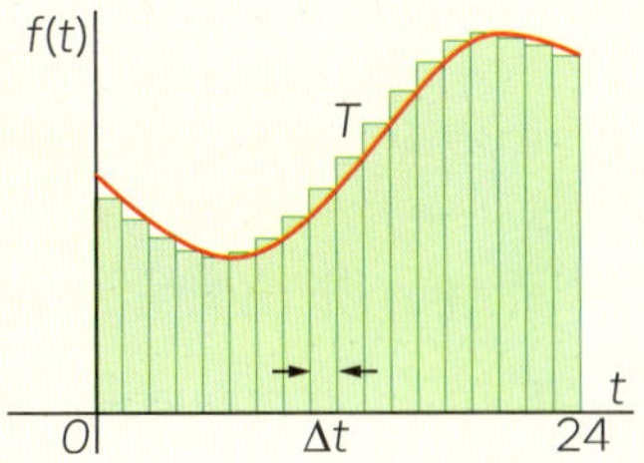

Si se dividen las 24 horas en n partes y se llama Δt a la duración de cada uno de esos intervalos, $\Delta t=\dfrac{24}{n}$, y, por tanto, $n=\dfrac{24}{\Delta t}$. Así pues, $T_m \approx \dfrac{\left(f(t_1)+f(t_2)+...+f(t_n)\right)\Delta t}{24}$, siendo tomados los instantes $t_1, t_2, ..., t_n$, por ejemplo, al final de cada uno de esos intervalos, con lo que $T_m \approx \dfrac{1}{24}\left[f(t_1)\Delta t+f(t_2)\Delta t+...+f(t_n)\Delta t\right]$.

Esta última suma representa la suma de las áreas de los rectángulos de la figura, que aproximarán el área encerrada por la curva $T=f(t)$, de forma más precisa cuanto más pequeño sea Δt, es decir, cuanto mayor sea n. Por tanto, $T_m=\dfrac{1}{24}\int_0^{24} f(t)dt$, es decir, la temperatura media a lo largo de esas 24 horas coincide con el valor medio de la función $f(t)$ en $[0, 24]$.

82 **Halla el valor medio de las siguientes funciones en los intervalos indicados.**

a. $f(x)=x^2-4x+3$ en $[0, 1]$

b. $f(x)=\begin{cases} x+2 & x\le 2 \\ 4 & x>2 \end{cases}$ en $[-2, 4]$

c. $f(x)=\dfrac{1}{3}x+1$ en $[0, 3]$

CONCEPTOS CLAVE

Primitiva. Integral indefinida

- Si $f(x)$ es una función definida en un intervalo, una **primitiva** de $f(x)$ en ese intervalo es una función $F(x)$ tal que $F'(x)=f(x)$ para todo x de ese intervalo. Si $F(x)$ es una primitiva de f en $[a, b]$, $G(x) = F(x) + C$, $C \in \mathbb{R}$, también lo es.
- El conjunto de todas las primitivas de f se llama **integral indefinida** de f: $\int f(x)dx$

Integrales indefinidas inmediatas

1. $\int \left(f(x)\right)^r \cdot f'(x)dx = \frac{1}{r+1}\cdot\left(f(x)\right)^{r+1}+C$, si $r \in \mathbb{R}$ y $r \neq 1$	**6.** $\int \left(\operatorname{sen} f(x)\right)\cdot f'(x)dx = -\cos f(x)+C$
2. $\int \frac{f'(x)}{f(x)}dx = \ln\left\|f(x)\right\|+C$	**7.** $\int \frac{f'(x)}{\cos^2 f(x)}dx = \int (1+\operatorname{tg}^2 x)dx = \operatorname{tg} f(x)+C$
3. $\int e^{f(x)}\cdot f'(x)dx = e^{f(x)}+C$	**8.** $\int \frac{f'(x)}{\sqrt{1-(f(x))^2}}dx = \operatorname{arcsen} f(x)+C = -\arccos f(x)+C$
4. $\int a^{f(x)}\cdot f'(x)dx = \frac{a^{f(x)}}{\ln a}+C$, con $a \in \mathbb{R}$, $a>0$ y $a \neq 1$	**9.** $\int \frac{f'(x)}{1+\left(f(x)\right)^2}dx = \operatorname{arctg} f(x)+C$
5. $\int \left(\cos f(x)\right)\cdot f'(x)dx = \operatorname{sen} f(x)+C$	

Métodos de integración

Integración por partes

$$\int f(x)g'(x)dx = f(x)g(x) - \int f'(x)g(x)dx$$

Integración por cambio de variable

$$\int F'\left(g(x)\right)g'(x)dx = \int F'(t)dt = F(t)+C = F\left(g(x)\right)+C, \text{ con } g(x)=t \text{ y } g'(x)dx=dt$$

Teorema fundamental del cálculo

Si f es continua en $[a, b]$, $f(x) \geq 0$ y F está definida en $[a, b]$ de forma que $F(x)$ mide el área sombreada en la figura, entonces F es derivable en $[a, b]$ y $F'(x)=f(x)$ para cualquier x de $[a, b]$.

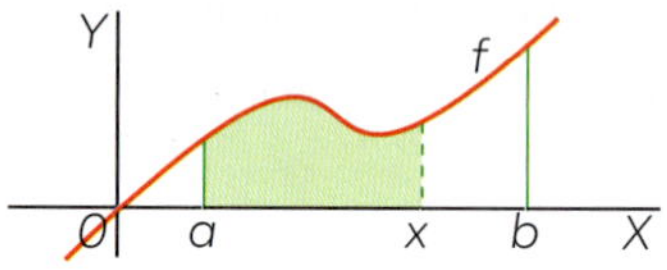

Integral definida. Regla de Barrow

Si f es continua en $[a, b]$, la integral definida de f entre a y b es $\int_a^b f(x)dx = F(b)-F(a)$, donde F es cualquier primitiva de f.

Áreas de figuras planas

Si la función f es continua en $[a, b]$ y F es una primitiva de f, entonces, las áreas sombreadas se calculan como se indica:

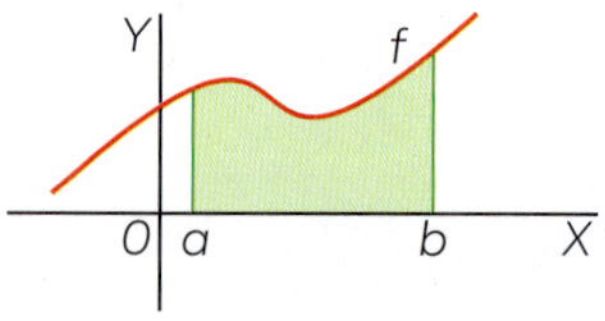

$\int_a^b f(x)dx = F(b)-F(a)$

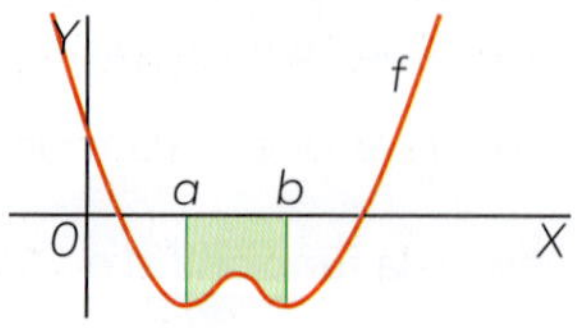

$-\int_a^b f(x)dx = -\left(F(b)-F(a)\right)$

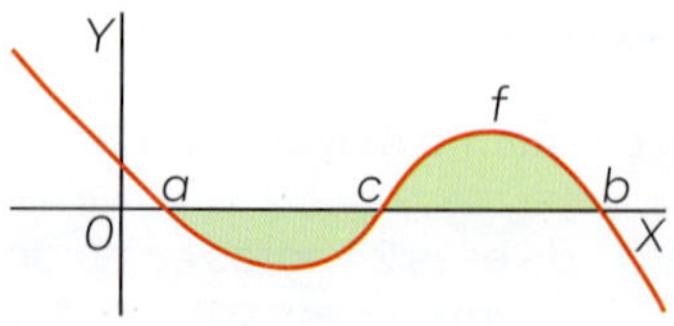

$-\int_a^c f(x)dx + \int_c^b f(x)dx = -\left(F(c)-F(a)\right)+\left(F(b)-F(c)\right)$

Área encerrada entre dos curvas

Si en $[a, b]$, $f(x) \geq g(x)$, siendo f y g continuas, el área encerrada por estas curvas es $\int_a^b \left(f(x)-g(x)\right)dx$.

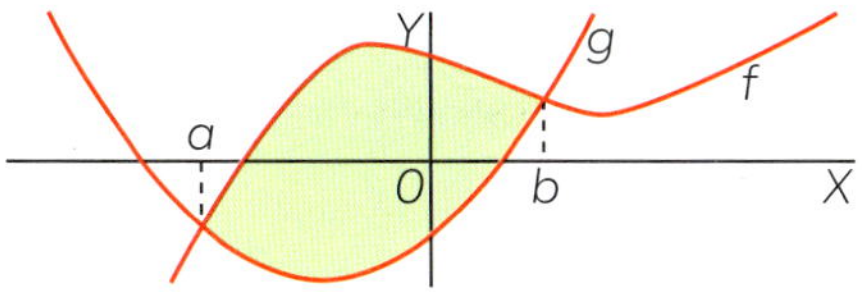

Teorema del valor medio

Si f es continua en $[a, b]$, existe al menos un número c en $[a, b]$ tal que $f(c)=\frac{1}{b-a}\int_a^b f(x)\,dx$.

Al número $f(c)$ se le llama valor medio de f en el intervalo $[a, b]$.

ACTIVIDADES FINALES

Actividades

1 Actividad resuelta

Calcula las siguientes integrales indefinidas.

a. $\int \frac{x^2+2x}{\sqrt{x^3+3x^2}}dx$ **b.** $\int \operatorname{tg} x\,dx$ **c.** $\int \frac{e^{\operatorname{arctg} x}}{1+x^2}dx$ **d.** $\int 5^{x^3-6x+1}(x^2-2)\,dx$

a. Es del tipo 1, ya que se puede escribir como una potencia del denominador por su derivada.

$$\int \frac{x^2+2x}{\sqrt{x^3+3x^2}}dx = \int (x^2+2x)(x^3+3x^2)^{-\frac{1}{2}}dx = \frac{1}{3}\int 3(x^2+2x)(x^3+3x^2)^{-\frac{1}{2}}dx =$$

$$= \frac{2}{3}(x^3+3x^2)^{\frac{1}{2}} + C = \frac{2}{3}\sqrt{x^3+3x^2} + C$$

b. Es del tipo 2, ya que, salvo un signo menos, el numerador es la derivada del denominador.

$$\int \operatorname{tg} x\,dx = \int \frac{\operatorname{sen} x}{\cos x}dx = -\int \frac{-\operatorname{sen} x}{\cos x}dx = -\ln|\cos x| + C$$

c. Corresponde al tipo 3.

$$\int \frac{e^{\operatorname{arctg} x}}{1+x^2}dx = \int e^{\operatorname{arctg} x}\cdot\frac{1}{1+x^2}dx = e^{\operatorname{arctg} x} + C$$

d. Es del tipo 4, salvo una constante multiplicativa.

$$\int 5^{x^3-6x+1}(x^2-2)\,dx = \frac{1}{3}\int 5^{x^3-6x+1}(3x^2-6)\,dx = \frac{1}{3\ln 5}5^{x^3-6x+1} + C$$

2 Calcula las siguientes integrales indefinidas.

a. $\int (e^{-x}-1)\cos(e^{-x}+x)dx$

b. $\int \frac{\operatorname{sen}\left(\ln(4x-2)\right)}{2x-1}dx$

c. $\int \frac{dx}{\sqrt{x}\cos^2\sqrt{x}}$

d. $\int \frac{\cos x}{1+\operatorname{sen}^2 x}dx$

3 Encuentra dos funciones cuya derivada sea $f(x)=\frac{1}{x+1}+e^{2x}$, tales que en el punto $x = 0$ una tenga doble valor que la otra.

4 Identifica cada una de las primitivas siguientes con una de la tabla indicada en el texto y, a continuación, resuélvelas.

a. $\int \left(\frac{1}{x}+2\right)dx$

b. $\int (3x-5)^2 dx$

c. $\int x^3\cdot\sqrt[4]{x^5}\,dx$

d. $\int \frac{x}{1+x^4}dx$

e. $\int \frac{x^3-5x^2+3}{x}dx$

f. $\int \operatorname{sen}(2x)dx$

g. $\int x\cdot e^{x^2}dx$

h. $\int \frac{x}{\sqrt{1+x^2}}dx$

5 Determina $\int \cos^2 x\,dx$ por partes usando la siguiente asignación: $\begin{cases} f(x)=\cos x & f'(x)=-\text{sen}\,x \\ g'(x)=\cos x & g(x)=\text{sen}\,x \end{cases}$

6 Alfonso, un alumno de 2.º de Ciencias Sociales, todavía no se maneja muy bien con el método de integración por partes y tiene que calcular la siguiente integral indefinida:

$$\int xe^x dx$$

Paz, una compañera, le dice que la primitiva que busca es de la forma $F(x) = Axe^x + Be^x$, siendo A y B números reales. ¿Cómo puede obtener la integral que busca?

7 Actividad resuelta

Si f' es continua y $f(1) = 2$, ¿cuál es el valor de $f(7)$, sabiendo que $\int_1^7 f'(x)dx = 3$?

Como f' es continua, por la regla de Barrow podemos hacer:

$$\int_1^7 f'(x)dx = f(7) - f(1) = f(7) - 2 = 3 \Rightarrow f(7) = 5$$

8 Dada la función $f(x) = \dfrac{x}{x^2-1}$:

- a. Calcula una primitiva de $f(x)$.
- b. Demuestra que si $x > 1$, la función $f(x)$ es siempre positiva.
- c. Calcula el área encerrada por la gráfica de $f(x)$ entre las rectas verticales $x = 2$ y $x = 3$.

9 Sea la función $f(x) = (x-1)(x+1)(x-3)$.

- a. Calcula una primitiva de $f(x)$.
- b. Justifica que $F(x) = x^4 + 2x - 4$ no es primitiva de $f(x)$.
- c. Halla el área limitada por la función $f(x)$, el eje X y las rectas $x = 0$ y $x = 2$.

10 Usando el cambio de variable $t = e^x$, calcula $\int e^{x+e^x} dx$.

11 Calcula $\int \dfrac{dx}{\sqrt{x^2-2}}$.

PISTA: Realiza el cambio $\sqrt{x^2-2} - x = t$.

12 Calcula los valores de las siguientes integrales definidas.

a. $\int_{-3}^{1} (x^3 - 2x^2 + 5)dx$

b. $\int_1^2 \left(\dfrac{3}{x^3} - \dfrac{2}{x^2} + \dfrac{1}{x}\right)dx$

c. $\int_1^3 \left(\dfrac{1}{\sqrt[3]{x}} - 3\sqrt{x}\right)dx$

d. $\int_{-\pi}^{2\pi} \cos(3x-2)dx$

e. $\int_0^{\frac{1}{2}} \dfrac{dx}{\sqrt{1-x^2}}$

f. $\int_{-2}^{0} 2^x dx$

g. $\int_{-1}^{1} e^{-2x+1} dx$

h. $\int_1^e \dfrac{\ln x}{x} dx$

i. $\int_{-1}^{1} xe^x dx$

j. $\int_{-\pi}^{\pi} x^2 \,\text{sen}(x^3)dx$

k. $\int_1^2 \dfrac{dx}{x^2+2x}$

l. $\int_0^3 \dfrac{x}{3x^2+1}dx$

m. $\int_{-\pi}^{\frac{\pi}{2}} \text{sen}(2x-1)dx$

n. $\int_{-1}^{1} \dfrac{5}{1+x^2}dx$

o. $\int_0^{\frac{\pi}{4}} \dfrac{\text{sen}x}{\cos^2 x}dx$

p. $\int_0^2 \dfrac{2x+1}{(x^2+x+1)^2}dx$

q. $\int_0^3 \dfrac{1}{1+2e^x}dx$

r. $\int_0^1 \dfrac{x}{1+x^4}dx$

13 Halla el valor medio de la función:

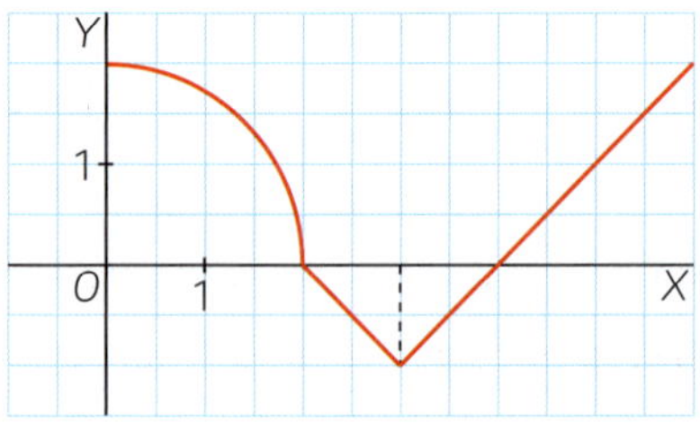

14 Razona la veracidad de las siguientes afirmaciones.

a. $\int_a^b f(x)dx + \int_b^c f(x)dx = \int_a^c f(x)dx$

b. $\int_a^b f(x)g(x)dx = \int_a^b f(x)dx \cdot \int_a^b g(x)dx$

c. Si $\int_a^b f(x)dx = 0$, entonces $a = b$.

d. Si $\int_a^b f(x)dx = 0$ y $f(x) > 0$ para todo x, entonces $a = b$.

e. $\int_a^b \left[f(x)+g(x)\right]dx = \int_a^b f(x)dx + \int_a^b g(x)dx$

15 Sea f continua en $[-1, 4]$ y $g(x) = f(x) + 2$. Si $\int_{-1}^{4} f(x)dx = 5$, calcula $\int_{-1}^{4} g(t)dt$.

16 Actividad resuelta

Considera la función f definida en el intervalo $[-2, 2]$ por la fórmula $f(x) = x^4 - 3x^2 + 2$. Esboza su gráfica y calcula el área encerrada entre ella y el eje horizontal.

Al ser un polinomio, su dominio son todos los números reales y es continua en él.

Se trata de una función par, en la que $f(x) = f(-x)$. Por tanto, es simétrica respecto del eje vertical, lo que facilita tanto el dibujo de su gráfica como el cálculo del área pedida.

Corte con el eje Y ($x = 0$): $f(0) = 2$. $A(0, 2)$ es el punto de corte con el eje Y.

Corte con el eje X ($y = 0$): $x^4 - 3x^2 + 2 = 0$, es una ecuación bicuadrada. Llamando $x^2 = t$, se tiene $t^2 - 3t + 2 = 0$, $t = 1$ y $t = 2$, por lo que hay cuatro puntos de corte con el eje X, cuyas abscisas son: $x = 1$, $x = -1$, $x = \sqrt{2}$ y $x = -\sqrt{2}$.

A continuación, estudiamos los extremos relativos:

$f'(x) = 4x^3 - 6x = 4x\left(x + \sqrt{\frac{3}{2}}\right)\left(x - \sqrt{\frac{3}{2}}\right)$ por lo que hay tres posibles extremos relativos: $x = 0$, $x = -\sqrt{\frac{3}{2}}$ y $x = \sqrt{\frac{3}{2}}$.

Para determinar su carácter se puede aplicar el test de la derivada segunda.

$$f''(x) = 12x^2 - 6 = 6(2x^2 - 1) \Rightarrow f''(0) = -6$$

$$f''\left(-\sqrt{\frac{3}{2}}\right) = 12;\ f''\left(\sqrt{\frac{3}{2}}\right) = 12.$$

Por tanto, $B(0, 2)$ es un máximo relativo, y $C\left(-\sqrt{\frac{3}{2}}, -\frac{1}{4}\right)$ y $D\left(\sqrt{\frac{3}{2}}, -\frac{1}{4}\right)$ son mínimos relativos.

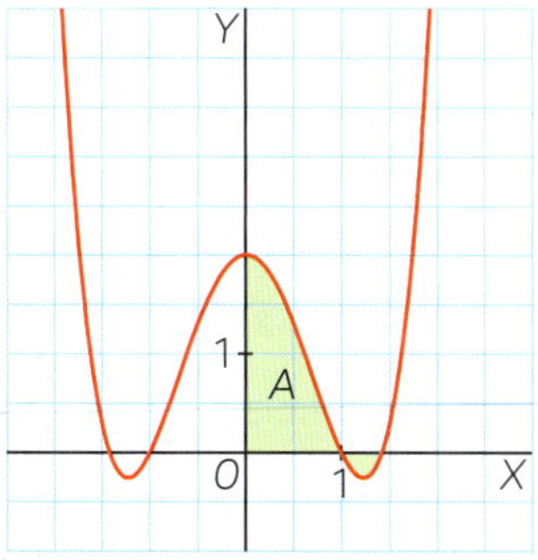

Con esta información se puede trazar la gráfica de la función.

El área pedida será el doble del área A de la región sombreada.

$$A = \int_0^1 (x^4 - 3x^2 + 2)\,dx - \int_1^{\sqrt{2}} (x^4 - 3x^2 + 2)\,dx = \left[\frac{x^5}{5} - x^3 + 2x\right]_0^1 - \left[\frac{x^5}{5} - x^3 + 2x\right]_1^{\sqrt{2}} =$$

$$= \frac{1}{5} - 1 + 2 - \left(\frac{4\sqrt{2}}{5} - 2\sqrt{2} + 2\sqrt{2}\right) + \left(\frac{1}{5} - 1 + 2\right) = \frac{12 - 4\sqrt{2}}{5}$$

El área que nos piden será $\frac{24 - 8\sqrt{2}}{5}$ u^2.

17 Calcula $\int_{-1}^{1} x(x^2 - 1)\,dx$ y explica mediante un gráfico el significado geométrico del valor obtenido.

18 Halla el área de la región del plano limitada por las curvas $y = \frac{1}{(1+x)^2}$, $y = \frac{-1}{(1+x)^2}$ y las rectas $x = 0$ y $x = 1$.

19 Calcula el área del recinto limitado por las curvas $y = \sqrt{2x}$ e $y = \frac{x^2}{2}$.

20 Enuncia la regla de Barrow y aplícala a la función $f(x) = e^x(x + 1)$ en el intervalo $[0, 1]$.

21 Halla el área del recinto acotado por estas tres fronteras:

- La parábola de ecuación $f(x) = -x^2 + 5x - 4$.
- La recta tangente a la parábola en el punto de abscisa $x = 3$.
- El eje horizontal.

22 Halla el área del recinto que está limitado por la parábola $y = x^2 - 1$ y la recta horizontal $y = 3$.

23 Determina el área de la figura *ABCDA* sabiendo que la curva *ADC* es parte de la gráfica de una función polinómica de segundo grado.

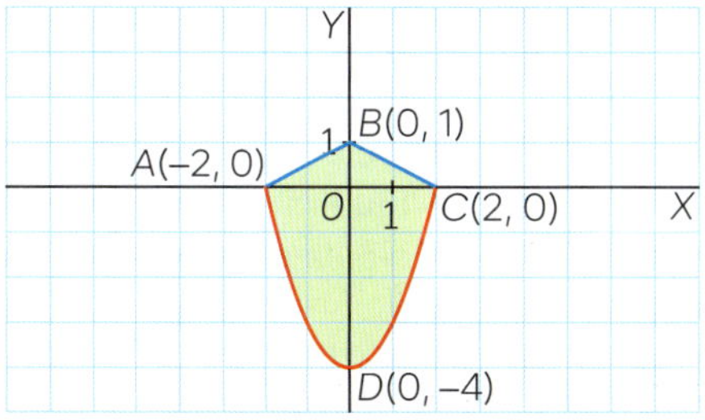

24 Dibuja la gráfica de la función $f(x) = x - x^2$. Encuentra el intervalo $[a, b]$ para el que $\int_a^b (x - x^2)\,dx$ alcanza el máximo valor.

25 Relaciona y contesta.

Problemas

26 Problema resuelto

Un contenido empieza a viralizarse a través de las redes sociales a las doce del mediodía. Se difunde a un ritmo dado por $r(t) = 2e^t$ personas por hora. ¿Cuántas personas habrán tenido acceso a ese contenido cuando lleguen las doce de la noche?

Representamos la gráfica de la función que indica el ritmo de propagación del contenido en el período de las 12 horas posteriores al momento en que surgió.

Si dividimos el intervalo [0, 12] en n subintervalos, podemos considerar que en cada uno de ellos el ritmo de propagación del contenido es constante y que la suma de las áreas de los rectangulitos de base cada subintervalo y de altura el valor de la función en el extremo de la izquierda de dicho subintervalo, se aproximará al número real de personas que estarán enteradas de la noticia a las doce de la noche. Como cuanto mayor es n, más se aproxima la suma de las áreas de estos rectángulos al área encerrada bajo la curva, se puede concluir que el número de personas a las que ha llegado el contenido al cabo de 12 horas es dicha área, es decir:

$\int_0^{12} 2e^t dt = 2\left[e^t\right]_0^{12} = 2(e^{12} - 1) = 325\ 507$ personas conocen el contenido a las 12 de la noche.

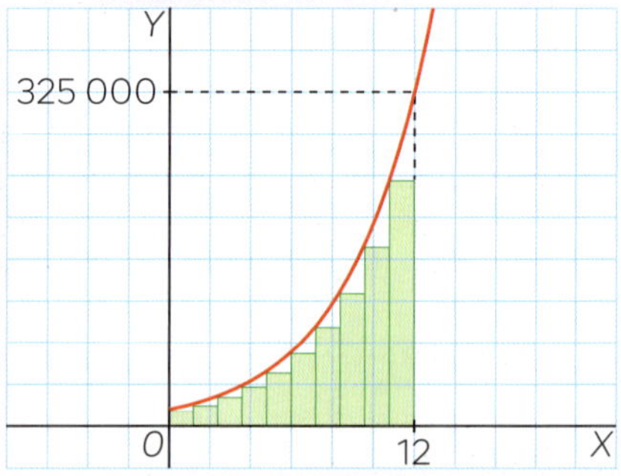

27 Un publicista debe diseñar un panel publicitario con la siguiente forma: base horizontal de 10 m de longitud y resto del contorno limitado por la función $g(x) = \begin{cases} -x^2 + 6x & \text{si } 0 \le x \le 5 \\ -x + 10 & \text{si } 5 < x \le 10 \end{cases}$.

Dibuja el contorno correspondiente al cartel publicitario y calcula su área.

28 Un ayuntamiento posee una zona de monte que tiene la forma de una región limitada por la parábola $y = x^2$ y la recta $y = 1$. En la actualidad, es una zona muy degradada, de manera que se ha decidido reforestar en dos etapas, una parte este año y la otra durante la primavera del próximo. Para ello se desea dividir la parcela en dos regiones de igual área mediante la recta horizontal $y = a$. Calcula el valor de a.

29 Un estudio estadístico permite establecer que, en cierta ciudad, el número de hogares en los que hay una televisión inteligente viene dado por la función $f(t) = \frac{e^{0,1t}}{2 + e^{0,1t}}$, donde t mide los años transcurridos desde que comenzaron a comercializarse en 2010. Calcula la media de hogares en los que hay televisiones inteligentes entre el 1 de enero de 2015 y el 1 de enero de 2023.

30 Dos profesoras de Matemáticas de un instituto deciden celebrar las buenas notas de sus estudiantes de 2.º de Bachillerato haciendo la travesía de los Carros de Foc por el Parque Nacional de Aigüestortes a pie.

Para la travesía completa han empleado 95 horas, a lo largo de las cuales fueron anotando la altitud a la que se encontraban en diversos momentos y, después de aproximar y redondear los datos, obtuvieron la siguiente tabla.

Tiempo (h)	3	15	30	25	20	2
Altitud (m)	2000	2200	2300	2400	2500	2600

¿Cuál fue la altitud media a la que se movieron?

31 Para estudiar la capacidad de memorizar de un niño, se usa el siguiente modelo: si x es su edad en años, entonces dicha capacidad viene dada por $f(x) = 1 + 2x \ln x$, con $0 \leq x \leq 5$.

Calcula el valor medio de la capacidad de memorizar de un niño entre su primer y su tercer cumpleaños.

32 Tras un incendio, se desea reforestar una superficie que se extiende hacia el este desde el punto de acceso de una finca particular por una carretera comarcal. En el modelo, la linde de la finca sigue la gráfica de $f(x) = \dfrac{x^2 - 3x + 18}{6}$ y la carretera es la recta de ecuación $y = \dfrac{x+3}{2}$.

a. Halla el punto de corte de las funciones y represéntalas.

b. Para paliar los efectos de posibles incendios se ha abierto un cortafuegos en la dirección norte-sur, cuya ecuación en el modelo es $x = 9$. ¿Cuál es la superficie de bosque que queda encerrada entre la linde de la finca, la carretera y el cortafuegos?

33 La importancia de los bosques es fundamental para nuestro planeta y su adecuada conservación y aprovechamiento repercute en beneficios para la fauna, el medioambiente y nuestra sociedad. Según la FAO, en el 2020 la superficie total forestal de nuestro planeta era de 4060 millones de hectáreas, es decir, el 31% de la superficie terrestre mundial.

Para medir la superficie de un bosque que se encuentra junto a un río, se ha podido modelizar el contorno del bosque y el río mediante una parábola y una recta. El borde del bosque se ajusta a una parábola de ecuación $f(x) = -x^2 + 6x - 5$ y el río $g(x) = x - 1$.

La variable x y las funciones $f(x)$ y $g(x)$ se miden en hectómetros.

a. Elabora sobre unos ejes cartesianos un plano de la situación y de la forma del bosque.

b. Calcula el área del bosque.

34 Un bosque está limitado por el meandro de un río y una carretera. Para medir la superficie del bosque, hemos tomado una imagen de satélite y, cal colocarla en unos ejes de coordenadas, observamos que el río tiene forma de parábola. En la imagen se muestra una representación aproximada, donde la unidad es 1 km.

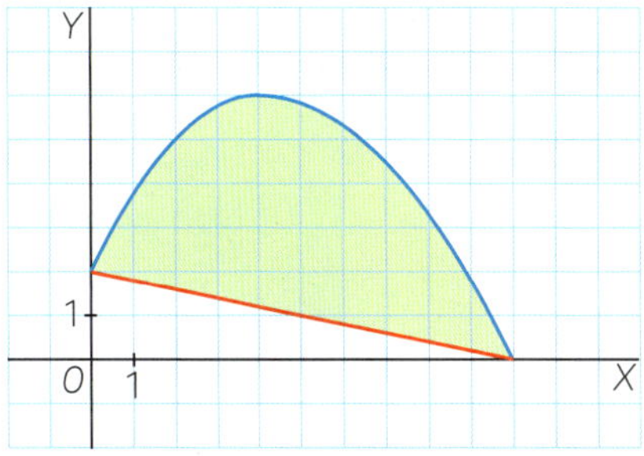

a. Calcula la ecuación de la parábola $f(x) = ax^2 + bx + c$ que representa al río y de la recta $g(x) = mx + n$ que representa a la carretera utilizando los puntos señalados en la gráfica.

b. Calcula la superficie de dicho bosque.

Comprueba lo que has aprendido

1 Si $f(x) = 2 - \dfrac{1}{x} - \ln x$, calcula la derivada de la función $G(x) = x - x \ln x$ y obtén $\int_1^6 f(x)\,dx$.

2 Obtén $\int_0^1 (x^2+1)^7 x\,dx$, $\int_0^1 \dfrac{e^x}{e^x+1}dx$ y $\int_1^e \dfrac{\ln x}{x}dx$.

3 Calcula el área encerrada entre las gráficas de $f(x) = \dfrac{1}{x}$, $g(x) = \ln x + 1$ y las rectas $x = \dfrac{1}{e}$ y $x = 2$.

4 Calcula el valor del número positivo a en los siguientes casos.

a. $\int_0^3 \dfrac{1}{x+1}dx = a$

b. $\int_0^a \dfrac{1}{x+1}dx = 3$

c. $\int_0^3 \dfrac{1}{x+a}dx = 5$

d. $\int_a^3 \dfrac{1}{x+1}dx = 1$

5 ¿Se puede asegurar que si $f(x) = \dfrac{x^3 - 2x}{x^4 + x^2 + 1}$, entonces $\int_{-2}^2 f(x)\,dx = 0$?

6 ¿Cuál es el signo de $\int_1^2 e^x \ln x\,dx$?

7 Si f es continua y $\int_2^4 f(x)\,dx = 7$, explica por qué $f(x) \geq 3{,}5$ para algún valor de x en ese intervalo.

Mis competencias

Autoevaluación

Bloque 4 SENTIDO ESTOCÁSTICO

4.1. Probabilidad

4.2. Distribuciones de probabilidad

4.3. Muestreo estadístico

4.4. Inferencia estadística

4.1 Probabilidad

¡EMPEZAMOS!

El 27% de los países del mundo no incluyen en su constitución la igualdad de hombres y mujeres. A nivel mundial, no llega a una de cada cuatro la proporción de mujeres que han accedido a los parlamentos nacionales. En uno de cada tres países empobrecidos, no se ha alcanzado la paridad entre niños y niñas en la escuela primaria. En 39 países no existen los mismos derechos de herencia para las hijas que para los hijos. El desempleo, incluso en los países desarrollados, no afecta por igual a los hombres y las mujeres. Estos datos, obtenidos a partir del estudio de la probabilidad, permiten cuantificar y ofrecer una visión más precisa y nítida de las desigualdades de género, desigualdades que impiden alcanzar objetivos esenciales para el desarrollo de la humanidad.

- ¿Sabrías explicar con tus propias palabras qué son dos sucesos independientes?
- Si en 100 urnas se meten 100 nombres distintos, 50 de ellos de mujer, ¿cuál es la probabilidad de que si eliges 50 urnas y las abres todas, encontremos 50 nombres de mujer?

RUTA DE APRENDIZAJE

1. Recordar las técnicas de recuento y las interpretaciones de la probabilidad.
2. Calcular la probabilidad en espacios muestrales finitos equiprobables.
3. Determinar la probabilidad de un suceso condicionado por otro.
4. Estudiar la independencia de sucesos.
5. Realizar particiones del espacio muestral y aplicar los teoremas de la probabilidad total y de Bayes.

El estudio de la probabilidad también se usa para...

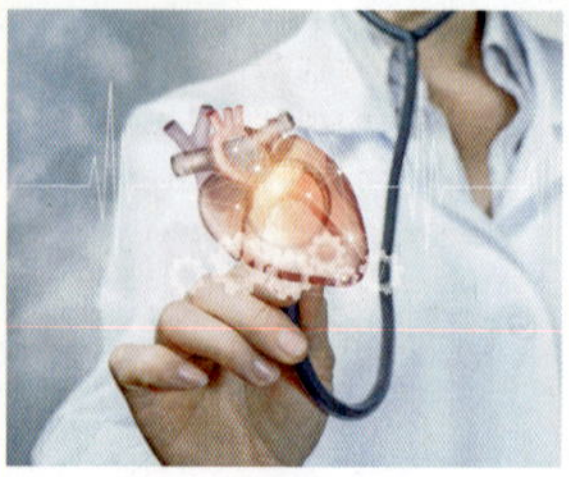

Establecer los diagnósticos médicos que determinarán la probabilidad de éxito de un tratamiento y los tiempos de recuperación.

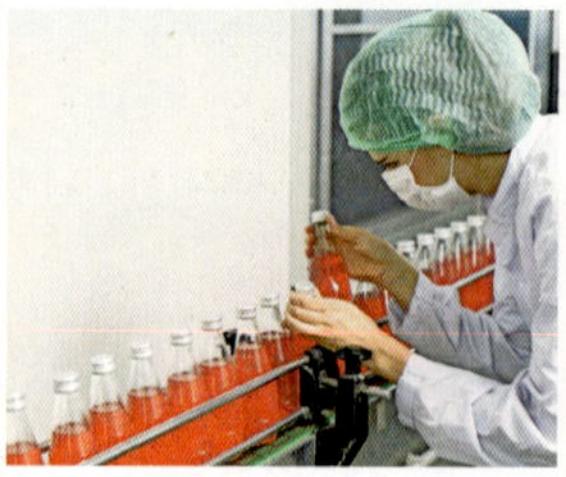

Realizar controles de calidad en procesos de fabricación industrial, con los que determinar cuántos productos defectuosos se estima que habrá.

Evaluar el análisis de riesgos asociado a tomar una decisión de tipo ejecutivo, de manera que se pueda tomar la decisión más segura.

Las previsiones meteorológicas se expresan en términos de la probabilidad de que llueva, nieve o cualquier otro fenómeno.

1 Técnicas de recuento

1.1. Regla de la multiplicación

Un restaurante ofrece un menú del día económico que permite elegir un plato entre 3 primeros, otro entre 2 segundos y otro entre 4 postres. Queremos saber cuántos menús se pueden crear con esas condiciones.

Por cada uno de los 3 primeros platos, se puede elegir entre 2 segundos, en total 6 posibilidades hasta aquí. Para cada una de ellas, hay 4 postres diferentes. En total, por tanto, habrá 24 posibles menús.

> En general, si se dispone de n_1 posibilidades para la primera opción, n_2 para la segunda, y así sucesivamente, n_k para la k-ésima y última opción, el número total de posibles opciones diferentes es $n_1 \cdot n_2 \cdot \ldots \cdot n_k$ (regla de la multiplicación).

1 **Juan dispone actualmente de 2 camisas y 2 polos, 4 pantalones y 3 pares de zapatos. ¿De cuántas formas diferentes puede vestirse combinando estas prendas?**

La regla de la multiplicación es una herramienta útil para las tareas de recuento de casos, pero en su aplicación, nos encontramos habitualmente otros aspectos que es preciso tener en cuenta.

1.2. Métodos de recuento

Para hacer el recuento de resultados posibles al realizar un experimento o extraer una muestra de una población, es preciso tener en cuenta si la muestra se hace **con o sin reemplazamiento** de las unidades muestrales y **si importa o no el orden** en el que se extraen las unidades. Cuatro son, por tanto, las situaciones posibles:

	Sin reemplazamiento	Con reemplazamiento
Importa el orden	Variaciones/Permutaciones	Variaciones con repetición
No importa el orden	Combinaciones	Combinaciones con repetición

1.3. Muestreo sin reemplazamiento y con orden

En una carrera en el hipódromo participan once caballos. ¿De cuántas formas distintas se pueden ocupar los tres primeros puestos?

En este caso, **importa el orden** en el que se disponen los 3 primeros puestos. Además, cada caballo solo puede ocupar un lugar, por lo que la selección es **sin reemplazamiento**. Para el primer puesto, se puede contar con 11 caballos y, elegido dicho puesto, el segundo lo puede ocupar cualquiera de los 10 restantes, y el tercero, cualquiera de los 9 restantes. De este modo, el número total de posibilidades es $11 \cdot 10 \cdot 9 = 990$.

> En general, si se dispone de n elementos, y hubiera que elegir k de ellos **sin que se repitiera ninguno** e **importara el orden de la elección**, el número de resultados posibles se conoce como **variaciones de orden k de n elementos** o **variaciones de n elementos tomados de k en k** y se escribe:
>
> $$V_{n,k} = n(n-1)\cdot\ldots\cdot(n-k+1) = \frac{n!}{(n-k)!}$$

Dado un número cualquiera entero positivo, n, se define el factorial de n, que se escribe $n!$, como el producto de todos los números enteros positivos menores o iguales que n, es decir:

$$n! = n \cdot (n-1) \cdot \ldots \cdot 3 \cdot 2 \cdot 1$$

Se considera por convenio que $0! = 1$.

> Por otra parte, si el número de elementos que debe ordenarse coincide con el número total de elementos disponibles, es decir, cuando $k = n$, el número de resultados posibles es:
>
> $$P_n = V_{n,n} = n \cdot (n-1) \cdot (n-2) \cdot \ldots \cdot 2 \cdot 1 = n!$$
>
> y se denomina **permutaciones de orden n**.

Ejemplo

En una estantería se quieren colocar 7 libros distintos. En este caso, el número de ordenaciones posibles de los 7 libros es:

$$P_7 = V_{7,7} = 7! = 5040$$

2 **Con las cifras {1, 2, 3, 4, 5}:**

a. ¿Cuántos números de 3 cifras distintas se pueden formar?

b. ¿Cuántos acaban en 5?

c. ¿Cuántos son pares?

1.4. Muestreo con reemplazamiento y con orden

Considérese el lanzamiento de una moneda cuatro veces. En este caso, en cada lanzamiento puede aparecer cara (*C*) o cruz (*X*). ¿Cuántos resultados distintos se pueden dar?

En este caso, **importa el orden** de aparición de *C* o *X*: no es lo mismo *CCXC* que *CXCC*. Además, los elementos *C* y *X* se pueden repetir, es decir, hay **reemplazamiento**. De este modo, el número de resultados posibles es $2 \cdot 2 \cdot 2 \cdot 2 = 16$.

En general, si se dispone de *n* elementos y se eligen *k* de ellos uno a uno con **reemplazamiento, importando el orden** de elección, el número de resultados posibles se conoce como **variaciones con repetición de orden *k* de los *n* elementos** y se escribe:

$$VR_{n,k} = n^k$$

3 **Con los signos del alfabeto morse {punto, raya}, ¿cuántas "palabras" pueden formase utilizando como mucho 4 signos?**

4 **De una bolsa con bolas numeradas del 1 al 5 se extraen tres bolas con reemplazo. ¿Cuántos números distintos se pueden formar? ¿Cuántos acaban en 5?**

1.5. Muestreo sin reemplazamiento y sin orden

En una empresa de 30 empleados, ¿cuántos comités de empresa de 5 personas se pueden formar?

En este caso, la selección o muestreo es **sin reemplazamiento**. Además, **no importa el orden** en el que se elijan los miembros del comité. Si importara el orden en el que se eligen los 5 miembros, el número de resultados posibles sería:

$$V_{30,5} = 30 \cdot 29 \cdot 28 \cdot 27 \cdot 26 = 17\,100\,720$$

Pero como no importa el orden, se divide por el número de ordenaciones redundantes de los 5 miembros: $P_5 = 5! = 120$. Con lo que el número de resultados posibles de esta elección es:

$$\frac{V_{30,5}}{P_5} = \frac{30!}{5!25!} = 142\,506$$

En general, si de un conjunto de *n* elementos se seleccionan *k* **sin reemplazamiento** y **no importa el orden** en el que se hayan seleccionado o extraído (equivalente a una extracción simultánea), el número de resultados posibles se denomina **combinaciones de orden *k* de los *n* elementos** o **combinaciones de los *n* elementos tomados de *k* en *k*** y se escribe:

$$C_{n,k} = \binom{n}{k} = \frac{V_{n,k}}{P_k} = \frac{n!}{k!(n-k)!}$$

5 **Una caja contiene 20 bombillas, de las que 2 son defectuosas. De la caja se eligen al azar 4 bombillas. ¿Cuántos son los resultados posibles? ¿En cuántos de ellos habrá al menos una bombilla defectuosa?**

6 El sorteo de Euromillones consiste en extraer cinco bolas de un bombo que contiene 50 bolas numeradas del 1 al 50 y otras 2 bolas de un segundo bombo que contiene 12 bolas numeradas del 1 al 12. ¿Cuántos resultados posibles se pueden dar?

1.6. Permutaciones con repetición de dos elementos

En una feria, un expositor cuenta con 6 plazas de aparcamiento para exponer 3 automóviles de dos modelos diferentes, *A* y *B*. ¿De cuántas formas distintas puede colocar los 6 vehículos en las 6 plazas?

En este caso, si los 6 vehículos pudieran distinguirse, el número de posibles ordenaciones sería $P_6 = 6! = 720$. Sin embargo, las ordenaciones de los coches del mismo modelo no pueden distinguirse entre sí, por lo que habría que dividir la cifra anterior por $P_3 = 3! = 6$ dos veces.

Es decir, que el número de posibles ordenaciones de los 6 vehículos sería:

$$\frac{6!}{3!3!} = 20$$

Este resultado puede identificarse con el número de combinaciones de 6 elementos tomados de 3 en 3. Al tratarse de ordenaciones, este número también se conoce como **permutaciones con repetición** de 6 elementos (coches), pues siendo solo 2 de ellos distintos, ambos se repiten 3 veces.

En general, si se dispone de 2 elementos *a* y *b*, con *n* unidades del elemento *a* y *m* unidades del elemento *b* y se quieren ordenar las $n + m$ unidades de ambos elementos, el número de ordenaciones posibles se denomina **permutaciones con repetición** de $n + m$ elementos, donde uno se repite *n* veces y el otro *m* veces y se escribe:

$$PR_{n+m}^{n,m} = \frac{(n+m)!}{n!m!} = C_{n+m,n} = \binom{n+m}{m}$$

Como se ha visto, coincide con el número de **combinaciones** de orden *n* (o *m*) de los $n + m$ elementos.

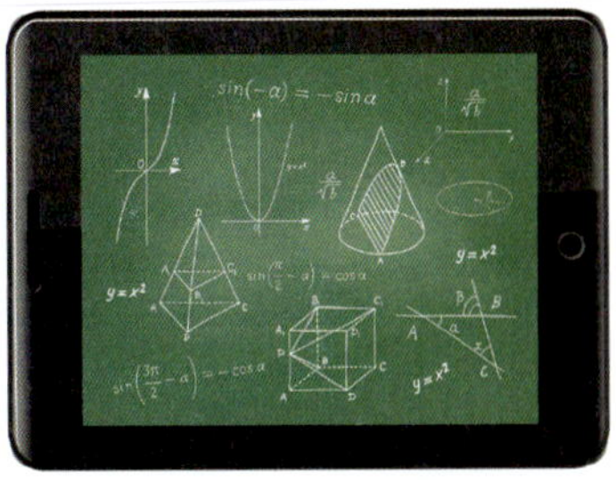

7 **En la edición de este año de un concurso de problemas de matemáticas, se van a sortear 6 tablets y 4 smartphones entre los 10 concursantes con mejores resultados. Calcula de cuántas formas distintas pueden repartirse dichos premios si:**

a. Los dispositivos son distintos entre sí.

b. Los dispositivos del mismo tipo son iguales.

8 **Se lanza 8 veces un dado. De todos los resultados posibles, ¿en cuántos aparece el mismo número de seises que de unos?**

1.7. Muestreo con reemplazamiento y sin orden

En este caso, podemos pensar que cada resultado posible se corresponde con algunos resultados del espacio muestral en el que sí importa el orden, pero teniendo en cuenta que el muestreo es con reemplazamiento.

Una frutería dispone de 3 tipos de manzanas distintas *A*, *B* y *C*. Un cliente desea comprar 2 manzanas, que pueden ser iguales o distintos.

En la tabla se recogen los resultados del espacio muestral, tanto si importa el orden como si no.

Con orden	*AA*	*BB*	*CC*	*AB BA*	*AC CA*	*BC CB*
Sin orden	{*A*, *A*}	{*B*, *B*}	{*C*, *C*}	{*A*, *B*}	{*A*, *C*}	{*B*, *C*}

Si se tiene en cuenta el orden de elección, el número de resultados posibles es $VR_{3,2} = 3^2 = 9$. En cambio, si el orden de elección no importa hay resultados ordenados que corresponden a un único resultado sin ordenar y, como se puede ver en la tabla, el número de resultados posibles es 6.

Para hacer el recuento de casos en esta situación, **sin importar el orden** y **con reemplazamiento**, podemos simplificar la situación colocando 2 marcadores en los tipos de manzanas.

Por ejemplo, los resultados {*A*, *C*} y {*B*, *B*} se pueden representar del siguiente modo:

*		*
A	B	C

	**	
A	B	C

Para contar el número de resultados, se reparten los dos marcadores entre los 3 tipos de manzanas. Si, por ejemplo, se indica la separación de los tipos de manzana con barras (se necesitan solo 2 barras para separar los 3 tipos), y con *, los marcadores, se pueden contar todos los resultados posibles de una forma sencilla.

En el caso de los resultados {*A*, *C*} y {*B*, *B*}, la representación sería *||* y |**|.

Así, el número de resultados posibles se reduce a ordenar dos objetos, uno de los cuales se repite 2 veces (el marcador) y el otro se repite otras 2 veces (la barra), que en total son:

$$PR_4^{2,2} = \frac{4!}{2!2!} = \binom{4}{2} = \binom{3+2-1}{2} = 6$$

Si se dispone de *n* elementos y se eligen uno a uno *k* de ellos **con reemplazamiento** y **sin importar el orden** en que se han seleccionado, el número de resultados posibles se denomina **combinaciones con repetición de orden *k* de los *n* elementos** o **combinaciones con repetición de *n* elementos tomados de *k* en *k***. Se escribe:

$$CR_{n,k} = \binom{n+k-1}{k}$$

9 **¿De cuántas formas diferentes se pueden colocar 4 libros en 5 estanterías? ¿Y 5 libros en 4 estanterías?**

1.8. Permutaciones con repetición de más de dos elementos diferentes

Con todas las letras de la palabra CATARATA, ¿cuántas palabras distintas es posible formar?

Si las letras fueran todas distintas, habría $P_8 = 8!$ resultados posibles, pero como hay letras idénticas, que se repiten, hay numerosos resultados que son iguales, por lo que se debe dividir por el número de elementos repetidos. En este caso, hay que dividir por $P_4 = 4!$, por la letra *A*, y por $P_2 = 2!$, por la letra *T*.

Las otras 2 letras, *C* y *R*, aparecen solo una vez.

Por tanto, el número de resultados distintos es:

$$\frac{8!}{4!2!1!1!} = 840$$

Si se dispone de *n* elementos, pero solo *k* de ellos son diferentes, repitiéndose uno n_1 veces, el segundo, n_2 veces, ... , y el *k*-ésimo, n_k veces, con $n_1 + n_2 + ... + n_k = n$, el número de ordenaciones distintas de los *n* elementos se llama **permutaciones con repetición** y se escribe:

$$PR_n^{n_1,...,n_k} = \frac{n!}{n_1! \cdot n_2! \cdot ... \cdot n_k!}$$

10 **Tenemos delante de nosotros 3 ejemplares del libro de Filosofía, 4 del de Geografía y 5 del de Matemáticas Aplicadas a las Ciencias Sociales. Los ejemplares de cada materia son idénticos entre sí cuando los observamos por su lomo.**

a. ¿De cuántas formas se pueden colocar en una estantería si cada libro puede ocupar cualquier posición?

b. ¿Y si los libros de cada materia deben ir juntos?

2 Interpretaciones de la probabilidad

2.1. Interpretación clásica de la probabilidad

El concepto de probabilidad es de uso habitual en la vida cotidiana, además de en aplicaciones científicas, tecnológicas o sociales. Es frecuente oír expresiones como: "Es probable que llueva, lleva el paraguas" o también noticias en los medios de comunicación del tipo: "Es muy probable que este año sea el menos lluvioso de los últimos 10 años".

La interpretación clásica de la probabilidad se fundamenta en el concepto de resultados posibles (de un experimento) **igualmente verosímiles**. Es típica esta interpretación en los juegos legales de azar. Así, si se lanza una moneda no trucada, se puede suponer que la probabilidad de obtener cara es la misma que la de obtener cruz. Como la suma de las probabilidades de ambas debe ser 1, la probabilidad de que en un lanzamiento se obtenga cara debe ser $\frac{1}{2}$. Generalizando, si un experimento tiene *n* resultados igualmente verosímiles, la probabilidad de cada resultado debe ser $\frac{1}{n}$.

La primera observación que debemos hacer a esta interpretación es que el concepto de resultados igualmente verosímiles (probables) se basa en el propio concepto de probabilidad que se intenta definir, lo que constituye un problema al intentar dar una definición formal de probabilidad.

En segundo lugar, salvo en los juegos de azar, esta interpretación no permite asignar probabilidades a resultados que no sean igualmente probables. Predecir si la próxima semana subirá la bolsa o si el IPC bajará antes de finales de año, son solo una mínima muestra de situaciones en las que no existen resultados igualmente probables.

A pesar de su uso cotidiano, no existe acuerdo en la comunidad científica para dar una definición del término "probabilidad". Este es un tema de debate sobre los fundamentos de la estadística. Se recogen las interpretaciones que, aunque discutidas, son las más aceptadas de forma general.

2.2. Interpretación frecuentista de la probabilidad

En numerosos experimentos aleatorios, es posible conjeturar que la probabilidad de obtener un determinado resultado puede aproximarse por la **frecuencia relativa** del mismo si el experimento se repitiera, en **condiciones similares**, un **número grande** de veces. Así, si se lanza un dado equilibrado un gran número de veces en condiciones similares, se supone que si la proporción de lanzamientos en los que se obtendrá, por ejemplo, un as, es **aproximadamente** $\frac{1}{6}$ y, así, se asignará a ese resultado la probabilidad $\frac{1}{6}$. Evidentemente, lo mismo con los demás resultados posibles.

En primer lugar, ¿cuántas veces debe repetirse el experimento para considerar que se está cerca de la probabilidad de obtener un as? No queda claro el número grande de veces que debe repetirse el experimento.

En segundo lugar, no se describen con precisión las condiciones similares en las que debe repetirse el experimento. Además, es preciso tener en cuenta que no es posible que las condiciones sean completamente idénticas, en cuyo caso siempre se obtendría el mismo resultado. Es decir, deben existir algunas características aleatorias.

En tercer lugar, en el lanzamiento del dado "equilibrado" se concluye que la probabilidad debería ser *aproximadamente* $\frac{1}{6}$, pero no se proporciona un margen de error alrededor del valor $\frac{1}{6}$.

En efecto si se lanza el dado 1200 veces, sería sorprendente que obtuviéramos exactamente 200 veces el as (o cualquier otro número). Debería ser posible conjeturar acerca del número de veces que puede aparecer el as en los 1200 lanzamientos, pero dicha conjetura depende del concepto de probabilidad que se está intentando definir.

Finalmente, debe observarse que esta interpretación solo es válida si el experimento en cuestión se puede repetir un número grande de veces en condiciones similares. Sin embargo, excepto con los juegos de azar, muy pocas son las situaciones en las que se cumple dicha condición. Esta interpretación no se puede aplicar, por ejemplo, a la probabilidad de que falle el sistema de seguridad del núcleo de un central nuclear o de que un nuevo fármaco sea efectivo en el tratamiento de una determinada enfermedad.

Existe también una interpretación subjetiva de la probabilidad, en la que cada persona asigna a cada uno de los posibles resultados de un experimento un número que representa su opinión sobre la verosimilitud de que ocurra cada uno de ellos. La asignación de probabilidades depende así del conocimiento que la persona tenga sobre el experimento en cuestión. Otra persona, con opiniones o información diferentes, puede asignar probabilidades distintas a los resultados del mismo experimento.

3 Experimentos aleatorios y sucesos

3.1. Experimentos aleatorios

Un experimento consiste en un procedimiento que, mediante la observación, proporciona información acerca de los resultados de un determinado fenómeno.

Si el resultado del experimento está sujeto a incertidumbre, estamos ante un **experimento aleatorio**.

Ejemplo

Son experimentos aleatorios los juegos de azar, la producción de la cosecha de cereal, la duración de una lámpara, el número de accidentes de tráfico en un tramo de carretera...

Aunque no se conozca con antelación el resultado concreto de un experimento aleatorio, debe ser posible especificar cada uno de sus posibles resultados.

Las características de un experimento aleatorio son las siguientes:

1. Se conocen todos sus posibles resultados, antes de realizar el experimento.
2. En una prueba concreta, no se puede predecir el resultado que se obtendrá.
3. Si el experimento se repite en condiciones similares, es posible que el resultado sea distinto en cada repetición.

3.2. Espacio muestral y sucesos. Tipos de sucesos

Al conjunto E, de los resultados posibles de un experimento particular, se le llama **espacio muestral** del experimento.

Ejemplo

Si el experimento consiste en lanzar una moneda, el espacio muestral contiene dos resultados, cara (C) y cruz (X), es decir, $E = \{C, X\}$.

Si el experimento consiste en observar el tiempo de reacción de una persona a ciertos estímulos, el espacio muestral incluirá todos los números del intervalo $E = (0, \infty)$.

Cada resultado posible del experimento es un elemento del espacio muestral E. También es posible considerar conjuntos formados por varios de los resultados posibles.

Un **suceso** A, es cualquier subconjunto del espacio muestral E. Es decir, cualquier colección de resultados posibles del experimento.

Se dice que el suceso A **ocurre** si el resultado del experimento pertenece al conjunto A.

Ejemplo

En el lanzamiento de un dado, el espacio muestral es $E = \{1, 2, 3, 4, 5, 6\}$, y algunos sucesos asociados son A = "obtener número par"; B = "obtener número primo"; C = "obtener número impar", que se pueden expresar por los subconjuntos:

$$A = \{2, 4, 6\} \qquad B = \{2, 3, 5\} \qquad C = \{1, 3, 5\}$$

Se llama **suceso elemental** a aquel que contiene un único resultado posible.

A los sucesos que contienen más de un resultado se les denomina **sucesos compuestos**.

Se llama **suceso imposible** a aquel que nunca ocurre y se escribe $\varnothing$.

El **suceso seguro** es el que ocurre siempre y coincide con el espacio muestral E.

Dado un suceso A, el **suceso contrario** o **complementario** de A es el que ocurre cuando no ocurre A. Es decir, contiene los resultados del espacio muestral que no son de A:

$$\bar{A}=\{w \in E | w \notin A\}$$

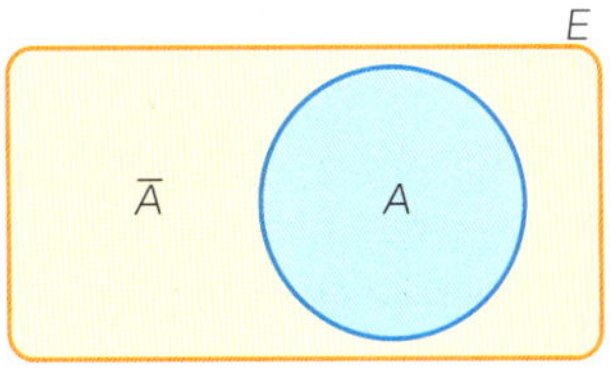

El contrario del contrario es el propio suceso: $\bar{\bar{A}}=A$

Ejemplo

En el lanzamiento de un dado, el suceso contrario de A = "obtener número par", $A=\{2,4,6\}$ es "obtener número impar", $\bar{A}=\{1, 3, 5\}$.

3.3. Operaciones con sucesos. Sucesos incompatibles

Sean A y B dos sucesos cualesquiera asociados a un experimento con espacio muestral E.

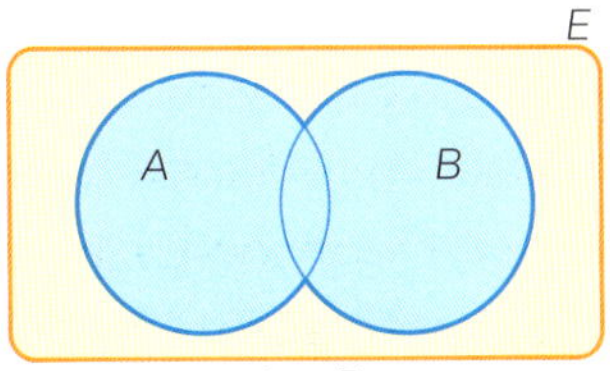

$A \cup B$

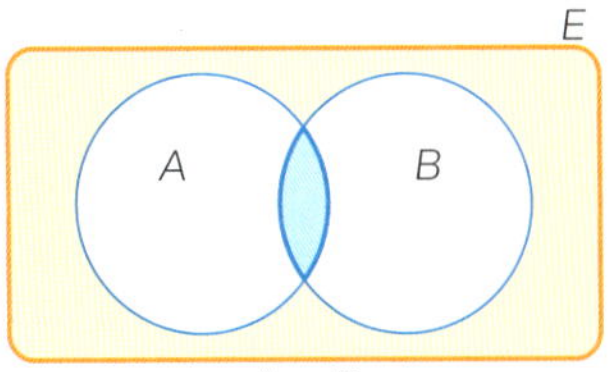

$A \cap B$

La **unión** de A y B, que se escribe $A \cup B$, es el conjunto de elementos del espacio muestral que pertenecen a A, a B o a ambos: $A \cup B=\{w \in E \mid w \in A \text{ o } w \in B\}$

La **intersección** de A y B, que se escribe $A \cap B$, es el conjunto de elementos del espacio muestral que pertenecen a A y a B: $A \cap B=\{w \in E \mid w \in A \text{ y } w \in B\}$

Ejemplo

De una baraja española, se elige al azar una carta y se anota su palo: oros (R), copas (C), espadas (S) y bastos (B). En este caso, el espacio muestral es $E=\{R, C, S, B\}$.

Se consideran los sucesos A = "obtener carta de oros o de bastos" y D = "obtener carta de copas o de bastos". Es decir, $A=\{R, B\}$ y $D=\{C, B\}$.

Entonces, la unión y la intersección de A y D se pueden escribir: $A \cup D=\{R, C, B\}$ y $A \cap D=\{B\}$

PROPIEDADES DE LA UNIÓN E INTERSECCIÓN DE SUCESOS		
Propiedad	**Unión**	**Intersección**
Conmutativa	$A \cup B=B \cup A$	$A \cap B=B \cap A$
Asociativa	$A \cup (B \cup C)=(A \cup B) \cup C$	$A \cap (B \cap C)=(A \cap B) \cap C$
Elemento neutro	$A \cup \varnothing=A$	$A \cap E=A$
Contrario o complementario	$A \cup \bar{A}=E$	$A \cap \bar{A}=\varnothing$
Distributivas	$A \cup (B \cap C)=(A \cup B) \cap (A \cup C)$	$A \cap (B \cup C)=(A \cap B) \cup (A \cap C)$
Leyes de De Morgan	$\overline{A \cup B}=\bar{A} \cap \bar{B}$	$\overline{A \cap B}=\bar{A} \cup \bar{B}$

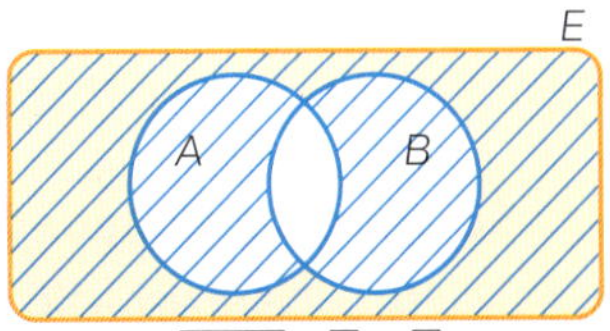

$\overline{A \cap B}=\bar{A} \cup \bar{B}$

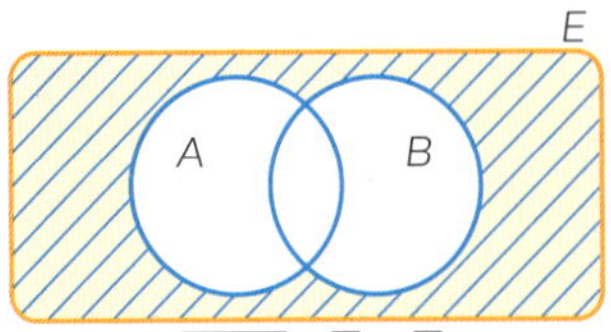

$\overline{A \cup B}=\bar{A} \cap \bar{B}$

Se dice que dos sucesos A y B son **incompatibles o mutuamente excluyentes** si $A \cap B=\varnothing$. Es decir, si es imposible que ocurran a la vez.

Ejemplo

En el ejemplo de la baraja, los sucesos $A=\{R, B\}$ y F = "obtener carta de espadas", $F=\{S\}$, son incompatibles, ya que $A \cap F=\varnothing$.

Sean A y B dos sucesos del espacio muestral E. Se dice que A está **contenido**, o **incluido**, en B, si todos los elementos de A también pertenecen a B. La relación se denota $A \subset B$, e implica que siempre que ocurre A, también ocurre B. Si A está incluido en B, a veces se dice que A implica B.

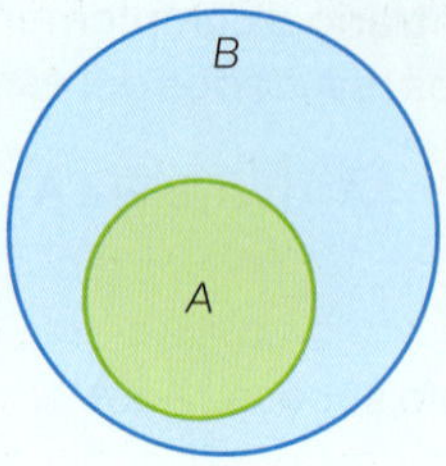

Si $\omega \in A \Rightarrow \omega \in B$.

Ejemplo

En el caso de la elección aleatoria de una carta de una baraja española, con espacio muestral $E = \{R, C, S, B\}$, el suceso A = "obtener carta de oros o bastos", está incluido en el suceso H = "no obtener carta de copas", ya que $A = \{R, B\} \subset H = \{R, B, S\}$.

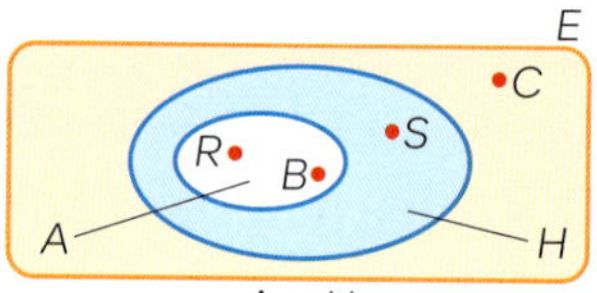

$A \subset H$

Si A y B son dos sucesos del espacio muestral E, se dice que A **es igual** a B si todos los elementos de A están en B y recíprocamente. Se escribe $A = B$ y es fácil comprobar que $A = B \Leftrightarrow A \subset B$ y $B \subset A$.

Si $A = B$, los sucesos A y B ocurren o no ocurren simultáneamente.

Dados los sucesos A y B, la **diferencia** de A menos B, que se escribe $A - B$, es el conjunto de elementos del espacio muestral que son de A y no son de B:

$$A - B = \{w \in E \mid w \in A \text{ y } w \in \bar{B}\} = A \cap \bar{B}$$

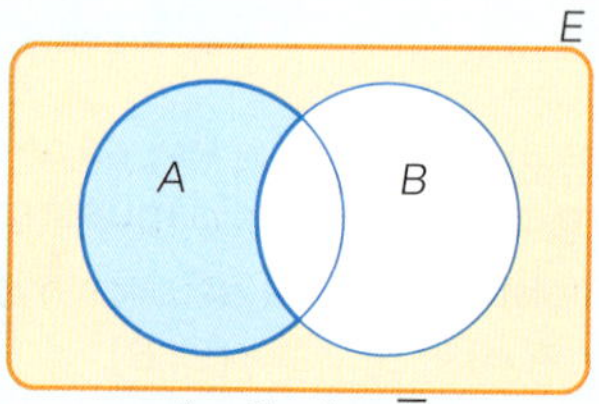

$A - B = A \cap \bar{B}$

Ejemplo

Continuando con el ejemplo de la elección al azar de una carta de una baraja española el suceso diferencia $A - D$, con $A = \{R, B\}$ y $D = \{C, B\}$, es: $A - D = \{R\}$

11 **Se lanza una moneda tres veces.**

a. Describe el espacio muestral E y los sucesos A = "obtener dos caras", B = "obtener cara en el primer lanzamiento" y C = "obtener al menos una cruz". Además, escribe los sucesos: $\bar{A}$, $B \cap C$, $A \cup B$, $\bar{A} \cap C$, $(B \cup C) \cap A$ y $\overline{(A \cap B)} - C$.

b. Describe ahora los sucesos A = "obtener más caras que cruces", B = "obtener cara en el segundo lanzamiento" y C = "obtener al menos una cruz". Describe y representa en un diagrama de Venn los sucesos: $A \cap B \cap C$ $\bar{A} \cap B$ $(A \cup B) \cap \bar{C}$.

12 **Demuestra, mediante diagramas de Venn, que:**

a. $B = (B \cap A) \cup (B \cap \bar{A})$

b. $A \cup B = A \cup (B \cap \bar{A})$

c. Si $A \subset B$, entonces $A \cup B = B$

d. $(A \cup B) - (A \cap B) = (A \cap \bar{B}) \cup (B \cap \bar{A})$

13 **Se selecciona una carta al azar de una baraja española de 40 cartas y se consideran los sucesos A = "la carta tiene número par", B = "la carta es de oros" y C = "la carta tiene número menor o igual que 7". Describe los sucesos: $A \cap B \cap C$, $B \cap \bar{C}$ y $\bar{A} \cap \bar{B} \cap \bar{C}$.**

14 **Considera el experimento consistente en medir la duración en horas de una marca particular de bombillas de bajo consumo. Describe el espacio muestral y los sucesos A = "la bombilla dura menos de 250 horas" y B = "la bombilla dura más de 200". Describe y representa los sucesos $A \cap B$, $\bar{A} \cap B$ y $\overline{A \cap B}$.**

4 Probabilidad. Definición axiomática

4.1. Definición axiomática de la probabilidad

Si se repite un experimento un determinado número de veces n, pueden ocurrir distintos sucesos y, dependiendo del número de repeticiones, algunos ocurrirán varias veces. Aquellos sucesos más verosímiles ocurrirán con más frecuencia. Por ello, la frecuencia relativa suele servir como primera aproximación al concepto de probabilidad.

Se llama **frecuencia relativa del suceso *A*** al cociente entre el número de veces que ocurre A, su frecuencia absoluta $f(A)$, y el número de repeticiones del experimento, es decir: $h(A)=\frac{f(A)}{n}$.

Algunas propiedades de la frecuencia relativa son:

1. $0 \leq h(A) \leq 1$. La frecuencia relativa de un suceso es un número del intervalo [0, 1].
2. La frecuencia relativa del suceso seguro es 1. $h(E)=1$
3. Si A y B son dos sucesos incompatibles, $A \cap B=\varnothing$, resulta $h(A \cup B)=h(A)+h(B)$.

   Esta propiedad puede generalizarse. Si $A_1, A_2, ..., A_k$ son incompatibles dos a dos:

$$h(A_1 \cup A_2 \cup \ldots \cup A_k)=h(A_1)+h(A_2)+\ldots+h(A_k)$$

Si el número de realizaciones del experimento es suficientemente grande (cuando sea posible) la frecuencia relativa de un suceso A tiende a estabilizarse en torno a un valor que puede ser considerado como una medida de la probabilidad de dicho suceso A (**interpretación frecuentista de la probabilidad**). De modo que, atendiendo a este hecho, conocido como de **regularidad estadística**, se podría entender la probabilidad del suceso A como el límite de su frecuencia relativa cuando n se hace infinitamente grande.

$$P(A)=\lim_{n \to \infty} h(A)$$

Esta expresión consigue dar una idea intuitiva de lo que se pretende al definir la probabilidad de un suceso. Además, las propiedades de la frecuencia relativa permiten entender la definición axiomática que el matemático A. N. Kolmogórov planteó en 1933:

> Una **función de probabilidad** es una función P que, a cada suceso $A \subset E$, le asigna un número real **$P(A)$**, que cumple las siguientes propiedades:
>
> 1. $P(A) \geq 0$, para todo suceso $A \subset E$.
> 2. $P(E) = 1$. La probabilidad del suceso seguro es 1.
> 3. Si $A_1, A_2, ..., A_k$ son sucesos incompatibles dos a dos, es decir, $A_i \cap A_j=\varnothing$ para $i \neq j$:
>
> $$P(A_1 \cup A_2 \cup \ldots \cup A_k)=P(A_1)+P(A_2)+\ldots+P(A_k)$$

Las tres propiedades se conocen como los **axiomas de la probabilidad**, o también **axiomas de Kolmogórov**. Debe observarse que la definición axiomática no dice qué función de probabilidad hay que elegir en cada caso concreto. Para un espacio muestral pueden definirse distintas funciones de probabilidad.

Los axiomas que definen la probabilidad son análogos a las propiedades de la frecuencia relativa. Sin embargo, la frecuencia relativa es una medida experimental de la ocurrencia de un suceso, mientras que la probabilidad evalúa la posibilidad de que el suceso ocurra antes de realizarse el experimento.

4.2. Propiedades de la probabilidad

A partir de los axiomas de probabilidad, se pueden extraer propiedades que son útiles para el cálculo probabilidades más complejas.

1. **Dado un suceso *A*, la probabilidad de su contrario es $P(\bar{A})=1-P(A)$.**

   Los sucesos A y $\bar{A}$ son incompatibles y $A \cup \bar{A}=E$, entonces:

$$P(E)=P(A \cup \bar{A})=P(A)+P(\bar{A})=1 \Rightarrow P(\bar{A})=1-P(A)$$

2. **La probabilidad del suceso imposible es cero.**

   Basta observar que el contrario del suceso imposible, $\varnothing$, es el suceso seguro E, y por el axioma 2, $P(E)=1$, por tanto: $P(\varnothing)=1-P(E)=0$

3. **Si el suceso A está contenido en el suceso B, entonces $P(A) \leq P(B)$.**

Sea $C = B - A$ como se muestra en la figura. De esta manera, se tiene que: $A \cap C = \emptyset$ y $A \cup C = B$.

Y como, por el axioma 1, $P(C) \geq 0$, resulta:

$$P(B) = P(A \cup C) = P(A) + P(C) \Rightarrow P(B) \geq P(A)$$

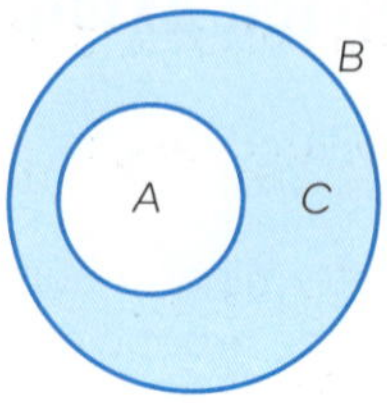

$C = B - A$

Un suceso A está contenido en otro suceso B si todos los elementos de A también pertenecen a B.

4. **Cualquiera que sea el suceso A, $0 \leq P(A) \leq 1$.**

Por el axioma 1, $P(A) \geq 0$.

Además, como A está contenido en E, por la propiedad 3:

$$0 \leq P(A) \leq P(E) = 1$$

5. **Si A y B son dos sucesos cualesquiera, $P(A - B) = P\left(A \cap \bar{B}\right) = P(A) - P(A \cap B)$.**

$A = (A \cap B) \cup (A \cap \bar{B})$, siendo $A \cap B$ y $A \cap \bar{B}$ incompatibles, por lo que:

$$P(A) = P(A \cap B) + P\left(A \cap \bar{B}\right) \Rightarrow P\left(A \cap \bar{B}\right) = P(A) - P(A \cap B)$$

6. **Si A y B son dos sucesos cualesquiera, $P(A \cup B) = P(A) + P(B) - P(A \cap B)$.**

Basta con observar en el diagrama de Venn que, al tomar $P(A) + P(B)$, se está considerando dos veces $P(A \cap B)$.

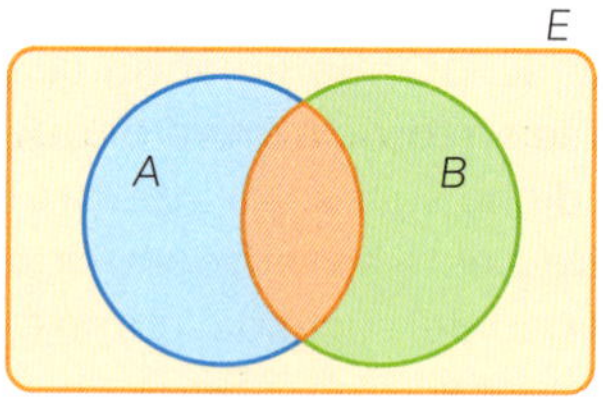

Esta propiedad puede generalizarse a la unión de más sucesos. En concreto, tal y como muestra el diagrama de Venn, si A, B y C son tres sucesos cualesquiera de un mismo espacio muestral:

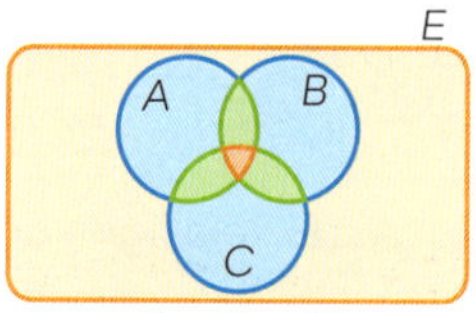

$A \cup B \cup C$

$$P(A \cup B \cup C) = P(A) + P(B) + P(C) - P(A \cap B) - P(A \cap C) - P(B \cap C) + P(A \cap B \cap C)$$

15 Actividad resuelta

El 80 % de los estudiantes que se presentan a un examen tipo test lo aprueba, mientras que solo el 60 % aprueba su parte práctica. Si el 50 % aprueba ambas partes y se elige al azar un estudiante entre los que se presentaron, calcula la probabilidad de que este alumno:

a. **No apruebe ninguno de los dos exámenes.**

b. **Apruebe solo el examen tipo test.**

Elegido al azar el estudiante, se consideran los sucesos:

A = "aprobar el examen tipo test" y B = "aprobar la parte práctica"

Sabemos que $P(A) = 0{,}8$, $P(B) = 0{,}6$ y $P(A \cap B) = 0{,}5$.

a. El suceso "no aprobar ninguno de los dos exámenes" es $\bar{A} \cap \bar{B}$. Utilizando una de las leyes de De Morgan:

$$P(\bar{A} \cap \bar{B}) = P(\overline{A \cup B}) = 1 - P(A \cup B) = 1 - 0{,}9 = 0{,}1$$

Ya que, utilizando la propiedad 6 de la función de probabilidad:

$$P(A \cup B) = P(A) + P(B) - P(A \cap B) = 0{,}8 + 0{,}6 - 0{,}5 = 0{,}9$$

b. En este caso, se debe calcular la probabilidad del suceso $A \cap \bar{B} = A - B$, que se puede obtener a partir de la propiedad 5:

$$P(A - B) = P(A) - P(A \cap B) = 0{,}8 - 0{,}5 = 0{,}3$$

16 Sean A y B dos sucesos tales que $P(A) = 0,5$, $P(B) = \frac{1}{3}$, y cuya unión tiene una probabilidad de 0,75. Calcula la probabilidad de que:

a. Ocurran ambos.

b. No ocurra ninguno de los dos sucesos.

c. Ocurra el suceso A y no ocurra el B.

d. Ocurra solo uno de los dos sucesos.

17 Deduce, a partir de la unión de tres sucesos, la probabilidad de la unión de cuatro sucesos.

18 Del total del alumnado de un centro de Secundaria y Bachillerato que han participado en el programa ERASMUS+ durante el último lustro, 3 de cada 4 hablaban inglés, la mitad hablaba francés y un 5 % no hablaba ninguno de estos dos idiomas. Si se eligiera a uno de estos alumnos al azar, calcula la probabilidad de que:

a. Hablase inglés o francés.

b. Hablase inglés y francés.

c. Hablase inglés, pero no francés.

19 Sean A y B dos sucesos de un experimento aleatorio. Se sabe que $P(A) = 0,6$. Calcula $P(A \cap \bar{B})$ en cada uno de los siguientes casos.

a. A y B son mutuamente excluyentes.

b. $A \subset B$

c. $B \subset A$ y $P(B) = 0,3$

d. $P(A \cap B) = 0,1$

20 En una frutería el 60 % de los clientes compra naranjas, el 40 % compra manzanas y el 30 % no compra ni naranjas ni manzanas. Calcula el porcentaje de clientes que compra:

a. Naranjas o manzanas o ambas.

b. Naranjas, pero no manzanas.

c. Manzanas y naranjas.

21 En una ciudad, el 10 % de los días de junio llueve, mientras que el 75 % luce el sol. Calcula la probabilidad de que en un día elegido al azar llueva y no haga sol en cada uno de los casos siguientes.

a. No es posible que en un día llueva y haga sol.

b. Si llueve, entonces también lucirá el sol.

c. El 5 % de los días de junio llueve y hace sol.

22 A 250 estudiantes de 2.º de Bachillerato se les ha recomendado la lectura de dos libros. Pasado un tiempo, se sabe que 98 de ellos han leído el primer libro recomendado, 64 ha leído el segundo y 39 han leído ambos libros. Se elige a uno de los estudiantes al azar. Calcula la probabilidad de que:

a. Haya leído alguno de los dos libros.

b. No haya leído ninguno de los dos libros.

c. Solamente haya leído el primer libro.

23 Un estudio de mercado revela que el 45 % de los entrevistados consume el producto A y el 60 % consume el producto B. Además, se obtiene que el porcentaje de entrevistados que consume ambos productos es del 20 %. Si seleccionamos al azar un individuo de los entrevistados, calcula la probabilidad de que consuma:

a. El producto A, pero no el B.

b. Alguno de los dos productos.

24 Sean A y B dos sucesos de un experimento aleatorio tales que $P(A) = 0,4$, $P(B) = 0,6$ y $P(A \cup B) = 0,8$. Calcula la probabilidad de que:

a. Ocurran ambos sucesos.

b. Ocurra uno solo de los dos sucesos A o B.

5 Asignación de probabilidades

5.1. Probabilidades en un espacio muestral finito

Cuando el espacio muestral asociado a un experimento aleatorio está formado por un número finito de resultados, $E=\{w_1, w_2, ..., w_n\}$, puede definirse una función de probabilidad asociando un valor a cada uno de los sucesos elementales.

Llamamos $p_j = P(w_j)$, para $j = 1, 2, ..., n$, a la probabilidad de cada resultado posible de un experimento.

Para que sea una **función de probabilidad** debe cumplirse:

$$p_j \geq 0, \text{ para todo } j = 1, 2, ..., n \qquad p_1 + p_2 + ... + p_n = 1$$

Se puede verificar que la asignación de probabilidad realizada de esta manera, en un espacio muestral finito, cumple los axiomas de la definición de Kolmogórov.

De esta manera, la probabilidad de cualquier suceso, A, se obtiene sumando las probabilidades de los resultados que pertenezcan al suceso:

$$P(A) = \sum_{\{w_j \in A\}} p_j$$

25 **Actividad resuelta**

En un dado trucado, la probabilidad de cada cara es proporcional a su puntuación. ¿Cuál es la probabilidad de obtener un número impar con este dado?

En este caso, $P(j) = k \cdot j$, siendo $j = 1, 2, 3, 4, 5, 6$.

Como deben sumar 1: $k+2k+3k+4k+5k+6k=1 \Rightarrow k=\frac{1}{21}$

Las probabilidades asociadas a cada suceso elemental se pueden escribir en una tabla:

Resultados	1	2	3	4	5	6
$P(j)=p_j$	$\frac{1}{21}$	$\frac{2}{21}$	$\frac{3}{21}=\frac{1}{7}$	$\frac{4}{21}$	$\frac{5}{21}$	$\frac{6}{21}$

Luego la probabilidad del suceso A = "obtener número impar" es:

$$P(A) = p_1 + p_3 + p_5 = \frac{1}{21} + \frac{1}{7} + \frac{5}{21} = \frac{3}{7}$$

5.2. Probabilidad en un espacio muestral finito equiprobable. Regla de Laplace

Un espacio muestral $E=\{w_1, w_2, ..., w_n\}$, es equiprobable si todos los resultados posibles tienen la misma probabilidad. Es decir, si $p_1 = p_2 = ... = p_n$. Como la suma de todos ellos tiene que ser 1, se obtiene que $P(w_j) = p_j = \frac{1}{n}$ para todo $j = 1, 2, ..., n$.

Si un suceso A del espacio E finito y equiprobable contiene m de los n resultados posibles de un experimento ($m \leq n$), su probabilidad puede calcularse mediante la **regla de Laplace**:

$$P(A) = \frac{\text{n.º de resultados favorables al suceso } A}{\text{n.º de resultados posibles}} = \frac{m}{n}$$

Esta expresión se utiliza para calcular la probabilidad de un suceso siempre y cuando el espacio muestral contenga un número finito de resultados y estos sean equiprobables.

26 Actividad resuelta

Se lanza tres veces un dado equilibrado. ¿Cuál es la probabilidad de obtener 3 números diferentes?

El número de resultados posibles es $VR_{6,3} = 6^3 = 216$, igualmente probables al tratarse de un dado equilibrado. El número de resultados favorables al suceso A = "los números son distintos" es $V_{6,3} = 6 \cdot 5 \cdot 4 = 120$. Así que aplicando la regla de Laplace:

$$P(A) = \frac{\text{n.º de resultados favorables a } A}{\text{n.º de resultados posibles}} = \frac{120}{216} = \frac{5}{9} = 0{,}555\,56$$

27 Actividad resuelta

En el acuario de una tienda de mascotas hay 12 peces azules y 16 plateados. El vendedor saca al azar consecutivamente 4 de los peces. Halla la probabilidad de que:

a. **Todos los peces sean azules.**

b. **Dos de los peces sean azules y los otros dos plateados.**

c. **Al menos uno sea plateado.**

Casos posibles:

Como no importa el orden de elección de los peces, se trata de combinaciones.

$$C_{28,4} = \frac{28!}{4!24!} = \frac{28 \cdot 27 \cdot 26 \cdot 25}{4 \cdot 3 \cdot 2 \cdot 1} = 20\,475$$

a. Sea el suceso A = "todos los peces son azules".

El número de casos favorables y su probabilidad son:

$$C_{16,4} = \frac{16!}{4!12!} = \frac{16 \cdot 15 \cdot 14 \cdot 13}{4 \cdot 3 \cdot 2 \cdot 1} = 1820 \Rightarrow P(A) = \frac{1820}{20\,475} = \frac{4}{45}$$

b. Sea el suceso B = "dos peces son azules y otros dos plateados".

Se eligen dos peces azules de entre los 16 y, para cada elección, se eligen dos plateados de entre los 12.

El número de casos favorables y su probabilidad son:

$$C_{16,2} \cdot C_{12,2} = \frac{16!}{2!14!} \cdot \frac{12!}{2!10!} = \frac{16 \cdot 15}{2 \cdot 1} \cdot \frac{12 \cdot 11}{2 \cdot 1} = 7920 \Rightarrow P(B) = \frac{7920}{20\,475} = \frac{176}{455}$$

c. Sea el suceso C = "al menos uno es plateado", su contrario es $\bar{C}$ = "ninguno es plateado", que coincide con el suceso A, por tanto:

$$P(C) = 1 - P(\bar{C}) = 1 - \frac{4}{45} = \frac{41}{45}$$

28 **Un dado está trucado de forma que la probabilidad de obtener un 6 es tres veces mayor que la de obtener cada una de las otras caras, que tienen igual probabilidad de aparecer. Calcula la probabilidad de cada uno de los sucesos siguientes.**

a. Obtener un dos.

b. No obtener un tres.

c. Obtener un número par.

d. Obtener un número impar.

29 **Se lanza una moneda equilibrada 4 veces. Calcula la probabilidad de obtener:**

a. Al menos una cruz.

b. El mismo número de caras que de cruces.

c. Ninguna cara.

d. Exactamente una cara.

30 En un experimento con 7 posibles resultados, las probabilidades de cada resultado son:

$P(w_1)=0,12;\ P(w_2)=0,21;\ P(w_3)=0,14$

$P(w_4)=0,14;\ P(w_5)=0,1;\ P(w_6)=a;\ P(w_7)=b$

Razona si *a* y *b* pueden tomar los siguientes valores.

a. $a = 0,3$ $\quad b = -0,05$

b. $a = 0,15$ $\quad b = 0,14$

c. $a = 0,2$ $\quad b = 0,05$

d. $a = -0,2$ $\quad b = 0,35$

31 En una localidad se presentan 40 personas para colaborar en un banco de alimentos. De ellos, el 50 % son estudiantes, el 40 %, personas jubiladas, y el resto se dedica a otras actividades. De los 40, se seleccionan al azar 3 personas. Calcula la probabilidad de que:

a. Las 3 sean jubiladas.

b. 2 sean estudiantes y 1 jubilada.

c. Al menos una sea jubilada.

32 Un juego consiste en lanzar dos dados de distinto color y obtener la diferencia de las puntuaciones de ambos dados. Si la diferencia es cero, ni se gana ni se pierde. Si la diferencia es un número par distinto de cero se gana y si la diferencia es un número impar se pierde. Calcula la probabilidad de:

a. Ganar.

b. Perder.

c. Empatar.

¿Cómo puedes modificar las reglas del juego para que las probabilidades de ganar y perder sean iguales?

33 En una fiesta, se ofrecen 4 tipos diferentes de zumos (naranja, limón, piña y melocotón). Siete personas se acercan juntas a pedir sus bebidas. Si consideramos la elección del zumo como un suceso aleatorio, ¿cuál es la probabilidad de que al menos 3 hayan elegido naranja?

34 Una prueba selectiva de ingreso en la administración consiste en desarrollar dos temas de los cuatro que el tribunal extrae al azar entre los 50 del temario. Si alguien que se presenta domina 30 de los temas, calcula la probabilidad de que, de los temas seleccionados, sea capaz de desarrollar:

a. Exactamente dos

b. Al menos dos

c. Ninguno de ellos

35 Cinco personas, 3 mujeres y 2 hombres, llegan simultáneamente a la consulta de urgencias. En recepción deciden atenderlas según su edad, comenzando por la persona mayor y en orden descendente. Calcula la probabilidad de que:

a. Las dos primeras personas atendidas sean mujeres.

b. El primer paciente en ser atendido sea un hombre.

c. Los hombres sean atendidos consecutivamente.

36 En un dado trucado, la probabilidad de obtener un número par es el triple que la de obtener un número impar. Calcula la probabilidad de:

a. Obtener número mayor que 3.

b. Obtener número múltiplo de 3.

37 Con las cifras del 1 al 7, se forman todos los números posibles de 4 cifras. Calcula la probabilidad de que:

a. Se forme un número impar.

b. El número formado sea mayor que 3500.

En ambos apartados, considera en primer lugar que las cifras no se pueden repetir y en segundo lugar, que sí se pueden repetir.

38 Un lote compuesto por 5 ejemplares del libro de Historia de España, 3 del libro de Lengua y 4 del libro de Filosofía, se colocan al azar en una estantería de la biblioteca. Calcula la probabilidad de que:

a. Los libros de Historia queden juntos.

b. El primer libro y el último sean de la misma materia.

c. Los libros de cada materia queden juntos.

39 Un restaurante ofrece a sus clientes la posibilidad de confeccionar la ensalada que quieren comer. Cada ensalada puede llevar 4 ingredientes a elegir entre 5 tipos de proteínas y 6 tipos de verdura. Los 4 ingredientes se pueden repetir, ¿cuál es la probabilidad de que, si los ingredientes se eligen al azar, se confeccione una ensalada con dos proteínas diferentes y dos verduras también distintas?

40 Con las nueve letras de la palabra RECONOCER, se forman todas las palabras posibles, con o sin sentido. Calcula la probabilidad de que una de ellas elegida al azar:

a. Empiece y acabe con la letra O.

b. Empiece por RE.

41 De una baraja de 40 cartas mezclada al azar, en la que cada palo tiene 10 cartas numeradas del 1 al 10, se extraen dos cartas al azar. Calcula probabilidad de que la suma de los puntos sea 16, si la extracción es:

a. Sin reemplazamiento.

b. Con reemplazamiento.

c. Compara y discute los resultados anteriores.

42 Un centro tiene dos clases de Bachillerato de Ciencias Sociales (A y B). La clase A tiene 32 estudiantes, de los cuales 8 estudian alemán. La clase B tiene 30 estudiantes, de los cuales 6 estudian alemán. Se seleccionan al azar dos estudiantes de la clase A y uno de la clase B. Calcula la probabilidad de que:

a. Ninguno de los tres estudie alemán.

b. Únicamente uno de ellos estudie alemán.

c. Alguno de ellos estudie alemán.

43 Supongamos que un experimento aleatorio tiene 4 posibles resultados, es decir, $E=\{a, b, c, d\}$ y que $\{a\}$ es dos veces más probable que $\{b\}$ y, a su vez, $\{b\}$ es tres veces más probable que $\{c\}$, mientras que $\{c\}$ es una vez y media más probable que $\{d\}$. ¿Cuál es la probabilidad de cada uno de los resultados de este experimento?

6 Probabilidad condicionada

6.1. Definición de probabilidad condicionada

Si el espacio muestral de un experimento es E y se sabe que un determinado suceso, B, ha ocurrido, se debe incorporar dicha información al cálculo de las probabilidades de los sucesos.

La información de que el suceso B ha ocurrido implica que ahora, el espacio muestral es B ya que $P(B|B) = 1$.

Ejemplo

Se lanza un dado dos veces y se consideran los sucesos A = "obtener suma impar" y B = "obtener suma menor que 7". El número de resultados posibles es $VR_{6,2} = 36$. Las probabilidades de A y de B se calculan mediante la regla de Laplace:

$$P(A)=\frac{18}{36}=\frac{1}{2}, \quad P(B)=\frac{15}{36}=\frac{5}{18}$$

Si se conoce que la suma de los dos lanzamientos es menor que 7, es decir, que el suceso B ha ocurrido, el conjunto de resultados posibles queda reducido a aquellos 15 en los que la suma es menor que 7. Y, de esos 15, los favorables a que la suma sea impar son 6.

De esta forma, la probabilidad de que ocurra A sabiendo que ha ocurrido B, se expresa como $P(A|B)$ y se calcula como:

$$P(A|B)=\frac{6}{15}, \text{ o lo que es lo mismo } P(A|B)=\frac{\frac{6}{36}}{\frac{15}{36}}=\frac{P(A\cap B)}{P(B)}.$$

La información de que el suceso B ha ocurrido, modifica la probabilidad de A. Antes de conocer que B ha ocurrido, era $P(A)$. Después de saber que B ha ocurrido, es $P(A|B)$.

Si A y B son dos sucesos del espacio muestral E, con $P(B)>0$, se define **la probabilidad de A condicionada por B** como: $P(A|B)=\dfrac{P(A\cap B)}{P(B)}$.

Si $P(A) > 0$, también se puede definir $P(B|A)$ como $P(B|A)=\dfrac{P(B\cap A)}{P(A)}$ que es la probabilidad de B condicionada a la información de que el suceso A ha ocurrido.

Definición que verifica los axiomas de Kolmogórov y, por tanto, es una probabilidad.

6.2. Regla de la multiplicación de probabilidades condicionadas

Si A y B son dos sucesos de un mismo experimento aleatorio, tales que $P(A)>0$ y $P(B)>0$, la probabilidad de $A \cap B$ puede expresarse como:

$$P(A\cap B)=P(A)\cdot P(B|A) \text{ o } P(A\cap B)=P(A|B)\cdot P(B)$$

Si se trata de la probabilidad de la intersección de tres sucesos se obtiene: $P(A\cap B\cap C)=$
$=P(A)\cdot P(B|A)\cdot P(C|A\cap B)$
Los sucesos que condicionan deben tener probabilidad estrictamente positiva.

Igualando las dos expresiones de la regla de la multiplicación, se puede obtener una probabilidad condicionada en función de la otra y del cociente de probabilidades de los sucesos A y B:

$$P(B|A)P(A)=P(A|B)P(B) \Rightarrow P(B|A)=P(A|B)\frac{P(B)}{P(A)}$$

Ejemplo

De una baraja de 40 cartas se extraen al azar 3 cartas, una a una sin reemplazamiento. Queremos calcular la probabilidad de que la primera carta sea de oros y las dos siguientes de espadas. Definimos los sucesos: R_1 = "la 1.ª carta es de oros", S_2 = "la 2.ª es de espadas", S_3 = "la 3.ª es de espadas" y calculamos.

$$P(R_1\cap S_2\cap S_3)=P(R_1)\cdot P(S_2|R_1)\cdot P(S_3|R_1\cap S_2)=\frac{10}{40}\cdot\frac{10}{39}\cdot\frac{9}{38}=\frac{15}{988}=0{,}01518$$

44 Actividad resuelta

En una encuesta realizada a un total de 1500 personas, 823 reconocen su propia responsabilidad sobre el cambio climático. De los que no reconocen su responsabilidad sobre el cambio climático, 391 son hombres, y del total de encuestados, 735 son mujeres. Elegida al azar una de las personas encuestadas, calcula la probabilidad de que:

a. Sea mujer y reconozca su responsabilidad sobre el cambio climático.

b. Reconozca su responsabilidad sobre el cambio climático.

c. Sea mujer, sabiendo que no reconoce su responsabilidad sobre el cambio climático. Compara este resultado con la probabilidad de que la persona elegida sea mujer. Interpreta el resultado.

Con la información se puede construir la siguiente tabla (en negro los datos ofrecidos, en rojo los que se deducen)

	Hombre (H)	Mujer (M)	Total
Sí se responsabiliza (R)	374	449	823
No se responsabiliza ($\bar{R}$)	391	286	677
Total	765	735	1500

a. Nos piden la probabilidad del suceso $M \cap R$, que se puede obtener directamente de la tabla:

$$P(M \cap R) = \frac{449}{1500} = 0{,}29933$$

b. Del total de personas que reconocen su responsabilidad en el cambio climático:

$$P(R) = \frac{823}{1500} = 0{,}54867$$

c. Ahora, la información permite tener en cuenta solo el total de la fila de los que no reconocen su responsabilidad.

$$P(M \mid \bar{R}) = \frac{286}{677} = 0{,}42245$$

La probabilidad de que la persona elegida sea mujer es:

$$P(M) = \frac{735}{1500} = 0{,}49$$

La información de que la persona elegida no reconoce su responsabilidad sobre el cambio climático hace que decrezca la probabilidad de que la persona elegida sea una mujer. Por tanto, según esta encuesta, parece que las mujeres son más sensibles a reconocer la propia responsabilidad sobre el cambio climático.

6.3. Dependencia e independencia de sucesos

Los sucesos A y B, con $P(A) > 0$ y $P(B) > 0$, se dice que son **independientes** si, sabiendo que ha ocurrido uno de ellos, no se modifica la probabilidad del otro, es decir, si $\boldsymbol{P(A \mid B) = P(A)}$ o, de forma equivalente, $\boldsymbol{P(B \mid A) = P(B)}$.

En otro caso, se dice que los sucesos son **dependientes**.

La siguiente es una condición necesaria y suficiente para que dos sucesos A y B sean independientes.

A y B son **independientes** si y solo si $\boldsymbol{P(A \cap B) = P(A) \cdot P(B)}$

45 Actividad resuelta

A mediados del siglo XVII Antoine Gombaud, más conocido como el Caballero de Méré, planteó al matemático Blaise Pascal si sería ventajoso jugar, apostando cantidades iguales, a que, al lanzar un dado cuatro veces, aparece al menos un seis.

Sean los sucesos A_j = "no obtener seis en la tirada j", B = "no obtener ningún seis en las 4 tiradas" y su complementario $\bar{B}$ = "obtener al menos un seis en las 4 tiradas".

Como $B = A_1 \cap A_2 \cap A_3 \cap A_4$, los lanzamientos son independientes, y en cada uno la probabilidad de no obtener un seis es $\frac{5}{6}$, se tiene que:

$$P(B)=\left(\frac{5}{6}\right)^4=0,48225 \Rightarrow P(\bar{B})=1-0,48225=0,51775$$

Es decir, es ligeramente ventajoso apostar, a la larga, a que saldrá al menos un seis en las 4 tiradas.

Se dice que los sucesos A, B y C son **mutuamente independientes** si:

- son independientes dos a dos, es decir:

$$P(A\cap B)=P(A)\cdot P(B),\quad P(A\cap C)=P(A)\cdot P(C),\quad P(B\cap C)=P(B)\cdot P(C)$$

- Y, además, $P(A\cap B\cap C)=P(A)\cdot P(B)\cdot P(C)$.

También puede ocurrir que los sucesos sean independientes dos a dos, pero no sean mutuamente independientes.

Ejemplo

En el lanzamiento de dos dados, cuyo espacio muestral consta de 36 resultados posibles, se consideran los sucesos A = "obtener un doble", B = "obtener suma 4, 5, 6, o 7" y C = "obtener suma 6, 7 o 12".

Observa el esquema de resultados posibles y favorables en cada caso.

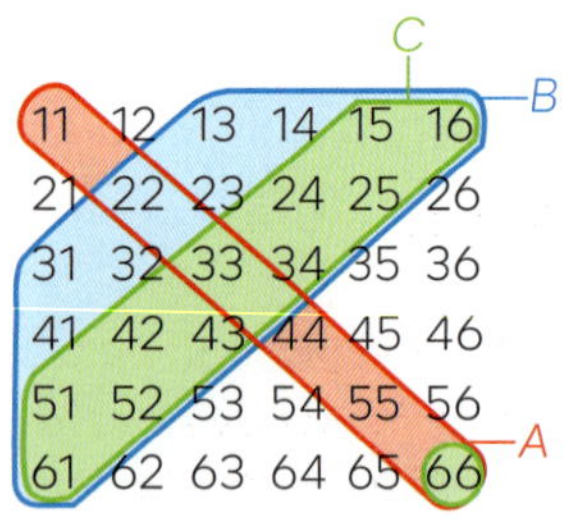

Sus probabilidades son: $P(A)=\frac{1}{6}$, $P(B)=\frac{1}{2}$, $P(C)=\frac{1}{3}$.

La probabilidad de la intersección de los tres sucesos es:

$$P(A\cap B\cap C)=\frac{1}{36}=P(A)\cdot P(B)\cdot P(C)$$

Sin embargo, las probabilidades de las intersecciones dos a dos son:

$$P(A\cap B)=\frac{1}{18}\neq P(A)\cdot P(B),\quad P(A\cap C)=\frac{1}{18},\quad P(B\cap C)=\frac{11}{36}$$

Es decir, los sucesos no son independientes dos a dos y, por tanto, no son mutuamente independientes.

46 **De dos sucesos A y B de un mismo espacio muestral se sabe que: $P(A\cap B)=0,2$, $P(A\cup B)=0,4$ y $P(A|B)=0,8$.**

a. Calcula $P(B)$ y $P(A)$.

b. ¿Son A y B sucesos independientes? Razona tu respuesta.

c. Calcula $P(\bar{A}\cup\bar{B})$.

47 Actividad resuelta

El 69 % de los habitantes de una determinada ciudad ven series semanalmente, el 35 % películas y el 18 % no ven ni series ni películas. Se elige al azar un habitante de la ciudad. Calcula la probabilidad de que:

a. Vea series o películas.

b. Vea películas, sabiendo que ve series. ¿Son independientes los sucesos "ver películas" y "ver series"?

c. Vea series pero no vea películas.

Seleccionado al azar un habitante, sean los sucesos S = "ve series", F = "ve películas".

Conocemos las siguientes probabilidades: $P(S) = 0{,}69$, $P(F) = 0{,}35$, $P(\bar{S}\cap\bar{F}) = 0{,}18$

a. Se trata de la probabilidad del suceso unión de S y F. Utilizando una de las leyes de De Morgan:

$$P(S\cup F)=1-P(\overline{S\cup F})=1-P(\bar{S}\cap\bar{F})=1-0{,}18=0{,}82$$

b. En este caso, nos piden la probabilidad:

$$P(F\,|\,S)=\frac{P(S\cap F)}{P(S)}=\frac{0{,}22}{0{,}69}=0{,}31884$$

Donde $P(S)$ viene dada, y aprovechando el cálculo del apartado a):

$$P(S\cap F)=P(S)+P(F)-P(S\cup F)=0{,}69+0{,}35-0{,}82=0{,}22$$

Como $P(S\cap F)=0{,}22\neq P(F)P(S)=0{,}2415$, los sucesos S y F son dependientes.

c. Ahora debemos calcular: $P(S\cap\bar{F})=P(S)-P(S\cap F)=0{,}69-0{,}22=0{,}47$

48 Según un estudio reciente, el 70 % de los jóvenes de una población entre 18 y 24 años estudia, el 40 % tiene un contrato laboral y el 20 % ni estudia ni trabaja. Se selecciona un joven al azar. Calcula la probabilidad de que ese joven elegido:

a. Estudie y trabaje simultáneamente.

b. Trabaje, sabiendo que no estudia.

Para estos jóvenes, trabajar y estudiar ¿son sucesos independientes?

49 De las personas en edad laboral (16 a 67 años) en España, el 50,11% son hombres. En el tercer trimestre de 2022, el 12,84 % de las personas estaba en situación de desempleo. Además, el 42,43% eran mujeres y estaban empleadas. Se elige al azar una persona en edad laboral. Se pide:

a. Probabilidad de que sea hombre y esté desempleado.

b. Probabilidad de que sea mujer, si se sabe que está desempleada.

c. Los sucesos "ser mujer" y "estar desempleada" ¿son independientes?

50 Sean A y B sucesos de un experimento aleatorio tales que $P(A\,|\,B)=\frac{1}{4}$, $P(B)=\frac{1}{6}$ y $P(A)=\frac{2}{3}$. Calcula:

a. $P(A\cap B)$ y $P(A\cup\bar{B})$

b. $P(B\,|\,A)$ y $P(B\,|\,A\cup B)$

c. La probabilidad de que ocurra solo uno de los dos sucesos A o B.

51 En una población, la cuarta parte de los hogares tienen contratada TV de pago, y tres de cada cuatro hogares disponen de una *smart TV*. De estos últimos, uno de cada seis ha contratado televisión de pago. Si de esta población se elige un hogar al azar, calcula la probabilidad de que:

a. No tenga *smart TV*, pero sí haya contratado televisión de pago.

b. Tenga *smart TV*, si tiene contratada televisión de pago.

c. No tenga *smart TV*, si no ha contratado televisión de pago.

52 Actividad resuelta

Una empresa tiene 64 trabajadores repartidos en tres departamentos: Administración, Producción y Ventas. Se ha hecho un estudio sobre si los trabajadores saben inglés o no, y se facilita la siguiente información.

	Administración	Producción	Ventas	Total
Sabe inglés	12	●●●	●●●	●●●
No sabe inglés	●●●	11	●●●	16
Total	16	●●●	7	64

Se elige al azar un trabajador de la empresa:

a. ¿Cuál es la probabilidad de que sepa inglés?

b. Si el trabajador elegido sabe inglés, ¿cuál es la probabilidad de que sea del departamento de Ventas?

c. Sea el suceso A = "el trabajador es del departamento de Administración" y sea B = "el trabajador sabe inglés". ¿Son los sucesos A y B independientes?

Completamos la tabla con los datos que se pueden deducir:

	Administración	Producción	Ventas	Total
Sabe inglés	12	30	6	48
No sabe inglés	4	11	1	16
Total	16	41	7	64

a. Del total de los 64 empleados, 48 saben inglés, por lo que $P(B)=\frac{48}{64}=\frac{3}{4}=0,75$.

b. Entre los que hablan inglés (48), del departamento de ventas son 6, luego:

$$P(V|B)=\frac{6}{48}=\frac{1}{8}=0,125$$

c. Las probabilidades de los sucesos A y B, así como de su intersección son:

$$P(A)=\frac{16}{64}=0,25 \qquad P(B)=\frac{48}{64}=0,75 \qquad P(A\cap B)=\frac{12}{64}=0,1875$$

Como $P(A)P(B) = 0,25 \cdot 0,75 = 0,1875$, por lo que $P(A \cap B) = P(A)P(B)$. Podemos afirmar que ambos sucesos son independientes.

53 De los sucesos A y B de un espacio muestral se sabe que:

$P(A\cap B)=0,1$; $P(\bar{A}\cap\bar{B})=0,6$ y $P(A|B)=0,5$

a. Calcula $P(B)$.

b. Calcula $P(A \cup B)$.

c. ¿Son los sucesos A y B independientes? Justifícalo.

54 El alumnado de un centro fue encuestado acerca de sus rutinas de alimentación y ejercicio físico. Tres de cada cinco estudiantes hacen ejercicio habitualmente y tres de cada cuatro siempre desayunan. Además, entre los que siempre desayunan, el 65% hace ejercicio habitualmente.

Elegido al azar un estudiante de ese centro, ¿es independiente que siempre desayune y que haga habitualmente ejercicio?

55 De los 100 alumnos que han terminado una titulación, 6 no han encontrado trabajo al cabo del primer año.

a. Calcula la probabilidad de que si elegimos tres alumnos sin repetición, ninguno haya encontrado trabajo durante el primer año.

b. Si elegimos tres alumnos al azar sin repetición y el primero no ha encontrado trabajo el primer año, ¿cuál es la probabilidad de que el segundo y el tercer alumno tampoco hayan encontrado trabajo el primer año?

56 Dados dos sucesos, A y B, de un experimento aleatorio, tales que $P(\bar{A})=0,45$, $P(B)=0,35$ y $P(A\cup B)=0,7$ calcula las siguientes probabilidades:

a. $P(A)$ y $P(A \cap B)$

b. $P(B|A)$ y $P(\bar{A}|\bar{B})$

57 Una clase de 2.º de Bachillerato tiene 32 estudiantes, de los cuales la mitad ha aprobado la asignatura de inglés, 20, la de matemáticas y 6, ninguna de las dos asignaturas.

Se elige un estudiante al azar de esa clase, y se pide calcular la probabilidad de que:

a. Haya aprobado las dos asignaturas.

b. Haya aprobado matemáticas sabiendo que no ha aprobado inglés.

c. Analiza la posible dependencia de los sucesos "aprobar inglés" y "aprobar matemáticas".

58 Un estudio revela que chicos y chicas no practican ejercicio físico en la misma medida. Entre los estudiantes del último curso de secundaria de un centro escolar, el 47% son chicos y el 65% practica ejercicio con regularidad. Además, el 25% son chicas y practican ejercicio con regularidad.

Se pide:

a. Porcentaje de estudiantes que son chicos o realizan ejercicio con regularidad.

b. Porcentaje de chicas que no realizan ejercicio con regularidad.

c. Los sucesos "ser chica" y "realizar ejercicio con regularidad" ¿son independientes? Justifica la respuesta.

59 Se consideran los siguientes sucesos:

A = "la economía de un cierto país está en recesión".

B = "un indicador económico muestra que la economía de dicho país está en recesión".

Se sabe que:

$P(A)=0{,}005 \quad P(B|A)=0{,}95 \quad P(\bar{B}|\bar{A})=0{,}96$

Calcula la probabilidad de que:

a. El indicador muestre que la economía no está en recesión y además la economía del país esté en recesión.

b. El indicador muestre que la economía del país esté en recesión.

60 Sean A y B dos sucesos de un experimento aleatorio, tales que $P(A)=0{,}5$, $P(\bar{B})=0{,}8$ y $P(\bar{A}\cup\bar{B})=0{,}9$.

a. Estudia si los sucesos A y B son independientes.

b. Calcula $P(\bar{A}|\bar{B})$.

61 En una agencia de viajes online se ha observado que el 84% de los clientes adquiere billete de avión, el 62% reserva hotel y el 55% adquiere billete de avión y reserva hotel. Elegido un cliente al azar de esa agencia, calcula la probabilidad de que:

a. Adquiera un billete de avión o reserve hotel.

b. Reserve hotel si se sabe que no compró un billete de avión.

c. No adquiera un billete de avión si se sabe que no reservó hotel.

62 Sean A y B dos sucesos tales que $P(A\cup B)=0{,}8$, $P(\bar{A})=0{,}5$ y $P(A\cap B)=0{,}3$.

a. Calcula las probabilidades $P(B)$ y $P(A|B)$.

b. Calcula las probabilidades $P(A\cap\bar{B})$ y $P(\bar{A}\cup\bar{B})$.

c. ¿Son A y B sucesos independientes? Justifica la respuesta.

63 En una determinada ciudad, se sabe que el 80% de los hogares están formados por más de una persona. Se sabe también que el 30% de los hogares de esa ciudad están suscritos a la plataforma de *streaming* A. Por último, se sabe que el 20% de los hogares están formados por más de una persona y están suscritos a la plataforma A. Seleccionamos al azar un hogar de esta ciudad, calcula la probabilidad de que:

a. No esté suscrito a A.

b. Esté formado por una única persona y también esté suscrito a A.

c. Esté suscrito a A, si se sabe que está formado por una única persona.

d. Esté formado por más de una persona, si está suscrito a A.

64 El 48,7% de las personas que visitan la Alhambra de Granada proceden de la Unión Europea (UE). De estos, cuatro de cada cinco afirman estar satisfechos con la visita, mientras que, entre los visitantes no procedentes de la UE, el 5% no está satisfecho con la visita.

Con esta información, calcula:

a. Porcentaje de personas satisfechas con la visita.

b. Proporción de personas satisfechas con la visita y que no son de la UE.

c. ¿Son independientes los sucesos "ser de la UE" y "estar satisfecho con la visita"? Razona la respuesta.

7 Teoremas de la probabilidad total y de Bayes

7.1. Partición del espacio muestral. Teorema de la probabilidad total

Se dice que los sucesos $A_1, A_2, \ldots, A_k$ forman una **partición del espacio muestral** E si verifican:

1. Son incompatibles dos a dos, es decir, $A_i \cap A_j = \varnothing$ para todo $i \neq j$.
2. Cubren el espacio muestral, es decir, $A_1 \cup A_2 \cup \ldots \cup A_k = E$.

Ejemplo

En una empresa hay cuatro departamentos. Elegimos un trabajador de la empresa al azar y anotamos el departamento al que pertenece. Los sucesos A_j = "pertenecer al departamento j" forman una partición del espacio muestral, puesto que $A_1 \cup A_2 \cup A_3 \cup A_4 = E$ y los sucesos son incompatibles dos a dos, ya que un trabajador no puede pertenecer a dos departamentos a la vez.

Si B es un suceso cualquiera, y $A_1, A_2, \ldots, A_k$ es una partición del espacio muestral E, entonces B se puede expresar como unión de sucesos incompatibles:

$$B = (B \cap A_1) \cup (B \cap A_2) \cup \ldots \cup (B \cap A_k)$$

De manera que la probabilidad de B, expresada como la suma de las probabilidades de los $B \cap A_j$, con $j = 1, 2, \ldots, k$ es:

$$P(B) = P(A_1) \cdot P(B \mid A_1) + P(A_2) \cdot P(B \mid A_2) + \ldots + P(A_k) \cdot P(B \mid A_k)$$

Este resultado se conoce como **teorema de la probabilidad total.**

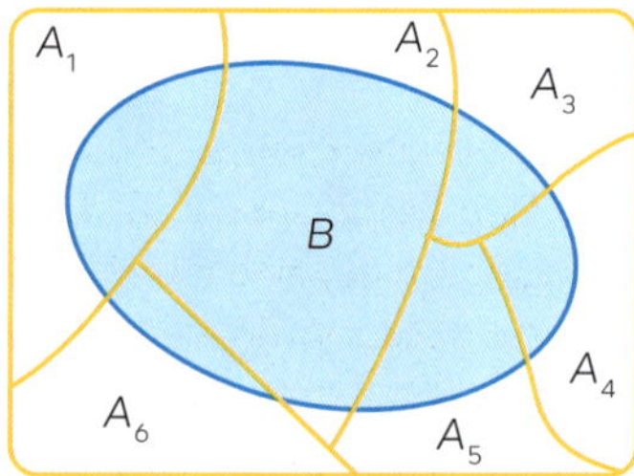

65 Actividad resuelta

El 5 % de las bombillas LED y el 2 % de las halógenas que fabrica una empresa son defectuosas. Si de un lote de 50 bombillas, de las que 15 son halógenas, se elige al azar una bombilla. ¿Cuál es la probabilidad de que no sea defectuosa?

Sean los sucesos:

L = "la bombilla elegida es LED".

H = "la bombilla elegida es halógena".

D = "la bombilla elegida es defectuosa".

Los sucesos L y H formarían la partición del espacio muestral y los sucesos $L \cap D$ y $H \cap D$ son incompatibles. Luego:

$$D = (L \cap D) \cup (H \cap D) \Rightarrow P(D) = P(L \cap D) + P(H \cap D) = P(D \mid L)P(L) + P(D \mid H)P(H)$$

Dado que:

$$P(L) = \frac{35}{50} = 0{,}7,\ P(H) = 0{,}3,\ P(D \mid L) = 0{,}05,\ P(D \mid H) = 0{,}02$$

Aplicando el teorema de la probabilidad total:

$$P(D) = 0{,}05 \cdot 0{,}7 + 0{,}02 \cdot 0{,}3 = 0{,}041$$

Y la probabilidad de que no sea defectuosa es:

$$P(\overline{D}) = 1 - 0{,}041 = 0{,}959$$

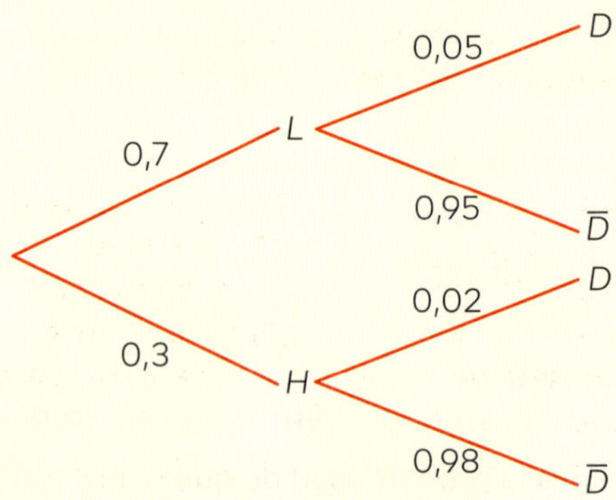

66 **El 1,5 % de las bolsitas de té de una cierta marca tienen problemas y contienen un tipo de té distinto al etiquetado. Pasa lo mismo con el 1% de otras infusiones de esta misma marca. Una empresa ha comprado un lote de 300 infusiones de esa marca para sus empleados. 220 son de té. Elegida una al azar, ¿cuál es la probabilidad de que exista algún problema con su etiquetado?**

7.2. Teorema de Bayes

Si $A_1, A_2, ..., A_k$ es una partición del espacio muestral E, con $P(A_j)>0$, para $j=1, 2, ..., k$, y B es un suceso cualquiera con $P(B)>0$, se tiene que:

$$P(A_j|B)=\frac{P(A_j)\cdot P(B|A_j)}{P(B)}=\frac{P(A_j)\cdot P(B|A_j)}{P(A_1)\cdot P(B|A_1)+P(A_2)\cdot P(B|A_2)+\ldots+P(A_k)\cdot P(B|A_k)}$$

La demostración se obtiene de forma inmediata aplicando la definición de la probabilidad condicionada y el teorema de la probabilidad total.

Las probabilidades $P(A_j)$ de los sucesos de la partición antes de que el suceso B haya ocurrido se denominan **probabilidades iniciales** o **a priori** de dichos sucesos.

Las probabilidades $P(B|A_j)$ se denominan **verosimilitudes**.

Una vez que el experimento se ha realizado y que se obtiene información de que el suceso B ha ocurrido, la regla de Bayes proporciona las **probabilidades finales** o **a posteriori**, $P(A_j|B)$, de cada uno de los sucesos A_j de la partición. De esta manera, el teorema de Bayes actualiza las probabilidades de los sucesos de la partición a la vista del resultado obtenido en el experimento.

67 Actividad resuelta

En una región, el 6 % de las personas con contrato de trabajo está en un Expediente de Regulación Temporal de Empleo (ERTE). De estas, el 30 % es del sector turístico. De las que no están en ERTE, el 12 % pertenece al sector turístico. Elegida al azar una persona de esta región, calcula la probabilidad de que esté en un ERTE, sabiendo que pertenece al sector turístico.

Elegida al azar una persona de esta región, se consideran los sucesos : R = "está en un ERTE", T = "pertenece al sector turístico".

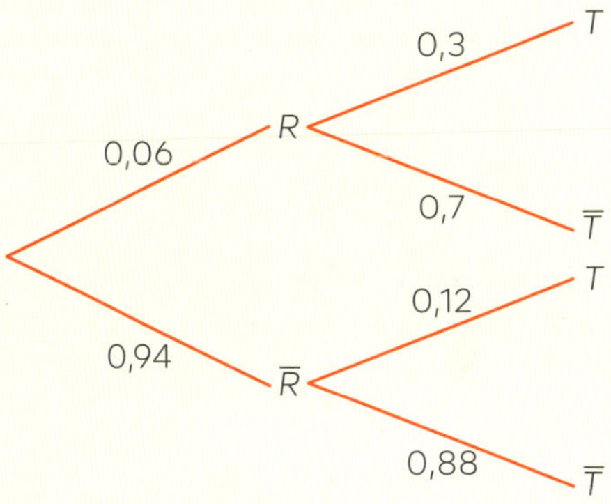

Se sabe que: $P(R) = 0{,}06$, $P(T|R) = 0{,}3$ y $P(T|\bar{R})=0{,}12$

Por el teorema de la probabilidad total sabemos que:

$P(T)=P(T|R)P(R)+P(T|\bar{R})P(\bar{R})= 0{,}3\cdot 0{,}06+0{,}12\cdot 0{,}94=0{,}1308$

Y por el teorema de Bayes:

$$P(R|T)=\frac{P(T|R)P(R)}{P(T)}=\frac{0{,}3\cdot 0{,}06}{0{,}1308}=0{,}1376$$

La información de que el suceso T ha ocurrido ha modificado la probabilidad inicial de estar en ERTE.

68 **Para diagnosticar una enfermedad, se dispone de un test que da positivo en el 95 % de los casos de personas que padecen la enfermedad. También da positivo en el 4 % de personas que no la padecen. En una población se estima que el 15 % padece la enfermedad. Si se elige, de esa población, una persona al azar y se le realiza el test, calcula la probabilidad de que:**

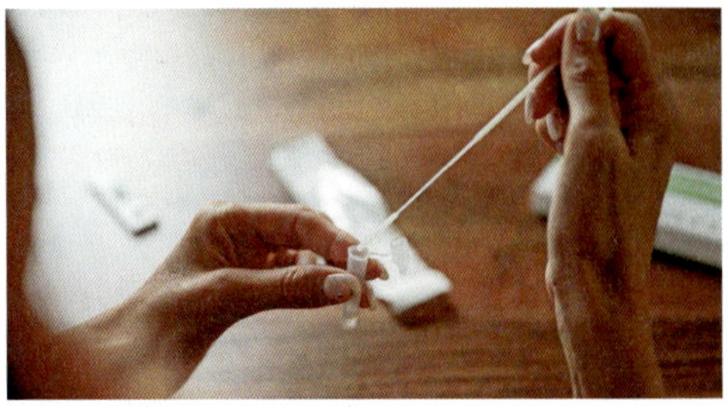

a. El resultado del mismo sea positivo.

b. Padezca la enfermedad, sabiendo que el test ha dado negativo.

69 **Una bodega de vinos, finos y jereces encarga botellas de tres tamaños a una fábrica de vidrio, el 70 % son del tipo tres cuartos (*A*), el 20 %, del tipo mágnum (*M*) y el resto, de tipo doble mágnum (*D*). En un control de calidad, se detecta que el 4% de las botellas *A*, el 2% de las *M*, y el 0,5% de las *D*, tienen algún defecto. Si de una partida, se elige una botella al azar, calcula la probabilidad de que:**

a. Sea de tipo mágnum y defectuosa.

b. Sea defectuosa.

c. Sea de tipo doble mágnum, si se sabe que es defectuosa.

70 El 15 % de los empleados de una empresa son ingenieros y otro 10 % son economistas, no habiendo empleados con dos titulaciones. El 60 % de los ingenieros ocupan un puesto directivo y el 72 % de los economistas también, mientras que, del resto de empleados, el 18 % ocupa un puesto directivo. Se elige al azar un empleado, calcula la probabilidad de que:

a. Sea directivo.

b. Sabiendo que es directivo, no sea ni economista ni ingeniero.

71 Para contrastar la eficacia de dos tipos de vacuna, en la fase final de la experimentación frente al coronavirus, se eligieron 3500 personas al azar entre los voluntarios que no tenían anticuerpos de este virus. De estos voluntarios, 500 recibieron placebo y al resto les aplicaron por igual las vacunas *A* y *B*. El 89 % de los vacunados con *A* y el 93 % de los vacunados con *B* generaron anticuerpos. Calcula la proporción de voluntarios que:

a. Ha generado anticuerpos.

b. Ha recibido placebo, si sabemos que no ha generado anticuerpos.

72 **Actividad resuelta**

Tres proveedores, *A*, *B* y *C*, suministran aceitunas a una almazara para la producción de aceite de oliva y otros productos derivados. Esta almazara procesa dos tipos de aceituna: hojiblanca y royal. El 32% de las aceitunas proviene de *A*, el 45% de *B* y el resto de *C*. El 60 % de *A*, el 50 % de *B* y el 35% de *C* es de la variedad hojiblanca. Se elige al azar una entrega de aceitunas a la almazara, calcula la probabilidad de que:

a. Sea de la variedad hojiblanca.

b. Provenga de *A*, si se sabe que es de la variedad royal.

Seleccionando al azar una entrega, se consideran los sucesos siguientes junto con sus probabilidades facilitadas:

A = "la entrega proviene de A"	$P(A) = 0{,}32$		
B = "la entrega proviene de B"	$P(B) = 0{,}45$		
C = "la entrega proviene de C"	$P(C) = 0{,}23$		
H = "la aceituna es de variedad hojiblanca"	$P(H \mid A) = 0{,}6$	$P(H \mid B) = 0{,}5$	$P(H \mid C) = 0{,}35$
R = "la aceituna es de la variedad royal"	$P(R \mid A) = 0{,}4$	$P(R \mid B) = 0{,}5$	$P(R \mid B) = 0{,}65$

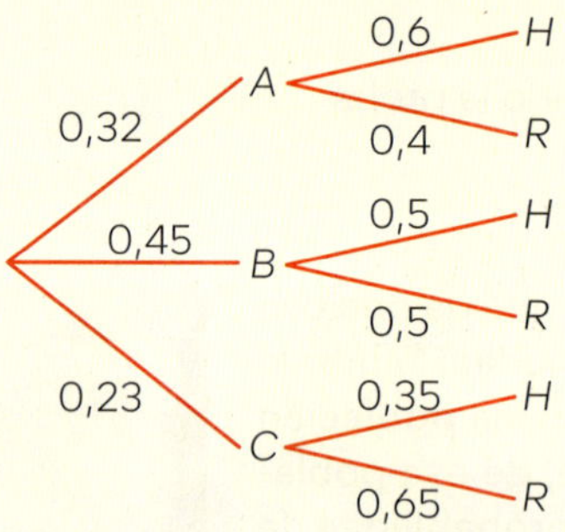

a. Los sucesos *A*, *B* y *C* forman una partición del espacio muestral. Utilizando el teorema de la probabilidad total:

$$P(H) = P(H \mid A)P(A) + P(H \mid B)P(B) + P(H \mid C)P(C) = 0{,}6 \cdot 0{,}4 + 0{,}5 \cdot 0{,}45 + 0{,}35 \cdot 0{,}23 = 0{,}5455$$

b. Mediante el teorema de Bayes, aprovechando el resultado del apartado a):

$$P(A \mid R) = \frac{P(R \mid A)P(A)}{P(R)} = \frac{0{,}4 \cdot 0{,}32}{1 - 0{,}5455} = 0{,}28163$$

La información de que la entrega es de la variedad royal ha modificado a la baja la probabilidad inicial de que la entrega sea del proveedor *A*.

73 En el último inventario de árboles de una parcela se contabilizaron 52 hayas, 33 robles y 142 pinos. Una enfermedad afecta a 10 hayas, 4 robles y 28 pinos. De la parcela, se elige un árbol al azar. Calcula la probabilidad de que:

a. Sea roble y esté afectado por la enfermedad.

b. Esté afectado por la enfermedad.

c. Sea pino, sabiendo que no está afectado por la enfermedad.

74 Según datos de 2020, en la universidad española hay un 24,8 % de mujeres que están estudiando grados de informática, el resto de los estudiantes son hombres. Además, una mujer tiene una probabilidad de 0,95 de terminar el grado de informática, mientras que para los hombres la probabilidad es del 0,85. Se elige al azar un estudiante de informática. Calcula la probabilidad de que:

a. Consiga terminar la titulación.

b. Sea mujer, sabiendo que ha terminado informática.

75 Siete de cada diez de los préstamos que concede una entidad bancaria son para particulares y el resto para empresas. Según sus datos, la cuarta parte de los préstamos concedidos a particulares no se recuperaron al vencimiento, mientras que en el caso de los préstamos a empresas los impagos se reducen al 5 %. Si se selecciona un préstamo al azar, calcula la probabilidad de que:

a. No resulte impagado.

b. Si se trata de un préstamo impagado, corresponda a empresas.

76 Una urna contiene dos bolas blancas y tres rojas. Se extrae una primera bola al azar y se devuelve a la urna junto con tres bolas del otro color. De esta segunda composición se extrae, también al azar, una bola. Calcula la probabilidad de que:

a. La primera bola extraída fuese blanca y la segunda sea roja.

b. La segunda bola extraída sea blanca.

c. La primera bola extraída haya sido roja, si la segunda bola resultó ser blanca.

77 Una empresa de tecnología distribuye sus litigios entre tres despachos diferentes de abogados. El despacho *A*, que recibe un 30 % de los encargos, gana en los tribunales el 70 % de los mismos, el despacho *B*, que tramita la mitad de los litigios de la empresa, gana el 80 % de sus casos, mientras que el despacho *C* recibe el resto de los casos legales y gana el 60 % de los casos presentados. Se elige al azar uno de los litigios de la empresa, calcula la probabilidad de que:

a. La empresa gane el litigio.

b. El litigio lo haya llevado el despacho *A*, si sabemos que se ha perdido.

78 En la conserjería de un centro educativo se dispone de tres llaveros, *A*, *B* y *C* que tienen 5, 7 y 9 llaves, respectivamente. Solo una llave de cada uno abre la puerta de acceso a la biblioteca. Se elige un llavero al azar, y de este, una llave, también al azar. Calcula la probabilidad de que:

a. La primera llave elegida abra la puerta de la biblioteca.

b. El llavero escogido sea el *C*, si la primera llave abrió la puerta.

c. ¿Cuál es el llavero que, con más probabilidad, habrá sido el elegido si la llave no abrió la puerta?

79 Una empresa hortofrutícola agrupa su producción en tres tipos (*A*, *B* y *C*) y distribuye a sus clientes a través de dos empresas de transporte *T* y *L*. La empresa *T* es la encargada de transportar el 65 % de la producción y del resto se encarga *L*. Este último mes, *T* repartió el 25 % de tipo *A*, el 45 % de tipo *B* y el resto de tipo *C*. En el caso de la empresa *L*, los porcentajes fueron 30 % de A, 50 % de *B* y el resto de *C*. Cualquier tipo de transporte puede repartir todos los productos. Calcula la probabilidad de que:

a. Elegida al azar una venta del último mes, sea un producto tipo *B* y distribuido por *L*.

b. Dos ventas consecutivas, elegidas al azar del último mes, fueran distribuidas por *T*, sabiendo que la primera es del producto *B* y la segunda de *C*.

CONCEPTOS CLAVE

Experimentos aleatorios y sucesos

Un experimento es **aleatorio** si, aunque se repita en condiciones similares, el resultado no se puede predecir. El **espacio muestral**, *E*, es el conjunto de los resultados posibles de un experimento aleatorio. Se llama **suceso** a todo subconjunto del espacio muestral.

Unión e intersección de sucesos

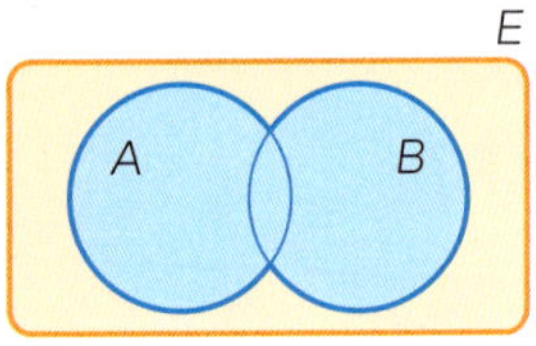

$A \cup B$

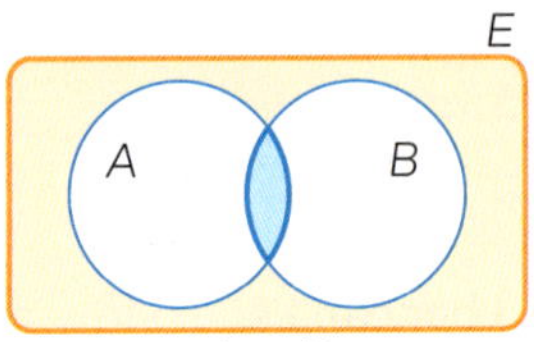

$A \cap B$

Diferencia de sucesos

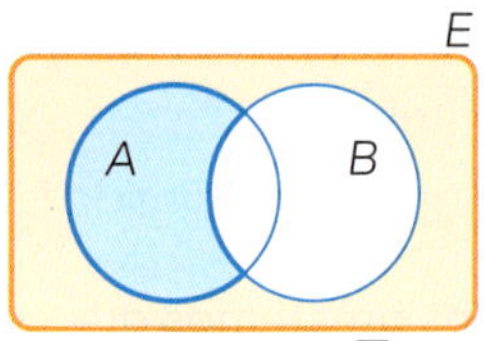

$A - B = A \cap \overline{B}$

Probabilidad

Definición frecuentista

La **probabilidad de un suceso** *A* es el límite de la frecuencia relativa del suceso cuando el número de repeticiones tiende a infinito:

$$P(A) = \lim_{n \to \infty} h(A)$$

Definición axiomática

La probabilidad *P* es una función que a cada suceso *A* le asigna un número real *P*(*A*), que verifica:

1. $P(A) \geq 0$
2. $P(E) = 1$
3. Si $A_i \cap A_j = \varnothing$,
   $P(A_1 \cup A_2 \cup \ldots \cup A_k) = P(A_1) + $
   $+ P(A_2) + \ldots + P(A_k)$

Regla de Laplace

Si los resultados del espacio muestral son equiprobables y un suceso *A* contiene *m* de los *n* resultados del espacio muestral ($m \leq n$), su probabilidad puede calcularse de la siguiente manera:

$$P(A) = \frac{\text{n.° de casos favorables}}{\text{n.° de casos posibles}} = \frac{m}{n}$$

Propiedades de la probabilidad

1. $P(\overline{A}) = 1 - P(A)$
2. $P(\varnothing) = 0$
3. Si $A \subseteq B \Rightarrow P(A) \leq P(B)$
4. $0 \leq P(A) \leq 1$, para cualquier *A*
5. $P(B \cap \overline{A}) = P(B) - P(B \cap A)$
6. $P(A \cup B) = P(A) + P(B) - P(A \cap B)$

Probabilidad condicionada

Si *A* y *B* son dos sucesos asociados a un experimento con $P(B) > 0$, se define la probabilidad de *A* condicionada por *B* como $P(A|B) = \dfrac{P(A \cap B)}{P(B)}$.

Sucesos independientes

A y B son independientes $\Leftrightarrow P(A \cap B) = P(A) \cdot P(B)$

Teorema de la probabilidad total

Si $A_1, A_1, \ldots, A_k$ son una partición del espacio muestral:

$$P(B) = P(A_1) \cdot P(B|A_1) + P(A_2) \cdot P(B|A_2) + \ldots + P(A_k) \cdot P(B|A_k)$$

Teorema de Bayes

Si *A* y *B* son dos sucesos de un espacio muestral, con $P(A) > 0$ y $P(B) > 0$, entonces:

$$P(A|B) = \frac{P(B|A)P(A)}{P(B)}$$

Si $A_1, A_2, \ldots, A_k$ es una partición del espacio muestral con $P(A_j) > 0$ para todo *j*:

$$P(A_j|B) = \frac{P(A_j \cap B)}{P(B)} = \frac{P(A_j) \cdot P(B|A_j)}{P(A_1) \cdot P(B|A_1) + P(A_2) \cdot P(B|A_2) + \ldots + P(A_k) \cdot P(B|A_k)}$$

ACTIVIDADES FINALES

Actividades

1 Actividad resuelta

Dados dos sucesos independientes A y B, se conoce que $P(A) = 0,3$ y que $P(\bar{B}) = 0,4$. Calcula las siguientes probabilidades:

a. $P(A \cup B)$

b. $P(\bar{A} \cap \bar{B})$

c. $P(A | \bar{B})$

a. La probabilidad de la unión de dos sucesos A y B, que son independientes:

$P(A \cup B) = P(A) + P(B) - P(A \cap B) = P(A) + P(B) - P(A)P(B) = 0,3 + 0,6 - 0,3 \cdot 0,6 = 0,72$

b. Con las leyes de De Morgan y la probabilidad del suceso contrario:

$$P(\bar{A} \cap \bar{B}) = P(\overline{A \cup B}) = 1 - P(A \cup B) = 1 - 0,72 = 0,28$$

c. Como A y B son independientes, también lo son A y $\bar{B}$, de manera que:

$$P(A | \bar{B}) = P(A) = 0,3$$

2 De dos sucesos A y B se sabe que satisfacen que $P(A) = 0,4$, $P(A \cup B) = 0,8$ y $P(\bar{A} \cup \bar{B}) = 0,7$.

¿Son A y B independientes?

Calcula la probabilidad de que:

a. Ocurran ambos sucesos.

b. Solo ocurra uno de los sucesos.

c. Ocurra el suceso $\bar{B}$.

d. Ocurra el suceso $\bar{A}$, si se sabe que ha ocurrido el suceso B.

3 Sean A y B dos sucesos de un experimento aleatorio tales que $P(A) = 0,4$, $P(\bar{B}) = 0,7$ y $P(\bar{B} | A) = 0,75$. Calcula las siguientes probabilidades:

a. $P(A \cap \bar{B})$

b. $P(A \cup B)$

c. $P(A \cap B)$

d. $P(A | B)$

e. ¿Son A y B sucesos independientes? Justifica la respuesta.

4 Se consideran dos sucesos independientes A y B. Se sabe que la probabilidad de que ocurra A es 0,48 y la probabilidad de que ocurran ambos a la vez es 0,37.

Calcula la probabilidad de que:

a. No ocurra A.

b. No ocurra B.

c. Ocurra A, pero no ocurra B.

d. No ocurra ni A ni B.

5 **Relaciona y contesta**

Problemas

6 Dos jugadores A y B juegan con dos dados equilibrados con las caras numeradas del 1 al 6. El jugador A gana si la diferencia entre los dos resultados obtenidos es (en valor absoluto) mayor que 1. En cualquier otro caso, gana B.

a. ¿Cuál es la probabilidad de que gane A?

b. Si ha ganado A, ¿cuál es la probabilidad de que B haya sacado un número mayor que 3?

7 Un centro educativo tiene matriculados 201 estudiantes de Bachillerato, de los que 94 son de segundo curso. Por sorteo se eligen dos estudiantes de Bachillerato. Calcula la probabilidad de que:

a. Ambos estén en primer curso.

b. Ambos estén en el mismo curso.

c. Esté uno en cada curso.

8 Una oposición consta de tres pruebas. La primera prueba la supera el 78 % de los candidatos. La segunda ofrece dos oportunidades para aprobarla, la primera la superan el 30 %, y la segunda, para los que no hayan conseguido pasar a la primera, es superada por el 55 % de los que se presentan. Los que han superado las dos primeras pruebas pueden realizar la tercera, que es aprobada por el 70 % de los candidatos. Se elige un candidato al azar, calcula la probabilidad de que:

a. Haya superado las dos primeras pruebas.

b. Haya superado la oposición, si se sabe que superó la segunda prueba en la primera oportunidad.

c. Supere la oposición.

9. En una población, de los adultos en edad laboral el 47,78% son mujeres. De estas, el 22,43% tienen contrato temporal, mientras que, en los hombres, este porcentaje se reduce al 18,12%.
   a. Calcula el porcentaje de personas de la empresa que tiene contrato temporal.
   b. Calcula el porcentaje de personas que son hombres o tienen contrato temporal.
   c. Si un empleado elegido al azar no tiene contrato temporal, ¿cuál es la probabilidad de que sea mujer?
   d. Analiza si los sucesos "ser hombre" y "tener contrato temporal" son independientes.

10. Una empresa produce vehículos en tres factorías, F_1, F_2 y F_3. El 45% del total se produce en F_1, el 25%, en F_2 y el resto, en F_3. En F_1 la mitad de los vehículos son de combustión y la otra mitad son híbridos. En F_2 el 65% de los vehículos es híbrido y el resto eléctricos. Finalmente, en F_3 se produce el 20% de vehículos de combustión y del resto, híbridos y eléctricos, a partes iguales. De la producción de la empresa se elige un vehículo al azar. Calcula la probabilidad de que:
    a. No sea de combustión.
    b. Sea híbrido.
    c. Haya sido fabricado en F_3, si es híbrido.

11. Un supermercado ofrece a sus clientes leche de tres proveedores: *A*, *B* y *C*. El 27% de la leche que vende es del proveedor *A*, el 41% de *B* y el resto de *C*. Del proveedor *A*, el 15% es leche entera, el 25% semidesnatada y el resto, desnatada. La mitad de la leche que procede de *B* es desnatada y el resto a partes iguales entre semi y entera. Del *C*, el 40% es entera, el 35% semi y el resto desnatada. Un cliente elige al azar un envase de leche, calcula la probabilidad de que:
    a. Sea desnatada o provenga del proveedor *C*.
    b. Sea semidesnatada.
    c. Sea del proveedor *C*, sabiendo que ha elegido leche entera.

12. De los 1262 alumnos matriculados este curso en los grados de Economía (ECO) y de Administración y Dirección de Empresas (ADE) de una universidad, 658 cursan Economía, 408 reciben las clases en inglés y de estos últimos 266 son del grado de ADE. Se elige un estudiante al azar. Calcula la probabilidad de que:
    a. No curse su enseñanza en inglés.
    b. Curse su enseñanza en inglés, si se sabe que está matriculado en Economía.
    c. Sea de ADE y no curse su enseñanza en inglés.

13. En una ciudad, el 55,47% de los viajes en transporte público urbano (metro o autobús) del último mes se realizaron en autobús y el resto en metro. El 20% de los viajes en autobús sufre algún tipo de retraso sobre el horario previsto, mientras que ese porcentaje se reduce al 7% en el caso del metro. Elegidos al azar un pasajero y un viaje del último mes, se pide la probabilidad de que:
    a. El viaje se produzca sin retraso.
    b. El viaje haya sido en metro, sabiendo que ha tenido retraso.
    c. El viaje haya sido puntual o en autobús.

14. Según datos oficiales (INE) el 49,5% de los habitantes censados en una región son hombres. Del total de mujeres, un 27,7% tienen 65 o más años, mientras que, de los hombres, el 77,2% tiene menos de 65 años. De esta región, se elige al azar una persona.
    Calcula la probabilidad de que:
    a. Sea mujer y tenga menos de 65 años.
    b. Tenga 65 años o más.
    c. Sea mujer, si se sabe que tiene 65 años o más.
    d. Si se eligen al azar, con reemplazamiento, tres personas de dicha región, al menos una de las tres sea mujer.

15. En una pequeña población se ha recibido una solicitud para instalar, en terrenos del municipio, un huerto solar. Realizada una encuesta entre los vecinos de 16 o más años de edad, el 75% de los que tienen menos de 30 años es favorable a la solicitud, porcentaje que baja hasta el 62% entre los de 30 a 65 años y aún baja más, hasta el 42%, para los mayores de 65 años. Los menores de 30 años representan el 13,5% de la población, el 48,9% son mayores de 65 años y el resto está en el rango de 30 a 65 años de edad. Seleccionado al azar un habitante de esta población, calcula la probabilidad de que:
    a. Sea favorable a la instalación del huerto solar.
    b. No sea favorable a la solicitud y sea mayor de 65 años.
    c. Sea menor de 30 años, si se sabe que no es favorable al huerto solar.

16 En un tribunal para las pruebas de acceso a la universidad se examina a 215 estudiantes de dos centros educativos en convocatoria ordinaria, de los que 121 pertenecen al centro *A* y el resto al *B*. Aprobaron 105 estudiantes del centro *A* y 85 del *B*. Se eligen al azar uno a uno dos estudiantes de este tribunal. Calcula la probabilidad de que:

a. El primero haya superado la prueba.

b. Los dos hayan superado la prueba.

c. El primer estudiante elegido sea del centro *A*, sabiendo que no ha superado la prueba.

d. Si el primero no superó la prueba y el segundo sí, ¿a qué centro es más probable que pertenezca este segundo estudiante?

17 Una empresa de reparto de comida a domicilio reparte menús de tres restaurantes. El 38% de los repartos proceden del restaurante *A*, el 43% del *B* , y el resto, del *C*. La mitad de los repartos de *A* proceden de productos cocinados de su propia huerta, bajando este porcentaje al 30% para *B* y siendo apenas el 10% para *C*. Elegido un reparto al azar, calcula la probabilidad de que:

a. Haya sido cocinado con productos de su huerta.

b. El reparto proceda del restaurante *B*, si ha sido cocinado con productos de la propia huerta.

18 En una empresa, el 40% de los empleados teletrabaja tres días por semana, un 26% lo hace dos días y el resto trabaja presencialmente todos los días. El 35% de los que teletrabajan tres días, declara tener algún tipo de trastorno psicosocial, como el 23% de los que teletrabajan dos días por semana y el 10% de los que no teletrabajan. Seleccionado al azar un empleado de esta empresa, calcula la probabilidad de que:

a. No tenga trastorno psicosocial y teletrabaje.

b. Tenga trastorno psicosocial.

c. Teletrabaje tres días por semana, si no padece trastorno psicosocial.

19 El 43% de las mujeres de los países de la Unión Europea ha sufrido violencia psicológica por parte de su pareja, el 22% ha sufrido violencia física o sexual por parte de sus parejas antiguas o actuales, mientras que el 12% ha sufrido ambos tipos de violencia. Calcula el porcentaje de mujeres de la Unión Europea que ha sufrido:

a. Algún tipo de violencia de las mencionadas.

b. Ningún tipo de violencia

c. Solo violencia psicológica.

d. Violencia física o sexual, sabiendo que ha sufrido violencia psicológica.

Comprueba lo que has aprendido

1 Sean *A* y *B* dos sucesos con $P(A)=0{,}3$, $P(B|A)=0{,}2$ y $P(B|\bar{A})=0{,}6$. Nos piden:

a. $P(A|B)$ y $P(\bar{A}|\bar{B})$

b. $P(A|B)$ y $P(A-B)$

2 Al 40% de los jóvenes les gusta la lectura, al 50% el cine, y al 60% les gusta el cine, la lectura o ambas cosas. Se elige al azar a un joven:

a. ¿Cuál es la probabilidad de que le guste la lectura y el cine?

b. Si les gusta el cine, ¿cuál es la probabilidad de que le guste la lectura?

c. ¿Son independientes ambos intereses?

3 Seis de cada diez atletas de alto nivel tienen una beca de alto rendimiento y uno de cada tres cursa estudios superiores. Además, un 15% de los atletas de alto nivel tienen una beca de alto rendimiento y cursa estudios superiores. Se elige aleatoriamente un atleta de alto nivel, calcula la probabilidad de que:

a. Tenga beca de alto rendimiento o curse estudios superiores.

b. Tenga beca de alto rendimiento y no curse estudios superiores

c. ¿Tener beca de alto rendimiento es independiente de cursar estudios superiores?

4 El 48% de las entradas que registra la oficina de atención al ciudadano de un ayuntamiento son para solicitar información, el 29% para presentar una reclamación y el 12% para información y reclamación. Calcula el porcentaje de entradas de registro que:

a. Son para solicitar información, presentar reclamación o ambas.

b. Son para reclamación, si se sabe que han solicitado información.

c. Son únicamente para presentar reclamación.

5 De los pacientes que asisten a consulta del médico de familia en un centro de salud, el 22,8% es derivado a un especialista. De los que no son derivados, al 35,4% se le prescriben pruebas diagnósticas. Entre los que deben visitar al especialista, al 80% se le prescriben pruebas diagnósticas. Se elige un paciente al azar del centro de salud, calcula la probabilidad de que:

a. Deba hacerse pruebas diagnósticas.

b. Haya sido derivado al especialista, si debe realizar pruebas diagnósticas.

Mis competencias   Autoevaluación

4.2 Distribuciones de probabilidad

¡EMPEZAMOS!

El mantenimiento de un estilo de vida saludable está asociado con la reducción de hasta un 80% del riesgo de desarrollar enfermedades crónicas y afecciones peligrosas. Los modelos estadísticos ayudan a analizar las fortalezas y las carencias de los sistemas sanitarios a nivel global y local, lo que permite realizar conjeturas científicas sobre la prevención de determinadas conductas que favorecen la propagación de enfermedades y poner a disposición de las autoridades la información necesaria para favorecer el bienestar y mejorar la salud general de la población.

- ¿Sabías que las características de una población pueden responder a modelos de distribuciones de probabilidad conocidos?
- ¿Se te ocurre qué utilidad puede tener aproximar una distribución binomial mediante una distribución normal?

RUTA DE APRENDIZAJE

1. Interpretar problemas con distribuciones de probabilidad.
2. Determinar los parámetros de variables aleatorias discretas.
3. Analizar la distribución binomial.
4. Estudiar variables aleatorias continuas mediante la distribución normal.
5. Tipificar la variable normal.
6. Aproximar la distribución binomial por la normal.

Las distribuciones de probabilidad también se usan para...

Analizar la economía de un país mediante el estudio de índices económicos y financieros.

Conocer la opinión sobre multitud de temas y las tendencias sociales con ayuda de los estudios sociológicos.

Modelizar mediante una distribución de probabilidad las calificaciones de un grupo de estudiantes a lo largo del curso.

Prever el número de siniestros esperables, así como el cálculo de cuotas e indemnizaciones, en el ámbito de las compañías de seguros.

1 Variables aleatorias. Variables aleatorias discretas

1.1. Variables aleatorias

Trabajar directamente con los resultados de un experimento aleatorio no suele ser una tarea sencilla. En la mayoría de las ocasiones resulta más adecuado utilizar variables que "midan" las características resultado del experimento que son de interés para el estudio.

Ejemplo

En una encuesta se pregunta a 100 conductores si subirían (1) o no (0) el límite de velocidad para las autovías. El espacio muestral lo forman 2^{100} series ordenadas de 100 "unos" y "ceros". Para conocer cuántos conductores aumentarían el límite, definimos la variable X: "número de conductores favorables", cuyo resultado es, un número entre 0 y 100, mucho más manejable.

> Para evitar confusión, se suelen representar las variables aleatorias con letras mayúsculas, $X, Y, Z, \ldots$, y con letras minúsculas, sus posibles valores $x, y, z, \ldots$

> Una **variable aleatoria**, X, es cualquier función real definida sobre el espacio muestral, es decir, que a cada resultado posible $w \in E$ le asigna un número real $X(w) = x$.

Las variables aleatorias pueden clasificarse en **discretas** y **continuas**.

> Se dice que una variable aleatoria es **discreta** si toma un número finito de valores diferentes $x_1, x_2, \ldots, x_k$ o una sucesión infinita de valores diferentes $x_1, x_2 \ldots$

Ejemplo

- En el experimento de lanzar tres dados, el número de resultados posibles es $VR_{6,3} = 216$. Las variables X: "suma de los puntos" e Y: "número de doses obtenidos", son discretas, ya que la primera puede tomar los valores enteros del 3 al 18, ambos incluidos, y la segunda puede tomar los valores 0, 1, 2 y 3.

> En el experimento consistente en lanzar dos dados hasta que se consiga que la suma sea 7, la variable aleatoria Y: "numero de lanzamientos realizados", es discreta y toma los valores 1, 2, 3, …, es decir, un numero infinito de valores que se puede numerar.

> Se dice que una variable aleatoria es **continua** si toma, al menos teóricamente, todos los valores comprendidos en un cierto intervalo de la recta real.

Ejemplo

- La variable X: "tiempo que tarda un antivirus en realizar una comprobación completa de un ordenador", es continua ya que puede, al menos en teoría, tomar cualquier valor de $[0, +\infty)$.
- Se lanza un dado hasta que aparezca el primer cinco. La variable X: "número de lanzamientos realizados" es discreta y toma los valores 1, 2, 3, ..., es decir, un número infinito numerable de valores.

1.2. Función de masa de probabilidad de una variable discreta

Se llama **función de masa de probabilidad** de la variable aleatoria discreta X a la función f que a cada valor x_j de X le asigna su probabilidad. Es decir, $f(x_j) = p_j = P(X = x_j)$, para todo j.

La función de masa de una variable aleatoria discreta debe satisfacer dos condiciones:

1. $p_j \geq 0$, para todo j.
2. $\sum_{j=1}^{k} p_j = 1$ o $\sum_{j=1}^{\infty} p_j = 1$, en función de si X toma un número finito o infinito numerable de valores.

> La distribución de probabilidad de la variable Y del siguiente ejemplo puede representarse mediante un diagrama de barras.

> El conjunto de pares de la forma $(x_j, P(X = x_j))$ se llama **distribución de probabilidad** de la variable aleatoria X.

Ejemplo

En el experimento consistente en lanzar una moneda tres veces, se considera la variable *Y*: "número de caras", que dependiendo del resultado (*w*) toma los siguientes valores.

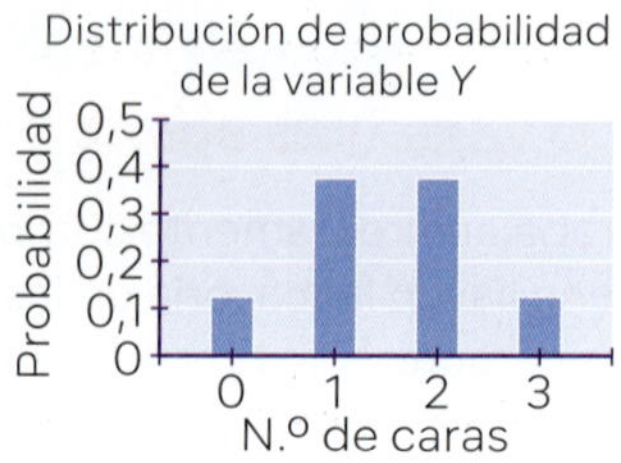

w	*XXX*	*XXC*	*XCX*	*CXX*	*XCC*	*CXC*	*CCX*	*CCC*
Y(w)	0	1	1	1	2	2	2	3

La distribución de probabilidad de la variable *Y* viene dada por su función de masa:

y	0	1	2	3
P(Y = y)	0,125	0,375	0,375	0,125

Por ejemplo, $P(Y=2)=P(XCC, CXC, CCX)=\frac{3}{8}=0,375$.

La probabilidad de cualquier suceso, *A*, del espacio muestral, se obtiene sumando los valores de la variable, *X*, que corresponden a dicho suceso:

$$P(A)=\sum_{x_j\in A}P(X=x_j)=\sum_{x_j\in A}p_j\text{, para los valores } x_j \text{ que pertenecen a } A.$$

Ejemplo

En el ejemplo anterior la probabilidad del suceso *A* = "obtener más caras que cruces" es:

$$P(A)=P(Y=2)+P(Y=3)=0,375+0,125=0,5$$

1.3. Función de distribución de una variable discreta

La **función de distribución** de una variable aleatoria discreta *X* es una función definida para todo número real *x*, de la siguiente manera.

$$F(x)=P(X\le x)=\sum_{x_j\le x}P(X=x_j)$$

La función de distribución también puede denominarse función de distribución acumulativa, ya que acumula la probabilidad de todos los valores de la variable *X* hasta el valor *x*.

Ejemplo

La función de masa de probabilidad de una variable aleatoria *X* viene dada en la tabla.

x	1	2	3	4
f(x) = P(X = x)	0,1	0,2	0,3	0,4

Su función de distribución es: $F(x)=\begin{cases}0 & \text{si } x<1\\ 0,1 & \text{si } 1\le x<2\\ 0,3 & \text{si } 2\le x<3\\ 0,6 & \text{si } 3\le x<4\\ 1 & \text{si } 4\le x\end{cases}$

1.4. Parámetros de localización y de dispersión de una variable aleatoria discreta

La distribución de probabilidad de una variable aleatoria puede resumirse mediante algunos parámetros de localización y de dispersión. Los parámetros de **localización** más habituales son el **valor esperado**, **esperanza** o **media** de la distribución y la **mediana** de la misma.

Si *X* toma los valores $x_1, x_2, ..., x_k$ con probabilidades respectivas $p_1, p_2, ..., p_k$, se define:

- La **media** o **esperanza matemática** de *X*: $\mu=E[X]=\sum_{j=1}^{k}x_j p_j$
- La **mediana** de *X*, como el valor **M** tal que $P(X\le M)\ge 0,5$ y $P(X\ge M)\ge 0,5$.

Otras medidas de localización son, por ejemplo, la moda o los percentiles.

Ejemplo

Si la función de masa de probabilidad de una variable aleatoria X viene dada por:

x	1	2	3	4
$f(x) = P(X = x)$	0,1	0,4	0,3	0,2

La esperanza matemática es $E[X] = 0{,}1 \cdot 1 + 0{,}4 \cdot 2 + 0{,}3 \cdot 3 + 0{,}2 \cdot 4 = 2{,}6$

Y la mediana, M, es cualquier valor entre 2 y 3, ambos incluidos, ya que si $M \in [2, 3]$ se tiene que $P(X \leq M) = 0{,}5$ y $P(X \geq M) = 0{,}5$.

Otros parámetros de dispersión son el rango intercuartílico y la desviación media absoluta.

Los parámetros de **dispersión** más comúnmente utilizados son la **varianza** y la **desviación típica**. Miden la variabilidad de la variable aleatoria respecto a su media. También se utilizan otros como, por ejemplo, el **rango**.

Si X es una variable aleatoria discreta que toma los valores $x_1, x_2, \ldots, x_k$ con probabilidades respectivas $p_1, p_2, \ldots, p_k$, se define:

- **Varianza** de X: $\sigma^2 = \text{Var}(X) = \sum_{j=1}^{k} (x_j - \mu)^2 p_j = \sum_{j=1}^{k} x_j^2 p_j - \mu^2$
- **Desviación típica**: raíz cuadrada positiva de la varianza $\sigma = +\sqrt{\text{Var}(X)}$

1 Actividad resuelta

Una bolsa contiene 2 bolas blancas y 3 verdes. Se extraen al azar dos bolas una a una con reemplazamiento. Sea la variable X: "número de bolas verdes extraídas".

a. Escribe la función de masa y la función de distribución de X y dibuja sus gráficas.

b. Calcula la esperanza y la desviación típica de X.

a. La variable X puede tomar los valores 0, 1 y 2 con las siguientes probabilidades.

$$P(X=0) = \left(\frac{2}{5}\right)^2 = 0{,}16 \text{ ; } P(X=1) = \frac{2}{5} \cdot \frac{3}{5} \cdot 2 = 0{,}48 \text{ ; } P(X=2) = \left(\frac{3}{5}\right)^2 = 0{,}36$$

x	0	1	2
$f(x) = P(X = x)$	0,16	0,48	0,36

Y la función de distribución, $F(x) = P(X \leq x)$ es: $F(X) = \begin{cases} 0 & \text{si } x < 0 \\ 0{,}16 & \text{si } 0 \leq x < 1 \\ 0{,}64 & \text{si } 1 \leq x < 2 \\ 1 & \text{si } 2 \leq x \end{cases}$

b. La esperanza, la varianza y la desviación típica de la distribución de X son:

$$E[X] = 0 \cdot 0{,}16 + 1 \cdot 0{,}48 + 2 \cdot 0{,}36 = 1{,}2$$

$$\sigma^2 = \text{Var}(X) = 0^2 \cdot 0{,}16 + 1^2 \cdot 0{,}48 + 2^2 \cdot 0{,}36 - 1{,}2^2 = 0{,}48 \Rightarrow \sigma = \sqrt{0{,}48} = 0{,}6928$$

2 **El número de accidentes laborales diarios que se producen en una empresa se puede modelizar por la siguiente distribución de probabilidad.**

x_i	0	1	2	3	4
p_i	0,35	0,3	0,2	0,1	0,05

a. Escribe la función de distribución y dibuja su gráfica.

b. Calcula el número medio esperado de accidentes diarios, su varianza y su desviación típica.

3 **Dos amigos inventan el siguiente juego: el jugador lanza un dado equilibrado, y si sale número par, gana tantos euros como puntos obtiene en su lanzamiento. Sin embargo, si al tirar el dado sale un número impar, paga esos puntos en euros.**

a. ¿Cuál es la ganancia esperada en cada jugada?

b. Calcula la varianza y la desviación típica de la ganancia del jugador.

c. Calcula la probabilidad de que el jugador gane al menos 4 €.

2 Modelo binomial. Variables aleatorias con distribución binomial

2.1. Variable aleatoria con distribución de Bernoulli

La distribución binomial se basa en la idea de lo que se conoce como ensayo de Bernoulli. Un ensayo de Bernoulli consiste en un experimento que solo tiene dos resultados posibles: que ocurra un suceso A o que ocurra su contrario $\bar{A}$.

Ejemplo

En una reciente encuesta del Eurobarómetro, el 16 % de los encuestados en España consideró el cambio climático como el mayor problema a nivel mundial.

Elegimos al azar una persona y se consideran los sucesos A = "el cambio climático es el mayor problema a nivel mundial" y su contrario $\bar{A}$ = "el cambio climático no es el mayor problema a nivel mundial".

En situaciones como esta en la que existen únicamente dos alternativas, una y su contraria, se puede considerar una variable aleatoria discreta que toma el valor 1 si el suceso en cuestión, A, ocurre, y el valor 0, si A no ocurre. Entonces, si $p=P(A)$, se dice que:

Una variable aleatoria X tiene distribución de **Bernoulli de parámetro p, Ber(p)**, si:

$$X=\begin{cases} 1 \text{ con probabilidad } & p \\ 0 \text{ con probabilidad } & 1-p \end{cases} \quad 0 \le p \le 1$$

Ejemplo

En el caso de la encuesta sobre el cambio climático: $p=P(X=1)=0,16$ y $q=1-p=0,84$.

2.2. Variable aleatoria con distribución binomial

El modelo binomial tiene dos características que lo definen:

- Consiste en repetir ***n*** veces independientemente un ensayo de Bernoulli. Cada una de las n observaciones se clasifica en "éxito" o "fracaso", como consecuencia de que un resultado, suceso A, ha ocurrido (éxito) o no ha ocurrido (fracaso).
- Una proporción fija, ***p***, de la población que se aplica a n ensayos independientes. El parámetro p es la proporción de "éxitos" (ocurre el suceso A) en la población.

Que los ensayos sean independientes implica que las observaciones deben hacerse con reemplazamiento. Sin embargo, si la población es grande respecto al número de observaciones, la aproximación binomial es muy buena, aunque no haya reemplazamiento.

Ejemplo

De una bolsa que contiene bolas verdes y rojas con la proporción de 1 bola verde por cada 3 bolas rojas, se extraen 10 bolas una a una con reemplazamiento. La variable Y: "número de bolas verdes extraídas" se llama binomial y tiene dos parámetros: el número de repeticiones, que en este caso son $n=10$, y la probabilidad de "éxito" que, en este caso, es extraer la bola verde, $p=0,25$.

En general, si se realizan n ensayos independientes de Bernoulli, siendo p la probabilidad de que ocurra el suceso A, se define la variable Y: "número de veces que ocurre A en los n ensayos".

Entonces $Y=X_1+X_2+\ldots+X_n$, donde cada ensayo es una variable de Bernoulli X_j, $j=1,2,\ldots,n$ que toma el valor 1 si el suceso A ha ocurrido y 0 si el suceso A no ha ocurrido.

Se dice que Y tiene una **distribución binomial de parámetros n y p**, con n número natural y $0 \le p \le 1$. Abreviadamente se escribe **$Y \sim$ Bin(n, p)**.

Ejemplo

La variable Y: "número de bolas verdes extraídas en 10 extracciones" es binomial y se escribe: $Y \sim \text{Bin}(n=10, p=0{,}25)$. Se desea calcular la probabilidad de que exactamente 3 de las 10 bolas extraídas sean verdes y, en consecuencia, 7 de ellas sean rojas.

Un resultado particular podría ser 0, 0, 1, 0, 1, 0, 0, 0, 1, 0 (*RRVRVRRRVR*) y su probabilidad, al ser extracciones independientes:

$$P(X_1=0, X_2=0, X_3=1, X_4=0, X_5=1, X_6=0, X_7=0, X_8=0, X_9=1, X_{10}=0) = 0{,}25^3 \cdot 0{,}75^7$$

Resultado que se corresponde con una ordenación particular de "ceros" y "unos" (o "erres" y "uves"), en la que hay tres "unos". El número de ordenaciones que producen este resultado, tres "unos" y siete "ceros" es:

$$PR_{10}^{3,7} = \frac{10!}{3!7!} = \binom{10}{3} = 120$$

De manera que $P(Y=3) = \binom{10}{3} 0{,}25^3 \cdot 0{,}75^7 = 0{,}2503$.

En general, si $Y \sim \textbf{Bin}(n, p)$, la probabilidad de que Y tome un valor cualquiera k, con $0 \le k \le n$ es:

$$\mathbf{P(Y=k) = \binom{n}{k} p^k (1-p)^{n-k}}, \qquad \mathbf{k = 0, 1, 2, \ldots, n}$$

Es habitual escribir q en lugar de $1-p$.

Esta expresión es la **función de masa de probabilidad** de la distribución **Bin(*n*, *p*)**.

La función de masa de probabilidad puede utilizarse para el cálculo de probabilidades de los $n+1$ resultados (valores) de la variable binomial Y. Para tamaños de n pequeños, el cálculo es sencillo con la ayuda de una calculadora o utilizando las tablas que facilitan las probabilidades. Para este último caso, al final del libro se incluye una tabla con las probabilidades para valores $n \le 9$ y algunos valores del parámetro $p \le 0{,}5$.

z	0,00	0,01	0,02	0,03	0,04
0,0	0,5000	0,5040	0,5080	0,5120	0,5160
0,1	0,5398	0,5438	0,5478	0,5517	0,5557
0,2	0,5793	0,5832	0,5871	0,5910	0,5948
0,3	0,6179	0,6217	0,6255	0,6293	0,6331
0,4	0,6554	0,6591	0,6628	0,6664	0,6700
0,5	0,6915	0,6950	0,6985	0,7019	0,7054
0,6	0,7257	0,7291	0,7324	0,7357	0,7389
0,7	0,7580	0,7611	0,7642	0,7673	0,7704
0,8	0,7881	0,7910	0,7939	0,7967	0,7995
0,9	0,8159	0,8186	0,8212	0,8238	0,8264

Si $p > 0{,}5$, también se puede utilizar la tabla, pero con precaución.

Si $Y \sim \text{Bin}(n, p)$, $p > 0{,}5$ es el número de veces que ocurre el suceso A, entonces la variable $W = n - Y \sim \text{Bin}(n, 1-p)$, $1 - p \le 0{,}5$ es el número de veces que no ocurre A y, por tanto:

$$\mathbf{P(Y=k) = P(W=n-k) = \binom{n}{n-k} (1-p)^{n-k} p^k = \binom{n}{k} p^k (1-p)^{n-k}}$$

Ejemplo

Si $Y \sim \text{Bin}(n=4, p=0{,}95)$ para calcular $P(Y=3)$, se puede hacer directamente mediante la fórmula: $P(Y=3) = \binom{4}{3} 0{,}95^3 \cdot 0{,}05^1 = 0{,}1715$

O bien utilizando la tabla para $W \sim \text{Bin}(n=4, p=0{,}05)$, ya que $P(Y=3) = P(W=1) = 0{,}1715$.

Si el número de ensayos, n, es grande tendremos que utilizar una hoja de cálculo o un software estadístico apropiado para el cálculo de las probabilidades binomiales, o bien hacer uso de la aproximación de la binomial por la normal que veremos en esta situación de aprendizaje.

Mediante una hoja de cálculo se puede obtener la probabilidad de cualquier valor de la variable binomial:

$Y \sim \text{Bin}(n, p)$: $P(Y=k)$ = DISTR.BINOM.N(k; n; p; FALSO), donde FALSO indica que se trata de la probabilidad puntual, es decir, de la función de masa.

Si se quiere calcular la probabilidad acumulada hasta el valor $Y=k$, incluyendo este, es decir, el valor de la función de distribución $F(k) = P(Y \le k)$, se escribe:

$P(Y \le k)$ = DISTR.BINOM.N(k; n; p; VERDADERO)

También es posible calcular la probabilidad entre dos valores de la variable, ambos incluidos:

$P(k \le Y \le k+h)$ = DISTR.BINOM.SERIE(n; p; k; $k+h$)

4 Actividad resuelta

El 30 % de los trabajadores de una gran empresa ocupan puestos de responsabilidad. Se seleccionan al azar 9 trabajadores. Calcula la probabilidad de que:

a. **Exactamente 3 ocupen un puesto de responsabilidad.**

b. **Como mucho 3 ocupen un puesto de responsabilidad.**

c. **Mas de 3 ocupen un puesto de responsabilidad.**

a. El valor de esta probabilidad se puede obtener de la tabla, a partir de la columna de $p = 0{,}30$ y de las filas que corresponden a $n = 9$, seleccionamos la de $k = 3$, o también mediante:

$$P(X=3)=\binom{9}{3}0{,}3^3\cdot 0{,}7^6=0{,}2668$$

b. Las probabilidades se han obtenido directamente de la tabla en este caso:

$$P(X\le 3)=P(X=0)+P(X=1)+P(X=2)+P(X=3)=$$
$$=0{,}0404+0{,}1556+0{,}2668+0{,}2668=0{,}7296$$

c. $P(X>3)=1-P(X\le 3)=1-0{,}7296=0{,}2704$

5 **En un proceso de fabricación se sabe que la probabilidad de que un producto sea defectuoso es 0,1. Si se seleccionan al azar 7 de estos productos, calcula la probabilidad de que:**

a. Al menos uno de ellos sea defectuoso.

b. Exactamente uno sea defectuoso.

c. Por lo menos 2 y como mucho 4 sean defectuosos.

6 **El 5 % de los clientes de una entidad bancaria son morosos. Si se eligen 10 clientes al azar, calcula la probabilidad de que:**

a. Haya exactamente dos morosos entre ellos.

b. Haya al menos un moroso.

c. Haya dos morosos, si se sabe que al menos hay uno.

7 Actividad resuelta

En un centro escolar con más de 1000 estudiantes, el 60 % son chicas. Si se eligen 12 estudiantes al azar, calcula la probabilidad de que entre los seleccionados haya:

a. **7 chicas.** **b.** **Al menos 7 chicas.** **c.** **Entre 5 y 10 chicas.**

Al ser un número grande de estudiantes, se puede utilizar la distribución binomial.

Sea Y: "número de chicas entre los 12 estudiantes elegidos". $Y \sim \text{Bin}(n = 12, p = 0{,}6)$

a. $P(Y=7)=\binom{12}{7}0{,}6^7\cdot 0{,}4^5=0{,}22703$

b. $P(Y\ge 7)=\sum_{k=7}^{12}\binom{12}{k}0{,}6^k\cdot 0{,}4^{12-k}=0{,}66521$

c. $P(5\le Y\le 10)=\sum_{k=5}^{10}\binom{12}{k}0{,}6^k\cdot 0{,}4^{12-k}=0{,}92310$

8 **La variable aleatoria X tiene una distribución binomial de parámetros $n = 9$ y $p = 0{,}4$. Obtén las probabilidades siguientes.**

a. $P(X=5)$ b. $P(X<1)$ c. $P(X\ge 5)$ d. $P(2\le X<6)$

9 **En un instituto aprueba la materia de Filosofía el 80 % de los alumnos. Si se eligen al azar 8 estudiantes, uno a uno y con reemplazamiento, ¿cuál es la probabilidad de que hayan aprobado 6 de ellos?**

10 **Se sabe que en un supermercado el 2 % de los huevos que se ponen a la venta están rotos. Si un cliente elegido al azar adquiere un envase con una docena de huevos ¿cuál es la probabilidad de que al menos uno esté roto? ¿Y si adquiere un envase con 24 huevos?**

11 **A un distribuidor de periódicos le han devuelto el 15 % de los ejemplares repartidos. Si se eligen al azar un día y un cliente al que ha dejado 30 ejemplares, calcula la probabilidad de que:**

a. No le sea devuelto ninguno de ellos.

b. Le sean devueltos más de 4 ejemplares.

2.3. Esperanza y varianza de una distribución binomial

Si la variable aleatoria X tiene una distribución Ber(p), su esperanza y su varianza son:

$E[X]=1 \cdot p + 0 \cdot (1-p) = p$ $\qquad$ $\mathrm{Var}(X)=(1-p)^2 p+(0-p)^2(1-p)= p(1-p)$

La variable aleatoria $Y \sim \mathrm{Bin}(n,p)$ se puede escribir como la suma de n variables aleatorias independientes $X_1, X_2, ..., X_n$, de Bernoulli de parámetro p. Es decir, $Y = X_1 + X_2 + ... + X_n \sim \mathrm{Bin}(n,p)$. Por tanto, la media y la varianza de la variable $Y \sim \mathrm{Bin}(n,p)$ son:

$E[Y]=E[X_1]+E[X_2]+...+E[X_n]=np$ $\qquad$ $\mathrm{Var}(Y)=\mathrm{Var}(X_1)+\mathrm{Var}(X_2)+...+\mathrm{Var}(X_n)=np(1-p)$

Si X e Y son dos variables aleatorias independientes:

$E[X \pm Y] = E[X] \pm E[Y]$

$\mathrm{Var}(X \pm Y) = \mathrm{Var}(X) + \mathrm{Var}(Y)$

Estas propiedades se pueden extender sin dificultad a la suma de un número finito de variables aleatorias independientes.

12 **Actividad resuelta**

Un jugador de baloncesto encesta 9 de cada 10 intentos desde la línea de tiros libres. Se supone que los lanzamientos son independientes.

a. Si en un partido elegido al azar, lanza 7 tiros libres, ¿cuál es la probabilidad de que consiga más de 5 puntos?

b. Calcula el número esperado de encestes y su varianza en 20 tiros libres.

c. ¿Cuál será el número de lanzamientos necesarios para obtener una media de 20 canastas de tiros libres?

Definimos la variable aleatoria Y: "número de tiros libres encestados en n intentos", con $Y \sim \mathrm{Bin}(n, p = 0{,}9)$

a. Ahora $n = 7$, y la probabilidad que nos piden es $P(Y > 5) = P(Y = 6) + P(Y = 7)$.

Obtenemos estas probabilidades aplicando la fórmula:

$$P(Y=6)=\binom{7}{6}0{,}9^6 \cdot 0{,}1^1=0{,}37201;\ P(Y=7)=\binom{7}{7}0{,}9^7 \cdot 0{,}1^0=0{,}47830$$

Luego $P(Y > 5) = 0{,}37201 + 0{,}47830 = 0{,}85031$

b. La variable T = "número de canastas encestadas en 20 tiros libres" sigue una distribución $\mathrm{Bin}(n = 20, p = 0{,}9)$. La media o valor esperado de T y su varianza son:

$$E[T] = 20 \cdot 0{,}9 = 18,\ \mathrm{Var}(T) = 20 \cdot 0{,}9 \cdot 0{,}1 = 1{,}8$$

c. Sea W: "número de canastas en n tiros libres". $W \sim \mathrm{Bin}(n, p = 0{,}9)$, y queremos que $E[W] = 20$.

Así que: $n \cdot 0{,}9=20 \Rightarrow n=\dfrac{20}{0{,}9}=22{,}22$

Es decir, se necesitan al menos 23 lanzamientos de tiros libres.

13 Se sabe que un medicamento es efectivo en el 80 % de los casos en los que es administrado por el médico. Si se elige una muestra aleatoria de 120 pacientes a los que se ha prescrito este medicamento, ¿cuál es el número esperado de pacientes en los que resultará efectivo y cuál su varianza?

14 Un dispositivo electrónico en fase de experimentación está compuesto por 8 componentes que funcionan de manera independiente. En esta fase, la probabilidad de fallo de un componente es 0,25. Calcula el número esperado de fallos, su varianza y la probabilidad de los siguientes casos.

a. Que fallen más de dos componentes.

b. Que fallen entre 2 y 4 componentes.

15 Una compañía ofrece seguros de vida para deportistas de riesgo. Se estima que un 20 % de los clientes tendrá un accidente. Si se seleccionan al azar 25 de estos clientes, calcula el número esperado de ellos que sufrirá un accidente, su varianza y su desviación típica.

16 Un autobús urbano llega con retraso una de cada cinco veces que pasa por una parada concreta. Si a lo largo de un día elegido al azar, pasa 9 veces por dicha parada, calcula el número esperado de veces que llegará con retraso, su desviación típica y la probabilidad de que:

a. No llegue con retraso ninguna de las veces.

b. Llegue con retraso al menos una vez.

c. Al menos tres veces llegue con retraso, si se sabe que ha llegado con retraso al menos una vez.

3 Variables aleatorias continuas

3.1. Funciones de densidad y de distribución de una variable aleatoria continua

Una variable aleatoria X se dice continua o que tiene una distribución de probabilidad continua si toma, al menos teóricamente, todos los valores comprendidos en un cierto intervalo de la recta real.

La distribución de probabilidad de una variable aleatoria continua viene dada por una función, llamada función de densidad, que permite el cálculo de probabilidades relacionado con la variable.

> Se dice que una función $f(x)$, definida sobre la recta real, es una **función de densidad** de una variable aleatoria X si cumple las siguientes condiciones.
> - $f(x) \geq 0$, para todo x número real.
> - El área limitada por la gráfica de $f(x)$ y el eje de abscisas es 1.

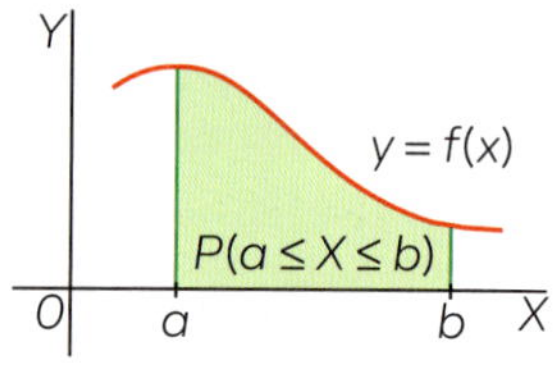

La distribución de una variable aleatoria continua, X, también puede venir dada por su **función de distribución**, que indica la probabilidad acumulada hasta el valor $X = x$, y que viene dada por:

$$F(x) = P(X \leq x) = \int_{-\infty}^{x} f(t)dt \text{ , para todo número real } x.$$

Siendo f la función de densidad de X. Debe observarse que la función de distribución de una variable aleatoria continua es también continua, $0 \leq F(x) \leq 1$ y es monótona creciente y, además, $F'(x) = f(x)$.

La probabilidad de que una variable continua X tome un valor concreto es cero, ya que:
$P(X = a) = P(a \leq X \leq a) =$
$= \int_a^a f(x)dx = 0$

> La probabilidad de cualquier intervalo $[a, b]$ de la recta real viene dada por el área limitada por la gráfica de la función de densidad, $f(x)$, el eje de abscisas y las rectas verticales $x = a$ y $x = b$.
>
> Es decir: $P(a \leq X \leq b) = \int_a^b f(x)dx = F(b) - F(a)$

Ejemplo

Las funciones de densidad y de distribución de la **variable aleatoria X con distribución uniforme en el intervalo $[a, b]$** son, respectivamente:

$$f(x) = \begin{cases} \dfrac{1}{b-a} & \text{si } a \leq x \leq b \\ 0 & \text{en otro caso} \end{cases} \quad , \quad F(X) = \begin{cases} 0 & \text{si } x < a \\ \dfrac{x-a}{b-a} & \text{si } a \leq x \leq b \\ 1 & \text{si } b \leq x \end{cases}$$

3.2. Esperanza y varianza de una variable continua

> Si X es una variable aleatoria continua con función de densidad $f(x)$ o de distribución $F(x)$, la esperanza o media de X y su varianza vienen dadas respectivamente por:
>
> $$\mu = E[X] = \int_{-\infty}^{+\infty} xf(x)dx \qquad Var(X) = \int_{-\infty}^{+\infty} (x-\mu)^2 f(x)dx = \int_{-\infty}^{+\infty} x^2 f(x)dx - \mu^2$$

La distribución uniforme es una distribución de probabilidad continua y se refiere a eventos que tienen la misma probabilidad de ocurrir dentro de un intervalo.

Matemáticamente:
$f(x) = \dfrac{1}{b-a}$
para $a \leq x \leq b$

Ejemplo

La esperanza y la varianza de la variable aleatoria X con distribución uniforme en el intervalo $[a,b]$ son: $E[X] = \int_a^b x\dfrac{1}{b-a}dx = \dfrac{1}{b-a}\left[\dfrac{x^2}{2}\right]_a^b = \dfrac{b+a}{2}$ $\quad Var(X) = \int_a^b x^2 \dfrac{1}{b-a}dx - \left(\dfrac{b+a}{2}\right)^2 = \dfrac{(b-a)^2}{12}$

17 Actividad resuelta

La función de densidad de una variable aleatoria X es:

$$f(x)=\begin{cases} c(1+x) & \text{si } 0<x<2 \\ 0 & \text{en el resto} \end{cases}$$

a. Calcula el valor de c para que $f(x)$ sea función de densidad.

b. Calcula la esperanza y la varianza de X.

c. Calcula $P(X<1)$.

a. Para calcular el valor de c, se debe tener en cuenta que $f(x) \geq 0$ para $0<x<2$ y que el área limitada por la gráfica de $f(x)$, el eje de abscisas y las rectas verticales $x=0$, $x=2$, debe ser 1.

$$1=\int_0^2 c(1+x)dx=c\left[x+\frac{x^2}{2}\right]_0^2=c\cdot 4 \Rightarrow c=\frac{1}{4}$$

b. La esperanza y la varianza de X son:

$$E[X]=\int_0^2 \frac{1}{4}x(1+x)dx=\frac{1}{4}\left[\frac{x^2}{2}+\frac{x^3}{3}\right]_0^2=\frac{1}{4}\cdot\frac{14}{3}=\frac{7}{6}$$

$$\text{Var}(X)=\int_0^2 \frac{1}{4}x^2(1+x)dx-\left(\frac{7}{6}\right)^2=\frac{1}{4}\left[\frac{x^3}{3}+\frac{x^4}{4}\right]_0^2-\frac{49}{36}=\frac{5}{3}-\frac{49}{36}=\frac{11}{36}$$

c. $P(X<1)=\int_0^1 \frac{1}{4}(1+x)dx=\frac{1}{4}\left[x+\frac{x^2}{2}\right]_0^1=\frac{3}{8}$

18 Sea X una variable aleatoria continua cuya función de densidad es:

$$f(x)=\begin{cases} cx^2 & \text{si } 0<x<3 \\ 0 & \text{en el resto} \end{cases}$$

a. Calcula c y dibuja su gráfica.

b. Escribe la función de distribución de X.

c. Calcula $P(X>2)$ y $P(1<X<2)$ utilizando la función de distribución.

d. Obtén la esperanza, la varianza y la desviación típica de X.

19 Un tren de cercanías sale de la estación cada 10 minutos. Si un viajero llega al andén de forma aleatoria:

a. Escribe la función de densidad de la variable X: "tiempo de espera del viajero en el andén".

b. Calcula la probabilidad de que el viajero deba esperar menos de 3 minutos.

c. Calcula la esperanza y la varianza de la variable X.

20 La función de distribución de la variable X es:

$$F(x)=\begin{cases} 0 & \text{si } x<2 \\ k(x-2) & \text{si } 2\leq x<5 \\ 1 & \text{si } 5\leq x \end{cases}$$

a. Escribe su función de densidad y calcula el valor de k.

b. Representa gráficamente las funciones de densidad y de distribución.

c. Calcula la esperanza y la varianza de X.

21 La función de distribución de la variable aleatoria X es:

$$F(x)=\begin{cases} 0 & \text{si } x<1 \\ \ln x & \text{si } 1\leq x<e \\ 1 & \text{si } e\leq x \end{cases}$$

a. Escribe su función de densidad y dibuja aproximadamente su gráfica.

b. Calcula su esperanza y su varianza.

22 Considera una variable aleatoria continua con función de densidad:

$$f(x)=\begin{cases} \frac{1}{3}x & \text{si } 0<x<2 \\ \frac{2}{3}(3-x) & \text{si } 2<x<3 \\ 0 & \text{en el resto} \end{cases}$$

a. Dibuja la gráfica de la función de densidad.

b. Calcula su esperanza y su varianza.

c. Calcula $P(X<1)$, $P(X>2)$ y $P(1<X<2{,}5)$.

23 La demanda diaria X, en kilogramos, de un determinado producto es una variable aleatoria que puede tomar cualquier valor del intervalo $[0, 10]$. Se sabe que X tiene una distribución continua con función de densidad:

$$f(x)=\begin{cases} \frac{x-1}{20} & \text{si } 0\leq x\leq 10 \\ 0 & \text{en el resto} \end{cases}$$

a. Halla la probabilidad de que la demanda supere los 7 kg.

b. Calcula su esperanza y su varianza.

c. ¿Cuál es la probabilidad de que la demanda sea superior a la media?

4 La distribución normal

4.1. Función de densidad de una variable normal. Características

La distribución normal es el modelo estadístico de referencia para variables aleatorias en las que la mayoría de los valores se agrupan en torno a un valor central y los valores extremos no son frecuentes.

Está presente en la modelización de la gran mayoría de situaciones experimentales en prácticamente todas las áreas de conocimiento: medicina, biología, química, economía, sociología, psicología, derecho...

El primero en utilizarla fue Abraham de Moivre en 1733, como aproximación de la suma de variables aleatorias binomiales. Posteriormente Karl F. Gauss presentó su forma analítica a principios del siglo XIX.

Una variable aleatoria continua X tiene una **distribución normal de media μ y varianza σ^2**, escribiéndose $X \sim N(\mu, \sigma)$, si su función de densidad es de la forma:

$$f(x) = \frac{1}{\sigma\sqrt{2\pi}} e^{-\frac{1}{2}\left(\frac{x-\mu}{\sigma}\right)^2} \qquad -\infty < x < +\infty$$

El número $e = 2{,}7182...$ es la base constante de los logaritmos neperianos.

Características de la función de densidad de una variable normal:

1. La función de densidad es simétrica con respecto a su media μ, es decir, $f(\mu - x) = f(\mu + x)$.
2. La mediana y la moda de la distribución coinciden con la media μ. La función de densidad alcanza su máximo en $x = \mu$.
3. La gráfica de la función de densidad tiene puntos de inflexión en $x = \mu - \sigma$ y $x = \mu + \sigma$.
4. El eje X es asíntota horizontal de la gráfica de la función cuando x tiende a $\pm\infty$.

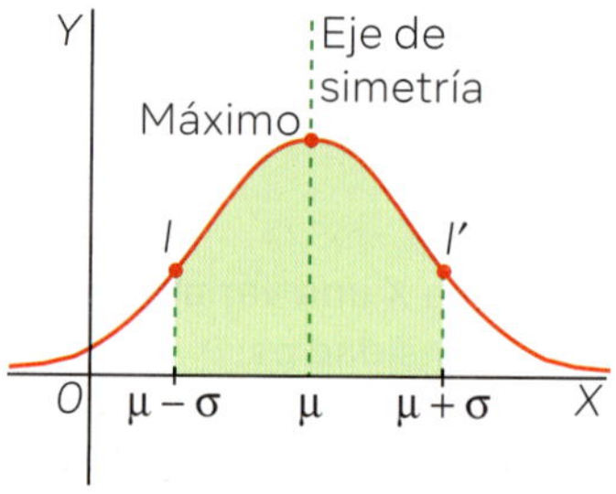

La media, μ, y la desviación típica, σ, determinan la localización y la forma de la función de densidad de la distribución normal.

- Si la media cambia de valor la gráfica se desplaza horizontalmente.
- Si la desviación típica varía, la gráfica es más o menos estilizada.

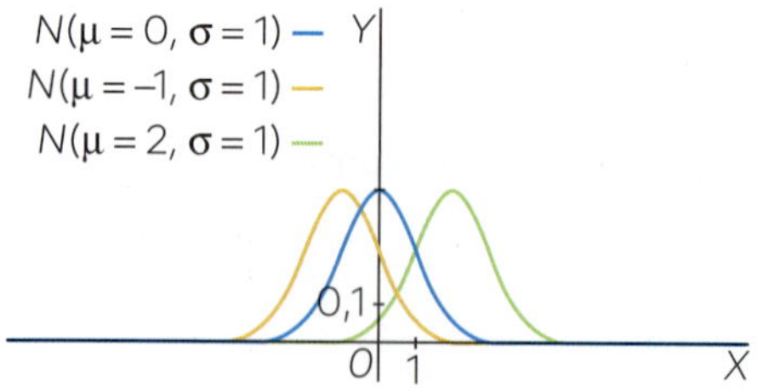

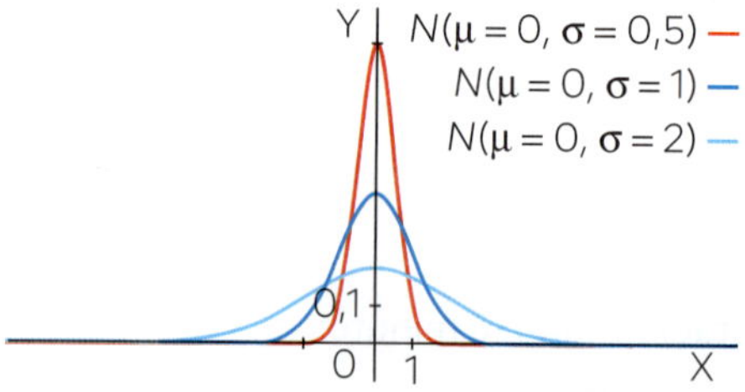

En todos los casos, la función de densidad mantiene su forma acampanada, de ahí que a su representación gráfica se la denomine campana de Gauss. Para acentuar este hecho, las escalas de los ejes son diferentes.

Ejemplo

En una población, el peso medio de los hombres es de 66 kg, con una desviación típica de 8 kg, mientras que el peso medio de las mujeres es 60 kg, con una desviación típica de 5 kg. Si se supone que el peso tiene distribución normal, las gráficas de las funciones de densidad de hombres y mujeres son las que vemos aquí.

Observa la escala del eje de ordenadas.

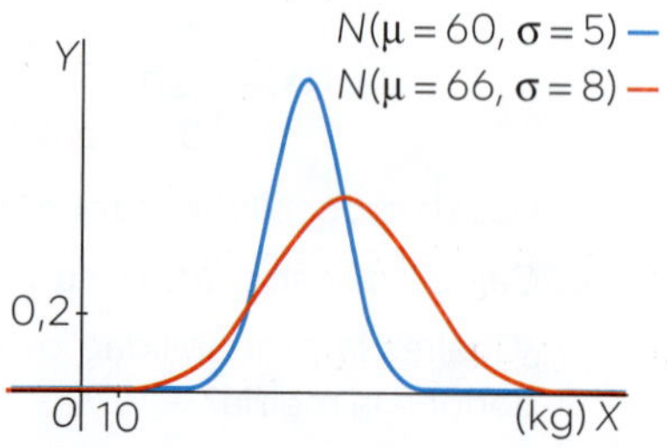

4.2. La distribución normal estándar. Cálculo de probabilidades

A la distribución normal de media $\mu = 0$ y desviación típica $\sigma = 1$, se la conoce como **distribución normal estándar** y a la variable con esta distribución se la denota habitualmente por Z.

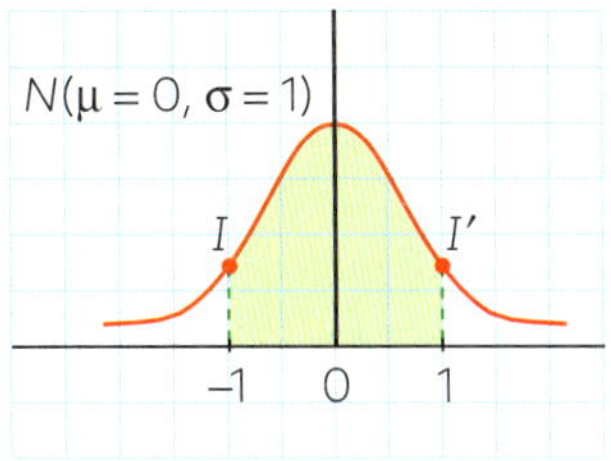

Sus funciones de densidad y distribución son, respectivamente:

$$\varphi(z) = \frac{1}{\sqrt{2\pi}} e^{-\frac{z^2}{2}}, \quad \Phi(z) = \int_{-\infty}^{z} \varphi(t)dt \qquad -\infty < z < +\infty$$

La función de distribución, como sabemos, acumula la probabilidad hasta el valor indicado en su argumento, es decir $Z = a$, y se escribe $\Phi(a) = P(Z \le a)$. En la tabla de los anexos del final del libro se pueden encontrar los valores de $\Phi(a)$ para valores de $a \ge 0$.

Para utilizar la tabla de las probabilidades, los valores de a deben redondearse a dos decimales: en la primera columna de la tabla de seleccionan las unidades y las décimas, y en la primera fila, las centésimas.

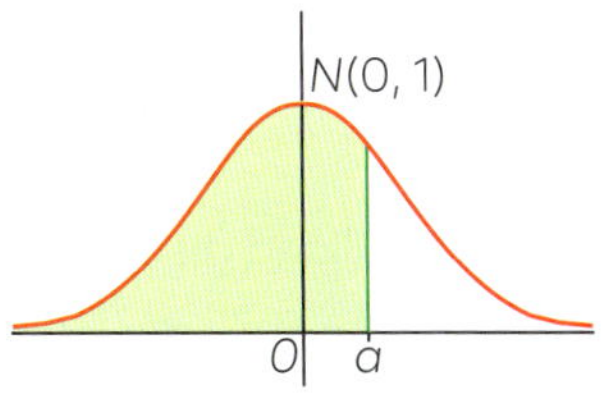

En la intersección de la fila y la columna correspondiente al valor a se muestra la probabilidad acumulada hasta a, $\Phi(a) = P(Z \le a)$, que se corresponde con el área sombreada en la figura. Las probabilidades de la tabla se muestran redondeadas a cuatro decimales.

1. **$P(Z \le a)$** o **$P(Z < a)$** con $a \ge 0$.

Ejemplo

Para encontrar $\Phi(0{,}84) = P(Z \le 0{,}84)$, localizamos 0,8 en la columna de la izquierda y 0,04 en la fila superior. La probabilidad $P(Z \le 0{,}84) = 0{,}7995$.

2. **$P(Z \ge a)$** o **$P(Z > a)$** con $a \ge 0$. Sabiendo que el área bajo la curva es 1, se tiene que $P(Z > a) = 1 - P(Z \le a) = 1 - \Phi(a)$

Ejemplo

$P(Z > 0{,}84) = 1 - P(Z \le 0{,}84) = 1 - \Phi(0{,}84) = 1 - 0{,}7995 = 0{,}2005$

3. **$P(Z \le a)$** o **$P(Z < a)$** con $a < 0$. Se hallan fácilmente utilizando la simetría de la función de densidad y aplicando el apartado 2.

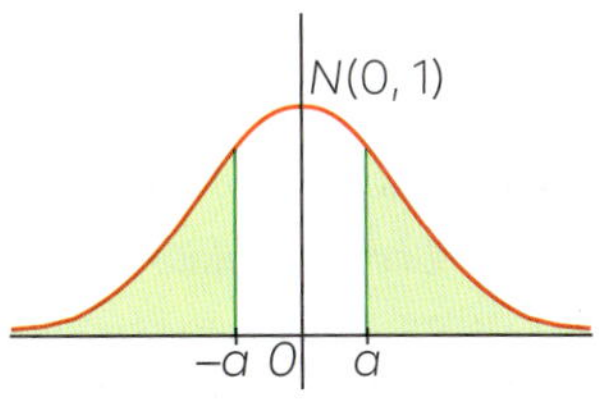

Ejemplo

$P(Z < -0{,}84) = P(Z > 0{,}84) = 1 - P(Z \le 0{,}84) = 1 - \Phi(0{,}84) = 1 - 0{,}7995 = 0{,}2005$

4. **$P(Z \ge a)$** o **$P(Z > a)$** con $a < 0$. Se calculan utilizando la simetría de la función de densidad y el apartado 1.

Ejemplo

$P(Z > -0{,}84) = P(Z < 0{,}84) = \Phi(0{,}84) = 0{,}7995$

Los cuatro casos anteriores permiten calcular las probabilidades de intervalos finitos de la recta real. En general: $P(a \le Z \le b) = P(Z \le b) - P(Z \le a) = \Phi(b) - \Phi(a)$

Ejemplo

- $P(-0{,}78 \le Z \le 1{,}17) = \Phi(1{,}17) - \Phi(-0{,}78) = \Phi(1{,}17) - (1 - \Phi(0{,}78)) = 0{,}8790 - (1 - 0{,}7823) = 0{,}6613$
- $P(-1{,}17 \le Z \le -0{,}78) = P(0{,}78 \le Z \le 1{,}17) = \Phi(1{,}17) - \Phi(0{,}78) = 0{,}8790 - 0{,}7823 = 0{,}0967$

Para obtener probabilidades relacionadas con la distribución normal, estándar o no, se puede utilizar también una hoja de cálculo, para cualquier valor de a. No es necesario redondear a dos decimales y se puede obtener la probabilidad con precisión superior a cuatro decimales. Distinguimos únicamente dos casos:

1. $P(Z \leq a) = P(Z < a)$ = DISTR.NORM.ESTAND.N(a; VERDADERO)

Ejemplo

- $P(Z < 0{,}837)$ = DISTR.NORM.ESTAND.N(0,837; VERDADERO) = 0,798704
- $P(Z < -0{,}837)$ = DISTR.NORM.ESTAND.N(–0,837; VERDADERO) = 0,201296

2. $P(Z \geq a) = P(Z > a)$ = 1 – DISTR.NORM.ESTAND.N(a; VERDADERO)

Ejemplo

- $P(Z \geq 0{,}837)$ = 1 – DISTR.NORM.ESTAND.N(0,837; VERDADERO) = 0,201296
- $P(Z \geq -0{,}837)$ = 1 – DISTR.NORM.ESTAND.N(–0,837; VERDADERO) = 0,798704

La probabilidad de un intervalo finito cualquiera de la recta real se obtiene directamente:

$P(a \leq Z \leq b) = P(Z \leq b) - P(Z \leq a)$ = DISTR.NORM.ESTAND.N(b; VERDADERO) –
– DISTR.NORM.ESTAND.N(a; VERDADERO)

Ejemplo

- $P(-0{,}775 \leq Z \leq 1{,}172)$ = DISTR.NORM.ESTAND.N(1,172; VERDADERO) –
– DISTR.NORM.ESTAND.N(–0,775; VERDADERO) = 0,87940 – 0,21917 = 0,66023
- $P(-1{,}5 \leq Z \leq -0{,}5)$ = DISTR.NORM.ESTAND.N(-0,5; VERDADERO) –
– DISTR.NORM.ESTAND.N(–1,5; VERDADERO) = 0,30854 – 0,06681 = 0,24173

24 Actividad resuelta

Calcula las probabilidades siguientes utilizando la tabla de la $N(0, 1)$ y también una hoja de cálculo. Compara, en cada caso, los dos métodos.

a. $P(Z \leq 1{,}173)$ **b.** $P(Z \geq -0{,}3462)$ **c.** $P(0{,}33 \leq Z \leq 1{,}945)$ **d.** $P(-1{,}276 < Z \leq 0{,}777)$

z	0,00	0,01	0,02	0,03	0,04	0,05
0,0	0,5000	0,5040	0,5080	0,5120	0,5160	0,5199
0,1	0,5398	0,5438	0,5478	0,5517	0,5557	0,5596
0,2	0,5793	0,5832	0,5871	0,5910	0,5948	0,5987
0,3	0,6179	0,6217	0,6255	0,6293	0,6331	0,6368
0,4	0,6554	0,6591	0,6628	0,6664	0,6700	0,6736
0,5	0,6915	0,6950	0,6985	0,7019	0,7054	0,7088
0,6	0,7257	0,7291	0,7324	0,7357	0,7389	0,7422

a. Con la tabla:
redondeamos a dos decimales $P(Z \leq 1{,}173) = P(Z \leq 1{,}17) = 0{,}8790$

Con la hoja de cálculo:
$P(Z \leq 1{,}173)$ = DISTR.NORM.ESTAND.N(1,173; VERDADERO) = 0,87960

b. Con la tabla: $P(Z \geq -0{,}3462) = P(Z \geq -0{,}35) = P(Z \leq 0{,}35) = 0{,}6368$

Con la hoja de cálculo:
$P(Z \geq -0{,}3462)$ = 1 – DISTR.NORM.ESTAND.N(–0,3462; VERDADERO) = 0,63540

c. Con la tabla:
$P(0{,}33 \leq Z \leq 1{,}945) = P(Z \leq 1{,}95) - P(Z < 0{,}33) = 0{,}9744 - 0{,}6293 = 0{,}3451$

Con ayuda de la hoja de cálculo:
$P(0{,}33 \leq Z \leq 1{,}945)$ = DISTR.NORM.ESTAND.N(1,945; VERDADERO) –
– DISTR.NORM.ESTAND.N(0,33; VERDADERO) =
= 0,97411 – 0,62930 = 0,34481

d. Consultando la tabla, tenemos:
$P(-1{,}276 < Z \leq 0{,}777) = P(Z \leq 0{,}78) - [1 - P(Z \leq 1{,}28)] = 0{,}7823 - (1 - 0{,}8997) = 0{,}6810$

Utilizando la hoja de cálculo:
$P(-1{,}276 < Z \leq 0{,}777)$ = DISTR.NORM.ESTAND.N(0,777; VERDADERO) –
– DISTR.NORM.ESTAND.N(–1,276; VERDADERO) =
= 0,78142 – 0,10098 = 0,68044

En todos los casos se observan solo ligeras diferencias. Y vemos en todos ellos que hay mayor precisión en la hoja de cálculo.

En cada caso valoraremos qué precisión necesitamos.

El problema inverso al de calcular la probabilidad acumulada en un determinado valor es el de **obtener el valor correspondiente a una probabilidad dada**. Es decir, se trata de obtener el valor de a si se conoce la probabilidad $P(Z \le a) = p$.

Como en todo lo anterior, podemos utilizar la tabla o una hoja de cálculo.

1. La probabilidad viene en la tabla, $p > 0{,}5$.

Ejemplo

Si $\Phi(a) = P(Z \le a) = 0{,}8508$, se localiza este número en el interior de la tabla que corresponde a la fila de 1,0 y a la columna de 0,04. Por tanto, $a = 1{,}04$.

2. La probabilidad no viene en la tabla, $p < 0{,}5$.

Ejemplo

Si $\Phi(a) = P(Z \le a) = 0{,}1685$, entonces $a < 0$ por lo que $P(Z \le a) = P(Z \ge -a) = 1 - P(Z \le -a)$.
$0{,}1685 = 1 - P(Z \le -a) \Rightarrow P(Z \le -a) = 1 - 0{,}1685 = 0{,}8315$. Buscando este valor en la tabla, se obtiene que $-a = 0{,}96$ y, por tanto, $a = -0{,}96$.

Si se utiliza una hoja de cálculo, se procede de la siguiente manera:

- $P(Z \le a) = p \Rightarrow a =$ INV.NORM.ESTAND(p)

Ejemplo

$P(Z \le a) = 0{,}85 \Rightarrow a =$ INV.NORM.ESTAND(0,85) = 1,0364

- $P(Z \le a) = p \Rightarrow a =$ INV.NORM.ESTAND($1 - p$)

Ejemplo

$P(Z \le a) = 0{,}034 \Rightarrow a =$ INV.NORM.ESTAND(0,966) = –1,825

En caso de utilizar la tabla, debemos tener en cuenta que si la probabilidad no se encuentra en la tabla y $p > 0{,}5$, deberíamos realizar una interpolación lineal para obtener el valor de a deseado.

25 Actividad resuelta

Encuentra el valor de a en cada uno de los siguientes casos, utilizando la tabla de la normal tipificada, $N(0, 1)$, o una hoja de cálculo.

a. $P(Z \le a) = 0{,}18235$
b. $P(-2a < Z \le 2a) = 0{,}83456$
c. $P(Z > a) = 0{,}65342$
d. $P(Z > a) = 0{,}23456$

a. $P(Z \le a) = 1 - P(Z \le -a) = 0{,}1824 \Rightarrow P(Z \le -a) = 0{,}8176 \Rightarrow -a = 0{,}905 \Rightarrow a = -0{,}905$
Si lo hiciéramos con hoja de cálculo:
$P(Z \le a) = 0{,}18235 \Rightarrow a =$ INV.NORM.ESTAND(0,18235) = –0,9064

b. $P(-2a < Z \le 2a) = P(Z < 2a) - P(Z < -2a) = 2P(Z < 2a) - 1 = 0{,}83456$
De esta última igualdad, $P(Z < 2a) = 0{,}91728 \Rightarrow 2a = 1{,}39 \Rightarrow a = 0{,}695$

c. $P(Z > a) = 0{,}65342 \Rightarrow a =$ INV.NORM.ESTAND(1 – 0,65342) = –0,3946

d. $P(Z > a) = 0{,}23456 \Rightarrow a =$ INV.NORM.ESTAND(0,76544) = 1,724

26 En cada apartado, calcula el valor con la ayuda de la tabla de la normal tipificada $N(0, 1)$. Después, compara el resultado con el que obtendrías utilizando una hoja de cálculo.

a. Calcula $P(Z < -0{,}86)$.
b. Calcula el valor de a tal que $P(Z > -a) = 0{,}877$

4.3. Cálculo de probabilidades en una distribución $N(\mu, \sigma)$. Tipificación de una distribución normal

Las probabilidades de una variable aleatoria X con distribución $N(\mu, \sigma)$ se pueden obtener directamente de una hoja de cálculo.

Si $X \sim N(\mu, \sigma)$, la probabilidad de que la variable tome cualquier valor en el intervalo $[a, b]$ de la recta real se puede obtener a partir de la función de distribución, de la siguiente manera:

$P(a \leq X \leq b) = F(b) - F(a)$ = DISTR.NORM.N(b; μ; σ; VERDADERO) – DISTR.NORM.N(a; μ; σ; VERDADERO)

Si no disponemos de una hoja de cálculo, las probabilidades relativas a la variable $X \sim N(\mu, \sigma)$ se pueden expresar en términos de la distribución normal estándar, $N(0,1)$. Utilizaremos la tabla de la normal estándar para calcular las probabilidades de cualquier distribución normal.

> La transformación de una variable aleatoria $X \sim N(\mu, \sigma)$ en una variable aleatoria con distribución normal estándar $Z \sim N(0, 1)$ se conoce con el nombre de **tipificación**.
>
> Consiste en restar a la variable X su media y dividir por su desviación típica.
>
> $$Z = \frac{X-\mu}{\sigma}$$

Si $X \sim N(\mu, \sigma)$, la probabilidad de que la variable tome cualquier valor del intervalo $[a, b]$ de la recta real se puede expresar en función de la variable con distribución normal estándar:

$$P(a \leq X \leq b) = P\left(\frac{a-\mu}{\sigma} \leq \frac{X-\mu}{\sigma} \leq \frac{b-\mu}{\sigma}\right) = P\left(\frac{a-\mu}{\sigma} \leq Z \leq \frac{b-\mu}{\sigma}\right) = \Phi\left(\frac{b-\mu}{\sigma}\right) - \Phi\left(\frac{a-\mu}{\sigma}\right)$$

siendo Φ la función de distribución de la variable $Z \sim N(0, 1)$.

Ejemplo

Si la variable aleatoria X tiene distribución normal de media $\mu = -2$ y varianza $\sigma^2 = 6$, para calcular $P(-2,3 \leq X < -1)$, primero se tipifica y, después, se usa la tabla.

$$P(-2,3 \leq X < -1) = P\left(\frac{-2,3+2}{\sqrt{6}} \leq \frac{X+2}{\sqrt{6}} < \frac{-1+2}{\sqrt{6}}\right) = P(-0,12 \leq Z < 0,41) =$$
$$= \Phi(0,41) - \Phi(-0,12) = \Phi(0,41) - (1 - \Phi(0,12)) =$$
$$= 0,6591 - (1 - 0,5478) = 0,2069$$

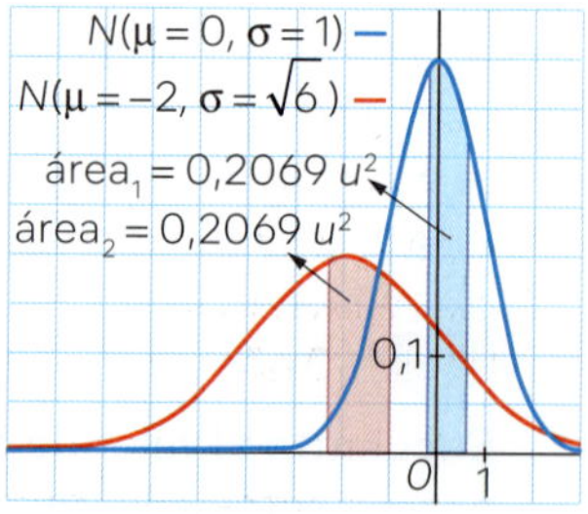

> Sea X una variable aleatoria con distribución normal $N(\mu, \sigma)$, la probabilidad del intervalo centrado en la media $(\mu - k\sigma, \ \mu + k\sigma)$, con $k > 0$, depende solo el valor de k y no de los valores de la media o de la varianza de la distribución. $\mathbf{P(\mu - k\sigma < X < \mu + k\sigma) = 2\Phi(k) - 1}$

Observemos la demostración:

$$P(\mu - k\sigma < X < \mu + k\sigma) = P\left(\frac{\mu - k\sigma - \mu}{\sigma} < Z < \frac{\mu + k\sigma - \mu}{\sigma}\right) = P(-k < Z < k) = \Phi(k) - \Phi(-k) = \Phi(k) - (1 - \Phi(k)) = 2\Phi(k) - 1$$

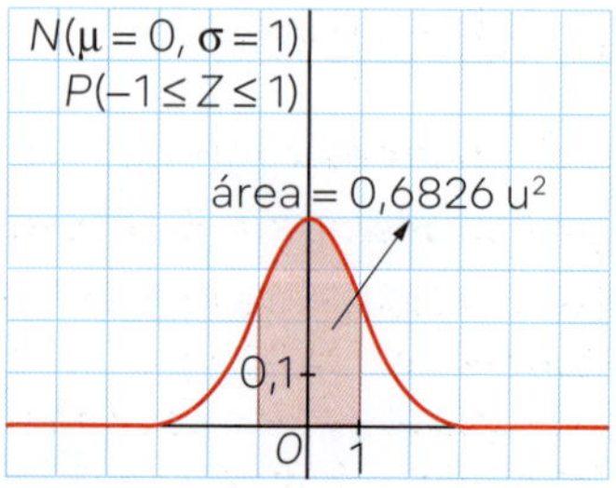

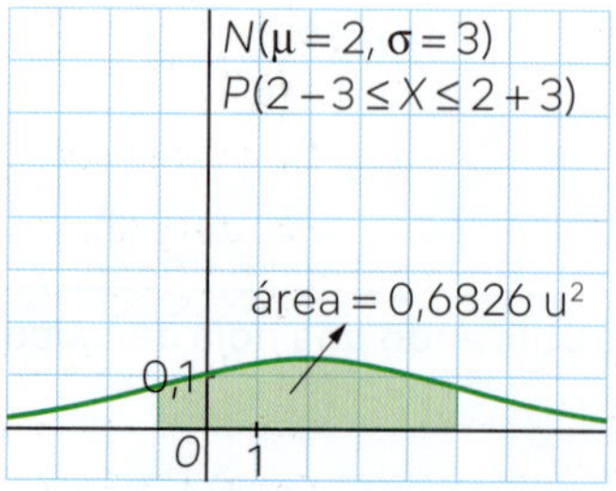

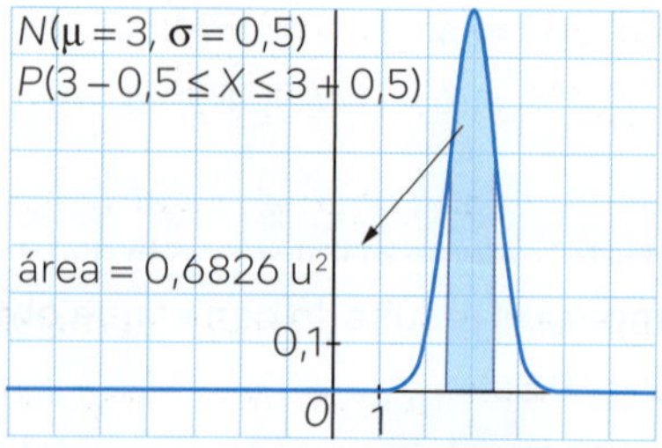

27 **Actividad resuelta**

En una de las pruebas para el acceso a la universidad, la puntuación obtenida por el alumnado tiene distribución normal de media 6,5 puntos y, además, el 24,5% obtuvo una puntuación superior a 7,5 puntos. Calcula:

a. **La desviación típica de la distribución.**

b. **La puntuación mínima que supera el 15% del alumnado.**

c. **El porcentaje del alumnado que ha obtenido calificación igual o superior a 5 puntos.**

Sea X: "puntuación obtenida en la prueba" variable aleatoria con $X \sim N(\mu = 6,5, \sigma)$, con σ desconocida.

a. Para obtener la desviación típica de la distribución se tiene en cuenta que:

$$P(X > 7,5) = P\left(Z > \frac{7,5 - 6,5}{\sigma}\right) = 0,245 \Rightarrow P\left(Z < \frac{1}{\sigma}\right) = 0,755$$

Utilizando una hoja de cálculo: $\frac{1}{\sigma} = 0,690309 \Rightarrow \sigma = 1,4486$

Sin hoja de cálculo, se puede aproximar la probabilidad por el valor 0,7549, que en la tabla de la normal estándar corresponde a 0,69, con lo que: $\frac{1}{\sigma} = 0,69 \Rightarrow \sigma = 1,4493$.

Podemos redondear, en ambos casos, la desviación típica a un valor de $\sigma = 1,45$.

b. Admitiendo que $X \sim N(\mu = 6,5, \sigma = 1,45)$, la puntuación mínima, a, que supera el 15% del alumnado se obtiene, utilizando la tabla de la normal estándar, como:

$$P(X > a) = 1 - P(X < a) = 0,15 \Rightarrow P(X < a) = 0,85 \Rightarrow P\left(Z < \frac{a - 6,5}{1,45}\right) = 0,85 \Rightarrow \frac{a - 6,5}{1,45} = 1,04 \Rightarrow a = 8,01$$

c. $P(X > 5) = 1 - P\left(Z < \frac{5 - 6,5}{1,45}\right) = 1 - P(Z < -1,03) = P(Z < 1,03) = 0,8485$

Podemos concluir que aproximadamente el 85% del alumnado superó esta prueba.

28 **Una conocida marca de televisores afirma que la duración de sus aparatos, sin efectuar reparaciones, sigue una distribución normal de media 9 años y desviación típica 1,2 años.**

a. Calcula la probabilidad de que un aparato de televisión dure entre 8 y 11 años.

b. El fabricante garantiza el buen funcionamiento de los televisores durante 5,5 años. ¿Qué porcentaje de televisores se espera que no cumplan la garantía?

29 **El peso medio de los recién nacidos en una maternidad es de 3,4 kg con una desviación típica de 0,5 kg. Si se supone que la distribución del peso es normal, calcula:**

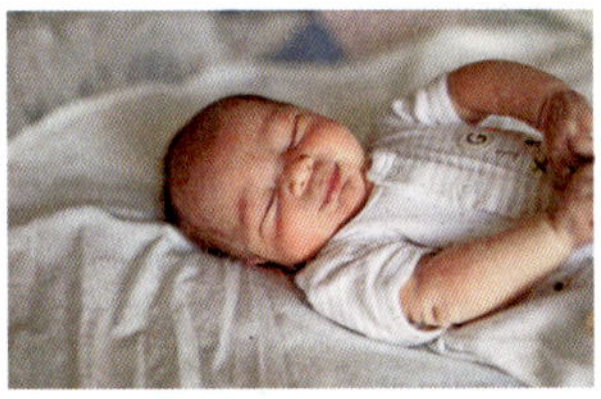

a. La proporción de bebés que al nacer pesan más de 4 kg.

b. La proporción de bebés que pesan menos de 2,6 kg.

c. El peso de un bebé que al nacer pesa más que el 90% de los bebés.

30 **El diámetro interior de los tubos de acero fabricados por una determinada empresa tiene distribución normal de media 10 cm y desviación típica de 0,25 cm. Quedan descartados para la venta los tubos cuyo diámetro interior sea inferior a 9,3 cm o superior a 10,7 cm. De un lote de 300 tubos elegidos al azar, ¿cuántos habrá que descartar?**

31 **En un almacén hay un gran número de cajas. El peso de cada una de ellas es una variable aleatoria con distribución normal de media 50 kg y desviación típica 5 kg.**

a. Calcula el porcentaje de cajas que pesan más de 53 kg.

b. Halla el porcentaje de cajas que pesan entre 50 y 55 kg.

c. Para transportar las cajas se dispone de un camión con un peso máximo autorizado de 2000 kg en total. ¿Cuál es la probabilidad de que el camión soporte la carga de 41 cajas sin superar dicho límite?

32 Actividad resuelta

La edad de las 278 personas empleadas en un centro comercial tiene distribución normal de media 44 años y de desviación típica 10 años. Estima el número de personas empleadas que:

a. Se espera que tengan más de 62 años.

b. Se espera que tengan menos de 40 años.

c. Podría obtener el carnet joven de transporte, para menores de 30 años.

Definimos la variable X: "edad, expresada en años, de los empleados del centro comercial", y sabemos que $X \sim N(\mu = 44, \sigma = 18)$.

a. $P(X > 62) = P\left(Z > \frac{62-44}{10}\right) = P(Z > 1{,}8) = 1 - P(Z < 1{,}8) = 1 - 0{,}9641 = 0{,}0359$

Así que el número estimado de personas con más de 62 años es: $278 \cdot 0{,}03593 = 9{,}99 \approx 10$.

b. $P(X < 40) = P\left(Z < \frac{40-44}{10}\right) = P(Z < -0{,}4) = 1 - P(Z < 0{,}4) = 1 - 0{,}6554 = 0{,}3446$

Así pues, podemos estimar el número de empleados menores de 40 años en: $278 \cdot 0{,}34458 \approx 96$.

c. En este caso, calculamos la probabilidad de que un empleado elegido al azar tenga más de 18 y menos de 30 años:

$$P(18 < X < 30) = P\left(\frac{18-44}{10} < Z < \frac{30-44}{10}\right) = P(-2{,}6 < Z < -1{,}4) = P(Z < 2{,}6) - P(Z < 1{,}4) = 0{,}9953 - 0{,}9192 = 0{,}0761$$

De tal manera que el número de personas empleadas que podría optar al carné joven es de $278 \cdot 0{,}0761 = 21{,}15 \approx 21$.

33 **Se estima que el tiempo en horas que se necesita para memorizar un tema de Historia de la Filosofía es una variable aleatoria con distribución normal, pero cuya media y varianza se desconocen. Calcula la media y la varianza de esta distribución si se sabe que tres cuartas partes de los estudiantes necesitan más de tres horas y que el 5% necesita más de 6 horas para memorizar el tema.**

34 **La duración de una batería de móvil sigue una distribución normal de media 3 años y desviación típica 0,5 años. Calcula la probabilidad de que una batería dure entre 2 y 4 años.**

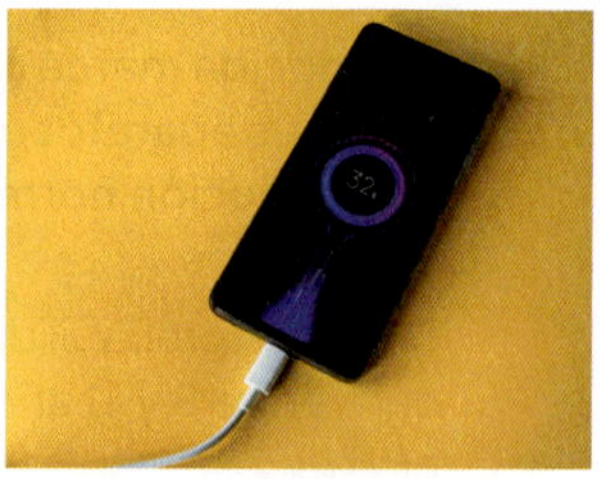

35 **En una revisión médica en un centro de trabajo, se concluyó que la distribución del peso se podía ajustar por una normal de media 70 kg y desviación típica 15 kg. Si escogemos al azar a una persona de la empresa, calcula la probabilidad de que su peso:**

a. Sea superior a 80 kg.

b. Sea inferior a 50 kg.

c. Esté entre 60 y 120 kg.

d. Calcula el peso por debajo del cual se encuentra el 95% de la plantilla.

36 **El retraso con el que los trenes llegan a una estación tiene una distribución normal de media 4 minutos. También sabemos que el 80% de los trenes llega con un retraso inferior a 7 minutos. Calcula:**

a. La desviación típica de la distribución.

b. La probabilidad de que llegue antes de la hora prevista.

c. La probabilidad de que el retraso supere los 10 minutos.

37 **Una prueba de competencia en comprensión lectora realizada a los adultos de una población ha dado unos resultados que pueden ajustarse por una distribución normal, de media 252 puntos y desviación típica 55 puntos. Si se pretende clasificar a los habitantes en cuatro niveles: bajo, intermedio bajo, intermedio alto y alto, de forma que en cada nivel quede el 25% de la población, ¿qué puntuaciones marcan el límite entre grupos?**

5 Aproximación de la distribución binomial por la normal

5.1. Cálculo de probabilidades binomiales mediante el uso de la normal

Entre las numerosas aplicaciones de la distribución normal, vamos a ver ahora su utilización para aproximar el cálculo de probabilidades relacionadas con la distribución binomial.

El teorema central del límite justifica, al menos en parte, esta aproximación y permite obtener, así, probabilidades de forma aproximada que, en otro caso, no sería factible salvo si se dispone del software adecuado.

38 Actividad resuelta

El 3% de las piezas que produce una máquina tienen algún tipo de defecto. Si un lote contiene 1500 piezas elegidas al azar, ¿cuál es la probabilidad de que contenga más de 50 defectuosas?

Sea Y: "número de piezas defectuosas entre las 1500", $Y \sim \text{Bin}(n=1500;\ p=0{,}03)$. La probabilidad pedida es:

$$P(Y>50)=\sum_{j=51}^{1500}P(Y=k)=1-\sum_{k=1}^{50}P(Y=k)\text{, con } P(Y=k)=\binom{1500}{k}0{,}03^k\cdot 0{,}97^{1500-k}$$

Si disponemos de una hoja de cálculo, es posible obtener esta probabilidad de forma sencilla:

$P(Y>50)=1-P(Y\leq 50)=1-\text{DISTR.BINOM.N}(50;\ 1500;\ 0{,}03;\ \text{VERDADERO})=1-0{,}79958=$
$=0{,}20042$

Si no disponemos del software adecuado, no resulta factible realizar el cálculo de esta probabilidad, salvo que utilicemos la **aproximación normal a la distribución binomial**.

En la figura se muestran los polígonos de frecuencias de la función de masa de probabilidad de distintas distribuciones binomiales con el valor de $p = 0{,}3$ fijo y variando n.

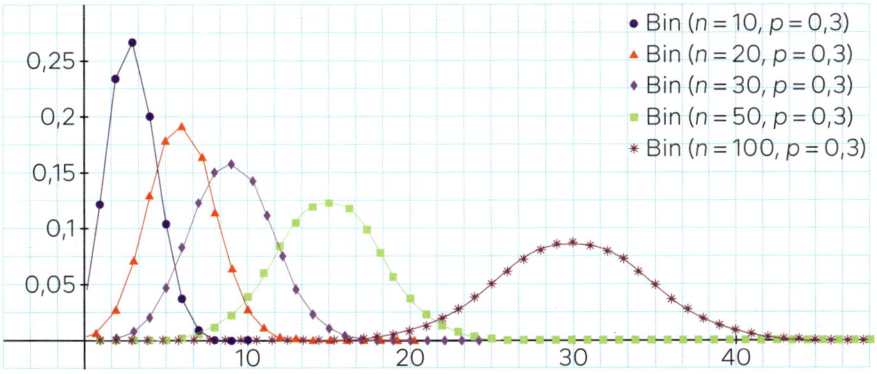

Según aumenta el número de ensayos, el polígono de frecuencias se aproxima a la gráfica de la función de densidad de una distribución normal. Puede comprobarse que, cuanto mayor sea el producto np (o nq si $q < p$), tanto mejor es la aproximación.

Abraham de Moivre demostró que si p es fijo y n suficientemente grande, la distribución Bin(n, p) puede aproximarse por la distribución normal de media np y desviación típica $\sqrt{npq}$.

Si $X_1, X_2, \ldots, X_n$ son variables aleatorias independientes con distribución Ber(p), la variable aleatoria $Y=X_1+X_2+\ldots+X_n$ tiene una distribución **Bin(*n*, *p*)** y **se aproxima** a una distribución normal de la forma $N\left(\mu=np,\ \sigma=\sqrt{npq}\right)$ cuando n es suficientemente grande.

Cuanto mayor sea n y más próximo a 0,5 esté el valor p, mejor será la aproximación, cuyo buen uso depende de la precisión que se desee.

Es habitual utilizar la aproximación cuando $np>5$ y $nq>5$.

Ejemplo

Sea Y una variable aleatoria con distribución $\text{Bin}(n=15,\ p=0{,}6)$. Se puede aproximar Y por una variable aleatoria normal, X, de media $\mu=15\cdot 0{,}6=9$ y desviación típica $\sigma=\sqrt{15\cdot 0{,}6\cdot 0{,}4}=1{,}90$. Entonces, como $np=9>5$ y $nq=6>5$:

$$P(Y\le 5)\approx P(X\le 5)=P\left(Z\le \frac{5-9}{1{,}9}\right)=P(Z\le -2{,}11)=1-\Phi(2{,}11)=0{,}0174$$

Mientras que los cálculos directos con la binomial proporcionan:

$$P(Y\le 5)=P(Y=0)+P(Y=1)+P(Y=2)+P(Y=3)+P(Y=4)+P(Y=5)=0{,}0338$$

La aproximación usada en el ejemplo no es una buena aproximación, debido a que no se ha tenido en cuenta que la binomial es discreta, y la normal, continua, por lo que es preciso realizar una corrección en los cálculos.

39 **MAT-TIC Estudia la calidad del ajuste a través del interactivo de GeoGebra *Aproximación de la binomial por la normal.***

5.2. Corrección por continuidad

Una corrección por continuidad es un ajuste que se realiza para aproximar las probabilidades de una distribución discreta por medio de las probabilidades de una distribución continua. En nuestro caso, se utiliza para calcular probabilidades de una variable con distribución binomial mediante la distribución normal.

Para calcular la probabilidad de un valor concreto utilizando la aproximación de la binomial a la normal se debe aplicar una corrección en el proceso.

Si Y es una variable aleatoria con distribución $\text{Bin}(n,\ p)$, que se aproxima por una normal $X\sim N\left(\mu=np,\ \sigma=\sqrt{npq}\right)$:

$$P(Y=k)\approx P(k-0{,}5\le X\le k+0{,}5)$$

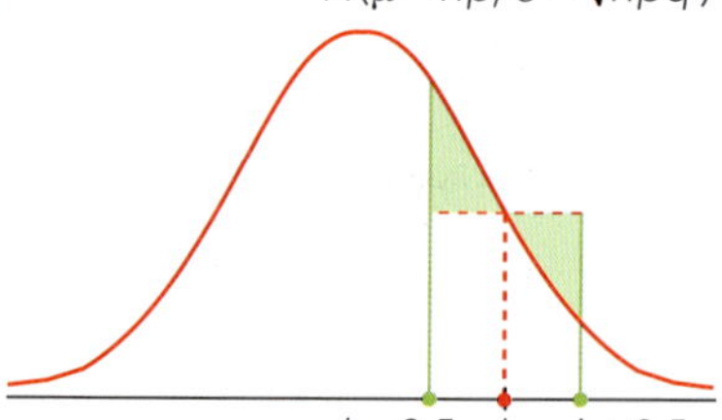

Observa que el área del rectángulo de base $[k-0{,}5;\ k+0{,}5]$ y altura $P(Y=k)$ es aproximadamente igual al área bajo la gráfica de la función de densidad de la distribución $N\left(\mu=np,\ \sigma=\sqrt{npq}\right)$.

En el resto de situaciones, aplicando la corrección por continuidad:

$P(Y\le k)\approx P(X\le k+0{,}5)$ $\quad$ $P(Y<k)\approx P(X\le k-0{,}5)$

$P(Y\ge k)\approx P(X\ge k-0{,}5)$ $\quad$ $P(Y>k)\approx P(X\ge k+0{,}5)$

40 **Actividad resuelta**

El 60 % de los clientes que han comprado cierta marca de automóviles se declaran muy satisfechos con la compra realizada. Si de los clientes de esta marca se eligen al azar 200, calcula la probabilidad de que más 130 estén muy satisfechos con la marca.

Sea la variable X: "número de clientes muy satisfechos, entre los 200".

$X\sim\text{Bin}(n=200,\ p=0{,}6)$. Se debe calcular $P(X>130)$.

En este caso, como n es grande y $np=120$ y $nq=80$, se puede aproximar la distribución de $X\sim\text{Bin}(n=200,\ p=0{,}6)$ por $Y\sim N\left(\mu=120,\ \sigma=6{,}93\right)$ y los cálculos son simples:

$$P(X>130)\approx P(Y\ge 130{,}5)=P\left(Z\ge \frac{130{,}5-120}{6{,}93}\right)=P(Z\ge 1{,}52)=1-\Phi(1{,}52)=1-0{,}9357=0{,}0643$$

41 El 2 % de los microchips que se reciben en las empresas tecnológicas de un país son defectuosos. Si se recibe una partida de 2000, calcula la probabilidad de que:

a. Exactamente 40 sean defectuosos.

b. Más de 40, pero menos de 45 sean defectuosos.

42 Una encuesta reciente muestra que el 80 % de estudiantes de bachillerato dispone de teléfono móvil. Calcula la probabilidad de que en una muestra aleatoria de 250 estudiantes de bachillerato:

a. No haya más de 195 con teléfono móvil.

b. Más de 210 tengan teléfono móvil.

c. Tengan teléfono móvil al menos 195, pero menos de 210.

43 Un medicamento cura una determinada enfermedad en el 85 % de los casos.

a. Si se administra a 10 pacientes, ¿cuál es la probabilidad de que, a lo sumo, 9 no se curen?

b. Si se administra a 200 pacientes, ¿cuál es la probabilidad de que el número de curados esté entre 152 y 178?

44 La primera fase de un proceso de selección de un concurso de cocina es superada por 7 de cada 10 aspirantes. Si se eligen al azar 150 de esos aspirantes, calcula el número esperado de ellos que pasarán a la siguiente fase y la probabilidad de que:

a. Más de 100 aspirantes los pasen.

b. Entre 100 y 125 aspirantes pasen a la siguiente fase.

c. Más de 50 no pasen a la siguiente fase.

45 Actividad resuelta

El 92 % de los jóvenes entre 16 y 24 años han utilizado algún tipo de red social durante el último año. Si se elige una muestra aleatoria de 800 de estos jóvenes, ¿cuál es el número esperado de ellos que no han utilizado redes sociales en el último año? Calcula la probabilidad de que no hayan utilizado redes sociales en el último año:

a. Más de 80. **b. Al menos 64, pero menos de 75.**

Sea la variable aleatoria Y: "número de jóvenes, entre los 800 seleccionados, que no ha utilizado redes sociales durante el último año". Esta variable sigue una distribución $Y \sim Bin(n=800, p=0{,}08)$.

El número esperado, entre los 800, que no ha utilizado redes sociales es:

$E[Y] = n \cdot p = 800 \cdot 0{,}08 = 64$

a. Aproximamos por una variable normal $X \sim N\left(\mu = 64,\ \sigma = \sqrt{800 \cdot 0{,}08 \cdot 0{,}92} = 7{,}6733\right)$.

La probabilidad de que más de 80 jóvenes, de los 800, no haya utilizado redes sociales es de:

$$P(Y > 80) \simeq P(X \geq 80{,}5) = P\left(Z \geq \frac{80{,}5 - 64}{7{,}6733}\right) = P(Z > 2{,}15) = 1 - P(Z < 2{,}15) = 1 - 0{,}9842 = 0{,}0158$$

b. En este caso:

$$P(64 \leq Y < 75) \simeq P(63{,}5 \leq X \leq 74{,}5) = P\left(\frac{63{,}5 - 64}{7{,}6733} \leq Z \leq \frac{74{,}5 - 64}{7{,}6733}\right) = P(-0{,}07 \leq Z \leq 1{,}37) = 0{,}9147 - 0{,}4721 = 0{,}4426$$

46 Según datos de la Dirección General de Tráfico, solo el 27% de los aspirantes consiguen el aprobado en el examen del carné de conducir a la primera. Si se eligen al azar 170 de los que se presentan por primera vez a las pruebas, calcula el número esperado de los que no aprobarán y la probabilidad de que aprueben:

a. Al menos 60.

b. Entre 55 y 70.

c. Más de 65, si se sabe que aprobaron al menos 60.

47 En una maternidad, se asegura que el 51 % de los bebés recién nacidos son niños. Si de los nacimientos un mes elegido al azar se eligen, también al azar, 40 nacimientos, calcula el número esperado de niñas y su varianza. Además, calcula la probabilidad de que:

a. El número de niñas sea igual al de niños.

b. Nazcan más niñas que niños.

48 En una población, el 10 % de sus habitantes tiene suscrita alguna póliza de seguro de vida. Si en dicha población se seleccionan 350 personas, calcula la probabilidad de que:

a. Al menos 40 tengan suscrito algún seguro de vida.

b. Como máximo 30 tengan suscrito algún seguro de vida.

c. Entre 30 y 40 personas tengan suscrito algún seguro de vida.

49 El 28 % de los clientes de una entidad bancaria utiliza el teléfono móvil para abonar sus compras directas en establecimientos. Si de dicha entidad se seleccionan al azar 60 clientes, calcula la probabilidad de que abonen sus compras con el teléfono móvil:

a. Menos de 18 clientes.

b. Exactamente 12 clientes.

c. Entre 20 y 30 clientes.

CONCEPTOS CLAVE

Variables aleatorias

Una variable aleatoria es **discreta** si toma un número finito de valores diferentes $x_1, x_2, ..., x_k$ o una sucesión infinita numerable de valores diferentes $x_1, x_2, ...$.

Una variable aleatoria es **continua** si toma, al menos teóricamente, todos los valores comprendidos en un cierto intervalo de la recta real.

Distribución de probabilidad de una variable aleatoria

- **Función de masa de probabilidad de una variable aleatoria discreta**

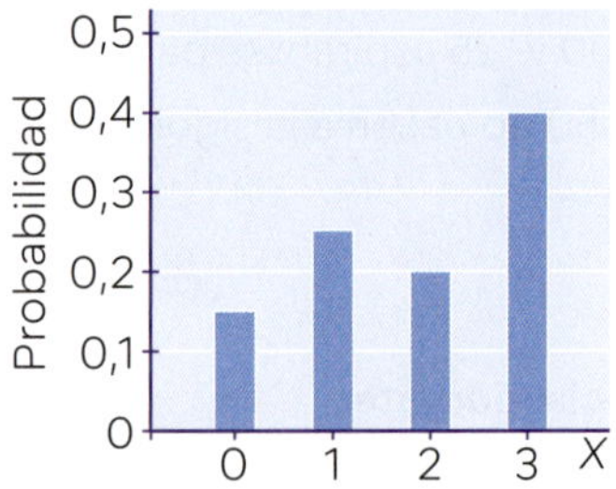

$P(x_j) = p_j \geq 0$

$\sum_{j=1}^{k} p_j = 1$

- **Esperanza y varianza**

$\mu = E[X] = \sum_{j=1}^{k} x_j p_j$

$\sigma^2 = Var(X) = \sum_{j=1}^{k} x_j^2 p_j - \mu^2$

- **Función de densidad de una variable aleatoria continua**

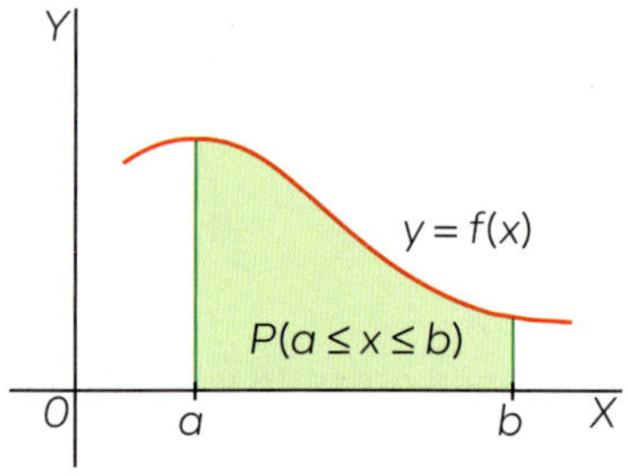

$f(x) \geq 0$

$\int_{-\infty}^{\infty} f(x)dx = 1,\ P(a \leq X \leq b) = \int_a^b f(x)dx$

- **Esperanza y varianza**

$\mu = E[X] = \int_{-\infty}^{\infty} xf(x)dx$

$\sigma^2 = Var(X) = \int_{-\infty}^{\infty} (x-\mu)^2 f(x)dx = \int_{-\infty}^{\infty} x^2 f(x)dx - \mu^2$

Binomial Bin(*n*, *p*)

n: número de ensayos independientes

p: probabilidad de que ocurra el suceso *A*

- **Función de probabilidad**

$P(X = k) = \binom{n}{k} p^k (1-p)^{n-k},\ k = 0, 1, ..., n$

- **Esperanza y varianza**

$\mu = E[X] = np$

$\sigma^2 = Var(X) = np(1-p) = npq$

$\sigma = \sqrt{npq}$

Normal N(μ, σ)

μ: media

σ^2: varianza

σ: desviación típica

- **Función de densidad**

$f(x) = \frac{1}{\sigma\sqrt{2\pi}} e^{-\frac{1}{2}\left(\frac{x-\mu}{\sigma}\right)^2},\ -\infty < x < \infty$

- **Tipificación *N*(0, 1)**

$Z = \frac{X-\mu}{\sigma}$

Cálculo de probabilidades mediante el uso de la tabla de la normal *N*(0, 1)

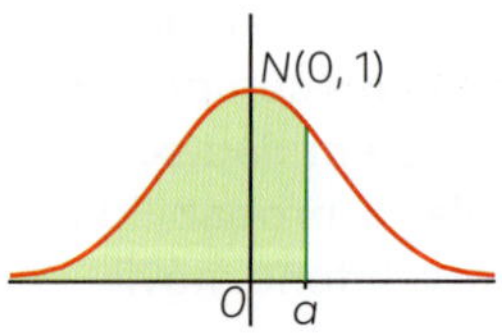

$P(Z \leq a) = \Phi(a)$

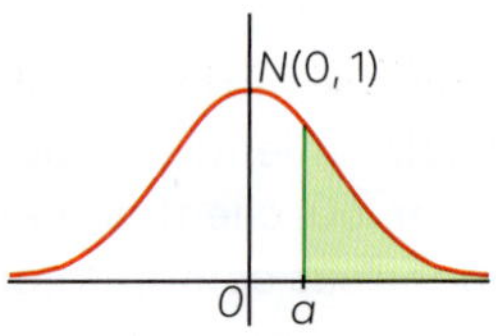

$P(Z \geq a) = 1 - P(Z < a)$

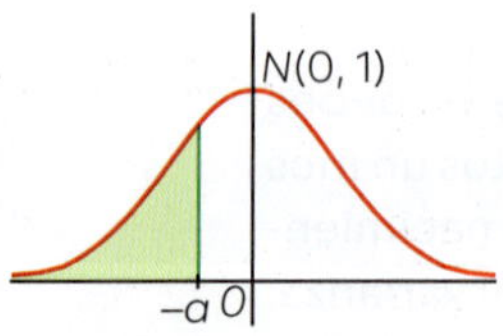

$P(Z \leq -a) = P(Z \geq a) = 1 - P(Z \leq a)$

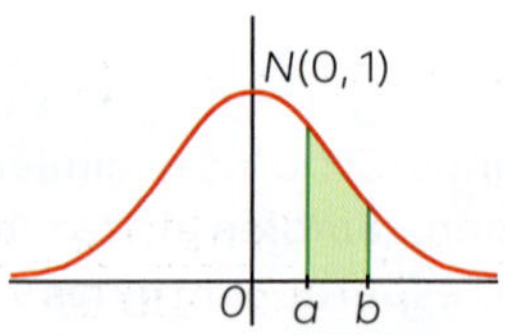

$P(a \leq Z \leq b) = P(Z \leq b) - P(Z \leq a)$

Aproximación de una binomial por una normal

Si n es suficientemente grande y $np > 5$ y $nq > 5$, entonces $Y \sim \text{Bin}(n, p)$ puede aproximarse por $N\left(\mu = np, \sigma = \sqrt{npq}\right)$.

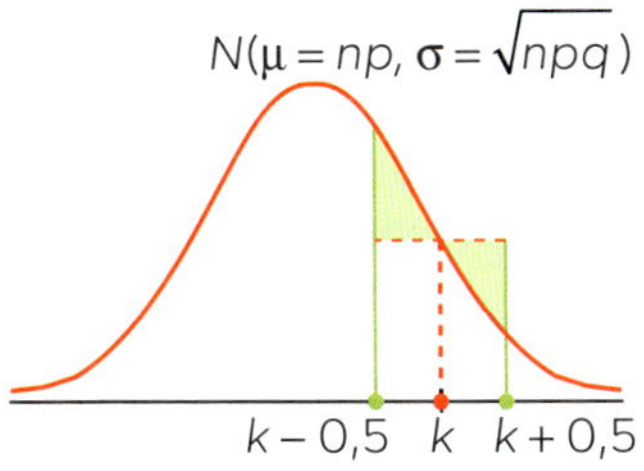

$P(Y = k) \simeq P(k-0,5 \le X \le k+0,5)$

$P(Y \le k) \simeq P(X \le k+0,5)$

$P(Y \ge k) \simeq P(X \ge k-0,5)$

$P(Y < k) \simeq P(X \le k-0,5)$

$P(Y > k) \simeq P(X \ge k+0,5)$

ACTIVIDADES FINALES

Actividades

1 Actividad resuelta

Cuatro de cada cinco artículos manufacturados por una empresa superan el control de calidad para su venta. Se someten a este control 250 artículos. ¿Cuántos se espera que lo superen? Calcula la probabilidad de que superen ese control:

a. Entre 170 y 187 artículos.

b. Más de 210 si se sabe que más 200 han superado el control de calidad.

Consideramos la variable Y: "número de artículos aceptados de los 250". La probabilidad de que un artículo elegido al azar supere el control es $p = 0,8$. Por tanto, $Y \sim \text{Bin}(n = 250, p = 0,8)$.

El número esperado de artículos que superarán el control de calidad es la esperanza de Y: $E[Y] = np = 250 \cdot 0,8 = 200$

a. Como n es grande y $np = 200$ y $nq = 50$, podemos utilizar la aproximación a la distribución binomial mediante la normal de la variable X con media $\mu = np = 200$ y desviación típica $\sigma = \sqrt{npq} = \sqrt{40} = 6,3246$.

Aplicando la corrección por continuidad:

$$P(170 \le Y \le 187) \simeq P(169,5 \le X \le 187,5) = P\left(\frac{169,5-200}{6,3246} \le Z \le \frac{187,5-200}{6,3246}\right) = P(-4,82 \le Z \le -1,98) =$$

$$= P(1,98 \le Z \le 4,82) = \Phi(4,82) - \Phi(1,98) = 1 - 0,9761 = 0,0239$$

b. En este caso, tenemos que calcular una probabilidad condicionada.

Utilizando la aproximación normal y la tabla de la normal estándar:

$$P(Y > 210) \simeq P(X > 210,5) = P\left(Z > \frac{210,5-200}{6,3246}\right) = P(Z > 1,66) = 1 - P(Z < 1,66) = 1 - 0,9515 = 0,0485$$

$$P(Y > 200) \simeq P(X > 200,5) = P\left(Z > \frac{200,5-200}{6,3246}\right) = P(Z > 0,08) = 1 - P(Z < 0,08) = 1 - 0,5319 = 0,4681$$

$$P(Y > 210 \mid Y > 200) \simeq \frac{P(X > 210,5)}{P(X > 200,5)} = \frac{0,0485}{0,4681} = 0,10361$$

2 Dadas las variables aleatorias $X \sim \text{Bin}(n, p)$ e $Y \sim \text{Bin}\left(2n, \frac{p}{2}\right)$:

a. Comprueba que tienen la misma media.

b. ¿Cuál de las dos distribuciones tiene los datos menos dispersos respecto a su media?

3 Sea X una variable aleatoria con una distribución continua. ¿Cuál es la media y la varianza de la distribución de la variable $2X$? ¿Y de la distribución de $X+2$?

4 **MAT-TIC** Practica con el interactivo de GeoGebra *Corrección por continuidad* la aproximación de la binomial para distintas situaciones y contextos.

5 Relaciona y contesta.

Problemas

6 La Encuesta Europea de Salud 2020 para España señala que el 17,9 % de los hombres y el 31,9 % de las mujeres entre 15 y 24 años se declaran sedentarios. Si se elige una muestra aleatoria de 900 jóvenes en ese rango de edad (450 mujeres), calcula:

a. El número esperado de jóvenes que se declaran sedentarios. ¿Cuántos de estos serían hombres?

b. La probabilidad de que más de 230 jóvenes se declaren sedentarios.

c. La probabilidad de que se declaren sedentarios más de 250 jóvenes si se conoce que se han declarado sedentarios más de 230.

d. ¿Cuántos de estos jóvenes se declararán sedentarios, como máximo, con una probabilidad de 0,95?

7 Un medicamento causa efectos secundarios moderados o graves en el 4 % de los pacientes que lo toman. Si se selecciona una muestra de 25 pacientes, calcula la probabilidad de que se observen efectos graves o moderados en más de un paciente:

a. Utilizando la distribución binomial.

b. Mediante la aproximación normal a la distribución binomial.

c. Compara los resultados de los apartados anteriores.

d. Repite el ejercicio con una muestra de 150 pacientes y justifica los resultados obtenidos.

8 En el año 2021, el 67 % de los españoles entre 16 y 74 años efectuó compras por internet. Si se selecciona una muestra aleatoria de 3000 personas en ese rango de edades, ¿cuál es el número esperado y la desviación típica del número de personas que han comprado por internet? Calcula la probabilidad de que en la muestra hayan comprado por internet:

a. Menos del número esperado de personas.

b. El número esperado de personas más/menos 1,5 veces la desviación típica.

c. Más de 2060 personas, si se sabe que se ha alcanzado, al menos, el número esperado.

9 Se planifica llevar a cabo una encuesta con las pequeñas empresas de una población. Se elige una muestra aleatoria simple de empresas a partir del listado telefónico. Por experiencia, se sabe que solo la mitad de las empresas con las que se contacta responden. Si se contacta con 150 empresas:

a. ¿Cuál es el número esperado de empresas que responderán?

b. ¿Cuál es la probabilidad de que, como máximo, respondan 70 empresas?

10 Se lanza 100 veces un dado equilibrado. Calcula el número esperado de seises y su desviación típica. Además, calcula la probabilidad de obtener:

a. 20 seises.

b. Más de 25 seises.

c. Al menos 15 seises, pero menos de 20.

11 Se supone que el salario bruto mensual en una región sigue una distribución normal de media 2086,8 euros, y que el 30 % de los asalariados gana al menos 2342,2 euros mensuales.

a. ¿Cuál es la desviación típica del salario mensual bruto en dicha población?

b. Con esa desviación típica, ¿cuál es el porcentaje de asalariados que tienen un sueldo bruto mensual inferior a 2000 €?

c. Si se eligen al azar 500 asalariados, ¿cuántos de ellos se estima que tendrán un salario bruto entre 1800 y 2100 €?

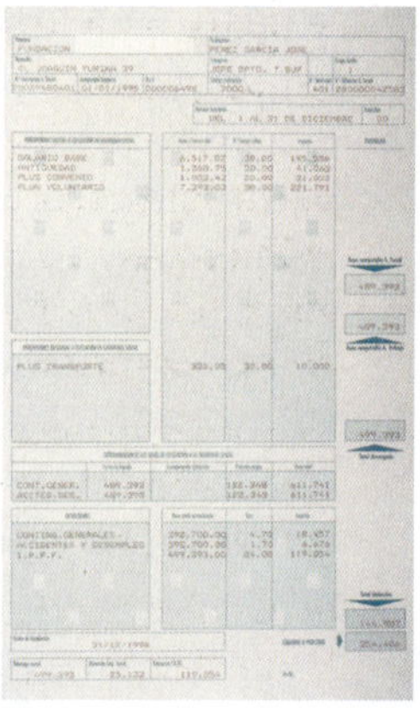

12 Según un estudio, el tiempo medio de la duración de una consulta médica en atención primaria es 9,1 minutos con una desviación típica de 2,3 minutos. Se supone que la distribución del tiempo de consulta es normal. Calcula:

a. La probabilidad de que una consulta elegida al azar dure más de 12 minutos.

b. Si un día elegido al azar, se cita a 35 pacientes, ¿en cuántos de ellos el tiempo de consulta durará más de 12 minutos?

c. Si en el 25% de los pacientes se emplean más de 12 minutos, ¿cuál sería en este caso la desviación típica?

13 Algunos estudios realizados en autoescuelas afirman que 30 horas es la media de horas de prácticas necesarias para la obtener el carné de conducir, pero que el 90% lo obtiene con menos de 40 horas prácticas. Si se supone que el número de horas de clases prácticas sigue una distribución normal, ¿cuál es la desviación típica de la distribución? Calcula:

a. La probabilidad de obtener el permiso de conducir con menos de 25 horas de prácticas.

b. Cuántas horas necesita una persona para conseguir el carné de conducir, si se supone que el 80% ha necesitado más horas que ella.

14 Según la Encuesta Europea de Salud 2020 para España, el 41% de los hombres y el 52% de las mujeres consumen a diario verduras, ensaladas y hortalizas. Si se elige al azar una muestra de 1500 personas (785 son mujeres), ¿cuál será el número esperado de ellas, y su desviación típica, que consuma a diario verduras, ensaladas y hortalizas? Además, calcula:

a. La probabilidad de que al menos 700, pero menos de 725 personas, consuman a diario verduras, frutas y hortalizas.

b. Cuál debería ser el tamaño de la muestra para que llegue a 800 el número esperado de personas que consuman a diario verduras frutas y hortalizas.

15 El 42% de los huevos que vende un hipermercado son de la clase XL, con un peso de más de 73 gramos. Los huevos se venden en envases de media docena. En un día elegido al azar, se vendieron 250 de dichos envases. ¿Cuál es el número esperado de huevos vendidos de la clase XL? ¿Y su desviación típica? Calcula la probabilidad de que ese día:

a. Se hayan agotado los envases XL, si se pusieron a la venta 120 de ellos.

b. Se hayan vendido más de 110 envases, si se sabe que se han vendido más de 90.

16 Según un informe del Ministerio de Agricultura, Pesca y Alimentación, el gasto medio en alimentos por persona en el año 2021 en España fue de 1610,30 €. Si se supone que el 20% de las personas gastaron más de 1800 € y que la distribución del gasto es normal, calcula:

a. El porcentaje de personas que gastaron menos de 1200 €.

b. La proporción de personas que gastaron entre 1500 y 1800 €.

c. La proporción de personas que gastaron más de 1800 €, sabiendo que han gastado al menos 1500 €.

d. El gasto en alimentación de una persona, si se sabe que un 25% gastó menos que ella.

17 La temperatura en grados Celsius de una localidad tiene distribución normal de media 20 grados y desviación típica 3 grados. Se pide:

a. El porcentaje de días en los que se superan los 25 grados Celsius.

b. Obtener la temperatura máxima que se supera el 15% de los días.

c. Si se eligen aleatoriamente 20 días, calcula la probabilidad de que en al menos 2 se superen los 25 grados.

18 Una urna contiene dos bolas rojas y tres verdes. De la urna se extraen 6 bolas una a una con reemplazamiento. Si se llama X al número de bolas verdes extraídas:

a. Describe la distribución de probabilidad de X.

b. Calcula la media y la varianza de X.

c. ¿Cuál es la probabilidad de obtener al menos dos bolas verdes?

19 Del total de vehículos asegurados en una compañía, el 12,53 % son motos. Datos precedentes señalan que la probabilidad de que una moto declare un accidente a lo largo del año es 0,17, el doble que en otro tipo de vehículo. ¿Cuál es el porcentaje total de accidentes que se espera para el próximo año? Si, actualmente, la compañía tiene aseguradas 528 motos, Calcula la probabilidad de que en un año se declaren:

a. Más de 100 accidentes de moto.

b. Entre 80 y 100 accidentes de moto.

c. Más de 100 accidentes de moto, si se sabe que al menos se declararan 80.

20 El 56 % de los pacientes que solicitan cita con su médico de familia debe esperar al menos 7 días para ser recibido, mientras que el 23,3 % debe esperar 11 o más días. Si suponemos que la distribución del número de días de espera sigue una distribución normal, calcula la media y la varianza de la distribución y, con esos parámetros, halla:

a. El porcentaje de pacientes que esperan más de 8 días.

b. El porcentaje de pacientes que esperan entre 6 y 9 días.

c. Los días que esperó un paciente, si el 20 % de los pacientes esperaron más tiempo que él?

21 El 19,6 % de las urgencias atendidas en los hospitales de una región requiere ingreso hospitalario del paciente. Si se selecciona una muestra aleatoria de 1250 personas que acudieron a urgencias, ¿cuál es el número esperado de ellas que necesitaron ser ingresadas? Calcula su desviación típica y:

a. La probabilidad de que más de 250 personas requieran ingreso.

b. El número máximo de personas que requerirá ingreso con probabilidad 0,95.

22 En el curso 2020-21 el 76,2 % de los estudiantes de nuevo ingreso en Ciclos Formativos de FP de Grado Superior accedieron de modo directo (con la titulación requerida), el resto ingresaron por otros medios (prueba de acceso, convalidación...). Si de estos estudiantes se elige una muestra aleatoria de 1500 personas, calcula el número esperado de ellos que ha ingresado de modo directo, con la titulación requerida. Además, calcula la probabilidad de que:

a. Al menos 1150 hayan ingresado de modo directo.

b. Como máximo 325 no hayan ingresado de modo directo.

c. El valor de la variable r para que el intervalo $(1143 - r, 1143 + r)$ incluya al 90 % de los estudiantes que accedieron de modo directo.

23 En un reconocimiento médico a los trabajadores de una empresa, la media de la presión arterial sistólica se situó en 122 mm de Hg con una varianza de 121 para los hombres y de 118 de media con una varianza de 100 para las mujeres. Si se supone que la presión arterial sistólica tiene distribución normal, y que valores por encima de 140 mm de Hg señalan riesgo de hipertensión:

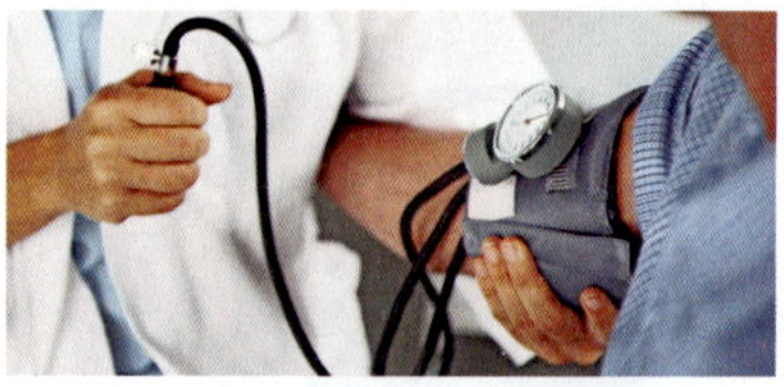

a. ¿Cuál es el porcentaje de hombres con riesgo de hipertensión? ¿Y el porcentaje de mujeres?

b. Si se eligen al azar un hombre y una mujer de esta empresa, ¿cuál es la probabilidad de que la tensión arterial sistólica de la mujer sea más alta?

c. Si las varianzas se mantienen en su actual valor, ¿cuál debería ser el valor medio de la presión arterial de cada colectivo, para que solo el 5 % tuviera en riesgo de hipertensión?

24 Las puntuaciones de los estudiantes preinscritos en un grado de una universidad pública pueden ajustarse por una distribución normal de media 6,8 y desviación típica 1,1. Se preinscribieron 500 estudiantes y finalmente fueron admitidos 285. Calcula:

a. La nota de corte para entrar en este grado.

b. El número de estudiantes que entraron con nota superior a 8.

c. El número de estudiantes que entraron con nota inferior a 6,8.

25 El consumo medio mensual de electricidad en viviendas españolas, de acuerdo con la información de Red Eléctrica de España, es de 270 kWh. Si se supone que el consumo tiene distribución normal y que el 25 % consume más de 300 kWh al mes, calcula:

a. La proporción de hogares que consume entre 225 y 290 kWh al mes.

b. El intervalo alrededor del consumo medio que incluye al 80 % de las viviendas.

c. La probabilidad de que una vivienda elegida al azar consuma al mes más de 325 kWh, si se sabe que consume más de 270 kWh.

d. El consumo mensual solo superado por el 5 % de las viviendas.

26 Aproximadamente el 68 % de las enfermedades respiratorias agudas en humanos son causadas por virus.

Si se selecciona una muestra aleatoria de 200 personas que han acudido al servicio de urgencias con problemas respiratorios agudos, calcula cuántas de ellas se espera que hayan sido infectadas por un virus, así como su desviación típica. Además, calcula:

a. La probabilidad de que entre 120 y 140 hayan sido infectadas por un virus.

b. El valor de la constante *c*, tal que el intervalo $(136 - c, 136 + c)$ incluya al 90 % de los pacientes que hayan sido infectados por virus.

27 Las calificaciones obtenidas en Matemáticas por los estudiantes de segundo de Bachillerato de un centro educativo tienen distribución normal de media 6,25 puntos y desviación típica 2,124 puntos. Calcula:

a. El porcentaje de estudiantes que ha aprobado (nota igual o superior a 5).

b. El porcentaje de estudiantes que ha obtenido notable (entre 7 y 8,5 puntos).

c. La calificación mínima de un estudiante al que solo ha superado el 20 % de sus compañeros.

Comprueba lo que has aprendido

1 Sea una variable aleatoria *X* que puede tomar cada uno de los cinco valores –2, 0, 1, 3 y 4 con igual probabilidad.

a. Escribe sus funciones de masa y de distribución y represéntalas gráficamente.

b. Calcula la esperanza y la varianza de *X*.

2 Una urna tiene bolas verdes y rojas en proporción 3 a 5. De la urna se extraen, una a una, 10 bolas con reemplazamiento. Sea *X* la variable aleatoria "número de bolas verdes extraídas".

a. Describe la distribución de probabilidad de *X*.

b. Calcula el número esperado de bolas verdes extraídas y su varianza.

c. ¿Sería razonable conjeturar que se obtendrán al menos 3 bolas verdes? Razona la respuesta.

3 Sea *X* una variable aleatoria cuya función de distribución es:

$$F(x)=\begin{cases}0 & \text{si } x<0\\ \dfrac{1}{2}(x^2+x) & \text{si } 0\le x<1\\ 1 & \text{si } x\ge 1\end{cases}$$

a. Escribe la función de densidad de *X* y dibuja su gráfica.

b. Calcula la esperanza y la desviación típica de *X*.

c. Calcula $P(X > 0{,}5)$.

4 En el reconocimiento médico anual a los empleados de una empresa, el nivel medio de colesterol total en sangre ascendió a 182 mg/dl con una desviación típica de 25 mg/dl. Se supone que la distriución es normal y se considera un nivel deseable si es inferior a 200 mg/dl. Si la empresa tiene 624 personas empleadas, estima cuántas de ellas tienen el colesterol:

a. En un nivel deseable.

b. Entre 200 mg/dl y 240 mg/dl.

c. Mayor de 240 mg/dl.

d. ¿Cuál es el valor de colesterol más bajo entre el 15 % de los que lo tienen más alto?

5 La incidencia estimada de casos de malaria en el mundo entre la población en riesgo fue del 23,3 % en 2020 (OMS). Si de esta población, se eligen 2000 personas al azar, ¿cuál es el número esperado de ellas, y su desviación típica, que sufrirán la enfermedad? Calcula la probabilidad de que:

a. Más de 450 sufran la enfermedad.

b. Más de 425, y como mucho 575, sufran la enfermedad.

6 El proceso de producción de botellas de plástico de medio litro para envasar agua se ha ajustado a una media de 0,5 litros. Una botella no es aceptable si su capacidad es inferior a 0,48 litros o superior a 0,52 litros. Suponiendo normalidad, ¿cuál debe ser la varianza del proceso para que como máximo se rechacen el 2 % de las botellas?

Mis competencias · Autoevaluación

4.3 Muestreo estadístico

¡EMPEZAMOS!

Los sistemas actuales de producción, junto a los hábitos de consumo imperantes en la actualidad, sobre todo en los países desarrollados, conducirán en solo unos pocos años al deterioro de las condiciones de vida en la Tierra. Si, como se estima, en 2050 la población mundial llega a los 9600 millones de personas, necesitaríamos casi tres planetas como la Tierra para mantener el estilo de vida actual.

La selección y el análisis de una pequeña muestra de las poblaciones de interés permite obtener información muy valiosa. La elección de métodos de producción más eficientes y que respeten el medio ambiente, la optimización de recursos para la distribución de productos minimizando su impacto o la posibilidad de comparar productos para elegir aquellos más respetuosos, tanto en lo relacionado con la producción como con el consumo, con las condiciones medioambientales, son algunas de las cuestiones en las que podremos ayudarnos con un buen muestreo estadístico.

RUTA DE APRENDIZAJE

1. Aprender a distinguir población y muestra e identificar muestras representativas.
2. Conocer distintas técnicas de muestreo.
3. Trabajar con los estadísticos y estimadores más comunes y conocer sus distribuciones en el muestreo.
4. Aplicar el teorema central del límite

- ¿Sabrías estimar el porcentaje de piezas defectuosas fabricadas por una máquina?
- ¿Eres capaz de estimar si existen diferencias salariales entre hombres y mujeres en una misma empresa?

El muestreo estadístico también se usa para...

Realizar sondeos de opinión y análisis sociológicos de todo tipo.

Analizar los fallos en los procesos de producción industrial y controlar su calidad.

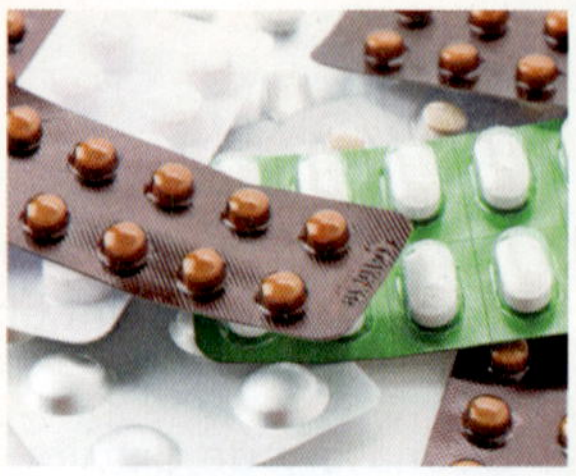

Avanzar en la investigación médica analizando la efectividad de los medicamentos.

Evaluar la eficiencia de un sistema educativo y compararlo con otros modelos.

1 Población y muestra

1.1. Población objetivo y muestra

En estadística, por **población objetivo** se entiende el conjunto bien delimitado de elementos (unidades) que se quiere investigar mediante un estudio estadístico. Puede tratarse de personas, objetos, acontecimientos o situaciones, de los que interesa observar o medir algunas características o variables.

Una **muestra** es una parte de la población objetivo que va a ser analizada, de tal manera que los resultados y las conclusiones que se obtengan de ella sean aplicables al conjunto de la población. De ahí que la muestra seleccionada deba ser **representativa** de la población objetivo.

El proceso mediante el que una muestra es seleccionada de la población objetivo se denomina **muestreo**.

En ocasiones, la población de la que se obtiene la muestra es más restringida que la población objetivo. En ese caso, las conclusiones que se deriven del estudio solo serán aplicables a la población muestreada.

- Ventajas del muestreo: reducción de costes y rapidez en el análisis

Existen varios factores que imposibilitan analizar la totalidad de la población:

1. La población es muy numerosa: si los datos se obtienen de una pequeña parte del total, es obvio que los costes serán mucho menores que si se obtienen para toda la población. Además, en poblaciones grandes, se pueden obtener resultados muy precisos analizando solo una pequeña parte de la población.
2. Es difícil controlar la totalidad de la población: por ejemplo, no es posible controlar la cantidad de personas que hacen deporte a diario.
3. El proceso es destructivo: para analizar el tiempo de vida de un electrodoméstico no es posible esperar a que dejen de funcionar todos los elementos de la población.
4. El tiempo en que se obtienen los resultados es demasiado largo: en los sondeos electorales se tardaría demasiado tiempo en consultar a la totalidad de la población.

En las encuestas mediante muestreo deben recogerse todos los datos que se consideren relevantes para los objetivos del estudio, sin omitir datos esenciales y sin incluir aspectos que no vayan a ser analizados. Los cuestionarios muy largos bajan la calidad de las respuestas, tanto en las preguntas esenciales como en las que no lo son.

La teoría de muestras pretende desarrollar métodos de selección de muestras que proporcionen, con el **coste más bajo posible**, **estimaciones suficientemente rápidas y precisas** de los parámetros poblacionales para que se cumplan los objetivos previstos.

- Errores y precisión

Los resultados de un estudio por muestreo tienen incertidumbre debido, por un lado, al análisis parcial de la población (la muestra) y, por otro, a los errores en la medición de las respuestas.

La incertidumbre se puede reducir, aunque nunca se puede eliminar del todo, afinando en los métodos de medición y tomando muestras de tamaño más grande. Como esto último aumenta los costes, es muy importante especificar el **nivel de precisión** que se desea en las estimaciones de los parámetros poblacionales.

- Unidades muestrales

La población objeto de estudio debe dividirse en partes que se denominan **unidades muestrales** y que no deben superponerse: todo elemento de la población pertenece a una y solo una unidad muestral.

La construcción de unidades muestrales es esencial para el proceso de muestreo y, con frecuencia, uno de los problemas prácticos más importantes a los que se enfrentan los estadísticos, debido a los listados incompletos de la población, a las duplicidades...

Ejemplo

Al realizar una encuesta a los residentes de una determinada ciudad, la unidad muestral puede ser la persona, las personas que habitan la misma vivienda o, incluso, las personas de un mismo edificio, dependiendo del objetivo del estudio.

1.2. Representatividad de la muestra. Muestreo probabilístico

La muestra elegida debe ser representativa de la población objetivo. Para que lo sea, debe contener las características relevantes de la población aproximadamente en las mismas proporciones en que están incluidas en dicha población.

Un procedimiento de muestreo probabilístico debe tener las siguientes características:

1. Debe ser posible definir un conjunto de muestras $M_1, M_2, ..., M_k$, de modo que sea posible indicar con precisión las unidades de muestreo que pertenecen a cada una de ellas.
2. A cada muestra posible M_j se le debe asignar una probabilidad de selección.
3. Se selecciona una de las posibles muestras por sorteo teniendo en cuenta su probabilidad.
4. Se debe establecer el método, único para cualquier muestra elegida, por el que se va a calcular la estimación del correspondiente parámetro poblacional, por ejemplo, la media aritmética de las medidas realizadas a las unidades de la muestra.

Ejemplo

Si la población consta de 5 unidades muestrales u_1, u_2, u_3, u_4, u_5, una posible selección de muestras de tamaño 3 podría ser $M_1 = \{u_1, u_3, u_4\}$, $M_2 = \{u_2, u_4, u_5\}$. Nótese que no es necesario incluir todas las posibles muestras de tamaño 3. Se pueden asignar probabilidades iguales a las dos muestras y elegir una de ellas por sorteo, por ejemplo, con una moneda equilibrada.

Este procedimiento es relativamente complejo si la población es grande. En estos casos, lo habitual es especificar las probabilidades de inclusión en la muestra de las unidades muestrales y seleccionarlas una a una hasta completar la muestra del tamaño deseado.

Para que una **muestra** sea **representativa**, debe verificar fundamentalmente que:

- Cada unidad muestral tenga asignada una probabilidad de entrar en la muestra.
- El tamaño muestral sea el adecuado.

Cuando una muestra no está elegida al azar, se dice que es una muestra sesgada.

Cuando el muestreo se lleva a cabo en una población **finita**, los métodos a utilizar y los resultados que se obtienen son algo más complicados que si se trata de una población **infinita**. Sin embargo, desde un punto de vista práctico, los resultados para poblaciones finitas e infinitas apenas presentan diferencias importantes.

Si el tamaño de la muestra es pequeño en relación al tamaño de la población, puede procederse como si el tamaño de la población fuera infinito.

1 Actividad resuelta

Para clasificar las viviendas de una zona en tres categorías, *A*, *B* y *C*, en función del número de habitaciones y estimar el número medio de personas por vivienda, se eligen 500 viviendas de las 89 585 de la zona.

a. Describe la población objetivo y la muestra, así como la unidad de muestreo.

b. Supongamos que, en la muestra, 150 son de categoría *A*, 250, de *B*, y el resto, de *C*. ¿Cuántas habría de cada categoría en la población?

a. En este caso, la población la constituyen las 89 585 viviendas de la zona y la muestra las 500 viviendas que se van a seleccionar. La unidad muestral es la vivienda.

b. De categoría *A* hay $\frac{150 \cdot 89585}{500} = 26875{,}5$ viviendas. De *B* hay $\frac{250 \cdot 89\,585}{500} = 44\,792{,}5$ viviendas. De *C* hay $\frac{100 \cdot 89\,585}{500} = 17\,917$ viviendas.

2 Se desea estudiar el rendimiento por hectárea de una cierta variedad de cereal en una determinada zona geográfica. Describe la población objetivo, la unidad muestral y cómo se obtendría una muestra representativa de la población.

3 Se desea conocer la opinión de los jóvenes entre 16 y 18 años que cursan bachillerato de una región sobre la formación que reciben. Describe la población objetivo y la unidad muestral y cómo las organizarías para obtener una muestra representativa.

2 Técnicas de muestreo

2.1. Muestreos aleatorios y no aleatorios

La forma en la que se obtiene una muestra depende, fundamentalmente, de la estructura de la población de la que se pretende obtener información. Si la población es homogénea, no importa demasiado cómo se obtiene la muestra.

Ejemplo

Los análisis de laboratorio que se realizan para obtener información sobre el estado de nuestra salud se hacen con una pequeña cantidad de sangre, ya que se supone que en el aparato circulatorio, la sangre está homogéneamente mezclada.

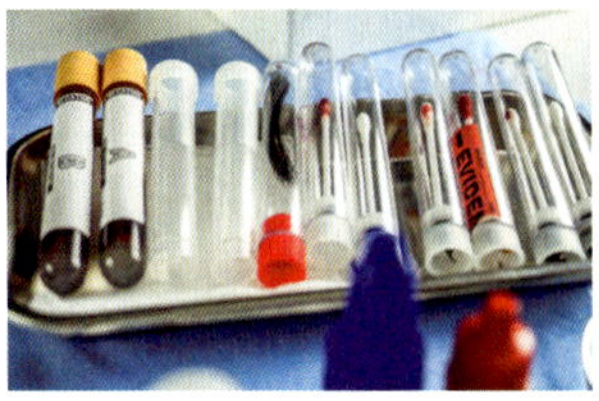

Sin embargo, cuando la población objeto de estudio no es homogénea, algo que sucede con mucha frecuencia, la elección del método para seleccionar la muestra es decisiva. En ocasiones, no es posible elegir la muestra mediante un proceso aleatorio. En los siguientes ejemplos se muestran algunos de estos métodos que, aunque pueden resultar útiles, presentan un alto riesgo falta de representatividad en la muestra.

Ejemplo

- En un control de calidad de un contenedor de cajas de pescado congelado, la muestra, de 7 cajas, se elige entre aquellas que se encuentran nada más abrir el contenedor. En este caso, se elige una muestra de la parte de la población que es accesible.
- Para llevar a cabo un experimento de laboratorio, el investigador elige 5 ratones de una jaula entre aquellos que están más cerca de la puerta de la jaula. En este caso, la muestra se ha elegido de forma esporádica.
- Para probar los efectos secundarios de una vacuna, un laboratorio pide 12 voluntarios mayores de 18 y menores de 55 años que se sometan a las pruebas. En este caso, el procedimiento para elegir la muestra es claramente no aleatorio.
- Un investigador desea obtener el peso medio de los alumnos de 2.º de Bachillerato de un centro. Para ello, echa un vistazo a la totalidad de la población y elige una pequeña muestra de estudiantes "típicos", es decir, estudiantes que según su impresión se aproximan al promedio de la población. En este caso, el procedimiento seguido es intencional.

En un muestreo aleatorio, las unidades muestrales son elegidas al azar y todas las unidades tienen, a priori, la misma probabilidad de ser seleccionadas. Estos métodos permiten obtener una muestra representativa de la población y, por tanto, obtener estimaciones fiables de los parámetros poblaciones.

La selección de las unidades que se incorporan a la muestra puede hacerse:

- Con reemplazamiento: se elige una unidad, se mide, y se devuelve a la población. Una unidad puede ser muestreada dos o más veces.
- Sin reemplazamiento: la unidad seleccionada no se devuelve a la población. Una unidad solo puede ser muestreada una única vez.

En la práctica, se utiliza el muestreo unidad por unidad sin reemplazamiento.

2.2. Muestreo aleatorio simple

En este tipo de muestreo, todas las unidades de la población tienen la misma probabilidad de ser seleccionadas para la muestra. Por tanto, cada una de las posibles muestras tiene la misma probabilidad de ser la elegida.

El muestreo aleatorio simple es adecuado cuando la población objetivo es homogénea respecto a la característica o características que se van a estudiar.

Ejemplo

Se desea estimar el número medio de personas por hogar que viven en una determinada zona residencial de una ciudad. Para ello, se eligen mediante un sorteo 100 hogares de la zona. Se trata de un muestreo aleatorio simple.

2.3. Muestreo sistemático

El muestreo sistemático es un proceso que solo requiere la elección de un único elemento al azar. El resto del proceso es trivial y rápido. Una hoja de cálculo puede ayudarnos.

Si N es el tamaño de la población objetivo, y n, el de la muestra, se procede de la siguiente manera:

1.° Se numeran las unidades del 1 al N.

2.° Se calcula $k=\frac{N}{n}$.

3.° Se elige una unidad al azar entre las k primeras, mediante un número aleatorio en el intervalo (0, 1) que se multiplica por k: $r=k*\text{ALEATORIO}()$. Se deja fijo este valor.

4.° Los restantes se eligen de k en k, a partir del primero elegido: $r, r+k, r+2k, \ldots r+(n-1)k$

5.° Se redondea la lista de números anterior: $\text{REDONDEAR}(r;0)$. Esta lista es la muestra seleccionada.

La tecla RAN# de las calculadoras científicas generan un número aleatorio entre 0 y 0,999. Multiplicando ese número por k se obtiene al azar el primer elemento de una muestra sistemática.

Ejemplo

En una maratón participan 213 atletas. La organización decide realizar un control antidopaje a una muestra de $n=12$ atletas. Para elegir la muestra:

1.° Se numeran los atletas del 1 al 213 por su número de dorsal.

2.° En este caso $k=\frac{213}{12}=17,75$.

3.° Número aleatorio en (0, 1): $\text{ALEATORIO}()=0,23695905$ que se multiplica por 17,75. Resulta $r=17,75\cdot 0,23695905=4,206$.

4.° Los restantes se eligen de 17,75 en 17,75 a partir del primero (4,206).

5.° Finalmente, se redondean al entero más próximo. Como se muestra en la tabla siguiente:

1	2	3	4	5	6	7	8	9	10	11	12
4,206	21,956	39,706	57,456	75,206	92,956	110,706	128,456	146,206	163,956	181,706	199,456
4	22	40	57	75	93	111	128	146	164	182	199

Al redondear al entero más próximo la distancia entre números es, cada 4 casos, de 18 unidades para los tres casos y de 17 para el cuarto.

2.4. Muestreo estratificado

Si la característica o las características que se van a estudiar no son homogéneas en toda la población, esta se divide en diferentes grupos o **estratos** lo más homogéneos posible. Por ejemplo, por regiones, por tipo de población, urbana o rural, por sexo, por rangos de edades, por profesiones...

En el muestreo aleatorio estratificado, la población, de tamaño N, se divide en L subpoblaciones homogéneas, denominadas estratos, de tamaño N_i, de forma que $N=N_1+N_2+\ldots+N_L$.

Se elige una muestra aleatoria de cada uno de los estratos, de tamaño n_i, con $n=n_1+n_2+\ldots+n_L$.

Decidido el tamaño n de la muestra, el tamaño de cada estrato puede ser proporcional al tamaño del estrato (**muestreo proporcional**) o igual para todos los estratos (**muestreo uniforme**).

La asignación proporcional no es la única forma de elegir el tamaño de la muestra en cada estrato. Otra forma es la de asignación óptima, en la que se tiene en cuenta no solo el tamaño relativo de los estratos, sino también el coste de cada unidad muestral en cada uno de los estratos.

Ejemplo

En un instituto hay 950 alumnos y se desea hacer una encuesta a una muestra de alumnos sobre sus futuros estudios. La muestra elegida es de $n=60$ alumnos y se decide formar tres estratos y elegir el tamaño de la muestra proporcionalmente tal y como se muestra en la tabla.

Estrato	Formado por	N_i	n_i proporcional	n_i uniforme
1	Alumnos 1.° y 2.° de ESO	300	$\frac{300}{950}\cdot 60\simeq 19$	20
2	Alumnos 3.° y 4.° de ESO	250	$\frac{250}{950}\cdot 60\simeq 16$	20
3	Alumnos Bachillerato	400	$\frac{400}{950}\cdot 60\simeq 25$	20

2.5. Muestreo por conglomerados

La población objetivo se divide en secciones o áreas más pequeñas, cada una de las cuales constituye un grupo o conglomerado. En estos casos, la unidad de muestreo es el grupo o conglomerado.

Ejemplo

Se desea hacer un estudio sobre el uso de internet en pueblos de menos de 500 habitantes. En lugar de seleccionar al azar hogares en el conjunto de pueblos de menos de 500 habitantes, se elige una muestra de esos pueblos y se encuesta a todos los vecinos de los pueblos elegidos en la muestra.

2.6. Muestreo bietápico

En numerosas ocasiones, dadas las características de la población objetivo y de la encuesta, la muestra debe elegirse en más de una etapa. En la primera etapa se eligen las unidades muestrales primarias y en la segunda etapa se seleccionan las unidades muestrales dentro de las primarias.

Ejemplo

En una región, se debe seleccionar una muestra representativa de estudiantes de 15-16 años que deben responder a un cuestionario y realizar una prueba de competencias (PISA). En primer lugar (primera etapa), se elige aleatoriamente una muestra de centros educativos y, en segundo lugar (segunda etapa), dentro de cada centro, se elige, también al azar, un determinado número de estudiantes que realizará las pruebas. Tanto el número de centros escolares como el de estudiantes dentro de cada centro vendrán determinados previamente en función de la precisión en los resultados que se desee obtener.

4 Actividad resuelta

Una empresa fabrica cuatro productos *A*, *B*, *C* y *D* de los que elabora diariamente 40, 15, 25 y 120 unidades. Si se quiere extraer una muestra de 40 unidades por muestreo estratificado con asignación proporcional, ¿qué número de unidades se debe elegir de cada producto?

$$\frac{40}{40+15+25+120}=\frac{40}{200}=\frac{n_A}{40}=\frac{n_B}{15}=\frac{n_C}{25}=\frac{n_D}{120}\Rightarrow\begin{cases} n_A=0{,}2\cdot 40=8 \text{ unidades de } A\\ n_B=0{,}2\cdot 15=3 \text{ unidades de } B\\ n_C=0{,}2\cdot 25=5 \text{ unidades de } C\\ n_D=0{,}2\cdot 120=24 \text{ unidades de } D\end{cases}$$

5 **Una población de 20 700 personas se ha dividido en cuatro estratos con tamaños 12 420, 4140, 2484 y 1656 personas, respectivamente. De la población, se elige una muestra de 450 personas mediante muestreo estratificado con asignación proporcional.**

a. ¿Cuántas personas deben elegirse en cada estrato?

b. Si en el estrato segundo se han seleccionado 65 personas, ¿cuál es el tamaño de la muestra en total y eel de cada uno de los otros estratos?

6 **Dada la población {1; 3; 5; 7}, construye todas las muestras posibles de tamaño 2 que se puedan formar mediante muestreo aleatorio simple sin reemplazamiento y calcula:**

a. La media y la varianza de cada una de las muestras.

b. La media de las medias de las muestras y su varianza. Comenta los resultados.

7 **En 2.º de Bachillerato de un centro educativo están matriculados 62 estudiantes de la modalidad de Ciencia y Tecnología, 35, de Artes y Diseño, y 70, de Humanidades y Ciencias Sociales. Se quiere hacer una encuesta de satisfacción al 20 % de estos estudiantes.**

a. ¿Qué tipo de muestreo sería el más adecuado?

b. ¿Cuántos alumnos debe haber en la muestra y cuántos de cada modalidad?

3 Distribuciones en el muestreo

3.1. Estadísticos y estimadores

Sea X una característica o variable aleatoria de la población objeto de estudio y sea $X_1, X_2, \ldots, X_n$ una muestra aleatoria de dicha población, es decir:

- Cada X_i tiene la misma distribución de probabilidad que X.
- Las $X_1, X_2, \ldots, X_n$ son independientes.

Una vez obtenidas las observaciones muestrales, es preciso resumir la información proporcionada por la muestra para obtener aproximaciones a los parámetros de la distribución de probabilidad subyacente. Ello nos lleva a los conceptos de estadístico y de estimador.

Se denomina **estadístico** a toda función de la muestra, $T = T(X_1, X_2, \ldots, X_n)$, con valores reales.

Un **estimador** es una función de la muestra que, además, es una aproximación al valor de algún parámetro de la distribución de la variable X.

Ejemplo

El Instituto Nacional de Estadística, como parte de una investigación, está interesado en conocer la media de ingresos de los hogares de una determinada zona residencial de una ciudad. En este caso, de la variable aleatoria X: "ingresos en el hogar", se obtiene una muestra aleatoria de $n = 100$ hogares, de los que se recogerá su ingreso neto anual, $X_1, X_2, \ldots, X_{100}$.

Los estadísticos suma de ingresos y media de ingresos, son:

$$S(X_1, X_2, \ldots, X_{100}) = \sum_{j=1}^{100} X_j \quad \text{y} \quad T(X_1, X_2, \ldots, X_n) = \frac{1}{100}\sum_{j=1}^{100} X_j$$

El segundo de los cuales, que denominaremos **media muestral** es, además, un estimador de la media de ingresos de la zona residencial y suele escribirse $\overline{X}$.

3.2. Distribución en el muestreo de la proporción muestral

Ejemplo

En una población, se desea conocer la proporción, p, de alérgicos a un determinado tipo de polen. En esta ocasión, la característica X: "ser alérgico a dicho tipo de polen" es una variable aleatoria de Bernoulli:

$$X: \begin{cases} 1 \text{ si la persona es alérgica} \\ 0 \text{ si la persona no es alérgica} \end{cases}$$

con $P(X = 1) = p$ y $P(X = 0) = 1 - p$, siendo desconocida la proporción p.

Para estimar p, se selecciona una muestra aleatoria de, por ejemplo, 200 personas de la población objetivo, y se valora si son o no alérgicos al tipo de polen en cuestión:

$$X_1, X_2, \ldots, X_{200}$$

Si, por ejemplo, suponemos que 15 de ellos son alérgicos, el estimador de p, que denominaremos $\hat{p}$, se obtiene como sigue:

$$\hat{p} = \frac{15}{200} = \frac{1}{200}\sum_{i=1}^{200} X_i = 0{,}075$$

Debe tenerse en cuenta que la variable $Y = X_1 + X_2 + \ldots + X_{200}$, que proporciona el número de alérgicos en la muestra, tiene distribución binomial $\text{Bin}(n = 200, p)$, y que otra muestra hubiera proporcionado un valor distinto de $\hat{p}$, de manera que el estadístico $\hat{p}$ es una variable aleatoria.

En general, si la muestra es de tamaño n, $X_1, X_2, \ldots, X_n$, el estadístico $\hat{p} = \frac{1}{n}\sum_{j=1}^{n} X_j$ es un **estimador de la proporción poblacional** p, cuya esperanza y varianza son respectivamente:

$$E[\hat{p}] = p \qquad Var(\hat{p}) = \frac{p(1-p)}{n}$$

Además, la distribución de la variable $\frac{\hat{p}-p}{\sqrt{\frac{p(1-p)}{n}}} = \frac{\sqrt{n}(\hat{p}-p)}{\sqrt{p(1-p)}}$ se puede aproximar por la distribución normal estándar $N(0,1)$ si el tamaño de la muestra es suficientemente grande. Este resultado es debido a **Abraham De Moivre** y **Pierre-Simon Laplace** y puede considerarse una primera versión del **teorema central del límite**.

Es decir, cuando el tamaño de la muestra, de una variable aleatoria de Bernoulli es suficientemente grande, la distribución de la proporción muestral puede aproximarse por la de una normal, ya que:

$$\frac{\sqrt{n}(\hat{p}-p)}{\sqrt{p(1-p)}} \sim N(0,1) \Leftrightarrow \hat{p} \sim N\left(\mu = p;\ \sigma = \sqrt{\frac{p(1-p)}{n}}\right)$$

8 Actividad resuelta

De la producción de piezas de una máquina, de la que se sospecha que se ha desconfigurado, se eligen al azar 150 piezas, de las que 30 no respondieron a los estándares de calidad. Calcula:

a. Un estimador de la proporción de piezas defectuosas y su varianza.

b. La probabilidad de que sean defectuosas más del 25 % de las piezas.

c. La probabilidad de que sean defectuosas al menos 25 piezas, pero menos de 35.

a. Un estimador de la proporción de piezas que no cumplen los estándares de calidad y su varianza son, respectivamente:

$$\hat{p} = \frac{30}{150} = 0{,}2 \qquad Var(\hat{p}) = \frac{0{,}2(1-0{,}2)}{150} = 0{,}00107$$

b. Utilizamos la aproximación normal a la distribución de $\hat{p}$:

$$\hat{p} \sim N\left(\mu = 0{,}2;\ \sigma = \sqrt{0{,}00107} = 0{,}03266\right)$$

Calculamos la probabilidad pedida:

$$P(\hat{p} > 0{,}25) \simeq P\left(Z > \frac{0{,}25-0{,}2}{0{,}03266}\right) = P(Z > 1{,}53) = 1 - P(Z < 1{,}53) = 1 - 0{,}9370 = 0{,}063$$

O directamente:

$P(\hat{p} > 0{,}25) \simeq 1 -$ DISTR.NORM.N$(0{,}25; 0{,}2; 0{,}03266;$ VERDADERO$) = 1 - 0{,}93711 = 0{,}06289$

c. En este caso, la variable Y: "número de piezas que no cumplen el estándar de calidad" tiene distribución binomial $Y \sim Bin(n = 150; p = 0{,}2)$.

$P(25 \leq Y < 35) =$ DISTR.BINOM.SERIE$(150; 0{,}2; 25; 34) = 0{,}69236$

Se puede utilizar la aproximación normal a la binomial: $X \sim N(\mu = 30;\ \sigma = 4{,}89898)$ con la correspondiente corrección por continuidad:

$$P(25 \leq Y < 35) \simeq P(24{,}5 \leq X \leq 34{,}5) = P\left(\frac{24{,}5-30}{4{,}89898} \leq Z \leq \frac{34{,}5-30}{4{,}89898}\right) =$$

$$= P(-1{,}12 < Z < 0{,}92) = 0{,}8212 - 1 + 0{,}8686 = 0{,}6898$$

Que es una buena aproximación al valor de la probabilidad pedida.

9 **En una encuesta a mayores de 16 años sobre si se están o no satisfechos con los servicios de limpieza de su ciudad, de las 1125 respuestas válidas, 317 respondieron que sí estaban satisfechos. De las personas mayores de 16 años de la ciudad, se pide:**

a. ¿Cuál es la distribución aproximada de la proporción de personas satisfechas con los servicios de limpieza?

b. Calcula la probabilidad de que más del 65 % de ellos no estén satisfechas con los servicios de limpieza.

10 **De una muestra aleatoria de 500 personas de una ciudad, 350 utilizan habitualmente el transporte público. Se pide:**

a. Distribución aproximada de la proporción de usuarios habituales de transporte público.

b. Probabilidad de que menos de la cuarta parte de los habitantes no utilice el transporte público.

11 **Uno de cada cuatro habitantes mayores de 65 años de una ciudad no tiene acceso a internet. De esta población, mayor de 65 años, se elige una muestra aleatoria de 175 personas. ¿Cuál es la distribución en el muestreo de la proporción de personas, mayores de 65 años, que no tienen acceso a internet? Además, calcula la probabilidad de que:**

a. Más del 30 % de personas de la muestra no tenga acceso a internet.

b. El porcentaje de personas de la muestra que no tiene acceso a internet esté entre el 20 % y el 30 %.

c. De las 175 personas, que al menos 40 pero menos de 50 tengan acceso a internet.

12 **Un medicamento cura una determinada enfermedad en el 80 % de los casos en los que se aplica el tratamiento. De una muestra aleatoria de 64 pacientes a los que se les ha administrado, calcula la probabilidad de que:**

a. La proporción de personas curadas sea superior a 0,85.

b. El porcentaje de no curados se inferior al 10 %.

13 **El 74 % de las personas fallecidas en accidente de tráfico en España en 2018 lo fueron por accidente de tráfico en carretera convencional. Si se elige una muestra aleatoria de 250 personas del registro de fallecidas en accidente de tráfico en 2018, calcula la probabilidad de que:**

a. Más del 75 % tuviera el accidente en carretera convencional.

b. La proporción de accidentados en carreta convencional esté entre 70 % y el 80 %.

14 **Actividad resuelta**

Un experimento aleatorio consiste en lanzar sucesivamente una moneda equilibrada y observar la proporción de caras. ¿Cuántas veces se debe lanzar la moneda para que, con probabilidad 0,95, la proporción de caras esté entre 0,48 y 0,52?

Al ser la moneda equilibrada, la proporción de caras es $p=0{,}5$. Sea n el número de lanzamientos independientes. La proporción, $\hat{p}$, de caras en los n lanzamientos es una variable aleatoria con distribución aproximadamente normal $\hat{p} \sim N\left(\mu=0{,}5;\ \sigma^2=\frac{0{,}25}{n}\right)$.

$$P(0{,}48\le \hat{p}\le 0{,}52)\simeq P\left(\sqrt{n}\,\frac{0{,}48-0{,}5}{0{,}5}\le Z\le \sqrt{n}\,\frac{0{,}52-0{,}5}{0{,}5}\right)=P\left(-0{,}04\sqrt{n}\le Z\le 0{,}04\sqrt{n}\right)=$$
$$=2\Phi\left(0{,}04\sqrt{n}\right)-1=0{,}95$$

Por tanto, $\Phi\left(0{,}04\sqrt{n}\right)=0{,}975 \Rightarrow 0{,}04\sqrt{n}=1{,}96 \Rightarrow n=2401$

Al ser el tamaño de la muestra tan grande, la suposición de normalidad está justificada.

15 **La proporción de artículos defectuosos en un gran lote de productos es 0,12. Calcula cuál debe ser el tamaño más pequeño de la muestra aleatoria que se elija para que, con una probabilidad de al menos 0,99, la proporción de artículos defectuosos en la muestra sea menor que 0,15.**

3.3. Distribución en el muestreo de la media muestral

Sea X una variable aleatoria con esperanza o media μ $(-\infty < \mu < \infty)$ y varianza finita $\sigma^2 > 0$. Si $X_1, X_2, \ldots, X_n$ es una muestra aleatoria de X, entonces la esperanza y la varianza de la media muestral, $\bar{X}$, son respectivamente:

$$E[\bar{X}] = \mu \quad \text{y} \quad Var(\bar{X}) = \frac{\sigma^2}{n}$$

Además, si el tamaño de la muestra, n, es suficientemente grande, la distribución de probabilidad de la variable $\dfrac{(\bar{X}-\mu)}{\frac{\sigma}{\sqrt{n}}} = \dfrac{\sqrt{n}(\bar{X}-\mu)}{\sigma}$ se puede aproximar por la $N(0;1)$.

En general se considera n suficientemente grande si $n \geq 30$.

Este resultado es una versión, debida a **Paul P. Lévy** y **Jarl W. Lindeberg**, del **teorema central del límite**, que viene a decir que, cuando el tamaño de la muestra de una variable aleatoria cualquiera, con media y varianza finitas, es suficientemente grande, la distribución de la media muestral puede aproximarse por la de una normal, ya que:

$$\frac{\sqrt{n}(\bar{X}-\mu)}{\sigma} \sim N(0,1) \Rightarrow \bar{X} \sim N\left(\mu, \frac{\sigma}{\sqrt{n}}\right)$$

- Si la distribución de X **es normal**, la distribución de $\bar{X}$ es también normal, sea cual sea el tamaño de la muestra.
- Si la distribución de X **no es normal**, la distribución de $\bar{X}$ puede aproximarse por la de una normal para tamaños de la muestra "grandes", por ejemplo, a partir de $n = 30$ observaciones.

16 Actividad resuelta

La duración de un determinado tipo de pila tiene distribución normal de media 498 horas y desviación típica 77 horas.

a. Si se elige al azar una pila de este tipo, ¿cuál es la probabilidad de que su duración esté entre 490 y 510 horas?

b. Si de la producción se eligen al azar 9 de dichas pilas, ¿cuál es la probabilidad de que la duración media de estas fuera superior a 510 horas?

a. La variable aleatoria X: "duración, en horas, de este tipo de pila" tiene distribución $N(\mu = 498; \sigma = 77)$. El cálculo de la probabilidad se puede realizar utilizando la tabla de la normal estándar, previamente tipificando la variable:

$$P(490 < X < 510) = P\left(\frac{490-498}{77} < Z < \frac{510-498}{77}\right) = P(-0{,}10 < Z < 0{,}16) =$$
$$= P(Z < 0{,}16) - P(Z < -0{,}10) = \Phi(0{,}16) - (1 - \Phi(0{,}10)) = 0{,}5636 - 1 + 0{,}5398 = 0{,}1034$$

O mediante una hoja de cálculo:

$P(490 < X < 510) =$ DISTR.NORM.N(510; 498; 77; VERDADERO) −
− DISTR.NORM.N(490; 498; 77; VERDADERO) = 0,56192 − 0,45863 = 0,10329

b. Dado que la muestra es de 9 pilas, la distribución de la media muestral es:

$$\bar{X} \sim N\left(\mu = 498; \sigma = \frac{77}{\sqrt{9}}\right) = N(\mu = 498; \sigma = 25{,}667)$$

Luego, $P(X > 510) = P(Z > 0{,}47) = 1 - \Phi(0{,}47) = 1 - 0{,}6808 = 0{,}3192$. O bien:

$P(X > 510) = 1 -$ DISTR.NORM.N(510; 498; 25,667; VERDADERO) =
= 1 − 0,67994 = 0,32006

17 En las diferentes pruebas de Evaluación para el Acceso a la Universidad de una región, se ha observado que la distribución de las calificaciones de la Matemáticas Aplicadas a las Ciencias Sociales II puede ajustarse mediante una distribución normal de media 5,5 puntos y desviación típica 0,7 puntos. Calcula la probabilidad de que:

a. Un alumno elegido al azar obtenga calificación inferior a 5 puntos.

b. Una muestra aleatoria de 40 estudiantes tenga una media superior a 6 puntos.

18 El retraso con el que sale diariamente un vuelo de un aeropuerto,tiene una distribución normal de media 18 minutos y desviación típica 7 minutos. Si un viajero toma ese vuelo a diario de lunes a viernes, calcula la probabilidad de que:

a. Un día elegido al azar, haya tenido que esperar más de 20 minutos.

b. Una semana elegida al azar, haya tenido que esperar una media de más de 20 minutos.

19 El número medio de descargas por hora de cierta aplicación para teléfonos móviles, es de 100 descargas con una desviación típica de 20 descargas. Calcula la probabilidad de que:

a. Elegida una hora al azar, se hayan realizado más de 120 descargas.

b. Elegida una muestra aleatoria de 40 horas, la media muestral del número de descargas esté entre 100 y 110.

20 Una población está formada por 5 elementos en total. Mediante muestreo aleatorio simple se seleccionan muestras de tamaño 3, siendo la desviación típica de sus medias 2, y la media de las medias muestrales, 7. ¿Cuánto valen la media y la varianza de la población?

21 Supongamos que el IMC (índice de masa corporal) en hombres adultos de una población sigue una distribución normal, $N(\mu, \sigma = 4)$.

a. Si se sabe que el 6,68 % de los hombres está en riesgo de sobrepeso, es decir, tienen un IMC superior a 25, calcula el valor del IMC medio, μ, para los hombres adultos de la población.

b. Sabiendo que el IMC para los hombres adultos de la población sigue una distribución $N(\mu = 19; \sigma = 4)$ y extrayendo una muestra aleatoria de 64 hombres adultos de esa población, calcula la probabilidad de que el IMC medio de la muestra esté por debajo del mínimo aceptado por la OMS como saludable, que es 18,5.

22 La renta anual de los hogares de una determinada región, en miles de euros, tiene distribución normal con media $\mu = 23{,}5$ y desviación típica 6. Se elige una muestra aleatoria de 150 hogares. Calcula:

a. La probabilidad de que la renta media anual de la muestra sea superior a 24.

b. El tamaño de la muestra para que, con probabilidad 0,90, la media muestral difiera de la media poblacional en menos de 2 unidades.

3.4. Distribución de la suma de variables

Si X es una variable aleatoria con esperanza o media μ $(-\infty < \mu < \infty)$ y varianza finita $\sigma^2 > 0$ y $X_1, X_2, \ldots, X_n$ es una muestra aleatoria de X, entonces, como cada variable de la muestra tiene la misma esperanza y la misma varianza que X, la **suma de las variables** es una variable aleatoria $S_n = X_1 + X_2 + \ldots + X_n$, cuya esperanza y varianza son, respectivamente:

$$E\left[S_n\right] = n\mu \quad \text{y} \quad Var\left(S_n\right) = n\sigma^2$$

Además, si el tamaño de la muestra, n, es suficientemente grande, la distribución de probabilidad de la variable $\dfrac{\sum_{j=1}^{n} X_j - n\mu}{\sqrt{n\sigma^2}} = \dfrac{\sum_{j=1}^{n} X_j - n\mu}{\sqrt{n}\sigma}$ se puede aproximar por la normal estándar $N\left(0;1\right)$.

Este resultado es otra versión del **teorema central del límite** que viene a decir que, cuando el tamaño de la muestra de una variable aleatoria cualquiera, con media y varianza finitas, es suficientemente grande, la distribución de la suma de las observaciones muestrales puede aproximarse por la de una normal, ya que:

$$\frac{\sum_{j=1}^{n} X_j - n\mu}{\sqrt{n}\ \sigma} \sim N(0,1) \Leftrightarrow S_n = \sum_{j=1}^{n} X_j \sim N\left(n\mu, \sigma\sqrt{n}\right)$$

- Si la distribución de X es normal, la distribución de $S_n = \sum_{j=1}^{n} X_j$ es también normal, sea cual sea el tamaño de la muestra.
- Si la distribución de X no es normal, la distribución de S_n puede aproximarse por la de una normal para tamaños de la muestra "grandes", que en general suele ser a partir de $n = 30$ observaciones, pero debe estudiarse caso a caso.
- Es preciso tener en cuenta que, al aproximar una distribución discreta por una continua, debe aplicarse la corrección por continuidad.

Actividades resueltas

23 **Una empresa de logística dispone, entre otros, de un camión con un peso máximo autorizado de 2500 kg de carga que utiliza para transportar cajas cuyo peso medio es de 50 kg con una desviación típica de 4 kg. Si las cajas se eligen aleatoriamente para su transporte, ¿cuál es la probabilidad de que pueda cargar 51 cajas sin superar el máximo peso permitido?**

La variable de interés es $S_{51} = \sum_{j=1}^{51} X_j$, siendo X_j, $j = 1, 2, \ldots, 51$ el peso de cada una de las 51 cajas elegidas al azar. Utilizando el teorema central del límite para la suma de variables:

$$S_{51} \sim N\left(\mu_{51} = 2550;\ \sigma_{51} = 4\sqrt{51} = 28,5657\right)$$

y la probabilidad de que las 51 cajas no superen el peso máximo es:

$$P\left(S_{51} \leq 2500\right) \approx \text{DISTR.NORM.N}\left(2500; 2550; 28,5657; \text{VERDADERO}\right) = 0,04003$$

Es decir, aproximadamente, solo 4 de cada 100 veces que repitiéramos el proceso, el peso de las 51 cajas no superaría el peso máximo permitido, por lo que la gran mayoría de las veces sí lo haría. Utilizando la tabla de la normal estándar, previa tipificación:

$$P\left(S_{51} \leq 2500\right) \approx P\left(Z \leq \frac{2500-2550}{28,5657}\right) = P(Z \leq -1,75) = 1 - P(Z \leq 1,75) = 1 - 0,9599 = 0,0401$$

24 **En un proceso de fabricación, el 90 % de los artículos son aceptables. Si en un control de calidad se examinan 120 artículos elegidos al azar, calcula la probabilidad de que más de 110 sean aceptables.**

Se considera la variable aleatoria $X: \begin{cases} 1 & \text{si el artículo es aceptable} \\ 0 & \text{en otro caso} \end{cases}$, con $P(X=1) = 0,9$; $P(X=0) = 0,1$ y con $E[X] = 0,9$ y $Var(X) = 0,9 \cdot 0,1 = 0,09$.

Se elige una muestra aleatoria simple $X_1, X_2, \ldots, X_{120}$ y se considera la variable $Y = X_1 + X_2 + \ldots + X_{120}$, cuya esperanza y varianza son, respectivamente:

$$E[Y] = 120 \cdot 0,9 = 108 \text{ y } Var(Y) = 120 \cdot 0,09 = 10,8$$

Por tanto, aproximando por la distribución normal:

$$P(Y > 110) \approx P\left(Z > \frac{110,5 - 108}{\sqrt{10,8}}\right) = P(Z > 0,76) = 1 - P(Z < 0,76) = 1 - 0,7764 = 0,2236$$

25 En una oficina, el tiempo medio que emplea un trabajador en revisar un expediente es de 22 minutos con una desviación típica de 9 minutos. Si su jornada laboral es de 40 horas semanales, con media hora diaria de descanso, calcula la probabilidad de que:

a. Le dé tiempo a revisar más de 100 expedientes.

b. El tiempo medio que emplea en revisar 100 expedientes esté entre 20 y 22 minutos.

26 En una almazara se embotella el aceite en garrafas de 5 L de capacidad. Después, se agrupan en cajas que contienen 4 garrafas cada una. La máquina envasadora llena las garrafas según una distribución normal de media 5 L y desviación típica 5 cL.

a. Si un cliente ha comprado una caja, calcula la probabilidad de que se lleve menos de 19,9 litros de aceite en total.

b. Si el mismo cliente compra 10 cajas, calcula la probabilidad de que se lleve menos de 199 litros de aceite en total.

27 La ficha técnica del ascensor de unos grandes almacenes indica que puede soportar un peso de hasta 2200 kg. Si el peso medio de los usuarios habituales es de 74 kg con una desviación típica de 5 kg, calcula la probabilidad de que el ascensor soporte el peso de 31 personas elegidas al azar entre los usuarios habituales.

28 El servicio de atención al cliente de una compañía atiende una media de 100 llamadas diarias con una desviación típica de 10 llamadas. Calcula la probabilidad de que el número total de llamadas en un mes de 30 días, elegido al azar, supere las 3100.

29 El tiempo de atención a un paciente, en una consulta médica, sigue una normal de media 10 minutos y desviación típica igual a 3 minutos.

a. Si hay citados 8 pacientes, ¿cuál es la probabilidad de que sean atendidos en menos de 72 minutos?

b. Si hay citados 40 pacientes, ¿cuál es la probabilidad de que se necesiten más de 7 horas para atenderlos?

30 Actividad resuelta

La duración media de un tipo de lámpara que está permanentemente encendida es de 2 meses, con una desviación típica de 1 mes. Cada vez que se funde una lámpara, se reemplaza de inmediato por otra. Calcula el número mínimo de lámparas que se deben tener disponibles para que con probabilidad de al menos 0,95, se cubran las necesidades de 3 años.

Sea *X*: "duración de la lámpara". Su distribución de probabilidad tiene media $\mu = 2$ meses y desviación típica $\sigma = 1$ mes.

Sea $X_1, X_2, \ldots, X_n$ una muestra de la duración de *n* lámparas.

La distribución que interesa es la de la suma de estas *n* duraciones, que para un *n* suficientemente grande es, por el teorema central de límite, aproximadamente normal: $S_n \sim N\left(\mu_n = 2n; \sigma_n^2 = n\right)$.

La probabilidad de que las *n* lámparas cubran las necesidades de 3 años (36 meses) debe ser 0,95, luego:

$$P\left(S_n \geq 36\right) \simeq P\left(Z \geq \frac{36-2n}{\sqrt{n}}\right) = 0,95 \Rightarrow P\left(Z \leq \frac{36-2n}{\sqrt{n}}\right) = 0,05 \Rightarrow \frac{36-2n}{\sqrt{n}} = -1,645 .$$

Lo que implica resolver la ecuación $2n - 1,645\sqrt{n} - 36 = 0$.

Cambiando $\sqrt{n} = t$, resulta la ecuación $2t^2 - 1,645t - 36 = 0$, cuya solución positiva es $t = 4,674$. De aquí que se deban tener disponibles $n = 21,8 \simeq 22$ lámparas para cubrir, con probabilidad de al menos 0,95, las necesidades de 3 años.

31 En el reconocimiento médico al personal de una empresa, se concluye que el peso medio de los hombres es de 78,4 kg con una desviación típica de 4 kg, mientras que el de las mujeres es de 67,8 kg con una desviación típica de 6 kg. Se elige una muestra aleatoria de 50 hombres y 45 mujeres.

Escribe la distribución de las medias muestrales de hombres y mujeres y calcula la probabilidad de que:

a. El peso medio de la muestra de mujeres sea inferior en 10 kg al de la muestra de hombres.

b. La suma de los pesos medios de las muestras de hombres y mujeres supere los 140 kg.

3.5. Distribución en el muestreo de la suma y la diferencia de medias muestrales

Si se extraen al azar muestras independientes de tamaños n_1 y n_2 en dos poblaciones distintas X e Y, con medias μ_X y μ_Y y varianzas σ_X^2 y σ_Y^2, respectivamente, entonces las distribuciones en el muestreo de la suma, $\bar{X}+\bar{Y}$, y la diferencia, $\bar{X}-\bar{Y}$, de las medias muestrales, verifica:

1. El valor esperado o media de las distribuciones muestrales de la suma y la diferencia es:

$$E[\bar{X}\pm\bar{Y}]=E[\bar{X}]\pm E[\bar{Y}]=\mu_X\pm\mu_Y$$

2. La varianza de las distribuciones muestrales de la suma y la diferencia es:

$$\text{Var}(\bar{X}\pm\bar{Y})=\text{Var}(\bar{X})+\text{Var}(\bar{Y})=\frac{\sigma_X^2}{n_1}+\frac{\sigma_Y^2}{n_2}$$

3. Si la distribución de las poblaciones X e Y es normal, entonces las distribuciones de $\bar{X}+\bar{Y}$ y de $\bar{X}-\bar{Y}$ son normales.
4. Si las distribuciones de las poblaciones X e Y no son normales, pero los tamaños muestrales n_1 y n_2 son suficientemente grandes, las distribuciones de la suma y de la diferencia de las medias se pueden aproximar por una normal con la media y varianza indicadas.

32 Actividad resuelta

Las lámparas de una marca *A* tienen una duración media de 2000 horas con una desviación típica de 400 horas. Las de otra marca *B* tienen una duración media de 1800 horas con una desviación típica de 500 horas. Se selecciona una muestra de 200 lámparas de la marca *A*, y de 400, de la marca *B*. Calcula la probabilidad de que:

a. La vida media de las lámparas de la muestra de *A* no supere en más de 100 horas a la de la muestra *B*.

b. La suma de las vidas medias de ambas muestras supere las 3850 horas.

Sean $\bar{X}$ e $\bar{Y}$ las medias muestrales de las marcas *A* y *B*, respectivamente.

Las medias y las varianzas de las distribuciones de las medias muestrales $\bar{X}$ e $\bar{Y}$ son:

$$\mu_{\bar{X}}=E[\bar{X}]=2000 \text{ horas} \qquad \sigma_{\bar{X}}^2=\text{Var}(\bar{X})=\frac{400^2}{200}=800 \text{ horas}$$

$$\mu_{\bar{Y}}=E[\bar{Y}]=1800 \text{ horas} \qquad \sigma_{\bar{Y}}^2=\text{Var}(\bar{Y})=\frac{500^2}{400}=625 \text{ horas}$$

a. Siendo las muestras independientes, la diferencia de medias muestrales es una variable aleatoria cuya media y varianza son:

$$\mu_{\bar{X}-\bar{Y}}=E[\bar{X}-\bar{Y}]=2000-1800=200 \text{ horas}$$

$$\sigma_{\bar{X}-\bar{Y}}^2=\text{Var}(\bar{X}-\bar{Y})=800+625=1425 \text{ horas}$$

Dado el tamaño de las muestras, la distribución de $\bar{X}-\bar{Y}$ se puede aproximar por una normal:

$$P(\bar{X}-\bar{Y}<100)=P\left(Z<\frac{100-200}{\sqrt{1425}}\right)=P(Z<-2,65)=P(Z>2,65)=1-0,9960=0,0040$$

b. Del mismo modo que en el apartado anterior, la suma de las medias muestrales es una variable aleatoria cuya media y varianza son:

$$\mu_{\bar{X}+\bar{Y}}=E[\bar{X}+\bar{Y}]=2000+1800=3800 \text{ horas}$$

$$\sigma_{\bar{X}+\bar{Y}}^2=\text{Var}(\bar{X}+\bar{Y})=800+625=1425 \text{ horas}$$

Y cuya distribución se puede aproximar por la de una normal, luego:

$$P(\bar{X}+\bar{Y}>3850)=P\left(Z>\frac{3850-3800}{\sqrt{1425}}\right)=P(Z>1,32)=1-0,9066=0,0934$$

33 El peso medio de los conejos de una granja *A* es 2,7 kg con una desviación típica de 275 g, mientras que en la granja *B*, el peso medio es de 2,5 kg con una desviación típica de 350 g. Se eligen al azar 125 conejos de la granja *A* y 80 de la granja *B*. Calcula la probabilidad de que:

a. La diferencia de los pesos medios de las muestras de las dos granjas sea inferior a 250 gramos.

b. La suma de los pesos medios de ambas muestras sea superior a 5 kilos y 300 gramos.

34 A una estación llegan autobuses desde los puntos *A* y *B*. El tiempo medio de retraso del autobús procedente de *A* es de 10 minutos con una desviación típica de 4 minutos y el retraso del procedente de *B* es de 15 minutos con una desviación típica de 5 minutos. Calcula la probabilidad de que el retraso medio de una muestra aleatoria de 25 días del autobús *B* no supere en 4 minutos el retraso medio de una muestra aleatoria de 30 días del autobús *A*.

35 Con el fin de comparar dos dietas de engorde de pollos, *A* y *B*, 100 pollos elegidos al azar prueban la dieta *A* y 50 pollos, también elegidos al azar, prueban la dieta *B*. Al final del periodo de engorde, el peso medio de los pollos con dieta *A* es de 2 kg con una desviación típica de 300 g. Mientras que el peso medio de los pollos con dieta *B* alcanza los 2,4 kg con una desviación típica de 400 g.

a. Calcula la probabilidad de que la suma de los pesos medios de ambas muestras supere los 4,5 kg.

b. Con probabilidad igual o superior a 0,9, ¿se puede afirmar que la dieta *B* produce más engorde que la *A*?

36 En la prueba de MACS de la EvAU en la universidad *A*, la calificación media fue de 6,5 puntos con una desviación típica de 2 puntos, mientras que en la universidad *B*, la puntuación media fue de 6 puntos con una desviación típica de 2,5 puntos. De cada universidad se eligen al azar 100 estudiantes de los examinados en dicha prueba. Calcula la probabilidad de que la puntuación media de los estudiantes examinados en la universidad *B*:

a. Sea más alta que la de los estudiantes de la universidad *A*.

b. Sea menos de 1 punto inferior a la de los estudiantes de la universidad *A*.

37 La altura de los pinos (*pinus pinaster*) de una plantación *A* tiene una distribución con media 22 metros y desviación típica 1,5 metros. Los de otra plantación *B* tienen de media 20 metros y desviación típica 1,25 metros. Se toman muestras aleatorias de 50 pinos de la plantación *A* y 25 de la *B*.

a. Escribe la distribución muestral de la media de cada una de las plantaciones.

b. Calcula la probabilidad de que la diferencia de las medias muestrales sea superior a un metro.

38 En una población *A*, la tensión ocular de las personas adultas tiene una distribución normal de media 18 mm Hg y varianza 2, mientras que en otra población *B*, se obtiene una distribución normal de media 20 mm Hg y varianza 4. Se elige al azar una muestra de 25 personas adultas en cada una de las dos poblaciones.

a. Determina la distribución de la media muestral de cada población.

b. Escribe la distribución de la suma y de la diferencia de las medias muestrales.

c. Calcula la probabilidad de que la media muestral de la población *A* sea mayor que la de la población *B*.

CONCEPTOS CLAVE

Población y muestra

Población: Conjunto de elementos con una determinada característica que puede ser observada.

Muestra aleatoria: Subconjunto de elementos representativo de la población.

Técnicas de muestreo

Con reemplazamiento

Se elige una unidad, se mide, y se devuelve a la población. Una unidad puede ser muestreada dos o más veces.

Sin reemplazamiento

La unidad seleccionada no se devuelve a la población. Una unidad solo puede ser muestreada una única vez.

Muestreo aleatorio simple

Cada una de las posibles muestras tiene la misma probabilidad de ser elegida, lo que equivale a que todas las unidades de la población tienen la misma probabilidad de formar parte de la muestra.

Muestreo aleatorio estratificado

La población se divide en L subpoblaciones homogéneas, denominadas estratos. De cada estrato se selecciona una muestra aleatoria simple, habitualmente de tamaño proporcional al del estrato.

Muestreo sistemático

Se numeran las unidades de la población del 1 al N y se elige una unidad al azar entre las k primeras. A partir de esta unidad se eligen de k en k las restantes unidades de la muestra.

Muestreo por conglomerados

La población se divide en secciones, denominadas áreas o conglomerados. Se seleccionan aleatoriamente varias de estas secciones y las unidades de estas secciones conforman la muestra.

Muestreo bietápico

En numerosas ocasiones, dadas las características de la población objetivo y de la encuesta, la muestra debe elegirse en más de una etapa. En la primera etapa se eligen las unidades muestrales primarias y, en la segunda etapa, se seleccionan las unidades muestrales dentro de las primarias.

Distribuciones muestrales

- Sea $X_1, X_2, \ldots, X_n$ una muestra aleatoria de una característica X de una población que tiene media μ y varianza σ^2, donde dicha característica se presenta en una proporción p de la población.

De la media muestral $\bar{X}$

$$E[\bar{X}]=\mu \qquad \text{Var}(\bar{X})=\frac{\sigma^2}{n}$$

Si n es suficientemente grande:

$$\bar{X}\sim N\left(\mu_{\bar{X}}=\mu,\ \sigma^2_{\bar{x}}=\frac{\sigma^2}{n}\right)$$

De una proporción $\hat{p}$

$$E[\hat{p}]=p \qquad \text{Var}(\hat{p})=\frac{p(1-p)}{n}$$

Si n es suficientemente grande:

$$\hat{p}\sim N\left(\mu=p, \sigma^2=\frac{p(1-p)}{n}\right)$$

De la suma $\sum_{j=1}^{n} X_j$

$$E\left[\sum_{j=1}^{n} X_j\right]=n\mu \qquad \text{Var}\left(\sum_{j=1}^{n} X_j\right)=n\sigma^2$$

Si n es suficientemente grande:

$$\sum_{j=1}^{n} X_j\sim N\left(\mu_n=n\mu,\ \sigma^2_n=n\sigma^2\right)$$

- Sean $X_1, X_2, \ldots, X_n$ e $Y_1, Y_2, \ldots, Y_m$ dos muestras aleatorias independientes de tamaños n y m de dos poblaciones distintas X e Y, con medias μ_X y μ_Y, y varianzas σ^2_X y σ^2_Y respectivamente.

De la suma de variables

Si n es suficientemente grande.

$$\frac{\sum_{j=1}^{n} X_j-n\mu}{\sqrt{n\sigma^2}}=\frac{\sum_{j=1}^{n} X_j-n\mu}{\sqrt{n}\sigma}\sim N(0,1)$$

De la suma y diferencia de medias muestrales

Si n y m son suficientemente grandes:

$$\bar{X}\pm\bar{Y}\sim N\left(\mu_{\bar{X}\pm\bar{Y}}=\mu_X\pm\mu_Y,\ \sigma^2_{\bar{X}\pm\bar{Y}}=\frac{\sigma^2_X}{n_1}+\frac{\sigma^2_Y}{n_2}\right)$$

ACTIVIDADES FINALES

Actividades

1 Un servicio de urgencias recibe, de media, 8 avisos por hora con una varianza de 8. Si del servicio de urgencias se elige una muestra aleatoria de 150 horas:

a. Determina la distribución aproximada de la suma y de la media muestrales.

b. Calcula la probabilidad de que en la muestra se hayan recibido más de 1250 llamadas.

c. Calcula la probabilidad de que la media muestral esté entre 8 y 9 llamadas.

2 En una entidad bancaria, el 40 % de los clientes tiene una hipoteca. Se elige una muestra aleatoria de 50 clientes.

a. ¿Cuál es la distribución aproximada del número de clientes que tiene una hipoteca?

b. ¿Cuál es la distribución aproximada de la proporción de clientes que tienen una hipoteca?

c. Calcula la probabilidad de que más de 22 clientes de los 50 tengan una hipoteca.

3 Se dispone de cuatro arandelas de 1, 2, 3 y 4 cm de diámetro respectivamente.

a. Calcula el diámetro medio de la varianza de la población de las cuatro arandelas.

b. Escribe todas las muestras de tamaño dos que se pueden formar mediante muestreo aleatorio sin reemplazamiento.

c. Calcula el diámetro medio y la varianza de cada una de las muestras obtenidas.

d. Calcula la media de los diámetros medios de las muestras y su varianza, y compara estos valores con los del apartado a.

4 Relaciona y contesta.

Problemas

5 Los adultos que frecuentan un parque de la ciudad para hacer ejercicio dedican a esta actividad una media de 4,3 horas a la semana, con una desviación típica de 1,8 horas. De estos adultos, se elige una muestra aleatoria. Calcula la probabilidad de que la media muestral de ejercicio semanal supere las 4 horas y media si:

a. Se elige una muestra de 12 personas y se supone normalidad.

b. La muestra es de 80 personas.

c. Comenta y reflexiona sobre los resultados de los dos apartados anteriores.

6 El 70 % de los injertos realizados en una determinada planta tiene éxito. Si se aplica esta técnica a una muestra aleatoria de n plantas:

a. Calcula la probabilidad de que al menos se obtenga un 75 % de éxito si $n = 150$.

b. Calcula la probabilidad de que el injerto agarre en al menos 100 plantas si $n = 150$.

c. Estima cuál debe ser el tamaño muestral mínimo para que con probabilidad 0,9, el porcentaje de injertos fallidos sean inferior al 25 %.

7 El tiempo que un autobús urbano tarda en realizar su ruta se ajusta a una distribución normal con media de 25 minutos y desviación típica de 8 minutos. Cada día el autobús debe realizar 35 veces su ruta. Calcula la probabilidad de que, un día elegido al azar:

a. El tiempo medio empleado por ruta esté entre 23 y 27 minutos.

b. Emplee más de 15 horas en realizar su ruta esas 35 veces.

8 El peso de los huevos producidos en una granja tiene distribución normal con desviación típica 7,342 g.

Se pide:

a. Tamaño mínimo que debería tener una muestra aleatoria para estimar, con probabilidad 0,95, el peso medio de los huevos con un error máximo de 5 g.

b. Si la media $\mu = 61$ g y se selecciona una muestra aleatoria de una docena de huevos, calcula la probabilidad de que la media muestral esté en la categoría L (grande, entre 63 y 73 g).

9 El tiempo que tarda el servidor de una empresa de venta *online* en registrar un pedido tiene distribución normal de media 9 segundos y desviación típica 25 segundos. En un día elegido al azar, el servidor ha registrado 283 pedidos. Calcula la probabilidad de que:

a. El tiempo empleado por el servidor en registrar los 283 pedidos sea de más de 45 minutos.

b. El tiempo medio de registro de los pedidos sea inferior a 7,5 segundos.

10 Son bien conocidos los efectos perniciosos del consumo de tabaco en la salud. Un programa de ayuda para dejar de fumar asegura que, si se sigue el mismo, en 28 días de media se dejará de fumar, con una desviación típica de 2 días y que el porcentaje de éxito es del 78 % de los participantes. De una muestra aleatoria de 50 personas que completaron este programa, calcula la probabilidad de que:

a. Más de 40 personas hayan dejado definitivamente de fumar.

b. La proporción de personas que han dejado de fumar no llegue al 75%.

c. El tiempo medio en dejar definitivamente de fumar sea inferior a 30 días.

11 En una cabaña ganadera, el 20 % de las reses se ha visto afectada por una enfermedad no mortal. Si de esta cabaña se selecciona una muestra aleatoria de 80 reses:

a. ¿Cuál es la distribución de la proporción muestral?

b. Calcula la probabilidad de que la proporción muestral de reses que han estado enfermas sea inferior al 18 %.

c. Determina la distribución muestral de la suma de reses que estuvieron enfermas.

12 El salario bruto mensual medio en una determinada región *A* alcanza los 2279 €, con una desviación estándar de 342 €, mientras que en otra región *B* es de 1837 € con una desviación típica de 285 €. Se eligen muestras aleatorias de 150 personas en la región *A* y de 200 en la *B*.

a. ¿Cuál es la distribución de la media muestral de cada región? ¿Y la distribución de la suma de las medias muestrales?

b. Calcula la probabilidad de que la diferencia de las medias muestrales de los salarios de las regiones sea inferior a 400 €?

c. ¿Cuál es la probabilidad de que la suma de los salarios medios mensuales de ambas regiones supere los 4200 €?

13 La duración de una conocida marca de bombillas tiene una distribución normal de media 1380 h y desviación típica 390 h. Se extrae una muestra aleatoria de tamaño 10 que presentó una duración media de 1425 h. Otra muestra aleatoria de tamaño 8, independiente de la anterior, presentó una duración media de 1342 h. Calcula la probabilidad de que las medias muestrales presenten una diferencia mayor de la que se ha obtenido en esta ocasión.

Comprueba lo que has aprendido

1 Una empresa pretende llevar a cabo una encuesta de satisfacción entre sus empleados. Dispone de presupuesto para realizar la encuesta a aproximadamente 500 de ellos. La plantilla puede dividirse en cinco áreas: diseño, con 182 empleados, desarrollo con 634, manufactura, con 3034, marketing con 350 y ventas con 968.

a. ¿Cómo distribuirías la muestra entre las áreas de la empresa? Razona la respuesta.

b. Si 178 de los empleados en el área de manufactura se muestran satisfechos con su trabajo, estima la proporción, junto con su varianza, de empleados de manufactura satisfechos con su trabajo.

2 El tiempo medio que emplean los operarios encargados de realizar una tarea en una cadena de montaje es de 54 minutos con una desviación típica de 8 minutos. Si el tiempo tiene distribución normal, calcula la probabilidad de que:

a. Elegida al azar una de estas tareas, el tiempo empleado sea superior a una hora.

b. Elegido un día al azar, en las 8 horas de la jornada laboral se hayan podido completar 7 tareas.

3 Una epidemia de gripe ha afectado al 60 % de la plantilla de una gran empresa. Se elige una muestra aleatoria de 125 empleados.

a. Determina la distribución de la proporción muestral de afectados.

b. Calcula la probabilidad de que la gripe haya afectado a más de 70 empleados de la muestra.

4 Según las tablas de la OMS, al cumplir el año de edad, el peso medio de las niñas es de 9 kg, con una desviación típica de 1,5 kg, mientras que el peso medio de los niños es de 9,5 kg y una desviación típica de 2 kg.

Seleccionada una muestra aleatoria de 40 niños y 40 niñas que acaban de cumplir un año de edad:

a. Escribe la distribución de la media muestral de niños y niñas.

b. Calcula la probabilidad de que el peso medio muestral de niñas sea más alto que el de los niños.

c. Calcula la probabilidad de que la suma de los pesos medios de niños y niñas sea superior a 19,5 kg.

Mis competencias

Autoevaluación

4.4 Inferencia estadística

¡EMPEZAMOS!

La educación es un elemento clave para salir de la pobreza al permitir el ascenso social, económico y cultural de las personas. Es fundamental, por tanto, garantizar una educación inclusiva, equitativa y de calidad, y promover oportunidades de aprendizaje para todas ellas a lo largo de su vida. Lamentablemente, a pesar de los avances de los últimos años, en todo el mundo casi un 20 % de la población infantil aún están sin escolarizar y más del 50 % de las personas no alcanzan los mínimos establecidos en las competencias de lectura y matemáticas al finalizar su escolarización, claves para lograr un ascenso socioeconómico.

La inferencia permite extraer conclusiones relativas al entorno educativo, partiendo de los resultados obtenidos de una muestra de la población de interés (clase, centro educativo, ciudad, región, país...). Con muestras relativamente pequeñas pero representativas de la población objetivo se obtienen resultados precisos, aunque dicha población sea muy grande.

RUTA DE APRENDIZAJE

1. Realizar estimaciones puntuales.
2. Estimar mediante intervalos de confianza en poblaciones normales.
3. Construir intervalos de confianza para muestras grandes.
4. Calcular el error en la estimación por intervalos y el tamaño de la muestra.
5. Obtener y analizar la información estadística.

- ¿Podrías estimar el valor del ahorro medio que obtendrás este año?
- ¿Qué crees que es más fiable, el valor anterior o un intervalo que incluya dicha estimación de tu ahorro medio?

La inferencia estadística también se usa para...

Realizar encuestas y sondeos de opinión e interpretar los resultados con fiabilidad.

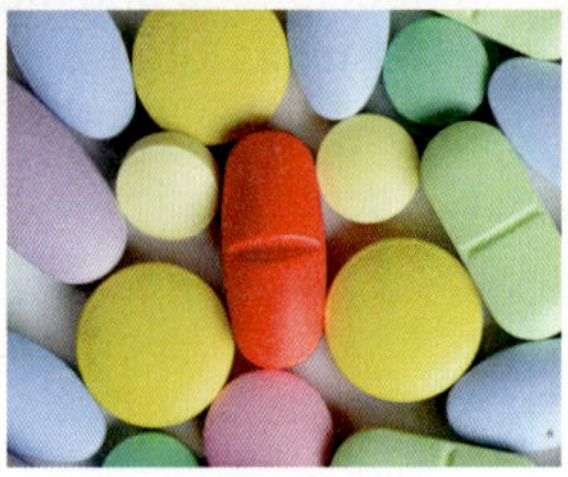

Medir la efectividad de los tratamientos para curar enfermedades.

Estimar la tasa de abandono escolar temprano y su variabilidad.

Analizar y predecir el nivel de utilización del transporte público para dar un mejor servicio al usuario.

1 Estimación puntual

1.1. Parámetros de una distribución y estimadores

Cuando se desea analizar una característica de interés en una población, suponemos que dicha variable viene descrita por una distribución de probabilidad, conocida excepto por el valor o los valores de los parámetros de interés que la caracterizan. El conocimiento de estos últimos supone el conocimiento de la característica poblacional.

Para ello, se selecciona una muestra representativa de elementos de dicha población y se estiman los parámetros que determinan dichas características en la población objetivo.

Ejemplo

Es de sobra conocido que la probabilidad de obtener cara al lanzar una moneda equilibrada es de 0,5. Pero, ¿qué ocurre si la moneda está trucada?

En este caso, la probabilidad de obtener cara es desconocida. Para inferir su valor, p, se lanza la moneda 10 veces, es decir, se extrae una muestra de tamaño $n = 10$ de la variable

$$X = \begin{cases} 1 & \text{si sale cara} \\ 0 & \text{si sale cruz} \end{cases}.$$

A partir de la muestra $X_1, X_2, \dots, X_{10}$ se calcula una función de la misma, por ejemplo, la media muestral $\bar{X}$ y con los valores observados en cada lanzamiento se realiza una estimación del valor desconocido p. Es decir, si se han obtenido estos resultados en los 10 lanzamientos (1, 0, 0, 0, 1, 1, 1, 0, 1, 1, 1), la media que se obtiene es $\bar{x} = \frac{7}{10} = 0{,}7$. Si utilizamos este valor para deducir p, estaremos realizando una estimación puntual.

Observa que usamos letras mayúsculas al hablar de variables y minúsculas al utilizar valores muestrales.

- En la inferencia estadística paramétrica, cualquier característica de la distribución de la que provienen los datos y cuyo valor no sea conocido se denomina **parámetro**.
- Dada una muestra aleatoria $X_1, X_2, \dots, X_n$ de una característica X de una población con distribución de probabilidad dependiente de un parámetro desconocido, se llama **estimador puntual** del parámetro a un estadístico que, a cada posible muestra, le hace corresponder una **estimación** del parámetro desconocido.

Se denomina **estadístico** a cualquier variable aleatoria que sea función de la muestra.

Tienen por tanto distribución de probabilidad al ser variables aleatorias.

1.2. Propiedades deseables en un estimador puntual

Para que la aproximación del valor de un parámetro de la distribución sea efectiva, es aconsejable que los estimadores cumplan determinadas propiedades.

Un estimador es **centrado** o **insesgado** cuando su media coincide con el valor del parámetro que se va a estimar. Dados dos estimadores puntuales insesgados del mismo parámetro, se dice que uno es más **eficiente** que el otro si su varianza es menor.

- El **sesgo** es la desviación respecto del centro.
- La **eficiencia** es mayor cuanto menor sea la dispersión.

Ejemplo

Observa los 10 lanzamientos de cuatro jugadores que intentan hacer diana. La diana de cada jugador representa un estimador con las siguientes propiedades:

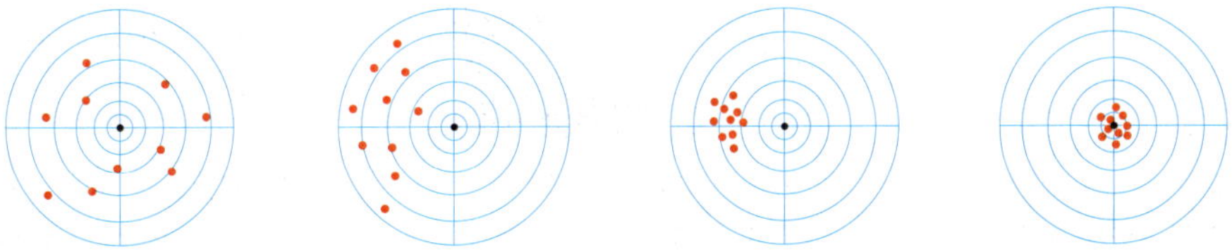

Insesgado No eficiente	Sesgado No eficiente	Sesgado Eficiente	Insesgado Eficiente

1.3. Estimación puntual de la media, del total y de la varianza

En muchos casos habrá un candidato natural u obvio para el estimador puntual de un determinado parámetro. Sin embargo, no siempre resulta tan sencillo con otros parámetros poblacionales.

Ejemplo

La **media muestral** es un candidato natural como estimador puntual de la **media poblacional**. También parece razonable utilizar **la varianza muestral** como estimador puntual de la **varianza poblacional**. En cambio, la **cuasivarianza muestral** también es un buen candidato a estimador de la **varianza poblacional**, quizás no tan evidente como la varianza muestral.

Se considera una muestra aleatoria simple $X_1, X_2, \ldots, X_n$, de una característica X de una población, cuya media μ es desconocida. La **media muestral**, dada por:

$$\bar{X}=\frac{1}{n}\sum_{j=1}^{n}X_j \qquad \text{o} \qquad \bar{X}=\frac{1}{n}\sum_{j=1}^{k}f_jX_j$$

con los datos, respectivamente, sin agrupar o agrupados en k clases, es un **estimador de la media de la población** con buenas propiedades, ya que contiene toda la información que la muestra proporciona sobre μ y es un estimador insesgado para la media poblacional, entre otras propiedades.

$\bar{X}$ es un estimador insesgado de μ, porque $E[\bar{X}]=\mu$.

Ejemplo

La media muestral es un **estimador insesgado** de la media poblacional. Para "visualizar" esta propiedad del estimador de la media poblacional, suponemos una población con 5 valores 4, 7, 8, 12 y 2, cuya media es $\mu=6{,}6$. Formamos las 10 muestras que hay de tamaño 2:

Muestra	1		2		3		4		5		6		7		8		9		10	
	4	7	4	8	4	12	4	2	7	8	7	12	7	2	8	12	8	2	12	2
Media muestral	5,5		6,0		8,0		3,0		7,5		9,5		4,5		10,0		5,0		7,0	

Y el promedio de las medias de las 10 muestras es 6,6, que coincide con la media de la población.

- En poblaciones finitas, si N es el total de elementos de la población, un **estimador del total** de X, que denotamos $\hat{X}$, en la población es:

$$\hat{X}=N\bar{X}=\frac{N}{n}\sum_{j=1}^{n}X_j \qquad \hat{X}=\frac{N}{n}\sum_{j=1}^{k}f_jX_j$$

respectivamente, para datos sin agrupar y agrupados en k clases.

- Dada una muestra aleatoria simple $X_1, X_2, \ldots, X_n$ de la característica X, para **estimar la varianza de una población**, σ^2, suelen utilizarse dos estimadores. Uno es la **varianza muestral** $S_n^2=\frac{1}{n}\sum_{i=1}^{n}\left(X_i-\bar{X}\right)^2=\frac{1}{n}\sum_{i=1}^{n}X_i^2-\bar{X}^2$ que, aun siendo el estimador de máxima verosimilitud para la varianza poblacional, es sesgado. El segundo estimador es la **cuasivarianza muestral** $S_{n-1}^2=\frac{1}{n-1}\sum_{i=1}^{n}\left(X_i-\bar{X}\right)^2=\frac{1}{n-1}\sum_{i=1}^{n}X_i^2-\frac{n}{n-1}\bar{X}^2$ que es un estimador insesgado de la **varianza poblacional.**

- La varianza muestral es un estimador sesgado de la varianza poblacional: $E\left[S_n^2\right]=\frac{n}{n-1}\sigma^2$
- La cuasivarianza muestral es un estimador insesgado de la varianza poblacional: $E\left[S_{n-1}^2\right]=\sigma^2$

Si el tamaño de la muestra es grande, ambos estimadores son prácticamente iguales, pero si es pequeño, pueden llegar a diferir considerablemente.

La cuasivarianza muestral suele utilizarse como estimador de la varianza poblacional cuando esta es desconocida y, como es habitual, también se desconoce la media de la población.

1 Actividad resuelta

En una encuesta del CIS (Sep-Dic 2020) se preguntó a personas de 18 o más años, entre otras muchas cuestiones, por el nivel educativo más alto alcanzado. La tabla siguiente muestra la distribución por edades de las personas, *X*, cuyo nivel educativo más alto es Educación Primaria.

Edad, *X*	[18; 28)	[28; 38)	[38; 48)	[48; 58)	[58; 68)	[68; 78)	[78; 88)	[88; 98)
Frecuencia	18	29	59	118	271	447	212	38

a. ¿Cuál es la media de edad de la población cuyo nivel educativo más alto es Educación Primaria?

b. ¿Qué estimador elegimos para la varianza de esta población? Razona la respuesta.

a. Utilizando una calculadora o una hoja de cálculo se obtiene la media de la muestra, que es un estimador insesgado de la media de edad de la población mayor de 18 años.

Edad	f_i	x_i	$f_i x_i$	$f_i x_i^2$
[18; 28)	18	23	414	9522
[28; 38)	29	33	957	31 581
[38; 48)	59	43	2537	109 091
[48; 58)	118	53	6254	331 462
[58; 68)	271	63	17 073	1 075 599
[68; 78)	447	73	32 631	2 382 063
[78; 88)	212	83	17 596	1 460 468
[88; 98)	38	93	3534	328 662
	1192		80 996	5 728 448

La estimación de la media de la edad de la población mayor de 18 años, con Educación Primaria como nivel educativo más alto, es $\bar{x} = \frac{80\,996}{1192} = 67{,}95$ años.

b. La cuasivarianza y la varianza muestrales, como estimaciones de la varianza poblacional, son: $S^2_{\bar{x},n-1} = \frac{5\,728\,448}{1191} = 188{,}7664$ y $S^2_{\bar{x},n} = \frac{5\,728\,448}{1192} = 188{,}5881$

Ambas estimaciones son muy próximas, como era de esperar con un tamaño muestral elevado. Por tanto, ambas son válidas en este caso.

Si los datos de la muestra seleccionada están agrupados en *k* categorías:

$$S_n^2 = \frac{1}{n}\sum_{i=1}^{k} f_i X_i^2 - \bar{X}^2$$

$$S_{n-1}^2 = \frac{1}{n-1}\sum_{i=1}^{k} f_i X_i^2 - \frac{n}{n-1}\bar{X}^2$$

1.4. Errores estándar en la estimación de la media y el total

Si la varianza de una variable aleatoria *X* es σ^2, dada una muestra aleatoria simple de tamaño *n* de una población que puede considerarse infinita respecto al tamaño de la muestra, la **varianza de la media muestral** es $\frac{\sigma^2}{n}$.

El **estimador de la varianza de la media muestral**, $\bar{X}$, y su **desviación típica o estándar** son, respectivamente, $S_{\bar{x}}^2 = \frac{S_{n-1}^2}{n}$ y $S_{\bar{x}} = \frac{S_{n-1}}{\sqrt{n}}$.

También podrían utilizarse $S_{\bar{x}}^2 = \frac{S_n^2}{n}$ y $S_{\bar{x}} = \frac{S_n}{\sqrt{n}}$.

A $S_{\bar{x}}$ se lo conoce también como el **error estándar** o **error típico** en la estimación de la media poblacional. Este error estándar se utiliza fundamentalmente para dos propósitos: **medir la precisión** obtenida al utilizar la media muestral como la media poblacional y **obtener el mínimo tamaño de la muestra** necesario para estimar la media poblacional con una determinada precisión.

En caso de que el tamaño de la población, N, sea finito debe introducirse el factor $\frac{(N-n)}{N}$ en los estimadores de la varianza y del error estándar de la media muestral, tal y como se muestra a continuación:

$$S_{\bar{x}}^2 = \frac{S_{n-1}^2}{n}\left(1-\frac{n}{N}\right) \qquad S_{\bar{x}} = \frac{S_{n-1}}{\sqrt{n}}\sqrt{1-\frac{n}{N}}$$

En cuanto al **estimador**, en poblaciones finitas, **de la varianza y del error estándar del total**, $\hat{X} = N\bar{X}$, se tiene:

$$S_{\hat{x}}^2 = N^2\frac{S_{n-1}^2}{n}\left(1-\frac{n}{N}\right) \qquad S_{\hat{x}} = N\frac{S_{n-1}}{\sqrt{n}}\sqrt{1-\frac{n}{N}}$$

2 **Actividad resuelta**

El precio, en euros, de 28 artículos a la venta en una tienda especializada es:

25	32	38	40	45	46	50	50	52	54	54	54	56	56
57	57	59	59	59	60	60	61	61	62	64	65	65	67

El encargado afirma que con una muestra sistemática de 10 artículos se pueden estimar razonablemente bien la media, el total y la varianza de la población. ¿Estamos de acuerdo?

Para responder a esta pregunta, observamos en primer lugar que la población contiene 28 elementos (artículos) y que su media y su varianza son $\mu = 53{,}86$ € y $\sigma^2 = 100{,}12$.

Una muestra aleatoria sistemática (ordenados los artículos por precio) de 10 artículos mostró los siguientes precios:

25 40 50 54 56 57 59 60 62 65

Por tanto, las estimaciones, incluyendo el factor de corrección por población finita, de la media y la varianza poblacional son:

$$\bar{x} = 52{,}8 \text{ € y } S_9^2 = 144{,}18$$

Los estimadores de la varianza de la media muestral y de su error estándar son, respectivamente:

$$S_{\bar{x},9}^2 = 9{,}269 \text{ y } S_{\bar{x},9} = 3{,}044 \text{ €}$$

Dado que la media muestral apenas difiere en 1 punto de la media poblacional y que el error estándar de la estimación de la media vale unos 3€, se puede afirmar que con 10 artículos elegidos mediante muestreo sistemático por orden de precios se obtiene una muy buena aproximación a la media de precios de los artículos a la venta en la tienda. En cuanto a las estimaciones del total del valor de los 28 artículos y su error estándar son:

$$\hat{X} = 18 \cdot 52{,}8 = 1478{,}4 \qquad S_{\hat{x}}^2 = 28^2 \cdot 9{,}269 = 7266{,}56 \qquad S_{\hat{x}} = \sqrt{7266{,}56} = 85{,}24412 \text{ €}$$

La estimación del total se diferencia en unos 30 € del precio real total de los 28 artículos, en torno a la tercera parte del error estándar de la estimación, por lo que la aproximación al precio total puede considerarse buena.

3 **El padrón municipal de un área residencial de una gran ciudad contabiliza 15 324 familias. Para estimar la media de personas por familia, se obtiene una muestra aleatoria simple de n = 40 familias, con el número de personas por familia:**

4 5 2 6 4 3 3 3 2 1 1 2 3 7 5 2 1 6 3 4
4 2 3 3 4 3 4 3 4 5 2 5 4 4 3 5 2 4 3 2

a. Estima la media y el error estándar del número de personas por familia.

b. Estima el número total de personas que viven en el área residencial y su error estándar.

4 **En una recogida de firmas promovida por una asociación vecinal que reivindica un mejor tratamiento de los residuos, cada hoja permita recoger 30 firmas, pero en algunas el número de firmas recogidas fue inferior. Finalizado el plazo, se recogieron 752 hojas de firmas, y se contó el número de firmas en una muestra aleatoria simple de 50 hojas.**

a. Estima el número medio de firmas por hoja y su error estándar.

b. Indica una aproximación del número total de firmas recogidas, junto con su error estándar.

1.5. Estimación puntual de una proporción. Error estándar

Numerosos estudios requieren estimar la proporción, p, o el porcentaje de elementos de una población con alguna característica de interés, como, por ejemplo, el porcentaje de personas desempleadas en edad laboral o la proporción de jóvenes menores de 25 años que tienen, como máximo, estudios obligatorios. En estos casos, es necesario estimar el parámetro p de la población mediante el muestreo de n elementos de la misma. Habitualmente, este estimador se denota $\hat{p}$. Para esta estimación, se puede utilizar la distribución binomial.

Sea X una característica de la población a estudiar. Si en una muestra aleatoria de tamaño n, a elementos presentan ldicha característica X, la proporción $\hat{p}=\frac{a}{n}$ es un **estimador insesgado de la proporción poblacional** p. La situación puede ser descrita, entonces, por una variable aleatoria de Bernoulli $X:\begin{cases} 1 & \text{con probabilidad } p \\ 0 & \text{con probabilidad } q=1-p \end{cases}$, donde el valor 1 significa que el elemento o unidad presenta la característica X, y 0 que el elemento no presenta dicha característica.

De este modo, si $X_1, X_2, \ldots, X_n$ es una muestra aleatoria simple de la característica X:

$$a=\sum_{i=1}^{n} X_i \qquad \hat{p}=\frac{a}{n}=\frac{1}{n}\sum_{i=1}^{n} X_i$$

Es decir, el estimador de la proporción poblacional, p, es la media muestral de la variable o característica X.

Como $Y=\sum_{i=1}^{n} X_i$, el número de elementos de la muestra que tiene la característica X, tiene distribución binomial, la varianza estimada de Y es $S^2_{n,Y}=n\hat{p}(1-\hat{p})$.

Para la varianza de $\hat{p}$ se pueden considerar dos estimadores, la varianza muestral $S^2_{n,\hat{p}}=\frac{\hat{p}(1-\hat{p})}{n}$ y la cuasivarianza muestral $S^2_{n-1,p}=\frac{\hat{p}(1-\hat{p})}{n-1}$, que es insesgado.

Si el tamaño de la población es finito, se debe incluir el factor de corrección, de modo que:

$$S^2_{n,\hat{p}}=\frac{\hat{p}(1-\hat{p})}{n}\left(1-\frac{n}{N}\right)$$

$$S^2_{n-1,\hat{p}}=\frac{\hat{p}(1-\hat{p})}{n-1}\left(1-\frac{n}{N}\right)$$

Si N es suficientemente grande respecto del tamaño de la muestra, n, se puede prescindir del factor de corrección.

5 Actividad resuelta

Una empresa produce un artículo de cosmética dirigido tanto a hombres como a mujeres. La compañía está interesada en conocer la proporción de mujeres que compra su artículo. Para ello, de los compradores del último trimestre, elige una muestra aleatoria simple de 70 personas, de las cuales 58 fueron mujeres.

a. Estima la proporción de mujeres que compra este artículo.

b. Calcula la varianza y cuasivarianza de la proporción estimada y su error estándar. Valora los resultados.

a. La estimación de la proporción de mujeres que compra el artículo en cuestión es $\hat{p}=\frac{58}{70}=0{,}8286$. Es decir, se estima que el 82,9 % de las personas que compran el cosmético son mujeres.

b. La varianza y la cuasivarianza muestrales son, respectivamente:

$$S^2_{70,p}=\frac{0{,}8286(1-0{,}8286)}{70}=0{,}002029 \qquad S^2_{69,p}=\frac{0{,}8286(1-0{,}8286)}{69}=0{,}002059$$

que, como se puede ver, son muy parecidos.

6 **Se cree que el 75 % de los habitantes de una gran ciudad vive en la periferia. De una muestra aleatoria simple de 1200 personas, resulta que 350 no viven en la periferia. Determina un estimador del porcentaje de habitantes que viven en la periferia, junto con su error estándar.**

2 Estimación por intervalos de confianza

2.1. Planteamiento del problema

La estimación puntual presenta un problema, ya que, al proporcionar un único valor como estimación del parámetro, lo más probable es que dicha estimación no coincida con su auténtico valor. Sin embargo, se pretende que la estimación quede lo más próxima posible al "verdadero" valor del parámetro en cuestión.

Ejemplo

En una planta envasadora de refrescos, se supone que una máquina está perfectamente calibrada para rellenar cada una de las latas con 33 cL de producto, aunque la realidad es que rellena las latas con alguna pequeña variación sobre los 33 cL. Se sabe que dicha variación es una variable aleatoria con distribución $N(\mu = 33, \sigma = 0{,}33)$.

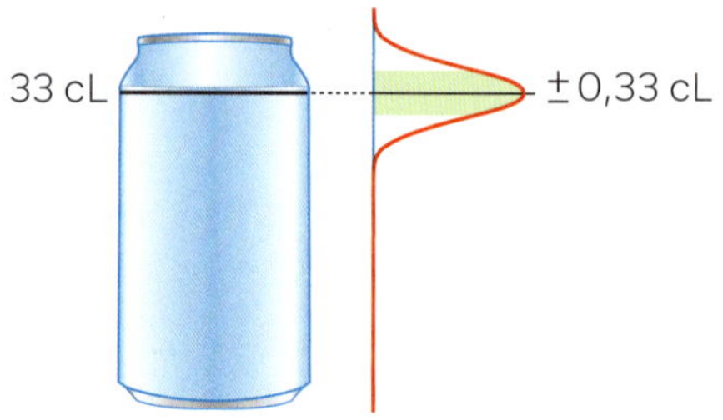

Para comprobar que la máquina está ajustada correctamente, se decide tomar una muestra aleatoria de 45 latas para estimar el contenido medio, μ, de toda la producción.

Se utiliza como estimador de μ la media muestral $\overline{X}$ y se calcula su valor para las 45 latas de la muestra, $\overline{x} = 32{,}9$ cL.

Si se tomaran diferentes muestras, cada una de 45 latas, sería esperable que la media de cada una de las muestras no fuera muy diferente del valor obtenido con la primera, 32,9 cL, y que en la gran mayoría de ellas se obtuviera un intervalo centrado en cada media muestral, $\overline{X}$, que contuviera el "verdadero" valor de μ.

El departamento de control de calidad calcula que este intervalo es:

$$(\overline{x} - 0{,}096;\ \overline{x} + 0{,}096)$$

Se toman 20 muestras de 45 latas y se calculan los intervalos que se muestran en la figura.

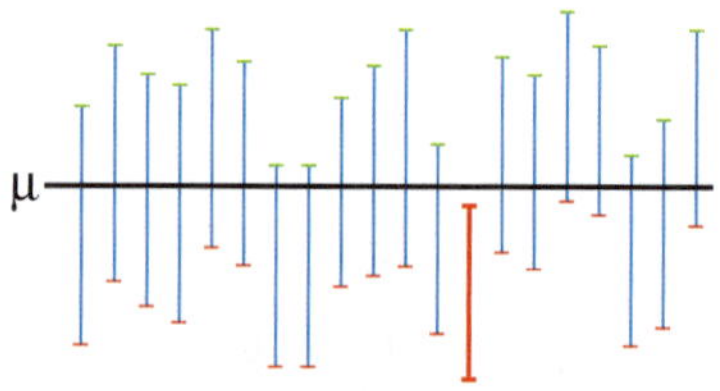

De las 20 muestras, 19, es decir, el 95 % proporcionan intervalos que contienen al "verdadero" valor de μ. El nivel de confianza en este caso es del 95 %.

La idea, por tanto, puede resumirse en dos pasos:

1.° Elegir un determinado nivel de confianza, $1 - \alpha$, próximo a 1. Habitualmente se usa 0,95, aunque también suelen utilizarse valores como 0,90 o 0,99.

2.° Exigir que el intervalo estimado contenga al "verdadero" valor del parámetro, en el $100(1 - \alpha)$ % de las posibles muestras, por ejemplo, el 95 %.

- No tiene sentido un nivel de confianza del 100 %, ya que se obtendría un intervalo que contendría todos los posibles valores del parámetro.
- La diferencia entre el nivel de certeza (1) y el nivel de confianza $(1 - \alpha)$ se denomina **nivel de significación** o riesgo: $1 - (1 - \alpha) = \alpha$

2.2. Intervalos de confianza

Dada una muestra aleatoria $X_1, X_2, \ldots, X_n$ de una población, cuya distribución de probabilidad tiene un parámetro desconocido, se buscan dos estadísticos T_1 y T_2, tales que la probabilidad de que el parámetro se encuentre entre ellos sea $1 - \alpha$, siendo $0 < 1 - \alpha < 1$ una probabilidad previamente fijada, habitualmente mayor o igual que 0,90.

Si los valores observados de los estadísticos T_1 y T_2 en una muestra concreta $(x_1, x_2, \ldots, x_n)$, son t_1 y t_2, entonces:

El intervalo (t_1, t_2) es un **intervalo de confianza** para el parámetro desconocido con nivel de confianza $1 - \alpha$. También se dice que el intervalo (t_1, t_2) contiene al "verdadero" valor del parámetro con una confianza del $100(1 - \alpha)$ %.

3 Intervalos de confianza en poblaciones normales

3.1. Intervalos de confianza para la media y el total

Sea $X_1, X_2, \ldots, X_n$ una muestra aleatoria de una población X con distribución normal de media μ desconocida y varianza σ^2 conocida. Se desea construir un intervalo de confianza al $100(1-\alpha)$ % para la media de la población.

En este caso, se conoce que la distribución de la media muestral es $\bar{X} \sim N\left(\mu, \frac{\sigma^2}{n}\right)$.

De modo que, tipificando la media muestral, se obtiene $\sqrt{n}\frac{\bar{X}-\mu}{\sigma} \sim N(0,1)$.

Se buscan ahora dos valores, c_1 y c_2, tales que $P\left(c_1 < \sqrt{n}\frac{\bar{X}-\mu}{\sigma} < c_2\right) = 1-\alpha$.

En la figura puede verse que en la distribución de la $Z \sim N(0, 1)$, el valor $z_{\frac{\alpha}{2}} > 0$ es tal que $P(-z_{\frac{\alpha}{2}} < Z < z_{\frac{\alpha}{2}}) = 1-\alpha$, o lo que es lo mismo, $P(Z < z_{\frac{\alpha}{2}}) = 1-\frac{\alpha}{2}$

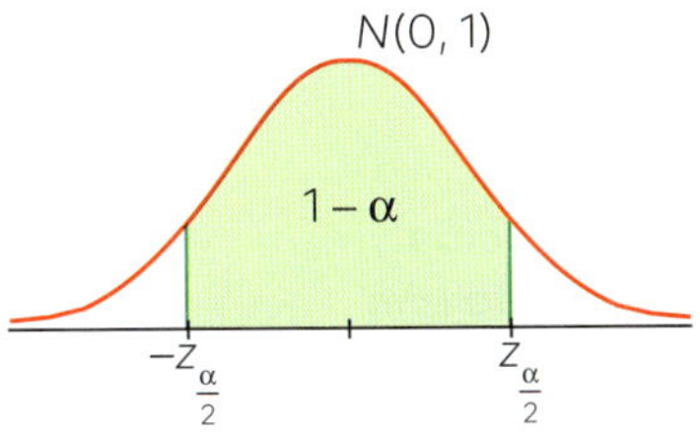

$1-\alpha$	0,9	0,95	0,99
α	0,1	0,05	0,01
$\frac{\alpha}{2}$	0,05	0,025	0,005
$z_{\frac{\alpha}{2}}$	1,645	1,960	2,575

Por tanto, $c_1 = -z_{\frac{\alpha}{2}}$ y $c_2 = z_{\frac{\alpha}{2}}$.

Despejando μ en la expresión $P\left(-z_{\frac{\alpha}{2}} < \sqrt{n}\frac{\bar{X}-\mu}{\sigma} < z_{\frac{\alpha}{2}}\right) = 1-\alpha$, se obtiene:

$$P\left(\bar{X} + z_{\frac{\alpha}{2}}\frac{\sigma}{\sqrt{n}} > \mu > \bar{X} - z_{\frac{\alpha}{2}}\frac{\sigma}{\sqrt{n}}\right) = 1-\alpha \Rightarrow IC_{1-\alpha}(\mu) = \left(\bar{X} - z_{\frac{\alpha}{2}}\frac{\sigma}{\sqrt{n}},\ \bar{X} + z_{\frac{\alpha}{2}}\frac{\sigma}{\sqrt{n}}\right)$$

Si $X_1, X_2, \ldots, X_n$ es una muestra aleatoria de una característica X, con distribución normal de media μ desconocida, y varianza σ^2 conocida, un **intervalo de confianza** al $100(1-\alpha)$ % para la **media poblacional** μ, tiene la forma:

$$IC_{1-\alpha}(\mu) = \left(\bar{X} - z_{\frac{\alpha}{2}}\frac{\sigma}{\sqrt{n}},\ \bar{X} + z_{\frac{\alpha}{2}}\frac{\sigma}{\sqrt{n}}\right)$$

Donde $z_{\frac{\alpha}{2}}$ es el valor de la distribución $N(0, 1)$ tal que $P\left(Z < z_{\frac{\alpha}{2}}\right) = 1-\frac{\alpha}{2}$

El intervalo de confianza así construido es el de menor longitud y, por tanto, el más preciso, entre todos los intervalos con probabilidad $1-\alpha$. Análogamente:

Si el tamaño de la población, N, es finito y $X_1, X_2, \ldots, X_n$ es una muestra aleatoria de una característica X con distribución normal, de media μ desconocida y varianza σ^2 conocida, un **intervalo de confianza** al $100(1-\alpha)$% para el **total poblacional** de X, sería:

$$IC_{1-\alpha}(\hat{X}) = \left(N\bar{X} - z_{\frac{\alpha}{2}}\frac{\sigma}{\sqrt{n}},\ N\bar{X} + z_{\frac{\alpha}{2}}\frac{\sigma}{\sqrt{n}}\right)$$

7 Actividad resuelta

Se quiere estimar el precio medio del alquiler mensual de viviendas de dos habitaciones en un barrio de una ciudad. Si el precio del alquiler tiene distribución normal con desviación típica de 247 € y una muestra aleatoria de 12 viviendas representativas del barrio proporciona un precio medio de 792 € al mes, construye un intervalo de confianza al 97 % para la media del alquiler de pisos de dos habitaciones en dicho barrio.

El precio medio del alquiler, $\bar{X}$, tiene distribución $N\left(\mu, \sigma = \frac{247}{\sqrt{12}} = 71{,}303\right)$.

Como $1-\alpha = 0{,}97$, $\frac{\alpha}{2} = 0{,}015$.

De la tabla de $N(0, 1)$: $P\left(Z < z_{0{,}015}\right) = 0{,}985 \Rightarrow z_{0{,}015} = 2{,}17$

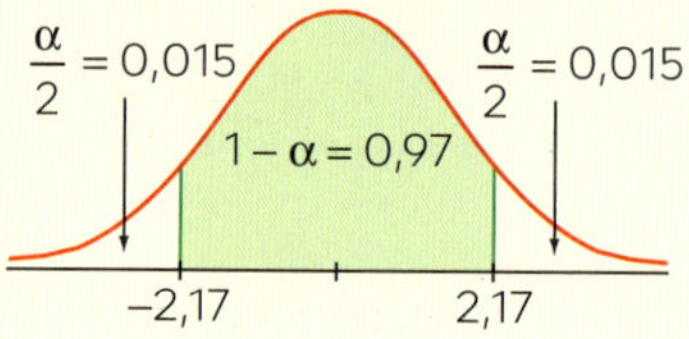

Luego el intervalo de confianza al 97 % para μ es:

$$IC_{0{,}95}(\mu) = (792 - 2{,}17 \cdot 71{,}303;\ 792 + 2{,}17 \cdot 71{,}303) = (637{,}27;\ 946{,}73)$$

Con una confianza del 97 %, se puede afirmar que el precio medio del alquiler mensual de una vivienda de dos habitaciones en ese barrio está entre 637,27 € y 946,73 €.

8 El peso de los huevos de una granja sigue una ley normal de media desconocida y desviación típica 1,23 gramos. Para estimar la media poblacional se ha tomado una muestra de dos docenas de huevos con un peso total de 1615,2 gramos. Halla un intervalo de confianza al 96 % para la media poblacional.

9 Los precios en euros de un producto se distribuyen según una normal. Se ha tomado una muestra de los precios de dicho producto en 9 comercios elegidos al azar en un barrio de una ciudad y se han encontrado los precios:

195, 208, 238, 212, 199, 206, 225, 201, 215

a. Estima el precio medio del producto y su error estándar.

b. Construye un intervalo de confianza al 90 % para el precio medio de este producto.

10 Para medir el coeficiente de inteligencia μ de una persona, se realizan tests cuya calificación es una variable aleatoria normal de media μ y desviación típica 20. Una persona realiza 9 tests independientes y se obtiene el siguiente intervalo de confianza para μ (120,35; 140,65). ¿Cuál es la media de la muestra de los 9 tests? ¿Y el nivel de confianza de ese intervalo?

11 El gasto anual por hogar en vestido y calzado en una localidad se puede aproximar por una distribución normal con desviación típica 215,38 €. Una muestra representativa de hogares de dicha localidad ha permitido obtener un intervalo de confianza al 95 % para el gasto medio anual en vestido y calzado por hogar: (1124,06; 1187,88). Calcula:

a. El gasto medio anual por hogar en vestido y calzado.

b. El número de hogares que formaron parte de la muestra.

12 La duración de un tipo de batería para teléfonos móviles es una variable aleatoria que sigue una distribución normal. Se toma una muestra aleatoria de diez baterías y se miden las siguientes duraciones (en meses):

15,7; 7,2; 21,6; 19,4; 14,5; 17,3: 15,2: 23,4: 20,3 y 15,8.

a. Calcula una estimación de la media y la desviación típica de la duración, en meses, de este tipo de baterías.

b. Construye un intervalo de confianza al 98 % para la duración media de este tipo de baterías.

3.2. Intervalos de confianza para la diferencia de medias

Sean $X_1, X_2, ..., X_n$ e $Y_1, Y_2, ..., Y_m$ muestras aleatorias de tamaños n y m, respectivamente, de dos variables aleatorias $X \sim N(\mu_X, \sigma_X^2)$ e $Y \sim N(\mu_Y, \sigma_Y^2)$ independientes, con medias desconocidas y varianzas conocidas. Se sabe que la distribución de la diferencia de las medias muestrales es:

$$\bar{X} - \bar{Y} \sim N\left(\mu_X - \mu_Y, \frac{\sigma_X^2}{n} + \frac{\sigma_Y^2}{m}\right)$$

De manera similar a la empleada en el intervalo de confianza para la media, se establece que el intervalo de confianza al $100(1-\alpha)\,\%$ para la diferencia de medias es:

$$IC_{1-\alpha}(\mu_X - \mu_Y) = \left(\bar{X} - \bar{Y} - z_{\frac{\alpha}{2}}\sqrt{\frac{\sigma_X^2}{n} + \frac{\sigma_Y^2}{m}},\ \bar{X} - \bar{Y} + z_{\frac{\alpha}{2}}\sqrt{\frac{\sigma_X^2}{n} + \frac{\sigma_Y^2}{m}}\right)$$

Si las varianzas son desconocidas y los tamaños muestrales suficientemente grandes, se puede utilizar el mismo intervalo de confianza al $100(1-\alpha)\,\%$ cambiando las varianzas por las cuasivarianzas muestrales:

$$IC_{1-\alpha}(\mu_X - \mu_Y) = \left(\bar{X} - \bar{Y} - z_{\frac{\alpha}{2}}\sqrt{\frac{S_X^2}{n} + \frac{S_Y^2}{m}},\ \bar{X} - \bar{Y} + z_{\frac{\alpha}{2}}\sqrt{\frac{S_X^2}{n} + \frac{S_Y^2}{m}}\right)$$

Estos intervalos también pueden utilizarse aunque las variables aleatorias no sigan una distribución normal, siempre y cuando los tamaños muestrales sean suficientemente grandes.

Si las varianzas poblacionales son desconocidas y los tamaños muestrales no son suficientemente grandes, no se deben utilizar estos intervalos para estimar la diferencia de las medias poblacionales.

13 Actividad resuelta

El tiempo hasta la primera avería de dos marcas diferentes de televisores sigue una distribución normal de media y varianza desconocidas. Dos muestras aleatorias de 50 televisores de cada una de las marcas dieron los siguientes resultados (en miles de horas): A: $\bar{X} = 20{,}1$ $S_x^2 = 16{,}65$ B: $\bar{Y} = 24{,}8$ $S_Y^2 = 27{,}86$

Encuentra intervalos de confianza al 90 % y al 98 % para la diferencia entre los tiempos medios de duración hasta la primera avería de ambas marcas.

Como $n = m = 50$ son suficientemente grandes, se puede calcular el intervalo usando las cuasivarianzas muestrales, aunque las varianzas sean desconocidas.

Al 90 % de confianza se tiene: $1-\alpha = 0{,}9 \Rightarrow \frac{\alpha}{2} = 0{,}05 \Rightarrow z_{\frac{\alpha}{2}} = 1{,}645$

$$IC_{0,90}(\mu_A - \mu_B) = \left(20{,}1 - 24{,}8 - 1{,}645\sqrt{\frac{16{,}65}{50} + \frac{27{,}86}{50}};\ 20{,}1 - 24{,}8 + 1{,}645\sqrt{\frac{16{,}65}{50} + \frac{27{,}86}{50}}\right) = (-6{,}25; -3{,}14)$$

Al 98 % se tiene: $1-\alpha = 0{,}98 \Rightarrow \frac{\alpha}{2} = 0{,}01 \Rightarrow z_{\frac{\alpha}{2}} = 2{,}33$

$$IC_{0,98}(\mu_A - \mu_B) = \left(20{,}1 - 24{,}8 - 2{,}33\sqrt{\frac{16{,}65}{50} + \frac{27{,}86}{50}};\ 20{,}1 - 24{,}8 + 2{,}33\sqrt{\frac{16{,}65}{50} + \frac{27{,}86}{50}}\right) = (-6{,}90; -2{,}50)$$

En ambos casos, se puede observar con claridad que los televisores de la marca A se averían, en promedio, antes que los de la marca B.

14 El contenido medio en azúcar de una muestra aleatoria de 50 envases de 2 L de un refresco de la marca A es de 248 g, con una cuasidesviación típica de 7,2 g. El contenido medio en una muestra de 40 envases del mismo tamaño de la marca B es de 320 g, con una cuasidesviación típica de 4,26 g. Obtén un intervalo de confianza al 97% para la diferencia de contenido medio en azúcar de las marcas A y B. A este nivel de confianza, ¿puede decirse que los envases de 2 L de la marca B tienen mayor contenido en azúcar que la marca A?

4 Intervalos de confianza para muestras grandes

4.1. Intervalos de confianza para la media

Si la distribución de la variable $X \sim N(\mu, \sigma)$ es normal, también es normal la distribución de la media muestral $\bar{X} \sim N\left(\mu, \frac{\sigma}{\sqrt{n}}\right)$. Si no se conoce la distribución de la variable, pero el tamaño de la muestra es suficientemente grande $(n \geq 30)$, se puede hacer uso del teorema central de límite y aproximar la distribución de la media muestral por una normal con la media y la varianza indicadas.

Sea $X_1, X_2, ..., X_n$ una muestra aleatoria de una característica X, cuya distribución tiene media μ, desconocida, y varianza σ^2 conocida. Si el tamaño de la muestra es suficientemente grande, el intervalo de confianza a nivel $1-\alpha$ es de la forma:

$$IC_{1-\alpha}(\mu) = \left(\bar{X} - z_{\frac{\alpha}{2}} \frac{\sigma}{\sqrt{n}}, \bar{X} + z_{\frac{\alpha}{2}} \frac{\sigma}{\sqrt{n}}\right)$$

Si no se conoce la varianza, y la muestra es suficientemente grande, se puede sustituir por la cuasivarianza muestral,

$$S_x^2 = \frac{1}{n-1}\sum_{i=1}^{n}(x_i - \bar{x})^2 = \frac{\sum_{i=1}^{n} x_i^2}{n-1} - \frac{n}{n-1}\bar{x}^2$$

que es un estimador insesgado de la varianza.

15 **Actividad resuelta**

Para una muestra de 256 jóvenes sin estudios superiores, menores de 30 años y con trabajo, el salario bruto anual en 2021 resultó, en promedio, de 19 407 €, con una desviación típica de 1247 €. Determina un intervalo de confianza al 95 % para la media del salario bruto anual de los jóvenes sin estudios superiores, menores de 30 años y con trabajo.

Se desconoce la distribución del salario de los jóvenes menores de 30 años sin estudios superiores, pero, dado que el tamaño de la muestra es suficientemente grande, $n = 256$, el teorema central del límite permite aproximar la distribución de la media muestral por una normal:

$$\bar{X} \sim N\left(\mu, \frac{1247}{\sqrt{256}}\right)$$

Siendo la media μ el parámetro desconocido de la población.

Como $1-\alpha = 0{,}95$, resulta $\frac{\alpha}{2} = 0{,}025$.

De las tablas de la $N(0,1)$ se obtiene que:

$$P(Z < z_{0,025}) = 1 - 0{,}025 = 0{,}975 \Rightarrow z_{0,025} = 1{,}96$$

También puede calcularse mediante hoja de cálculo de esta forma:

$$z_{0,025} = \text{INV.NORM.STAND}(0{,}975) = 1{,}96$$

Luego, el intervalo de confianza al 95 % para el salario bruto anual medio de la población, μ, es:

$$IC_{0,95}(\mu) = \left(19\,407 - 1{,}96\frac{1247}{\sqrt{256}};\ 19\,407 + 1{,}96\frac{1247}{\sqrt{256}}\right) = (19\,254{,}24;\ 19\,559{,}76)$$

16 **El tiempo de espera para ser atendido en un cierto establecimiento se puede aproximar por una variable aleatoria con una distribución de probabilidad de media μ desconocida y desviación típica de 3 minutos. Se toma una muestra aleatoria simple de tamaño 121.**

a. Determina un intervalo de confianza con un nivel del 95 % para μ, si la media de la muestra es 7 minutos.

b. Calcula la probabilidad de que el valor absoluto de la diferencia entre la media de la muestra y μ sea mayor que 0,5 minutos.

4.2. Intervalos de confianza para una proporción

En el caso de la proporción, p, de una variable de Bernoulli, Ber(p), si el tamaño, n, de la muestra aleatoria seleccionada es suficientemente grande, la distribución de la proporción muestral $\hat{p}$ se puede aproximar por una distribución normal de media $\mu = p$ y varianza $\sigma^2 = \frac{p(1-p)}{n}$, es decir, $\hat{p} \sim N\left(\mu = p,\ \sigma^2 = \frac{p(1-p)}{n}\right)$.

Por tanto, se puede escribir el intervalo de confianza para la proporción de forma similar al de la media muestral, pero teniendo en cuenta que la varianza σ^2 se estima por $\hat{\sigma}^2 = \frac{\hat{p}(1-\hat{p})}{n}$.

Si $X_1, X_2, ..., X_n$ es una muestra aleatoria de una característica $X \sim \text{Ber}(p)$ que se presenta en la población en una proporción desconocida p, un **intervalo de confianza** al $100(1-\alpha)\%$, si el tamaño de la muestra es suficientemente grande, tiene la forma:

$$IC_{1-\alpha}(p) = \left(\hat{p} - z_{\frac{\alpha}{2}}\sqrt{\frac{\hat{p}(1-\hat{p})}{n}},\ \hat{p} + z_{\frac{\alpha}{2}}\sqrt{\frac{\hat{p}(1-\hat{p})}{n}}\right)$$

Donde $z_{\frac{\alpha}{2}}$ es el valor de la distribución $N(0, 1)$ tal que $P\left(Z < z_{\frac{\alpha}{2}}\right) = 1 - \frac{\alpha}{2}$.

17 Actividad resuelta

Un fabricante de automóviles ha realizado un estudio de mercado en un determinado municipio y ha encontrado que, de una muestra aleatoria de 500 turismos, 80 de ellos son híbridos o eléctricos. Con un nivel de confianza del 94%, determina el intervalo de confianza para la proporción de turismos que son híbridos o eléctricos en este municipio.

El tamaño de la muestra es suficientemente grande, $n = 500$, y como $1-\alpha = 0{,}94$, resulta $\frac{\alpha}{2} = 0{,}03$. De las tablas de la $N(0, 1)$ se obtiene que:

$$P\left(Z < z_{0{,}03}\right) = 1 - 0{,}03 = 0{,}97 \Rightarrow z_{0{,}03} = 1{,}885$$

La proporción muestral de turismos híbridos o eléctricos es $\hat{p} = \frac{80}{500} = 0{,}16$.

Por tanto, el intervalo buscado es:

$$IC_{1-\alpha}(p) = \left(\hat{p} - z_{\frac{\alpha}{2}}\sqrt{\frac{\hat{p}(1-\hat{p})}{n}},\ \hat{p} + z_{\frac{\alpha}{2}}\sqrt{\frac{\hat{p}(1-\hat{p})}{n}}\right) = \left(0{,}16 - 1{,}885\sqrt{\frac{0{,}16 \cdot 0{,}84}{500}};\ 0{,}16 + 1{,}885\sqrt{\frac{0{,}16 \cdot 0{,}84}{500}}\right) = (0{,}129;\ 0{,}191)$$

18 Para estimar la proporción de personas con sobrepeso en una población se ha tomado una muestra aleatoria simple de 100 personas, de las cuales 21 tienen sobrepeso. Calcula el intervalo de confianza al 96% para la proporción de personas con sobrepeso en la población

19 En una muestra de 450 jóvenes, 110 han declarado que sus lecturas favoritas son cómics. Para un nivel del 90%, obtén un intervalo de confianza para la proporción de jóvenes cuya lectura favorita son los cómics.

20 Un distribuidor de naranjas asegura que no hay naranjas podridas en sus bolsas. Para verificar esta afirmación se toma una muestra aleatoria de 100 bolsas de las cuales 26 tenían alguna naranja podrida con una desviación típica estimada de 0,043. Con una confianza del 95%, ¿se puede rebatir la afirmación del distribuidor?

21 En una encuesta a 100 jóvenes de 10 a 19 años (adolescentes, según la OMS) de una localidad sobre el tiempo, en horas, que emplean a la semana usando tecnologías digitales, se obtuvo la siguiente distribución.

Horas (x_i)	4	5	6	7	8	10	10
n_i	8	12	22	24	15	14	5

Calcula intervalos de confianza al 95% para los siguientes parámetros.

a. El tiempo medio que dedican los adolescentes de esa localidad al uso de tecnologías digitales.

b. La proporción de adolescentes de la localidad que dedican más de 7 horas a la semana al uso de dichas tecnologías.

5 Error en la estimación por intervalos. Tamaño de la muestra

5.1. Error en la estimación por intervalos de confianza

Como se ha visto anteriormente, un intervalo de confianza ofrece una estimación del parámetro poblacional mediante un intervalo que, con una determinada confianza, contendrá el verdadero valor del parámetro.

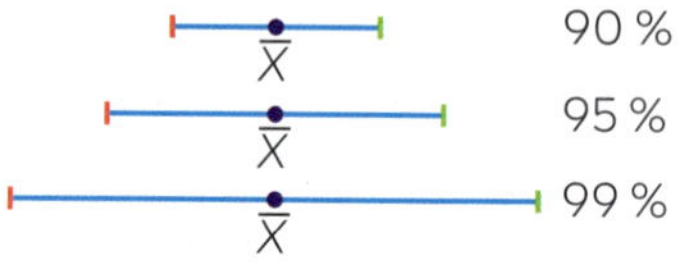

Cuanto menor sea la longitud del intervalo de confianza, mayor será la precisión con la que se estima el parámetro y, por tanto, menor será el error que se comete en dicha estimación. No obstante, en ese caso la confianza de que el intervalo contenga el "verdadero" valor del parámetro también será menor.

Este error de estimación está relacionado tanto con el nivel de confianza como con el tamaño muestral.

En general, en el intervalo de confianza para la media poblacional, se tiene que:

$$P\left(\overline{X}-z_{\frac{\alpha}{2}}\frac{\sigma}{\sqrt{n}}<\mu<\overline{X}+z_{\frac{\alpha}{2}}\frac{\sigma}{\sqrt{n}}\right)=P\left(-z_{\frac{\alpha}{2}}\frac{\sigma}{\sqrt{n}}<\overline{X}-\mu<z_{\frac{\alpha}{2}}\frac{\sigma}{\sqrt{n}}\right)=P\left(\left|\overline{X}-\mu\right|<z_{\frac{\alpha}{2}}\frac{\sigma}{\sqrt{n}}\right)=1-\alpha$$

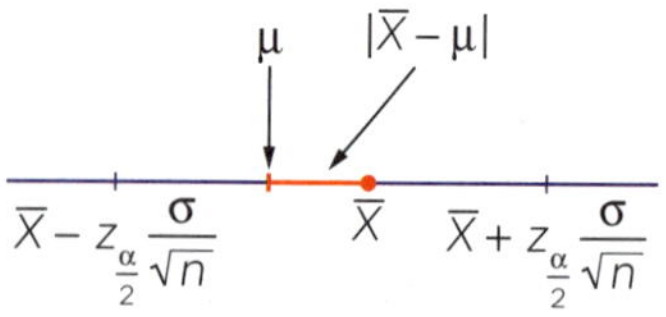

Y se puede afirmar que se estima μ con un error menor de $z_{\frac{\alpha}{2}}\frac{\sigma}{\sqrt{n}}$ al $100(1-\alpha)\,\%$ de confianza.

Se llama **error de una estimación** por intervalos de confianza, al nivel $1-\alpha$, a la mitad de la longitud del intervalo, es decir:

- Si se trata de un intervalo para la **media** μ de una población normal:

$$E=z_{\frac{\alpha}{2}}\frac{\sigma}{\sqrt{n}}$$

- Si se trata de un intervalo para la **proporción** p de una población Ber(p):

$$E=z_{\frac{\alpha}{2}}\sqrt{\frac{\hat{p}(1-\hat{p})}{n}}$$

22 Actividad resuelta

El tiempo medio de espera, en días, para el implante de una prótesis de rodilla en el servicio de traumatología de un hospital tiene distribución normal con desviación típica de 12 días. Una muestra aleatoria de 37 pacientes intervenidos en dicho hospital proporcionó un intervalo de confianza de (41, 49) días para el tiempo medio de espera. Calcula:

a. El error máximo de estimación.

b. El nivel de confianza.

a. Al estimar el tiempo medio de espera mediante el intervalo (41, 49), el error máximo es la mitad del intervalo: 4 días.

b. Como $E=z_{\frac{\alpha}{2}}\frac{\sigma}{\sqrt{n}}=4 \Rightarrow z_{\frac{\alpha}{2}}=\frac{4\sqrt{37}}{12}=2{,}0276\simeq 2{,}03 \Rightarrow \frac{\alpha}{2}=1-0{,}9788=0{,}0211$

De donde, $\alpha=0{,}0422$. Por tanto, el nivel de confianza del intervalo es:

$$1-\alpha=0{,}9588\cong 0{,}96$$

Es decir, se trata de un nivel de confianza del 96%.

5.2. Mínimo tamaño muestral para acotar el error en la estimación de la media

En la planificación y el diseño de un estudio, una decisión importante a tomar es la del tamaño de la muestra. Una muestra demasiado grande implica utilizar más recursos de los necesarios y una demasiado pequeña puede comprometer su fiabilidad.

Para determinar el tamaño de la muestra, deben establecerse previamente la precisión con la que se desea conocer la estimación del parámetro poblacional correspondiente y la probabilidad de que esa precisión sea igual o mejor que la establecida.

Sea X una característica de una población con media μ y varianza σ^2. En condiciones generales, se puede suponer que, para una muestra aleatoria de tamaño n, la media muestral $\bar{X}$ tiene distribución normal de media μ y varianza $\frac{\sigma^2}{n}$.

Mediante una muestra aleatoria simple se quiere estimar la media poblacional, μ, con un margen de error, d, y con una probabilidad pequeña, α, de que ese margen sea superado. Es decir:

$$P\left(\left|\bar{X}-\mu\right|\geq d\right)=\alpha \Rightarrow P\left(\left|\bar{X}-\mu\right|\leq d\right)=1-\alpha$$

Con α pequeño, habitualmente del orden del 0,1; 0,05 o 0,01.

En estas condiciones, considerando en primer lugar que la fracción de muestreo es despreciable, el **tamaño mínimo de la muestra necesario**, n_0, se obtiene a partir de que el error sea inferior a d:

$$E=z_{\frac{\alpha}{2}}\frac{\sigma}{\sqrt{n}}\leq d \Rightarrow n\geq z_{\frac{\alpha}{2}}^2\frac{\sigma^2}{d^2} \Rightarrow n_0=z_{\frac{\alpha}{2}}^2\frac{\sigma^2}{d^2}\text{, con } z_{\frac{\alpha}{2}}\text{, tal que } P\left(Z\leq z_{\frac{\alpha}{2}}\right)=1-\frac{\alpha}{2}.$$

Si la fracción de muestreo debe ser tenida en cuenta, entonces:

$$n=\frac{n_0}{1+\left(\frac{n_0}{N}\right)}$$

siendo N el tamaño de la población.

23 Actividad resuelta

Se desea elegir una muestra aleatoria simple para estimar la estatura media, en centímetros, de los estudiantes de un instituto de 800 alumnos, con una precisión de ±2 cm, suponiendo que se conoce la varianza poblacional de la estatura, 100 cm². Con un nivel de confianza del 90 %, ¿cuántos estudiantes deben elegirse?

En este caso $N=800$; $\sigma^2=100$; $\alpha=0{,}1$; $z_{0,05}=1{,}6449$

Y, en consecuencia $n_0=1{,}6449^2\frac{100}{4}=67{,}6\simeq 68$

Y si se tiene en cuenta la corrección por población finita $n=\frac{68}{1+\frac{68}{800}}=62$.

Si, como suele ser habitual, la varianza de la población no es conocida, se puede establecer la precisión en términos de la desviación típica, por ejemplo $d=1{,}2\sigma$ o $d=0{,}5\sigma$ o, en general, $d=k\sigma$ (k veces la desviación típica). En cuyo caso, el tamaño muestral queda:

$$n_0=z_{\frac{\alpha}{2}}^2\frac{\sigma^2}{d^2}=z_{\frac{\alpha}{2}}^2\frac{\sigma^2}{(k\sigma)^2}=\frac{z_{\frac{\alpha}{2}}^2}{k^2}$$

Donde resulta evidente que cuanto menor sea k, mayor será el tamaño de la muestra.

24 Se desea estimar el consumo medio de electricidad, en kWh, de las viviendas de una población, sabiendo que la desviación típica del consumo es 3 kWh. ¿Cuál debería ser el tamaño mínimo de la muestra de viviendas para que, con probabilidad superior a 0,95, la media muestral del consumo difiera de la media de la población en menos de 0,4 kWh? Contempla dos tipos de población:

a. Una gran ciudad.

b. Un pequeño pueblo de 150 viviendas habitadas.

25 Sea $X_1, X_2, \ldots, X_n$ una muestra aleatoria simple del peso al nacer, X, de los bebés de una maternidad en el último año. Se sabe que $X \sim N(\mu, \sigma^2)$, con ambos parámetros desconocidos. Se desea conocer el tamaño mínimo de la muestra para obtener una estimación de la media μ con un error máximo de $0{,}2\sigma$ y una confianza del 95%. Considera que en la maternidad el número de bebés nacidos en el último año es:

a. Suficientemente grande como para que la fracción de muestreo sea despreciable.

b. 482 bebés.

26 En un centro de salud se quiere estimar el nivel medio del colesterol en sangre de los pacientes mayores de 40 años. Se desea que la muestra sea lo suficientemente grande para que la probabilidad de que la media muestral no difiera de la poblacional en más del 25% de la desviación estándar sea 0,99. Estima el tamaño de la muestra si la población mayor de 40 años asignada al centro de salud es:

a. Urbana, muy grande y se puede despreciar el factor de corrección por población finita.

b. Rural y de aproximadamente 350 personas.

27 En una empresa, se desea conocer el tiempo medio que tardan los empleados en su desplazamiento desde casa al lugar de trabajo, de tal manera que, con una confianza del 95%, el tiempo medio estimado diste del tiempo medio real 5 minutos como máximo. Si una muestra piloto proporcionó una desviación típica de 30 minutos, calcula cuál debe ser el tamaño de la muestra aleatoria si se trata de una empresa con:

a. 20 000 empleados.

b. 1500 empleados.

c. 250 empleados.

5.3. Mínimo tamaño de la muestra en el muestreo de proporciones

Sea X la variable aleatoria que clasifica los elementos de la población en dos clases y sea p la proporción de elementos que pertenecen a una de las clases. Se tolera un margen de error d en la estimación de p y denominamos α a la probabilidad (pequeña) de que el error real sea superior a d. Es decir, $P\left(\left|\hat{p}-p\right| \geq d\right)=\alpha$, siendo $\hat{p}$ el estimador de p, obtenido de una muestra aleatoria simple, $X_1, X_2, \ldots, X_n$, de tamaño n de la población y se considera que la distribución de $\hat{p}$ es normal de media p y varianza $\frac{p(1-p)}{n}$.

Si el tamaño de la población es suficientemente grande como para despreciar la fracción de muestreo, una estimación del tamaño de la muestra viene dada por $n_0 = z^2_{\frac{\alpha}{2}} \frac{p(1-p)}{d^2}$.

Para un uso práctico, si p no es conocido se sustituye por una estimación previa, $\hat{p}$, si está disponible. Si no es así, se suele optar por elegir el valor que produce más incertidumbre, $p=0{,}5$. En todo caso, se calcula en primer lugar n_0 y si la fracción de muestreo, $\frac{n_0}{N}$, es despreciable, el tamaño muestral es n_0.

En caso contrario, el mínimo tamaño de la muestra requerida es $n=\frac{n_0}{1+\frac{n_0}{N}}$.

28 **Actividad resuelta**

En una determinada población, se quiere estudiar cuál es la proporción de personas con derecho a voto contrarias a la instalación de un cementerio nuclear en su municipio. Los promotores de la encuesta desean obtener la estimación de dicha proporción con una precisión de ±2 puntos porcentuales, de modo que, si de la muestra que se elija, el 60 % se pronunció en contra, el porcentaje de la población que esté en contra del cementerio se encuentre entre el 58 % y el 62 %. Además, con una probabilidad pequeña de, digamos, 0,05, el error real será mayor de los 2 puntos porcentuales deseados. ¿A cuántas personas se debería entrevistar, como mínimo, para obtener la precisión deseada en los resultados?

Se tiene que $d = 0{,}04$; $\alpha = 0{,}05$; $p = 0{,}5$

Entonces:

$$n_0 = 1{,}96^2 \frac{0{,}5 \cdot 0{,}5}{0{,}04^2} = 601$$

Si el municipio tiene, por ejemplo, 25 000 habitantes:

$$n = \frac{601}{1 + \frac{601}{25000}} = 587$$

A medida que el tamaño de la población aumenta, la diferencia entre n_0 y n disminuye.

29 **Una empresa asegura que la proporción de artículos defectuosos en un gran lote es $p = 0{,}1$. ¿Cuál debería ser el número mínimo de artículos a seleccionar de uno de esos grandes lotes para que la proporción de artículos defectuosos en la muestra difiera, como máximo, en 3 centésimas de la facilitada por la empresa con una probabilidad superior a 0,99?**

30 **Se cree que el 75 % de los habitantes de una gran ciudad vive en la periferia. Calcula el tamaño de la muestra mínimo para estimar la proporción de habitantes que viven en esa zona en los siguientes casos.**

a. Con un error inferior a 4 centésimas (0,04), con probabilidad igual o superior a 0,95.

b. En las mismas condiciones que en el apartado anterior, pero suponiendo que no se dispone de información alguna sobre la proporción de habitantes que viven en la periferia.

31 **Para estimar la proporción de estudiantes que, en una determinada región, han alcanzado el nivel mínimo de competencia lectora al finalizar la enseñanza secundaria obligatoria, se elige una muestra representativa que debe pasar una prueba.**

¿Cuál debe ser el tamaño de dicha muestra para que, con probabilidad igual o superior a 0,99, se estime la proporción de estudiantes en la región con una precisión inferior a 1 centésima? Calcúlalo en las dos situaciones siguientes:

a. Por estudios anteriores, se cree que 3 de cada 4 estudiantes alcanza ese nivel mínimo.

b. No se tiene información alguna sobre la proporción de estudiantes que alcanza ese nivel mínimo.

32 **Una encuesta a familias de una región con hijos en centros de Educación Primaria o Secundaria Obligatoria pretende conocer su satisfacción con la calidad de la educación. Si se selecciona una muestra aleatoria simple de tamaño $n = 1650$ y no se tiene conocimiento de los porcentajes que se estiman, ¿cuál es la precisión con que se realizan las estimaciones de las proporciones poblacionales, con un nivel de confianza de 0,95?**

6 Análisis de informaciones estadísticas. Ficha técnica de una encuesta

6.1. Diseño de estudios estadísticos relacionados con las Ciencias Sociales

Antes de la realización de una encuesta, es preciso planificar el experimento (estudio) de tal manera que se recojan los datos apropiados, que estos datos se analicen con métodos estadísticos adecuados y que se llegue a conclusiones válidas y objetivas. Este proceso se conoce como **diseño de experimentos o diseño de estudios estadísticos**.

Un experimento o estudio debe contar también con una planificación rigurosa en la que se recoja qué se va a estudiar, cómo se va a recoger la información y cómo se analizarán los datos recogidos. Para ello, en el diseño del estudio, es preciso reflejar con claridad al menos los siguientes aspectos:

a. Objetivos del experimento. Deben estar claramente definidos y explícitamente detallados.

b. Población Objetivo. Universo.

c. Unidad (experimental) de muestreo. En el caso de las ciencias sociales, puede ser la persona, la vivienda, la empresa, colegio...

d. Variables que se observarán o medirán. Deben detallarse las variables y la precisión deseada en las estimaciones de los parámetros poblacionales.

e. Método de muestreo, aleatorización y recogida de la información.

f. Tamaño de la muestra, que dependerá de la precisión que se desee en las estimaciones, buscando un equilibrio entre la precisión estadística y los costes con la posibilidad de realizar un estudio piloto.

g. Período en el que se llevará a cabo la recogida de la información. Trabajo de campo con la muestra seleccionada.

h. Controles de calidad y verificaciones.

i. Tratamiento de la información.

Ejemplo

El diseño de la Encuesta Europea de Salud en España (EESE) del año 2020, realizada por el INE, cuenta con los siguientes aspectos:

a. La EESE es un estudio a gran escala con el objetivo de conocer el estado de salud, los comportamientos relacionados con la salud y el uso y acceso a los servicios sanitarios de la población adulta no institucionalizada.

b. Población adulta, de 15 o más años de edad, no institucionalizada (hospitales, residencias, prisiones...) residente en viviendas familiares en España. Por cada CCAA se diseña una muestra independiente que la representa.

c. La EESE es una entrevista personal domiciliaria.

d. Se seleccionan indicadores de salud de la población adulta, que se obtienen a partir de un cuestionario común europeo administrado por ordenador (CAPI):
   - Estado de Salud (16 indicadores)
   - Determinantes de la salud (14 indicadores)
   - Asistencia sanitaria (14 indicadores)

e. Muestreo probabilístico estratificado en tres etapas por tamaño de municipio.
   - Las unidades de la primera etapa son las secciones censales.
   - Las unidades de la segunda etapa son las viviendas familiares principales. En cada vivienda seleccionada se investigan todos los hogares con residencia habitual dentro de ellas.
   - En la tercera etapa, dentro de cada hogar se selecciona una persona de 15 años o más.

f. Selección de 37500 viviendas en todo el país. (Se recogieron datos de 22072 personas). Falta de respuesta de 21,26%.

g. Un año, del 15 de julio de 2019 al 24 de julio de 2020.

h. Eliminación de inconsistencias. Depuración e imputación. Obtención de variables derivadas. Calibrado de la muestra. Factores de elevación.

i. Tablas de datos. Evolución de porcentajes. Estimaciones puntuales. Errores de muestreo. Estimaciones por intervalos. Coeficiente de variación.

6.2. Ficha técnica de un proceso de obtención de datos estadísticos

Una vez finalizado el estudio, la publicación de resultados debe ir acompañada de una ficha técnica que incluya la metodología y el proceso seguidos para la realización del estudio, social o económico.

Una **ficha técnica**, debe incluir, al menos, la siguiente información.

- Descripción de la población
- Definición de los objetivos del estudio
- Método de selección y tamaño de la muestra
- Unidad de muestreo
- Márgenes de confianza y/o error de los resultados
- Método de recogida de la información en campo
- Período de recogida de la información

Adicionalmente, la ficha técnica podría incluir la metodología seguida en el análisis estadístico de los resultados, así como el software estadístico utilizado.

La ficha técnica de un estudio debe servir para que los usuarios puedan interpretar correctamente los resultados y compararlos con estudios de similares características previos al estudio en curso, como por ejemplo: los barómetros mensuales del CIS, las encuestas periódicas de intención de voto...

La ficha técnica también es un indicador de la calidad del trabajo realizado, pues debe coincidir, en lo esencial, con el diseño del estudio previamente realizado.

Ejemplos

La siguiente tabla muestra las fichas técnicas de dos estudios estadísticos.

- El primero de ellos tiene como objetivo conocer las características de los empleados de empresas comercializadoras de café.
- El segundo, tiene como objetivo conocer las opiniones medioambientales de un sector de la población española.

Encuesta	Sobre empleados de comercializadoras de café	Sobre medioambiente
Población	Empresas comercializadoras de café en la Unión Europea.	Personas, mayores de 16 años, residentes en España
Objetivo(s)	Conocer las características de los empleados y su situación laboral	Conocer las opiniones medioambientales
Tipo de muestreo	Aleatorio simple	Estratificado por región (CCAA), tamaño de localidad, edad y sexo
Tamaño de la muestra	250 empresas	32 548 personas
Unidad de muestreo	La empresa	La vivienda
Nivel de confianza	90 %	95 %
Método de recogida de la información	Telefónica (CATI), empresa a empresa	Telefónica (CATI) y presencial (CAPI)
Periodo de recogida	De enero a Junio de 2021	Septiembre 2021 a julio 2022

Ejemplo

Ficha técnica de la fusión de los barómetros de septiembre a diciembre de 2020 del CIS.

- **Ámbito:** Nacional.
- **Población:** Población española de ambos sexos de 18 años y más.
- **Tamaño de la muestra:** 14000 entrevistas (diseñadas); 13498 (realizadas).
- **Afijación:** No proporcional.
- **Ponderación:** Se aplican coeficientes de ponderación para asegurar la representatividad de la muestra.
- **Selección de la muestra:** aleatoria de teléfonos fijos y móviles, las personas se han seleccionado mediante cuotas de edad y sexo en muestreo estratificado de las 17 comunidades y las dos ciudades autónomas y el tamaño de la población dividido en 7 categorías (igual o menos de 2000 habitantes; de 2001 a 10000; de 10001 a 50000; de 50001 a 100000; de 100000 a 400000; de 400001 a 1000000; y más de 1000000 de habitantes).
- **Error muestral:** para un nivel de confianza del 95,5 % y $p = q$, el error estimado es ±0,0 % para el conjunto de la muestra.
- **Fecha de realización:** del 1 de septiembre al 9 de diciembre de 2020.

El término de error de la ficha técnica se explica de la siguiente manera. El error del intervalo de confianza de una proporción verifica:

$$E = z_{\frac{\alpha}{2}}\sqrt{\frac{\hat{p}(1-\hat{p})}{n}} \leq z_{\frac{\alpha}{2}}\sqrt{\frac{1}{4n}}$$

Porque el caso más desfavorable es aquel en el que $p = 1 - p = 0,5$.

Según la ficha técnica del estudio, $n = 13498$, $1-\alpha = 0,955$ y $z_{0,0225} = 2,005$, que en el caso más desfavorable es:

$$E \leq 2,005\sqrt{\frac{1}{4 \cdot 13498}} = 0,00863$$

Que es ligeramente superior al error estimado en el estudio (0,0 %).

NOTA: Si se elige $n = 14000$, el error resulta $E \leq 0,00847$, muy parecido al anterior debido a que la tasa de repuesta es muy alta.

33 **La dirección de un centro educativo está interesada en conocer la opinión de los estudiantes de todos los cursos a partir de primero de ESO, sobre determinados servicios que presta el centro.**

a. Diseña un estudio estadístico.

b. Elabora una ficha técnica que sirva para la realización de tal encuesta.

34 **La consejería de turismo de una comunidad autónoma está interesada en conocer la opinión de los turistas mayores de 18 años que visitan una ciudad de esta comunidad.**

a. Diseña un estudio estadístico.

b. Elabora una ficha técnica que sirva para la realización de tal encuesta.

35 **La autoridad educativa quiere diseñar una encuesta con el objetivo principal de estimar la proporción de jóvenes menores de 25 años que abandonaron sus estudios. Diseña como sería esta encuesta y la ficha técnica correspondiente.**

CONCEPTOS CLAVE

Estimación puntual

Parámetro: Valor característico desconocido de la distribución de la que provienen los datos.

Estimador puntual: Cualquier variable aleatoria que sea función de la muestra y sirva para inferir el valor del parámetro desconocido.

El **valor del estimador** en una realización concreta de la muestra es una estimación particular del valor del parámetro desconocido.

Un estimador es **insesgado** si su media coincide con el parámetro desconocido.

Un estimador es más **eficiente** que otro si tiene menor varianza.

Intervalos de confianza para poblaciones normales

Nivel de confianza: $1-\alpha$ $\quad P\left(Z<z_{\frac{\alpha}{2}}\right)=1-\frac{\alpha}{2}$ $\quad Z \sim N(0, 1)$

Para la media de una población normal, varianza conocida	$\left(\bar{X} \pm z_{\frac{\alpha}{2}} \frac{\sigma}{\sqrt{n}}\right)$	$\bar{X}$: media muestral σ: desviación típica de la población n: tamaño de la muestra
Para el total de una población normal, varianza conocida	$\left(N\bar{X} \pm z_{\frac{\alpha}{2}} \frac{\sigma}{\sqrt{n}}\right)$	
Para la diferencia de medias con varianzas conocidas	$\left(\bar{X}-\bar{Y} \pm z_{\frac{\alpha}{2}} \sqrt{\frac{\sigma_X^2}{n}+\frac{\sigma_Y^2}{m}}\right)$	$\bar{X}$ e $\bar{Y}$ medias muestrales de X e Y σ_X^2 y σ_Y^2: varianza de las poblaciones X e Y n y m: tamaño de las muestras de X e Y

Intervalos de confianza para muestras grandes ($n > 30$)

Nivel de confianza: $1-\alpha$ $\quad P\left(Z<z_{\frac{\alpha}{2}}\right)=1-\frac{\alpha}{2}$ $\quad Z \sim N(0, 1)$

Para la media de una población, varianza conocida	$\left(\bar{X} \pm z_{\frac{\alpha}{2}} \frac{\sigma}{\sqrt{n}}\right)$	$\bar{X}$: media muestral σ: desviación típica de la población
Para la media de una población, varianza desconocida	$\left(\bar{X} \pm z_{\frac{\alpha}{2}} \frac{S}{\sqrt{n}}\right)$	$\bar{X}$: media muestral S: cuasidesviación típica muestral
Para la proporción p de una Ber(p)	$\left(\hat{p} \pm z_{\frac{\alpha}{2}} \sqrt{\frac{\hat{p}(1-\hat{p})}{n}}\right)$	$\hat{p}$: proporción muestral

Error y tamaño de la muestra

Intervalo de confianza	Error de estimación	Tamaño de la muestra
$\left(\bar{X} \pm z_{\frac{\alpha}{2}} \frac{\sigma}{\sqrt{n}}\right)$	$E = z_{\frac{\alpha}{2}} \frac{\sigma}{\sqrt{n}}$	$n \geq \left(\frac{z_{\frac{\alpha}{2}}\sigma}{E}\right)^2$
$\left(\hat{p} \pm z_{\frac{\alpha}{2}} \sqrt{\frac{\hat{p}(1-\hat{p})}{n}}\right)$	$E = z_{\frac{\alpha}{2}} \sqrt{\frac{\hat{p}(1-\hat{p})}{n}}$	$n \geq \hat{p}(1-\hat{p})\left(\frac{z_{\frac{\alpha}{2}}}{E}\right)^2$

ACTIVIDADES FINALES

Actividades

Actividad resuelta

1 Se toma una muestra aleatoria simple de la edad de 16 empleados de una empresa, obteniéndose las siguientes edades.

30 42 38 45 52 60 21 26 33 44 28 49 37 41 38 40

Se supone que la edad de los empleados tiene distribución normal.

a. Calcula la media de la muestra y su error estándar.

b. Si la varianza poblacional es 95, construye un intervalo de confianza al 97 % para estimar la edad media de los empleados.

c. Calcula el tamaño mínimo de la muestra que se ha de tomar para estimar la media de la edad de los empleados, con un error inferior a 2 años y un nivel de confianza del 99 %.

a. La media de la muestra es:

$$\overline{x}=\frac{30+42+38+45+52+60+21+26+33+44+28+49+37+41+38+40}{16}=39$$

La cuasivarianza y la cuasidesviación típica de la muestra son:

$$S_{15}^2=\frac{1}{15}\sum_{j=1}^{16}x_j^2-\frac{16}{15}\overline{x}^2=101{,}46667 \Rightarrow S_{15}=10{,}0731$$

El error estándar de la media muestral es: $S_{\overline{x}}=\frac{S_{n-1}}{\sqrt{n}}=\frac{10{,}0731}{\sqrt{16}}=2{,}5183$

b. La variable X: "Edad de los empleados" tiene distribución $N\left(\mu;\ \sigma=\sqrt{95}=9{,}7468\right)$.

$$1-\alpha=0{,}97;\quad \alpha=0{,}03;\quad \frac{\alpha}{2}=0{,}015;\quad z_{\frac{\alpha}{2}}=2{,}17$$

$$IC_{0,97}(\mu)=\left(\overline{x}-z_{0,015}\frac{\sigma}{\sqrt{n}};\ \overline{x}+z_{0,015}\frac{\sigma}{\sqrt{n}}\right)=\left(39-2{,}17\frac{9{,}7468}{\sqrt{16}};\ 39+2{,}17\frac{9{,}7468}{\sqrt{16}}\right)=(33{,}71;\ 44{,}29)$$

c. Al estimar la edad mediante un intervalo de confianza al 99 %, el error máximo que se comete es:

$$E=z_{0,005}\frac{\sigma}{\sqrt{n}}=2{,}58\frac{9{,}7468}{\sqrt{n}}\le 2 \Rightarrow n\ge\left(\frac{2{,}58\cdot 9{,}7468}{2}\right)^2=158{,}09 \Rightarrow n=159 \text{ empleados}$$

2 Una granja familiar de cría de pollos dispone de 45 ejemplares para su venta. Con el fin de estimar su peso medio, se eligen aleatoriamente 8 pollos y su peso, en kg, es:

2,6 3,8 3,0 2,9 2,2 3,1 3,5 3,4

a. Estima el peso medio de la población y su error estándar.

b. Repite el apartado anterior considerando población infinita.

c. Compara ambas estimaciones y reflexiona sobre cuál es la más adecuada.

d. Estima el peso total de los pollos y su error estándar. Valora la precisión de la estimación.

3 De 500 estudiantes encuestados, elegidos mediante muestreo aleatorio simple, 380 son usuarios de una determinada red social.

a. Estima la proporción de estudiantes que son usuarios de dicha red social. Calcula el error estándar de la estimación.

b. Construye un intervalo de confianza al 97% para la proporción de estudiantes que son usuarios de esa red social.

c. Si se mantiene la proporción muestral, calcula el número mínimo de estudiantes a los que hay que entrevistar para que, al 96% de confianza, el error cometido al estimar dicha proporción no supere los 2 puntos porcentuales.

4 Los directivos de una empresa desean estimar el tiempo medio que tardan los empleados en llegar al puesto de trabajo desde sus domicilios. Admitimos que dicho tiempo sigue una distribución normal de desviación típica 8 minutos. Se elige al azar una muestra de 10 empleados de esa empresa, obteniéndose los siguientes resultados, expresados en minutos:

10 17 8 27 6 9 32 5 21 16

a. Determina un intervalo de confianza al 92% para la media poblacional.

b. Con una confianza del 95,5%, ¿qué tamaño muestral mínimo sería necesario para estimar el tiempo medio con un error inferior a 1,5 minutos?

c. Si la empresa tiene 150 empleados, ¿cuál es la estimación del total del tiempo que tardan en llegar al puesto de trabajo? ¿Y su varianza?

5 Se supone que el gasto por persona en las rebajas de enero sigue una distribución normal. En la ciudad A es $N(\mu_A, \sigma_A = 40)$, y en la ciudad B, $N(\mu_B, \sigma_B = 50)$. Para estimar el gasto medio por persona, μ_A, en la ciudad A, se ha seleccionado una muestra aleatoria de 100 personas y se ha obtenido un gasto medio de 225 €. Y para estimar el gasto medio por persona en B se eligió una nuestra de 150 personas cuyo gasto medio ascendió a 350 €.

a. Construye un intervalo de confianza para la diferencia del gasto medio por persona en ambas ciudades.

b. ¿Se puede afirmar, con un nivel de significación del 5%, que el gasto medio por persona en B es mayor que en A?

6 El tiempo de espera para ser atendido en la caja de un establecimiento sigue una distribución normal con desviación típica σ.

a. Calcula el tamaño mínimo de la muestra para estimar, con un nivel de confianza del 95%, el tiempo medio de espera con un error que no sea superior a media desviación típica.

b. ¿Cuál es dicho tamaño mínimo para un nivel de confianza del 99%? Compáralo con el anterior.

7 Relaciona y contesta.

Problemas

8 Para estimar la proporción de individuos mayores de edad de una localidad que están en contra de la construcción de una central nuclear en su término municipal, se pregunta aleatoriamente a 100 de ellos, resultando que 45 rechazan la construcción de la central.

a. Calcula un intervalo de confianza al 92% para estimar la proporción real de individuos de esa localidad que están en contra de la construcción de la central.

b. Suponiendo que se mantiene la misma proporción muestral y el mismo nivel de confianza del apartado anterior, calcula el tamaño mínimo de la muestra que hay que tomar para que, al estimar la proporción de individuos de esa localidad que rechazan la construcción de la central, el error cometido sea inferior a 5 puntos porcentuales.

9 Se desea estimar la proporción de estudiantes de bachillerato que, en una determinada ciudad, deben utilizar transporte público para ir a su centro escolar. Para ello, se debe elegir una muestra representativa de estos estudiantes. Se pide:

a. Si, por estudios previos, se sabe que dicha proporción es 0,25, ¿cuál debe ser el tamaño de la muestra si el error estándar de la proporción estimada tiene que ser inferior a una décima?

b. Se toma una muestra de 50 estudiantes y se observa que 12 toman transporte público. Calcula el intervalo de confianza al 98% para la proporción de estudiantes que utilizan transporte público.

c. ¿De qué tamaño se debe elegir la muestra para que el error máximo en la estimación por intervalo de confianza de la proporción sea menor de 0,15, con un nivel de confianza del 98%?

10 Un estudio sobre la proporción de habitantes mayores de 60 años, sin dispositivos móviles, de una determinada ciudad, ha dado el intervalo de confianza (0,1804; 0,2196), con un nivel de confianza del 95%. Suponiendo que dicha proporción se puede aproximar por una distribución normal:

a. ¿Cuál es la proporción muestral de habitantes sin dispositivos móviles?

b. ¿Cuál es el tamaño de la muestra utilizado?

c. Con un nivel de confianza del 99% y con la misma información muestral, ¿cuál sería el correspondiente intervalo?

11 **El peso de las manzanas de una parcela tiene distribución normal. Una muestra aleatoria de 12 manzanas da los siguientes pesos (en gramos):**

178, 221, 196, 231, 210, 168,

203, 186, 196, 214, 230, 224

a. Estima la media del peso de las manzanas de la parcela y su error estándar. Justifica si fuera necesaria una muestra más grande para mejorar la precisión de la estimación.

b. Si la parcela tiene 25 manzanos y cada manzano produce, de media, 120 manzanas, estima, en kilogramos, el peso total de las manzanas de la parcela y su error estándar.

c. Suponiendo que la desviación típica del peso de las manzanas de la parcela es 20 g, construye un intervalo de confianza al 93 % para la media del peso de las manzanas.

d. Calcula cuál debería ser el tamaño de la muestra para que el intervalo de confianza del 93 % tenga una amplitud inferior o igual a 8 g.

12 **La duración en kilómetros de los neumáticos de una cierta marca se puede aproximar por una variable aleatoria con distribución normal de media μ desconocida y desviación típica igual a 3000 kilómetros.**

a. Se toma una muestra aleatoria simple de 100 neumáticos y se obtiene una media muestral de 48 000 kilómetros. Determina un intervalo de confianza con un nivel del 90 % para μ.

b. Calcula el tamaño mínimo que debe tener la muestra para que el valor absoluto de la diferencia entre la media de la muestra y μ sea menor o igual a 1000 kilómetros, con probabilidad mayor o igual que 0,95.

13 **En una población, de una muestra representativa de 450 jóvenes menores de 25 años, 124 solo tienen estudios básicos.**

a. Estima la proporción de jóvenes menores de 25 años, en esa población, que solo tienen estudios básicos, junto con su error estándar.

b. Construye un intervalo de confianza, al 95%, para la proporción de estudiantes de la población que solo tienen estudios básicos.

c. Calcula cuál debería ser el tamaño de la muestra si el error máximo al estimar la proporción debe ser inferior a 3 centésimas.

14 **Se supone que el gasto que hacen los individuos de una determinada población en regalos de Navidad se puede aproximar por una variable aleatoria con distribución normal de media μ y desviación típica igual a 45 €.**

a. Se toma una muestra aleatoria y se obtiene el intervalo de confianza (251,6; 271,2) para μ, con un nivel de confianza del 95 %. Calcula la media muestral y el tamaño de la muestra elegida.

b. Dada una muestra aleatoria de tamaño 64 para estimar μ, calcula el error máximo cometido por esa estimación con un nivel de confianza del 90 %.

15 **Las tensiones de ruptura de los cables fabricados por una empresa siguen una distribución normal $N(\mu, \sigma = 120)$. A partir de una muestra de 70 cables se ha obtenido una tensión media de ruptura de 2100 kilos.**

a. Halla un intervalo de confianza al 95 % para la tensión media de ruptura.

b. ¿Qué tamaño deberá tener la muestra para obtener un intervalo de confianza al 99 % con una amplitud igual a la del anterior?

16 **Se hace una encuesta sobre el nivel de conocimientos generales de los estudiantes de bachillerado de una determinada ciudad. Para ello, elige una muestra aleatoria de 9 de esos estudiantes, a los que se realiza un examen. Las calificaciones obtenidas han sido:**

7,8 6,5 5,4 7,1 5,0 8,3 5,6 6,6 6,2

Se supone que la variable objeto de estudio sigue una distribución normal de desviación típica 1. Determina un intervalo de confianza al 98 % para la media de las calificaciones del examen.

17 **En una población, a partir de una muestra de 289 viviendas se obtuvo el intervalo de confianza (128,76; 134,32) para el gasto medio mensual (en euros) en energía eléctrica. Sabiendo que la varianza del gasto en electricidad es 729 €:**

a. ¿Cuál es el gasto medio mensual estimado obtenido de la muestra? ¿Y el error máximo de estimación cometido? ¿Y el nivel de confianza con que se obtuvo el intervalo?

b. Calcula cuál debería ser el tamaño de la muestra si se quiere, en las mismas condiciones, que el error máximo se reduzca a la mitad.

c. Usando como valor de la media la estimación puntual obtenida en el apartado a, y tomando una muestra de 576 hogares, ¿cuál es la probabilidad de que el gasto medio en electricidad de dichos hogares sea mayor que 130 €?

18 La temperatura durante los meses de verano en una ciudad sigue una distribución normal con una desviación típica de 5 °C. Elegida una muestra y con un nivel de confianza del 98 %, se obtiene el intervalo (25 °C, 30 °C). Calcula la media y el tamaño de la muestra elegida. Detalla los pasos realizados para obtener los resultados.

19 En una encuesta electoral se ha preguntado, entre otras, por la intención de voto a determinado partido político *A*. La ficha técnica informa que se entrevistó a 1200 personas y que el error es inferior a ±2,7%. De las 1200 personas, 340 dijeron que votarían al partido *A*. ¿Cuál es el nivel de confianza de esta afirmación?

Si se desea obtener una estimación por intervalo con una precisión de ±1,5 %, al 97 % de confianza, ¿cuál debería ser el número de personas entrevistadas?

20 Para hacer un estudio de las horas de duración de la batería de un juguete, se toma una muestra aleatoria de 10 de estas baterías, siendo el número de horas de duración obtenida de:

4,2 4,6 5,0 5,7 5,8 5,9 6,1 6,2 6,5 7,3

Si la variable *X*: "número de horas de duración de la batería" tiene distribución normal con desviación típica 2,1 horas:

a. Halla el intervalo de confianza para el número medio de horas de duración de la batería con un nivel de confianza del 93 %.

b. Explica razonadamente cómo podríamos disminuir la amplitud del intervalo de confianza.

c. ¿Se puede afirmar que 4 horas es la media poblacional μ del número de horas de duración de la batería con una probabilidad del 90 %? Razona tu respuesta.

21 Se desea estimar la proporción de individuos con sobrepeso en una población. Para ello se va a tomar una muestra aleatoria simple y se va a determinar, de cada individuo, si tiene sobrepeso o no, y a partir de los resultados se construirá un intervalo de confianza para la proporción de individuos con sobrepeso en la población. El intervalo se hará a un nivel de confianza del 96 %.

a. Si se quiere que el intervalo no tenga una amplitud mayor que 0,1, ¿qué tamaño de la muestra debemos escoger?

b. Se decide tomar una muestra de tamaño 200 individuos, de los cuales 40 tienen sobrepeso. Calcula el intervalo de confianza al 96 % para la proporción de individuos con sobrepeso en la población.

22 Las puntuaciones en las pruebas de acceso a la universidad siguen una ley normal de media desconocida. En la universidad *A* la desviación típica es 1,8 puntos, mientras que en la *B*, es de 2,2 puntos. En una muestra de 36 alumnos de la universidad *A* se ha obtenido una puntuación media de 5,5 puntos y en una muestra de 48 de la universidad *B*, la media ha sido de 7,2 puntos.

a. Calcula un intervalo de confianza del 90 % para la diferencia de las puntuaciones medias en *A* y *B*.

b. ¿Se puede afirmar que las puntuaciones medías son mejores en la universidad *B* que en la *A*, al 90 % de confianza?

23 Se desea estimar la proporción *p* de individuos daltónicos de una población a través del porcentaje observado de una muestra aleatoria de tamaño *n* de la población. Por estudios en poblaciones similares, se piensa que el porcentaje de daltónicos está en torno al 30 %.

a. Calcula el tamaño de la muestra para que, con un nivel de confianza del 95 %, el error máximo cometido en la estimación de *p* por intervalo de confianza sea inferior a 3 centésimas.

b. Si se toma una muestra de 64 individuos y se observa que un 35 % son daltónicos, razona si con una confianza del 99 %, se puede asumir la conjetura inicial del 30 % de daltónicos.

24 En una encuesta realizada a 1200 personas de una ciudad, mayores de 25 años, resulta que 481 tienen estudios superiores.

a. Obtén un estimador puntual de la proporción de personas mayores de 25 años que tienen estudios superiores en dicha población y calcula su error estándar.

b. Construye un intervalo de confianza al 97 % para la proporción de personas de la población con estudios superiores.

c. Si la población mayor de 25 años es de 15 000 personas, con el 97 % de confianza, ¿entre qué límites está el número total de personas mayores de 25 años que tiene estudios superiores?

25 La ficha técnica del estudio "*Influencers* en redes sociales" indica que se ha encuestado a 1096 residentes en España de 16 a 55 años. La muestra se ha tomado de manera estratificada, con muestreo aleatorio simple en cada estrato. El error de estimación de la proporción de los que se declaran seguidores de *influencers* es de ±3 % al 95,5 % de confianza. Identifica la población, el diseño muestral, el tamaño muestral, y el parámetro estimado.

26 **En una muestra aleatoria dirigida a estudiantes de bachillerato de una región, 150 afirman que participan en actividades de voluntariado, y 350, que no realizan ese tipo de actividades.**

a. Estima la proporción de estudiantes que realizan actividades de voluntariado y su error estándar.

b. Construye un intervalo de confianza para la proporción de estudiantes que no realizan actividades de voluntariado, con un nivel de confianza del 96%.

c. ¿Cuál debería ser el tamaño mínimo de la muestra necesaria para estimar la proporción de estudiantes que realizan actividades de voluntariado con un error máximo de 1 centésima y un nivel de confianza del 92%?

27 **Una conservera envasa latas de sardinas, cuyo peso sigue una distribución normal con media μ y $\sigma = 1$. Para estimar el valor de μ, se selecciona una muestra de 30 latas, que proporciona el intervalo (79,81; 80,49) como estimador de μ.**

a. Calcula el peso medio de la muestra de 30 latas.

b. ¿Cuál es el nivel de confianza con el que se ha construido el intervalo?

c. Determina el tamaño muestral mínimo para que, con un 99% de confianza, se estime el valor de la media con un error menor a 0,2 gramos.

28 **Una compañía aérea desea analizar la eficiencia de su sistema de recuperación de equipajes perdidos por sus pasajeros. Para ello, realiza una encuesta a 250 pasajeros que perdieron el equipaje. De estos, 220 lo recuperaron.**

a. Calcula la estimación puntual de la proporción de equipajes recuperados y su error estándar.

b. Escribe el intervalo de confianza al 99% para la proporción poblacional de equipajes recuperados.

29 **El peso, en kg, de las mochilas escolares de los niños de 5.º y 6.º de primaria puede considerarse que tiene distribución normal de media μ kg y desviación típica $\sigma = 1{,}5$ kg.**

a. Si una muestra aleatoria de dichas mochilas proporciona una estimación de μ mediante un intervalo de confianza al 95%, de amplitud 0,49 kg, ¿cuál fue el número de mochilas seleccionadas en la muestra?

b. Si $\mu = 6$ kg y se selecciona una muestra aleatoria de 225 mochilas, calcula la probabilidad de que el peso medio muestral supere los 5,75 kg (cantidad máxima recomendada para estos cursos).

30 **En una población *A* se ha tomado una muestra aleatoria de 36 facturas de consumo mensual de luz (en euros) en hogares. El intervalo de confianza al 95% para el consumo medio en *A* ha sido (60,1; 69,9) euros. Suponiendo que el consumo de luz en euros sigue una distribución normal:**

a. Calcula el consumo medio muestral de luz en *A*.

b. ¿Cuál es la varianza del consumo de luz en *A*?

En otra población *B*, una muestra de 50 facturas de consumo mensual de luz (en euros) proporciona una media muestral de 61€ con una desviación típica de 10€.

c. Calcula un intervalo de confianza al 95% para la diferencia de las medias de consumo mensual de luz (en euros) en las poblaciones *A* y *B*.

d. ¿Se puede afirmar que el consumo mensual de luz es mayor en *A* que en *B*?

31 **Para estimar la proporción de habitantes que es favorable a la construcción de un centro comercial en un municipio, se ha obtenido el intervalo de confianza (0,31; 0,39), al 94%.**

a. ¿Cuál ha sido el valor de la proporción muestral?

b. Si la muestra aleatoria elegida de esa población para el estudio fue de 500 personas, ¿cuántas de ellas deseaban la construcción del centro comercial?

c. Se desea repetir el estudio para obtener un intervalo de confianza con un error máximo de 0,03 y el mismo nivel de confianza. ¿Cuántas personas, como mínimo, debe tener la nueva muestra aleatoria?

32 **En un tramo peligroso de una carretera, se sabe que la velocidad a la que circulan los vehículos sigue una distribución de media desconocida y desviación típica $\sigma = 15$ km/h. Se tomó una muestra aleatoria de 400 vehículos que circulaban por dicho punto peligroso, y se comprobó que la velocidad media de los vehículos de dicha muestra era de 110 km/h.**

a. Halla un intervalo de confianza para la media poblacional de la velocidad de circulación en el tramo peligroso, al 95% de confianza.

b. Explica razonadamente el efecto que tendría sobre el intervalo de confianza el aumento o la disminución del nivel de confianza.

33 Una organización de consumidores, tras algunas denuncias sobre el peso que marca un producto (250 g), toma una muestra aleatoria simple de 115 envases de este producto. El peso medio observado es 245 g. Se supone que el peso del producto por envase tiene una distribución normal con una desviación estándar de 5 g.

a. Construye un intervalo de confianza, al 95 %, para el peso medio de este producto. Con esta confianza, ¿puede afirmarse que hay fraude en el peso del producto? Razona la respuesta.

b. Para estimar, mediante un intervalo de confianza, el peso medio del producto con un error máximo de 2 g y una confianza del 90 %, ¿cuál es el tamaño de muestra mínimo necesario?

34 La ficha técnica de un sondeo electoral indica que se ha encuestado a 1207 individuos de 18 o más años residentes en España. La muestra se ha tomado de manera estratificada por grupos de edad y sexo, con muestreo aleatorio simple en cada estrato. El error de estimación de la proporción de individuos que acudirá a votar en las próximas elecciones es de $\pm 2{,}8\,\%$ con un nivel de confianza del 95,5 %. Identifica los siguientes elementos: población, diseño muestral, tamaño muestral y parámetro estimado.

35 El saldo en cuenta a fin de año de los clientes de un banco es una variable aleatoria con distribución normal de desviación típica igual a 400 €. Con el fin de estimar la media del saldo en cuenta a fin de año para estos clientes, se elige una muestra aleatoria simple de 100 clientes.

a. ¿Cuál es el nivel máximo de confianza de la estimación si se sabe que el valor absoluto de la diferencia entre la media muestral y la media poblacional es menor o igual que 66 €?

b. Calcula el tamaño mínimo necesario de la muestra que ha de observarse para que el valor absoluto de la diferencia entre la media muestral y la media poblacional sea menor o igual que 40 €, con un nivel de confianza del 95 %

36 Se quiere estimar la proporción, p, de declaraciones de la renta fraudulentas en una región.

a. ¿Cuál es el tamaño muestral mínimo necesario para que pueda estimarse p a partir de la proporción muestral, con un error de estimación máximo de 0,026 y al 90 % de confianza?

b. En una muestra aleatoria de 1000 declaraciones, 110 de ellas eran fraudulentas. Obtén, con un nivel de confianza del 90 %, un intervalo para estimar la proporción de declaraciones fraudulentas.

Comprueba lo que has aprendido

1 El gasto, en euros por cliente, en un supermercado sigue una distribución normal. Se selecciona aleatoriamente una muestra de 10 clientes y se obtiene, en euros:

49,8; 34,4; 42,1; 55,7; 54,9;

53,0, 54,6; 53,3, 68,9; 42,4

a. Estima el gasto medio por cliente en dicho día y su error estándar.

b. Si ese día, el supermercado atendió a 237 clientes, estima el ingreso total del supermercado y su error estándar.

c. Calcula un intervalo de confianza, al 95 %, para el gasto medio diario.

d. Con una confianza del 90 %, ¿entre qué limites estará el gasto mensual por cliente?

e. Calcula el tamaño mínimo de la muestra para que el error máximo en la estimación de la media diaria sea de 5 €.

2 Una importante compañía aérea asegura en su publicidad que opera más del 85 % de sus vuelos con puntualidad. De una muestra aleatoria de 400 vuelos del último trimestre, 322 operaron con puntualidad.

a. Con una confianza del 93 %, ¿se puede creer la publicidad de la compañía?

b. Calcula el tamaño mínimo de la muestra necesaria para que, con una confianza del 93 %, la estimación de la proporción tenga un error máximo de 3 puntos porcentuales.

3 El nivel de colesterol en sangre se supone que sigue una distribución normal. En una muestra de 300 personas de la población A, la media muestral del colesterol en sangre es 189 mg/dl, con una desviación típica de 40 mg/dl. En la población B, la analítica de 180 personas proporcionó una media muestral de 168 mg/dl con una desviación típica de 50 mg/dl. Halla un intervalo de confianza al 90 % para la diferencia de las medias del colesterol entre A y B.

4 En un estudio realizado en una ciudad a una amplia muestra de personas de 65 o más años, se ha estimado mediante el intervalo (0,1804; 0,2196), al 96 % de confianza, la proporción de estas personas que no tiene teléfono inteligente.

a. ¿Cuál es la proporción estimada y el error máximo de dicha estimación?

b. ¿Cuál es el tamaño de la muestra utilizado para construir el intervalo?

Mis competencias

Autoevaluación

Tablas de las distribuciones de probabilidad

DISTRIBUCIÓN BINOMINAL

$$P(X=k)=\binom{n}{k}p^k(1-p)^{n-k} \qquad k=0,1,2,\ldots,n$$

n	k \ p	0,01	0,05	0,10	0,15	0,20	0,25	0,30	0,33	0,35	0,40	0,45	0,49	0,50
2	0	0,9801	0,9025	0,8100	0,7225	0,6400	0,5625	0,4900	0,4444	0,4225	0,3600	0,3025	0,2601	0,2500
	1	0,0198	0,0950	0,1800	0,2550	0,3200	0,3750	0,4200	0,4444	0,4550	0,4800	0,4950	0,4998	0,5000
	2	0,0001	0,0025	0,0100	0,0225	0,0400	0,0625	0,0900	0,1111	0,1225	0,1600	0,2025	0,2401	0,2500
3	0	0,9703	0,8574	0,7290	0,6141	0,5120	0,4219	0,3430	0,2963	0,2746	0,2160	0,1664	0,1327	0,1250
	1	0,0294	0,1354	0,2430	0,3251	0,3840	0,4219	0,4410	0,4444	0,4436	0,4320	0,4084	0,3823	0,3750
	2	0,0003	0,0071	0,0270	0,0574	0,0960	0,1406	0,1890	0,2222	0,2389	0,2880	0,3341	0,3674	0,3750
	3	0,0000	0,0001	0,0010	0,0034	0,0080	0,0156	0,0270	0,0370	0,0429	0,0640	0,0911	0,1176	0,1250
4	0	0,9606	0,8145	0,6561	0,5220	0,4096	0,3164	0,2401	0,1975	0,1785	0,1296	0,0915	0,0677	0,0625
	1	0,0388	0,1715	0,2916	0,3685	0,4096	0,4219	0,4116	0,3951	0,3845	0,3456	0,2995	0,2600	0,2500
	2	0,0006	0,0135	0,0486	0,0975	0,1536	0,2109	0,2646	0,2963	0,3105	0,3456	0,3675	0,3747	0,3750
	3	0,0000	0,0005	0,0036	0,0115	0,0256	0,0469	0,0756	0,0988	0,1115	0,1536	0,2005	0,2400	0,2500
	4	0,0000	0,0000	0,0001	0,0005	0,0016	0,0039	0,0081	0,0123	0,0150	0,0256	0,0410	0,0576	0,0625
5	0	0,9510	0,7738	0,5905	0,4437	0,3277	0,2373	0,1681	0,1317	0,1160	0,0778	0,0503	0,0345	0,0313
	1	0,0480	0,2036	0,3281	0,3915	0,4096	0,3955	0,3602	0,3292	0,3124	0,2592	0,2059	0,1657	0,1563
	2	0,0010	0,0214	0,0729	0,1382	0,2048	0,2637	0,3087	0,3292	0,3364	0,3456	0,3369	0,3185	0,3125
	3	0,0000	0,0011	0,0081	0,0244	0,0512	0,0879	0,1323	0,1646	0,1811	0,2304	0,2757	0,3060	0,3125
	4	0,0000	0,0000	0,0005	0,0022	0,0064	0,0146	0,0284	0,0412	0,0488	0,0768	0,1128	0,1470	0,1563
	5	0,0000	0,0000	0,0000	0,0001	0,0003	0,0010	0,0024	0,0041	0,0053	0,0102	0,0185	0,0282	0,0313
6	0	0,9415	0,7351	0,5314	0,3771	0,2621	0,1780	0,1176	0,0878	0,0754	0,0467	0,0277	0,0176	0,0156
	1	0,0571	0,2321	0,3543	0,3993	0,3932	0,3560	0,3025	0,2634	0,2437	0,1866	0,1359	0,1014	0,0938
	2	0,0014	0,0305	0,0984	0,1762	0,2458	0,2966	0,3241	0,3292	0,3280	0,3110	0,2780	0,2436	0,2344
	3	0,0000	0,0021	0,0146	0,0415	0,0819	0,1318	0,1852	0,2195	0,2355	0,2765	0,3032	0,3121	0,3125
	4	0,0000	0,0001	0,0012	0,0055	0,0154	0,0330	0,0595	0,0823	0,0951	0,1382	0,1861	0,2249	0,2344
	5	0,0000	0,0000	0,0001	0,0004	0,0015	0,0044	0,0102	0,0165	0,0205	0,0369	0,0609	0,0864	0,0938
	6	0,0000	0,0000	0,0000	0,0000	0,0001	0,0002	0,0007	0,0014	0,0018	0,0041	0,0083	0,0138	0,0156
7	0	0,9321	0,6983	0,4783	0,3206	0,2097	0,1335	0,0824	0,0585	0,0490	0,0280	0,0152	0,0090	0,0078
	1	0,0659	0,2573	0,3720	0,3960	0,3670	0,3115	0,2471	0,2048	0,1848	0,1306	0,0872	0,0604	0,0547
	2	0,0020	0,0406	0,1240	0,2097	0,2753	0,3115	0,3177	0,3073	0,2985	0,2613	0,2140	0,1740	0,1641
	3	0,0000	0,0036	0,0230	0,0617	0,1147	0,1730	0,2269	0,2561	0,2679	0,2903	0,2918	0,2786	0,2734
	4	0,0000	0,0002	0,0026	0,0109	0,0287	0,0577	0,0972	0,1280	0,1442	0,1935	0,2388	0,2676	0,2734
	5	0,0000	0,0000	0,0002	0,0012	0,0043	0,0115	0,0250	0,0384	0,0466	0,0774	0,1172	0,1543	0,1641
	6	0,0000	0,0000	0,0000	0,0001	0,0004	0,0013	0,0036	0,0064	0,0084	0,0172	0,0320	0,0494	0,0547
	7	0,0000	0,0000	0,0000	0,0000	0,0000	0,0001	0,0002	0,0005	0,0006	0,0016	0,0037	0,0068	0,0078
8	0	0,9227	0,6634	0,4305	0,2725	0,1678	0,1001	0,0576	0,0390	0,0319	0,0168	0,0084	0,0046	0,0039
	1	0,0746	0,2793	0,3826	0,3847	0,3355	0,2670	0,1977	0,1561	0,1373	0,0896	0,0548	0,0352	0,0313
	2	0,0026	0,0515	0,1488	0,2376	0,2936	0,3115	0,2965	0,2731	0,2587	0,2090	0,1569	0,1183	0,1094
	3	0,0001	0,0054	0,0331	0,0839	0,1468	0,2076	0,2541	0,2731	0,2786	0,2787	0,2568	0,2273	0,2188
	4	0,0000	0,0004	0,0046	0,0185	0,0459	0,0865	0,1361	0,1707	0,1875	0,2322	0,2627	0,2730	0,2734
	5	0,0000	0,0000	0,0004	0,0026	0,0092	0,0231	0,0467	0,0683	0,0808	0,1239	0,1719	0,2098	0,2188
	6	0,0000	0,0000	0,0000	0,0002	0,0011	0,0038	0,0100	0,0171	0,0217	0,0413	0,0703	0,1008	0,1094
	7	0,0000	0,0000	0,0000	0,0000	0,0001	0,0004	0,0012	0,0024	0,0033	0,0079	0,0164	0,0277	0,0313
	8	0,0000	0,0000	0,0000	0,0000	0,0000	0,0000	0,0001	0,0002	0,0002	0,0007	0,0017	0,0033	0,0039
9	0	0,9135	0,6302	0,3874	0,2316	0,1342	0,0751	0,0404	0,0260	0,0207	0,0101	0,0046	0,0023	0,0020
	1	0,0830	0,2985	0,3874	0,3679	0,3020	0,2253	0,1556	0,1171	0,1004	0,0605	0,0339	0,0202	0,0176
	2	0,0034	0,0629	0,1722	0,2597	0,3020	0,3003	0,2668	0,2341	0,2162	0,1612	0,1110	0,0776	0,0703
	3	0,0001	0,0077	0,0446	0,1069	0,1762	0,2336	0,2668	0,2731	0,2716	0,2508	0,2119	0,1739	0,1641
	4	0,0000	0,0006	0,0074	0,0283	0,0661	0,1168	0,1715	0,2048	0,2194	0,2508	0,2600	0,2506	0,2461
	5	0,0000	0,0000	0,0008	0,0050	0,0165	0,0389	0,0735	0,1024	0,1181	0,1672	0,2128	0,2408	0,2461
	6	0,0000	0,0000	0,0001	0,0006	0,0028	0,0087	0,0210	0,0341	0,0424	0,0743	0,1160	0,1542	0,1641
	7	0,0000	0,0000	0,0000	0,0000	0,0003	0,0012	0,0039	0,0073	0,0098	0,0212	0,0407	0,0635	0,0703
	8	0,0000	0,0000	0,0000	0,0000	0,0000	0,0001	0,0004	0,0009	0,0013	0,0035	0,0083	0,0153	0,0176
	9	0,0000	0,0000	0,0000	0,0000	0,0000	0,0000	0,0000	0,0001	0,0001	0,0003	0,0008	0,0016	0,0020

DISTRIBUCIÓN NORMAL N(0, 1)

$$\varphi(z) = \frac{1}{\sqrt{2\pi}} e^{-\frac{z^2}{2}} \qquad -\infty < z < +\infty$$

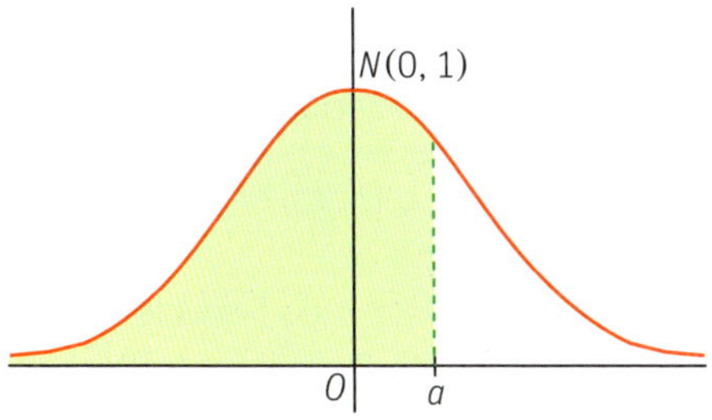

$\Phi(z) = P(Z \leq z)$

z	0,00	0,01	0,02	0,03	0,04	0,05	0,06	0,07	0,08	0,09
0,0	0,5000	0,5040	0,5080	0,5120	0,5160	0,5199	0,5239	0,5279	0,5319	0,5359
0,1	0,5398	0,5438	0,5478	0,5517	0,5557	0,5596	0,5636	0,5675	0,5714	0,5753
0,2	0,5793	0,5832	0,5871	0,5910	0,5948	0,5987	0,6026	0,6064	0,6103	0,6141
0,3	0,6179	0,6217	0,6255	0,6293	0,6331	0,6368	0,6406	0,6443	0,6480	0,6517
0,4	0,6554	0,6591	0,6628	0,6664	0,6700	0,6736	0,6772	0,6808	0,6844	0,6879
0,5	0,6915	0,6950	0,6985	0,7019	0,7054	0,7088	0,7123	0,7157	0,7190	0,7224
0,6	0,7257	0,7291	0,7324	0,7357	0,7389	0,7422	0,7454	0,7486	0,7517	0,7549
0,7	0,7580	0,7611	0,7642	0,7673	0,7704	0,7734	0,7764	0,7794	0,7823	0,7852
0,8	0,7881	0,7910	0,7939	0,7967	0,7995	0,8023	0,8051	0,8078	0,8106	0,8133
0,9	0,8159	0,8186	0,8212	0,8238	0,8264	0,8289	0,8315	0,8340	0,8365	0,8389
1,0	0,8413	0,8438	0,8461	0,8485	0,8508	0,8531	0,8554	0,8577	0,8599	0,8621
1,1	0,8643	0,8665	0,8686	0,8708	0,8729	0,8749	0,8770	0,8790	0,8810	0,8830
1,2	0,8849	0,8869	0,8888	0,8907	0,8925	0,8944	0,8962	0,8980	0,8997	0,9015
1,3	0,9032	0,9049	0,9066	0,9082	0,9099	0,9115	0,9131	0,9147	0,9162	0,9177
1,4	0,9192	0,9207	0,9222	0,9236	0,9251	0,9265	0,9279	0,9292	0,9306	0,9319
1,5	0,9332	0,9345	0,9357	0,9370	0,9382	0,9394	0,9406	0,9418	0,9429	0,9441
1,6	0,9452	0,9463	0,9474	0,9484	0,9495	0,9505	0,9515	0,9525	0,9535	0,9545
1,7	0,9554	0,9564	0,9573	0,9582	0,9591	0,9599	0,9608	0,9616	0,9625	0,9633
1,8	0,9641	0,9649	0,9656	0,9664	0,9671	0,9678	0,9686	0,9693	0,9699	0,9706
1,9	0,9713	0,9719	0,9726	0,9732	0,9738	0,9744	0,9750	0,9756	0,9761	0,9767
2,0	0,9772	0,9778	0,9783	0,9788	0,9793	0,9798	0,9803	0,9808	0,9812	0,9817
2,1	0,9821	0,9826	0,9830	0,9834	0,9838	0,9842	0,9846	0,9850	0,9854	0,9857
2,2	0,9861	0,9864	0,9868	0,9871	0,9875	0,9878	0,9881	0,9884	0,9887	0,9890
2,3	0,9893	0,9896	0,9898	0,9901	0,9904	0,9906	0,9909	0,9911	0,9913	0,9916
2,4	0,9918	0,9920	0,9922	0,9925	0,9927	0,9929	0,9931	0,9932	0,9934	0,9936
2,5	0,9938	0,9940	0,9941	0,9943	0,9945	0,9946	0,9948	0,9949	0,9951	0,9952
2,6	0,9953	0,9955	0,9956	0,9957	0,9959	0,9960	0,9961	0,9962	0,9963	0,9964
2,7	0,9965	0,9966	0,9967	0,9968	0,9969	0,9970	0,9971	0,9972	0,9973	0,9974
2,8	0,9974	0,9975	0,9976	0,9977	0,9977	0,9978	0,9979	0,9979	0,9980	0,9981
2,9	0,9981	0,9982	0,9982	0,9983	0,9984	0,9984	0,9985	0,9985	0,9986	0,9986
3,0	0,9987	0,9987	0,9987	0,9988	0,9988	0,9989	0,9989	0,9989	0,9990	0,9990
3,1	0,9990	0,9991	0,9991	0,9991	0,9992	0,9992	0,9992	0,9992	0,9993	0,9993
3,2	0,9993	0,9993	0,9994	0,9994	0,9994	0,9994	0,9994	0,9995	0,9995	0,9995
3,3	0,9995	0,9995	0,9995	0,9996	0,9996	0,9996	0,9996	0,9996	0,9996	0,9997
3,4	0,9997	0,9997	0,9997	0,9997	0,9997	0,9997	0,9997	0,9997	0,9997	0,9998
3,5	0,9998	0,9998	0,9998	0,9998	0,9998	0,9998	0,9998	0,9998	0,9998	0,9998
3,6	0,9998	0,9998	0,9999	0,9999	0,9999	0,9999	0,9999	0,9999	0,9999	0,9999
3,7	0,9999	0,9999	0,9999	0,9999	0,9999	0,9999	0,9999	0,9999	0,9999	0,9999
3,8	0,9999	0,9999	0,9999	0,9999	0,9999	0,9999	0,9999	0,9999	0,9999	0,9999
3,9	1,0000	1,0000	1,0000	1,0000	1,0000	1,0000	1,0000	1,0000	1,0000	1,0000
4,0	1,0000	1,0000	1,0000	1,0000	1,0000	1,0000	1,0000	1,0000	1,0000	1,0000

El libro de **Matemáticas Aplicadas a las Ciencias Sociales II** de 2.º de Bachillerato forma parte del Proyecto Editorial de Educación Secundaria de SM.

Autoría
Luis Sanz, Fernando Alcaide, Joaquín Hernández, María Moreno, Esteban Serrano
– Proyecto MAT-TIC con GeoGebra: Antonio Pérez, José Luis Álvarez, José Manuel Arranz, Rafael Losada, José Antonio Mora, Manuel Sada

Edición
Pablo Escudero, Oiana García, I més Servicios Editoriales

Corrección
Javier López

Ilustración
Juan Antonio Rocafort; Alba Ortega Codina; Archivo SM; OTHER LANDS (cubierta)

Fotografía
123RF ; ALAMY IMAGES ; Album ; Almudena Esteban; Archivo SM ; GlezBros ; iStock ; Phovoir ; Sergio Cuesta/Archivo SM; Shutterstock ; Thinkstock.
"Matryoshka" (https://skfb.ly/6YDMX) by andrewkingdev is licensed under Creative Commons Attribution (http://creativecommons.org/licenses/by/4.0/).

Iconografía
Diana Baratella / Fidel Puerta

Diseño de cubierta e interiores
Estudio SM

Maquetación
Noemí Expósito, I més Servicios Editoriales

Responsable de Desarrollo
Arturo García

Responsable de Producto
Eva Béjar

Gerencia de Desarrollo
Yolanda Hernández

Gerencia de Arte
Mario Dequel

Gerencia de Producto
Charo Zazo

Gerencia de Producción
Antonio de Pedro

Dirección editorial
Jorge Lite

Todas las actividades contenidas en este libro han de ser realizadas en un cuaderno aparte, nunca en el propio libro. Los espacios incluidos son meramente indicativos y su finalidad es puramente didáctica.

Gestión de las direcciones electrónicas

Debido a la naturaleza dinámica de internet, SM no puede responsabilizarse de los cambios o las modificaciones en las direcciones y los contenidos de los sitios web a los que remite en este libro. Con el objeto de garantizar la adecuación de las direcciones electrónicas de esta publicación, SM emplea un sistema de gestión que redirecciona las URL que con fines educativos aparecen en la misma hacia diversas páginas web; entre otras de uso frecuente: http://es.wikipedia.org, www.youtube.es. SM declina cualquier responsabilidad por los contenidos o la información que pudieran albergar, sin perjuicio de adoptar de forma inmediata las medidas necesarias para evitar el acceso desde las URL de esta publicación a dichas páginas web en cuanto tenga constancia de que pudieran alojar contenidos ilícitos o inapropiados. Para garantizar este sistema de control es recomendable que el profesorado compruebe con antelación las direcciones relacionadas y que comunique a la editorial cualquier incidencia a través del correo electrónico ediciones@grupo-sm.com.

Este libro es 100% reciclable. Está fabricado por empresas certificadas siguiendo criterios de sostenibilidad para cuidar el Planeta.

Hemos eliminado el plástico de la cubierta y utilizamos papel procedente de bosques gestionados de manera sostenible. Con el uso de este libro contribuimos a plantar árboles y a reducir del CO_2 de la atmósfera.

ISBN: 978-84-9856-231-6
Impreso en la UE / *Printed in EU*